魚類のニューロサイエンス

魚類神経科学研究の最前線

植松一眞・岡　良隆・伊藤博信
編

恒星社厚生閣

執筆者所属一覧（50音順）　　※印は編集者

飯郷雅之	聖マリアンナ医科大学医学部
石川裕二	独立行政法人　放射線医学総合研究所
※伊藤博信	日本医科大学医学部
上田　宏	北海道大学北方生物圏フィールド科学センター
※植松一眞	広島大学生物生産学部
大村百合	名古屋大学大学院生命農学研究科
※岡　良隆	東京大学大学院理学系研究科
岡本　仁	理化学研究所　脳科学総合研究センター
小田洋一	大阪大学大学院基礎工学研究科
清原貞夫	鹿児島大学理学部
小林牧人	東京大学大学院農学生命科学研究科
佐藤眞彦	横浜市立大学大学院総合理学研究科
庄司隆行	北海道大学大学院薬学研究科
菅原美子	帝京大学医学部
宗宮弘明	三重大学生物資源学部
田中英臣	理化学研究所　脳科学総合研究センター
中山寿子	大阪大学大学院博士過程
西脇優子	理化学研究所　脳科学総合研究センター
東島眞一	Dept. Neurobiology & Behavior SUNY at Stony Brook
船越健悟	横浜市立大学医学部
政井一郎	理化学研究所　政井独立主幹研究ユニット
山本直之	日本医科大学医学部
吉田将之	広島大学生物生産学部
吉本正美	日本医科大学医学部
和田浩則	理化学研究所　脳科学総合研究センター

2002年1月現在

序

　本書は2000年11月22・23日の2日間にわたり東京大学海洋研究所において開催されたシンポジウム「魚類神経科学研究の現状と展望」の内容を中心にまとめたものである．

　このシンポジウムは以下の目的で企画された．近年，わが国における魚類，特に真骨魚類の神経系を扱う研究者は増え，それに伴い国際的にも高いレベルの研究成果も数多く見られるようになった．魚類の神経系が多くの研究者を惹きつけるのは，構造が比較的単純でありながら脊椎動物の基本形を備えており，脊椎動物中枢神経系の原理を解析するのに恰好の材料だからである．また，構造の多様性の故に研究の目的にふさわしい材料が得られるという利点も見逃せない．しかしながら，これまでは水産学・動物学・医学・工学などの各領域で異なる目的の下，それぞれ互いにほとんど交流することなく研究が行われてきた．この状況を打破するためには各領域における最新の研究成果を報告し合うとともに，研究者の相互交流を図り，今後の共同研究の機会と方策を探る機会が必要である．そこで東京大学海洋研究所の共同利用事業の一環として本シンポジウムを開催した．もう一つの目的は，新たにこの分野を学ぼうとする人たちに必携の教科書を作ることである．研究者が各分野に分散していたこともあり，魚類神経科学に関する適当な成書がこれまではなかった．そこで，シンポジウムの内容を本にすることを目論んだ．

　シンポジウムでは水産学系・理学系・医学系・薬学系・工学系の研究者，合計17名が講演し，主として硬骨魚の運動・感覚に関わる脳領域の役割，これらを統合調節する中枢機能，さらには自律神経系の機能や中枢神経系の分化・形成過程についての最新の研究成果を詳細に発表した．なお，その核となった講演者は，既に4回にわたり隔年に開催されたシンポジウム「水生動物の行動と神経系」（世話人・伊藤博信（日本医大），宗宮弘明（三重大））の参加者である．今回の企画の実現により，新たな研究交流が創出され，魚類神経科学研究の動向とそのレベルを広く世に知らしめることができたと自負している．また，個々の学会の中では得られない新鮮な批判と助言を受けることができたことも画期的な成果である．もう一つの目的であった出版もこのような形で適えられた．快く出版の希望に応じてくださった上に，終始適切なご助言をいただいた恒星社厚生閣の佐竹社長に心から感謝申し上げたい．本書が魚類神経科学を志す学生諸君にとってのよき指針になればこれに勝る喜びはない．このシンポジウムをきっかけとして，幅広い領域間での相互交流を一層盛んにして，新たな視点からの研究の展開や，画期的な手法の開発や導入を図ることにより，質の高い研究成果をさらに多く出し，日本における魚類神経科学研究を世界にアピールすることを願う．

　なお，本書の内容をより充実するために，「硬骨魚類の視覚系」の章を新たに加えた．また，本書では執筆者の意図を尊重し，成書としての最低限の統一は施したが，他は敢えて図らなかったことをお断りしておく．

　最後に，シンポジウムの運営にご協力いただいた海洋研究所の塚本勝巳教授をはじめとする関係者の方々に感謝申し上げる．

　　　2001年7月

　　　　　　　　　　　　　　　　　　　　　　　　　　　　植松一眞・岡　良隆・伊藤博信

魚類のニューロサイエンス　目次

序 ....（植松一眞・岡　良隆・伊藤博信）

1. 魚類の脳研究の歴史と展望 ....（伊藤博信）............ 1
　§1．魚類の脳研究の歴史（1）　　§2．今なぜ魚類の脳か？（2）
　§3．新しい展開のために（7）

2. 魚類遊泳運動の中枢神経機構 ....（植松一眞）............ 9
　§1．脊髄内リズム生成回路と運動ニューロン（10）　　§2．脳内遊泳中枢（14）　　§3．内側縦束核ニューロンの種類と分布（16）
　§4．内側縦束核ニューロンと脊髄ニューロンとの接続（18）
　§5．内側縦束核ニューロンの活動（18）　　§6．胸鰭による遊泳（19）

3. 逃避運動の制御と学習を担うマウスナー細胞
　...（小田洋一，中山寿子）............ 22
　§1．魚の逃避運動をトリガーするマウスナー細胞（22）　　§2．マウスナー細胞の入出力様式（25）　　§3．魚の聴覚（25）　　§4．マウスナーの相同ニューロンによる逃避運動制御（27）　　§5．マウスナー細胞欠損後の逃避運動（29）　　§6．マウスナー細胞の可塑性（30）　　§7．シナプス伝達の可塑性と学習のリンク（33）

4. 魚類発音システムの多様性とその神経生物学
　...（宗宮弘明）............ 38
　§1．発音システムの分類（38）　　§2．発音魚の分類学的位置と末梢発音システムの多様性（39）　　§3．カサゴの発音システムの神経生物学（50）

5. 魚類の味覚——その多様性と共通性からみる進化
　...（清原貞夫）............ 58
　§1．化学感覚としての味覚（58）　　§2．味蕾の構造（59）
　§3．味蕾の分布（60）　　§4．味蕾の神経支配（61）　　§5．単独化学受容器細胞系（63）　　§6．味蕾の進化について（64）

§7. 魚類味覚器のアミノ酸に対する感受性(65)　　§8. 顔面味覚系と舌咽・迷走味覚系の役割(65)　　§9. ナマズ類の第一次味覚中枢(67)　　§10. ナマズ類の顔面葉と三叉神経(69)　　§11. ナマズ類の顔面葉の進化(71)　　§12. ナマズ類の顔面葉の細胞構築(71)　　§13. ナマズ類の摂餌行動を解発する味覚神経機構(72)

6. 魚類の嗅覚受容 ……………………………(庄司隆行, 上田　宏)………77
　　　§1. 魚類嗅覚器の形態的特徴—線毛細胞と微絨毛細胞—(78)
　　　§2. 嗅覚応答の初期過程(79)　　§3. 魚類嗅覚系の役割—サケ科魚類母川回帰行動の例—(82)

7. 魚類松果体の生物時計 ……………………………(飯郷雅之)………93
　　　§1. サーカディアンリズムと生物時計(93)　　§2. 魚類松果体の生物時計の性質(94)　　§3. 魚類松果体の生物時計の機能的解析(99)　　§4. 今後の展望(103)

8. 魚類の網膜における光受容細胞の分化と増殖
　　　……………………………………………………(大村百合)………106
　　　§1. 網膜の分化および発達(106)　　§2. 初期発育過程における光受容細胞の分化(110)　　§3. 成長に伴う網膜光受容細胞の増殖および分化(113)　　§4. 生態適応における網膜光受容細胞の分化と増殖(116)

9. 硬骨魚類の視覚神経路 ……………………(山本直之, 伊藤博信)………122
　　　§1. はじめに(122)　　§2. 網膜投射と視覚路(124)　　§3. 2つの視覚上行路と機能的分化(130)　　§4. その他の視覚路(130)
　　　§5. 向網膜系(132)

10. 弱電気魚の電気感覚—その起源から電気的交信まで—
　　　……………………………………………………(菅原美子)………137
　　　§1. 電気受容(137)　　§2. 側線器と電気受容器(140)　　§3. 発電と結節型電気受容器(149)

11. 神経修飾物質としてのペプチドGnRH(生殖腺刺激ホルモン放出ホルモン)とその放出 ………(岡　良隆)………160
　　　§1. 終神経GnRH系の発見とGnRH神経系の多様性(160)
　　　§2. GnRHペプチドとGnRH受容体の多様性(165)　　§3. GnRH

による神経修飾作用（*166*）　　§4．GnRHペプチド開口放出の測定（*170*）

12．終脳（端脳）の構造と機能 ……………（吉本正美，伊藤博信）………*178*
　　§1．終脳の構造と系統発生（*179*）　　§2．硬骨魚類の終脳（*181*）
　　§3．嗅　　球（*181*）　　§4．硬骨魚類の終脳とその区分（*183*）

13．魚類の情動性と学習 …………………………………（吉田将之）………*196*
　　§1．情動の生物学的な機能（*196*）　　§2．新奇な刺激に対する魚の情動反応（*197*）　　§3．新奇刺激に対する覚醒度に関わる中枢（*198*）　　§4．新奇場面における魚の情動反応性（*200*）　　§5．ランウェイテスト（*201*）　　§6．情動性の学習（*203*）　　§7．学習における終脳の役割（*204*）　　§8．短期記憶と終脳（*205*）　　§9．道具的条件付けと終脳（*206*）　　§10．空間記憶と終脳（*206*）

14．サケの母川回帰と嗅覚記憶 …………………………（佐藤真彦）………*211*
　　§1．サケ科魚類（*211*）　　§2．生活史（*213*）　　§3．コカニー型ベニザケと生殖隔離の進化（*214*）　　§4．母川説（*216*）　　§5．迷い込み，植民と人為的移植（*218*）　　§6．母川回帰の機構（*220*）　　§7．母川回帰と嗅覚記銘仮説（*222*）　　§8．中禅寺湖のヒメマス（*227*）　　§9．嗅覚記憶と Neural Correlates（*230*）　　§10．ヒメマスの母川応答：ニューロエソロジー（神経行動学）的研究（*231*）　　§11．魚類嗅球におけるシナプス可塑性（*234*）　　§12．魚類嗅球の *in vitro* 標本におけるシナプス可塑性（*237*）

15．魚類の性行動の内分泌調節と性的可逆性
　　　　―魚類の脳は両性か？― ……………………（小林牧人）………*245*
　　§1．魚類の生殖関連ホルモン（*245*）　　§2．キンギョの排卵と性行動（産卵行動）（*247*）　　§3．キンギョの性行動のホルモンとフェロモンによる調節（*249*）　　§4．ギンブナの性行動（*254*）　　§5．魚類の性的可逆性（両性性）（*254*）　　§6．最近の性転換魚類における研究（*257*）

16．自律神経系 ……………………………………………（船越健悟）………*263*
　　§1．自律神経系の解剖と機能（*263*）　　§2．中枢自律神経系（central autonomic pathway）（*267*）　　§3．効果器における自律神経性調節（*268*）

17. メダカの脳の発生——その形態学と遺伝的制御 …(石川裕二) ………274
　§1. なぜメダカか(274)　　§2. 発生遺伝学の発展(274)
　§3. メダカの脳の発生(275)　　§4. メダカの脳形成ミュータント——新たな遺伝的素過程を求めて(285)

18. ゼブラフィッシュを使った後脳発生機構の研究
　　——その進化論的,分子生物学的基盤—— ……(岡本　仁,
　　　　東島眞一,西脇優子,田中英臣,政井一郎,和田浩則) ………290
　§1. 脊椎動物の神経系の領域化(290)　　§2. 後脳の部域特異化(291)　　§3. ショウジョウバエとマウスのHox遺伝子クラスター(291)　　§4. Hox遺伝子クラスターの不変性と動物の多様性はどのように両立しているのか?(294)　　§5. ナメクジウオは脊椎動物のHox遺伝子クラスターの原型をもっている(295)　　§6. 脊椎動物の進化におけるHox遺伝子クラスターの重複(296)　　§7. ゼブラフィッシュのゲノムが倍数体化の歴史をもっていることは,遺伝発生学研究の観点からは好条件かもしれない!(299)　　§8. トランスジェニック・ゼブラフィッシュを用いた後脳突然変異の大規模スクリーニング(299)

1. 魚類の脳研究の歴史と展望

伊藤博信

§1. 魚類の脳研究の歴史

　博物学の長い伝統に支えられた欧米では1800年代の後半から1900年代の始めにかけて比較解剖学が開花した．ヨーロッパではMonakow, C. v.（1853～1930）やAriës Kappers, C. U.（1877～1946）らが，米国ではJohnston, J. B.（1868～1939）やHerrick, C. J.（1868～1960）らが，比較解剖学の一環として比較神経学の体系を整え，他の脊椎動物の脳とともに魚類の脳を研究対象としてとりあげた．これらの業績は，比較神経学の真髄を生きいきと述べた名著 Neurological Foundation of Animal Behavior（Herrick, C. J., Hafner Publishing Co., New York, 1924）や，正常標本から得られた膨大な研究成果を取りまとめた古典 The Comparative Anatomy of the Nervous System of Vertebrates, Including Man（Kappers, C. U. A., Huber, G. C., and Crosby, E. C., Macmillan Publishing Co., New York, 1936）として残された．この時代のその他のものも含めて，これらの著書は現在読み直してもみずみずしいアイデアに溢れており，先達の情熱と忍耐によって集積された詳細なデータとともに我々の研究にとって不可欠な土台となっている．

　その後1950年代に入りNauta, W. J. H.（1916～1994）が変性鍍銀法を完成させ，中枢神経系内の線維連絡が実験的に証明できるようになった．これは，脳各部の線維連絡を解析できるという点で画期的であった．すなわち，それまで脳各部の機能は曖昧に推測されているに過ぎなかったが，脳の特定の部分が他の部分と線維によって連絡しているという具体的な事実を基にして考えられるようになったのである．さらに，いろいろな脊椎動物の脳各部の相同が，それまでは単なる部位的な対応によって類推されていたが，Nauta以降は線維連絡を証明することによって種や属の異なるものは勿論，目や綱の違いさえ越えていろいろな動物の脳各部の相同を実証できるようになった．この線維連絡の解析方法は，1960年代後半に使用され始めたオートラディオグラフィー法に引き継がれ，1970年代からはHRPをはじめとする数多くの神経標識物質（トレーサー）が開発され，それらを用いて脳各部の線維連絡の解析が進んだ．それ以外にも組織化学，免疫組織化学，蛍光顕微鏡，電子顕微鏡などが用いられ，形態学的な研究方法は極めて多彩なものとなった．最近では，*in situ* hybridizationを利用する方法，遺伝子異常や遺伝子操作を利用する方法，転写因子を利用する方法などが加わり，一層多様なものとなっている．他の脊椎動物と同様に魚類でもこのような方法で研究が進められていることはいうまでもない．

　米国における魚類の脳研究はEbbesson, S. O. E., Northcutt, R. G., Finger, T., Bass, A. H. らによって，またヨーロッパではNieuwenhuys, R., Smeets, W. J. A. J., Meek, J., Ekström, P. らによって進められている．最近Niewenhuysらは比較神経学の集大成である著書 The Central Nervous System of Vertebrates

(Nieuwenhuys, R., Ten Donkelaar, H. J., and Nicholson, C., Springer, Berlin, 1998) を出版した．これは前述の Kappers らによる The Comparative Anatomy of the Nervous System of Vertebrates, Including Man の現代版ともいうべきもので，全3巻からなる大著である．比較神経学の研究を志す者にとっては，今後少なくとも半世紀にわたってバイブル的存在となろう．

わが国では，大阪大学の黒津敏行（1898〜1992）が Ariës Kappers のもとに留学し，東北大学の布施現之助（1880〜1946）と京都大学の平沢　興（1900〜1989）らが Monakow のもとで学んだ．また東北大学の柘植秀臣（1905〜1983）は Herrick のもとに留学した．これらの先達の指導を受け，わが国においても 1950 年代以降ようやく魚類の脳研究が本格化した．中でも特筆すべきは内橋　潔（1906〜1990）の存在であった．内橋は農林省の水産講習所（後の水産大学）を卒業して各地の水産試験場に勤務する傍ら，多くの種類の硬骨魚類の脳を収集して肉眼標本および組織標本を作成した．その結果，硬骨魚類の脳の形態（外形および内部構造）は種によって極めて変化に富み，それはその種のもつ習性を反映しているものだと結論づけた（1953）．これは Lissner（1932）や Evans（1940）が到達した結論と同様のものである．

現在魚類の脳の研究に携わる私たち自身を知るために，ヨーロッパ，米国，および日本において比較神経学と魚類の脳の研究に携わった主な人びとを表にした（表1-1）．

表 1-1　比較神経学と魚類脳の研究の歴史

ヨーロッパ	米　国	日　本
Monakow, C. v（1853〜1930）	Johnston, J. B.（1868〜1939）	布施現之助（1880〜1946）
Ariës Kappers, C. U.（1877〜1946）	Herrick, C. J.（1868〜1960）	黒津敏行（1898〜1992）
Nieuwenhuys, R.	Ebbesson, S. O. E.	平沢　興（1900〜1989）
Meek, J.	Northcutt, R. G.,	柘植秀臣（1905〜1983）
Ekström, P.	Finger, T.,	内橋　潔（1906〜1990）
	Bass, A. H.	正井秀夫，上田一夫
		青木　清，その他
		筆者ら

§2. 今なぜ魚類の脳か？

2-1　硬骨魚類の脳の外形の多様性

いうまでもなく中枢神経系とは，個体を有機的に統合し維持していくうえで主役を演じているものである．そのためには，個体を取り巻く外部環境と個体自体が内蔵する内部環境（クロード・ベルナール）の変化が種々の情報として感覚器によって受容され，求心性の末梢神経によって中枢神経系に運ばれなければならない．中枢神経系ではその対応の仕方が決められ，遠心性の末梢神経を通じて効果器に伝えられる（図1-1）．この際，外界の変化に対応して機能する一連の系（感覚器—求心性末梢神経—中枢神経—遠心性末梢神経—効果器）と内部環境の変化に対応する系を，それぞれ「体性系」と「臓性系」とよぶ．この2つの系は中枢神経系内でたがいに影響を及ぼしあいながら，行動や思索として現れる体性の反応や，内臓機能の変化といった臓性の反応を引き起こし，個体の有機的な統合性が維持される．

中枢神経系，特に脳の個体発生をみると，まず最初に単純な神経管が形成され，その管の内面を背腹方向に2分する溝（境界溝，sulcus limitans）が形成される．この溝の背側が感覚情報を受けとり

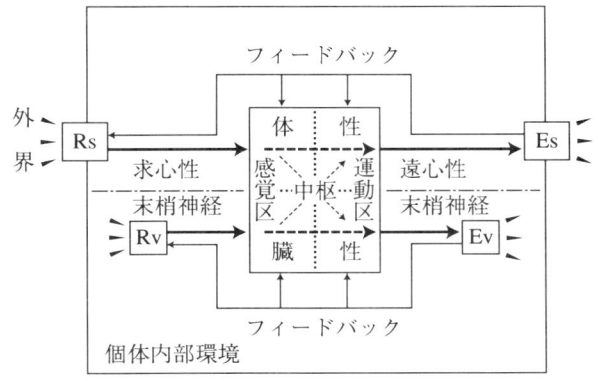
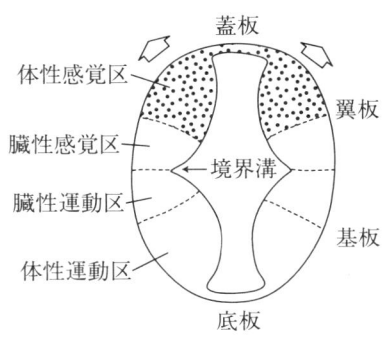

図1-1 環境と神経系の関係
　個体(外枠)を取り巻く外界の変化は感覚器(Rs)によって電気的な信号に変えられ，求心性末梢神経を通じて中枢神経系(内枠)の体性部分の感覚区に伝えられる．中枢神経系内でどのように対応するかを決定し，その指令は体性運動区から遠心性末梢神経を通じて効果器(Es)に送られる．体内の変化は臓性の受容器(Rv)によって受容され，中枢神経系の臓性感覚区と臓性運動区を経て臓性の効果器(Ev)に送られる．体性感覚区に入った情報が中枢神経系内での決定に応じて臓性運動区に送られ臓性の反応を引き起こしたり，逆に臓性の感覚情報が体性の反応を引き起こしたりする．

図1-2 神経管(横断面)の基本的機能区分
　境界溝によって感覚区(翼板)と運動区(基板)に分けられ，さらに境界溝の周辺は臓性，離れた部分は体性の性質をもつ．そのため背腹方向に順に，体性感覚区，臓性感覚区，臓性運動区，体性運動区，の4つの機能区分ができ上がる．脳の外形に変化をもたらす変りやすい部分(点で示した)は体性感覚区で，膨隆する方向を矢印で示した．

(感覚区)，腹側が効果器に向かって指令を発する(運動区)．さらに，溝の周辺部は臓性機能をもち，溝から離れた部位は体性機能をもっている(図1-2)．次に，その前端に3つの膨らみ(前脳胞，中脳胞，後脳胞)を生じ，それらはさらに，終脳，間脳，中脳，後脳(橋と小脳)，延髄へと分化する(石川，17章参照)．一般的な比較神経学の教科書によれば，この3つの膨らみはそれぞれ嗅覚，視覚，呼吸との関連で発生すると説明されている．実際にはこのように単純な成立過程ではなかったと思われるが，このような長軸方向の区画状の分化は種々の遺伝子発現ともよく一致している(Puelles, 1995)．このような事実を考え合わせると，体性感覚区のある部分がある特定の感覚情報を受けるように分化したことは想像に難くない．

　さて原索動物が脊椎動物へ進化する際の中枢神経の構造を比較すると，臓性部分があまり変化しないのに対して，体性部分は著しく大きくなっていることに気付く．これは臓性部分が生命に直接的に関与するため比較的安定した保守性をたもつ必要があったためだろう．逆にいうなら，この部分に起こった変化は生存に不利だったにちがいない．体性部分が大きくなったという変化は，脊椎動物になって「外界に対してより積極的に」行動し始めた結果であろう．この傾向は現存する脊椎動物の中枢神経にも反映されており，臓性部分よりも体性部分，なかでも感覚区に大きな変異がみられる(図1-3)．

　中枢神経系の基本的構造は，種が由来する遺伝的な要因によって制約され，同時にその種が獲得した生態的条件によって修飾される．スズキ目，カサゴ目，カレイ目，フグ目，などのいわゆる高位群に属する魚類(Gosline, 1971)は比較的短期間にフォリドフォーラス型の共通の祖先から派生したと考えられるため，それらの多様な脳の外形は，長期間にわたって蓄積された中立的な遺伝的変異よ

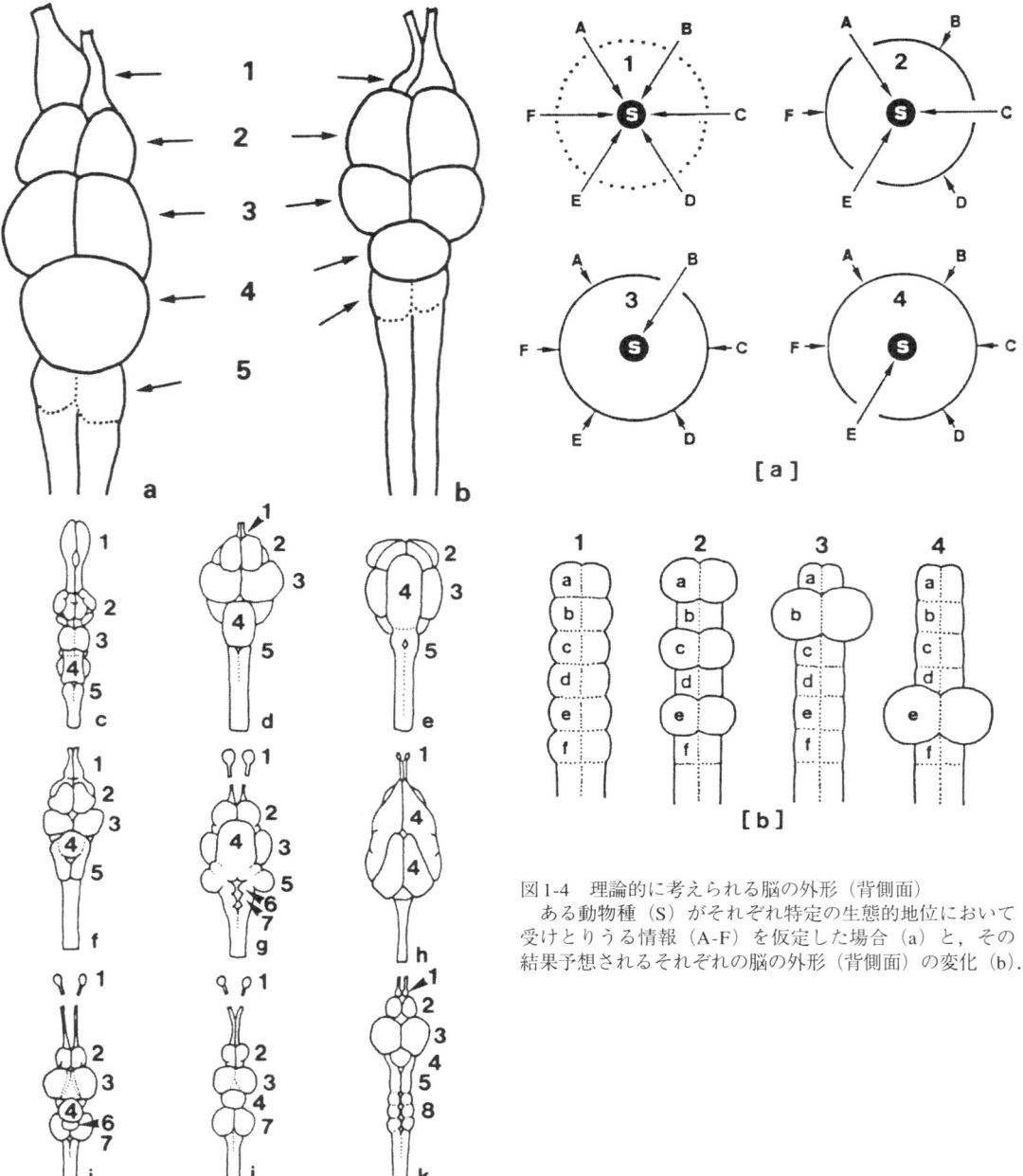

図1-4 理論的に考えられる脳の外形（背側面）
　ある動物種（S）がそれぞれ特定の生態的地位において受けとりうる情報（A-F）を仮定した場合（a）と，その結果予想されるそれぞれの脳の外形（背側面）の変化（b）．

図1-3　各種の硬骨魚類の脳背側面
　同じカレイ類に属するクロウシノシタ（a）とシマウシノシタ（b）は体半分を海底に接して横たわるため，嗅球と側線野の大きさが左右で異なる．クロウシノシタは右半身を下にするため，匂いは海水側（上）が優位に働き，餌となる海底の小動物の振動に対しては海底側（下）が優位に働く結果と思われる．左半身を下にするシマウシノシタは逆になっている．嗅覚（c：ウナギ），視覚（d：カワハギ），体性の筋感覚（e：ニザダイ），平衡覚（f：イシモチ），側線覚（g：ナマズ），側線による電場の感覚（?）（h：モルミルス），顔面神経の味覚（i：コイ），迷走神経の味覚（j：フナ），胸鰭による化学受容（k：ホウボウ）などそれぞれ優位に機能する中枢が膨隆している．1：嗅球，2：終脳，3：視蓋，4：小脳，5：平衡・聴・側線野，6：顔面葉，7：迷走葉，8：脊髄の膨大．

4　魚類のニューロサイエンス

りも，むしろその種のもつ生態的地位や習性を反映したものと考えることができる．すなわち，ある種が固有にもつ生態的地位ではその種が受容しうる情報の種類が限定され，その情報の種類や情報の受容頻度に応じて中枢神経系が修飾される．脳の外形の多様性は，主として中枢神経系の体性感覚区（翼板の背側部）に起こる局所的な膨大に起因しており，その結果それぞれの種の脳の外形は種固有の生態的地位や外部環境を極めてよく反映することになる（図1-4）．硬骨魚類の多様な脳の外部形態と，それらの種のもつ生態との密接な関係を裏付けていくことができれば，比較神経学の新しい方向が見えてくる可能性がある（伊藤，1987）．

2-2 魚類終脳における無層性皮質の可能性

1) 大脳新皮質は哺乳類に特有か？

1973年に動物行動学者のK. von Frisch，K. Lorenz，N. Timbergenの3人がノーベル医学・生理学賞に輝いた．彼らの著書によると，魚類や鳥類の行動や習性はそれまで考えられていたものよりずっと複雑で，「人間臭い」ものであることに気付く．この「人間臭い」行動を引き起こす脳の部位といえば，大脳新皮質以外にはありえない．

しかしながら，大脳新皮質は系統発生の本幹を形成する原始的な「魚類—両生類—爬虫類—哺乳類」の発生過程で生じてくる哺乳類特有のもので，本幹から遠く離れて適応放散に成功した現代的な魚類や鳥類には大脳新皮質は存在しないと信じられてきた．すなわち，鳥類の終脳はその大部分が哺乳類の基底核（線条体）に相当するものであり，魚類の終脳は専ら嗅覚機能にのみ関与するもので，大脳新皮質に相当するものはないと信じられていたのである．さらに，哺乳類以外では哺乳類の大脳新皮質のように6層構造を示す部位がないということもこの既成観念を形成する大きな要因となった．

鳥類や硬骨魚類が大脳新皮質をもたないとしたら，これらの動物の極めて複雑な行動はどのように説明できるのであろうか．この大脳新皮質の系統発生に関する誤った概念は奇妙な経緯を経て見直されることとなった．

1969年にSchneiderは，ハムスターの脳の各部を破壊した結果起こる行動の変化に基づいて「2つの視覚系」という概念を提唱した．すなわち，「網膜—外側膝状体—一次視覚野という膝状体系は視野内の対象物が何であるかという認識に関与し，網膜—上丘—視床枕—二次視覚野という非（外）膝状体系は視野内の対象物がどこにあるかという定位機能に関与する」というものである．（現在，哺乳類の視覚機能に関する研究は，網膜神経節細胞の形と大きさ（タイプ）に基づく外側膝状体背側核から大脳皮質視覚領への分離した投射系に重点が置かれている．しかしながらこれらの機能区分の土台となった最初のアイデアは「2つの視覚系」である．）この概念は視覚系の形態と機能をみごとに結び付けたものであったために，各方面に大変強い新鮮なインパクトを与えた．当時の比較神経学者達もこの「2つの視覚系」に関して瞬く間に系統発生的な検証を行った．すなわち，鳥類は1969年にKartenによって，爬虫類は1970年にHall and Ebnerによって，両生類は1970年にRiss and Jakwayによって，軟骨魚類は1972年にEbbessonによって，それぞれ「2つの視覚系」が証明された．硬骨魚類に関しては私達によって研究が進められたが，奇妙なことに棘鰭類などの比較的現代的なものとして分類される魚類では非膝状体系のみが存在し，膝状体系が欠損していた（Itoら，1980；Ito and Vanegas，1983；1984）．さらに，原始的硬骨魚類であるチョウザメでは「2つの視覚系」が存在するが，視床から終脳への部分で2つの系が混在していた（Itoら，1999；Yamamotoら，1999；

Albertら，1999；山本と伊藤，9章参照）．

いずれにしてもこれらの結果は，全ての脊椎動物が哺乳類の大脳新皮質視覚野に相当する部位をもつことを示している．また硬骨魚類においても鳥類と同様に，視覚以外の感覚系が終脳まで上行することが次々に証明され（吉本と伊藤，12章参照），大脳新皮質の系統発生に関する概念の見直しをせまられている．6層構造をもたない大脳新皮質は存在するのであろうか？

　2）**鳥類の場合**　Kartenらは鳥類の視覚野における無層性皮質（nonlaminar cortical equivalents, nonlaminated cortical structures）の可能性を論じている（Karten, 1991；Karten and Shimizu, 1989）．それによると，彼自身が1969年にハトにおいて証明した「2つの視覚系」と哺乳類の「2つの視覚系」を対比させ，さらに，鳥類の非膝状体系視覚路とその視蓋への出力系「網膜—視蓋—視床円形核（Nucl. rotundus）—外線条体（Ectostriatum）—外線条体周辺部（Periectostriatum）—新線条体外側中間部（Neostriatum intermedium laterale）—原線条体中間部（Archistriatum intermedium）—視蓋」の経路とそれぞれのニューロンは，哺乳類（アカゲザル）の非膝状体系視覚路とその上丘への出力系「網膜—上丘—視床枕—視覚連合野（V2, V3, V4, MT, 下側頭葉皮質，など）のⅣ層—Ⅱ-Ⅲ層—Ⅴ-Ⅵ層—上丘」という神経回路と同等なものであると論じている．

　3）**硬骨魚類の場合**　私たちの最近の研究によると，硬骨魚類における非膝状体系視覚路の終止領域（視覚連合野）と考えられていた終脳背側野外側部（Dl）の細胞構築は均一ではなく，線維連絡の上でも組織化学的にも背側部分と腹側部分に分けられることが判明した．さらに視床前核（Nucl. prethalamicus）からの投射は主に背側部分に終わることも新たに判明した（Yamaneら，1996）．また，この両部分は互いに線維連絡をもっている．これらの結果をもとに，上記のKartenらのアイデアに倣ってスズキ型硬骨魚類の非膝状体視覚路と視蓋への出力系を考えると次のようになる．すなわち，「網膜—視蓋—視床前核（Nucl. prethalamicus）—終脳背側野外側部の背側部分（dDl）—終脳背側野外側部の腹側部分（vDl）—終脳背側野の中心部（Dc）—視蓋」である．

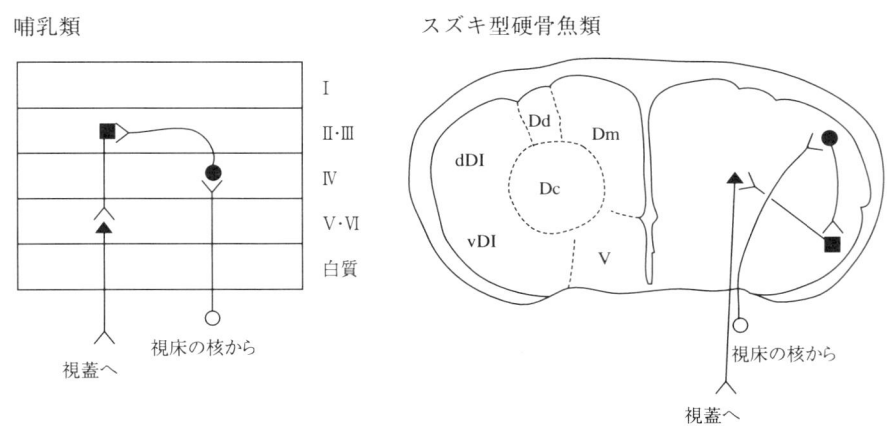

図1-5　Kartenに倣って，硬骨魚類における非膝状体系視覚路から視蓋への出力系を考えた模式図
Ⅰ-Ⅵ：哺乳類の大脳新皮質各層，Dc：終脳背側野中心部，Dd：終脳背側野背側部，dDl：終脳背側野外側部の背側部分，vDl：終脳背側野外側部の腹側部分，Dm：終脳背側野内側部，V：終脳腹側野

硬骨魚類の視蓋への出力源は終脳背側野の中心部（Dc）であり，哺乳類では視覚連合野のV-VI層の細胞群である．このことから，哺乳類における視覚連合野のIV層の細胞群やII-III層の細胞群に相当する硬骨魚類の細胞群は，それぞれ，終脳背側野の外側部（D1）の背側部分（dD1）と腹側部分（vD1）の細胞群と思われる（図1-5）．これまでに解明された硬骨魚類の終脳内の神経回路は，主に標識法を用いた光学顕微鏡レベルのものである．哺乳類の大脳新皮質と厳密に対比させるためには，電子顕微鏡を用いた細胞レベルの検証が必要であることはいうまでもない（伊藤，2000）．

§3. 新しい展開のために

　わが国の魚類の脳研究そのものは，欧米諸国のレベルに比較しても何の遜色もない．気掛かりな点があるとすれば，わが国の自然科学は博物学の洗礼を十分受けておらず，進化を背景とした土台が軟弱な点である．そのため新しい手技・手法を用いて高いレベルの研究がなされてはいるものの，独自の視点から得たアイデアを基にして組み立てられた研究がやや少ないように思われる．

　今後わが国から魚類の脳に関する多くの独創的な研究が生れ育つためには，（1）新しい視点でものをみる，（2）多くの魚種の中から研究の目的に適った種を選ぶ，（3）新しい研究方法を積極的に取り入れる，（4）広い視野で考える，などが重要であろう．最後に，ジョンズホプキンス大学医学部生理学・医用工学の教授をしておられた故佐川喜一先生から私が20数年前に頂いた言葉で締めくくりとする．これは全ての生物が長期間にわたってそれぞれの生息環境から淘汰圧を受け，その解答として進化してきたことを考えると大変味わい深い．『生物学的研究をする際には，合目的的に考えることを恐れるな．』

文　献

Albert, J. S., M. Yoshimoto, N. Yamamoto, N. Sawai, and H. Ito (1999)：Visual thalamotelencephalic pathways in the sturgeon *Acipenser*, a non-teleost actinopterygian fish. *Brain, Behav. Evol.*, 53, 156-172.

Ebbesson, S. O. E. (1972)：A proposal for a common nomenclature for some optic nuclei in vertebrates and evidence for a common origin of two such cell groups. *Brain, Behav. Evol.*, 6, 75-91.

Evans, H. M. (1940)：Brain and Body of Fish. Technical Press, London.

Gosline, W. A. (1971)：Functional Morphology and Classification of Teleostean Fishes. University Press of Hawaii, Honolulu.

Hall, W. and F. Ebner (1970a)：Parallels in the visual afferent projections of the thalamus in the hedgehog (*Praechinus hypomelas*) and the turtle (*Pseudemys scripta*). *Brain, Behav. Evol.*, 3, 135-154.

Hall, W. and F. Ebner (1970b)：Thalamotelencephalic projections in the turtle (*Pseudemys scripta*) *J. Comp. Neurol.*, 140, 101-122.

Herrick, C. J. (1924)：Neurological Foundation of Animal Behavior. Hafner Publishing Co., New York.

Ito, H., Y. Morita, N. Sakamoto, and S. Ueda (1980)：Possibility of telencephalic visual projections in a teleost, *Holocentrus rufus*. *Brain Res.*, 197, 291-222.

Ito, H. and H. Vanegas (1983)：Cytoarchitecture and ultrastructure of nucleus prethalamicus, with special reference to degenerating afferents from optic tectum and telencephalon, in a teleost (*Holocentrus ascensionis*) *J. Comp. Neurol.*, 221, 401-415.

Ito, H. and H. Vanegas (1984)：Visual receptive thalamopetal neurons in the optic tectum in teleosts, Holocentridae. *Brain Res.*, 290, 201-210.

Ito, H., M. Yoshimoto, J. S. Albert, N. Yamamoto, and N. Sawai (1999)：Retinal projections and retinal ganglion cell distribution patterns in a sturgeon (*Acipenser transmontanus*), a non-teleost actynopterygian fish. *Brain, Behav. Evol.*, 53, 127-141.

伊藤博信（1987）：環境と脳—比較神経学の新しい側面．医学のあゆみ，143, 753-758.

伊藤博信（2000）：硬骨魚類の大脳新皮質．比較生理生化学，17, 32-39.

Kappers, C. U. A., Huber, G. C., and Crosby, E. C. (1936)：The Comparative Anatomy of the Nervous System of Vertebrates, Including Man. Macmillan Publishing Co., New York.

Karten, H. J. (1969): The orgainzation of the avian telencephalon and some speculations on the phylogeny of the amniote telencephalon. *Anals of the New York Academy of Sciences*, 167, 164-180.

Karten, H. J. (1991): Homology and evolutionary origins of the 'neocortex'. *Brain Behav. Evol.*, 38, 264-272.

Karten, H. J. and Shimizu, T. (1989): The origins of neocortex : Connections and lamination as distinct events in evolution. *J. Cognitive Neuroscience*, 1, 291-301.

Lissner, H. (1932): Das Gehirn der Knochenfische. *Wissenschaftliche Meeresuntersuchungen herausgegeben von der Kommission zur wissenschaftlichen Untersuchung der Deutschen Meere in Kiel und Biologishen Anstalt auf Helgoland* 2, 127-191.

Nieuwenhuys, R., Ten Donkelaar, H. J., and Nicholson, C. (1998): The Central Nervous System of Vertebrates. Springer, Berlin.

Puelles, L. (1995): A segmental morphological paradigm for understanding vertebrates forebrain. *Brain, Behav. Evol.*, 46, 319-337.

Riss, W. and Jakway, J. S. (1970): A perspective on the fundamental retinal projections of vertebrates. *Brain, Behav. Evol.*, 3, 30-36.

Schneider, G. E. (1969): Two visual systems. *Science*, 163, 895-902.

内橋　潔（1953）：脳髄の形態より見た日本産硬骨魚類の生態学的研究．日本海区水産研究所研究報告，2．

Yamamoto, N., M. Yoshimoto, J. S. Albert, N. Sawai, and H. Ito (1999): Tectal fiber connections in a non-teleost ray-finned fish, the sturgeon *Acipenser*. *Brain, Behav. Evol.*, 53, 142-155.

Yamane, Y., M. Yoshimoto and H. Ito (1996): Area dorsalis pars lateralis of the telencephalon in a teleost (*Sebastiscus marmoratus*) can be divided into dorsal and ventral regions. *Brain, Behav. Evol.*, 48, 338-349.

2. 魚類遊泳運動の中枢神経機構

植 松 一 眞

はじめに

　円口類から真骨魚類まで，魚は体側筋および鰭を使い泳ぐ．体側筋と鰭の使い方はどちらも波状運動（undulation）または振動（oscillation）に大別される（塚本，1991）．魚類の代表的な遊泳運動はウナギに典型的に見られる，体側筋による躯幹部の波状運動である（図2-1A）．波状運動の起源は無脊椎動物にまで遡ることができ，また魚類以外の脊椎動物でも，両生類の幼生と成体，爬虫類の中にも体側筋の波状運動で泳いだり匍匐するものがいる（Cohen, 1988）．このように，波状運動の基盤となる神経機構は全ての動物に共通すると考えられるので，魚類で実証されていない点は，ヤツメウ

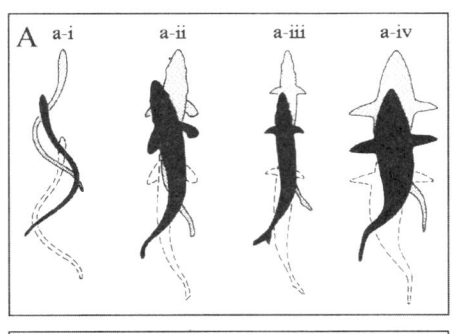

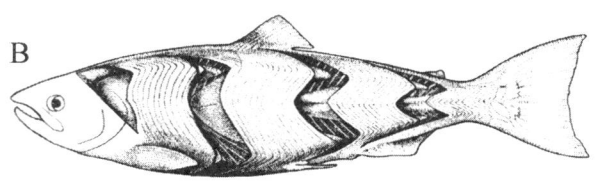

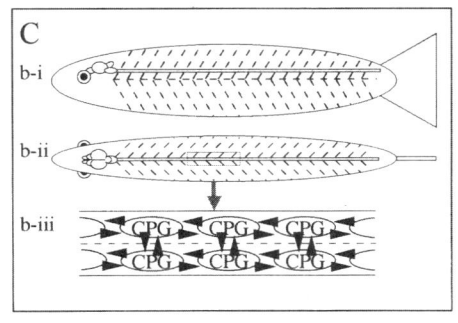

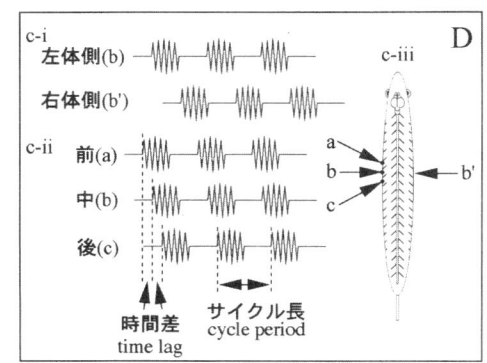

図2-1　魚の遊泳運動と体節構造
（A）魚類の遊泳は波状運動に特徴づけられる．a-iはヨーロッパウナギ *Anguilla anguilla*，a-iiはタラ科のホワイティング *Merlangius merlangus*，a-iiiはタイセイヨウマサバ *Scomber scombrus*，a-ivはスマ *Euthynnus affinis* の遊泳様式．（Lindsey, 1978より）
（B）マスノスケ *Oncorhynchus tshawytscha* 体側筋の筋節構造．（Romer, 1971より）
（C）脊髄セグメントを示す模式図．脊髄には筋節に対応した神経回路（CPG）が各セグメントに1対ずつあると考えられる．左右および前後のCPGは相互に影響を及ぼし合う（矢印）．
（D）体側筋筋電図もしくは腹根から記録した脊髄運動ニューロンの活動．どちらも同じように見える．同じレベルの左右の筋（ニューロン）は左右CPGの相互作用で交互に活動し，前後の筋（ニューロン）は進行方向から順に活動する．

ナギや両生類幼生など他の無羊膜類で得られた知見で補いながら話を進めていきたい．魚が前進するとき魚体屈曲の波は吻側から尾側に進む．マグロ類のように波状運動が尾部のみに限定される場合を特に振動と呼ぶ．

体側筋の波状運動が成立するための前提は魚体の体節構造である（図2-1B）．体節構造は体側筋では筋節として表れ，さらに脊髄内のニューロンの配列にも反映し，脊髄には一つの筋節に対応する単位である脊髄セグメントがある（図2-1C）．各脊髄セグメントからは左右1本ずつ脊髄神経が出る．脊髄神経は，背根から脊髄に入る感覚性の神経線維と腹根から出る運動ニューロンの軸索とからなる，脊髄の出入力経路である（Fetcho，1986）．

遊泳中の魚の体側筋から筋電図を導出すると，向かい合う左右の筋節からは交互に，同じ体側の前後の筋節からはわずかな時間差のある叢放電（いわゆるバースト）が記録される（塚本，1991）（図2-1D）．このように，遊泳するとき進行方向側の筋節ほど先に収縮し，同じレベルの左右の筋節は交互に収縮する．この結果生じる波状運動により，魚は水を後方に押しやり推進力を得る．ある筋節が単位時間に収縮する回数を遊泳のリズムという．神経筋遮断剤であるクラーレを注射した魚の脊髄腹根から神経活動を導出すると，筋電図によく似た律動的な叢放電が記録される．この場合も左右の腹根からは交互に，前後からは時間差をもつ活動がとれるので，リズムは脊髄にある中枢内リズム生成回路（central pattern generator，CPG）で作られると考えられる（図2-1C）．CPGは自立的にリズムを作ることができるが，起動させるためには外部からの興奮性入力が必要である．その一つが，脳からの司令である．

このように体側筋の運動を制御する神経機構は，CPGと，これを賦活する脳幹の網様体脊髄ニューロン群（reticulospinal neurons）に分けられる．以下では，これらの機構についての知見を紹介するとともに，その他のトピックスにも触れる．

§1．脊髄内リズム生成回路と運動ニューロン

ウナギやサメなど一部の魚種が，脊髄を脳と分離しても自発的に調和のとれた運動をすることはよく知られた事実である．これ以外の両生類幼生・多くの真骨魚・円口類の脊髄標本も感覚刺激を加えれば遊泳を開始する（Grillnerら，1988）．しかも，この時の筋の活動時間も，活動の筋節による時間差もintactの動物と変わらない．これらは脊髄に運動リズム生成能があることを示すものである．さらに，完全に脳幹や感覚神経との連絡を絶ったヤツメウナギ脊髄の in vitro 標本は興奮性のアミノ酸溶液に浸けると運動パターンを発生することができる（Grillnerら，1988）．同様の結果は，両生類幼生・サメ・エイなどでも確認された．それでは，脊髄はどこまで切り刻んだら，リズムを作れなくなるであろうか．細切した脊髄の in vitro 標本を用いた実験から，体軸に垂直に切断した脊髄では1.5～2セグメント分あれば，正中線で半切した片側脊髄では5セグメント分あればリズムの作れることが分かった．以上の結果から，脊髄には各セグメントごとに一対の中枢内リズム生成回路CPGが存在し，その片側だけでもリズムを生成できると想定されるに至った（Grillnerら，1988）．このようなクラーレで不動化した動物の中枢神経系や摘出した脊髄で観察される遊泳時と同じ神経活動のことを仮想的遊泳＊（fictive swimming）という（図2-3A；2-4A）．

ヤツメウナギや両生類幼生の仮想的遊泳をしている脊髄に微小電極を刺入して，そのときのニュー

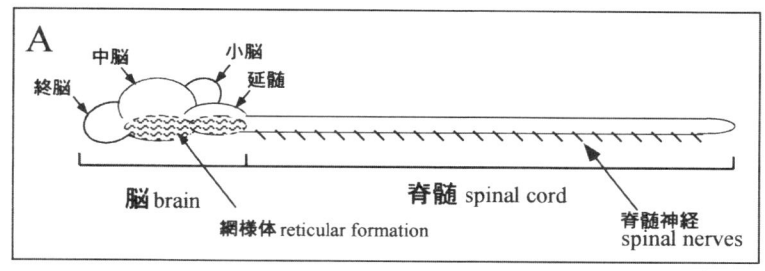
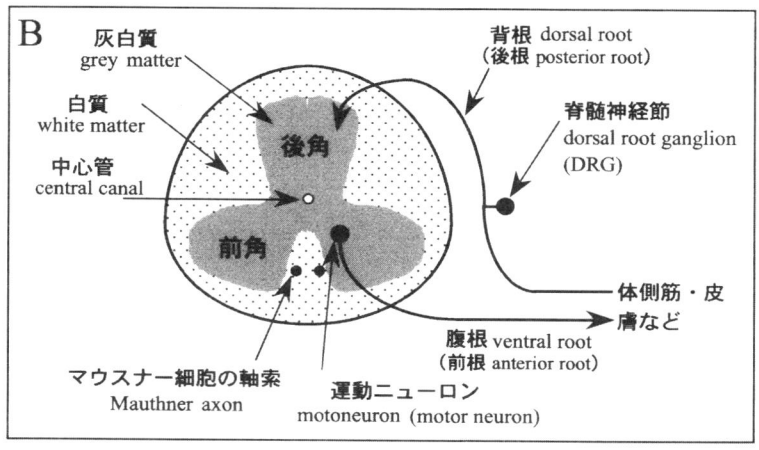

図2-2 魚類中枢神経系の模式図
(A) 魚類の中枢神経系は哺乳動物などと同じく脳と脊髄からなる．脳の基本単位もこれらと同じである．脊髄の各セグメントからは1本ずつ脊髄神経が出る．
(B) 真骨魚脊髄横断面の模式図．中枢神経はニューロンの細胞体および樹状突起が分布する灰白質と軸索の通路（伝導路）を含む白質からなる．灰白質の背側部分を後角（dorsal horn）といい，ここには主に感覚系（求心系）の介在ニューロンが分布する．灰白質の腹側部分の前角（ventral horn）は主にCPGを構成する運動ニューロンと各種介在ニューロンを含む．脊髄神経は運動ニューロンの軸索の束である前根（腹根）と感覚神経細胞の軸索の束が合流したものである．皮膚などからの感覚情報を脊髄に伝える感覚神経細胞の細胞体は脊髄神経節にあり，その中枢側の軸索は後根（背根）を通り脊髄後角に入る．

ロン活動を記録し，さらに記録したニューロンに微小電極から色素などを注入することでマーキングするという方法を用い，CPGを構成するニューロンの同定が試みられた（Kahn and Roberts, 1982; Robertsら, 1986; Grillnerら, 1986, 1988）．その結果，各ユニットは少なくとも2種類の介在ニューロンからなることが分かった（図2-3B）．それらはグルタミン酸作動性の興奮性下降介在ニューロンとグリシン作動性の抑制性交叉介在ニューロンである．前者は同側の前後数セグメントに軸索を伸ばし，そこにある運動ニューロンと介在ニューロンを興奮させ，後者は反対側の同じレベルより尾方に投射し，運動ニューロンと介在ニューロンの活動を抑制する（Grillnerら, 1988; Roberts, 1990）．適当な賦活入力があれば，これらのニューロンからなる回路は左右交互の律動的リズムを生

---

* （前ページ注）：クラーレなどの神経筋遮断剤を注射して不動化した魚の中枢神経系や単離した中枢神経系から記録した筋肉の運動を伴わない遊泳時神経活動のこと．運動時の神経活動を電気的に記録する場合，動く魚から細胞内記録をすることはまず不可能であり，細胞外記録も難しい．また，単離した神経系には薬物が浸透しやすいので，薬理学的実験をすることも容易になる．

成できることが，コンピューターシミュレーションにより証明された（Ekebergら，1991；Roberts and Tunstall，1990）．真骨魚におけるCPGの存在と構成はまだ直接的には証明されていないものの，間接的な証拠から同様の仕組みをもつと考えられる．すなわち，脊髄内には交叉介在ニューロンと同じく，グリシンという抑制性神経伝達物質をもつニューロンが多数あること（Uematsuら，1993），逃避反射を司るマウスナー細胞に接続する脊髄ニューロンにはCPGの交叉介在ニューロンと下降介在ニューロンと同じ形態と伝達物質をもつニューロンがあること（Faberら，1989）などである（マウスナー細胞については第3章参照）．

CPGで作られたリズムは最終的には下降介在ニューロンを経て運動ニューロンから筋細胞に出力される（図2-2B）．真骨魚の体側筋支配脊髄内運動ニューロンには，白筋を支配する大型のニューロン primary motoneuron（pmn）と，血合筋と白筋の両方を支配する小型のニューロン secondary motoneuron（smn）がある（de Graafら，1990；Fetcho，1986；van Raamsdonkら，1996）．このうち大型の運動ニューロンは背内側の中心管付近に，小型の運動ニューロンは運動柱（motor column）全体，特に腹側に多く位置する．またsmnはpmnより遅れて分化する．各脊髄セグメントの片側に，

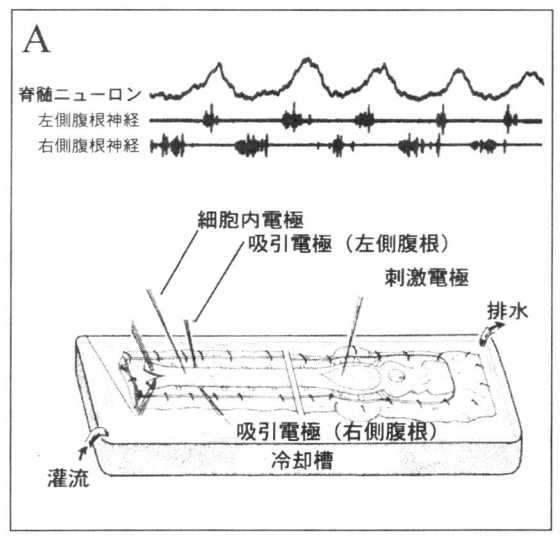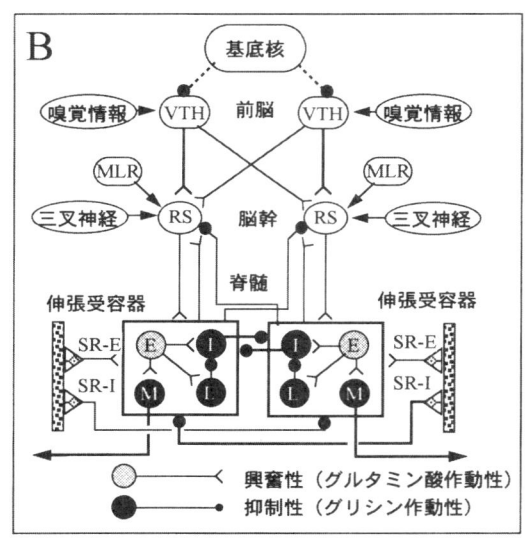

図2-3　ヤツメウナギの in vitro 標本と推定された神経回路（Grillner，1999を改変）
（A）ヤツメウナギの脳と脊髄は極めて扁平であるために外部との物質交換が効率的に行われるので，長時間の in vitro 実験に適する．下は摘出した脳脊髄の標本に電極を装着し，神経活動を記録しているところ．仮想的運動は脳幹への電気刺激か，灌流液へのグルタミン酸アゴニスト（NMDA）投与により誘起する．運動ニューロンの活動は前根（腹根）に装着した吸引電極によりモニターする（細胞外記録）．脊髄ニューロンの活動を直接観察するためには，ニューロンに微小電極を刺入する（細胞内記録）．上はこうして記録された一連の神経活動．左右の運動ニューロンが交互に活動し，CPGを構成する一つのニューロンの細胞膜電位が運動ニューロン活動に同期して変動しているのが分かる．
（B）一連の実験により推定されたヤツメウナギの遊泳神経回路の模式図．四角の中が一つのCPG単位である．網様体脊髄ニューロン（RS）はグルタミン酸作動性であり，脊髄CPGのすべての運動ニューロン（M）と介在ニューロンを興奮させる．脊髄ニューロンのうち興奮性介在ニューロン（E）も脊髄ニューロンを興奮させる．抑制性のグリシン作動性介在ニューロン（I）の軸索は正中線を越え対側のすべてのニューロンの活動を抑制する．RSニューロンは三叉神経（皮膚感覚），中脳移動運動誘発域（MLR），腹側視床（VTH）から興奮性のシナプス入力を受ける．外側介在ニューロン（L）と脊髄内伸張受容ニューロン（SR-E，SR-I）については原著を見られたい．

キンギョ Carassius auratus では pmn が 8～12 個，smn が約 120 個（Fetcho and Faber，1988），ゼブラフィッシュ Danio rerio では pmn が 3 個ある（Westerfield ら，1986）．ゼブラフィッシュの smn の数は報告されていない．さらに，ゼブラフィッシュの 3 個の pmn は一つの筋節の中で支配領域を住み分けていることが知られている．すなわち，一番前の pmn（RoP）は腹側普通筋の背側部分，真中の pmn（MiP）は背側普通筋，一番後ろの pmn（CaP）は腹側普通筋の腹側部分を分割支配する．多数の smn の支配域は一つの筋節の中で重なるばかりでなく，隣接する筋節にも終末する．腹根に与える電気刺激の強度を変えると，ある筋線維に表れる終板電位の種類が分かる．このようにして，ゼブラフィッシュでは筋線維の 80％以上は複数の運動ニューロンに支配されることが示された（Westerfieldら，1986）．

エンゼルフィッシュ Pterophyllum scalare の孵化前の胚には各脊髄半節ごとに 2 個の比較的大型の pmn と考えられる運動ニューロンが存在する（Sakamoto ら，1999b）．これは，その後次第に数を増し，孵化時には 15 個前後に達する．この時期には smn はまだ分化していない．その smn の軸索と考えられる脊髄腹根内の細い軸索の数は，孵化後 6～18 時間に急激に増加し，その後，孵化後 30 時間まで緩やかに増加する．なお，この期間に赤筋は未分化である（Yoshida ら，1999）．孵化後 60 時間までに，より細い軸索が急激に増加し，1 本の脊髄腹根に含まれる軸索数は約 200 本にまで増加する（Sakamoto ら，1999a）．しかし，軸索数は次第に減少し，孵化後 20 日目までに成魚の数と同じ 20 本前後に落ち着く．この過程は筋細胞に接続できなかった運動ニューロンのアポトーシスによる淘汰であることが示唆されている（Sakamoto ら，1999a）．

これまで，脊髄運動ニューロンは出力要素であり，CPG の一部ではないと考えられていた．とろが，最近，両生類幼生において，運動ニューロンが同じ CPG の他の運動ニューロンおよび介在ニューロンに，アセチルコリン受容体を介して興奮性をさらに高めるような入力を与えることが分かった（Perrins and Roberts，1995a）．さらに，運動ニューロンは上記の化学的シナプスに加え電気的シナプス（gap junction）を介しても，近くの運動ニューロンとの接続を形成する（Perrins and Roberts，1995b）．すなわち運動ニューロンはグルタミン酸受容体に加えて，ニコチン性アセチルコリン受容体，gap junction の通じての，3 系統の興奮性入力を受けるわけである．

それでは体側筋の収縮の波はどうして通常は吻側から尾側へ，後退するときにはその逆の方向に進むのであろうか．何らかの理由で脊髄の吻端あるいは尾端ほど CPG の興奮性が高いと考えられるわけであるが，この原因として，実験事実に基づき，2 つの仮説が立てられている．Matsushima and Grillner（1992）は一部のセグメント（多くの場合，吻端か尾端）にだけ，他よりも高い興奮性の持続的入力（ドライブ）があり，他のセグメントにかかるドライブのレベルは同じであると考え，これを trailing oscillator 仮説と呼んだ．Tunstall and Roberts（1994）は，trailing oscillator 仮説では隣接するセグメント間の協調性を説明できないとし，各 CPG にかかる興奮性および抑制性のドライブには吻尾方向の勾配があると考えた．すなわち，吻側の CPG のニューロンほど，強い興奮性入力と抑制性入力を受ける（図2-4B）．その後，アフリカツメガエル Xenopus 幼生の脊髄では，実際に吻側ほど抑制性交叉介在ニューロンの軸索は多く分布することが示された（Yoshida ら，1998）．最近，セロトニン（5-HT），ノルアドレナリン，一酸化窒素（NO）などを伝達物質とするニューロンが CPG 活動の修飾や調節をすることがしばしば報告されるようになった（Zhang and Grillner，2000；

McLean ら，2000）．残念ながら，真骨魚の遊泳運動に関わる神経回路は逃避反射に関わる脊髄内回路（Fetcho，1991）以外ほとんどわかっていないが，両生類幼生とヤツメウナギに共通する部分は真骨魚にもあてはまるものと予想される．

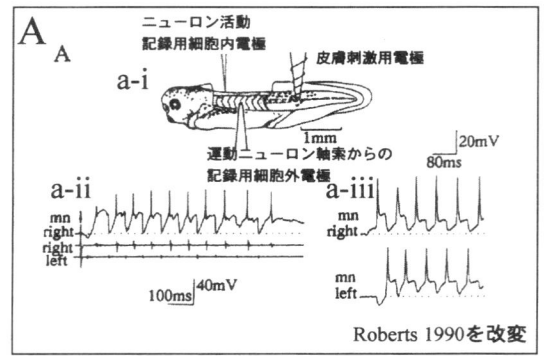
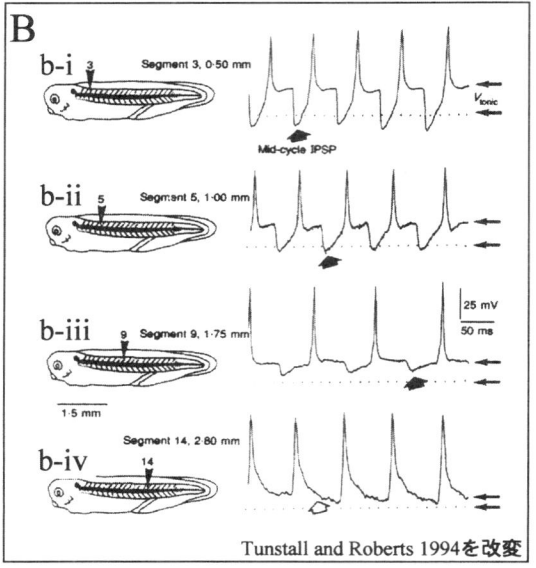

図 2-4　アフリカツメガエル（Xenopus）幼生の遊泳時脊髄ニューロン活動
（A）Xenopus 幼生からの脊髄ニューロンの記録．(a-i) クラーレで不動化した幼生の皮膚をはぎ，露出した筋隔（筋節と筋節の境界）に吸引電極を当てると運動ニューロンの軸索から活動をモニターできる（細胞外記録）．露出した脊髄に刺入した微小電極からニューロン活動を細胞内記録する．皮膚に電気刺激を与えると仮想的遊泳が起こる．(a-ii) 運動ニューロン活動の細胞内記録（上）．矢印は刺激のアーチファクト．興奮性入力による細胞膜電位の上昇とそれに続く活動電位の発生がみえる．スパイク間の膜電位の下降は対側の交叉介在ニューロンによる抑制性シナプス後電位．中と下は左右の運動ニューロン活動の細胞外記録．左右交互の叢放電（複数ニューロンの活動電位）が見える．(a-iii) 同じレベルの左右の運動ニューロンから導出した細胞内記録．左右交互の活動電位の発生が見える．一方に活動電位が発生したときに，対側は強く抑制されている．
（B）異なる脊髄レベルから導出した運動ニューロン活動の細胞内記録．ニューロンに生じる興奮性の膜電位変動（Vtonic）と抑制性の膜電位変動（Mid-cycle IPSP 抑制性シナプス後電位）はどちらも吻側のニューロンほど大きい．Vtonic は脳および脊髄の他のニューロンからくる持続的興奮性入力の合計である．抑制性シナプス後電位が大きいほどナトリウムチャネルの再活性化が促進されるので，発火頻度が高まると考えられる．これらから吻側の CPG ほど，興奮性と内在リズムの周波数の高いことが示唆される．

§2. 脳内遊泳中枢

　動物が移動するために行う運動を一括してロコモーション（locomotion）と呼ぶ．ネコ脳幹の「歩行領域」を電気刺激すると歩行運動が誘発できることがわかり，これらの領域を中脳歩行運動誘発野（mesencephalic locomotor region, MLR）および視床下歩行運動誘発野（subthalamic locomotor region, SLR）と名付けた（Shik ら，1968）．以後，哺乳類を中心とする多くの脊椎動物において脳幹への電気および薬物刺激による歩行，あるいは遊泳運動の誘発が試みられた（Jordan，1986）．魚類では，Kashin ら（1974）によるコイ Cyprinus carpio を用いた先駆的な仕事の後に，アカエイ Dasyatis sabina（Livingston and Leonard，1990；Bernau ら，1991），キンギョ（Fetcho and Svoboda,

1993），コイ（Uematsu and Ikeda，1993）などでの報告がある．これらの領域はそれぞれ脳幹にある特定の神経核（中枢内のニューロンの集団，nucleus）に相当する．哺乳類では中脳の脚橋核と間脳の視床下核である．ここにあるニューロンは脳幹から脊髄に軸索を伸ばし，脊髄のCPGを活性化させることにより歩行や遊泳を誘発するものと考えられる．

　Kashinら（1974）はコイの中脳に電気刺激を加えると遊泳運動を誘発することを示した．その後，逆行性標識法＊により，この領域にあって脊髄に投射する神経核は内側縦束核と赤核であることが分かり，このどちらかあるいは両方が遊泳運動誘発信号の起始核であろうと想定された（Okaら，1986）．キンギョでも同様の手法で両核が標識された（Prasada Raoら，1987，1993）．植松らはこれらの研究を受け，コイの中脳全域を対象として，まんべんなく微小電気刺激あるいはグルタミン酸を用いた微小化学刺激を行った結果から，遊泳運動開始信号の起始核は内側縦束核（the nucleus of medial longitudinal fasciculus，nflm）であり，その下降路は内側縦束（medial longitudinal fasciculus，flm）であると結論した（Uematsu and Todo，1997）（図2-5）．キンギョでは，内側縦束核のニューロンの

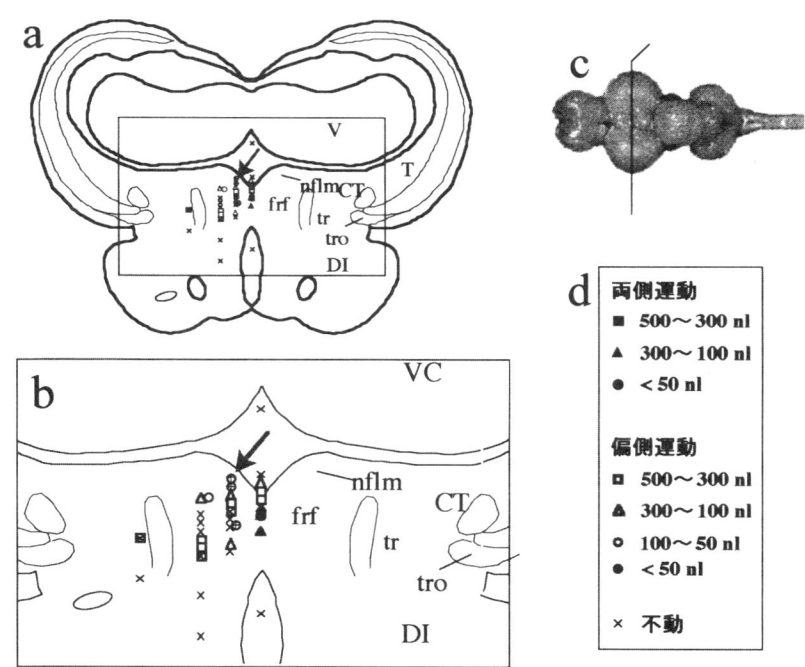

図2-5　コイ中脳内側縦束核への薬物刺激による遊泳運動の誘起
　コイの脳に0.1Mのグルタミン酸溶液を微量注入して遊泳運動が起きた部位（Uematsu and Todo, 1997）．内側縦束核（nflm）は中脳後部の中脳被蓋（網様体の一部）にある．正中部に注入すると両側運動が起き，それ以外では尾を一方の側に振る偏側運動が起きることが多い．グルタミン酸は興奮性のアミノ酸神経伝達物質で，ほとんどのニューロンにはグルタミン酸受容体が分布する．（Di 間脳，T 視蓋，V 中脳脳室，VC 小脳弁）

＊　ニューロンの軸索には，微小管（microtubule）と何種類かのタンパク質によって能動的に物質を輸送する軸索内輸送（axonal transport）という機構がある．これを利用して，特定の筋や脳領域を支配するニューロン細胞体の位置を同定したり，逆に，ある脳領域のニューロン軸索が終末する場所を調べることができる．前者を逆行性標識（retrograde labeling），後者を順行性標識（anterograde labeling）という．

軸索はすべて脊髄末端まで伸び，途中で側枝を出すが，赤核ニューロンの軸索は脊髄全長の途中までしか伸びないという知見とも一致する（Prasada Raoら，1987）．すなわち，内側縦束核のニューロンはすべての脊髄セグメントのリズム生成装置と側枝で連絡することにより，脊髄の全レベルを同時に活性化するものと考えられる．

§3. 内側縦束核ニューロンの種類と分布

体重100g程度のコイの内側縦束核に存在するニューロンの総数は500個程度であり，神経核全体は幅1500μm，長さ1200μm，高さ600μmくらいの，鳥が両翼を広げたような左右対称の形である（図2-6A）．脊髄のCPGを活性化し遊泳運動を引き起こすニューロンは興奮性の神経伝達物質をもつと考えられ，またヤツメウナギや両生類幼生の仮想的遊泳がグルタミン酸受容体のアゴニストであるNMDA（N-methyl-D-aspartate）により誘起されることから，遊泳の誘起に関わる内側縦束核ニューロンはグルタミン酸作動性であることが予想された．そこで，コイの脳切片を抗グルタミン酸抗体で免疫染色したところ個体あたり300〜400個のニューロンが染色された（図2-6B）．さらに，頸部脊

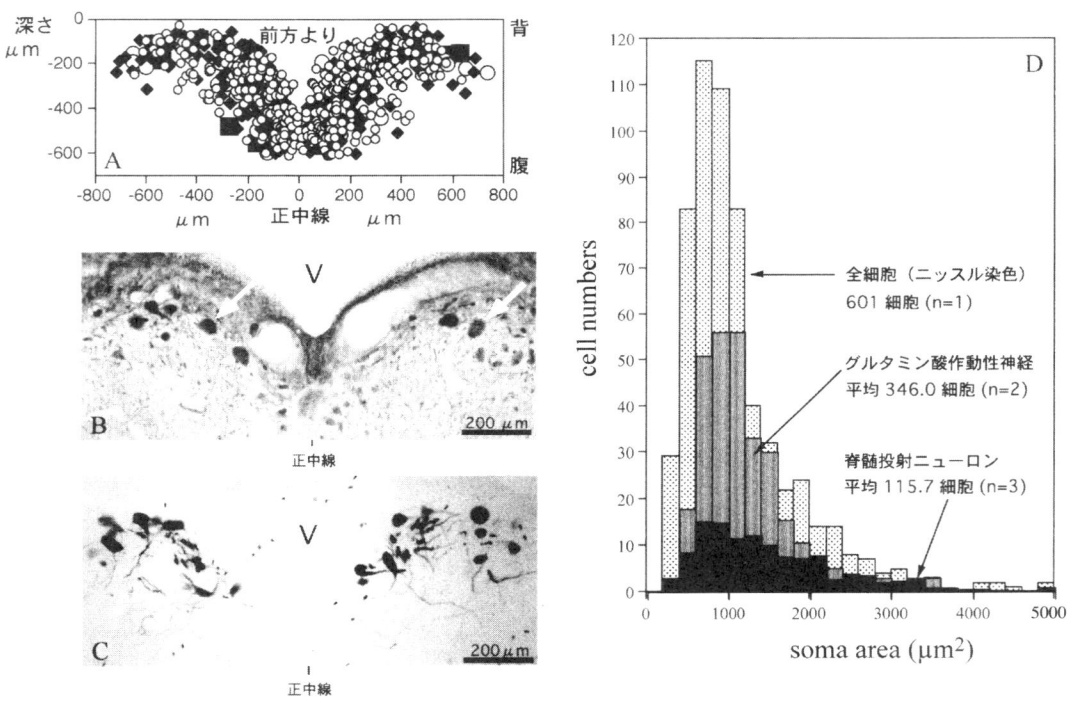

図2-6 コイ内側縦束核ニューロン細胞構築
（A）ニッスル染色した内側縦束核ニューロンを三次元にプロットし，神経核全体を吻側より見た図．内側縦束核にはおよそ600個のニューロンにあることが分かる．
（B）抗グルタミン酸抗体で免疫染色した内側縦束核ニューロン．同核にはグルタミン酸作動性ニューロン（矢印）が多く含まれる．
（C）脊髄に注入したニューロビオチンで逆行性標識された内側縦束核ニューロン．脊髄に軸索を伸ばすニューロン（脊髄投射ニューロン）がある．
（D）内側縦束核の全ニューロン・グルタミン酸作動性ニューロン・脊髄投射ニューロンの数を断面積ごとに示したヒストグラム．（V中脳脳室）

髄に神経トレーサー（ニューロンに取り込まれ軸索内輸送により運ばれる物質，HRPやbiocytinなど）を注入し，内側縦束核ニューロンのうち脊髄に軸索を伸ばすニューロン（脊髄投射ニューロン）を逆行性標識すると100個前後が標識される（図2-6C）．これらのニューロン種の大きさと数を比較したところ，内側縦束核ニューロンのうちの脊髄に投射するニューロンの大きさの分布が，グルタミン免疫陽性ニューロンのそれに完全に含まれることがわかった（図2-6D）．したがって，投射ニューロンの多くは代表的な興奮性神経伝達物質であるグルタミン酸をもつと考えられる（van den Polら，1990）．この事実は内側縦束核が脊髄のCPGを賦活することと完全に符合する．内側縦束核ニューロンの周辺にはグリシン作動性およびGABA作動性と思われる神経終末が観察された．特にグリシン作動性終末は多数見られた．GABAを含むニューロンも少数ながら観察された．グリシンもGABAも抑制性のアミノ酸神経伝達物質である．これらの細胞体がどこにあり，何をしているかは今のところ不明であるが，抑制性ニューロンが内側縦束核ニューロンを抑制しているいことは間違いない．これらが上位中枢からくるならば，魚が泳ぎを止めるときに働くのであろうし，脊髄からくるのであれば，尾の一方の側への振りを抑制するような一種のフィードバックかもしれない．

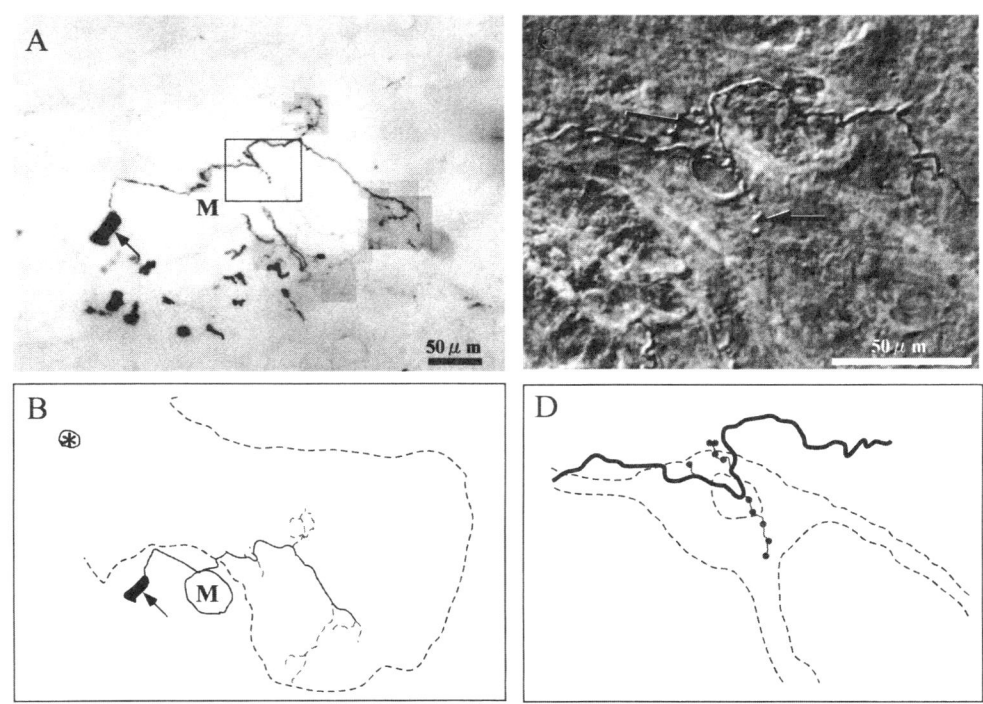

図2-7　順行性標識されたコイ内側縦束核ニューロンの脊髄内終末
　内側縦束核にビオチン化デキストランアミン（BDA）を注入後，約1月間生存させた後に灌流固定した．脳と脊髄の横断切片を処理してBDAを可視化した．
(A) 脊髄前角腹側の腹索に標識された太い軸索（矢印）がある．これを脳に向かい追跡すると一つの内側縦束核ニューロンに至った．軸索から出る側枝はマウスナー軸索（M）のそばを通って前角に入りさらに枝分かれする．
(B) Aのトレース．破線は脊髄灰白質を，＊は中心管を示す．
(C) Aの四角の中を拡大した微分干渉顕微鏡像．うっすらと見える運動ニューロンと思われる細胞上にバリコシティ様終末（矢印）が重なる．
(D) Cのトレース．破線は運動ニューロンと思われる細胞の輪郭．

§4. 内側縦束核ニューロンと脊髄ニューロンとの接続

魚類の脳ニューロンと脊髄ニューロンとの接続を直接確認した例は，これまでキンギョのマウスナー軸索と，脊髄運動ニューロンおよび下降介在ニューロンとの関係しかなかった（Fetcho and Faber, 1988）．そこで植松らは2種類の神経トレーサーを用い，一つは内側縦束核に注入して内側縦束核ニューロンの軸索を順行性に標識し，もう一つは体側筋に注入して脊髄運動ニューロンを逆行性に標識することを試みた．その結果，脊髄に投射する内側縦束核ニューロンの軸索はほぼセグメントごとに側枝を出し，運動ニューロンに終末することが確かめられた（平成13年度日本水産学会春季大会）．おそらく他の介在ニューロンとも同様に接続しているものと考えられる．

§5. 内側縦束核ニューロンの活動

仮想的遊泳においても，自由遊泳においても，遊泳中に持続的にスパイクを発するtonicニューロンと（図2-8A），遊泳のリズムに同期して間欠的にスパイクを発するphasicニューロンが観察された（図2-8B）．個々のニューロンの活動様式は実験中に変化することはなかった．したがって，内側縦束核には活動様式の異なる複数の遊泳に関わるニューロンの存在することが示唆される．同時に，仮想的遊泳と自由遊泳が神経活動の面からみて同質であり，仮想的遊泳を指標とした研究法が正しいことも意味する．

tonicニューロンは，ヤツメウナギ（Wannierら，1998）や *Xenopus* 幼生（Soffe and Roberts, 1982）の場合と同様，脊髄の全てのCPGにグルタミン酸受容体を介して興奮性のドライブ（入力）をかけると考えられる．これによりCPGがリズムを生成するのであろう．上述したように，tonicニ

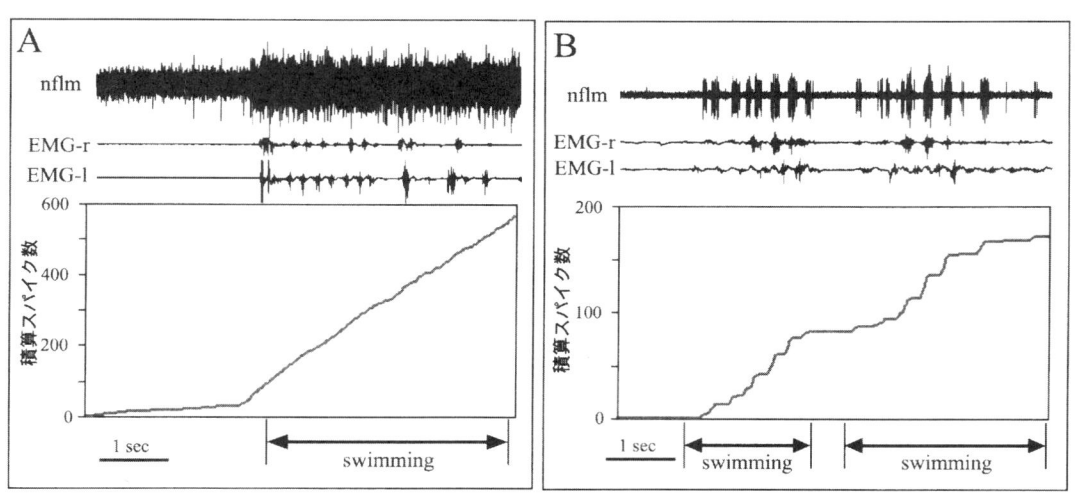

図2-8 内側縦束核ニューロンの発火様式
コイ内側縦束核ニューロンの電気的活動．自由遊泳中の魚の内側縦束核から神経活動を導出した．上のトレースは内側縦束核ニューロンの活動（nflm）．二番目と三番目のトレースは同じレベルの左右の体側筋筋電図（EMG－r，－l）．左右交互に叢放電の出ている部分が遊泳運動．グラフは上の内側縦束核ニューロン活動のうちの大きなユニットのスパイク数を積算したもの．
(A) 遊泳中，持続的にスパイクを出し続けるニューロン．積算スパイク数は遊泳中同じ傾きで増加し続ける．
(B) 遊泳中，遊泳のリズムに同調して断続的にスパイクを出すニューロン．グラフは階段状になる．

ューロンは脊髄内を下降しながら，全てのセグメントにおいて側枝を出して，そのセグメントのCPGニューロンにシナプスすると考えている．

遊泳に同期して活動するphasicニューロンはヤツメウナギの網様体にも存在し，脊髄CPGからフィードバックを受けるという (Vinay and Grillner, 1992, 1993). コイのphasicな内側縦束核ニューロンも確かに一方もしくは両側の運動ニューロンの活動に同期して興奮する．一般的にいって，遊泳のリズムは脊髄内で作られるので，内側縦束核ニューロンの活動のリズムは脊髄内のリズムを反映したものであると考えるのが妥当であろう．そうするとphasicなニューロン活動は脊髄ニューロンの活動のフィードバック，すなわちefference copyである可能性が高い．しかしながら，実体はまだ明らかではない．

§6. 胸鰭による遊泳

魚類にとり体側筋とともに胸鰭が推進力の発生や姿勢の維持・微調整に果たす役割は，特に低速での遊泳時において重要である (Lindsey, 1978). 胸鰭の使い方についての運動学的 (kinematic) な検討は多くなされているものの（例えばGibbら，1994；Drucker and Jensen, 1997；Westneat and Walker, 1997), 運動筋の神経支配に関する研究は少ない (Gilatら，1986；Ladich and Fine, 1992). 魚類の胸鰭運動筋が後頭神経 (occipital nerve) および最前部の脊髄神経に支配されていることは間違いないものの (Parenti and Song, 1996), 胸鰭の運動と体側筋運動の同期機構や，左右非対称な運動の制御機構などの中枢メカニズムは不明である．脊椎動物の付属肢の筋は脊髄運動ニューロンを介して赤核 (red nucleus またはnucleus ruber) により支配される (Smeets and Timerick, 1981). コイの赤核を破壊すると対鰭の運動が失われるので（植松ら，未発表），これは魚類にも共通する原則であると考えられる．魚類の赤核は内側縦束核の近傍に存在する (Okaら，1986). 赤核のニューロンが反対側の脊髄に赤核脊髄路を通り投射することも，より高等な脊椎動物と同じである (Sarrafizadeh and Houk, 1994). 胸鰭運動筋を支配するCPGと体側筋を支配するCPGの間，赤核ニューロンと内側縦束核ニューロンの間にあるはずの神経連絡については今後の研究課題である．

おわりに

著者が魚類遊泳運動の神経基盤の解明を志したのは，サケ *Oncorhynchus keta* 放卵機構を調べたことがきっかけである．サケ・マス類では排卵された卵は腹腔に貯留されるので，卵を体外に押し出すのは体側筋の収縮力以外には考えにくい．実際，産卵行動中のシロサケ雌雄から体側筋筋電図を導出すると，産卵の時，雄からも雌からも，放卵放精に同期して大きな持続的筋電図が記録される (Uematsuら，1980；Uematsu and Yamamori, 1982). 全体側筋が同時に痙縮しているのである．これについてはMatsushimaらによるヒメマス *Oncorhynchus nerka* についてのより詳細な報告もある (Matsushimaら，1989). しかしながら，普段は遊泳するための波状運動を作り出すことしかしない体側筋が，どうして産卵の時だけ全く違う運動パターンをとることができるのかという点については未だに明らかにされていない．端脳（終脳）・間脳・小脳といった上位脳と遊泳運動との関わりを含めて，残された大きな研究課題である．

文 献

Bernau, N. A., R. L. Puzdrowski and R. B. Leonard (1991): Identification of the midbrain locomotor region and its relation to descending locomotor pathways in the Atlantic stingray, *Dasyatis sabina*. *Brain Res.*, 557, 83-94.

Cohen, A. H. (1988): Evolution of the vertebrate central pattern generator for locomotion, in "Neural Control of Rhythmic Movements in Vertebrates" (ed. by A. H. Cohen, S. Rossignol and S. Grillner), John Wiley & Sons, pp.129-166.

de Graaf, F., W. van Raamsdonk, E. van Asselt and P. C. Die genbach (1990): Identification of motoneurons in the spinal cord of the zebrafish (*Brachydanio rerio*), with special reference to motoneurons that innervate intermediate muscle fibers. *Anat. Embryol.*, 182, 93-102.

Drucker, E. G. and J. S. Jensen (1997): Kinematic and electromyographic analysis of steady pectoral fin swimming in the surfperches. *J. Exp. Biol.*, 200, 1709-1723

Ekeberg, O., P. Wallé, A. Lansner, H. Traven, L. Bridin and S. Grillner (1991): A computer based model for realistic simulations of neural networks. 1.The single neuron and synaptic interaction. *Biol. Cybernetics*, 65, 81-90.

Faber, D. S., J. R. Fetcho and H. Korn (1989): Neuronal networks underlying the escape responses in goldfish. General implications for motor control. *Ann. N. Y. Acad. Sci.*, 563, 11-33.

Fetcho, J. R. (1986): The organization of the motoneurons innervating the axial musculature of vertebrates. I. Goldfish (*Carassius auratus*) and mudpupiies (*Necturus maculosus*) *J. Comp. Neurol.*, 249, 521-550.

Fetcho, J. R. (1991): Spinal network of the Mauthner cell. *Brain Behav. Evol.*, 37, 298-316.

Fetcho, J. R. and D. S. Faber (1988): Identigication of motoneruons and interneurons in the spinal network for escapes initiated by the Mauthner cell in goldfish. *J. Neurosci.*, 8, 4192-4213.

Fetcho, J. R. and K. R. Svoboda (1993): Fictive swimming elicited by electrical stimulation of the midbrain in goldfish. *J. Neurophysiol.*, 70, 756-780.

Gibb, A. C., B. C. Jayne and G. V. Lauder, (1994): Kinematics of pectoral fin locomotion in the bluegill sunfish *Lepomis macrochirus*. *J. Exp. Biol.*, 189, 133-161.

Gilat, E., D. H. Hall and V. L. Bennett(1986): The giant fiber and pectoral adductor motoneuron system in the hatchetfish. *Brain Res.*, 365, 96-104.

Grillner, S. (1999): Swimming in the lamprey. In "Neural Control of Locomotion : From Mollusc to Man" (ed. by G. N. Orlovsky, T. G. Deliagina and S. Grillner), Oxford University Press, pp. 113-153.

Grillner, S., L. Brodin, K. Sigvardt and N. Dale (1986): On the spinal network generating locomotion in lamprey : transmitters, membrane properties and circuitry. In "Neurobiology of Vertebrates Locomotion" (ed. by S. Grillner, P. S. G. Stein, D. G. Stuart, H. Forssberg and R. M. Herman), Macmillan, London, pp.335-352.

Grillner, S., J. T. Buchanan, P. Wallen and L. Brodin (1988): Neural control of locomotion in lower vertebrares. In "Neural Control of Rhythmic Movements in Vertebrates" (ed. by A. H. Cohen, S. Rossignol and S. Grillner), John Wiley & Sons, New York, pp.1-40.

Jordan, L. M. (1986): Initiation of locomotion from the mammalian brainstem. In "Neurobiology of Vertebrates Locomotion" (ed. by S. Grillner, P. S. G. Stein, D. G. Stuart, H. Forssberg and R. M. Herman), Macmillan, London, pp. 21-37.

Kahn, J. A. and A. Roberts (1982): Experiments on the central pattern generator for swimming in amphibian embryos. *Phil. Trans. R. Soc. Lond. B*, 296, 229-243.

Kashin, S. M., A. G. Feldman and G. N. Orlovsky (1974): Locomotion of fish evoked by electrical stimulation of the brain. *Brain Res.*, 82, 41-47.

Ladich, F. and M. L. Fine (1992): Localization of pectoral fin motoneurons (sonic and hovering) in the croaking gourami *Trichopsis vittatus*. *Brain Behav. Evol.*, 39, 1-7.

Lindsey, C. C. (1978): Form, function, and locomotory habits in fish. in "Fish Physiology (vol.VII)" (ed. by W. S. Hoar and D. J. Randall), Academic Press, New York, pp. 1-100.

Livingstone, C. A. and R. B. Leonard (1990): Locomotion evoked by stimulation of the brain stem in the Atlantic stingray, *Dasyatis sabina*. *J.Neurosci.*, 10, 194-204.

Matsushima, T., K. Takei, S. Kitamura, M. Kusunoki, M. Satou, N. Okumoto and K. Ueda(1989): Rhythmic electromyographic activities of trunk muscles characterize the sexual behavior in the Himé salmon (landlocked socheye salmon, *Oncorhynchus nerka*). *J. Comp. Physiol. A*, 165, 293-314.

Matsushima, T. and S. Grillner (1992): Neural mechanisms of intersegmental coordination in lamprey : local excitability changes modify the phase coupling along the spinal cord. *J. Neurophysiol.*, 67, 373-388.

McLean, D. L., S. D. Merrywest and K. T. Sillar (2000): The development of neuromodulatory systems and the maturation of motor patterns in amphibian tadpoles. *Brain Res. Bull.*, 53, 595-603.

Oka, Y., M. Satou and K. Ueda (1986): Descending pathways to the spinal cord in the hime salmon (landlocked red salmon, *Oncorhynchus nerka*). *J. Comp. Neurol.*, 254, 91-103.

Parenti, L. R. and J. Song (1996): Phylogenetic significance of the pevtoral-pelvic fin association in Acanthomorph fishes : A reassessment using comparative neuroanatomy. In "Interrelationships of fishes." (ed. by M. L. J. Stiassny, L. R. Parenti, and G. D. Johnson,), Academic Press, pp.427-444.

Perrins, R. and A. Roberts (1995a): Cholinergic contribution to excitation in a spinal locomotor central pattern generator in

Xenopus embryos. *J. Neurophysiol.*, 73, 1013-1019.
Perrins, R. and A. Roberts (1995b): Cholinergic and electrical motoneuron-to-motoneuron synapses contribute to on-cycle excitation during swimming in *Xenopus* embryos. *J. Neurophysiol.*, 73, 1005-1012.
Prasada Rao, P. D., A. G. Jadhao and S. C. Sharma (1987): Descending projection neurons to the spinal cord of the goldfish, Carassius auratus. *J. Comp. Neurol.*, 265, 96-108.
Prasada Rao, P. D., A. G. Jadhao and S. C. Sharma (1993): Topographic organization of descending projection neurons to the spinal cord of the goldfish, *Carassius auratus*. *Brain Res.*, 620, 211-220.
Roberts, A. (1990): How does a nervous system produce behaviour? A case study in neurobiology. *Sci. Progress*, 74, 31-51
Roberts, A. and M. J. Tunstall (1990): Mutual re-excitation with post-inhibitory rebound: a simulation study on the mechanisms for locomotor rhythm generation in the spinal cord of *Xenopus* embyos. *Eur. J. Neurosci.*, 2, 11-23.
Roberts, A., S. R. Soffe and N. Dale (1986): Spinal interneurons and swimming in frog embryos. In " Neurobiology of Vertebrates Locomotion" (ed. by S. Grillner, P.S.G. Stein, D. G. Stuart, H. Forssberg and R. M. Herman), Macmillan, London, pp.279-306.
Romer, A. S. (1971): "The Vertebrate Body (fourth edition)" Saynders/Toppan, Philadelphia/Tokyo.
Sakamoto, H., M. Yoshida, T. Sakamoto and K. Uematsu (1999a): Development of the myotomal neuromuscular system in embryonic and larval angelfish, *Pterophyllum scalare*. *Zool. Sci.*, 16, 775-784.
Sakamoto, H., M. Yoshida and K. Uematsu (1999b): Naturally occurring somatic motoneuron death in a teleost angelfish, *Pterophyllum scalare*. *Neurosci. Lett.*, 267, 145-148.
Sarrafizadeh, R. and J. C. Houk (1994): Anatomical organization of the limb premotor network in the turtle (*Chrysemys picta*) revealed by in vitro transport of biocytin and neurobiotin. *J.Comp.Neurol.*, 344, 137-159.
Shik, M. L., G. N. Orlovsky and F. V. Severin (1968): Locomotion of the mesencephalic cat elicited by stimulating the pyramids. *Biofizika*, 13, 127-135.
Smeets, W. J. A. J. and S. J. B. Timerick (1981): Cells of origin of pathways descending to the spinal cord in chondichthyans, the shark *Scyliorhinus canicula* and the ray *Raja clavata*. *J.Comp.Neurol.*, 202, 473-491.
Soffe, S. R. and A. Roberts (1982): Tonic and phasic synaptic input to spinal cord motoneurons during fictive locomotion in frog embryos. *J. Neurophysiol.*, 48, 1279-1288.
塚本勝巳 (1991): 遊泳生理, 魚類生理学 (板沢靖男・羽生功編), 恒星社厚生閣, pp.539-584.
Tunstall, M. J. and A. Robert (1994): A longitudinal gradient of synaptic drive in the spinal cord of *Xenopus* embroys and its role in co-ordination of swimming. *J. Physiol.* (London), 474, 393-405.

Uematsu, K. and K. Yamamori (1982): Body vibration as a timing cue for spawning in chum salmon. *Comp. Biochem. Physiol.*, 72A, 591-594.
Uematsu, K., K. Yamamori, I. Hanyu and T. Hibiya (1980): Role of the trunk musculatures in oviposition of chum salmon, *Oncorhynchus keta*. *Nippon Suisan Gakkaishi*, 46, 395-400.
Uematsu, K., M. Shirasaki and J. Storm-Mathisen (1993): GABA - and glycine-immunoreactive neurons in the spinal cord of the carp, *Cyprinus carpio*. *J. Comp. Neurol.*, 332, 59-68.
Uematsu, K. and T. Ikeda (1993): The midbrain locomotor region and induced swimming in the carp *Cyprinus carpio*. *Nippon Suisan Gakkaishi*, 59, 783-788.
Uematsu, K. and T. Todo (1997): Identification of the midbrain locomotor nuclei and their descending pathways in the teleost carp, *Cyprinus carpio*. *Brain Res.*, 773, 1-7.
van den Pol, A., J. P. Wuarin, and F. E. Dudek (1990): Glutamate, the dominant excitatory transmitter in neuroendocrine regulation. *Science*, 250, 1276-1278.
van Raamsdonk, W., T. J. Bosch, M. J. Smit-Onel and S. Maslam (1996): Organisation of the zebrafish spinal cord: Distribhution of motoneuron dendrites and 5-HT containing cells. *Eur. J. Morph.*, 34, 65-77.
Vinay, L. and S. Grillner (1992): Spino-bulbar neurons convey information to the brainstem about different phases of the locomotion cycle in the lamprey. *Brain Res.*, 582, 134-138.
Vinay, L. and S. Grillner (1993): The spino-reticulo-spinal loop can slow down the NMDA-activated spinal locomotor network in lamprey. *Neuroreport*, 4, 609-612.
Wannier, T., T. G. Deliagina, G. N. Orlovsky and S. Grillner (1998): Differential effects of the reticulospinal system on locomotion in lamprey. *J. Neurophysiol.*, 80, 103-112.
Westerfield, M., J. V. McMurray and J. S. Eisen (1986): Identified motoneurons and their innervation of axial muscles in the zebrafish. *J. Neurosci.*, 6, 2267-2277.
Westneat, M. W. and J. A. Walker, (1997): Motor patterns of labriform locomotion: Kinematic and electromyographic analysis of pectoral fin swimming in the labrid fish *Gomphosus varius*. *J. Exp. Biol.*, 200, 1881-1893.
Yoshida, M., A. Roberts and S. R. Soffe (1988): Axon projections of reciprocal inhibitory interneurons in the spinal cord of young *Xenopus* tadpoles and implications for the pattern of inhibition during swimming and struggling. *J. Comp. Neurol.*, 400, 504-518.
Yoshida, M., M. Fudoji, H. Sakamoto and K. Uematsu, (1999): Posthatching development of spinal motoneurons in the angelfish *Pterophyllum scalare*. *Brain Behav. Evol.*, 53, 180-186.
Zhang, W. and S. Grillner (2000): The spinal 5-HT system contributes to the generation of fictive locomotion in lamprey. *Brain Res.*, 879, 188-192.

3. 逃避運動の制御と学習を担うマウスナー細胞

小田洋一, 中山寿子

はじめに

　動物は外敵や侵害刺激など危険から「すばやく」逃げる．この逃避運動は動物の生存に必要な運動のひとつで，動物全体に広く見られる．なかでも魚の逃避運動はすばやさと軌跡の美しさ，および運動を制御する神経回路の明確さから注目される．

§1. 魚の逃避運動をトリガーするマウスナー細胞

　マス，キンギョ，ゼブラフィッシュなどの硬骨魚の多くでは，侵害刺激を与えるとまず頭と尾を刺激と反対方向へ曲げ，アルファベットのCのようになるために，逃避運動の最初の動きをCスタート（C start）と呼ぶ（図3-1参照）．続いて曲げた胴を戻して推進力を発生し，敵や刺激から遠ざかる．ウナギの場合は最初に胴をS字状に曲げるので，Sスタート（S start）と呼ぶ（図3-2）（Eatonら，1977）．魚の逃避運動は短い潜時で起こることに特徴があり，刺激から10ミリ秒以内に運動が開始する（表3-1）．魚の逃避運動は基本的に感覚ニューロン，中枢ニューロン，運動ニューロンが直列につ

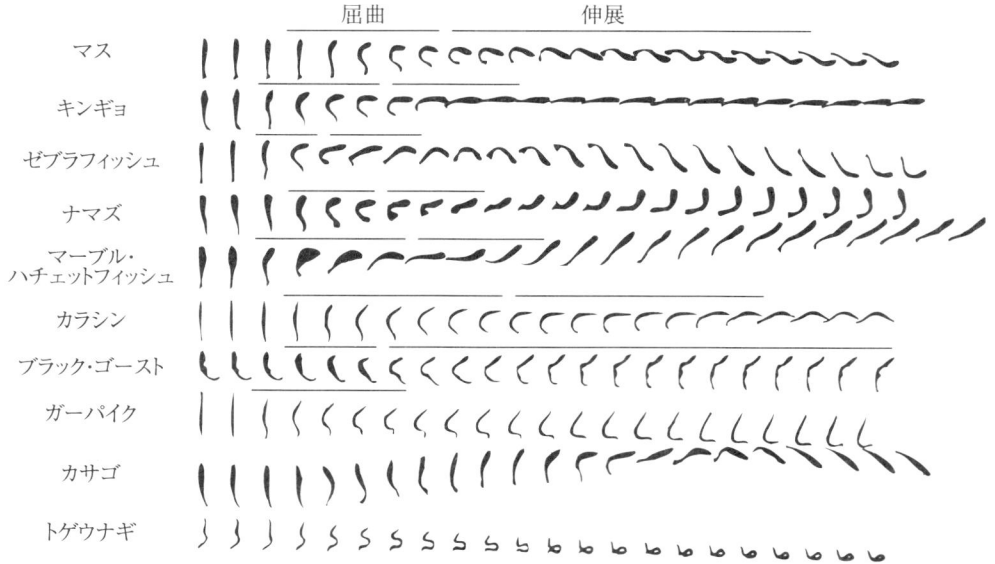

図3-2　いろいろな魚の逃避運動

硬骨魚の多くは侵害刺激に対して，刺激と反対側に胴を曲げC字状になる．なかにはウナギのようにS字状に体を屈曲させて逃避する魚もいる（Eatonら，1977）．

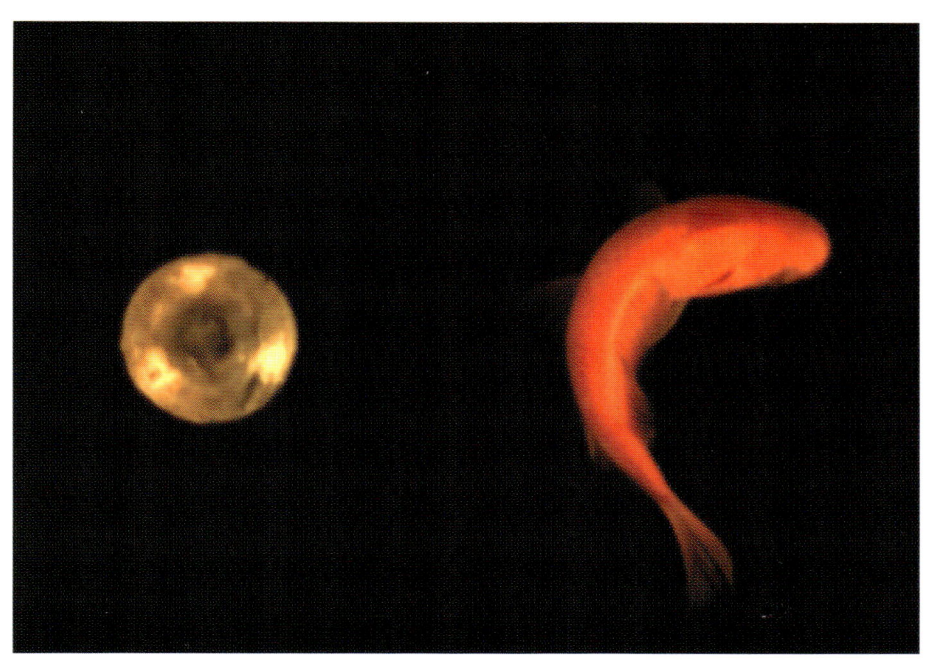

図3-1　魚の逃避運動
魚は水面に落下してきたボールに応答して素早く反対側に逃げる．胴体をC字状に曲げることからCスタートと呼ばれる．

ながった単純な神経回路によって発現する．硬骨魚のキンギョとゼブラフィッシュでは，延髄（後脳）に左右1対存在する巨大なマウスナー細胞が，逃避運動を発現する中枢ニューロンであることが明らかにされている（図3-3）（Faberら，1989）．

表3-1　いろいろな硬骨魚の逃避運動の比較
硬骨魚の逃避運動の特徴は潜時の短さである．どの魚も刺激から潜時10ミリ秒以内に逃避運動を開始する（Eatonら，1977）．

	潜時（ms）	最大角速度までの潜時（ms）	最大変位までの潜時（ms）	最大角速度（deg/s）	最大変位速度（L/s）	体長（cm）	温度（℃）
キンギョ	6.5±2.4（10）	10±0（6）	11.7±2.6（6）	8833±1961（6）	34.1±5.4（6）	8.5	24
ゼブラフィッシュ	5±0（6）	8.3±2.6（6）	9.2±2.0（6）	11400±1780（6）	41.9±11.6（6）	2.5	26
ニジマス	9.2±3.8（6）	16.7±2.9（3）	11.7±2.9（3）	5733±611（3）	23.6±0（3）	13.0	20
ナマズ	10.0±2.9（9）	7.5±3.4（2）	10.0±0（2）	6600±849（2）	29.5±8.3（2）	9.2	25
カサゴ	7.0±2.6（10）	6.7±2.9（3）	13.3±7.6（3）	3600±917（3）	21.0±8.2（3）	4.4	22
ガーパイク	5.8±2.0（6）	11.3±2.5（4）	12.5±5.0（4）	3900±503（4）	19.7±3.2（4）	12.0	23
カラシン	10.0±5（3）	12.5±3.5（2）	12.5±3.5（2）	2700±1273（2）	14.2±5.5（2）	18.4	23
マーブル・ハチェットフィッシュ	6.0±2.2（5）	5（1）	10（1）	7600（1）	74.8（1）	2.8	24
ハチェットフィッシュ	10.0（1）	10.0（0）	10.0（1）	7800（1）	67.0（1）	2.1	24
ブラック・ゴースト	10.0（1）	10.0（1）	10.0（1）	5800（1）	19.7（1）	16.0	25
クエ	7.5±2.9（4）	10.0（1）	10.0（1）	4200（1）	23.6（1）	14.5	19
トゲウナギ	7.9±2.7（7）	43.3±33.3（3）	11.7±2.9（3）	4000±1744（3）	8.53±3.9（3）	25.5	27
カレイ	10.0（1）					22.0	21

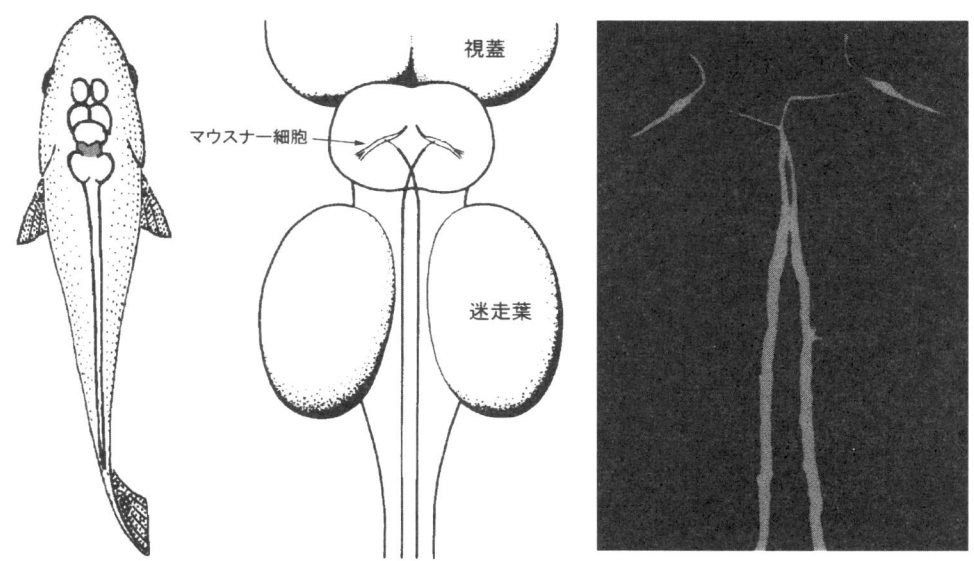

図3-3　キンギョのマウスナー細胞
　マウスナー細胞はキンギョの後脳に左右一対存在する．蛍光色素（ルシファー・イエロー）を注入して可視化したマウスナー細胞（右端）．側方樹状突起と腹側樹状突起をもつブーメラン状の形態を示す．細胞体から伸びる軸索は正中線を交差して反対側の脊髄に投射する（Faberら，1989）．

マウスナー細胞はヤツメウナギ，サメ，硬骨魚，両生類のオタマジャクシなど多くの有尾水棲動物に存在する網様体脊髄路ニューロンの一つである．キンギョ（成魚）のマウスナー細胞は細胞体から側方に伸びる側方樹状突起と腹側に向かう腹側樹状突起をもつ．この2つの樹状突起は大きく，長さは500 μm 太さは50 μm に及ぶ．細胞体にはアクソンキャップ（axon cap）と呼ばれるグリアでできた特殊な構造がある．細胞体からはアクソンキャップへ伸びるキャップ樹状突起も伸びている（Faber and Korn, 1978）．これらの形態学的特徴からも容易に見分けられ，無脊椎動物でいわれる「同定可能ニューロン」と同じ特徴をもつ．

Zottoli（1977）はキンギョのマウスナー細胞の近傍に細い導線を刺入し，遊泳中にマウスナー細胞の活動を記録した（図3-4）．その結果，マウスナー細胞は逃避運動のときだけ発火し，反対側への逃避運動の開始に先行して，単発の活動電位を発生することが明らかになった．すなわち，池に石を

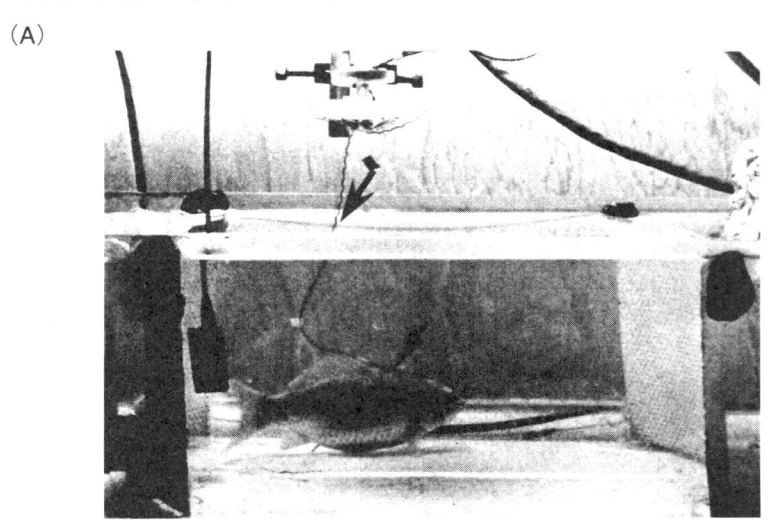

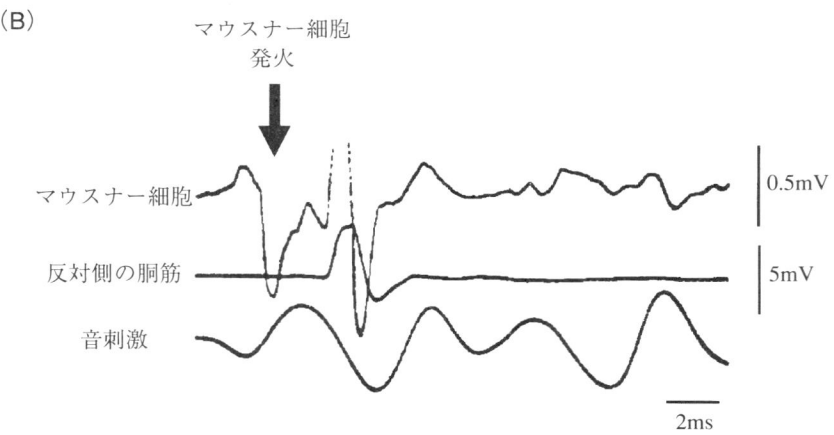

図3-4　逃避運動に先行するマウスナー細胞の発火
（A）遊泳中のキンギョからマウスナー細胞の活動と筋活動を記録．水中スピーカーから音刺激を与え，逃避運動を起こす．（B）音刺激によって誘発されたマウスナー細胞の発火と胴筋の活動．反対側の胴筋の活動に先行してマウスナー細胞が発火する（矢印）（Zottoli, 1977）．

落とした時のように突然の侵害刺激を与えると，刺激を与えられた側のマウスナー細胞が活動し，その直後に魚は反対側に胴体を曲げて刺激から遠ざかる．このようにマウスナー細胞の活動は逃避運動と1：1に対応する．逃避運動以外でマウスナー細胞の活動が記録されるのは，魚が水面に浮ぶ餌をとった直後に水中にすばやく潜る場合である（Canfield and Rose，1993）．

§2．マウスナー細胞の入出力様式

逃避運動を発現する回路の全体像を探ってみよう．キンギョとゼブラフィッシュでは，逃避運動を起こしうる感覚神経は聴覚と視覚と側線感覚から与えられる．聴神経と側線神経からの求心線維は直接マウスナー細胞の側方樹状突起に結合する．一方，視覚入力は眼球から視蓋を経てマウスナー細胞の腹側樹状突起に神経結合する（図3-5）．これらの入力によって左右一方のマウスナー細胞が活動電位を発生する．3つの入力のうち，単独でマウスナー細胞を発火させうるのは聴覚入力と視覚入力である．キンギョやゼブラフィッシュのマウスナー細胞はただ1発の活動電位しか発生しない．マウスナー細胞が巨大で入力抵抗が低いことに加えて，電位感受性チャネルが細胞体の軸索小丘に限局していることが単発の活動電位の発生に寄与していると考えられる．マウスナー細胞の活動直後に自分自身を強く抑制する反回性抑制（recurrent inhibition）と反対側のマウスナー細胞を抑制する相反性抑制（reciprocal inhibition）（Furukawa and Furshpan，1963）もマウスナー細胞の特徴的な発火パタンの発現に重要な役割を担っていると考えられる（図3-11）．これに対して，円口類のヤツメウナギのマウスナー細胞はバースト放電する（Rovainen，1979）．種による違いはどのような膜特性や局所回路に依存するのだろうか？ また，異なる発火特性が逃避運動の制御にどのように反映されているかも興味深い点である．

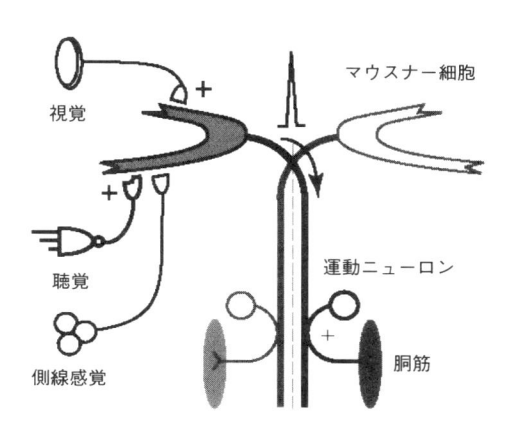

図3-5 マウスナー回路
マウスナー細胞は視覚，聴覚，側線感覚から入力を受ける．入力が閾値を越えると1発の活動電位を発生する．活動電位は軸索を伝播し反対側の脊髄運動ニューロンを興奮させ，その結果，刺激と反対の胴筋が収縮する．

マウスナー細胞の軸索は後方（尾側）へ向かいながら正中線を越えて，反対側の内側縦束へ入る．軸索は太く（直径50〜80μm）伝導速度は毎秒100mにも達する．軸索は尾側へ下降し脊髄の端まで延びる．脊髄内では50〜200μmごとにごく短い側枝を出して，前後（吻尾）方向に並ぶ多くの一次運動ニューロンや下降性介在ニューロンに興奮性結合する．同時に，交連性介在ニューロンを介して，マウスナー細胞の軸索と反対側の運動ニューロンの活動を強く抑制する．したがって，マウスナー細胞が活動電位を発生すると，反対側の胴筋を支配する運動ニューロンがいっせいに発火し，同時に同側の筋活動は抑えられる．その結果，瞬時に胴が収縮しCの字に曲がる（Faberら，1989）．

§3．魚の聴覚

キンギョやゼブラフィッシュでは聴神経が直接，かつ電気シナプスを介してマウスナー細胞に入力

することから，短い潜時で起こる魚の逃避運動は主に聴神経からの入力によって引き起こされると考えられる．視覚入力でも逃避運動は誘発されるが，視覚系の入力は視蓋を経て伝えられるので，逃避運動の潜時は聴覚入力の2倍以上になる．魚に聴覚があることをはじめて示したのは，ミツバチの研究で有名なKarl von Frischであるといわれている．彼は毎年夏はミツバチ，冬は魚の聴覚を研究していた．あらかじめナマズを餌と口笛で訓練しておくと，口笛を合図にナマズが巣から顔を出すことを人々に示した（Frisch, 1969）．その後，コイ，フナ，ナマズ，アブラハヤなどは聴力が特に優れていることが明らかにされた．これらの魚は"hearing expert"と総称される．

ヒトの場合は音の振動は空気を媒介にして伝わり，まず外耳に入り鼓膜に伝えられる．さらに中耳でツチ・キヌタ・アブミと呼ばれる耳小骨を介して内耳に振動が伝えられる．魚には外耳と中耳はなく内耳のみである．また，ヒトの内耳は平衡を感受する半規管の下に音を受容する蝸牛管というらせん状の器官があるが，魚では蝸牛管はなく膨らみだけになっている．半規管の下の膨らみ部分は通嚢（utriculus）と小嚢（sacculus）とラゲナ壷（legena）からなる．小嚢とラゲナ壷は聴覚に関係し，半規管と通嚢は平衡感覚に関係する．いずれも耳石器官であり，振動を感受する有毛細胞と耳石を備えている．各有毛細胞には1本の長い動毛（kinocilium）と多数の短い不動毛（stereocilia）が方向性をもって並んでいて，動毛の方向へ毛が傾いたときに有毛細胞が興奮する．先に示した"hearing expert"に属する魚では，頭骸骨の振動に加えて，音の振動は鰾（うきぶくろ）を介してWeber骨を振るわせ，その振動が内耳に伝わり有毛細胞を興奮させる．すなわち，"hearing expert"は頭骸骨と鰾の両方を利用した音受容を行うと考えられている．このような魚を骨鰾類（otophysansまたはostariphysii）とも呼ぶ．例えば，キンギョの鰾に針で穴を開けると，音刺激に対するマウスナー細胞の応答が著しく減少する（Canfield and Eaton, 1990）．一方，鰾の振動を利用せず頭骸骨の振動のみによって有毛細胞を興奮させる魚を非骨鰾類と呼ぶ．

水中でも空気中と同様に，音の振動は媒質（陸棲動物の場合は空気，水棲動物の場合は水）中での圧変化と媒質の粒子運動という2つの要素に分けられる．鰾は音圧変化によって容積を変えるので，骨鰾類では音の圧情報はWeber骨を介して内耳に伝えられる．一方，音の粒子運動は耳石の振動に置き換えられる．実際は，魚の体が振動するときに比重の大きい耳石の移動が遅れ，両者間に生じる位相のずれが感知される．

通常，魚は音刺激から遠ざかる方向に逃避する．このとき侵害刺激に近い方のマウスナー細胞が発火するのだが，そのためには物理的にきわめて微妙な差を検出しなければならない．というのは，音刺激は水中では空気中の4～5倍の速度（約毎秒1,500 m）で伝播するので，キンギョの両内耳へ達する時間差は5マイクロ秒以下である．また，音はキンギョの体の中を通過して反対側の内耳に達するので，音圧差もほとんどなく，我々と同じような手掛かりを利用して音源がどこにあるかを知ることは不可能で，特有の処理過程を経て左右差を検出していると思われる．キンギョを支持台に固定して支持台ごと振動させ聴神経の活動を記録すると，各聴神経について最もよく応答する振動の方向があることが明らかにされた（Fay, 1984）．これらの聴神経の特性によって音源定位が実現されるのかもしれない．耳石器官，聴神経に加えて頭部および体表に分布する側線器官が個体の音源定位に関与するという考えがあるが，側線器官を薬理学的に破壊したキンギョも音刺激に対して正しく反対方向に逃避するという報告もあり（Canfield and Rose, 1996），現在のところ左右どちらのマウスナー細

胞が発火するかを決定する要因としては，内耳の有毛細胞の動きが一方向からの音刺激に対して，左右非対称になることが有力な候補にあげられている．

有毛細胞からシナプス入力を受け信号を中枢に伝えるのが聴神経である．キンギョの聴神経は S1 と呼ばれる太い有髄線維（直径約 15 μm）と S2 と呼ばれる細い有髄線維（直径約 5 μm）からなる．S1 線維は主に音の開始時に応答し，音の周波数と同じ頻度で興奮するものと 2 倍の周波数で興奮するものがある．S2 線維は音の周波数に応じて活動電位を発生し，S1 に比べて感度がよく順応も遅い（Furukawa and Ishii, 1967）．

§4. マウスナーの相同ニューロンによる逃避運動制御

マウスナー細胞の発火だけで逃避運動は説明できるのであろうか？　マウスナー細胞に通電して発火させると確かに反対側へ体を曲げる運動が起こる（Nissanov ら，1990）．しかし，その運動は実際の逃避運動の一部でしかない．キンギョやゼブラフィッシュでは，自然刺激で起こる逃避運動はさまざまの屈曲角を示す（図3-6）．魚の前方に侵害刺激を与えたときは胴を深く曲げて後方へ逃げ，魚の後方に刺激を与えたときは浅く曲げて前方に逃げるというように，刺激の位置をコードした胴の屈曲角を示すという報告もある（Eaton and Emberley, 1991）．水槽に振動を与えて逃避運動を誘発した場合も，C スタートの後半から様々な方向へ胴を屈曲または伸展させる動きがおこり，最終的な軌跡

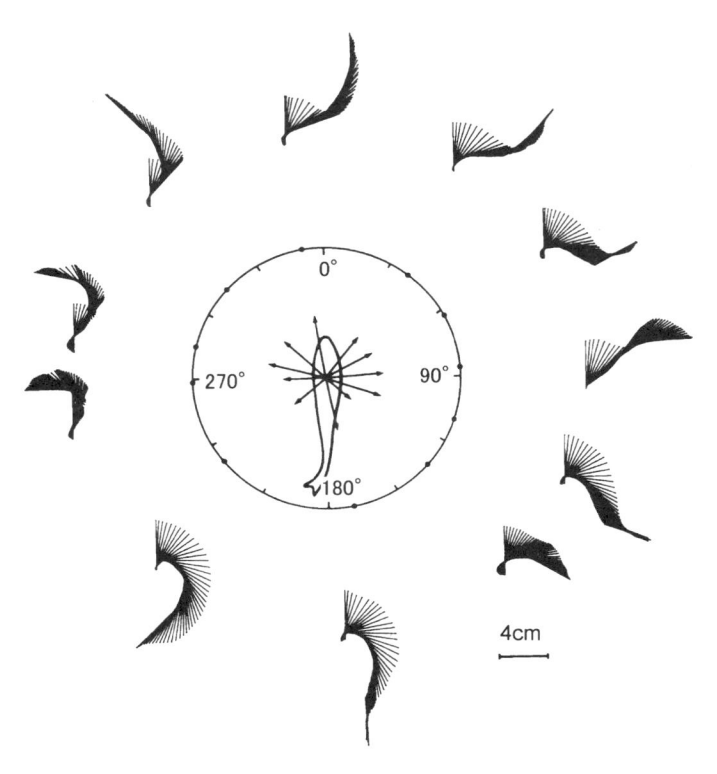

図3-6　多様な逃避運動
逃避運動時の魚の重心と口先を結んだ正中線の軌跡（運動開始から 70 ミリ秒まで）．最終的な逃避方向はさまざまである（Foreman and Eaton, 1993）．

はほぼすべての方向へ向かいうる（Eatonら，1988）．このような多様な逃避運動は1つのマウスナー細胞の単発の活動電位では説明できない．

多様な逃避運動を制御する神経回路の候補にあげられているのは，マウスナーと同じように後脳の網様体脊髄路ニューロン群に属し，マウスナー細胞と形態学的に類似している「相同（ホモログ）ニューロン」である．硬骨魚の後脳網様体脊髄路ニューロンは吻尾軸方向に7つの分節に分かれていて，マウスナー細胞はその4番目の分節の背側に左右1対存在する（図3-7）．第4分節はちょうど聴神経の侵入部の位置にあたる．後脳網様体脊髄路ニューロンは，大半が形態学的に同定されていて，ゼブラフィッシュでは27種（そのうち19種は左右1対存在）（Metcalfeら，1986），キンギョでは34種（16種が左右1対）（Leeら，1993）からなる．また，形態学的な相同性によって，7群に分類されている（Metcalfeら，1986）．マウスナー細胞にもっとも相同性の高いものは第5～6分節にそれぞれ左右1対ずつ存在するMiD2 cmとMiD3cmである．これらはマウスナー細胞と同様に側方樹状突起と腹側樹状突起をもち，反対側の脊髄へ軸索を伸ばしている．O'Malleyら（1996）はゼブラフィッシュの稚魚が逃避運動を発現するときに，これらのニューロンがどのように活動するかを，共焦点レーザー顕微鏡を用いて光学計測した．ゼブラフィッシュの稚魚は体が透明なので，脳の中のニューロンをひとつずつ観察できる．脊髄にカルシウム指示薬（カルシウムグリーン・デキストラン）を注入し，網様体脊髄路細胞を逆行性にラベルすると，個々のニューロンの活動に応じてそれぞれのカルシウム濃度があがり蛍光を発する．ゼブラフィッシュの大きな屈曲を起こす頭部への触刺激を与えると，マウスナー細胞とMiD2 cmおよびMiD3 cmが活動するが，小さな屈曲しか起こさない尾部への刺激では，マウスナー細胞のみが活動することが見出された．すなわち，逃避運動の屈曲角の大きさに応じた出力を，網様体脊髄路ニューロンの組み合せ（アンサンブル）でコードすると考えられる．

我々は，これらの相同ニューロンの個々の性質と感覚入力の投射様式，および相互の結合をキンギョを用いて電気生理学的に調べた（図3-8）．その結果，MiD2 cmやMiD3 cmも聴神経や側線神経から投射を受けるが，マウスナー細胞が単発の活動電位のみ発生するのに対して，相同ニューロンは入力量に応じた活動電位の放電（バースト）を起こすことが明らかになった．すなわち，マウスナー細

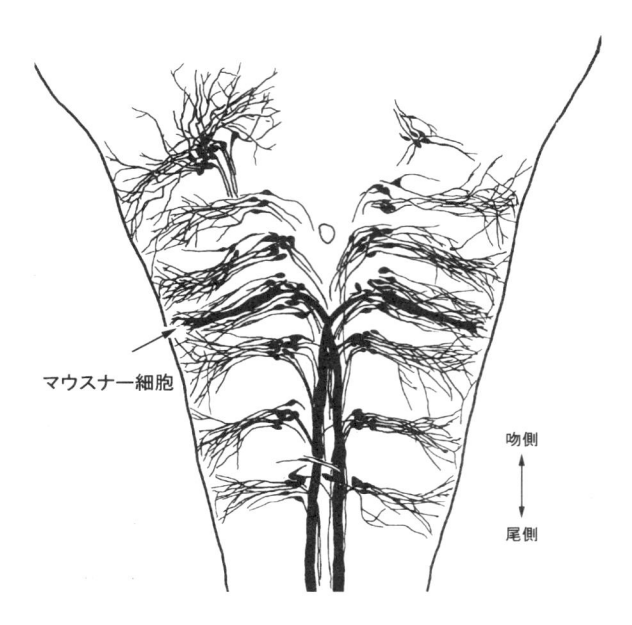

図3-7 キンギョの後脳の網様体脊髄路ニューロン群
後脳の網様体脊髄路ニューロンは吻尾軸方向に7つのクラスターに分かれて存在する．各クラスターはほぼ一定間隔をあけて並ぶ，分節構造を示す．吻側から第4番目の分節にある大きな細胞がマウスナー細胞である．マウスナー細胞の相同細胞であるMiD2 cm，MiD3 cmはそれぞれ第5，6分節に存在する（Leeら，1993）．

胞は左右どちらへ逃げるかという逃避運動の開始を決定し，MiD2 cm や MiD3 cm はどれだけの入力を受けたかをコードし，それに見合った出力を出しうることが示唆される．また，マウスナー細胞からMiD2 cm や MiD3 cm へ一方向の抑制性結合が存在することも明らかになった．MiD2 cm や MiD3 cm の近くにやはり左右1対存在する網様体脊髄路ニューロンには，MiD2i や MiD3i と名づけられたものがある．これらはマウスナー細胞と異なり同側の脊髄へ軸索を伸ばす．MiD2i や MiD3iは感覚入力から弱い結合しか受けないが，マウスナー細胞からはやはり抑制性投射を受ける．マウスナー細胞や他のMiD群のニューロンは，後脳の背側に位置しているが，後脳の腹側には8〜10個の集合体（クラスター）をなすMiV群がある．第5，6分節のMiV2とMiV3はわずかの感覚入力しか受けない代わりに，マウスナー細胞から強い興奮性投射を受けていて，マウスナー細胞が単発の活動電位を発生すると，必ず1〜2発の放電をする．以上のように，マウスナー細胞と形態学的に相同の網様体脊髄路ニューロンには，発火特性や感覚入力に対する応答が少しずつ異なるものが存在し，それらがマウスナー細胞から強い一方向性の結合を受けていて，網様体脊髄路ニューロンの間に階層性をもつ回路構成があると考えられる．相同ニューロンによる回路構成によって，マウスナー細胞1つでは達成されない多様な逃避運動の制御がなされていると考えられる．これは単に逃避運動の制御回路を理解するだけにとどまらず，脳回路がどのように多数のニューロンを動員してパラレル・プロセッシング（並列信号処理）しているかを理解する上でもよい研究標本になるであろう．

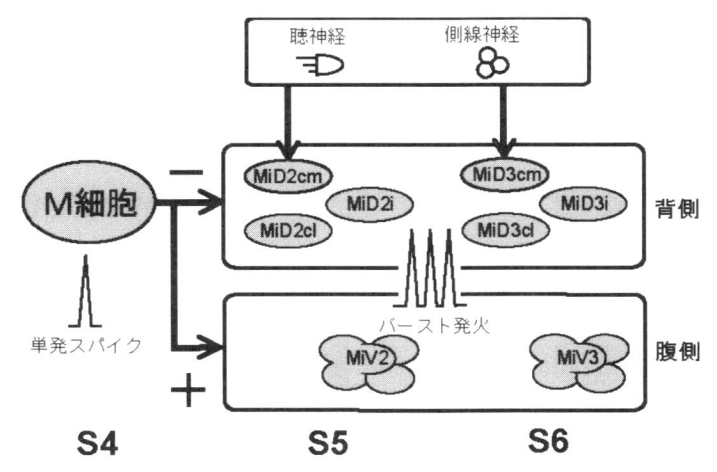

図3-8 キンギョの後脳網様体脊髄路ニューロン群の結合様式
聴神経と側線神経から第4分節（S4）のマウスナー細胞，第5，6分節（S5，6）の網様体脊髄路ニューロンへ入力投射がある．入力の強度は細胞ごとに固有である．マウスナー細胞は一発の活動電位しか発生しないが，第5，6分節の網様体脊髄路ニューロンは入力量を反映した連続発火を示す．また，マウスナー細胞から第5，6分節の網様体脊髄路ニューロンに一方向の結合がある．結合様式は細胞固有であり，基本的に第5，6分節間で繰り返されている．

§5．マウスナー細胞欠損後の逃避運動

マウスナー細胞の活動と逃避運動が1：1に対応するならば，マウスナー細胞が失われると魚は逃避運動ができなくなるであろうか？　この素朴な疑問に対する実験は古くから行われている．

Kimmelら (1980) はゼブラフィッシュの稚魚のマウスナー細胞を放射線照射で破壊すると，短い潜時の強い逃避運動の発現率が大幅に減少することを見出した．Zottoliら (1999) は，キンギョのマウスナー細胞を微小電極を用いて選択的に破壊すると，破壊直後には逃避運動がほとんど見られなくなることを報告した（図3-9）．興味深いことにゼブラフィッシュの場合は破壊してもなお，少し遅い潜時の逃避運動は観察される．キンギョの場合は，マウスナー細胞を破壊してから1ヶ月以上たつと次第に逃避運動が再び起こり始める．この場合の潜時は正常魚より平均8ミリ秒遅い．しがたって，マウスナー細胞がなくても逃避運動が起こりうるのは明らかであるが，発現確率は著しく低くしかも正常よりも遅い運動しか起こらない．すなわち，逃避運動はマウスナー細胞以外の回路網によっても発現できるように，多重の神経回路構造が逃避運動を支えていると考えられる．しかし，正常の場合は常にマウスナー細胞の活動によって運動の開始が決定されるのであるから，キンギョやゼブラフィッシュではマウスナー細胞という特別な性質をもったエキスパート・ニューロンを獲得することによって，より俊敏な逃避運動が実現されるようになったと考えることができる．

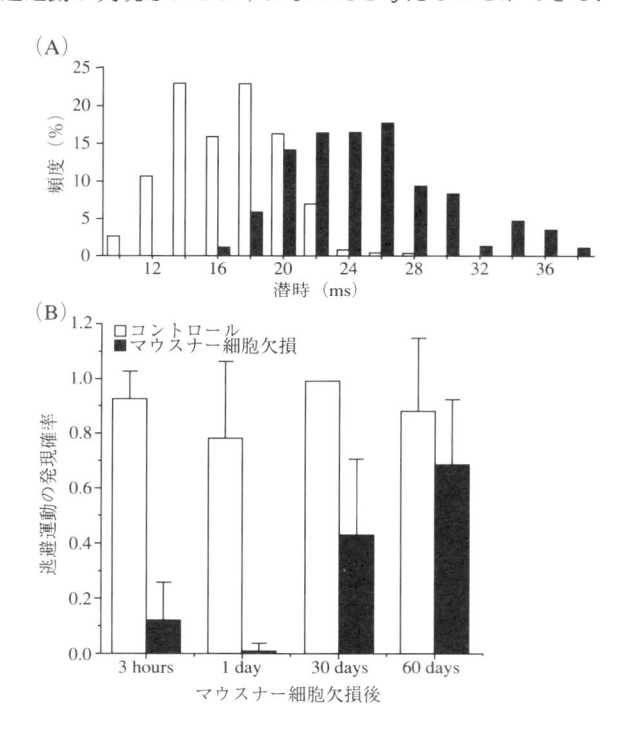

図3-9 マウスナー細胞欠損後の逃避運動
正常魚（コントロール）と両側のマウスナー細胞を破壊したキンギョの逃避運動の潜時を比較 (A)．マウスナー細胞を欠損したキンギョは正常魚よりも逃避運動開始までの時間（潜時）が遅い．マウスナー細胞破壊後にみられる逃避運動の発現確率の回復過程 (B)．マウスナー細胞破壊直後（1日後）には逃避確率は著しく低下するが，日にちが経つに従い逃避確率が回復する．(Zottoliら，1999)

§6. マウスナー細胞の可塑性

マウスナー細胞は，逃避運動をトリガーするニューロンとしてばかりでなく，多彩なシナプス構成から，シナプス伝達やシナプス可塑性の研究にとっても重要な標本である．古くはFurshpan and

Furukawa（1962）やFurukawa and Furshpan（1963）がマウスナー細胞の興奮性入力と抑制性入力について詳細な研究を行っている．聴神経は直接マウスナー細胞の側方樹状突起に投射し，ギャップ結合とグルタミン酸作動性の化学シナプスを介して興奮性結合する（図3-10）．聴神経は両側のマウスナー細胞を抑制する介在ニューロンにも結合し，フィードフォワードの抑制を与える（図3-11）．この抑制性介在ニューロンの伝達物質はグリシンである．マウスナー細胞には発火した後に自分自身を強く抑制（フィードバック抑制）する反回性抑制回路が存在し，これもグリシン作動性シナプスを介して起こる．

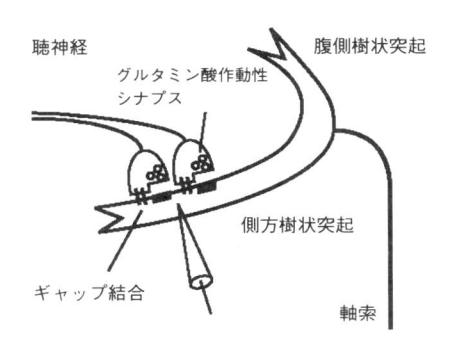

図3-10 聴神経（第Ⅷ神経）からマウスナー細胞への興奮性結合
聴神経は同側のマウスナー細胞の側方樹状突起にギャップ結合とグルタミン酸作動性の興奮性結合をする．

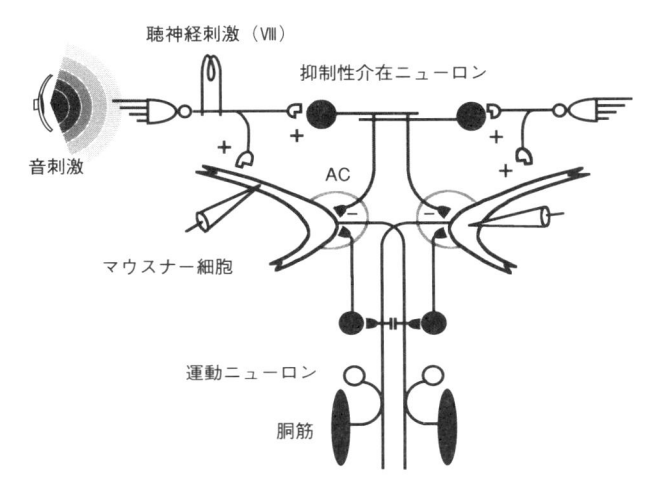

図3-11 マウスナー細胞の抑制結合
内耳有毛細胞からの聴神経はマウスナー細胞の側方樹状突起と抑制性ニューロンに興奮性結合する．抑制性介在ニューロンは両側のマウスナー細胞にグリシン作動性の抑制性シナプスを形成する．マウスナー細胞の軸索側枝からもグリシン作動性介在ニューロンを介して両側のマウスナー細胞に反回性抑制結合をつくる．マウスナー細胞の細胞体には抑制性シナプスを取り囲むようにアクソン・キャップと呼ばれるグリア構造がある（AC灰色）．

聴神経の終末はclub-endingと呼ばれる太い構造になっており，マウスナー細胞とギャップ結合をつくる（Nakajima, 1974）．ギャップ結合では2つのニューロンの細胞質が直接触れ合う構造になっているために，伝達物質を介さずに直接電気信号が伝わる．そのために電気シナプスとも呼ばれる．Yangら（1990）は，聴神経にマウスナー細胞を発火させるのに十分な強い高頻度電気刺激を与えると，このギャップ結合（電気シナプス）の伝達効率が長期間増強（長期増強, long term potentiation, LTP）することを見出した（図3-12）．ギャップ結合はそれまで，単純に電気信号を次のニューロンに伝えるものだと信じられていたが，この発見によってギャップ結合も可塑的であることがはじめて示された．

長期増強（LTP）は，入力線維を高頻度（10～100 Hz, テタヌス刺激）で短時間（1秒）刺激すると，その後長い間（数時間～数週間）シナプス伝達が亢進する現象である．長期増強は，記憶の形成に重要な役割を果たす哺乳動物の海馬で見つけられた（Bliss and Lømo, 1973）ので，記憶形成と強く結び付けられて考えられるようになった．しかし，長い間興奮性のシナプスでしか見出されず，抑

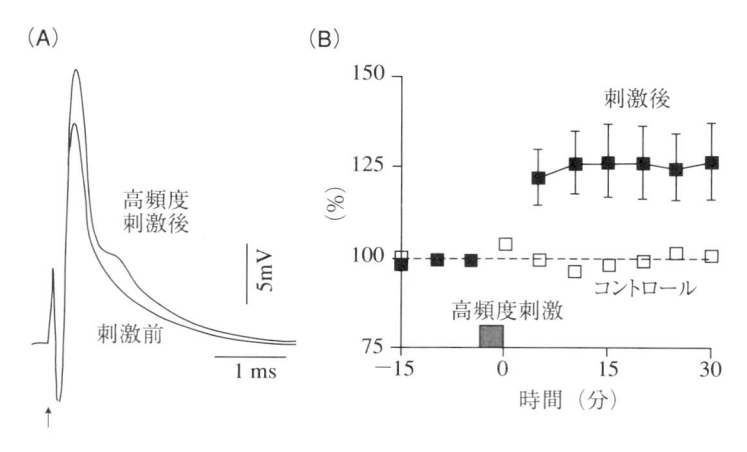

図3-12 ギャップ結合の長期増強
(A) 聴神経からギャップ結合およびグルタミン酸作動性シナプスを介してマウスナー細胞に誘導される興奮性応答．同側の聴神経をマウスナー細胞の閾値以上の刺激強度で高頻度刺激（テタヌス刺激）すると応答が増大する．(B) ギャップ結合を介したシナプス電位の増強の時間経過．コントロールは高頻度刺激を与えていない．(Yangら，1990)

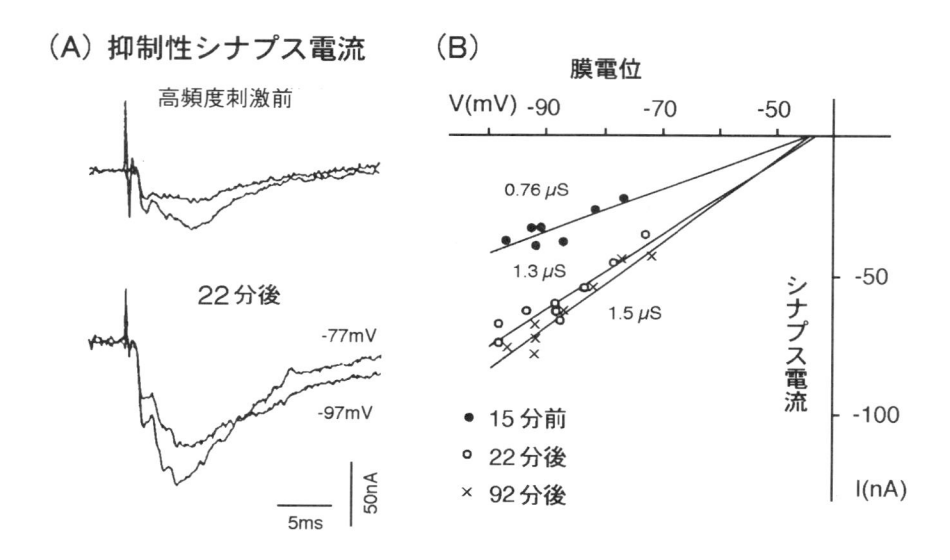

図3-13 マウスナー細胞の抑制性シナプスの長期増強
(A) 細胞内にCl^-を注入し，聴神経刺激に対する内向きの抑制性シナプス電流を記録．聴神経を高頻度刺激すると，シナプス電流の振幅が著しく増大した（22分後）．(B) 膜電位とシナプス電流の振幅のプロットの傾斜が示す抑制性シナプスコンダクタンスの長期増大によって（22分後，92分後）抑制性シナプス電流が増大した（Kornら，1992）．

制性シナプスでは起こりえないとさえ考えられていた．我々は，聴神経からマウスナー細胞へ投射する抑制性結合に注目して，抑制性シナプスも長期増強を示すことをはじめて見出した（図3-13）(Kornら，1992；Odaら，1995)．聴神経に弱い高頻度刺激を与えると，マウスナー細胞の上のグリシン作動性抑制性シナプスが数時間以上増強した．Bliss and Lømoが興奮性シナプスの長期増強を発見してから20年後のことである．その後，抑制性シナプスの長期増強は小脳プルキンエ細胞（Kano

ら，1992）や大脳皮質のニューロン（Komatsu and Iwakiri, 1993）でも見出され，今日では多くの抑制性シナプスで長期増強が起こることが確立している．

§7. シナプス伝達の可塑性と学習のリンク

シナプス伝達の長期増強は発見以来，学習・記憶の細胞メカニズムと考えられてきた．ラットの海馬で起こる長期増強を薬理学的に阻害すると，空間記憶学習が成立しない（Morrisら，1986）．ノックアウトマウスを用いて長期増強の誘導に必要なグルタミン酸受容体を欠損させると，同じく空間学習が阻害されるという報告も盛んに出されている（Silvaら，1992a, b；Tsienら，1996）．しかし，長期増強の研究に最もよく用いられる海馬は脳の奥深くにあって，そこに至る入力回路や海馬からの出力回路が複雑すぎて，学習・記憶と直接結び付けて理解することは不可能であった．特に，多数のニューロンが同時に働くパラレル・プロセッシングは，脳の本来の特質であり，そのためにフォン・ノイマン型のコンピューターにはない機能をもつと考えられる．しかし，パラレル・プロセッシングを計測し理解するのは大変難しい上に，得られたデータの解釈は現段階では多くの場合不可能であろう．

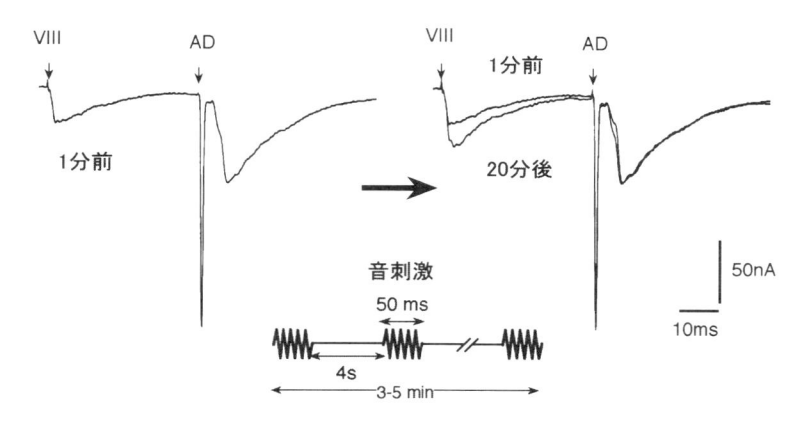

図3-14 音刺激による抑制性シナプスの長期増強
膜電位固定下で記録した抑制性シナプス電流（マウスナー細胞にCl⁻を注入しているので抑制性シナプス電流は内向きとなる）．反復音刺激を与えると聴神経刺激（Ⅷ）によって誘発される抑制性シナプス電流のみが増強し，逆行性脊髄刺激（AD）による抑制性シナプス電流には変化が見られない．（Odaら，1998）

我々は，魚の逃避運動をトリガーするマウスナー回路を利用して，逆の発想で学習・記憶とシナプスの長期増強を結びつけようと考えた．1つ中枢ニューロンが1つの運動を駆動するというマウスナー細胞の特殊性から，ニューロンで起こる長期増強と運動の関係が明らかにされた．長期増強に関して2つの問題が解かれた．第1は，長期増強が高頻度電気刺激など人工的な条件だけでなく，動物が学習時に受ける自然刺激でも起こるかである．第2は，長期増強が学習の獲得と記憶に寄与するかを回路をふまえて説明できるかである．聴神経の電気刺激は動物にとっては音刺激を与えられたことに相当する．キンギョに短い音刺激を与えると，マウスナー細胞では興奮性シナプスを介する興奮応答に重なってグリシン作働性シナプスを介する抑制性応答が記録される．グリシン受容体の阻害剤（ストリキニン）を与えると，同じ音刺激が容易にマウスナー細胞の活動電位を誘発した．すなわち，マウスナー細胞の出力信号はこのフィードフォワード抑制によってコントロールされている．聴神経の

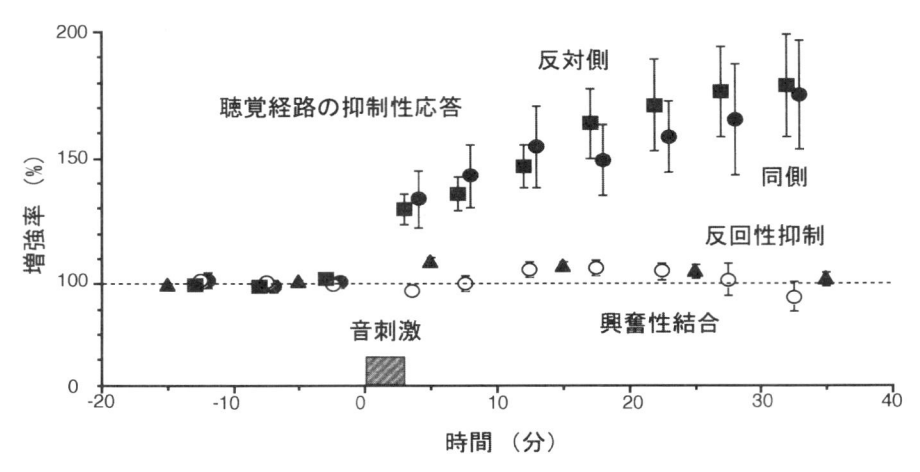

図3-15　マウスナー細胞の抑制性長期増強の時間経過
反復音刺激によるシナプス入力の変化．聴神経から両側のマウスナー細胞への抑制性入力はともに長期増強を示す（■, ●）．ギャップ結合を介した興奮性入力（○）とマウスナー細胞の軸索からの反回性抑制入力（▲）は変化しない．（Odaら，1998）

高頻度刺激の代わりに弱い音刺激を繰り返し与えても，聴神経からマウスナー細胞への抑制性応答が増大した（図3-14）（Odaら，1998）．増大は記録しうる限り持続した（1〜5時間）．長期増強は聴覚経路の抑制性応答に特異的に起こった（図3-15）．マウスナー細胞が自分自身を抑制するフィードバック抑制（反回性抑制）や聴覚経路の興奮性応答は変化しない．音刺激で起こる長期増強と聴神経の高頻度刺激で起こる長期増強は，加算されないので，両者は共通のメカニズムを介すると考えられる．マウスナー細胞にカルシウムイオンのキレータを入れると，長期増強がおこらないので（図3-16），長期増強の誘導にはマウスナー細胞内のカルシウム濃度上昇が必要であると考えられる（Odaら，1998）．

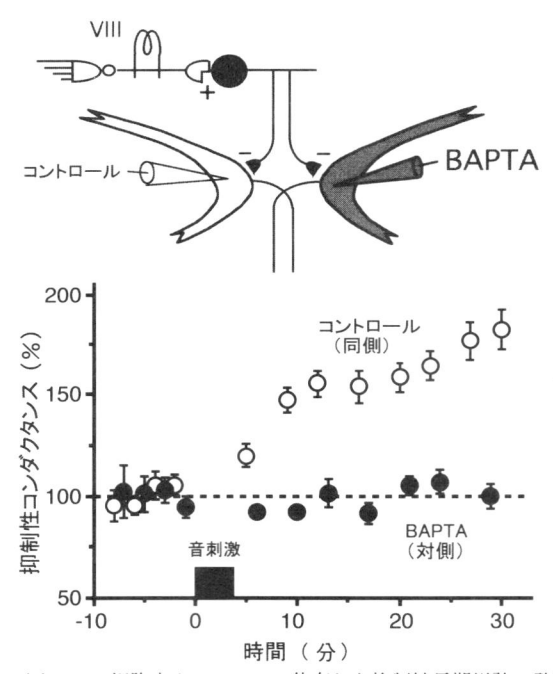

図3-16　細胞内カルシウムに依存した抑制性長期増強の発現
マウスナー細胞にCa^{2+}イオンのキレーターであるBAPTA（5 mM）を注入すると，音刺激を与えても抑制性シナプスの長期増強は起こらない．一方，同時に記録したもう片方のマウスナー細胞（コントロール）では長期増強が発現した（Odaら，1998）．

マウスナー細胞の活動電位と魚の逃避運動の対応から，抑制応答の長期増強が発現すれば，魚の音刺激に対する逃避運動に変化が現れると期待される．水面に落ちたボールに対して魚は潜時10ミリ秒で反対側へ逃げる．この逃避運動はボールの着水音によって誘発され，マウス

ナー細胞が活動電位を発生し，それが脊髄の運動ニューロンに伝播し反対側の胴筋が収縮する．我々は水槽中のキンギョに長期増強を誘導する反復音刺激を与えると，逃避運動の誘発確率が1時間以上減少することを見出した（図3-17）（Odaら，1988）．これはボール落下を長期間（1時間以上）繰り返したときに見られる「慣れ（habituation）」とは異なり，逃避運動をトリガーしない弱い音刺激を反復して与えると発現するので，「長期脱感作（long-term desensitization）」と名付けた．長期脱感作中まれに起こる逃避運動の潜時や方向性や振幅は条件付け前と同じである．したがって，変化はこの運動をトリガーするマウスナー細胞の上に起こったと推定される．また，逃避運動の長期脱感作を引き起こす音刺激の周波数と抑制性長期増強を誘導するする音周波数は一致した．以上の結果は，これまで発見以来学習と記憶の細胞メカニズムと考えられてきた「シナプスの長期増強」と運動学習を，神経回路をふまえて証明した初めての例である．

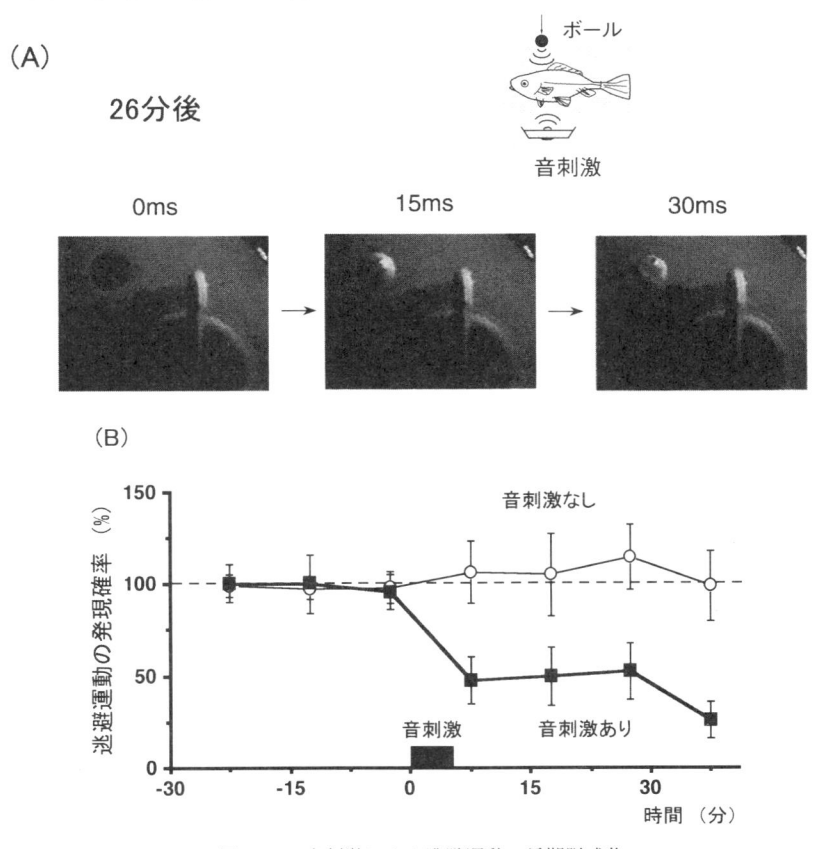

図3-17 音刺激による逃避運動の長期脱感作
(A) 水中スピーカーから弱い反復音を与えてから26分後のキンギョの応答．ボールが水面に落下してももはや逃避運動を示さない．(B) 反復音刺激による逃避確率の変化．音刺激前のボール落下に対する逃避確率で正規化してある．反復音刺激を与えると逃避確率が減少し，低い逃避確率が長期間持続する（Odaら，1998）．

おわりに

　魚の逃避運動を制御するマウスナー細胞および後脳の網様体脊髄路ニューロンは，運動制御機構を研究するばかりでなく細胞生理学的にも分子生物学的にも遺伝学的にもさらには進化学的にも魅力の

ある標本である．第1に巨大なマウスナー細胞1つが逃避運動に占める役割の大きさと明確さから，運動と細胞機能を直接結びつけることができる．第2に，ゼブラフィッシュを用いた研究によって，機能分子の探索やその遺伝的背景も明らかにされるであろう．第3に，後脳に分節構造をつくるマウスナー細胞とその相同ニューロンの構成と回路網の機能の対応が記述されれば，いわゆる脳のパラレル・プロセッシングを脳の成り立ちから理解するきっかけを与えるであろう．さらにそのような回路網が進化の過程でどのような変遷を経て今日の姿になったかを追うことができれば，脳の進化を理解する糸口をも与えうるのではないだろうか．

文献

Bliss, T. V. P., T. Lømo (1973): "Long-lasting potentiation of synaptic transmission in the dentate area of the anaesthetized rabbit following stimulation of the perforant path." *J. Physiol*, 232, 331-356.

Canfield, J. G. and R. C. Eaton (1990): "Swimbladder acoustic pressure transduction initiates Mauthner-mediated escape." *Nature*, 347, 760-762.

Canfield, J. G. and G. J. Rose (1993): "Activation of Mauthner neurons during prey capture" *J Comp Physiol [A]*, 172, 611-618.

Canfield, J. G. and G. J. Rose (1996): "Hierarchical sensory guidance of Mauthner-mediated escape responses in goldfish (Carassius auratus) and cichlids (Haplochromis burtoni)." *Brain Behav Evol*. 48 (3), 137-56.

Eaton, R. C., R. A. Bombardieri, D. L. Meyer (1977): "The Mauthner-initiated startle response in teleost fish." J Exp Biol, 66 (1), 5-81.

Eaton, R. C., R. DiDomenico, J. Nissanov (1988): "Flexible body dynamics of the goldfish C-start: implications for reticulospinal command mechanisms." *J Neurosci*, 8 (8), 2758-68.

Eaton, R. C. and D. S. Emberley (1991): "How stimulus direction determines the trajectory of the Mauthner-initiated escape response in a teleost fish." *J Exp Biol*, 161, 469-87.

Faber, D. S. and H. Korn (1978): "Neurobiology of the Mauthner cell", Raven Press, New York

Faber, D. S. and H. Korn (1982): "Transmission at a central inhibitory synapse. I. Magnitude of unitary postsynaptic conductance change and kinetics of channel activation." *J Neurophysiol*, 48 (3), 654-78.

Faber D. S., J. R. Fetcho, H. Korn (1989): "Neuronal networks underlying the escape response in goldfish." *Ann N Y Acad Sci*, 563, 11-33.

Fay, R. R. (1984): "The goldfish ear codes the axis of acoustic particle motion in three dimensions." *Science*, 225, 951-953.

Foreman, M. B. and R. C. Eaton (1993): "The directional change concept for reticulospinal control of goldfish escape." *J Neurosci*, 13 (10), 101-4113.

Frisch, K. v. (1969): "ミツバチを追って — ある生物学者の回想"（伊藤智夫訳），法政大学出版局．

Furshpan, E. J. and T. Furukawa (1962): "Intracellular and extracellular responses of the several regions of the Mauthner cell of the goldfish." *J Neurophysiol*, 25, 732-771.

Furukawa, T. and E. J. Furshpan (1963): "Two inhibitory mechanisms in the Mauthner neurons of goldfish." *J Neurophysiol*, 26, 140-176.

Furukawa, T. and Y. Ishii (1967): "Neurophysiological studies on hearing in goldfish" *J Neurophysiol*, 30, 1377-1403.

Kano, M., U. Rexhausen, J. Dreessen and A. Konnerth (1992): "Synaptic excitation produces a long-lasting rebound potentiation of inhibitory synaptic signals in cerebellar Purkinje cells." *Nature*, 356, 601-604.

Kimmel, C. B., R. C. Eaton and S. L. Powell (1980): "Decreased fast-start performance of zebrafish larvae lacking Mauthner neurons" *J Comp Neurol*, 140, 343-350.

Komatsu, Y. and M. Iwakiri (1993): "Long-term modification of inhibitory synaptic transmission in developing visual cortex." *Nauroreport*, 4, 907-910.

Korn, H., Y. Oda, D. S. Faber (1992): "Long-term potentiation of inhibitory circuits and synapses in the central nervous system." *Proc Natl Acad Sci U S A*, 89 (1), 440-3.

Lee, R. K., R. C. Eaton, S. J. Zottoli (1993): "Segmental arrangement of reticulospinal neurons in the goldfish hindbrain." *J Comp Neurol*, 329 (4), 539-56.

Metcalfe, W. K., B. Mendelson, C. B. Kimmel (1986) "Segmental homologies among reticulospinal neurons in the hindbrain of the zebrafish larva." *J Comp Neurol*, 251 (2), 147-59.

Nakajima, Y. (1974): "Fine structure of the synaptic endings on the Mauthner cell of the goldfish." *J Comp Neurol*, 156 (4), 379-402.

Nissanov, J., R. C. Eaton and R. DiDomenico (1990): "The motor output of Mauthner cell, a reticulospinal command neuron." *Brain Res*, 517, 88-98.

Oda, Y., S. Charpier, Y. Murayama, C. Suma, H. Korn (1995): "Long-term potentiation of glycinergic inhibitory synaptic transmission." J *Neurophysiol*, 74 (3), 1056-74.

Oda, Y., K. Kawasaki, M. Morita, H. Korn, H. Matsui (1998): "Inhibitory long-term potentiation underlies auditory conditioning of goldfish escape behaviour." *Nature*, 394 (6689),

182-5.

O'Malley, D. M., Y. H. Kao, J. R. Fetcho (1996): "Imaging the functional organization of zebrafish hindbrain segments during escape behaviors." *Neuron*, 17 (6), 1145-55.

Rovainen, C. M. (1979): "Electrophysiology of vestibulospinal and vastibuloreticulospinal systems in lampreys" *J Neurophysiol*, 42, 745-766.

Silva, A. J., C. F. Stevens, S. Tonegawa, Y. Wang (1992): "Deficient hippocampal long-term potentiation in alpha-calcium-calmodulin kinase II mutant mice." *Science*, 257, 201-206.

Silva, A. J., R. Paylor, J. M. Wehner, S. Tonegawa (1992): "Impaired spatial learning in alpha-calcium-calmodulin kinase II mutant mice." *Science*, 257, 206-211.

Tsien, J. Z., P. T. Huerta, S. Tonegawa (1996): "The essential role of hippocampal CA1 NMDA receptor-dependent synaptic plasticity in spatial memory." *Cell*, 87, 1327-1228.

Yang, X. D., H. Korn, D. S. Faber (1990): "Long-term potentiation of electrotonic coupling at mixed synapses." *Nature*, 348 (6301), 542-5.

Zottoli, S. J. (1977): "Correlation of the startle reflex and Mauthner cell auditory responses in unrestrained goldfish." *J Exp Biol*, 66 (1), 243-54.

Zottoli, S. J., B. C. Newman, H. I. Rieff, D. C. Winters (1999): "Decrease in occurrence of fast startle responses after selective Mauthner cell ablation in goldfish (Carassius auratus)." *J Comp Physiol [A]*, 184 (2), 207-18.

4. 魚類発音システムの多様性とその神経生物学

宗宮弘明

はじめに

　発音魚研究の歴史は古く，紀元前300年にアリストテレスが数種類の魚種でその発音について述べている．もちろんその記述に実験的なものは入っていない．発音魚の科学的な研究は19世紀後半から始まり，Dufosse（1874），Moreau（1876）とSorensen（1894～95）などによってヨーロッパ産魚類の発音器が記載された．その後，音響機器（1940）の発達によって発音魚の研究は活気づくが，第二次世界大戦（1939～1945）の影響（潜水艦の音を他の生物音から区別する）を受け発音器の記載よりも生物に起因する音の信号的側面が研究の主体となった．Fish and Mowbray（1970）はそれらの成果を「Sounds of Western North Atlantic Fishes」としてまとめた．Fish and Mowbrayの著作は大変魅力的なものであるが，彼らは「特別な発音器」からの音と遊泳音，摂餌音を並列的に記載し，発音器の構造に注意を払わなかった．著者は発音システムの神経生物学を進める立場から，「特別な発音器からの音」と遊泳音，摂餌音を厳密に区別すべきだと考える．

　戦前に内田恵太郎博士は日本にはたくさんの発音魚が生息すると報告した（1934）．それらの音を記載し（スペクトル分析），「特別な発音器」を記載し，さらにその発音メカニズム（摩擦発音と筋振動発音）を解明することによって多様な発音魚の生物学が可能となる．本書は主に「筋振動発音系」の神経生物学をカサゴ *Sebastiscus marmoratus*（棘鰭類－カサゴ目フサカサゴ科：後頭神経支配）を例にして述べるが，前半で現在までの発音魚・発音器に関する知識を概説する．

§1. 発音システムの分類

　真骨魚類は魚種により様々な発音システムを使って音を出す．発音を起こすためには特別な装置（発音器）が必要となる．その発音装置（発音器）一式を発音システムと呼ぶ．たとえば，骨部を摩擦して発音する魚種では，摩擦する2つの骨とそれに付随する筋肉，さらにはその筋を支配する神経系が発音システムを構成する．神経生物学では発音の脳内回路を問題とするので，発音の脳内回路を発音の中枢システム，発音器のシステムを発音の末梢システムと呼ぶ．発音の末梢システムと中枢システムを結ぶものが発音に関与する神経である．発音魚の末梢発音システムは次の3つに分類される．

　i）摩擦型発音システム：骨部を摩擦して音を出す
　　a）肩帯-棘摩擦型（ナマズの仲間）
　　b）咽頭歯（上下）摩擦型（カワスズメ類）
　　c）その他の骨部摩擦型（タツノオトシゴの仲間）
　ii）筋振動型発音システム：特別な発音筋を振動させて発音する

a）鰾筋振動型（内在筋と外在筋）
　　b）鰓蓋筋振動型（イシダイ）
　iii）その他の発音システム（モンガラカワハギの仲間，グーラミの仲間）

　骨部摩擦型発音システムの場合，どの部分の骨を使って発音するかによって発音システムはさらに3つのタイプに区分される．肩帯の擬鎖骨と胸鰭の棘基部を摩擦して発音する魚種としてはナマズの仲間がある．上下の咽頭歯（咽頭骨）をすり合わせて鳴く魚種としてはハゼの仲間のクモハゼ，さらにはカワスズメ類といったものが報告されている．その他の骨部摩擦型としては，タツノオトシゴが頭骨の後端部でクリック音を出すと報告されている．これら摩擦音の主な周波数帯は1～3 kHzと高いのが特徴である．

　特別な発音筋を振動させて発音するシステムの場合も，どの部分の筋を使って発音するかによって発音システムはさらに2つのタイプに区分される．鰾に付着する筋を振動させるタイプと鰓蓋に付着する筋を振動させるタイプに分類される．鰾に付着する発音筋を振動させて鳴く魚種はピラニア，タラ，カサゴ，ホウボウ，セミホウボウなど非常に多くのものが報告されている．鰾に付着する発音筋は2つのタイプに区別されている．筋の両端が鰾に付着するものは内在筋または内在性筋（intrinsic muscle），筋の一端だけが鰾に付着するものは外在筋または外在性筋（extrinsic muscle）と呼ぶ．筋振動発音の主な周波数帯は100～800 Hzと低いのが特徴である．

　その他の発音システムとしては，モンガラカワハギの仲間が胸鰭で体側にある膜構造をたたき発音する．また，グーラミの仲間は胸鰭の腱（tendon）を使って発音する．このように真骨魚類の発音システムは多様性に富んでいる，次節ではNelson（1994）の分類体系に従い魚種別にその末梢発音システムの多様性について概説する．なお，本文では発音器を構造・解剖からみた場合を発音システム，機能・生理からみた場合を発音メカニズムと使い分けた．

§2. 発音魚の分類学的位置と末梢発音システムの多様性

　Ladich（1991）はその総説の中で，「すべての魚類のうち，科のレベルで約10％が社会関係の中でなんらかの発音行動を示す」と書いた．手元にある資料を使って，発音魚の分類学的位置とその発音システムの多様性についてを手短に説明する．発音システムの神経生物学は発音に関与する神経の同定にはじまるので，ここではわかる範囲で神経について触れる．

　ヤツメウナギ，サメ，エイ類で発音する種は現在のところ報告されていない．真骨魚以外でその発音が報告されているのは，ポリプテルス目ポリプテルス科の2種，*Polypterus senegalus*とP. *retropinnis*だけである（Ladich and Tadler, 1988）．ポリプテルスは2種の鳴き方（moanとthump）が記録されているが，特別な発音筋とその発音メカニズムは分っていない．

　真骨魚38目の内13目の魚類において発音魚が記載されている．もちろん，今後記載される発音魚種もたくさんあると予想される．ここでは研究が進んでいる代表的な魚種について分類群別にその発音システムを概説する．

　1）**オステオグロッスム目**（Osteoglossiformes）［2亜目6科29属約217種］
　モルミルス科（Mormyridae）の魚類は発音魚というよりも，発電魚として有名である．モルミル

スの一種 *Pollimyrus isidori* は5種類の鳴き方をし，主に営巣，繁殖，防御行動の際，雄が夜間に鳴くと報告されている（Crawford ら，1986；1997）．発音の主な周波数は340 Hzで，その発音システムは鰾の後端に付属する発音筋とされている（Crawford and Huang, 1999）．Bass（1985）によると，発音筋は迷走神経によって支配されるらしい．しかし，この点については後でも触れるが再検討の必要がある．

2）コイ目（Cypriniformes）［5科279属約2662種］

コイ科（Cyprinidae）の仲間（*Notropis analostanus* = *Cyprinella analostana*）の雄は攻撃行動，繁殖行動の際，約1 kHzの音を出す（Stout, 1963；1975），またタモロコに近い *Gobio gobio* も1～2 kHzのキシミ音を出す（Ladich, 1988）．しかし，いずれの場合もその発音メカニズムははっきりしていない．ドジョウ科でアユモドキ *Leptobotia curta* に近い *Botia horae* は攻撃行動の際，約1 kHzの威嚇音を出すが，この場合もその発音メカニズムははっきりしていない（Valinski and Rigley, 1981）．

3）カラシン目（Characiformes）［10科237属約1343種］

ピラニア（カラシン科 Characidae *Pygocentrus nattereri*）は鰾発音筋による発音行動を示す（Markl, 1971；Stabentheiner, 1988）．発音筋は1対で，その上端は脊椎骨に，またその下端は鰾の側面に付着している．この理由でピラニアの発音筋は外在筋と分類される（図4-1a）．Markl（1971）によると発音筋は第1と第2番目の脊髄神経によって支配される．2種の音（honk と bark）が記録されているが（図4-1b），その主成分は低周波で5～20 Hz（honk）と80～150 Hz（bark）と報告されている（Kastberger, 1981）．音の機能に関してはまだはっきりしていない．カラシン科のセラサルムス亜科（Serrasalminae）に属するすべてのピラニアの仲間が発音するわけではなく，*Pygopristis* 属，*Pygocentrus* 属，*Pristobrycon* 属，*Serrasalmus* 属だけが発音筋をもち，なかでも *Pygopristis* 属の筋は小さいと報告されている（Machado-Allison, 1985）．

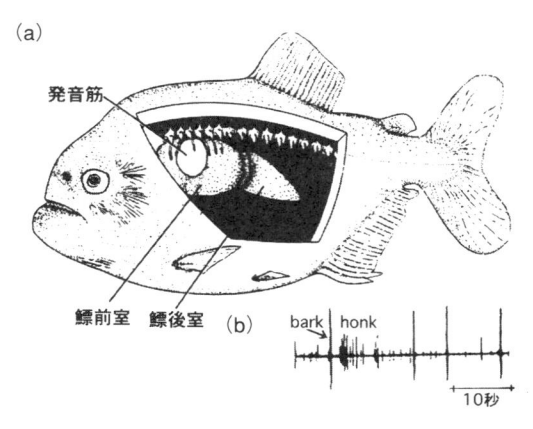

図4-1 ピラニアの外在性鰾発音筋（a）とその振動音のオシログラム（b）（a：Markl, 1971より改図，b：Kastberger, 1981より改図）

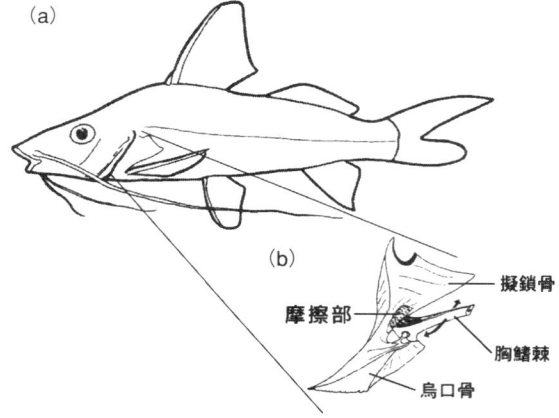

図4-2 ピメロドゥス科ナマズ（a）の肩帯-胸鰭棘摩擦発音器（b）（a：Nelson, 1994より改図，b：Ladich, 1991より改図）

4）ナマズ目（Siluriformes）［34科412属約2405種］

ナマズ目は34科で約2,400種存在する（Nelson, 1994）．ナマズ類の発音は古くから研究されてき

たが，その発音システムの多様さ故に十分研究し尽くされているわけではない．つまり，ある種のナマズ類（ハマギギ科，モコクス科，ドラス科，ピメロドゥス科など）は鰾発音器と肩帯-胸鰭棘摩擦発音器（図4-2）の2つをもつ（Ladich and Fine, 1994 ; Ladich, 1997）．たとえば，ピメロドゥス科（Pimelodidae）の一種 *Pimelodus blochii* は胸鰭を 外・内転させて高い周波数（1〜4 kHz）の摩擦音を出すとともに，頭骨と鰾の吻端に付着する発音筋を振動させて低い周波数（1 kHz以下）の振動音を出す（図4-3）（Ladich, 1997）．なお，鰾-振動筋と棘外転-内転筋はともに後頭神経と第1，第2脊髄神経によって支配されている（Ladich and Fine, 1994）．ナマズ類の鰾発音器は魚種により著しく変異に富み，さらには魚種によっては背鰭の棘でも摩擦音を出す（Mahajan, 1963）．この理由でナマズ類発音器の構造と機能は十分研究されているとはいえない状態にある．

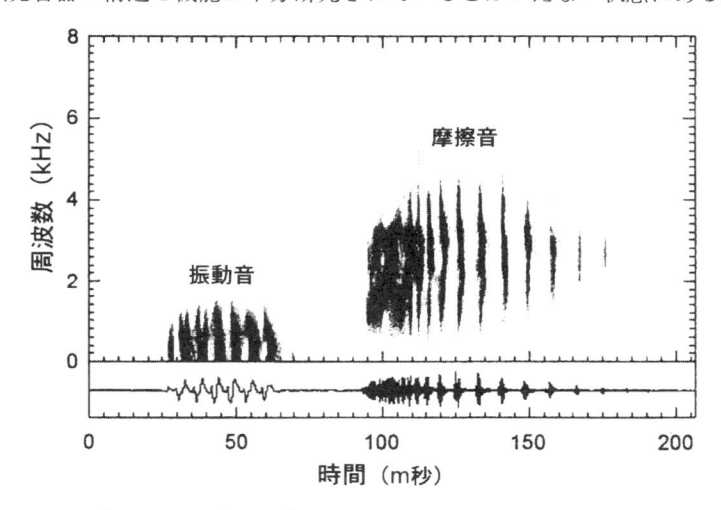

図4-3　ピメロドゥス科ナマズ *Pimelodus blochii* の鰾筋振動音と胸鰭棘摩擦音のソナグラム（上）とオシログラム（下）（Ladich, 1997bより改図）．

5）アシロ目（Ophidiiformes）[2亜目5科92属約355種]

アシロ科（Ophidiidae）の一種 *Ohidion marginatum* は性的2型を示し，鰾発音筋も雌雄で異なっている（Courtenay, 1971）．雄は2対の，雌は3対の発音筋をもつ．筋の後端は鰾に付着している．そのためこの筋は外在筋（extrinsic muscle）と分類される（Courtenay, 1971）．この筋の神経支配はまだ検索されていない．Mannら（1997）は繁殖行動の際に観察される音を記録し，音の主成分が1 kHz前後であると報告した．カクレウオ科（Carapidae）の数種にも鰾発音筋の存在が報告されているがその音の成分についての報告はない（Courtenay and McKittrick, 1970）．

6）タラ目（Gadiformes）[12科85属約482種]

古くから，タラの仲間（Gadidae）は鰾発音筋で鳴くことが知られていた（Jones and Marshall, 1953）．発音筋の形状は魚種により異なるが（図4-4）（Hawkins, 1993），これら筋はその両端が鰾に付着しており内在筋と分類される．ハドック *Melanogrammus aeglefinus* の雄の発音筋は性成熟にともない大型化し，同サイズの雌のものより大きくなる（Templeman and Hodder, 1958）．また雄の発音筋は繁殖期（5〜6月）に通常の2倍に肥大しするが，雌にはこの現象はない（Templeman and Hodder, 1958）．Hawkins and Rasmussen（1978）はタラ科に属するすべての魚種が発音筋をもつわ

けではないと報告した．朴ら（1994）はスケトウダラ *Theragra chaleogramma* で繁殖行動に際に出す鳴音を記録し，威嚇-攻撃音（800 Hz 以下）と求愛-産卵音（500 Hz 以下）を4種のパターンに区別した．タラの仲間では発音が繁殖行動に欠かせないものと思われる．発音筋の神経支配についての研究はまだなされていない．

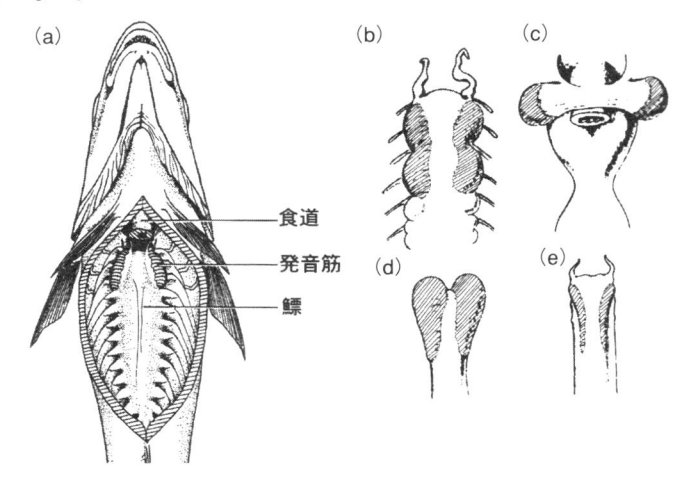

図4-4　タラ類の内在性鰾発音筋
a：ハドック（オス）*Melanogrammus aeglefinus*　b：タイセイヨウマダラ *Gadus morhua*　c：*Raniceps raninus*　d：*Lota lota*　e：*Pollachius pollachius*，図はすべて腹面図．b〜eにおいて斜線部は発音筋を示す（a：Hawkins & Chapman, 1996より改図, b〜e：Hawkins, 1993より改図）．

7）ガマアンコウ目（Batrachoidiformes）［1科19属約69種］

ガマアンコウ科（Batrachoididae）は日本近海に生息しないのであまりなじみはない．しかし，大西洋では *Opsanus* 属と *Porichthys* 属魚類は古くから発音魚として有名で，それらはUSAの研究者によって様々な側面から調べられてきた（Bass, 1997；Fine, 1997）．両属の魚種は内在性の鰾発音筋（図4-5, 図4-6 a, b）をもち，その筋は後頭神経と最初（1〜2）の脊髄神経によって支配されている（Bass and Baker, 1997）．

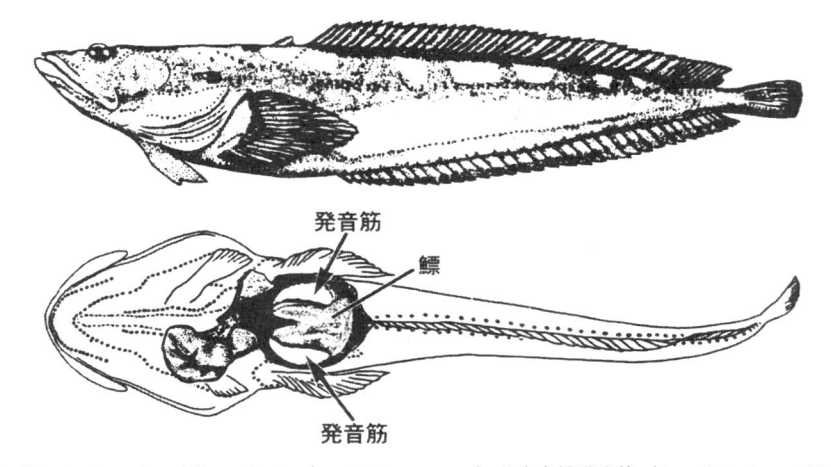

図4-5　プレインフィン・ミッドシップマン（*Porichthys notatus*）の内在性発音筋（Bass & Baker, 1991より改図）．

*Opsanus*属のオイスター・トードフィッシュ *Opsanus tau* は2種の鳴き声を出す．雌雄が出す短い威嚇・攻撃音（grunt）と営巣中の雄だけが出す長い繁殖音（boatwhistle）である（図4-7）（Fine, 1997；Zelickら，1999）．鰾と発音筋（図4-6b）は成長とともに大きくなるが，両者とも雌よりも雄の方が大きい．アンドロゲン投与で鰾と発音筋が肥大することが観察されている．同様なことが*Porichthys*属のプレインフィン・ミッドシップマン *Porichthys notatus* でも知られている（Bass, 1997）．

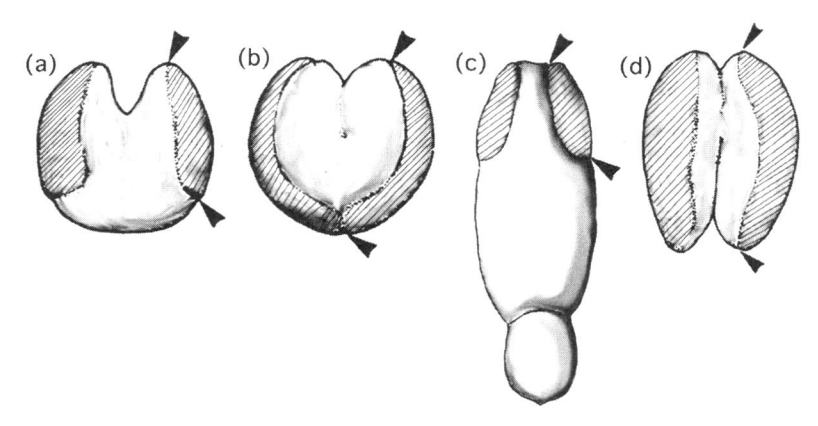

図4-6 内在性鰾発音筋．a：プレインフィン・ミッドシップマン *Porichthys notatus*，b：オイスター・トードフィッシュ *Opsanus tau*，c：マトウダイ *Zeus faber*，d：ホウボウの仲間 *Prionotus carolinus*．図はすべて腹面図．鰾の右側の矢印は発音筋の前端（上）と後端（下）を示し，斜線部は発音筋を示す．（a, b, d：Bass & Baker, 1991 より改図，c：Dufosse, 1874 より改図）．

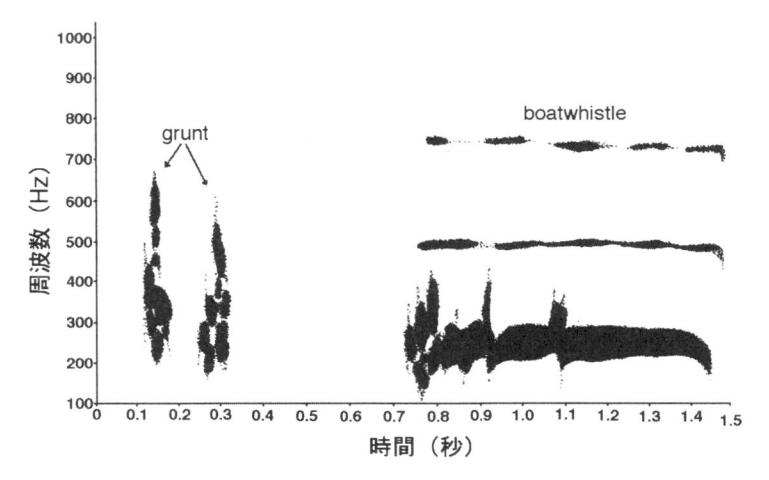

図4-7 オイスタートードフィッシュ（*Opsanus tau*）の威嚇音（grunt）と繁殖音（boatwhistle）（Fine, 1997；Zelick ら，1999 より改図）．

8）キンメダイ目（Beryciformes）［3亜目7科28属約123種］

イットウダイ科（Holocentridae）を構成する2つの亜科（イットウダイ亜科，アカマツカサ亜科）に発音魚が報告されている（Winn and Marshall, 1963；Salmon, 1967）．発音筋は頭骨後端にはじまり2～3番目の肋骨とその下の鰾に付着する外在筋である（図4-8）（Salmon, 1967；Carlson and Bass, 2000）．この発音筋は後頭神経支配とされている（Carlson and Bass, 2000）．音の主成分は70

～600 Hz で，発音の機能ははっきりしていないが攻撃・威嚇と繁殖関連であろうと推測されている（Bright and Sartori, 1971；Carlson and Bass, 2000）．

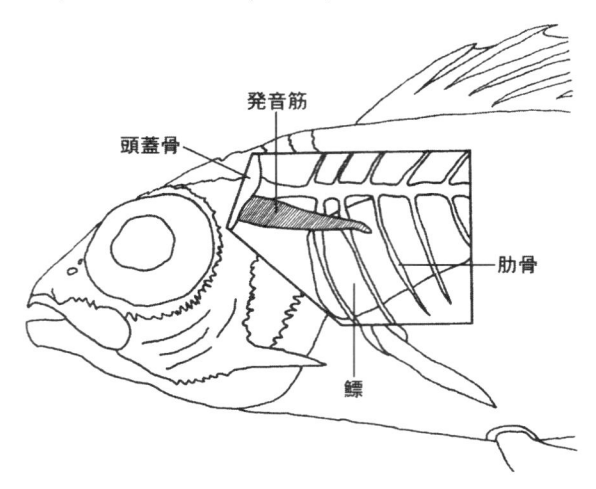

図 4-8　イットウダイの仲間 *Sargocentron cornutum* の外在性鰾発音筋
（Carlson & Bass, 2000 より改図）．

9）マトウダイ目（Zeiformes）［2 亜目 6 科 20 属約 39 種］

マトウダイ *Zeus faber*（Zeidae）が発音魚であり，特別な内在性の鰾発音筋をもつと報告したのは Dufosse（1874）（図 4-6c）で，その発音筋が脊髄神経によって支配されるとしたのは Rauther（1945）である．不思議なことにこの 2 つの文献以外はマトウダイ類の発音に関するものは見当らない．そのため音の周波数成分などについては分っていない．

10）トゲウオ目（Gastrosteiformes）［2 亜目 11 科 71 属約 257 種］

タツノオトシゴの仲間（ヨウジウオ科 Syngnathidae）が発音することは古くから知られていた（Dufosse, 1874；Fish, 1953）．最近 Colson ら（1998）はタツノオトシゴ属 *Hyppocampus* の発音を再検討し，それが摂食行動の際，上後頭骨－頂冠関節（supraoccipital-coronet articulation）により生じる摩擦音であるとした．またその音の主成分は約 3 kHz と報告している．発音に関連する筋とその支配神経については分っていない．

11）カサゴ目（Scorpaeniformes）［7 亜目 25 科 266 属約 1,271 種］

セミホウボウ科（Dactylopteridae カサゴ亜目）の一種，フサカサゴ科（Scorpaenidae カサゴ亜目）のカサゴ，ホウボウ科（Triglidae カサゴ亜目）の仲間，さらにはカジカ科（Cottidae カジカ亜目）の仲間が発音魚として知られている．

セミホウボウの一種 *Dactylopterus volitans* は内在性の鰾発音筋をもち（Dufosse, 1874），1 kHz 以下の音で鳴く（Fish and Mowbray, 1970）ことが知られているが，その他のことについては分っていない．

カサゴは後頭神経支配の外在性鰾発音筋をもち音を出すが，その詳細については次節で述べる．

ホウボウ科の多く（*Bellator* 属，*Prionotus* 属，*Chelidonichthys* 属，*Trigla* 属，*Trigloporus* 属など）は底生魚にもかかわらず発達した鰾をもち，内在性の鰾筋で発音する（図 4-6d）（Bayoumi, 1970；

Evans, 1973；Amorim and Hawkins, 2000）．発音の主成分は 200〜400 Hz で（Fish and Mowbray, 1970），発音筋の神経支配は後頭神経による（Evans, 1973；Bass and Baker, 1991）．おそらくホウボウ類は繁殖，威嚇および摂食行動に関連して発音すると思われる（Moulton, 1956；Amorim and Hawkins, 2000）．

カジカ科魚類は底生性で鰾をもたない．カジカ類の仲間（*Cottus* 属，*Leptocottus* 属，*Myoxocephalus* 属）は頭骨と肩帯（shoulder or pectral girdle）の擬鎖骨（cleithrum）に付着する筋を振動して発音する（図 4-9）（Barber and Mowbray, 1956；Ladich, 1989；1990；Bass and Baker, 1991）．発音筋は後頭神経支配であり（Bass and Baker, 1991），音の波長主成分は 50〜500 Hz と低い（Ladich, 1989；1990）．カジカ類は威嚇・攻撃行動と繁殖行動の際に発音すると考えられている．

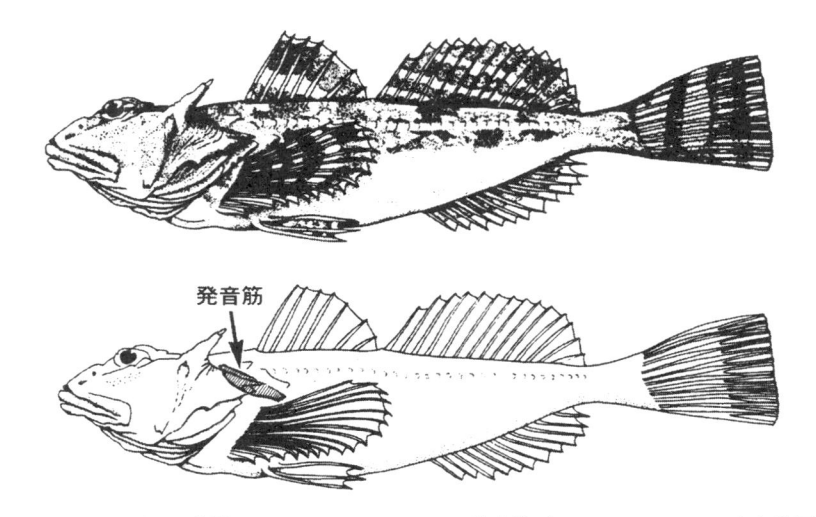

図 4-9　カジカの仲間 *Myoxocephalus scorpius* の発音筋（Bass & Baker, 1991 より改図）．

12）スズキ目（Perciformes）［17 亜目 148 科 1,496 属約 9,293 種］

17 亜目のうち 5 亜目（スズキ亜目，ベラ亜目，ギンポ亜目，ハゼ亜目，キノボリウオ亜目）だけに発音魚が知られている．

スズキ亜目（Percoidei）［72 科 529 属約 2,865 種］

ハタ科（Serranidae）の一種 *Epinephalus striatus* は鰓蓋と関連した筋で 600 Hz 前後の発音をする（Hazlet and Winn, 1962）．

サンフィッシュ科（Centrarchidae）の仲間数種類（*Lepomis* 属）は咽頭歯の摩擦音を出すが発音器の構造ははっきりしていない（Ballantyne and Colgan, 1978）．

ペルカ科（Percidae）の仲間（*Ethostoma* 属）も発音するが発音メカニズムは不明である（Johnson and Johnson, 2000）．

キントキダイ科（Priacanthidae）の数種類 *Priacanthus hamrur*, *P. macracanthus* は外在性鰾筋で発音する（Starnes, 1988）が，筋の支配神経は分っていない．

ニベ科魚類（Sciaenidae）の発音は古くから広範囲に研究されており，文献も多数ある（Schneider and Hasler, 1960；Fine, 1997）．日本産のニベ類の発音は Takemura ら（1978）によって研究

された．すべてのニベ類が発達した発音筋をもつわけではなく，雄だけがもつ種，雌雄ともにもつ種，筋は退化的な種に区別される（Hillら，1987）．発音筋は外在性で筋の背側部が鰾に付着している（図4-10）．発達した発音筋をもつ *Cynoscion regalis* の雄は数種類の音を出すが，その音の周波数主成分は約500 Hzと報告されている（Connaughtonら，2000）．発音筋は繁殖期に大きくなるが，それはアンドロゲンの影響であることが分っている（Connaughtonら，1997）．発音筋は3, 4から9, 10, 11番目までの脊髄神経によって支配される（Ono and Poss, 1982）．

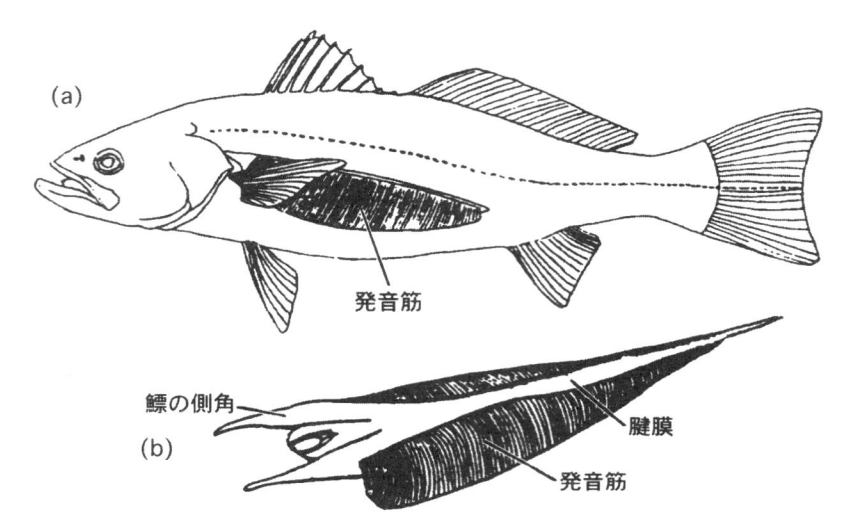

図4-10　ニベの仲間 *Cynoscion regalis* の外在性鰾発音筋（Connaughtonら，1997より改図）．

シマイサキ科（Teraponidae）のすべての魚種が頭骨後頭部と鰾背側部にまたがる外在性の発音筋をもつ（Vari, 1978）．Schneider（1964）はコトヒキ *Terapon jarbua* の発音系について詳細に研究し，それらが2種類の音を出し，さらには発音筋が脊髄神経支配であるとした（図4-11）．イシダイ科（Oplegnathidae）のイシダイ *Oplegnathus fasciatus* は3種類の鳴音を出し，その周波数成分はいずれも1 kHz以下である（Nakazato and Takemura, 1987）．発音は鰓蓋運動との関連で出るとされている．発音は威嚇行動，繁殖行動に関与すると考えられている．発音筋の神経支配は分っていない．

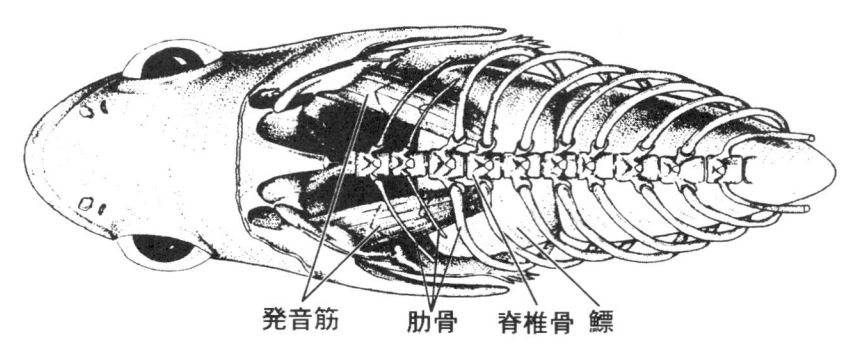

図4-11　コトヒキ *Terapon jarbua* の鰾発音筋（Schneider, 1964より改図）．

ベラ亜目（Labroidei）［6科219属約2,234種］
　カワスズメ科（Cichlidae）の2種（*Tramitichromis*属，*Copadichromis*属）は繁殖行動の際に発音し，その音の主成分は500 Hzだと報告している（Lobel, 1998）．Lanzing（1974）によればカワスズメ科の一種（*Oreochromis mossambica*）は周波数成分が1～16 kHzと高い鳴音を出す．このことからLanzing（1974）はその発音のメカニズムが咽頭歯の摩擦によると推測した．現在のところカワスズメ類の発音メカニズムははっきりしていない．
　スズメダイ科魚類（Pomacentridae）の多くが求愛・テリトリー防御のために発音する（Myrberg, 1972）．スズメダイ科魚類の鳴音研究のほとんどは繁殖生態と関連したもので，発音器の構造についてははっきりしていない．

ギンポ亜目（Blennioidei）［6科127属約732種］
　イソギンポ科（Blenniidae）の一種 *Chasmodes bosquianus* は求愛行動の際，雄が低周波（400 Hz以下）の音を出す（Tavolga, 1958）．発音メカニズムは不明である．

ハゼ亜目（Gobioidei）［8科258属約2,121種］
　ドンコ科（Odontobutidae）のドンコ *Odontobutis obscura*（Takemura, 1984）とハゼ科（Gobiidae）の数種（*Padogobius*属）が発音魚と報告されている（Torricelli and Romani, 1986）．これらの魚種では雄だけが繁殖と攻撃行動に関連して音を出す．音は2種類に区別されるが，その周波数はいずれも1 kHz以下である．発音のメカニズムは咽頭歯の摩擦が示唆されているがまだはっきりしていない（Lugliら，1995；1997）．クモハゼ *Bathygobius fuscus* も発音するが鰾をもたないので，その音は咽頭歯の摩擦音かも知れない（張・竹村，1989）．いずれの場合も，発音器の構造ははっきりしていない．

キノボリウオ亜目（Anabantoidei）［5科18属約81種］
　トウギョ科（Belontiidae）のクローキング・グーラミ（*Trichopsis*属）は雄も雌も反発行動の際に1～2.5 kHzの発音をする（Ladichら，1992）．発音器は胸鰭そのもので，擬鎖骨の内側にある内転筋（muscles adductor superfisialis）が胸鰭の腱（tendon）を弾いて音を出す（Kratochvil, 1978）．Ladich and Fine（1992）はクローキング・グーラミの発音運動神経核を報告したが内転筋の支配神経については触れていない．

13) フグ目（Tetraodontiformes）
　　［10科100属約340種］
　モンガラカワハギ科（Balistidae）の数種類は反発行動にともない，太鼓をたたくように胸鰭で体側の膜をうちならす（図4-12）（Salmonら，1968）．音の成分は150～1200 Hzで，Salmonらはこれを「the pectral fin-drumming membrane mechanism」と呼んでいる．

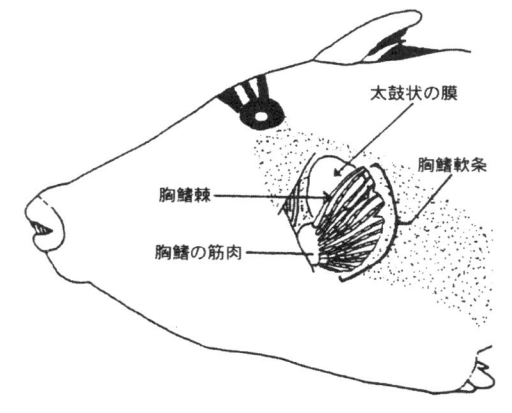

図4-12　モンガラカワハギの仲間（*Rhinecathus rectangulus*）の太鼓型発音システム（Salmonら，1968より改図）．

4. 魚類発音システムの多様性とその神経生物学

14）真骨魚類の発音筋とその神経支配

　発音魚の神経生物学は次の4つの過程からなる．(1) 発音器の構造を記載する，(2) 発音に関与する筋肉とその神経支配を調べる，(3) 発音運動神経核（SMN：sonic motor nucleus）を記載する，(4) 発音に関与する脳内回路を解明する．これまでこの節では多様な発音器の構造（1つ目の過程）を概説してきた．ここでは2つ目の過程（発音筋の神経支配）を簡単にまとめる．

　硬骨魚類の鰾発音筋の大部分は後頭神経（occipital nerve）によって支配されることが分った．しかし，専門外の読者にとって後頭神経はなじみのないものである．ここで後頭神経について手短に定義しておく．魚類は13対（終神経，嗅神経，視神経，動眼神経，滑車神経，三叉神経，外転神経，顔面神経，内耳神経，側線神経，舌咽神経，迷走神経，後頭神経）の脳神経をもつ．最後尾の脳神経を後頭神経と呼ぶ．それはどの魚種にでもあり，鰓の下部の筋群と胸鰭の運動筋に分布する（図4-13）(Parenti and Song, 1996)．Parenti and Song (1996) は後頭神経の神経枝についても厳密に再定義しているので，詳しくはそれを参照されたい．ただし，Parenti and Song (1996) は後頭神経（occipital nerve）という単語を使わずに，spino-occipital nerve という単語を使っている．後頭神経の特徴は頭蓋腔のなかに起始部があり，迷走神経のすぐ後ろに2～3対の神経根として存在する．通常は2～3対の神経は1対の後頭神経として頭蓋腔から出るが，魚種によっては2対の後頭神経として頭蓋腔を出る場合もある（図4-13）．脊髄神経は第1番目の椎骨から出るものを第1脊髄神経と呼ぶ．この定義も Parenti and Song (1996) にしたがった．後頭神経は哺乳類の舌下神経と相同なものと考えられている（Bass and Baker, 1991）．

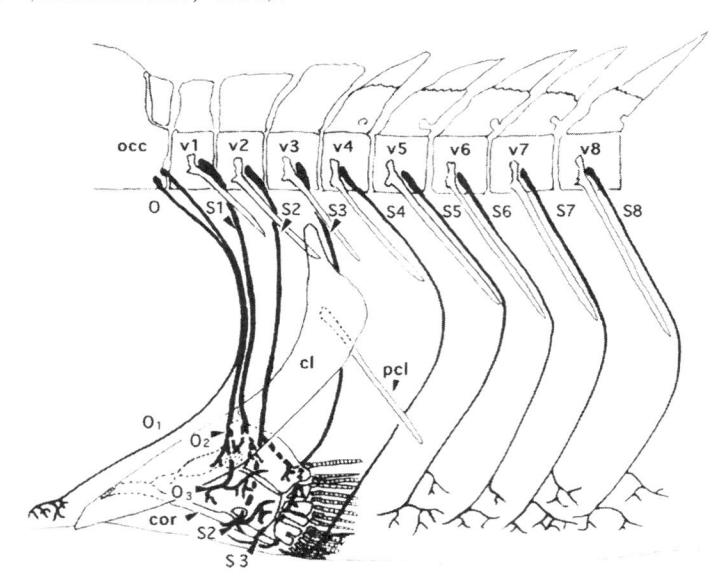

図4-13　アカヒレカワカマス *Esox americanus* の後頭神経分布図
O：後頭神経（下付の数字はその分枝）　S1～S8：第1～第8脊髄神経　occ：後頭骨　v1～v8：第1～第8脊椎骨　cl：擬鎖骨　cor：烏口骨　pcl：後擬鎖骨（Parenti & Song, 1996より改図）．

　現在までにはっきりと記載されている鰾関連発音筋とその神経支配についてを表4-1に示した．すでに述べたように，ある種のナマズ類（ハマギギ科，モコクス科，ドラス科，ピメロドゥス科など）

は鰾発音器と肩帯-胸鰭棘摩擦発音器（図4-2）の2つをもつ（Ladich and Fine, 1994；Ladich, 1997）．ピメロドゥス科のナマズの2つの発音器を調べたLadich and Fine（1994）はそれら2つの発音器がともに後頭神経と第1，第2脊髄神経によって支配されることを報告している．ほとんどの発音魚が発音関係の神経として後頭神経を利用する（表4-1）．このことは，後頭神経が哺乳類の舌下神経と相同なものと考えられている点からも興味深い．モルミルスの仲間が発音に迷走神経を使うとの報告（Bass, 1985）は正確な神経系の記載がないという点から再検討の必要があると考える．ピラニア，マトウダイ，ニベ科，コトヒキが発音に脊髄神経を使うことは大変興味深い．おそらくそれらの魚種は独立に発音器を開発してきたと想像される．

表4-1 鰾関連発音筋の神経支配

分類　魚種名	筋の種類	鰾	支配神経	文献
オステオグロッスム上目（Osteoglossomorpha）				
オステオグロッスム目（モルミルス科）				
Pollimyrus isidori	外在性鰾筋	有	迷走神経（?）	Bass, 1985
骨鰾上目（Ostariophysi）				
カラシン目（カラシン科）				
Pygocentrus nattereri	外在性鰾筋	有	脊髄神経（1, 2）	Markl, 1971
ナマズ目				
ハマギギ科				
Arius felis	外在性鰾筋	有	後頭神経	Ladich & Bass, 1998
モコクス科				
Synodontis nigriventris	外在性鰾筋	有	後頭神経と脊髄神経（1）	Ladich & Bass, 1996
ドラス科				
Platydoras costatus	外在性鰾筋	有	後頭神経	Ladich & Bass, 1998
ピメロドゥス科				
Pimelodus blochii	外在性鰾筋	有	後頭神経と脊髄神経（1, 2）	Ladich & Bass, 1998
側棘鰭上目（Paracanthopterygii）				
ガマアンコウ目（ガマアンコウ科）				
Opsanus tau	内在性鰾筋	有	後頭神経と脊髄神経（1, 2）	Bass & Baker, 1991
Porichthys notatus	内在性鰾筋	有	後頭神経と脊髄神経（1, 2）	Bass & Baker, 1991
棘鰭上目（Acanthopterygii）				
キンメダイ目（イットウダイ科）				
Sargocentron cornutum	外在性鰾筋	有	後頭神経	Carlson & Bass, 2000
マトウダイ目（マトウダイ科）				
Zeus faber	内在性鰾筋	有	脊髄神経（2, 3 & 4）	Rauther, 1945
カサゴ目				
フサカサゴ科				
Sebastiscus marmoratus	外在性鰾筋	有	後頭神経	Yoshimotoら, 1999
ホウボウ科				
Prionotus carolinus	内在性鰾筋	有	後頭神経と脊髄神経（1, 2）	Bass & Baker, 1991
カジカ科				
Leptocottus armatus	外在発音筋	無	後頭神経と脊髄神経（1, 2）	Ladich & Bass, 1998
Myoxocephalus scorpius	外在発音筋	無	後頭神経と脊髄神経（1, 2）	Bass & Baker, 1991
スズキ目				
ニベ科				
Cynoscion regalis	外在性鰾筋	有	脊髄神経（3, 4 -9, 10, 11）	Ono & Poss, 1982
シマイサキ科				
Terapon jarbua	外在性鰾筋	有	脊髄神経（1）	Schneider, 1964

（?）：発音するかどうかを含め再検討の必要あり

いずれにせよ，発音魚の神経生物学は発音筋の神経支配を正確に同定することから始まる．後頭神経は頭蓋腔から出るので脳神経の一つと見なすことは問題ないと考えている．しかし，今後分子生物学的な発生学が進んでくると，後頭神経が頭部脊髄神経と起源が同じとなる可能性がある（Kuratani and Horigome, 2000）．しかしその場合でも，発音筋が後頭神経だけで支配される魚種と，後頭神経と第1，第2脊髄神経によって支配され魚種とでは，発音筋の由来が異なる．発音にどの神経が関与するかに「神経をとがらせる」のはこの理由からである．

§3. カサゴの発音システムの神経生物学
1）カサゴの発音と発音システムの神経生物学

カサゴ Sebastiscus marmoratus の発音メカニズムを最初に検討したのは道津（1951）で，道津は外在性の発音筋を明瞭に記載した．Miyagawa and Takemura（1986）はカサゴの音響生態について調べ，音は2種（1 kHz以下の単一パルス音と連続音）であること．さらに，音は威嚇に使用され，薄明時の摂餌の際に活発に発せられ，発音頻度の年変動はないと報告されている．おそらく発音は繁殖行動には関与しないものと考えられる．カサゴの発音システムの神経生物学を最初に報告したのは，共同研究者の吉本で，彼女は世界に先駆けて発音の脳内回路の基本構造を明らかにした（Yoshimotoら，1999）．ここではその仕事を手短に紹介する．

発音筋 カサゴの発音筋は頭骨の後端と鰾の背側部に付着する外在性の鰾発音筋である（図4-14）（Miyagawa and Takemura, 1986）．発音筋の神経支配は後頭神経による（Yoshimotoら，1999）．また，発音筋の大きさに雌雄の差異はなかったと報告されている（Yoshimotoら，1999）．

後頭神経とその発音運動神経核（SMN） Yoshimotoら（1999）の報告によれば，発音筋に分布する神経は2本の後頭神経で吻端側1本目のものは細く，2本目は太いものであった（図4-15）．発音筋に分布する後頭神経へトレーサー（HRP）を注入した結果，約160個の発音運動ニューロンが延髄の最尾側に標識された（図4-15）．これが発音筋をコントロールする細胞集団である．それらの

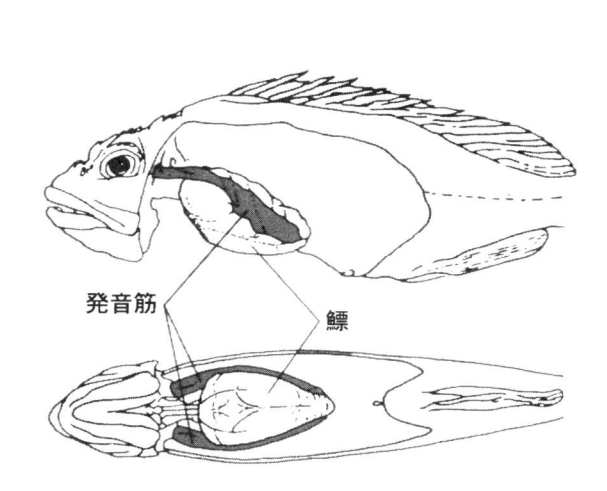

図4-14 カサゴの外在性鰾発音筋
（Miyagawa & Takemura, 1986より改図）．

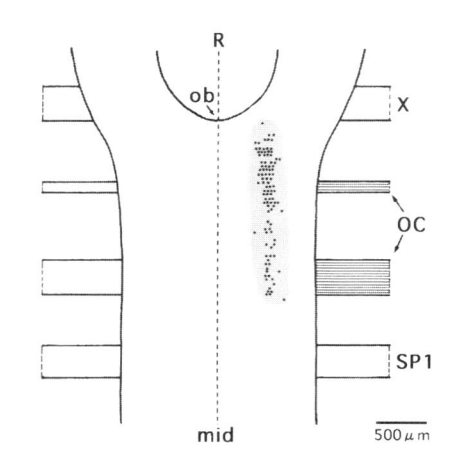

図4-15 カサゴのSMNの水平分布
X：迷走神経　OC：後頭神経　SP1：第1脊髄神経　ob：延髄のカンヌキ　R：吻側　mid：正中線（Yoshimotoら，1999より改図）．

運動ニューロンはいずれも大型で，延髄尾端から脊髄の吻端に水平に拡がる1つの運動核を形成していた（図4-15）．この運動核は発音運動核（sonic motor nucleus，略してSMN）と呼ばれている．SMNは横断面上は脊髄前角（cornus ventralis）の腹側部に観察された（図4-16A）．この大型運動ニューロンは樹状突起を背側に伸ばすことも分った（図4-16B）．

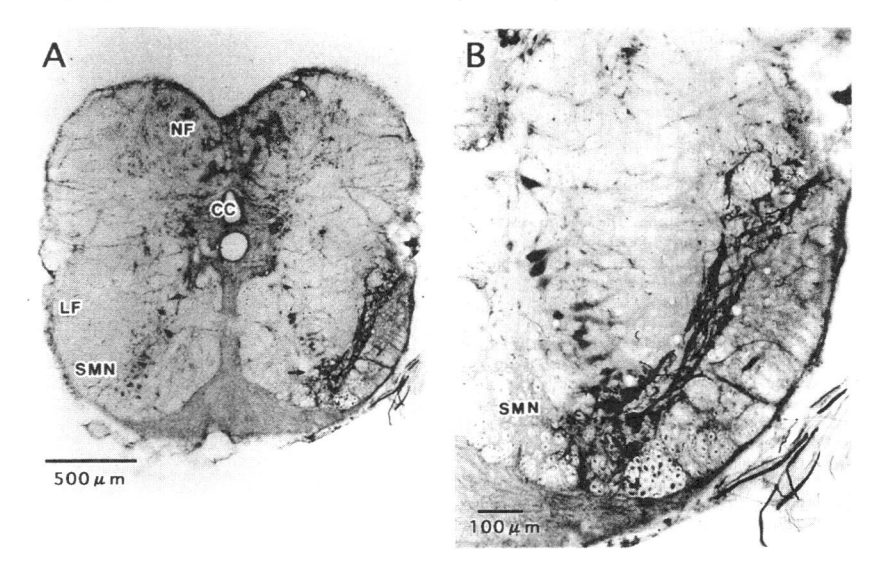

図4-16　カサゴのSMNの横断面での分布（Yoshimotoら，1999より改図）
CC：中心管　LF：側索　NF：索核　SMN：発音運動核

発音の脳内回路　次にSMNを支配する脳部位を解明するために，さらにトレーサーを大型運動ニューロンの樹状突起部位に注入した．その結果，次の2つの部位にプレモーターニューロン群が逆行性・両側性に標識された（図4-17）．1つはDO核（descending octaval nucleus）背内側部にあった．このDO核背内側部は音の情報を内耳神経から直接に受けとる場所でもある（図4-17）．2つ目は延髄網様体内側部にあった．DO核にあるプレモーターニューロンは多極細胞でその樹状突起は細胞周囲に観察された．延髄網様体にあるプレモーターニューロンは双極細胞で，一方の樹状突起を側方に伸ばしDO核腹側部に出していた．他方の樹状突起は延髄腹内側部にまで観察された．この延髄腹内側部の樹状突起部位は視蓋（optic tectum）と半円堤（torus semicircularis）からの下降線維が両側性に終末するところでもある．実際その部分にトレーサーのDiIを入れると，視蓋と半円堤の細胞が両側性に標識されることが分った．標識された視蓋の細胞はほとんどがSGC層にあった．半円堤で標識された細胞は全体に散らばっていた．また側線神経から直接入力を受ける内側核（medial nucleus）にトレーサーを入れたところ，延髄網様体にあるプレモーターニューロンに終末を送ることが分った．つまり，現時点で発音の脳内回路の基本構造は次のようにまとめられる．SMNのプレモーターニューロン群がDO核（descending octaval nucleus）背内側部と延髄網様体内側部にあることが分った．おそらく，SMNはDO核にあるプレモーターニューロンを介して第一次の聴覚入力を受け，さらにSMNは延髄網様体にあるプレモーターニューロンを介して内側核からの側線入力，DO核腹側部からの平衡感覚入力，また視蓋からの視覚入力，半円堤から高次の聴覚入力を受けることも分った（図4-17）．つまり，発音行動は音情報，平衡覚情報，側線情報，視覚情報との関連でなされることが分

ってきた．もちろんこの点に関しては今後の詳しい分析が必要となる．

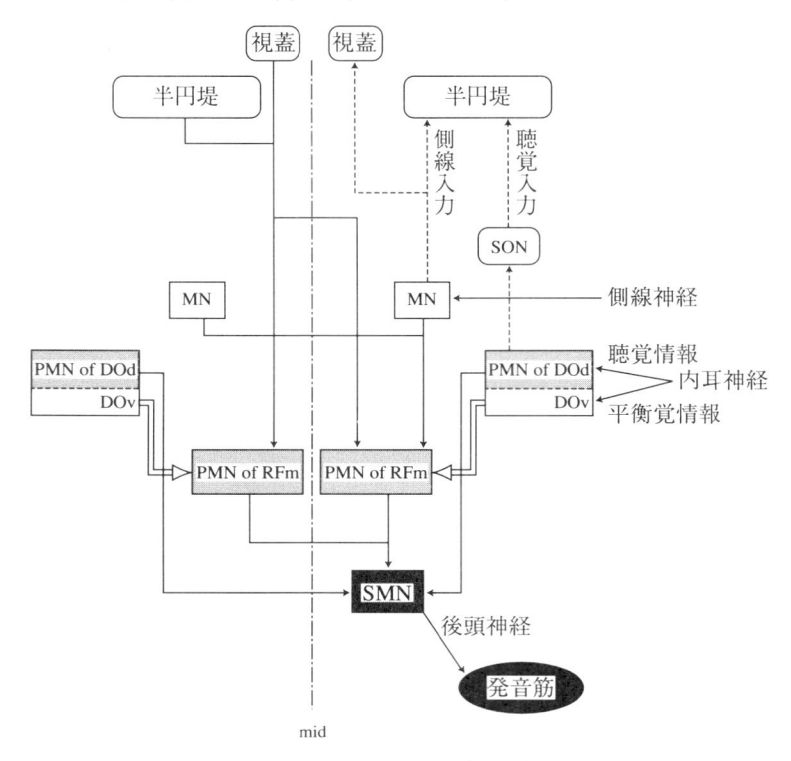

図 4-17　カサゴの発音系の脳内回路
SMN：発音筋　　DOv：DO 核腹側部　　MN：内側核　　SON：二次内耳核
PMN of DOd：DO 核背内側部にあるプレモーターニューロン
PMN of RFm：延髄網様体内側部にあるプレモーターニューロン
mid：正中線　　　（Yoshimoto ら，1999 より改図）．

2）発音運動神経核：カサゴと他魚種との比較

　トレーサーの利用により，最近様々な魚種で SMN の存在部位が明らかになってきた．トレーサー（HRP）を使って初めて SMN の存在部位を明らかにしたのは Fine ら（1982）である．Fine ら（1982）はオイスター・トードフィッシュの SMN が延髄の正中線上にあるのを報告した．ここでは，カサゴとその他の魚種の SMN の存在部位（Calson and Bass，2000）を比較するとともに，SMN については何が問題となっているかを他魚種のデータも考慮して説明する．

　カサゴの SMN はすでに述べたように前角腹側部にある（図 4-16）．つまり，カサゴを含め現在まで知られている棘鰭魚類（Acanthopterigii）の SMN はすべて前根部分に存在する（図 4-18）．Calson and Bass（2000）はそれらを腹側 SMN と呼んだ．つまり，イットウダイ，カジカ，ホウボウ，カサゴでは SMN は 1 対で，腹側部にあり樹状突起を延髄の側方部分に送る．また関与する神経はいずれも後頭神経の腹側根である（Bass，1985；Finger and Kalil，1985；Bass and Baker，1991；Ladich and Bass，1998；Yoshimoto ら，1999）．このように，棘鰭魚類（Acanthopterygii）では SMN の細胞構築は共通で，保守的なものと考えられている．しかしながら，この腹側 SMN パターンはガマアンコウ目やナマズ目では観察されず，ガマアンコウ目，ドラス科ナマズ，モコクス科ナマズでは延髄の

正中線上にSMNが観察されている．ハマギギ科ナマズのSMNは少し腹側方向にずれている，ピメロドゥス科は正中線上のSMNと腹側方向にずれた2つのSMNをもつ（図4-18）．Ladich and Bass (1998) はSMNの側方パターンが正中パターンから派生してきたと推測している．

オイスター・トードフィッシュの場合，SMNの総細胞数はその魚が生きている限り増えつづける．本種の胚体（孵化前）のSMNの総細胞数は約30で7〜8歳魚のものは約3,000である（Fine, 1997）．不思議なことに，発音筋のサイズは雌雄で違うのに，SMNの総細胞数は雌雄で差はないと報告されている．しかしながら，発音運動ニューロンのサイズは雌雄で異なり，雄は大型と小型細胞，雌は小型細胞だけをもつ（Fine and Mosca, 1995）．すでに述べたように，この魚種の雄は繁殖時雌を誘引するための音（boatwhistle）を出す（図4-7）（Fine, 1997）．Fine（1997）は雄の大型細胞だけが繁殖音（boatwhistle）に関与すると推測している．

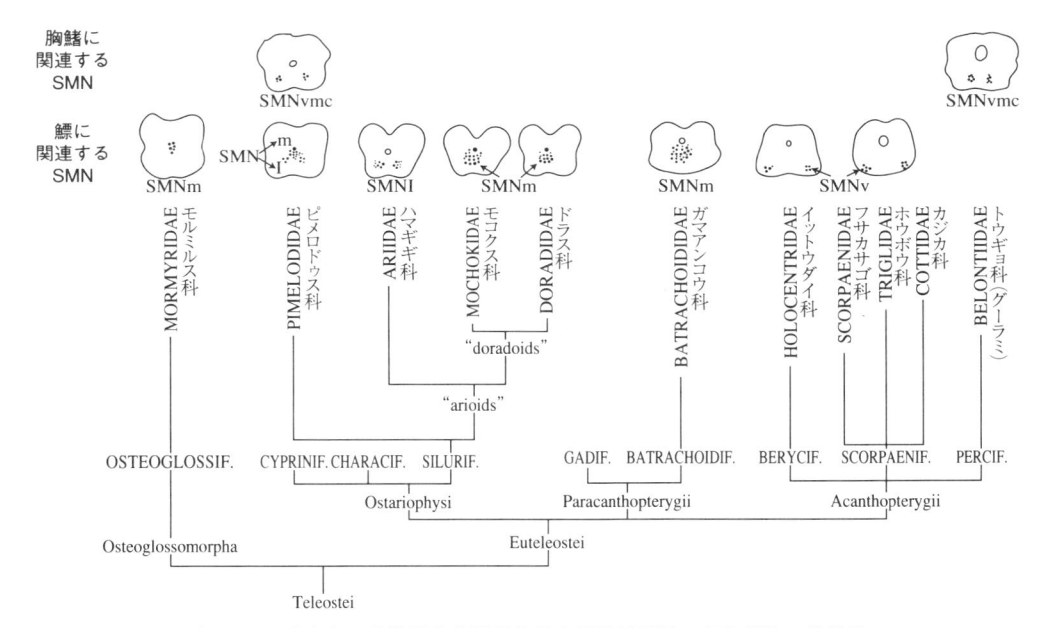

図4-18 発音魚の分岐学的な関係と発音運動神経核の存在部位の多様性
SMNl：側方部の発音運動核，SMNm：正中線上の発音運動核，
SMNv：腹側部の発音運動核，SMNvmc：胸鰭関連の発音運動核（Carlson & Bass, 2000 より改図）

おわりに

魚類のすべてが発音するわけではない．ある特定な魚類は特別な発音器をもち音を出す．その魚に近縁な魚種が必ずしも発音器をもつわけではない．なぜ（Why）その魚種がサウンド・コミュニケーションをやり，他の魚種がやらないのかは難しい問題で，いかに（How）その魚種がサウンド・コミュニケーションをやるのかという問題を解決しながら考えるのが妥当のように思われる．多様な魚種が多様な発音器で発音するにもかかわらず，その発音に関与する神経は普遍的に後頭神経か頭部に近い脊髄神経である．しかも，そのほとんどの発音魚が頭部-胸鰭付近の筋を使って鳴く．つまり，発音魚は発音の際われわれが舌を動かす時に使う舌下神経と相同な後頭神経が関与するシステムを利用

する．一方，ピラニア，マトウダイ，特にニベ類は発音の際，脊髄神経だけを使うが，これはおそらくわれわれが言語の補助として使うゼスチャー（身振り手振り）と同じ起源かも知れない．彼ら（ピラニア，マトウダイ，ニベ類）は進化の途上で必要に迫られて独自に発音器を開発してきたと考えられる．

これらの発音魚は「意思の表示」（威嚇行動，配偶行動）の際に骨格筋（随意筋，横紋筋）を使う．魚類では体色を変化させてコミュニケーションもするが，それらは自律神経系を使うという点で体性発音系とは異なる．さらに，著名な精神医学者のサリバンは「精神医学的面接を多くの人が言語的（verbal）なコミュニケーションだと思い込んでいるのは誤解であって，実は音声的（vocal）な過程だ」と述べている（竹内，1996より引用）．つまり，その人の「人となり」は言語的なものよりは音声的なものに表われるということらしい．魚類のシンプルな発音系の研究のなかに，我々の発声の本質に係わる問題が潜んでいるかも知れない．

本稿では触れることができなかったが，発音筋はその収縮と弛緩がとても速いという特徴をもつ（Skoglund, 1961；Romeら，1996；Fine, 1997）．つまり，発音魚の研究は筋生理学にも直結するテーマである．さらに，発音筋のサイズがホルモン投与によって変化することから，それは内分泌生理学にも直結するテーマである（Fine, 1997）．また，ガマアンコウ類で雄には発音筋の大きさが異なる2つのタイプがあり，興味深い行動生態学的な研究もなされている（Bass, 1997）．残念ながら紙数の関係でそれらには触れていない．

この総説をまとめるに当り，発音システムの正確な記載がなされていれば，その上に神経生物学なり，行動生態学を建設するのは比較的容易であることを改めて思い知った．現在，発音魚の神経生物学を展開しているグループは，USAには2つ，オーストリアに1つの学派がある．日本近海には多種類の発音魚が生息するが，しかし問題はそれらの発音器がまだ十分に，しかも正確に記載されていないことである．逆説めくが，発音魚の神経生物学を発展させるためには日本産発音魚のナチュラルヒストリー（音を記録し，発音器を正確に記載する）を推し進めるのが必要不可欠であろうと考えている．読者のあなたがこのような研究に興味をもって下されば，著者としては望外の喜びである．

この小文を「発光生物学」の恩師故羽根田弥太博士（1907〜1995）に捧げる．先生の「発光生物をみる目」で発音魚をまとめたのがこの小文だからである．大学院生の大貫敦嗣さんには図の作製などでお世話になった，記してお礼申し上げる．

文献

Amorim, M. C. P. and A. D. Hawkins (2000)：Growling for food : acoustic emissions during competitive feeding of the streaked gurnard. *J. Fish Biol.*, 57, 895-907.

Ballantyne, P. K. and P. W. Colgan (1978)：Sound production during agonistic and reproductive behaviour in the pumpkinseed (*Lepomis gibbosus*), the bluegill (*L. macrochirus*), and their hybrid sunfish. *Biol. Behav.*, 3, 113-135.

Barber, S. B. and W. H. Mowbray (1956)：Mechanism of sound production in the sculpin. *Science*, 124, 219-220.

Bass, A. H. (1985)：Sonic motor pathways in teleost fishes : a comparative HRP study. *Brain Behav. Evol.*, 27, 115-131.

Bass, A. H. (1997)：Comparative neurobiology of vocal behaviour in teleost fishes. *Mar. Fresh. Behav. Physiol.*, 29, 47-63.

Bass, A. H. and R. Baker (1991)：Evolution of homologous vocal traits. *Brain Behav. Evol.*, 38, 240-254.

Bass, A. H. and R. Baker (1997)：Phenotypic specification of hindbrain rhombomeres and the origins of rhythmic circuits in vertebrates. *Brain Behav. Evol.*, 50, 3-16.

Bayoumi, A. R. (1970)：Under-water sound of the Japanese gurnard *Chelidonichthys kumu*. *Mar. Biol.*, 5, 77-82.

Bright, T. J. and J. D. Sartori (1971)：Sound production by the reef fishes *Holocentrus coruscus*, *Holocentrus rufus*, and

Myripristis jacobus (family Holocentridae). *Hydrolab. J.*, 1, 11-20.

Carlson, B. A. and A. H. Bass (2000): Sonic / Vocal Motor Pathways in Squirrelfish (Teleostei, Holocentridae). *Brain Behav. Evol.*, 56, 14-28.

張 国勝・竹村 暘 (1989) : クモハゼ *Bathygobius fuscus* の音響生態学的研究. 長大水産学研究報告, 66, 21-30.

Colson, D. J., S. N. Patek, E. L. Brainerd and S. M. Lewis (1998): Sound productionduring feeding in *Hippocampus* seahorses (Syngnathidae). *Env. Biol. Fish.*, 51, 221-229.

Connaughton, M. A., M. L. Fine and M. H. Taylor (1997): The effects of seasonal hypertrophy and atrophy on fiber morphology, metabolic substrate concentration and sound characteristics of the weakfish sonic muscle. *J. Exp. Biol.*, 200, 2449-2457.

Connaughton, M. A., M. H. Taylor and M. L. Fine (2000) : The effects of fish size and temperature on weakfish disturbance calls : implications for the mechanism of sound generation. *J. Exp. Biol.*, 203, 1503-1512.

Courtenay, W. J., Jr. (1971) : Sexual dimorphism of the sound producing mechanism of the striped cusk-eel, *Rissola marginata* (Pisces : Ophididae). *Copeia*, 1971, 259-268.

Courtenay, W. J., Jr. and F. A. McKittrick (1970) : Sound-producing mechanisms in carapid fishes, with notes on phylogenetic implication. *Mar. Biol.*, 7, 131-137.

Crawford, J. D. and X. Huang (1999) : Communication signals and sound production mechanisms of mormyrid electric fish. *J. Exp. Biol.*, 202, 1417-1426.

Crawford, J. D., P. Jacob and V. Benech (1997) : Sound production and reproductive ecology of strongly acoustic fish in Africa : *Pollimyrus isidori*, Mormyridae. *Brain Behav. Evol.*, 134, 677-725.

Crawford, J. D., M. Hagedorn and C. D. Hopkins (1986) : Acoustic communication in an electric fish *Pollimyrus isidori* Mormyridae. *J. Comp. Physiol.* A, 159, 297-310.

道津喜衛 (1951) : カサゴの発音機構について. 九大農学学芸雑誌, 13, 86-288.

Dufosse, M. (1874) : Recherches sur les bruits et les sons expressifs que font entendre les poissons d'Europe. *Ann. Sci. Nat. ser.* 5, 19, 1-53 ; 20, 1-134.

Evans, R. (1973) : The swimbladder and associated structures in western Atlantic sea robins (Triglidae). *Copeia*, 1973, 315-321.

Fine, M. L. (1997) : Endocrinology of sound production in fishes. *Mar. Fresh. Behav. Physiol.*, 29, 23-45.

Fine, M. L. and P. J. Mosca (1995) : A Golgi and horseradish peroxidase study of the sonic motor nucleus of the oyster toadfish. *Brain Behav. Evol.*, 45, 123-137.

Fine, M. L., D. A. Keefer and G. R. Leichnetz (1982) : Teststerone uptake in the brainstem of a sound-producing fish. *Science*, 215, 1265-1267.

Finger, T. E. and K. Kalil (1985) : Organization of motoneuronal pools in the rostral spinal cord of the sea robin, *Prionotus carolinus. J. Comp. Neurol.*, 239, 384-390.

Fish, M. P. (1953) : The production of underwater sounds by the northern seahorse *Hippocampus hudsonius*. *Copeia*, 1953, 98-99.

Fish, M. P. and W. H. Mowbray (1970) : Sounds of Western North Atlantic Fishes. Johns Hopkins Press, Baltimore.

Johnson, C. E. and D. L Johnson (2000) : Sound production during the spawning season in cavity-nesting darters of the subgenus *Catonotus* (Percidae : *Etheostoma*). *Copeia*, 2000, 475-481.

Jones, F. R. H. and N. B. Marshall (1953) : The structure and functions of the teleostean swimbladder. *Biol. Rev.*, 28, 16-83.

Hawkins, A. D. (1993) : Underwater sounds and fish behaviour. In Behaviour of Teleost Fishes (ed. by T. J. Pitcher), Chapman and Hall, London, 129-169.

Hawkins, A. D. and C. J. Chapman (1966) : Underwater sounds of the haddock, *Melanogrammus aeglefinus. J. Mar. Biol. Ass. UK*, 46, 241-247.

Hawkins, A. D. and K. J. Rasmussen (1978) : The calls of gadoid fish. *J. Mar. Biol. Ass. UK*, 58, 891-911.

Hazlet, B. A. and H. E. Winn (1962) : Sound producing mechanism of the Nassau Grouper *Epinephelus striatus*. *Copeia*, 1962, 447-449.

Jones, F. R. and N. B. Marshall (1953) : The structure and function of the teleostean swimbladder. *Biol. Rev.* 28, 16-83.

Hill, G. L., M. L. Fine and J. A. Musik (1987) : Ontogeny of the sexually dimorphic sonic muscles in three Sciaenid species. *Copeia*, 1987, 708-713.

Kastberger, G. (1981) : Economy of sound production in Piranhas (Serrasalminae, Characidae) : I. Functional properties of Sonic Muscle ; II. Functional properties of sound emitter. *Zool. Jb. Physiol.*, 85, 113-125 ; 393-411.

Kuratani, S. and N. Horigome (2000) : Developmental morphology of branchiomeric nerves in a cat shark, Scyliorhnus torazame, with special reference to rhombomeres, cephalic mesoderm, and distribution patters of cephalic crest cells. *Zool. Sci.*, 17, 893-909.

Kratochivil, H. (1978) : Der Bau des Lautapparates vom Knurrenden Gurami (*Trichopsis vittatus* Cuvier & Valenciennes) (Anabantidae, Belontidae). *Zoomorph.*, 91, 91-99.

Ladich, F. (1988) : Sound production by the gudgeon, *Gobio gobio* L., a common European freashwater fish (Cyprinidae, Teleostei). *J. Fish. Biol.*, 32, 707-715.

Ladich, F. (1989) : Sound production by the river bullhead *Cottus gobio* L. (Cottidae, Teleostei). *J. Fish Biol.*, 35, 531-538.

Ladich, F. (1990) : Vocalization during agonistic behaviour in *Cottus gobio* L. (Cottidae) : An acoustic threat display. *Ethology*, 84, 193-201.

Ladich, F. (1991) : Fische schweigen nicht. *Naturwissenschaftlichau Rundschau*, 44, 379-384.

Ladich, F. (1997a): Agonistic behaviour and significance of sounds in vocalizing fish. *Mar. Fresh. Behav. Physiol.*, 29, 87-108.

Ladich, F. (1997b): Comparative analysis of swimbladder (drumming) and pectoral (stridulation) sounds in three families of catfishes. *Bioacoustics*, 8, 185-208.

Ladich, F. and A. H. Bass (1998): Sonic / vocal motor pathways in catfishes: comparisons with other teleosts. *Brain Behav. Evol.*, 51, 315-330.

Ladich, F. and M. L. Fine (1992): Localization of pectoral fin motoneurons (sonic and hovering) in the croaking gourami *Trichopsis vittatus*. *Brain Behav. Evol.*, 39, 1-7.

Ladich, F. and M. L. Fine (1994): Localization of swimbladder and pectoral motoneurons involved in sound production in pimelodid catfish. *Brain Behav. Evol.*, 44, 86-100.

Ladich, F. and A. Tadler, (1988): Sound production in *Polypterus* (Osteichthyes: Polypteridae). *Copeia*, 1988, 1076-1077.

Ladich, F., C. Bischof, G. Schleinzer and A. Fuchs (1992): Intra- and interspecific differences in agonistic vocalization in croaking gouramis (genus: *Trichopsis*, Anabantoidei, Teleostei). *Bioacoustics.*, 4, 131-144.

Lanzing, W. J. R. (1974): Sound production in the cichlid *Tilalpia mossambica* Peters. *J. Fish. Biol.*, 6, 341-347.

Lobel, P. S. (1998): Possible species specific courtship sound by two sympatric cichlid fishes in Lake Malawi, Africa. *Env. Biol. Fish.*, 52, 443-452.

Lugli, M., P. Torricelli, G. Pavan and D. Mainardi (1997): Sound production during courtship and spawning among freshwater gobiids (Pisces, Gobiidae). *Mar.Fresh. Behav. Physiol.*, 29, 109-126.

Lugli, M., G. Pavan, P. Torricelli and L. Bobbio (1995): Spawning vocalizationsin male freshwater gobiids (Pisces, Gobiidae). *Env. Biol. Fish.*, 43, 219-231.

Machado-Allison, A. (1985): Estudios sobre la Subfamilia Serrasalminae. ParteⅢ: Sobre el status generico y relaciones filogeneticas de los generos *Pygopristis*, *Pygocentrus*, *Pristobrycon* y *Serrasalmus* (Teleostei - Caracidae - Serralmninae). *Acta Biol. Venez.*, 12, 19-42.

Mahajan, C. L. (1963): Sound producing apparatus in an Indian catfish *Sisor rhabdophorus* Hamilton. *J. Linn. Soc. Zool.*, 43, 721-724.

Mann, D. A., J. Bowers-Altman and R. A. Rountree (1997): Sound produced by the striped cusk-eel *Ophidion marginatum* (Ophidiidae) during courtship and spawning. *Copeia*, 1997, 610-612.

Markl, H. (1971): Sound production in piranhas (Serrasalminae, Caracidae). *Z. vergl. Physiol.*, 74, 39-56.

Miyagawa, M. and A. Takemura (1986): Acoustical behavior of the scorpaenoid fish *Sebasticus marmoratus* Bull. Japan. Soc. Sci. Fish., 52, 411-415.

Moreau, M. A. (1876): Recherches experimentales sur les fonctions de la vessie natatoire. *Ann. Sci. Nat. ser.* 6, 4, 1-85.

Moulton, J. M. (1956): Influencing the calling of sea robins (*Priontus* spp.) with sound. *Biol. Bull.*, 111, 393-398.

Myrberg, A. A., Jr (1972): Ethology of the bicolor damselfish, *Eupomacentrus partitus* (Pisces: Pomacentridae): A comparative analysis of laboratory and field behaviour. *Animal Behav. Nonographs*, 5, 199-283.

Nakazato, M. and A. Takemura (1987): Acoustical Behavior of Japanese parrot fish *Oplegnathus fasciatus*. *Nippon Suisan Gakkaishi*, 53, 967-973.

Nelson, J. S. (1994): Fishes of the World. 3rd Ed. New York, John Wiley.

Ono, R. D. and S. G. Poss (1982): Structure and innervation of the swimbladder musculature in the weakfish, *Cynoscion regalis* (Teliostei: Sciaenidae). *Can. J. Zool.*, 60, 1955-1967.

朴 容石, 桜井泰憲, 向井 徹, 飯田浩二, 佐藤典達(1994): 飼育下におけるスケトウダラの繁殖行動に伴う鳴音. 日水誌, 60, 467-472.

Parenti, L. R. and J. Song (1996): Phylogenetic significance of the pectoral - pelvic fin association in acanthmorph fishes: a reassessment using comparative neuroanatomy. In: Interrelationships of Fishes (ed. by M. L. J. Stiassny, L. R. Parenti and G. D. Johnson), Academic Press. p.427-444

Rauther, M. (1945): Uber die Schwimmblase und die zu ihr in Beziehung tretenden somatischen Muskeln bei den Trigliden und anderen Scleroparei. *Zool. Jb. Anat.*, 69, 159-250.

Rome, L. C., D. A. Syme, S. Hollingworth, S. L. Lindstedt and S. M. Baylor (1996): The whistle and the rattle: the design of sound producing muscles. *Proc. Natl. Acad. Sci. USA*, 93, 8095-8100.

Salmon, M. (1967): Acoustical behavior of the menpachi, *Myripristis berndti*, in Hawaii. *Pacific Sci.*, 21, 364-381.

Salmon, M., H. E. Winn and N. Sorgente (1968): Sound production and associated behavior in triggerfishes. *Pacific Sci.*, 22, 11-20.

Schneider, H. (1964): Physiologische und morphologische Unter suchungen zur Bioakustik der Tigerfische (Pisces, Theraponidae). *Z. vergl. Physiol.*, 47, 493-558.

Schneider, H. and A. D. Hasler (1960): Laute und Lauterzeugung beim Susswasser-trommler *Aplodinotus grunniens* Rafinesque (Sciaenidae, Pisces). *Z. vergl. Physiol.*, 43, 499-517.

Stabentheiner, A. (1988): Correlation between hearing and sound production in piranhas. *J. Comp. Physiol. A*, 162, 67-76.

Starnes, W. C. (1988): Revision, phylogeny and biogeographic comments on the circumtropical marine percoid fish family Priacanthidae. *Bull. Mar. Sci.*, 43, 117-203.

Stout, J. F. (1963): The significance of sound production during the reproductive behaviour of *Notropis analostanus* (Family Cyprinidae). *Anim. Behav.*, 11, 83-92.

Stout, J. F. (1975): Sound communication during the reproductive behavior of *Notropis analostanus* (Pisces：Cyprinidae). *Amer. Midl. Natur.*, 94, 286-325.

Sorensen, W. (1894-95)：Are the extrinsic muscles in the air bladder in some Siluridae and the "elastic spring" apparatus of others subordinate to the voluntary production of sounds ? What is, according to our present knowledge, the function of the Weberian ossicles ? *J. Anat. Physiol.*, 29, 109-139, 205-229.

Takemura, A. (1984)：Acoustical behavior of the freshwater goby *Odontobutis obscura*. *Bull. Japan. Soc. Sci. Fish.*, 50, 561-564.

Takemura, A., T. Tanaka and K. Mizue (1978)：Under watercalls of the Japanese marine dram fishes (Sciaenidae). *Nippon Suisan Gakkaishi*, 44, 121-125.

竹内敏晴（1996）：からだとことば（身体と間身体の社会学），岩波書店，99-119.

Tavolga, W. N. (1958)：Underwater sounds produced by males of the blenniid fish, *Chasmodes bosquianus*. *Ecology*, 39, 759-960.

Templeman, W. and V. M. Hodder (1958)：Variation with fish length, sex, stage of sexual maturity, and season, in the appearance and volume of the drumming muscles of the swimbladder in the haddock, *Melanogrammus aeglefinus L.* *J. Fish. Res. Bd Can.*, 15, 355-390.

Torricelli, P. and R. Romani (1986)：Sound production in the Italian freshwater goby, *Padogobius martensi*. *Copeia*, 1986, 213-216.

内田恵太郎（1934）：本邦産発音魚類について．日本学術協会報告，3，369-375.

Valinski, W. and L.Rigley (1981)：Function of sound production by skunk loach, *Botia horae*. *Z. Tierpsychol.*, 55, 161-172.

Vari, R. P. (1978)：The terpon perches (Percoidei, Teraponidae). A cladistic analysis and taxonomic revision. *Bull. Amer. Mus. Nat. Hist.*, 159, 175-340.

Winn, H. E. and J. A. Marshall (1963)：Sound-producing organ of the squirrelfish *Holocentrus rufus*. *Physiol. Zool.*, 36, 34-44.

Yoshimoto, M., K. Kikuchi, N. Yamamoto, H. Somiya and H. Ito (1999)：Sonic motor nucleus and its connections with octaval and lateral line nuclei of the medulla in a Rockfish, *Sebastiscus marmoratus*. *Brain Behav. Evol.*, 54, 183-204.

Zelick, R., D. A. Mann and A. N. Popper (1999)：Acoustic communication in fishes and frogs. In : Comparative hearing : fish and amphibians (ed. by R. R. Fay and A. N. Popper), Springer. p.363-441.

5. 魚類の味覚——その多様性と共通性からみる進化

清 原 貞 夫

はじめに

現存する魚類は無顎類（Agnatha），軟骨魚類（Chondrichthyes），硬骨魚類（Osteichthyes）からなり，脊椎動物の下位を占める．その種の数は22,000余りといわれ，全脊椎動物の半数近くに及ぶ．中でも，硬骨魚類の繁栄は目覚ましく，魚類の進化の主流である．硬骨魚は条鰭類（Actinopterygii）と総鰭類（Crossoptreygii）に分かれ，条鰭類からさらに軟質類（Chondrostei）と全骨類（Holostei）が出現し，その頂点に真骨魚（Teleostei）がいる．この真骨魚は種の数20,000余りで，魚類全体の90％以上を占める．この真骨魚は地球上のあらゆる水環境に適応し，それぞれに種固有の生態的地位を築いている．このため，真骨魚の各種の感覚系の構造と機能には著しい多様性がみられ，比較解剖学・生理学の格好の材料である．ここでは，味覚について，筆者が過去に行ったヒガンフグ *Fugu pardalis*，モツゴ *Pseudorasbora parva*，ゴンズイ *Plotosus lineatus*，ハマギギ *Arius felis* などでの研究成果を中心として，味蕾（taste bud）の構造・分布・神経支配，味覚器の感受性，第一次味覚中枢の構造・機能について現時点で分かっていることを紹介し，味覚の多様性と共通性を明らかにしながらその進化について考察する．

§1. 化学感覚としての味覚

魚類の外部受容性（extroceptive）の化学感覚は，他の脊椎動物と同様に嗅覚（olfaction），味覚（taste），一般化学感覚（common chemical sense）の3種があり，それぞれの受容器として嗅覚器，味覚器，上皮中の自由神経終末が対応している．これらの感覚は，受容器細胞の形態，神経支配と投射経路，応答特異性，行動への関与の仕方などから明確に区別できる．味覚は受容器官である味蕾（taste bud）が根源的には口腔内に分布することと，その第一次中枢が延髄の臓性感覚域に存在することより，まず栄養と生殖に関わる植物的な生活過程に関与する感覚であるといえる．環境中から餌を素早く発見し，効率よく口腔内に取り込むための一連の摂餌行動は動物にとって生き延びるための不可欠な戦略であり，個々の種はこのために様々な感覚をそれぞれ独自に発展させてきている．味覚は，基本的にはこの摂餌行動の最終段階である餌を消化器官系に取り入れるかどうかの判断をくだす感覚として誕生したと考えられる．魚類では後述するようにナマズ目に属する魚種などにみられるように味覚が著しく発達し，摂餌行動の最初の段階から関与する場合もある．

魚類ではこの3種の感覚以外に単独化学受容器細胞系（solitary chemoreceptor cell system）（Whitear, 1991; Kotrschal ら, 1996）が，化学受容に関与することが報告されている．この系は後で述べるように受容器細胞が味蕾に存在する細胞と類似しているので，味蕾の進化を考える点で注目

されている (Finger, 1997).

§2. 味蕾の構造

味蕾の形は一般的にはフラスコ状の形を呈するが，その形状と大きさは，種によって異なるばかりでなく，同一魚種でも存在部位によっても大きく異なる (Kiyoharaら, 1980). 味蕾の高さは上皮の厚みに比例して増加する. 口腔内の側壁の上皮は薄いので，この部位の味蕾は丈が低く小型で球形である. 一方, 口蓋器や触鬚（しょくしゅ, 魚のヒゲのこと）の上皮は厚く, この部位の味蕾は丈が高く大型で紡錘形である.

味蕾には，形態が著しく異なる3種類の細胞が存在する（図5-1）. それらは，内部に管状構造 (tubular structure) を多くもつt-細胞（明細胞），内部に細線維 (filament) を多くもつf-細胞（暗細胞），基底部にだけ存在する基底細胞の3種類である (Kitohら, 1987; Royer and Kinnamon, 1996). t-細胞とf-細胞は長軸に伸びた細胞で，味蕾の中の細胞の大部分を占め味孔の部分で外界と接する. そこには, t-細胞の先端であるコン棒状の突起と, f-細胞の先端部である微絨毛 (microvilli) がみられる. モツゴでは, t-細胞の突起は長さ2μm前後, 直径1μm前後であるのに比べ, f-細胞の微絨毛は長さ, 直径ともにかなり短く, 小型である.

モツゴの味蕾の上部を横断切片で観察すると，丸みを帯びたt-細胞の周りを取り囲むように入り込んだf-細胞が認められる. この形態は脳におけるニューロンとグリア細胞の関係に似ており, その意味に於いてはf-細胞はt-細胞のいわば支持の役目を果たしていると考えられる. 基底細胞は味蕾の基底部にだけ存在し, 外界には全く接する

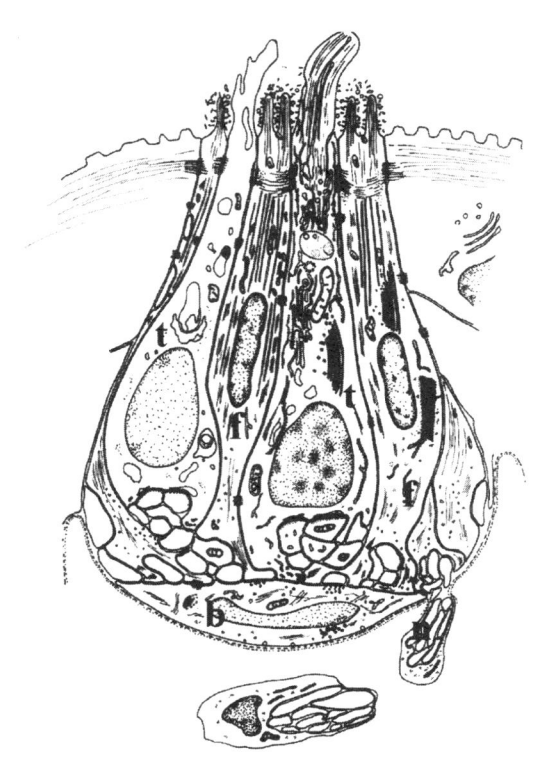

図5-1 魚類の味蕾の模式図
t：t-細胞；f：f-細胞；b：基底細胞；n：神経線維 (Kitohら, 1987)

ことはない. 基底細胞の数は1～5個と少なく, その中にはやがてt-細胞かf-細胞に分化していく未分化の細胞と, 機械受容性のメルケル細胞に酷似したものの2種類が存在するといわれている (Finger, 1997). このメルケル細胞に似たものには有芯顆粒がみられ, その中にセロトニン様物質を含む可能性がある (Kim and Roper, 1995). しかし, タラ科の数種の魚では, 口腔内の味蕾は基底細胞をもつが, 体表の味蕾はこれを欠くことも報告されている (Jakubowski and Whitear, 1990). シナプス様構造はt-細胞と神経間に最も多くみられ, ほとんどすべての調べられた魚種で報告されている. ついで, その約半数例で基底細胞と神経間にみられ, f-細胞と神経間にもみられるという報告もある.

これらの細胞の機能については，t-細胞を受容器細胞としf-細胞を支持細胞とする考えがある（Hirata, 1966）．一方，両者とも受容器細胞であり，味覚情報は味蕾内細胞と神経線維との間で伝達され，加えて味蕾内細胞間（例えば，f-細胞と基底細胞）でも伝達されるとする考えもある（Reutter and Witt, 1993）．これらについては，いまだに決定的な証拠はない．ただ最近，チャンネルキャットフィッシュ Ictalurus punctatus でアラニン受容体とアルギニン受容体の存在を組織化学的に調べた結果では，一つの味蕾は両受容体を同時にもち，その存在がt-細胞の突起にだけ確認されている（Fingerら，1996）．基底細胞については，先にも述べたようにモツゴやゴンズイを始め多くの魚種で，神経線維との間に比較的明瞭なシナプス様構造がみられる．これらの事実は，基底細胞が味蕾内で何らかの情報伝達に関与することを示唆する．

§3. 味蕾の分布

　魚類の味蕾は口腔内ばかりでなく，魚種によっては唇から尾鰭に至る体表全体に分布する．その最も極端な例がナマズ目に属する魚種である．ナマズの一種 Ictalurus natalis で体長25cmのものでは，体表に分布する味蕾数は約175,000個で，全味蕾数の90%以上にも達する（Atema, 1971）．このうち胴体部に約100,000個ある．チャンネルキャットフィッシュの胴体部についていえば体長5cmの個体で11,000個，35cmの個体で600,000個である（Fingerら，1991）．2種のナマズでの数値には

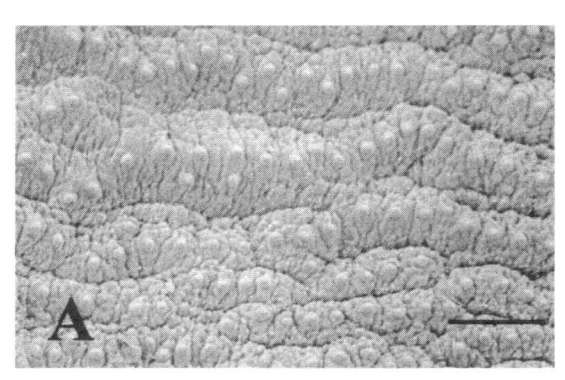

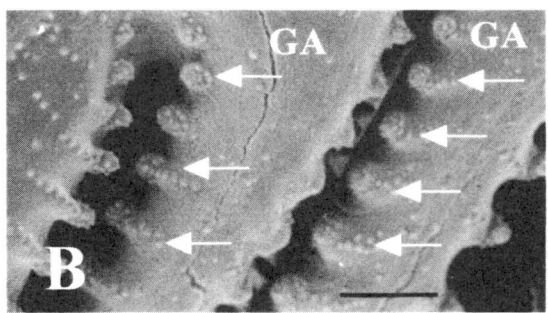

図5-2　モツゴの味蕾の分布を示す走査型電子顕微鏡写真
A：口蓋器前方の表皮，前後に走る表皮の畝の先端に味蕾が並んでいる．
B：鰓弓（GA）の表面，鰓弓から突出している鰓耙（矢印）に味蕾が密集している．スケール＝100μm（Kitohら，1987）

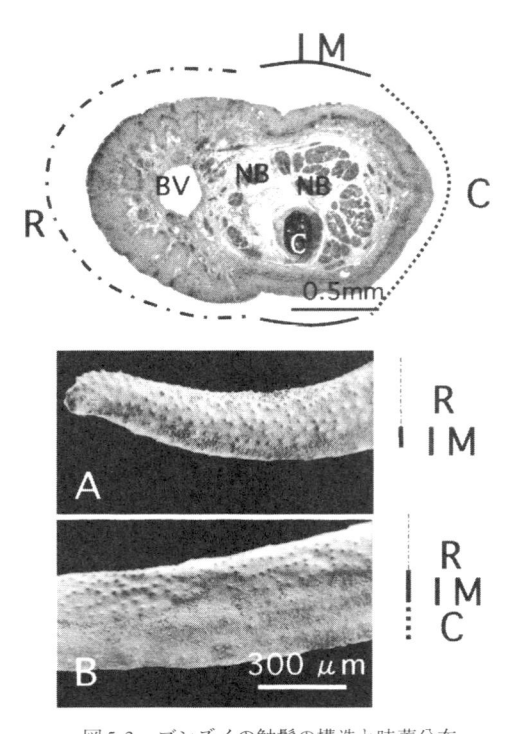

図5-3　ゴンズイの触鬚の構造と味蕾分布
上：触鬚の横断面，軟骨（C）を挟んで太いのと細い線維束のグループが存在する．
下：触鬚の先端（A）と中間部（B）の表面の走査型電子顕微鏡写真，味蕾は吻側（R）と尾側（C）に集中し，その中間部（IM）には少ない．（Sakataら，2001）

体長の違いを考慮してもかなり差があり，これが種差を示しているのか，または調べた方法などに起因しているのか定かでない．しかし，このように膨大な数の味蕾が体表に存在し，ナマズは体全体で味を感じることが分かる．中でも，特に触鬚と口唇で分布密度が高く，これらの部位が摂餌行動の際特に重要であることが分かる．コイ科の魚では，味蕾は口腔内のほうが多い．例えば体長6cmのモツゴでは，味蕾は口腔内に約6,600個あって，全味蕾数の86%にあたる（Kiyoharaら，1980）．口腔内ではとくに口唇部に続く上皮と後部の天井にあたる口蓋器（palatal organ）で味蕾の密度が最も高く，140個／1mm^{2}以上である．

各部位での味蕾の分布を詳しくみてみると，味蕾が味刺激を受けやすいように配置されており，それが摂餌行動と密接に関わっていることが分かる．例えば，コイ科の魚の口腔内の天井側の前方の上皮では前後に走る多数の畝があり，味蕾はその頂上部分に配列され，谷間の部分には存在しない（図5-2A）．さらに後方に行くと咽頭腔の口蓋器になり，そこの上皮には多数の団子状の膨らみがあり，味蕾は各膨らみに集中的に存在する．呼吸水が通る鰓弓（gill arch，さいきゅうまたはえらゆみ）の表面にも味蕾は存在し，その表面に隆起した鰓耙（gill raker）の部分には集中的に存在する（図5-2B）．つまり鰓弓の間を通る呼吸水に効率的に接するように配置されている．このような味蕾の分布は，コイ科の魚の多くは餌とそうでない泥のようなものを同時に口腔内に取り込み，それを巧みに選別することを反映している．

ナマズなどのように口唇周辺に触鬚をもつ魚種では，多くの場合それを味覚と触覚のプローブとして使用している．この場合にも味蕾の分布は，各魚種の摂餌行動を反映していることが分かる．例えばゴンズイは上唇側に2対，下唇側に2対，合計4対のほぼ同じ長さの触鬚をもつ．味蕾の分布密度は触鬚の基部から先端に行くにつれ増加するが，面的には偏っている．各触鬚を前方に延ばした場合，上顎の触鬚では下側，下顎の触鬚では上側で高密度に分布し，次に多いのはその反対側である．側面には非常に少ないのが特徴である（図5-3）．すなわち，味蕾は各触鬚の口唇側により多いことになる．ゴンズイの摂餌行動を観察すると，触鬚で指のように触って餌を探すので，最も餌に接する機会の多い側の上皮に味蕾を集中的にもっていることになる．これとほぼ同じ分布様式がタラの一種 *Ciliata mustela*（Kotrschalら，1993）とハマギギの一種 *Arius felis*（Kiyohara and Caprio，1996）の触鬚でもみられる．一方，ヒメジとオジサン（Sato，1937）の場合は，味蕾密度は先端に行くにつれ増加する点では一致するが，面的には触鬚全体に一様に味蕾は分布している．これは，これらの魚が海底の砂泥中に触鬚を入れて激しく動かしながら餌を探すのに都合がよいからであろう．

§4．味蕾の神経支配

味蕾は脳神経の顔面神経（facial nerve）・舌咽神経（glossopharyngeal nerve）・迷走神経（vagal nerve）に支配される（Kanwal and Finger，1992）．体表と口腔内前方の上皮の味蕾は顔面神経に支配され，続く口腔内上皮に存在する味蕾は前方から順に舌咽神経，迷走神経に支配される．この神経支配の前後関係は鰓を構成している5対の鰓弓で明瞭である．第一鰓弓は舌咽神経で支配され，第二～五鰓弓は迷走神経で支配されている*．

---

* 比較解剖学的には頭部の7対の内臓弓をすべて鰓弓と呼ぶことが多い．その場合は第一鰓弓は3に，第二～五鰓弓は4～7となる．

味蕾の支配様式は脂溶性の蛍光色素である DiI（1'dioctadecyl-3,3,3'3'-tetramethylindocarbocyanine perchlorate）（Finger ら，1990；Kotrschal ら，1993；Sakata ら，2001）で標識した線維を共焦点レーザー顕微鏡で観察することにより多くの新知見が得られている．以下に最近筆者らが調べたゴンズイの触鬚での神経分布について紹介する（Sakata ら，2001）．

触鬚神経は三叉神経と顔面神経の複合枝である．ゴンズイでは神経は触鬚の中央の軟骨を挟むように大小の2つの線維束のグループに分かれて存在し（図5-3），味蕾が多く分布する口唇側のグループの方が細い線維束である．味蕾の多い側に細い線維束が存在するのは，一見不思議であるが，口唇側には先端部方向にいくに従い反対側の太いグループから線維束が徐々に送られてくることから説明できる．これらの線維束は触鬚の先端に向かって走行しながら，一定の間隔で分枝を出す．各分枝は触鬚の外周方向に走りながら更に小分枝を真皮に送り，真皮と上皮との間で網目を形成する（図5-4）．網目からは一定の間隔で表面に垂直に1対の線維束が生じ，各線維束はそれぞれ味蕾の底部に入り神経叢を形成する（図5-4）．味蕾に入る神経束はさらに2分して，味蕾の下側の両端から中に入る．味蕾内では神経線維の大半は基底部近くに終わるが，一部は神経叢の部分から垂直に数μm伸長して，その終末は楕円状に膨らむ（図5-5）．味覚神経線維はシナプス部位で膨らんで終わるという電子顕微鏡の所見があるので（Hirata，1966），これらは味蕾内の細胞とシナプス結合していると推察される．どのタイプの細胞とシナプスを形成しているか興味あるところであるが，電顕観察で3種の細胞すべてにシナプスがみられるという報告がある（Reutter，1992）．1つの網目は長軸240～400μm，短軸100～250μmの通常6角形を呈し，1つの網目から多い場合40～50個の味蕾に入る線維束がみられ

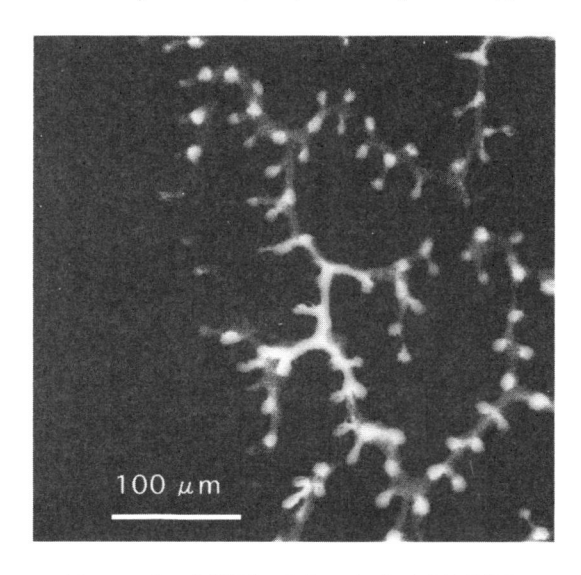

図5-4　ゴンズイ触鬚の上皮の下における神経分布
DiIで触鬚神経を蛍光標識して，味蕾に入る神経終末部位の高さとそこより17μm下側の2枚の共焦点レーザー顕微鏡写真を合成したもの．表皮直下の神経線維束が網目を作り，そこより表皮方向に垂直に小線維束が生じているのが分かる．網目からでる小線維束は対になっており，個々の終末は味蕾の底部に入っている．右下の1つの網目から40個ほどの終末がみられ，同数の味蕾がその網目で支配されている．（Sakata ら，2001）

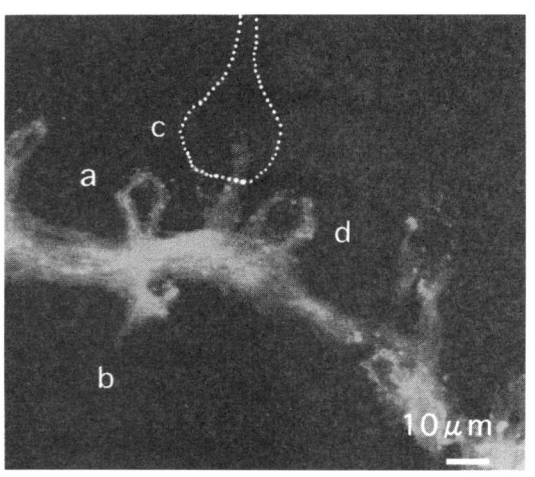

図5-5　味蕾を支配する小神経束の拡大表示
各小神経束は味蕾に入る直前に2分して，味蕾の下端の両側から入り神経叢を形成する．一部の神経線維はさらに上に伸びて，膨らんで終る．aとb，cとdが対になっており，cに味蕾の外形が点線で例示してある．（Sakata ら，2001）

る．この網目は触鬚の先端にいくにつれ小さくなり，かつ口唇側とその反対側でより小さく，その間では非常に広くなる．つまり，網目が小さいと味蕾の分布密度が高い．味蕾に入らないで上皮中や真皮の色々な高さで終わる線維も多数存在している．概してこれらの線維は味蕾に入る線維よりも太いのが特徴である．また，味蕾の周りに終わる線維もしばしば観察され，これは一旦味蕾内に入った線維の一部が味蕾の外周を取り囲むように走行するものである．

　以上のことから分かるように味覚上皮組織に分布する神経線維は，味蕾に終わる線維（intragemmal fibers），味蕾の周囲に終わる線維（perigemmal fiber）と上皮に自由神経終末として終わる線維（extragemmal fibers）の3種がある．Kotrschalら（1993）はタラの一種 Ciliata mustela の胸鰭の神経分布をDiI法で調べている．この鰭は多くの味蕾を有し，顔面神経と脊髄神経の支配を受けている．顔面神経にだけ選択的に色素を与えた場合，味蕾内とその周囲にある線維だけが標識され，脊髄神経に与えた場合は上皮の自由神経終末だけが標識される．脊髄神経は機能的には三叉神経と相同であるので，ゴンズイの味蕾内とその周囲に終わる線維は顔面神経で，上皮中に自由神経終末として終わる線維は三叉神経である．また，顔面神経は化学刺激ばかりでなく機械刺激にもよく応じるので（Davenport and Caprio, 1982；Kiyoahraら，1985；），味蕾は化学刺激と機械刺激の両方に応じる複合感覚器（compound sensory organ）といえる．四足類の味覚神経も機械刺激によく応じるので，このことはすべての脊椎動物にあてはまるものと考えられる．

§5. 単独化学受容器細胞系

　Whitear（1965）はコイ科の小魚 Phoxinus phoxinus の体表に単独に存在する受容器性の細胞を報告した．これが，今日いわれる単独化学受容器細胞（SCC）の最初の記載であり，近年，WhiterとKotrschalのグループにより精力的に実験がなされ，その構造と機能がかなり解明されてきた（Whitear, 1992；Kotrschal, 1996）．次に述べる味蕾の進化とも密接に関係しているのでここでその概略を紹介する．

　SCCは味細胞と同様第二次受容器細胞でその基部で感覚神経線維とシナプスを形成する．この細胞は紡錘形の細長い細胞で，細胞体は下部に位置し上皮表面に向かい細胞突起を伸ばし外界に接する．この先端の部分の構造は，種間や成長段階で異なり，通常1～5μmの単一の突起か微絨毛である．SCCの分布は全体表および口腔内上皮にもみられる．SCCは数では味蕾をはるかに優り，コイ科の小魚の頭部には数万～数十万存在すると推定されている．このSCCを支配する神経は，その存在する部位によって異なり，すべての鰓弓神経（三叉，顔面，舌咽，迷走神経）と脊髄神経の何れかが関与している．SCCの機能についてはまだよく研究されていないが，タラの一種 Ciliata mustela で興味ある結果が得られている．この魚の前方の胸鰭には数百万個のSCCが存在し，それらは顔面神経に支配されている．この神経線維は通常の第一次味覚中枢に局在的に投射する．電気生理学的解析からSCCはこの魚の味刺激物質にはほとんど応じず，魚の粘液によく応答することが分かっている．行動実験でこの魚に粘液を与えると覚醒反応（arousal response）が生じ，この胸鰭を除去するともはやこの覚醒反応がなくなるという．これらのことより，この魚の胸鰭のSCCは摂餌行動ではなく外敵に対する忌避行動に関わっていると考えられている．この硬骨魚のSCCにほぼ相同の細胞が，メクラウナギ，ヤツメウナギ，サメ，オタマジャクシ（Whitear, 1992；Whitear and Moate, 1994）

でも確認され，SCCは無羊膜類すべてに存在するものと推察される．

§6. 味蕾の進化について

先に述べた味蕾の記載はすべて硬骨魚で得られた結果である．この味蕾は形態や内在する細胞種に若干違いはみられるものの，基本的には哺乳類にいたるすべての四足類でもみられる．ではこの味蕾が系統発生的にどこでみられるかは大変興味ある問題で，以下現時点で判明している結果に基づき述べる．軟骨魚類ではあまり調べられていないが，報告されているすべての種で口腔内に存在が確認されている（Whitear and Moate, 1994）．ヤツメウナギでも数は少ないが口腔内でみられる（Baatrup, 1983）．これはメルケル様基底細胞を含めた3種類の細胞から構築されることと真皮の乳頭（dermal papilla）の上に位置している点で，硬骨魚の味蕾に似ている．この器官の分布域と神経支配およびその中枢への投射部位からも似ていると判断できる．しかし，ヤツメウナギの受容器細胞と思われる細胞の先端は繊毛（cilia）であることと，この細胞の基底突起が直接神経線維と接していないという違いがある．機能的には硬骨魚の味蕾と同様アミノ酸に応じることが明らかにされている（Baatrup, 1985）．これらの事実からヤツメウナギの味蕾は硬骨魚のものに比べて未分化のものであるか，あるいは独自な方向に進化した結果なのかもしれない．

問題はメクラウナギである．Schreiner (1919) は *Myxine glutinosa* の頭部と胴体の上皮に味蕾に似た多数の感覚器官を観察し，それを end-organ と命名した．今日 Schreiner organ と呼ばれている（Braun, 1998）．これはフラスコ状の細長い細胞が集合したもので，外形は味蕾に酷似している．この器官は上皮の中段に位置し基底部は基底膜よりかなり上にあり，味蕾のように真皮の乳頭上には位置しない．内部には細長い細胞だけで基底細胞はみられない．また味蕾でみられるような支持細胞が受容器細胞を取り囲むような配置はなく，細長い細胞の先端は外部に接し一部は3～8本の微絨毛を有する．分布域は広く全体表と口腔内上皮および，存在する部位により器官を構成する細胞数や外形にもかなり変動がみられる．体表に存在する器官は三叉神経と脊髄神経に支配され，口腔内のものは舌咽と迷走神経で支配されて，顔面神経は関与していない．これらの結果より，Braun (1998) はこの器官は味蕾の原基ではなく，メクラウナギで独自に発達した体性感覚系の器官であろうと結論づけている．そうすると，味蕾の原基はメクラウナギとヤツメウナギの間で出現したことになる．

一方，Finger (1997) は Schreiner organ が味蕾の原基に近いもので，これはSCCが集積したものであると考えている．その主な根拠は味蕾中のt-細胞とSCCの形態が多くの点で類似していることと，チャンネルキャットフィッシュの味蕾中のt-細胞に存在するアルギニン受容体がその近傍のSCCの表面にも存在することである（Fingerら，1996）．また，先にも述べたように硬骨魚の同一魚種でも，口腔内には通常の3種類の細胞を含んだ味蕾がみられるのに対して，体表の味蕾は基底細胞を欠くことも（Jakubowski and Whitear, 1990）根拠の一つである．この体表の味蕾は未分化のものと推察される．彼はこのSCCが集積した原基的な味蕾に表皮の基底膜上に存在する機械受容性のメルケル細胞が加わって味蕾が進化してきた可能性を指摘している．この場合，味蕾は化学刺激と機械刺激の両方に応じる複合感覚器官と説明でき，前に述べた生理・解剖学的知見と一致する．

§7. 魚類味覚器のアミノ酸に対する感受性

魚類の味覚器はその餌生物のエキスに顕著に応答する．エキスの中にはアミノ酸，ペプチド，核酸関連物質，有機酸，糖類，無機塩，など様々な化学物質が含まれ，これらの物質の刺激効果が多くの魚種で調べられており，既に他の総説で詳しく述べられている（日高，1991；Marui and Caprio，1992；庄司，1999）．ここでは特に重要と思われるアミノ酸についてだけ触れ，味覚器の味感受性の特徴を指摘する．

1975 年にチャンネルキャットフィッシュ（Caprio, 1975）とヒガンフグ *Fugu pardalis*（Kiyohara ら，1975）で，アミノ酸が強い刺激効果をもつことが明らかにされた．特に，前者においては最も有効なアミノ酸のアラニンやアルギニンに対する閾値が $10^{-11} \sim 10^{-9}$ M であり，すでに当時明らかにされていた嗅覚器のアミノ酸の感受性に匹敵または優るものであり（Suzuki and Tucker, 1971；Sutterlin and Sutterlin, 1971），この魚種では味覚器が遠隔感覚としても機能するとして注目された．この両魚種での報告を契機として，様々な魚種でアミノ酸の味刺激効果が調べられ，魚類の味覚器がアミノ酸に対して高い感受性を示すことが明らかにされた．日高（1991）は動物プランクトン（橈脚類が主要構成種となっている）の遊離アミノ酸含量と 17 の魚種のアミノ酸に対する応答スペクトラムを比較している（図5-6）．この図を一見すれば分かるように，調べた濃度での有効なアミノ酸の数と各アミノ酸の相対的刺激効果は魚種間で大きく異なる．味覚器の魚種間によるアミノ酸応答スペクトラムの違いは種間の食性の違いを反映していると思われる．このことは図5-6 に示してあるようにブリとカンパチの間でアミノ酸に対する応答スペクトラムや閾値が大変似ていることからも明らかである．図5-6 に示してある動物プランクトンのアミノ酸組成はイソゴカイ，アサリ，スルメイカ，オキアミなどのそれと非常に近い傾向にあるという．こういった餌生物を好んで食べるイサキ，シマイサキ，クロダイ，マダイ，ヒガンフグの味覚器は餌生物のエキス中に多く含まれるグリシン，アラニン，プロリン，アルギニンなどに高い感受性を示す．このような事実より魚類の味覚器は，その種が好んで食べる餌生物のエキス中に多量に含まれるアミノ酸に応答するように進化し，餌を環境から効率よく探しだすように貢献しているようである．味覚器とは対照的に嗅覚器ではアミノ酸の相対的刺激効果と閾値は魚種間でそれ程変わらない（庄司，1999）．おそらく嗅覚器は種間で同じ情報を共有する方向に進化し，嗅覚情報を同種や種間の交信などの社会行動に最も役立てているものと推察される．

§8. 顔面味覚系と舌咽・迷走味覚系の役割

先にも述べたように体表面と唇およびそれに続く口腔内上皮の一部に存在する味蕾は顔面神経に支配され，他の内表面に存在する味蕾は舌咽－迷走神経に支配されることから，味覚を顔面味覚系と舌咽－迷走味覚系に分ける（Kanwal and Finger, 1991）．両者の機能が異なることは行動学（Atema, 1971）と解剖学的（Finger and Morita, 1985）に明らかにされ，顔面味覚系は餌の探索と口腔内への取り込みに，舌咽－迷走味覚系は餌の呑み込みと吐き出しに関与している．顔面味覚系が高度に発達した魚種，例えばチャンネルキャットフィッシュでは，味覚は摂餌行動の最初の段階から重要な役割を果たし（Kanwal and Finger, 1992），逆に外表面に全く味蕾をもたないような魚，例えばヒガンフグでは味覚は摂餌行動の最後の部分で役割を果たしている．ヒガンフグに苦味物質であるキニーネを

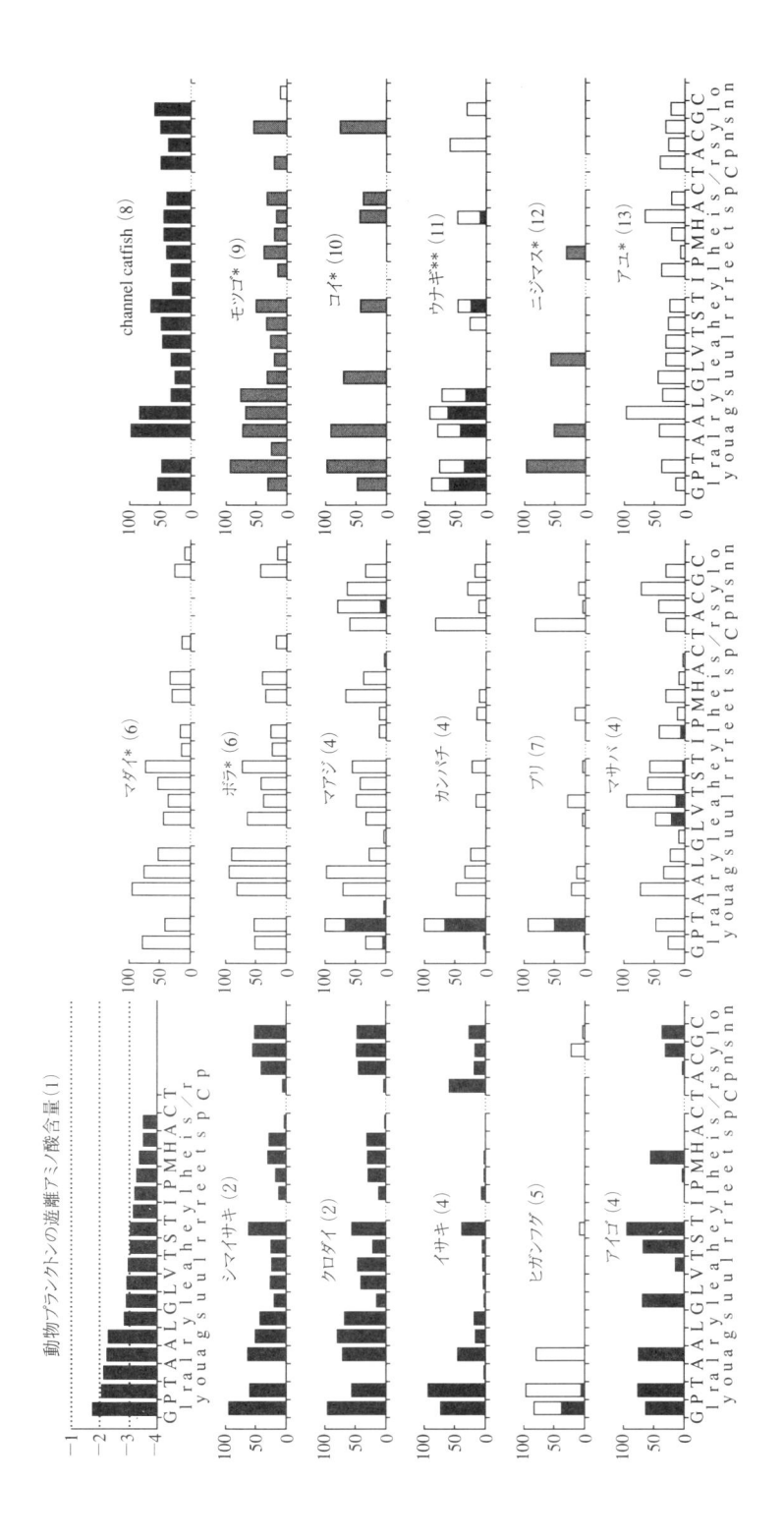

図 5-6　硬骨魚のアミノ酸に対する味覚神経応答

日高(1991)より引用．各アミノ酸の応答は各種魚種において最も大きい応答の相対値で表してある．アミノ酸の配列は左上段の動物プランクトンの遊離アミノ酸の量の序列に合わせて配列してある．■，10^{-3}M．□，10^{-4}M．……，10^{-2}M．C/C，シスチン．Con，対照の海水または水．*，10^{-2}Mまたは10^{-3}Mより低い濃度での比較はされていない．**，シスチンは10^{-4}Mのみ．(1) Jeffries (1969)，(2) Hidaka and Ishida (1985)，(3) 石田 (1983)，(4) Ishida and Hidaka (1987)，(5) Hidaka ら (1976)，(6) Goh and Tamura (1980)，(7) Hidaka ら (1985)，(8) Caprio (1975)，(9) Kiyohara ら (1981)，(10) Marui ら (1983a)，(11) Yoshii ら (1979)，(12) Marui ら (1983b)，(13) 沓釈 (1985)

含ませた澱粉団子を与えると，魚は一旦それを口腔内に取り込んだ後，吐き出す（Hidakaら，1978）．これは，明らかに舌咽－迷走味覚系を介しての行動である．

2つの味覚系が異なった味感受性をもつかどうかは大変興味ある問題であるが，現在までのところチャンネルキャットフィッシュの味覚神経応答でしか調べられていない（Kanwal and Caprio, 1983）．それによると，キニーネに対する閾値に明瞭な差があり，舌咽－迷走味覚系のほうが顔面味覚系よりも100倍ほど低く，$10^{-6.5} \sim 10^{-8.5}$ Mである．アミノ酸に対する応答スペクトルはかなり両味覚系で類似しており，閾値は顔面味覚系のほうが低い．

§9. ナマズ類の第一次味覚中枢

2つの味覚系の情報を運ぶ末梢味覚神経は延髄の臓性感覚域に投射して，第一次味覚中枢を形成する．これは延髄の臓性感覚域に存在する1対の縦長の感覚柱である．ここには前方から後方にかけて順に，顔面神経，舌咽神経，迷走神経が投射する．味覚の発達した魚種ではこの感覚柱が膨隆して，顔面葉（facail lobe）と迷走葉（vagal lobe）に分化している．体表味覚が発達したナマズ科の魚では顔面葉が迷走葉より発達し，口腔内味覚が発達したコイ科の魚ではその逆となる．これら中枢の外形や構築は魚種により著しく異なり，その構造には段階的複雑化がみられる（伊藤，1980；Kiyohara, 1988）．例えば，顔面葉を比較解剖学的に調べると，味覚が発達していない魚種でみられる単純な感覚柱型，小葉（小感覚柱）を呈するナマズ型，左右が癒合したコイ型，皺と層構造を呈するヒメジ型がみられる（Kiyohara, 1988；伊藤・吉本，1991）．この第一次味覚中枢に共通してみられる構築として，体部位局在構築（somatotopic organization）がある．これは末梢の特定領域を支配する神経が中枢内の特定領域に投射し，中枢内で体の各部位が著しく拡大されたり縮小されたりするが全体としては連続的に表わされていることである．特にコイ科の魚の迷走葉とナマズ科の魚の顔面葉に精緻な体部位局在構築が存在する．ここでは，筆者達が研究を進めているナマズ型の顔面葉の結果を紹介する．

ゴンズイの場合他のナマズの仲間と同様，顔面葉のほうが圧倒的に大きく，体表の味覚がより発達していることが容易に分かる（図5-7）．顔面葉の前方2/3には，5つの前後に走る小感覚柱が発達し（図5-7B, C），顔面葉後方1/3ではこれらの5つの小葉は不明瞭になる．この顔面葉の構築を調べるために，図5-8に示した様々な部位を支配する顔面神経の分枝の中枢への投射を，horseradish peroxidase（HRP）法で調べた（Kiyoharaら，1996）．すると，各分枝は顔面葉の特定の部位に終わることが分かった．すなわち，内側下顎触鬚，外側下顎触鬚，上顎触鬚，鼻触鬚，反回根の各神経枝は，5つの小葉の内側から外側の順に別々に終わる．下唇神経枝と上唇神経枝は顔面葉後方の内側部と外側部に各々終わり，口蓋の前方を支配する口蓋枝はこれらの中間の腹側部に投射する．この結果より顔面葉には体部位局在構築があることが判明し，これは各神経枝の終末部位にほとんど重ならない点で，他のナマズの一種 *Ictarulus natalis*（Finger, 1976）やチャンネルキャットフィッシュ（Hayama and Caprio, 1989）のものに比べてより明瞭である．この構築を電気生理学的に解析すると，さらに詳細が明らかになった（Maruiら，1988）．まず，顔面葉には機械刺激に応答するニューロンが多数みられ，これらのニューロンの受容野を丹念に調べると，各触鬚の遠位－近位軸は触鬚小葉の前方から後方に，体の前後軸は顔面葉の後方から前方に表されることが分かった（図5-7D）．さらに，化学感受性ニューロンがこの上に散在し，顔面葉には体性感覚地図に味覚感覚地図が重ねられ

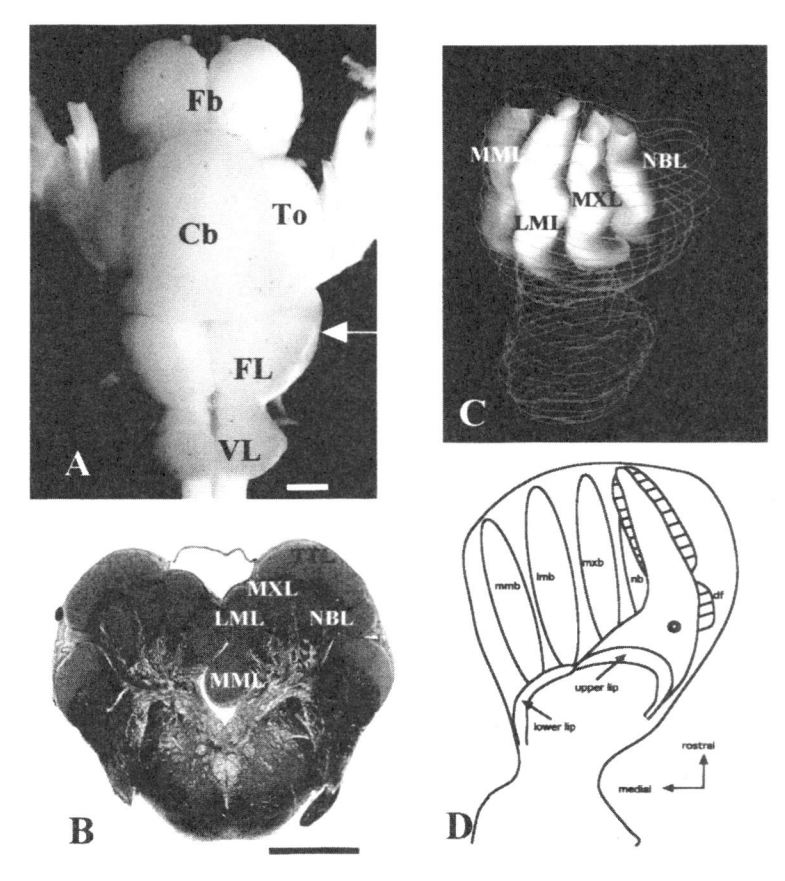

図5-7 ゴンズイの顔面葉の5つの小葉と触覚・味覚地図
A：ゴンズイの脳の背面写真．延髄に顔面葉と迷走葉が隆起しているのが分かる．
B：Aの写真の矢印のレベルでの延髄横断面．4つの触鬚小葉と胴体小葉が分かる．
C：右側の顔面葉での触鬚小葉の立体表示．各小葉が顔面葉後方から前方に伸び，顔面葉全体の2/3を占める．
D：顔面葉の触覚と味覚地図の概念図．電気生理学的実験と形態学的実験の結果より作成した．(Maruiら，1988；Kiyohara 1988；Kiyoharaら，1996)．スケール＝1 mm.
Fb，終脳，To，視蓋，Cb，小脳；FL，顔面葉；VL，迷走葉，MML，内側下顎触鬚小葉；LML，外側下顎小葉；MXL，上顎触鬚小葉，NBL，鼻触鬚小葉

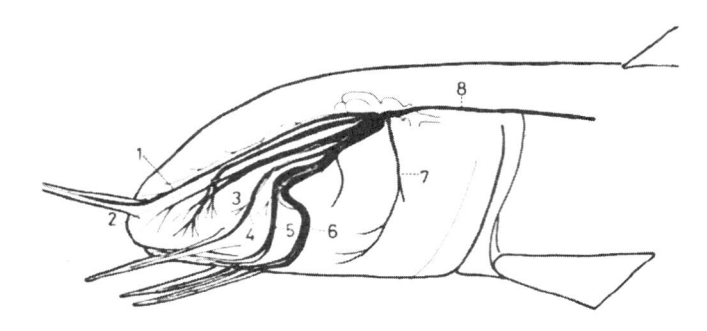

図5-8 ゴンズイの顔面神経の末梢枝
1：鼻触鬚神経枝；2：口蓋神経枝；3：上唇神経枝；4：上顎触鬚神経枝；5：下唇神経枝；6：下顎触鬚神経枝；7：舌咽神経枝；8：反回根神経枝 (Kiyoharaら，1996)

た形になり，地図中では体全体の中で特に味蕾の分布密度の高い触鬚と唇が拡大されていることが分かった．つまり，ゴンズイは遊泳中，いつでも体のどの部位が機械的あるいは味覚的に刺激されたかを同時にかつ極めて鋭敏に検出することができるようになっているのである．

ナマズのシンボルは触鬚であり，その数と長さは種により異なる．ゴンズイは先に述べたようにほぼ同じ長さの4対の触鬚をもち，チャンネルキャットフィッシュの触鬚は4対であるが長さが異なる．また，日本のナマズ Silurus asotus は1対の長い上顎触鬚と短い1対の下顎触鬚を，ハマギギの一種は3対の長さが異なる触鬚をもつ．ゴンズイ以外のこれらの魚種についても，形態学的あるいは生理学的に顔面葉の構築を調べてみた結果（Hayama and Caprio, 1989；Kiyohara and Kitoh, 1994；Kiyohara and Caprio, 1996），顔面葉にはその種がもつ触鬚の数と長さに対応した触鬚小葉と，それらの外側に胴体部に対応した一つの胴体小葉があり，これらの小葉は顔面葉後方から前方に伸長していることが分かった．迷走葉については，チャンネルキャットフィッシュ（Kanwal and Caprio, 1987）で調べられており，各末梢神経枝の投射域にかなり重なりがみられ，それほど明瞭な地図でないようである．ナマズの仲間では，口の中にはいれば餌の位置をそれほど細かく特定しなくてよいということになる．

§10．ナマズ類の顔面葉と三叉神経

ナマズの顔面葉には明瞭な体性感覚地図が存在する．この地図形成にはまず，顔面神経の機械感受性線維によって運ばれてくる触覚情報が関与すると考えられる．更に，顔面葉には末梢で顔面神経とほぼ同じ部位に分布する三叉神経線維が局在的に投射する．これは約100年前にHerrickがナマズで示唆し（Herrick, 1906），著者達は近代的な解剖学的手法を駆使してゴンズイで明らかにした（Kiyoharaら，1986）．三叉神経は1本の神経根として脳内に入ると，三叉神経運動核と主感覚核に終わる線維が別れ，残りのすべての線維は後方に向きをかえ脊髄下行路を形成する．この脊髄下行路は脳幹を下行し，その間脊髄下行路核に線維を送りながら脊髄の後索核に終わる．この脊髄下行路から，顔面葉の後方約1/3の高さで，いくつかの神経束が生じて内側背方に走り，顔面葉底部に達して各触鬚小葉と顔面葉後方部に入る．チャンネルキャットフィッシュで脳と三叉－顔面神経根をつけた標本を使い三叉神経根の断面だけをめがけてこのDiIを与えてみた（Kiyoharaら，1999）．その結果，脊髄下行路から生じた三叉神経束は顔面葉の後方から顔面葉下部に入り，前方にいく線維群と更に下行する線維群に別れ，胴体小葉を除くすべての部位に複雑に入り組んで終わることが判明した（図5-9）．これらの線維は顔面神経線維に比べてかなり太い．さらに，胴体小葉には，脊髄の感覚野からの投射があることがゴンズイ（吉冨・清原，1999）とチャンネルキャットフィッシュ（Kanwal and Finger, 1997）で分かり，顔面葉にはすべての体の部位の体性感覚情報が直接あるいは間接的に入ることになる．

同じような三叉神経線維の顔面葉への明瞭な局在投射は日本のナマズ Silurus asotus（Kiyohara and Kitoh, 1994），ハマギギの一種（Kiyohara and Caprio, 1996）でもみられるので，このことはナマズ類に共通しているといえる．一方，味覚の発達していないコチ，マダイ，カワハギなどでも，三叉神経が味覚中枢の顔面葉に相同な部分にわずかながら投射するが（Kiyoharaら，1998），ナマズ類ほど顕著ではない．三叉神経は味覚を支配する顔面神経，舌咽神経，迷走神経と同じく鰓弓神経に属

することと，無顎類で三叉神経が味蕾を支配するということから（Nishizawaら，1988），顔面葉に投射する三叉神経線維が味覚情報を運ぶという考えは成立する．しかし三叉神経の化学刺激受容性をヒガンフグで調べてみると，感度は極めて悪く（Kiyoharaら，1975），硬骨魚ではやはり機械刺激に応答すると考えたほうが無難である．

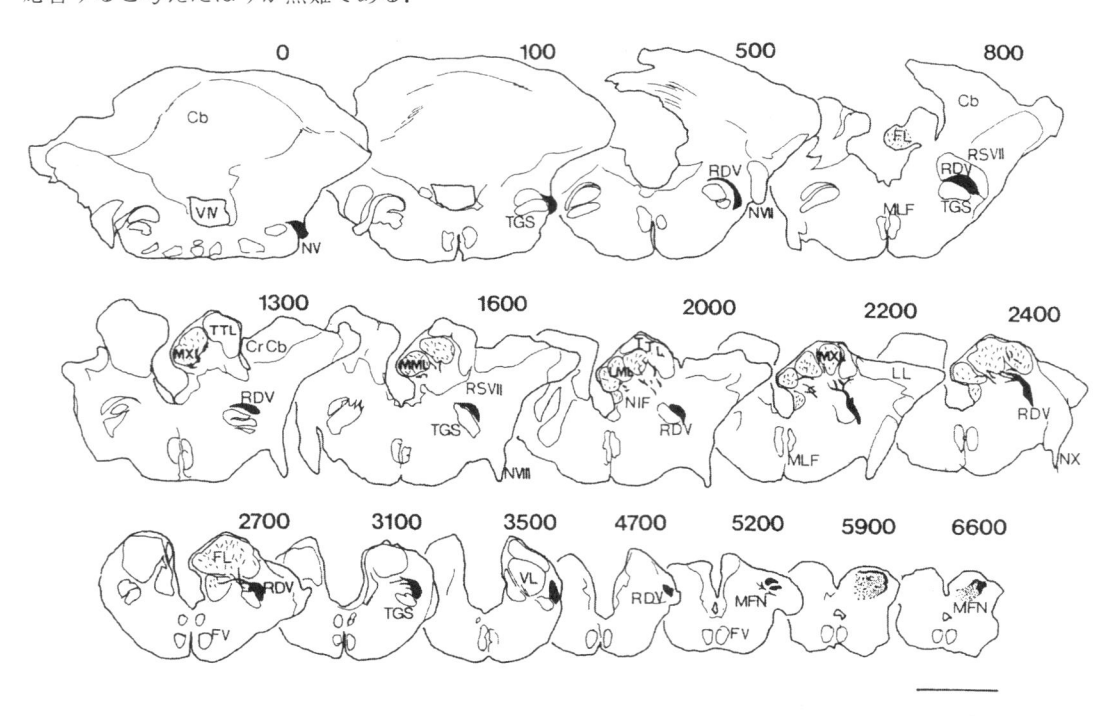

図5-9　チャンネルキャットフィッシュの三叉神経の延髄と脊髄への投射
各横断セクションの右上の数字は，三叉神経が脳に入るところを0として，そこからの距離（μm）が示してある．DiIで標識された三叉神経脊髄下行路は黒塗で，顔面葉に投射する線維は黒の実践と波線で示してある．脊髄の後索核に終わる線維は点画で示してある．三叉神経線維はセクション800〜2700で顔面葉に投射していることが分かる（Kiyoharaら，1999）．スケール＝2 mm，Cb，小脳；VIV，第四脳室；FL，顔面葉；LL，側線葉；MFN，内側索核；NV，三叉神経；NVII，顔面神経；NX，迷走神経；RSVII，顔面神経感覚路；TGS，第二次上行性味覚路；VL，迷走葉；RDV，三叉神経脊髄下行路

　では三叉神経は顔面葉でどんな役割を果たしているのであろうか．これについて著者は現在次のように考えている．すなわち，三叉神経線維は顔面神経の機械受容性線維とは異なる質の触覚情報を運び，顔面葉の触覚地図の精度を高めているかもしれない．ヒガンフグの機械受容性顔面神経線維は一種類の応答パターンを示す（Kiyoharaら，1985）．この線維は一定の強さの水流刺激に対して最初は一過性（phasic）に応答し，続いて持続的（tonic）に応答し，これは刺激が続いている限り一定の大きさで維持される．硬骨魚では，三叉神経の応答特性を調べた報告は見当たらない．しかし，無顎類のヤツメウナギでは機械刺激に対して一過性にだけ，あるいは持続的にだけ応答する三叉神経線維があることが報告されている（Mathews and Wickelgren，1978）．また，ナマズの三叉－顔面複合神経節で応答が解析され，機械刺激に対してだけ一過性に応答するニューロンや触鬚の動く方向や向きに応答するニューロンの存在が明らかにされている（Biedenbach，1971）．これらのニューロンの応答は三叉神経に属すると考えられている．ゴンズイでは，先に述べたように神経線維は表皮と真皮の間

で網の目を形成して分布し，この網目より表皮に垂直に伸びて味蕾に入る線維束と，これとは別に多数の線維が網の目から生じ，真皮や表皮で自由神経終末として終わる．この自由神経終末は三叉神経線維である可能性が高く，これらが顔面神経線維とは異なる触覚情報を運ぶと推測される．このようなことが事実とすれば，ナマズ類の魚の顔面葉の触覚地図は圧刺激，触刺激，固有刺激などの異なった機械刺激情報から形成されるものになり，複合的な地図といえる．

§11．ナマズ類の顔面葉の進化

味覚の発達していない魚種の第一次味覚中枢は左右1対の前後に走る感覚柱であり，その前方から後方にかけて，顔面・舌咽・迷走神経が投射する（Kanwal and Finger, 1991）．これらの味覚の発達していない魚種，例えばヒガンフグやマダイでは，顔面神経が支配する味蕾は，唇とそれに続く口腔内上皮にしか存在しない．したがって，顔面葉に匹敵する部位は唇と口腔内上皮を表わすことになる．長い進化の歴史の中で，ナマズの顔面葉はこの未発達な感覚柱の前部から，さらに前方に向かい触鬚の数と長さに対応した触鬚小葉とその外側に胴体小葉を発達させたと考えられる．この系統発生的過程は個体発生の中である程度再現させているかもしれないと考え，様々な発育段階の稚魚を固定して，触鬚とそこに現われる味蕾と顔面葉の形成過程を追跡した．また，稚魚を 5-bromodeoxyuridine (BrdU) を溶解した海水（1 mg / ml）に一定時間泳がせたあと，経時的に魚を固定して免疫組織学的に BrdU を染色して，顔面葉の形成過程を細胞動態学的に解析した（鬼頭・清原，1989；鬼頭ら，1991）．

顔面葉について得られた重要な結果だけを要約すると次のようになる．(1) 触鬚小葉の相対的成長は顔面葉の後部に比べてかなり大きい．小葉がはっきりと区別できる時点では，小葉は顔面葉の前方 1/3 であるが，その後徐々に割合が増え，最終的には図 5-8 に示すように顔面葉の前方 2/3 を占めるようになる．(2) 胴体小葉は触鬚小葉よりも遅れて形成される．(3) 顔面葉を形成する細胞の分裂は，延髄（顔面葉に相当する部位）の内側背面の第四脳室に接する部位で生じ，細胞分裂は孵化後8日目で最大となり孵化後 25 日ではほとんどなくなる．(4) 最大に細胞分裂を起こしている部位は孵化後の日数がたつにつれ相対的にではあるが徐々に前方に移動する．(5) 最後まで細胞分裂が盛んに行われるのは胴体小葉の部位である．(6) 新しく顔面葉の内側で産まれた細胞は外側あるいは腹側に移動して，目的の小葉に入る．これらの事実は先に述べた顔面葉の分化の過程を支持するもので，顔面葉の系統進化が個体発生で垣間見られるようで興味深い．特に，胴体小葉が一番遅く発現してくることと，その位置が背外側であることは，「系統発生の途上で新たに獲得されたものは脳の外部に添加される」という脳の形態形成の一般法則にもよく当てはまる．

§12．ナマズ類の顔面葉の細胞構築

ゴンズイには大小2種類の細胞がみられ（Kiyohara ら，1996），基本的には他のナマズの結果と一致する（Finger, 1978）．小型細胞は直径 7〜9 μm の円形ないし楕円形で，細胞質が非常に少なく数十個の集塊を形成している．大型の細胞は長径×短径が 15〜20 μm×12〜15 μm の多角形ないし楕円形で，豊かな細胞質内に明瞭なニッスル顆粒を有している．これらの細胞をゴルジ鍍銀法で染色した標本を用いて解析すると，小型細胞は細く分岐の多い樹状突起を有し，その到達範囲は細胞体から

50〜60μmである．大型細胞には樹状突起の形態が異なる2種類の細胞が存在する．一つは表面が滑らかで太く分枝の少ない樹状突起を有する細胞で，棘はみられない．もう一種類の細胞は，比較的細くて分枝の多い樹状突起を有しその表面には棘が存在する．大型細胞の樹状突起は2種類とも細胞体から150μm以上に達するので，これらの細胞は細胞体のまわりに直径300〜350μmの樹状突起野を形成する．触鬚小葉の大きさは横断切片上で500〜600μm×700〜800μmであるので，大型細胞は小葉内のかなりの大きな範囲をその樹状突起領域としている．

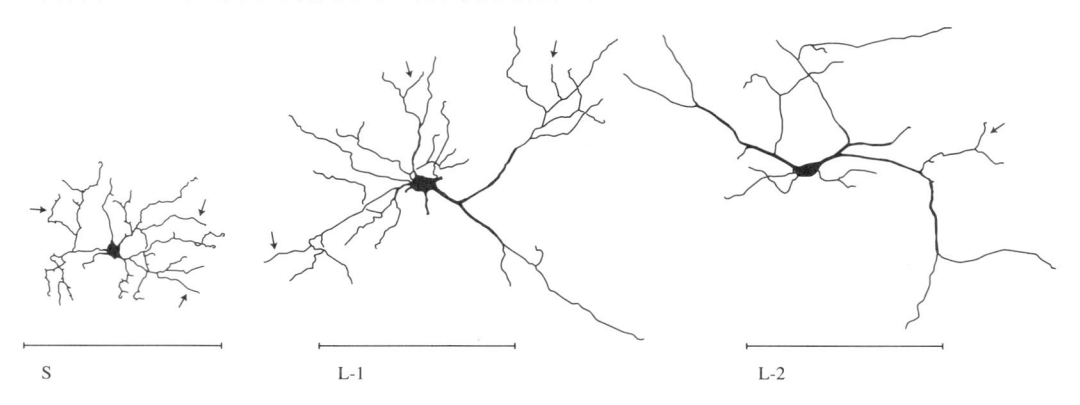

図5-10　ゴンズイの顔面葉に存在する大小のニューロン
各ニューロンはゴルジ染色した標本より描画したものである．S，小型ニューロン；L-1，分岐が多く刺を有する大型のニューロン；L-2，分岐が少なく表面が滑らかなニューロン．矢印は第3番目の樹状突起を示す（Kiyoharaら，1996）．

顔面葉から生じる上行性第二次味覚路（ascending secondary gustatory tract）や下行性第二次味覚路（descending secondary gustatory tract）に標識化合物を入れると，逆行性に標識されるニューロンは大型のものばかりである．上行性に出力を出すニューロンは多数で小葉のいたるところに散在し，一方，下行性に出力を出すニューロンは数の上で圧倒的に少なく，また小葉の背面の周囲にだけ局在的に分布する．後で述べるように，胴体小葉には脊髄に直接軸索を送るニューロンが存在する．この場合も，ニューロンは数が少なくて胴体小葉の背面の周囲に局在する．したがって，この局在的分布は顔面葉から後索核（funicular nucleus）と脊髄に投射するニューロンに共通している．集塊を形成する小型細胞は古くからいわれているように顔面葉内だけに信号を送る介在ニューロンで，別名固有ニューロンとも呼ばれている．小型細胞は広い範囲で互いに密接し，間にグリア，樹状突起，軸索などの要素はみられない．末梢線維はおそらくHerrickが1905年に示唆しているように小型ニューロンに収束して終わり，集塊を作る小型ニューロンからの情報を大型ニューロンが受けてその情報を出力しているものと推察される．

§13. ナマズ類の摂餌行動を解発する味覚神経機構

魚の摂餌行動は，（1）餌の存在に気付く（arousal）段階から，（2）探索（search），（3）口腔内への取り込み（uptake）の段階を経て，（4）摂取（ingestion）に終わる（日高，1991）．ナマズの仲間（Ictarulus）において，嗅覚や視覚を遮断してもこれらの一連の行動がみられることにより，味覚だけでも摂餌行動が遂行できることが分かる（Kanwal and Finger, 1992）．また，顔面葉か迷走葉を選

択的に破壊したあとの行動観察実験は，顔面味覚系と舌咽・迷走味覚系の機能的分担を明らかにしている（Atema, 1971）．即ち，摂餌行動の最初の3段階は顔面味覚系が関与し，最後の摂取は舌咽・迷走系が関与している．ゴンズイにおいても，嗅覚や視覚を遮断しても餌の識別ができることが明らかにされている（Sato, 1937b）．加えて以下に述べるゴンズイの神経機構の発達レベルから判断して，味覚が摂餌行動の早い段階から重要な役割を演じていることは間違いなさそうである．

それでは，この摂餌行動に直接的に関与している神経機構はどのようなものであろうか．味覚情報は第一次味覚中枢から，橋の上行性第二次味覚核を経て，間脳のさまざまな部位に達し，最終的に終脳のかなり広い部位に投射する（Yoshimotoら，1998）．と同時に，第一次味覚中枢からは脳幹の様々な部位に情報を送って，反射経路を形成している（Morita and Finger, 1985）．摂餌行動の最初の段階は魚に遊泳行動を引き起こさせる必要があり，そのためには顔面味覚情報は脊髄の運動ニューロンに達しなければならない．これには脳幹での反射経路が関与していることがナマズ *Ictarulus* で明らかにされている（Morita and Finger, 1985）．それによると，顔面葉からの情報は三叉神経主感覚核や，延髄の内側網様体を介して脊髄に伝えられる．一方，舌咽－迷走葉からの情報は疑核に伝えられ，ここに存在する遠心性のニューロンの軸索を介して口腔や咽頭の筋を直接的に収縮させる．

さらにその後のチャンネルキャットフィッシュでの解析から，顔面葉から脊髄に情報が伝わる経路は少なくとも2つあることが明らかにされている（Kanwal and Finger, 1997）．一つは胴体部に対応した外側小葉から脊髄に直接行く経路で，該当するニューロンは少なく1個体で20個ほどで，それらは外側小葉の背側の周辺部にだけ存在する．もう一つは先ほど述べたように延髄の内側網様体を経て脊髄に行く経路である．これに関与するニューロンは，上顎と下顎触鬚に対応している内側小葉と鼻触鬚に対応している中間小葉のいずれも腹側の周囲に存在する．脊髄に投射する脳幹網様体ニューロンは，8個の体節にわたり分布する14個のクラスターのいずれかに存在する．このうち顔面葉からのニューロンは，5番目のクラスターに存在するニューロンに選択的に投射する．これらのニューロンは広い受容野をもち，機械刺激と化学刺激の一方，または両方に興奮的または抑制的に応答することが明らかにされている．

著者達もゴンズイにおいて，最近この摂餌行動の神経機構を解析する実験に着手した（吉冨・清原，1999）．現在まで得られている結果は上で述べたチャンネルキャットフィッシュから得られた結果とほぼ一致する．顔面葉から脊髄への投射経路は確かに胴体小葉だけからみられる．このニューロンは紡錘形を呈し，主に胴体小葉の背面の周囲に存在する．第一背鰭の前縁レベルで脊髄にHRPを注入した場合，胴体小葉に約20個ほどの細胞が逆行性に標識された．これらの細胞はその長軸直径が約$20\mu m$であるので，ゴルジ解析で明らかにした大型細胞に該当する．この標本では，同時に延髄網様体に多数のニューロンが逆行性に標識され，特に顔面葉直下に多い．顔面葉直下でDiIを網様体に注入すると，各触鬚小葉の腹側の周辺にやはり大型細胞が逆行性に標識された．この細胞は触鬚小葉の前後軸に沿ってかなり規則的に配列し，樹状突起を小葉内部に深く送る．したがって，小葉内の多くのニューロンからの収束がこのニューロンに起こり，このニューロンが収束する網様体ニューロンの受容野が広くなると推察される．

以上のように，ナマズとゴンズイの両方において，顔面葉から脊髄に投射する経路は，脳幹網様体内のニューロンを経由し脊髄に下行する経路と，顔面葉の胴体小葉から直接脊髄に下行する経路の，

2つが存在することが明らかとなった．脳幹網様体に投射する顔面葉内のニューロンは触鬚小葉中に高頻度でみられ，胴体小葉中には現在までのところほとんど観察されていない．もし仮に，胴体小葉中には脳幹網様体に投射するニューロンがないとしたら，それを補うために胴体小葉から直接脊髄に投射があると推察される．魚類の遊泳行動の神経機構として，中脳の内側縦束核のニューロンが内側縦束を通して脊髄運動ニューロンに投射する経路が主要経路として考えられている（植松，1996）．ゴンズイでもこの経路は当然存在すると考えられ，この経路と今回明らかになった2種の顔面葉−脊髄の経路が共同して，実際の摂餌遊泳行動を制御しているものと推察される．ナマズのように顔面味覚系が発達した魚では，顔面葉−脊髄経路だけでも摂餌行動を誘導できると解釈される．

文献

Atema, J. (1971): Structures and functions of the sense of taste in the catfish. *Brain Behav. Evol.*, 4, 273-294.

Baatrup, E. (1983): Terminal buds in the branchial tube of the brook lamprey [*Lampetra planeri* (Bloch)] -Putative respiratory monitors. *Acta Zool.*, 64, 139-147.

Baatrup, E. (1985): Physiological studies on the pharyngeal terminal buds in the larval brook lamprey, *Lampetra planeri* (Bloch). *Chem. Senses*, 10, 549-558.

Biedenbach, M. A. (1971): Functional properties of barbel mechanoreceptors in catfish. *Brain Res.*, 27, 360-364.

Braun, C. B. (1998): Schreiner organs: A new craniate chemosensory modality in hagfishes. *J. Comp. Neurol.*, 392, 135-163.

Caprio, J. (1975): High sensitivity of catfish taste receptor to amino acids. *Comp. Biochem. Physiol.*, A 52, 247-251.

Crisp, M., G. A. Lowe and M. S. Laverack (1975): On the ultrastructure and permeability of taste buds of the marine teleost *Ciliata mustela*. *Tissue & Cell*, 7, 191-202.

Davenport, C. J. and J. Caprio (1982): Taste and tactile recordings from the ramus recurrens facialis innervating flank taste buds in the catfish. *J. Comp. Physiol.*, 147, 217-229.

Finger, T. E. (1976): Gustatory pathways in the bullhead catfish. I. Connections of the anterior ganglion. *J. Comp. Neurol.*, 165, 513-526.

Finger, T. E. (1978): Gustatory pathways in the bullhead catfish II. Facial lobe connections. *J. Comp. Neurol.*, 180, 691-706.

Finger, T. E. and B. Bottger (1990): Transcellular labeling of taste bud cells by carbocyanine dye (diI) applied to peripheral nerves in the barbels of the catfish, *Ictalurus punctatus*. *J. Comp. Neurol.*, 302, 884-892.

Finger, T. E., S. K. Drake, K. Kotrschal, M. Womble and K. C. Dockstader (1991): Postlarval growth of the peripheral gustatory system in the channel catfish, *Ictalurus punctatus*. *J. Comp. Neurol.*, 314, 55-66.

Finger, T. E., B. P. Bryant, D. L. Kalinoski, J. E. Teeter, B. Bottger, W. Grosvenor, R. H. Cagan, and J. G. Brand (1996): Differential localization of putative amino acid receptors in taste buds of the channel catfish, *Ictalurus punctatus*. *J. Comp. Neurol.*, 373, 129-138.

Finger, T. E. (1997): Evolution of taste and solitary chemoreceptor cell systems. *Brain Behav. Evo.*, 50, 234-243.

Goh, Y. and T. Tamura (1980): Olfactory and gustatory responses to amino acids in two marine teleosts-red sea bream and mullet. *Comp. Biochem. Physiol.*, 66C, 217-224.

Hayama, T. and J. Caprio (1989): Lobule structure and somatotopic organization of the medullary facial lobe in the channel catfish *Ictalurus punctatus*. *J. Comp. Neurol.*, 285, 9-17.

Herrick, C. J. (1905): The central gustatory paths in the brains of bony fishes. *J. Comp. Neurol.*, 15, 375-456.

Herrick, C. J. (1906): On the centers for taste and touch in the medulla oblongata of fishes. *J. Comp. Neurol.*, 16, 403-439.

Hidaka, I., N. Nyu and S. Kiyohara (1976): Gustatory response in the puffer-Ⅳ, Effects of mixtures of amino acids and betaine. *Bull. Fac. Fish., Mie Univ.*, 3, 17-28.

Hidaka, I., T. Ohsugi and T. Kubomatsu (1978): Taste receptor stimulation and feeding behaviour in the puffer, *Fugu pardalis*. *Chem. Senses Flavour*, 3, 341-354.

Hidaka, I., T. Ohsugi and T. Yamamoto (1985): Gustatory response in the young yellowtail *Seriola quinqueradiata*. *Nippon Suisan Gakkaishi*, 51, 21-24.

Hidaka, I. and Y. Ishida (1985): Gustatory response in the shimaisaki (tiger fish) *Therapon oxyrhynchus*. *Nippon Suisan Gakkaishi*, 51, 387-391

日高磐夫(1991)：味覚，魚類生理学（板沢靖男，羽生 功編），恒星社厚生閣，p.489-518.

Hirata, Y. (1966): Fine structure of the terminal buds on the barbels of some fishes. *Arch. Histol. Jpn.*, 26, 507-523.

石田善成(1983)：海産魚の味覚応答，三重大学修士論文, 77p.

Ishida, Y. and I. Hidaka (1987): Gustatory response profiles for amino acids, glycinebetaine, and nucleotides in several marine teleosts. *Nippon Suisan Gakkaishi*, 53, 1391-1398.

伊藤博信(1980)：行動の分化と神経系の形態変化，代謝 Vol.17臨時増刊号「行動Ⅰ」Ⅱ，神経活動と行動，中山書店，p.31-45.

伊藤博信・吉本正美(1991)：神経系，魚類生理学（板沢靖男，

羽生 功編), 恒星社厚生閣, p.363-402.

Jackubowski, M. and M. Whitear (1990): Comparative morphology and cytology of taste buds in teleosts. *Z. mikrosk.-anat. Forsch.*, 104, 529-560.

Jeffries, H.P. (1969): Seasonal composition of temperate plankton communities: free amino acids. *Limnol. Oceanog.*, 14, 41-52.

Kanwal, J. S. and J. Caprio (1983): An electrophysiological investigation of the oro-pharyngeal (IX-X) taste system in the channel catfish, *Ictalurus punctatus: J. Comp. Physiol.*, 150, 345-35.

Kanwal, J. S. and J. Caprio (1987): Central projections of the glossopharyngeal and vagal nerves in the channel catfish, *Ictalurus punctatus*: clues to different processing of visceral inputs. *J. Comp. Neurol.*, 264, 216-230.

Kanwal, J. S. and T. E. Finger (1992): Central representation and projections of gustatory systems. In : Fish Chemoreception (ed. by T. J. Hara), Chapman & Hall, p.79-102.

Kanwal, J. S. and T. E. Finger (1997): Parallel medullary gustatospinal pathways in a catfish: possible neural substrates for taste-mediated food search. *J.Neurosci.*, 17, 4873-4885.

Kim, D. J. and S. D. Roper (1995): Localization of serotonine in taste buds : a comparative study in four vertebrates. *J. Comp.Neurol.*, 353, 364-370.

Kitoh, J., S. Kiyohara and S. Yamashita (1987): Fine structures of taste buds in the minnow. *Nippon Suisan Gakkaishi*, 53, 1943-1950.

鬼頭純三・清原貞夫 (1989): ゴンズイ (*Plotosus lineatus*) 触鬚味蕾の生後発育. 味と匂のシンポジウム論文集, 23, 159-163.

鬼頭純三・児玉ゆかり・清原貞夫 (1991): ゴンズイ (*Plotosus lineatus*) 仔魚顔面葉の発育過程の形態学的観察. 味と匂いのシンポジウム論文集, 25, 289-292.

Kiyohara, S., I. Hidaka and T. Tamura (1975a): Gustatory responses in the puffer-II Single fiber analyses. *Nippon Suisan Gakkaishi*, 41, 383-391.

Kiyohara, S., I. Hidaka and T. Tamura (1975b): The anterior cranial gustatory pathway in fish. *Experientia*, 31, 1051-1053.

Kiyohara, S., S. Yamashita and J. Kitoh (1980): Distribution of taste buds on the lips and inside the mouth in the minnow, *Pseudorasbora parva. Physiol.Behav.*, 24, 1143-1147.

Kiyohara, S., S. Yamashita and S.Harada (1981): High sensitivity of minnow gustatory receptors to amino acids. *Physiol. Behav.*, 26, 1103-1108.

Kiyohara, S., I. Hidaka, J. Kitoh and S. Yamashita (1985): Mechanical sensitivity of the facial nerve fibers innervating the anterior palate of the puffer, *Fugu pardalis*, and their central projection to the primary taste center. *J. Comp. Physiol. A*, 157, 705-716.

Kiyohara, S., H. Houman, S. Yamashita, J. Caprio and T. Marui (1986): Morphological evidence for a direct projection of trigeminal nerve fibers to the primary gustatory center in the sea catfish *Plotosus anguillaris. Brain Res.*, 379, 353-357.

Kiyohara, S. (1988): Anatomical studies of the facial taste system in teleostfish. In Beidler Symposium on Taste and Smell: A Festschrift to Beidler LM (ed. by I.J.Miller), Winston-Salem, N. C. : Book Services Assoc. p.127-136.

Kiyohara, S. and J. Kitoh (1994): Somatotopic representation of the medullary facial lobe of catfish *Silurus asotus*, as revealed by transganglionic transport of HRP. *Fisheries Science*, 60, 393-398.

Kiyohara, S. and J. Caprio (1996): Somatotopic organization of the facial lobe of the sea catfish *Arius felis* studied by transganglionic transport of horseradish peroxidase. *J. Comp. Neurol.*, 368, 121-135.

Kiyohara, S., J. Kitoh, A. Shito and S. Yamashita (1996): Anatomical studies of the medullary facial lobe in the sea catfish *Plotosus lineatus. Fisheries Science*, 62, 511-519.

Kiyohara, S., K. Shintomo and S. Yamashita (1998): The Projections of trigeminal nerve fibers to the medullary taste center in some teleosts. *Fisheries Science*, 64, 276-281.

Kiyohara, S., S. Yamashita, C. F. Lamb and T. E. Finger (1999): Distribution of trigeminal fibers in the primary facial gustatory center of channel catfish, *Ictalurus punctatus. Brain Res.*, 841, 93-100.

Konishi, J., M. Uchida and Y. Mori (1966): Gustatory fibers in the sea catfish. *Jpn. J. Physiol.*, 16, 194-20.

Kotrschal, K., and M.Whitear (1988): Chemosensory anterior dorsal fin in rockings (*Gaidropsarus* and *Ciliata*, Teleostei, Gadidiae): Somatotopic representation of the ramus recurrens facialis as revealed by transganglionic transport of HRP. *J. Comp. Neurol.*, 268, 109-120.

Kotrschal, K., M. Whitear and T. E. Finger (1993): Spinal and facial innervation of the skin in the gadid fish *Ciliata mustela* (Teleostei). *J. Comp. Neurol.*, 331, 407-417.

Kotrschal, K. (1996): Solitary chemosensory cells : why do primary aquatic vertevrates need another taste system? *Tree*, 11, 110-114.

Marui, T., S. Harada and Y. Kasahara (1983a): Gustatory specificity for amino acids in the facial taste system of the carp, *Cyprinus carpio L. J. Comp. Physiol. A*, 153, 299-303.

Marui, T., R. E. Evans, B. Zielinski and T. J. Hara (1983b): Gustatory responses of the rainbow trout (*Salmo gairdneri*). *J. Comp. Physiol. A*, 153, 423-433.

Marui, T., J. Caprio, S. Kiyohara and Y. Kasahara (1988): Topographical organization of taste and tactile neurons in the facial lobe of the sea catfish *Plotosus lineatus. Brain Res.*, 446, 178-182.

Marui, T. and J. Caprio (1992): Teleost gustation. In Fish Chemoreception (ed. by T. J. Hara), Chapman & Hall, London, p.171-198.

Matthews, G. and W. O. Wickelgren (1978): Trigeminal sensory neurons of the sea lamprey. *J. Comp. Physiol.*, 123, 329-333.

Morita, Y. and T. E. Finger (1985): Reflex connections of the facial and vagal gustatory systems in the brainstem of the bullhead catfish, *Ictalurus nebulosus*. *J. Comp. Neurol.*, 231, 547-558.

Nishizawa, H., R. Kishida, T. Kadota and R. Goris (1988) : Somatotopic organization of the primary sensory trigeminal neurons in the hagfish. *Eptatretus burgeri. J.Comp. Neurol.*, 267, 281-295.

Reutter, K. (1992) : Structure of the peripheral gustatory organ, represented by the siluroid fish *Plotosus lineatus* (Thunberg). In Fish Chemoreception (ed. by T.J.Hara), Chapman & Hall, London, p.60-78.

Reutter, K. and M. Witt (1993) : Morphology of vertebrate taste organs and their nerve supply. In: Mechanisms of taste transduction (ed. by S. A. Simon and S. D. Roper), CRC Press, Boca Raton. p.29-82.

Royer, S. M. and J. C. Kinnamon (1996) : Comparison of high-pressure freezing/freeze substitution and chemical fixation of catfish barbel taste buds. *Microscopy Res. and Technique*, 35, 385-412.

Sakata, Y., J. Tsukahara and S. Kiyohara (2001) : Distribution of nerbe fibers in the barbels of sea catfish, *Plotosus lineatus*. Fisheries Science, 67, 1136-1144.

Sato, M. (1937a) : Histological observations on the barbels of fishes. *Sci. Rep. Tohoku Imp. Univ. Bio.*, IX, 265-276.

Sato, M. (1937b) : On the barbels of a Japanese sea catfish, Plotosus anguillaris (LACEPEDE). *Sci. Rep. Tohoku Imp. Univ. Bio.*, IX, 323-332.

Schreiner, K. E. (1919) : Zur Kenntis der Zellgranula. Untersuchungen uber den feineren Bau der Haut von *Myxine glutinosa*. *Archiv Mikr. Anat.*, 92, 1-63.

Sutterlin, A. M. and N. Sutterlin (1970) : Taste responses in Atlantic salmon (*Salmo salar*). *J. Fish. Res. Bd. Can.*, 27, 1927-1942.

Sutterlin, A. M. and N. Sutterlin (1971) : Electrical responses of the olfactory epithelium of Atlantic salmon (*Salmo salar*). *J. Fish. Res. Board Can.*, 28, 565-572.

Suzuki, N. and D. Tucker (1971) : Am7ino acids as olfactory stimuli in freshwater catfish, *Ictalurus punctatus. Comp. Biochem, Physiol.*, 40A, 399-404.

庄司隆行 (1999)：魚類化学感覚器のアミノ酸に対する応答，日本味と匂い学会誌, 6, 169-178.

帝釈　元：アユの摂餌促進物質に関する生理学的研究，三重大学修士論文, 1987, 80p.

植松一眞 (1996)：魚類遊泳運動の神経機構，魚の行動生理学と漁法（日本水産学会監修，有元貴文・難波憲二編），恒星社厚生閣, p.50-59.

Whitear, M. (1965) : Presumed sensory cells in fish epidermis. *Nature*, 208, 703-704.

Whitear, M. (1992) : Solitary chemoreceptor cell. In : Fish Chemoreception (ed. by T.J.Hara), Chapman & Hall, London, p.103-125.

Whitear, M. and R. M. Moate (1994) : Microanatomy of taste buds in the dogfish *Scyliorhinus canicula*. *J. Submicrosc, Cytol. Pathol.* 26, 357-367.

Yoshii, K., N. Kamo, K. Kurihara and Y. Kobatakec (1979) : Gustatory responses of eel palatine receptors to amino acids and carboxylic acids. *J. Gen. Physiol.*, 74, 301-317.

Yoshimoto, M., J. S. Albert, N. Sawai, M. Shimizu, N. Yamamoto and H. Ito (1998) : Telencephalic ascending gustatory system in a cichlid fish. *Oreochromis* (*Tilapia*) *niloticus*. *J. Comp. Neurol.*, 392, 209-226.

吉冨拓児・清原貞夫 (1999)：ゴンズイの第一次味覚中枢から脊髄への投射経路．日本味と匂い学会誌, 6, 517-520.

6. 魚類の嗅覚受容

庄司隆行, 上田　宏

はじめに

　ほとんどの陸生動物は, 味物質を匂いとして感じることは通常あり得ない. しかし魚類の場合, 化学物質はすべて水に溶けた状態で受容されるので, 匂い物質と味物質の区別はあいまいである. 魚類にとっては同じ物質が味物質であると同時に匂い物質であることも多い. 例えば, アミノ酸はいうまでもなく味物質であるが魚類にとっては典型的な匂い物質でもある. しかし, 魚類の味覚器と嗅覚器は他の脊椎動物と同様に異なる化学感覚器として分化しており, 末梢から中枢への投射経路も全く異なっている. したがって, 同じアミノ酸であっても, 当然味覚器では味として嗅覚器では匂いとして受容, 認識されていると考えられる.

　嗅覚器, 味覚器は, それぞれ遠隔受容器, 接触受容器として異なる機能を分担していると考えるのが妥当であろう. しかし, 魚種によっては嗅覚器と味覚器の機能がオーバーラップしている例も見られる. Holland and Teeter (1981) は, チャネルキャットフィッシュ *Ictalurus punctatus* を用いた条件付け学習実験を行い, 嗅覚遮断を施した魚も正常な索餌行動を発現することを報告している. これは, 遠隔受容器として嗅覚器が働いていると考えられる索餌行動において, 味覚器が嗅覚器の機能を補償することができることを示す例である.

　魚類嗅覚器の様々な化学物質に対する応答性については, これまで多くの魚種で調べられてきた (小林・郷, 1991 ; Hara, 1992 ; 山森, 1994). その結果わかったことは, 魚類は種々の匂い物質を受容するが, それらの種類や感度が陸生動物のそれとは大きく異なっているということである. 例えば, ほとんどの魚種の嗅覚器は糖に対して全く応答しないかきわめて感度が低い. また, 陸生動物が受容する匂い物質の多くは, 魚類にとって嗅覚刺激物質とはならない. 一般に, 魚類の嗅覚器が受容する化学物質の数は, 陸生動物の場合よりも格段に少ない. しかし一方で, 限られた化学物質に対しては驚異的な感受性を示す. 例えば種々のアミノ酸に対する感受性はきわめて高く, エイの一種 *Raja clavata* では, 種々のアミノ酸の嗅覚器に対する刺激閾値濃度が 10^{-14} M 付近であると報告されている (Nikonov ら, 1990). また, ある種のステロイドやFシリーズのプロスタグランジン, 胆汁酸塩などもきわめて低濃度から受容され, 特にステロイドとプロスタグランジンは生殖行動をはじめとする重要な生命活動にフェロモンとして機能していることが示されている (小林・郷, 1991 ; Hara, 1992 ; Sorensen, 1992).

　魚類の嗅覚受容に関する研究は, 嗅細胞における受容機構や中枢神経系における情報処理機構から誘引・摂餌促進効果の行動学的研究まで多岐にわたる. 魚類の嗅覚系全般に関しては, 優れた総説を含んだ書籍 (日本水産学会, 1981 ; Hara, 1982, 1992 ; 板沢・羽生, 1991) がすでにあるのでそち

らに譲り，本稿では嗅覚受容に関する知見のうち特に魚類に特徴的であると思われるものだけを重点的に紹介する．

§1. 魚類嗅覚器の形態的特徴 ─ 線毛細胞と微絨毛細胞 ─

魚類の生息環境は，淡水から海水，清澄な水から混濁した水まで変化に富んでいる．魚類は全脊椎動物の種数のうちの50％以上を占めるといわれており，このことは魚類が様々な環境に対して巧妙に適応していることを示している．しかし，その多様性にもかかわらず，魚種の違いによる嗅覚器の形態の違いは比較的小さい．ただし嗅覚への依存度の大小を反映した発達の度合いの違いは存在する．ウナギ Anguilla japonica やナマズ Silurus asotus などの魚種は，メダカ Oryzias latipes などの視覚が発達した魚に比べて嗅細胞が分布する感覚上皮の面積が大きい．嗅覚器の構造は，Yamamoto (1982) によって種々の魚種について詳細に調べられている．

サケ科魚類の嗅覚器を例にとると，鼻腔は眼の前方に左右1対あり他のほとんどの魚種と同様，口腔には連絡していない．嗅上皮は，凹み状の構造（鼻窩）の底面に放射状に立つ嗅板と呼ばれる板状構造の表面に分布している．また，鼻孔は板状の蓋により前後2つに分けられ，遊泳によって匂い物質を含む水が効率よく流れ込み，排出されるような構造になっている．

嗅上皮には匂い分子を受容する嗅細胞（olfactory receptor cell）が多数分布している．その数は，サクラマス Oncorhynchus masou では嗅上皮 $1\,mm^2$ あたり 110,000 個であると報告されている（Yamamoto, 1982）．すなわち，片側の鼻だけで数百万の嗅細胞が匂い物質を受容していることになる．一般に魚類の嗅細胞の数はイヌやウサギの数千万から比べれば大幅に少ない．

嗅細胞は双極型のニューロンで，嗅上皮中の細胞体から上皮表面に向かって1本の樹状突起を伸ばし，逆側には軸索を伸ばして嗅神経を形成し，嗅覚系の一次中枢である嗅球の僧帽細胞（mitral cell）の樹状突起とシナプスを形成している．このような基本的な形態的特徴は脊椎動物すべてに共通している．嗅上皮表面に露出している嗅細胞の樹状突起の先端は嗅小胞（olfactory knob）と呼ばれ，数本の線毛または微絨毛をもつ．この線毛，微絨毛の膜上に匂い物質に対する受容体が存在する．陸生の脊椎動物の嗅覚器には線毛をもつ嗅細胞のみが見られるが，これとは別の匂い受容器官である鋤鼻器には微絨毛嗅細胞が分布しているので，2つの型の嗅細胞が存在することは魚類に限らず広く脊椎動物に共通した特徴であるといえる．

2つの型に分けられるということは，それぞれの細胞が異なる機能，すなわち異なる系統の匂い物質に対する受容能をもつことを容易に想像させる．哺乳類や爬虫類の鋤鼻器は種々のフェロモンの受容器官であることが知られている（Wysocki and Meredith, 1987）ことから，魚類の微絨毛嗅細胞も一般的な匂いではなく，特別な匂い（性フェロモンや同種の魚の匂い）を受容しているのだと考えられやすい傾向がある．しかし実際にはそのような単純な類推は間違いであるかもしれない．

線毛細胞と微絨毛細胞の嗅上皮上での分布は均一ではなく，部位により比率には偏りがある．そこで，局所的に刺激するかまたは局所的に細胞の興奮性を記録すれば，得られた記録がどちらの細胞由来の応答をより多く含むものであるのかを推測できる．Thommesen (1983) は，北極イワナ Salvelinus alpinus を用いて局所的な嗅電図（electoro-olfactogram, EOG）を記録し，線毛細胞は胆汁酸を微絨毛細胞はアミノ酸をそれぞれ受容すると報告した．これに対して，Erickson and Caprio (1984) はチャ

ネルキャットフィッシュ嗅上皮のEOGと嗅神経応答を局所的に記録した結果，胆汁酸に対する応答性とアミノ酸に対する応答性には空間的な差はないと結論付けている．すなわち，線毛細胞，微絨毛細胞ともに胆汁酸およびアミノ酸を同様に受容するということである．

線毛細胞と微絨毛細胞の嗅上皮上での分布の違い以外に，稚魚の発生の初期過程でそれぞれの細胞が嗅上皮上に出現し，完全な形態を示すようになるまでの時間にずれがあることもわかっている．Zielinski and Hara（1988）はニジマス Oncorhynchus mykiss 稚魚嗅上皮から各発生段階における嗅神経応答を記録し，微絨毛細胞もアミノ酸応答の発現に寄与していることを示した．

また，嗅神経が切断された後の両細胞の再生の早さにも違いがある．このことを利用し，Zippelら（1997）は，キンギョ Carassius auratus 嗅上皮のEOG記録から線毛細胞はアミノ酸を微絨毛細胞は胆汁酸，ステロイド，プロスタグランジンFシリーズをそれぞれ受容すると報告した．つまり彼らは，線毛細胞は通常の匂い物質を受容し，微絨毛細胞はフェロモンとして働く匂い物質を受容すると考えている．

両細胞の応答性を分離して性質の違いを明らかにするには，完全に一方だけの応答を測定する必要がある．Kashiwayanagi and Shoji（1988）は，Ca-Ethanol shockと呼ばれる処理方法でコイ嗅上皮の線毛を除去し，処理前後のアミノ酸刺激に対する嗅球誘起脳波を測定した．その結果，線毛が除去された状態でも大きなアミノ酸応答が観測された．これは，微絨毛細胞もアミノ酸を受容して応答を発現していることを示している．Sato and Suzuki（2001）は，ニジマス嗅細胞にホールセルクランプ法を適用し，線毛細胞，微絨毛細胞それぞれから完全に独立した匂い応答を記録することに成功している．その結果，線毛細胞はアミノ酸，ステロイド，ニジマス尿に応答し，微絨毛細胞はアミノ酸に応答した．

以上のように，魚種の違いによって矛盾する結果が得られており，これまでのところ2つの嗅細胞の機能の違いが完全に明確になっているとはいいがたい．網膜における桿体と錐体のようにそれぞれの機能が完全に明らかにされるのは，まだ先のことであると思われる．

ところで，ほとんどの魚類の嗅細胞はこれらの線毛または微絨毛をもつ2つの型のみであると考えられていたが，最近，複数の魚種の嗅上皮から第三の型の嗅細胞が発見された（Morita and Finger 1996；Hansen and Zeiske, 1998；Hansen and Finger, 2000）．この嗅細胞は crypt cell と呼ばれ，他の2つの嗅細胞よりも細胞の縦方向の長さが短く卵型をしている．したがって，細胞体が嗅上皮表面に近い部分にあり容易に他の細胞と区別できる．もっとも大きな特徴は，他の嗅細胞が上皮表面にもつ嗅小胞をもたないことである．crypt cell の頭頂部は微絨毛に囲まれた凹みが開口した構造をしており，凹みの中には短い線毛が開口部に向けて伸びている．Michelら（1999）は，嗅細胞の興奮に伴ってカチオンチャネルを透過する agmatine に対する抗体を用い，ゼブラフィッシュ Brachydanio rerio 嗅上皮における L-グルタミン刺激したときに興奮性を示す細胞をラベルした．その結果，crypt cell と思われる細胞は他の線毛細胞，微絨毛細胞と共にラベルされていた．このことは，ゼブラフィッシュ嗅細胞では3つの型すべてがアミノ酸を受容している可能性を示している．

§2. 嗅覚応答の初期過程

Suzuki and Tucker（1971）がナマズ Ictalurus catus で，Sutterlin and Sutterlin（1971）がタイセイヨ

ウサケ Salmo salar で行った電気生理学的実験をきっかけに，アミノ酸が魚類嗅覚器に対して強い匂い物質となり得ることが広く知られるようになった．彼らは，本来匂いとはなり得ないと思われていたアミノ酸を嗅覚刺激物質として用い，初めてアミノ酸が魚類嗅覚器にとってきわめて低い濃度から匂いとして働くことを示した．これらの報告以降，魚類嗅覚器にとってのアミノ酸の重要性が認識されるようになり，アミノ酸に注目した数多くの研究が行われるようになった（日本水産学会，1981；Hara, 1982, 1992；板沢・羽生，1991；庄司，1999）．そのほとんどは，嗅覚受容機構研究のモデルとして魚類嗅覚系を用いている．他の感覚細胞の場合と同様に，嗅細胞の受容器電位の発生機構は多くの研究者の重大な関心事であったが，両生類や爬虫類，哺乳類をモデルとした研究とならんで，魚類を用いた研究の成果も嗅覚受容機構の解明に大きく寄与してきた．

2-1 嗅覚受容機構

現在まで，魚類嗅細胞が陸生動物の嗅細胞と全く異なる機構で匂いを受容しているという報告はない．嗅細胞が興奮する基本的な機構は広く脊椎動物で共通であると考えてよいと思われる．魚類を含む脊椎動物の嗅覚応答発現機構については，鈴木（1995）の総説に詳しくまとめられている．

嗅細胞が匂いを受容して興奮するためには，匂いに対する受容体とそれに連なる受容器電位の発生機構が必要である．1980年代までの嗅覚研究では，電気生理学，生化学的研究が主流であったが，90年代に入ってそれまで蓄積されてきた研究成果を土台にして分子生物学的手法による研究が主流となり現在に至っている．その流れの中で，以下の分子機構が明らかにされた．すなわち，匂い分子が線毛，微絨毛膜上の受容体に結合するとGTP結合タンパク質を介してアデニル酸シクラーゼが活性化され，ATPから産生されたcAMP（adenosine 3', 5'-cyclic monophosphate）が環状ヌクレオチド作動性カチオンチャネルの開口を促しその結果，嗅細胞が興奮するという機構である．また，アデニル酸シクラーゼではなくホスホリパーゼCがホスファチジルイノシトール-4,5-二リン酸を加水分解してイノシトール-1,4,5-三リン酸（IP_3）を産生し，IP_3がCa^{2+}に選択的なチャネルを開くという経路の存在も確かめられている．このホスホリパーゼCの経路の可能性を示した最初の報告は，チャネルキャットフィッシュの嗅線毛標品を用いた Huque and Bruch（1986）の実験であった．彼らはアミノ酸刺激，あるいはGTP刺激によりPIターンオーバーが活性化することを示した．

これまでに，上記の嗅覚機構に関わる多くの遺伝子，タンパク質がクローニングされている．その過程で明らかにされたことの中で，特に魚類に特徴的な知見は以下のものである．Buck and Axel（1991）がラット嗅上皮からクローニングした7回膜貫通型のG-タンパク質共役型受容体は，ゲノム解析から数百から数千種に及ぶと推定された．これに対してチャネルキャットフィッシュの場合は百種程度であると推定された（Ngaiら，1993）．また，それぞれのクローンは，マウスなどの哺乳類の場合，嗅上皮上の特定のゾーン中の嗅細胞に限って発現しており，一つのゾーンの中では異なるクローンがモザイク状に分布していた（Resslarら，1993）．一方，チャネルキャットフィッシュの受容体クローンは嗅上皮全体に分布していた（Ngaiら，1993）．前述したように，魚類の嗅覚器は陸生動物が気体の状態で受容する匂い物質の多くを受容しない．これは，チャネルキャットフィッシュの匂い受容体クローンの数が少ないことと符合する．

さらに，チャネルキャットフィッシュの匂い受容体クローンの嗅細胞における発現頻度は，1〜2%であることから，一つの嗅細胞には1種類の受容体だけが発現していると考えられている（Ngaiら，

1993). 哺乳類の場合も同様に考えられている．しかしこの考えを否定する実験結果が少なくない．例えば，Kang and Caprio（1995）は，チャネルキャットフィッシュの嗅細胞からシングルユニット応答を記録し，一つの嗅細胞は複数の匂いに対して応答することを示している．

また，チャネルキャットフィッシュ以外の魚の嗅上皮からも数多くの匂い受容体がクローニングされている．例えば，哺乳類の主嗅覚器および鋤鼻器由来のそれぞれの匂い，フェロモン受容体と思われるものと相同性の高い受容体が，キンギョ嗅上皮で見つかっている（Caoら，1998）．*In situ* ハイブリダイゼーションの結果，キンギョの嗅上皮では匂い受容体とフェロモン受容体がそれぞれ線毛型，微絨毛型と思われる嗅細胞に発現していることが示唆された．

ところで，多くの匂い受容体の候補がクローニングされているとはいえ，リガンドが確定しているものは極めて少ない．Specaら（1999）は，アフリカツメガエル *Xenopus laevis* 卵母細胞翻訳系を用いてキンギョのアミノ酸受容体を発現させ，スクリーニングの結果L-アルギニンに対する親和性が最も高い塩基性アミノ酸に対する受容体であることを確認した．この結果は，電気生理学的実験から推測されていた受容体の分類（Hara，1992）とも矛盾しない．今後，現在リガンドが不明の多くの受容体も遠からずその機能が明らかにされるであろう．

2-2 塩環境の変化と嗅覚受容

陸生動物の嗅上皮は，通常数μmから100μm程度の厚さの粘液層に覆われている．したがって，受容膜はほぼ一定のイオン環境におかれていると考えられる．一方，魚類にもごく薄い粘液層はあると考えられているが，嗅粘膜が直接環境水に接しているため，環境水の組成が大きく変化すれば受容膜上のイオン環境も少なからず変化する．

魚類の中には，海水にも淡水にも適応できるいわゆる広塩性魚類が存在する．また，サケ科魚類のように外洋と母川を行き来する回遊魚も多く存在する．このような回遊魚の嗅覚器は，河川水から海水までの非常に広い塩濃度変化にさらされる．匂い刺激によりカチオンチャネルが開口して受容器電位が発生するならば，嗅上皮上の塩環境が変化すれば匂い応答の発現も影響を受けることが予想される．筆者らは，ニジマスとサケ *Oncorhynchus keta* を用いて嗅覚器の塩およびアミノ酸に対する嗅神経応答を測定し，塩環境の変化が嗅覚受容に与える影響について調べた（Shojiら，1994，1996）．

海水中には約500mMのNa^+が含まれる．Na^+は，魚類嗅覚器に対して非常に大きな応答を引き起こすため，もし嗅細胞がNa応答を発生し続ければ，疲労により嗅覚機能は失われてしまうはずである．脱イオン水を順応液として500mM NaClを与えた場合は，大きな応答が発現し順応しなかった．これに対して，ほぼ同じ濃度のNa^+を含む海水，人工海水に対する応答は小さなものしか発現せず，すぐに順応した．海水，人工海水には，Ca^{2+}およびMg^{2+}イオンが含まれているので，NaCl応答を抑制したのはこれらの二価カチオンが共存したためだと考えられた．そこで，10mM $CaCl_2$を共存させるとNa応答は海水，人工海水応答と同程度の大きさまで抑制された．Mg^{2+}には，このような抑制効果は全くみられなかった．このCa^{2+}のNa応答に対する抑制効果は，海水に順応したニジマスでも同様にみられた．

この結果から，海水応答を小さく抑えているのは海水中のCa^{2+}の働きであることが明らかとなった．また，通常のニジマスと海水順応ニジマスとで同じ結果が得られたことから，このCa^{2+}の働きは海水に順応した魚だけが獲得する性質ではなく，魚の嗅覚器がもともと備えている性質だと考えら

れた．さらにこれまで多くの動物の嗅細胞において，環状ヌクレオチド作動性カチオンチャネルを介して細胞内に流入したCa^{2+}がCa^{2+}結合タンパク質（カルモジュリン）と結合し，これがチャネルのcAMPに対する感度を低下させることによって応答が抑制されることが報告されている（鈴木，1995）．したがって，Ca^{2+}による順応は脊椎動物が一般にもつ機構であると考えられる．

次に，アミノ酸応答に対する塩濃度変化の影響について調べた．淡水ニジマスと，海水順応ニジマス，および海を回遊中のサケと，河川に遡上したサケについて，アミノ酸応答に与える塩濃度変化の影響について調べた．その結果，淡水ニジマスも海水中のアミノ酸を正常に受容し，海水ニジマスも淡水中のアミノ酸を正常に受容できることが確かめられた．サケの場合もニジマスと同様，海水，淡水順応にかかわらず，正常なアミノ酸応答が観察された．このことは，広い範囲の塩濃度の変化に影響を受けない嗅覚受容機構が働いていることを示している．嗅上皮上が海水または汽水域のような塩濃度の高い環境であれば，環状ヌクレオチド作動性カチオンチャネルから細胞内へ流入するNa^+が十分に存在するが，もし淡水ならば嗅細胞が脱分極するだけのNa^+の流入は得られないはずである．この点については，Suzuki（1978）がヤツメウナギ*Lampetra japonica*を用いた実験で，Na^+濃度が低くてもCa^{2+}が存在すれば匂い応答は発現することを報告している．また現在では，受容膜上のCa^{2+}依存性Clチャネルの寄与が確かめられている（Sato and Suzuki, 2000）．つまり，細胞内に比較すれば淡水中にも十分量のCa^{2+}が存在するので，環状ヌクレオチド作動性カチオンチャネルから流入したCa^{2+}がCa^{2+}依存性Clチャネルを活性化し，その結果Cl^-が細胞外へ流出することにより脱分極するという機構である．このCa^{2+}依存性Clチャネルの寄与は，魚類以外の動物でも報告されている（鈴木，1995）．

§3. 魚類嗅覚系の役割——サケ科魚類母川回帰行動の例——

ほとんどの魚種の生体活動にとって，嗅覚系が必要不可欠の感覚系であることは論を待たない．他の高等脊椎動物と同様，索餌・摂餌などの食行動や生殖行動において嗅覚系が重要な役割を担っていることは，多くの報告から明らかである（日本水産学会，1981；Hara, 1982, 1992；板沢・羽生，1991；庄司，1999）．

一方，魚類の嗅覚受容において最も特徴的な役割といえば，サケ科魚類の遡河回遊時における正確な母川識別であろう．外洋回遊から母川の河口までの回帰には視覚が重要な役割を果たしている可能性が示されている（Uedaら，1998）が，河川を遡上するサケ科魚類は母川の匂いを頼りに産卵場まで到達すると広く信じられている．稚魚，幼魚時に嗅いだ母川水の匂いの記憶を生涯保持し続け，極端には違わないであろう母川水とそれ以外の河川水の匂いの違いを合流点ごとに敏感に嗅ぎ分けて母川回帰する能力は，我々の想像をはるかに越えている．ここでは，これまでに報告されている母川回帰行動と嗅覚受容とのかかわりについて概説する．

3-1 嗅覚仮説

サケ科魚類が嗅覚をたよりに母川へ回帰するという嗅覚仮説が広く知られるようになったのはWisby and Hasler（1954）の実験以降である．彼らはアメリカ・ワシントン州のイサカークリークとその支流のイーストフォークに回帰してきたギンザケ*Oncorhynchus kisutch*をそれぞれ捕獲して，合流点よりも1.6 km下流の地点まで運び標識放流を行った．その際，鼻腔にワセリン付綿を挿入する

などして嗅覚遮断した実験群と正常なままの対照群の2群に分けて放流した．その結果，対照群はほぼ間違いなく最初に捕獲された支流に回帰したのに対し，嗅覚遮断群の40％は異なった支流に遡上した．つまり，匂いを受容できないサケは自分の母川を正確に選択できなくなる傾向がみられた．

　その後，多くの研究者が追試を行い，その多くは類似の結果を得ている（Hiyamaら，1967；Cooper and Hirsch，1982；Hasler and Scholz，1983；Northcote，1984；Stabell，1984，1992）．例えば日本では，岩手県・大槌川に回帰したサケを用いて実験が行われた．対照群，嗅覚遮断群，および視覚遮断群の3群に分けて大槌湾内に再放流したところ，嗅覚遮断群のみが母川である大槌川に戻れなかった（Hiyamaら，1967）．このことは，サケはやはり嗅覚を使って母川を識別していること，その際視覚は重要な役割を果たしていないことを示唆している．

　嗅覚仮説をまとめると次のようになる．サケ科魚類は，種によって期間の長さは異なるが稚魚・幼魚期を自分が生まれた河川で過ごす．この河川生活期にその河川（あるいは養魚池でもよい）の匂いの記憶が形成される．そしてその記憶は降海後長いものでは数年にわたる外洋生活期の間も保持され，成熟して産卵のために母川河口付近まで戻ってくるとその匂い記憶を頼りに自分の生まれた流れ，すなわち産卵場に回帰する．一定期間内の経験が不可逆的な記憶を形成するということから，この匂いの記憶はLorenzが名づけたいわゆる"刷り込み（imprinting）"現象であると考えられている．この嗅覚仮説が正しいならば，(1) 刷り込みの臨界期が存在し，(2) 匂い記憶を形成する神経機構が存在し，そしてなによりも，(3) 各河川はサケ科魚類が識別することができる異なる匂い（母川物質）をもっていなければならない．

3-2　母川物質

　これまで行われた数多くの行動学的実験は，母川物質の検索，人工的な匂いによる刷り込み，臨界期の特定などを目的としている（Cooper and Hirsch，1982；Hasler and Scholz，1983；Northcote，1984；Stabell，1984，1992）．実験手法は，大別して匂い刺激を与えたときの遊泳行動の変化を指標とするものとY字水路などを利用した選択実験とに分けられる．このうち，遊泳行動の変化は非常にあいまいな指標であり，行動の変化が必ずしも母川水に対してのみ特異的に起こるものではないという大きな問題点がある．

　選択実験の例として，ワシントン湖（アメリカ合衆国・ワシントン州）の湖水で飼育したベニザケ *Oncorhynchus nerka* 稚魚を用いた実験がある．一般に河川水中にはサケの嗅覚器が感知できる濃度以上のCa^{2+}が含まれることから，Bodznick（1978）は母川物質の候補としてCa^{2+}に注目した．ベニザケ稚魚は，湖水と湖水に0.33 mmol/l $CaCl_2$を加えた水とを識別し，純粋な湖水を選択した．また，湖水とは関係のない井戸水と$CaCl_2$を加えた湖水とでは，後者を選択した．つまり，Ca^{2+}がワシントン湖の匂いを識別するための必須の成分かどうかはわからないが，ベニザケ稚魚はCa^{2+}濃度のごく小さな差を識別の指標にしている可能性があるということが示唆された．

　Nordeng（1978）やDøvingら（1974，1980）は，回帰行動の観察から，北極イワナは母川に残留している同じ系群に属する同種の若い個体から出る匂い物質，つまりフェロモンに誘引されると考えた．フェロモンとしては，胆汁酸塩の可能性が高いと考えられている．

　ところで，サケの生活史は種によって異なっており，北極イワナやサクラマスのように遡上する河川に常に同種の若い個体が存在する種もあれば，我々に最も馴染み深いサケのように稚魚は全く残留

しない種もある．したがって，サケ科魚類の母川回帰行動すべてにフェロモン説をあてはめるのは無理がある．

Nevittら（1994）は，ギンザケを使って人為的な匂いの刷り込みを行うことに成功している．彼らは，phenethyl alcohol（PEA）を飼育水に滴下し人工の母川物質とした．ギンザケの銀化変態の時期に合わせて10日間 10^{-7} mol/l PEAに曝してやると，1～2年後成熟したギンザケはPEAを滴下している水路を確かに選択した．このことはPEAという人工の母川物質の刷り込みが確かに起こっているということを示すと同時に，匂い記憶が形成される時期，すなわち刷り込みの臨界期は銀化変態時であることも示している．

Dittmanら（1996）は，PEA刺激を行う期間をずらしてやる実験を行い，銀化が起こるよりも極端に早い時期にはこの人為的な刷り込みは成立しないことを確かめた．同様の知見は，これまで行われてきたギンザケやヒメマス Oncorhynchus nerka の多くの移植放流実験からも得られている．ただし，どれだけの時間，匂いに曝されれば刷り込みが成立するのかは，研究者によって報告がまちまちでこれまでのところはっきりしていない．

3-3 電気生理学的研究

母川回帰に関しては，1960年代の研究が始まった初期の頃から電気生理学的手法がよく用いられてきた（Haraら，1965；Uedaら，1967；Hara，1970）．嗅球に電極をあてて多数の神経活動の総和である脳波を記録すると，匂い刺激に対応した振幅の増大が観測される．これは匂い刺激によって生じる誘起脳波である．嗅球誘起脳波は，匂い刺激の強度に比例して振幅が変化する．したがって，この誘起脳波を測定することによりサケ科魚類の嗅覚系がどれだけ興奮しているのかを定量的に知ることができる．

Haraら（1965）は，マスノスケ Oncorhynchus tshawytscha とギンザケの嗅球から母川水に対する誘起脳波を記録した．その結果，鼻腔に母川水を流したときのみ大きな誘起脳波が記録された．また，大島（1970）は，岩手県大槌湾内の定置網で捕獲した性成熟が進み，ほぼ間違いなく大槌川へ回帰すると考えられるサケを用いて，この付近の海に注いでいる6河川および海水に対する嗅球誘起脳波を測定した．その結果，大槌川の水に対する応答が最も大きく，特に大槌川のすぐ隣の川の水に対する応答の大きさとの差が顕著であった．一方，まだ性成熟が進んでいない個体を用いた場合には，このような応答の大きさの差は見られなかった．

以上のように，初期の研究においては，大きな嗅球誘起脳波を発生させるということが，すなわち匂いの記憶，刷り込みの成立を証明するものであると考えられていた．しかし現在では，嗅球誘起脳波の大きさは単純に刺激水中の匂いの濃度を反映するものであり，匂いの質を示すものではないと一般には考えられている（Oshimaら，1969；Uedaら，1971；Dizonら，1973；Bodznick，1975）．ただし，魚がどのような匂い物質をどのくらいの感度で受容するのかを調べる場合には非常に有効な指標となる．Haraら（1984）は，ニジマスの嗅球誘起脳波を測定して，魚体表面の粘液が魚にとって強い匂いであること，粘液中には種々のアミノ酸とその関連物質が含まれること，さらにアミノ酸組成を再現した人工粘液は実際の粘液と同等の匂い応答を発現することを明らかにしている．

嗅球誘起脳波の情報から魚が受容している匂いの質の違いを抽出するために，Uedaらのグループは周波数解析の方法を用いて河川水に対する嗅球応答の分析を行った（Uedaら，1971；Kajiら，

1975；Ueda, 1985)．誘起脳波は数Hzから数十Hzの周波数成分を含む．嗅球誘起脳波の周波数スペクトルを調べると，種々の河川水に対するサケやヒメマスの誘起脳波はそれぞれ異なるスペクトルをもつことがわかった．このことは，サケは各河川水を異なる匂いをもつものとして感じていることを示している．彼らは，母川水刺激を行ったときと同じ周波数スペクトルパターンを得られる成分を探すことにより母川物質の検索を試みた．その結果，母川水に特有のスペクトルパターンが得られるのは，活性炭吸着性，石油エーテル不溶性，透析性，非揮発性，および耐熱性の成分であることがわかった．この非揮発性であるという結果は，Cooperら(1974)のギンザケ嗅球誘起脳波の測定から得られた母川水中の匂い成分は非揮発性であるという結果と一致する．

以上のような誘起脳波の他に，嗅球の僧帽細胞からのシングルユニット記録も行われている．調べたそれぞれの単一神経が種々の匂いに対してそれぞれ違った応答スペクトルをもっていれば，匂いの情報は嗅球において識別されていると結論できる．Bodznick (1978) は，池産のベニザケを用いて嗅球からのシングルユニット記録を行い，ある河川の匂いにのみ応答する細胞を見つけた．これは，嗅球のレベルで河川水間の匂いの違いを識別している可能性を示している．しかし，母川水にのみ応答する細胞が見つかったわけではないので，嗅球のレベルで母川識別のための情報処理が完了しているとは断言できない．

フェロモン説を唱えるDøvingら(1974)のグループも，北極イワナを用いて同様の実験を行っている．彼らは，異なる系群のイワナ由来の匂いを実験魚が識別できるかどうかを調べた．その結果，北極イワナは用いた2系群の幼魚および異なる2系群の幼魚と成魚，計6群の匂いを識別した．このことは，魚由来の匂いがフェロモンとして機能し得る証拠であると考えられた．また，Døvingら(1980)は嗅球の誘発電位を測定して，北極イワナの嗅覚器は種々の胆汁酸にきわめて敏感であることも示している．

これまでの研究からサケ科魚類の嗅覚器がアミノ酸や胆汁酸を高感度で受容できることがはっきりした．しかし，実際にサケが遡上する河川水中にそれらが充分な濃度で含まれていなければ母川物質とはなり得ない．しかも，各河川がそれぞれ異なる単一の匂い物質を含んでいることは考えにくいので，母川物質は各河川の匂いを特徴づけることができるだけの種類と濃度のバリエーションをもった匂い物質でなければならない．

筆者らはアミノ酸と胆汁酸に注目し，実際にサケ・マスが遡上する河川の水に含まれるこれらの定量分析を行った．さらに，その分析結果にしたがって各河川水に対応した人工河川水を調製し，それらに対するサクラマスの嗅覚応答を測定した(Shojiら, 2000)．もし，人工河川水が自然河川水と同等の大きさの応答を発現したら，各河川水の匂いの特徴はその人工河川水に含まれる匂い物質によって決められている可能性が高い．実験地域として，洞爺湖とその流入河川(ソウベツ川，ポロモイ川，臨湖実験所飼育水)を選んだ．また，実験魚として洞爺臨湖実験所池産サクラマス(2〜3歳魚)を用い，嗅覚応答として嗅神経束から集合インパルスを記録した．

アミノ酸(L-体，関連物質を含む)分析の結果，調べた上記6河川すべてにおいて，セリン，グリシン，尿素が多く含まれるなどの傾向は共通していたが，タウリンはポロモイ川，臨湖実験所にのみ，プロリンやグルタミンはポロモイ川とソウベツ川にのみ含まれるなど，各河川ごとにアミノ酸の組み合わせと濃度は異なることがわかった(図6-1)．また，冬季はすべてのアミノ酸濃度が大きく低下す

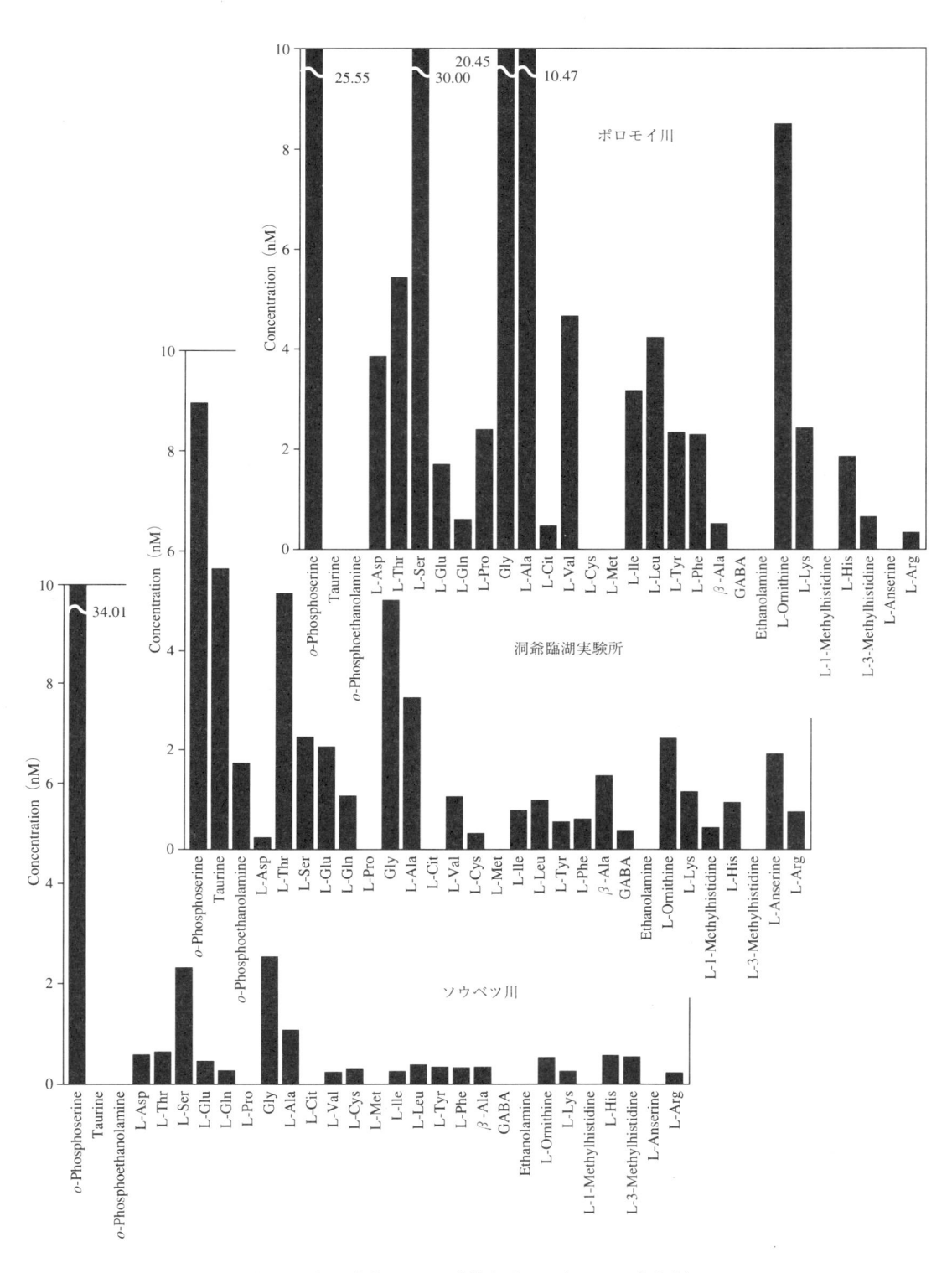

図6-1 河川水中のアミノ酸濃度（Shojiら，2000を改変）

ることから，河川水中のアミノ酸は河川および河川周辺の動植物由来であると考えられた．

次に，代表的な15種類の胆汁酸について分析を行った．その結果，最大で7種（タウロコール酸，タウロケノデオキシコール酸，タウロウルソデオキシコール酸，グリココール酸，グリコデオキシコール酸，グリコケノデオキシコール酸，グリコウルソデオキシコール酸）の胆汁酸が検出されたが，総じて種類，含量ともに少なかった．すなわち，ポロモイ川には7種（total 5.11 nM），臨湖実験所飼育水には2種（total 4.54 nM），ソウベツ川には1種（0.296 nM,）の胆汁酸が含まれていた（表6-1）．これらの河川の他に，石狩川水系の豊平川，千歳川および漁川についても調べたところ，豊平川では1種（0.513 nM），他の2河川では検出限界以下であった．これらの結果は，おそらく河川水中の胆汁酸のほとんどは魚由来であり，魚の生息密度が高く河口あるいは合流点までの距離が短い小河川は複数の胆汁酸を含むが，ある程度河川の規模が大きくなるとその濃度はきわめて低く，分解が進むことから種類もごく限られることを示している．

表6-1　河川水中の胆汁酸濃度（Shoji ら，2000 を改変）（pmol / l）

	ポロモイ川	ソウベツ川	臨湖実験所
Glycoursodeoxycholic acid	240	—	—
Tauroursodeoxycholic acid	3570	—	—
Ursodeoxycholic acid	—	—	—
Glycocholic acid	184	—	—
Taurocholic acid	429	296	3580
Cholic acid	—	—	—
Glycochenodeoxycholic acid	257	—	—
Taurochenodeoxycholic acid	247	—	958
Glycodeoxycholic acid	178	—	—
Taurodeoxycholic acid	—	—	—
Chenodeoxycholic acid	—	—	—
Deoxycholic acid	—	—	—
Glycolithocholic acid	—	—	—
Taurolithocholic acid	—	—	—
Lithochenocholic acid	—	—	—

—, not detectable

以上の分析結果と主要陽イオンの分析結果に基づいて洞爺湖の3河川の人工河川水を調製し，それらに対するサクラマス嗅神経応答を測定した．その結果，アミノ酸と無機塩のみで再構成した各人工河川水は，自然水の場合（図6-2）とほぼ同じ大きさの応答を発現した（図6-3）．しかし，胆汁酸と無機塩のみの人工河川水は，全く応答しないか，ごく小さな応答しか発現しなかった．これらの結果は，サクラマスにとって母川識別に役立っている匂い成分は胆汁酸ではなくアミノ酸である可能性が高いことを示している．

しかし，単独では母川物質とし働かないと思われる胆汁酸も，ごく近距離から流れてくる同種の魚から出る匂いとしては働いている可能性がある．例えば，同じ系群の魚で群を形成しようとするときの個体識別には胆汁酸がフェロモンの役割を担っている可能性はあると思われる（Li ら，1995）．

3-4　母川物質の刷り込みの機構

前述したように，母川物質の記憶は降海回遊をひかえて銀化変態する時期に形成されると考えられている．また，母川回帰の時期は産卵のための性成熟と同期している．両時期とも内分泌系の変化が

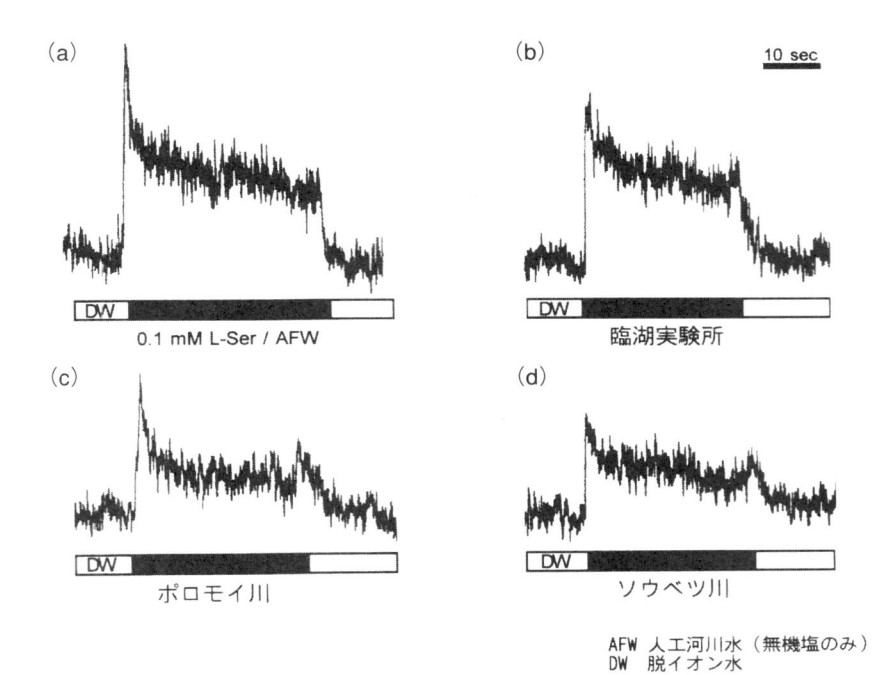

図6-2 サクラマス嗅覚器の河川水に対する応答（Shojiら，2000を改変）
嗅神経束から記録した河川水応答の積分パターン．(a) 0.1 mM L-Serに対する応答．
(b-d) 各自然河川水に対する応答．

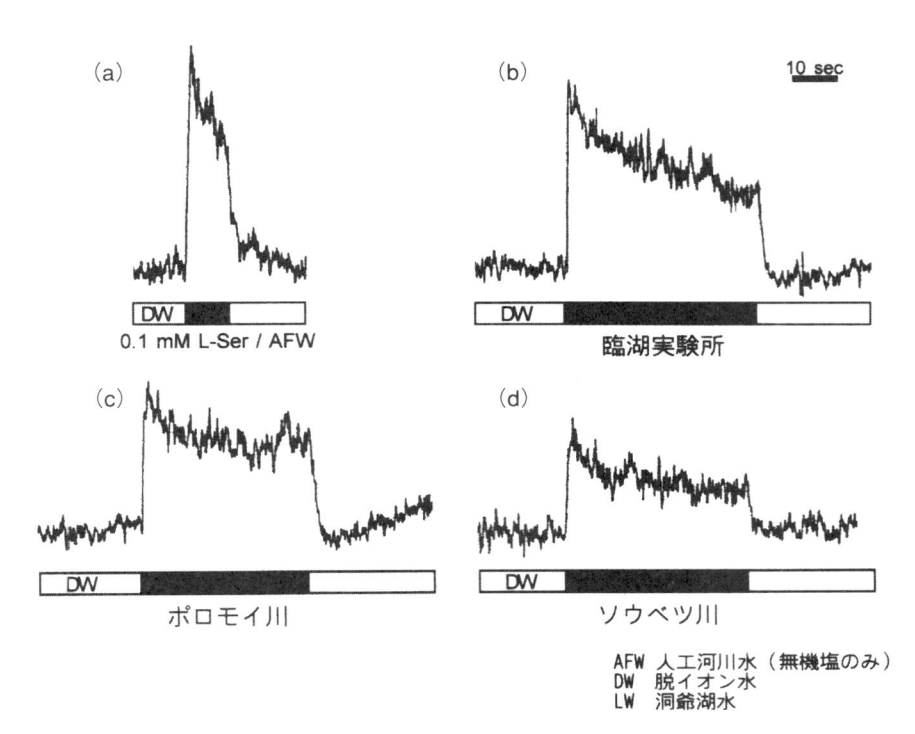

AFW 人工河川水（無機塩のみ）
DW 脱イオン水

図6-3 サクラマス嗅覚器の人工河川水に対する応答（Shojiら，2000を改変）
嗅神経束から記録した河川水応答の積分パターン．(a) 0.1 mM L-Serに対する応答．(b-d) アミノ酸と無機塩のみを含む人工河川水に対する応答

AFW 人工河川水（無機塩のみ）
DW 脱イオン水
LW 洞爺湖水

激しく起こり浸透圧調節機能の変化や生殖腺の成熟が進む（Hasler and Scholz, 1983；山内・高橋，1987；Ueda and Yamauchi, 1995）．そこで，これらの時期に起こる嗅覚系の変化について調べ，母川物質の刷り込みの機構を解明しようとする試みが行われている．

Morin and Døving (1992) はタイセイヨウサケの嗅球誘起脳波を測定し，銀化変態時およびその直後に匂いに対する感度が上昇すると報告している．一方，Morinら（1995）は，銀化変態時にサージが起こることがわかっている甲状腺ホルモンをタイセイヨウサケに人為的に投与すると，嗅球の匂い応答が減少すると報告している．このとき，EOGの大きさには変化は見られなかった．

母川回帰時における嗅覚応答の変化については，人為的な匂い（morpholin）を刷り込まれたギンザケは母川回帰時のmorpholin嗅球応答が他の時期よりも増大しているという報告がある（Hasler and Scholz, 1983）．また，Nevittら（1994）の実験では，phenethyl alcohol（PEA）を匂い刺激として人工的に刷り込まれたギンザケの嗅細胞は，成熟後，刷り込まれていない魚よりもPEAに対する感度が上がっていた．さらにPEAは，他の匂い物質のように嗅細胞のアデニル酸シクラーゼ活性を上昇させるのではなく，グアニル酸シクラーゼ活性を上昇させることもわかった（Dittmanら，1997）しかも，このPEAによるグアニル酸シクラーゼ活性の上昇は，ちょうど母川回帰時に同期して起こり，PEAを刷り込まれていない魚よりもPEA記憶が形成されていると考えられる魚の方が明らかに顕著であった．

サケ科魚類の嗅覚組織に特異的に存在するタンパク質を検索することにより刷り込み機構を明らかにしようとする試みも行われている．Shimizuら（1993）は，ヒメマス嗅神経にのみ特異的に存在する24 Kdaのタンパク質（N24）を見出した．免疫細胞化学的解析の結果，N24は嗅細胞で産生され嗅球の糸球体層までは局在するが，僧帽細胞には存在しないことがわかった（Kudoら，1996）．さらに，N24はグルタチオンS-トランスフェラーゼclass Piと相同性が高いこともわかっている（Kudoら，1999）．このN24は，回遊するワカサギ，ウナギ，チョウザメ，ウミガメの嗅覚器には存在するが，回遊しないコイ，ティラピアには存在しなかった（Uedaら，1994；上田ら，1996）．

以上の現象は，刷り込みの形成に伴う生理的変化が高次の中枢神経系のみで起こる現象ではなく嗅神経，あるいは嗅球レベルでも起こっていることを示すものである．この点は，匂いの刷り込みがアヒルやガンの雛で起こる視覚情報の刷り込みとは異なっているといえるかもしれない．

文献

Bodznick, D. (1975): The relationship of olfactory EEG evoked by naturally-occurring stream waters to the homing behavior of sockeye salmon (*Oncorhynchus nerka*, Walbaum). *Comp. Biochem. Physiol.*, 52A, 487-495.

Bodznick, D. (1978): Characterization of olfactory bulb unit of sockeye salmon with behaviorally relevant stimuli. *J. Comp. Physiol.* 127, 147-155.

Bodznick, D. (1978): Calcium ion: An odorant for natural water discriminations and the migratory behavior of sockeye salmon. *J. Comp. Physiol.*, 127, 157-166.

Buck, L. and Axel, R. (1991): A novel multigene family may encode odorant receptors: a molecular basis for odor recognition. *Cell*, 65, 175-187.

Cao, Y. X., Oh BC. and Stryer, L. (1998): Cloning and localization of two multigene receptor family in goldfish olfactory epithelium. *Proc. Natl. Acad. Sci.*, 95, 11987-11992.

Cooper, J. C., Lee, G. F. and Dizon, AE. (1974): An evaluation of the use of the EEG technique to determine chemical constituents in homestream water. *Wisc. Acad. Sci., Arts Lett.*, 62, 165-172.

Cooper, J. C. and Hirsch, P. J. (1982): The role of chemoreception in salmonid homing. In Chemoreception in Fishes (Hara TJ ed.), Elsevier, Amsterdam, pp. 343-362.

Dittman, A. W., Quinn, T. P. and Nevitt, G. A. (1996): Timing of imprinting to natural and artificial odors by coho salmon (*Oncorhynchus kisutch*). *Can. J. Fish. Aquat. Sci.*, 53, 434-442.

Dittman, A. H., Quinn, TP., Nevitt, G. A., Hacker B and Storm. DR. (1997): Sensitization of olfactory guanylyl cyclase to a specific imprinted odorant in coho salmon. *Neuron*, 19, 381-389.

Dizon, A, E., Horral, R.M. and Hasler, AD. (1973): Olfactory electroencephalographic responses of homing coho salmon, *Oncorhynchus kisutch*, to water conditioned by conspecifics. *Fish. Bull., Washington*, 71, 893-896.

Døving, K. B., Nordeng, H. and Oakley, B. (1974): Single unit discrimination of fish odours released by char (*Salmo alpinus* L.) populations. *Comp. Biochem. Physiol.*, 47A, 1051-1063.

Døving, K.B., Selset, R. and Thommesen, G. (1980): Olfactory sensitivity to bile acids in salmonid fi]shes. *Acta Physiol. Scad.*, 108, 123-131.

Erickson, J. R. and Caprio, J. (1984): The spatial distribution of ciliated and microvillous olfactory receptor neurons in the channel catfish is not matched by a differential specificity to amino acid and bile salt stimuli. *Chemical Senses* 9, 127-141.

Hansen, A. and Zeiske, E. (1998): The peripheral olfactory organ of zebrafish, Danio rerio: an ultrastructural study. *Chemical Senses* 23, 39-48.

Hansen, A. and Finger, T. E. (2000): Phyletic distribution of crypt-type olfactory receptor neurons in fishes. *Brain Behav. Evol.* 55, 100-110.

Hara, T. J., Ueda, K. and Gorbman, A. (1965): A Electroencephalographic studies of homing salmon. *Science*, 149, 884-885.

Hara, T. J. (1970): An electrophysiological basis for olfactory discrimination in homing salmon: A review. *J. Fish. Res. Bd. Can.*, 27, 565-586.

Hara, T. J. ed. (1982): Chemoreception in Fishes, Elsevier, Amsterdam.

Hara, T. J., Macdonald, S., Evans, R. E., Marui, T. and Arai, S. (1984): Morpholine, bile acids and skin mucus as possible chemical cues in salmonid homing: Electrophysiological re-evaluation. In Mechanisms of Migration in Fishes (McCleave JD, Arnold GP, Dodson JJ and Neill WH eds.), Plenum Press, New York, pp. 363-378.

Hara, T. J. (1992): Mechanism of olfaction. In Fish Chemoreception (Hara TJ ed.), Chapman & Hall, London, pp. 150-170.

Hara, T. J. ed. (1992): Fish Chemoreception. Chapman & Hall, London.

Hasler, A. D. and Scholz, A.T. (ed.) (1983): Olfactory imprinting and homing salmon. Springer-Verlag, Berlin.

Hiyama, Y., Taniuchi, T., Sayama, K., Ishioka, K. Sato, R., Kajihara, R. and Maiwa, T. (1967): A preliminary experiment on the return of tagged chum salmon to the Otsuchi River, Japan. *Bull. Jpn. Soc. Sci. Fish.*, 33, 18-19.

Holland, K. N. and Teeter, J. H. (1981): Behavioral and cardiac reflex assays of the chemosensory acuity of channel catfish to amino acids. *Physiol. Behav.* 27, 699-707.

Huque, T. and Bruch, R. C. (1986): Odorant-and guanine nucleotide-stimulated phosphoinositide turnover in olfactory cilia. *Biochem. Biophys. Res. Commun.*, 137, 36-42.

板沢靖男,羽生 功編(1991):魚類生理学,恒星社厚生閣,東京,pp.609.

Kaji, S., Satou, M., Kudo, Y., Ueda, K. and Gorbman, A. (1975): A Spectral analysis of olfactory responses of adult spawning chum salmon (*Oncorhynchus keta*) to stream water. *Comp. Biochem. Physiol.*, 51A, 711-716.

Kang, J. and Caprio, J. (1995): In vivo responses of single olfactory receptor neurons in the channel catfish, Ictalurus punctatus. *J. Neurophysiol.*, 73, 172-177.

Kashiwayanagi, M. and Shoji, T. (1988): Large olfactory responses of the carp after complete removal of olfactory cilia. *Biochem. Biophys. Res. Commun.* 154, 437-442.

小林 博・郷 保正(1991):嗅覚.魚類生理学(板沢靖男,羽生 功編),恒星社厚生閣,東京,pp.471-487.

Kudo, H., Ueda, H. and Yamauchi, K. (1996): Immunocytochemical investigation of a salmonid olfactory system-specific protein in the kokanee salmon (*Oncorhynchus nerka*). *Zool. Sci.*, 13, 647-653.

Kudo, H., Ueda, H., Mochida, K., Adachi, S., Hara, A., Nagasawa, H., Doi Y., Fujimoto, S. and Yamauchi, K. (1999): Salmonid olfactory system-specific protein (N24) exhibits glutathion S-transferase class Pi-like structure. *J. Neurochem.*, 72, 1344-1352.

Li, W., Sorensen, P. W. and Gallaher, D. (1995): The olfactory system of migratory adult sea lamprey (*Petromyzon marinus*) is specifically and acutely sensitive to unique bile acids released by conspecific larvae. *J. Gen. Physiol.*, 105, 569-587.

Miche, W. C., Steullet, P., Cate, H. S., Burns, C.J., Zhainazarov, and Derby, C. D. (1999): High-resolution functional labeling of vertebrate and invertebrate olfactory receptor neurons using agmatine, a channel-permeant cation. *J. Neurosci. Methods* 90, 143-156.

Morin, P. P. and Døving, K. B. (1992): Changes in the olfactory function of Atlantic salmon, Salmo salar, in the course of smoltification. *Can. J. Fish. Aquat. Sci.*, 49, 1704-1713

Morin, P. P., Hara, T. J. and Eales, J. G. (1995): T4 depresses olfactory responses to L-alanine and plasma T3 and T3 production in smoltifying Atlantic salmon. *Amer. J. Physiol.*, 269, R1434-R1440.

Morita, Y. and Finger, T. E. (1996): Olfactory receptor cell morphology correlates with site of axon termination in the olfactory bulb. *Soc. NeuroSci. Abst.*, 22, 1072.

Nevitt, G. A., Dittman, A.H., Quinn, T.P. and Moody, W.J. Jr. (1994): Evidence for a peripheral olfactory memory in imprinted salmon. *Proc. Natl. Acad. Sci. USA*, 91, 4288-

4292.

Ngai, J., Chess, A., Dowing, M.M., Necles, N., Macagno, R., and Axel, R. (1993): Coding of olfactory information : topography of odorant receptor expression in the catfish olfactory epithelium. *Cell*, 72, 667-680.

Ngai, J., Dowing, M. M., Buck, L., Axel, R. and Chess, A. (1993): The family of genes encoding odorant receptors in the channel catfish. *Cell*, 72, 657-666.

日本水産学会編 (1981): 魚類の化学感覚と摂餌刺激物質, 恒星社厚生閣, 東京. p.128.

Nikonov, A. A., Ilyin, Y. N., Zherelova, O. M. and Fesenko, E. E. (1990): Odour threshholds of the black sea skate (*Raja clavata*). Electrophysiological study. *Comp. Biochem. Physiol.* A95, 325-328.

Nordeng, H. (1971): Is the local orientation of anadromous fishes determined by pheromones? *Nature, Lond.* 233, 411-413.

Northcote, T. G. (1984): Mechanisms of migration in rivers. In Mechanisms of Migration in Fishes (McCleave JD, Arnold GP, Dodson JJ and Neill WH eds.), Plenum Press, New York, pp.317-358.

Oshima, K., Hahn, W. E. and Gorbman, A. (1969): A Olfactory discrimination of natural waters by salmon. *J. Fish. Res. Bd. Can.*, 26, 2111-2121.

大島 清 (1970): シロサケ母川回帰の研究. 1969年度日米科学協力研究中間報告書, 46-49.

Ressler, K. J., Sullivan, S. L. and Buck, L. (1993): A zonal organization of odorant receptor gene expression in the olfactory epithelium. *Cell*, 73, 597-609.

Sato, K. and Suzuki, N. (2000): The contribution of a Ca^{2+}-activated Cl^- conductance to amino-acid-induced inward current response of ciliated olfactory neurons of the rainbow trout. *J. Exp. Biol.*, 203, 253-262.

Sato, K. and Suzuki, N. (2001): Whole-cell response characteristics of ciliated and microvillous olfactory receptor neurons to amino acids, pheromone candidates and urine in the rainbow trout. *J. Exp. Biol.* (In press).

Shimizu, M., Kudo, H., Ueda, H., Hara, A., Shimazaki, K. and Yamauchi, K. (1993): Identification and immunological profiles of an olfactory system-specific protein in kokkanee salmon (*Oncorhynchus nerka*). *Zool. Sci.*, 10, 287-294.

Shoji, T., Fujita, K., Ban, M., Hiroi, O., Ueda, H. and Kurihara, K. (1994): Olfactory responses of chum salmon to amino acids are independent of large difference in salt concentrations between fresh and sea water. *Chemical Senses* 19, 609-615.

Shoji, T., Fujita, K., Furihata, E. and Kurihara, K. (1996): Olfactory responses of a euryhaline fish, the rainbow trout : adaptation of olfactory receptors to sea water and salt-dependence of their responses to amino acids. *J. Exp. Biol.*, 199, 303-310.

庄司隆行 (1999): 魚類化学感覚器のアミノ酸に対する応答. 日本味と匂学会誌, 6, 169-178.

Shoji, T., Ueda, H., Ohgami, T., Sakamoto, T., Katsuragi, Y., Yamauchi, K. and Kurihara, K. (2000): Amino acids Dissolved in stream water as possible homestream odorants for masu Salmon. *Chemical Senses*, 25, 533-540.

Sorensen, P. W. (1992): Hormones, pheromones and chemoreception. In Fish Chemoreception (Hara TJ ed.), Chapman & Hall, London, pp.199-228.

Speca, D., Lin, D.M., Sorensen, P.W., Isacoff, E.Y., Ngai, J. and Dittman, H. (1999): Functional identification of goldfish odorant receptor. *Neuron*, 23, 487-498.

Stabell, O. B. (1984): Homing and olfaction in salmonids : A critical review with special reference to the Atlantic salmon. *Biol. Rev.*, 59, 333-388.

Stabell, O. B. (1992): Olfactory control of homing behaviour in salmonids. In Fish Chemoreception (Hara TJ ed.), Chapman & Hall, London, pp. 249-270.

Sutterlin, A. M. and Sutterlin, N. (1971): Electrical responses of the olfactory epithelium of Atlantic salmon (*Salmo salar*). *J. Fish. Res. Board Can.* 28, 565-572.

Suzuki, N. and Tucker, D. (1971): Amino acids as olfactory stimuli in fresh water catfish, *Ictalurus catus* (Linn.). *Comp. Biochem. Physiol.* A40, 399-404.

Suzuki, N. (1978): Effects of different ionic environments on the responses of single olfactory receptors in the lamprey. *Comp. Biochem. Physiol.*, 61A, 416-467.

鈴木教世 (1995): 脊椎動物の嗅覚トランスダクション－最近の研究展望. 日本味と匂学会誌, 2, 5-17.

Thommesen, G. (1983): Morphology, distribution, and specificity of olfactory receptor cells in salmonid fishes. *Acta Physiol. Scand.* 117, 241-249.

Ueda, H., Shimizu, M., Kudo, H., Hara, A., Hiroi, O., Kaeriyama, M., Tanaka, H., Kawamura, H. and Yamauchi, K. (1994): Species-specificity of an olfactory system-specific protein in various species of teleosts. *Fish. Sci.*, 60, 239-240.

Ueda, H. and Yamauchi, K. (1995): Biochemistry of fish migration. In Biochemistry and Molecular Biology of Fishes. (Hochachka PW and Mommsen TP eds.), Elsevier Science BV. Amsterdam, pp.265-279.

上田 宏, 帰山雅秀, 栗原堅三, 山内晧平 (1996): サケ科魚類の母川回帰機構, 視覚と嗅覚の役割. 日水誌, 62, 138-139.

Ueda, H., Kaeriyama, M., Mukasa, K., Urano, A., Kudo, H., Shoji, T., Tokumitsu, Y., Yamauchi, K. and Kurihara, K. (1998): Lacustrine sockeye salmon return straight to their natal area from open water using both visual and olfactory cues. *Chemical Senses*, 23, 207-212.

Ueda, K., Hara, T. J. and Gorbman, A. (1967): Electroencephalographic studies on olfactory discrimination in adult spawning salmon. *Comp. Biochem. Physol.* 21, 133-143.

Ueda, K., Hara, T. J., Satou, M. and Kaji, S. (1971): Electrophysiological studies of olfactory discrimination of natural waters by himé salmon, a land-locked Pacific salmon, *Oncorhynchus nerka*. *J. Fac. Sci. Univ. Tokyo*, sec. IV, 12, 167-182.

Ueda, K. (1985): An electrophysiological approach to the olfactory recognition of homestream waters in chum salmon. *NOAA Tech. Rep. NMFS*, 27, 97-102.

Wisby, W. J. and Hasler, A. D. (1954): Effect of olfactory occulusion on migrating silver salmon (*Oncorhynchus kisutch*). *J. Fisheries Res. Board. Can.* 11, 472-478.

Wysocki, C. J. and Meredith, M. (1987): The vomeronasal system. In Neurobiology of taste and smell (Finger TE and Silver WL eds.), Elsevier, Amsterdam, pp.125-150.

山森邦夫 (1994): 嗅覚応答, 魚介類の摂餌刺激物質 (原田勝彦編), 恒星社厚生閣, 東京, pp.15-22.

Yamamoto, M. (1982): Comparative morphology of the peripheral olfactory organ in teleosts. In Chemoreception in Fishes (Hara TJ ed.), Elsevier, Amsterdam, pp.39-59.

山内晧平, 高橋裕哉 (1987): 回遊行動とホルモン. 回遊魚の生物学 (森沢正昭, 会田勝美, 平野哲也編), 学会出版センター, pp.157-171.

Zielinski, B. and Hara, T. J. (1988): Morphological and physiological development of olfactory receptor cells in rainbow trout (*Salmo gairdneri*) embryos. *J. Comp. Neurol.* 271, 300-311.

Zippel, H. P., Sorensen, P. W. and Hansen, A. (1997): High correlation between micrivillous olfactory receptor cell abundance and sensitivity to pheromones in olfactory nerve-sectioned goldfish. *J. Comp. Physiol.* A180, 39-52.

7. 魚類松果体の生物時計

飯 郷 雅 之

§1. サーカディアンリズムと生物時計

1-1 生物時計とは？

多くの生物の生理機能は時々刻々と変化し，1日を周期とした日周リズムを示す．これらのリズムはの一見，光・温度など環境の24時間サイクルにより作り出されているように思われるが，時間を知る手がかりのない恒常環境下においても約24時間の周期で継続する．このようなリズムはサーカディアンリズム（circannual rhythm；ラテン語のcirca＝約，dies＝1日に由来する）と呼ばれ，生体内に存在する自律的な計時機構，すなわち生物時計により制御されている（田畑・飯郷，1993）．生物時計は原核生物であるシアノバクテリアから植物，そして我々ヒトを含む動物にいたる，ほとんどすべての生物に備わった最も根元的な生物機能の一つである（Aschoff, 1981；千葉・高橋，1991；Kondo and Ishiura, 1999）．

これまでに明らかにされた生物時計の基本的性質としては以下の項目があげられる（Aschoff, 1981；Takahashiら，1989；千葉・高橋，1991）．

(1) 自律振動性：生物時計は恒常条件下でも自律的に振動し，サーカディアンリズムが自由継続する．
(2) 同調性：光・温度など同調因子の周期的変化に同調する．
(3) 位相反応性：同調因子の短時間刺激により時刻依存的に位相変異を起こす．
(4) 温度補償性：温度が変化してもその周期はほとんど影響を受けない（$Q_{10} = 0.8 \sim 1.2$）．
(5) 遺伝性：生物時計は遺伝子により支配されている．

生物時計は機能的に3つの部分に分けて考えることができる．すなわち，自律的に発振する生物時計自身，生物時計への環境情報入力系，そして生物時計からの時刻情報出力系である（図7-1）．

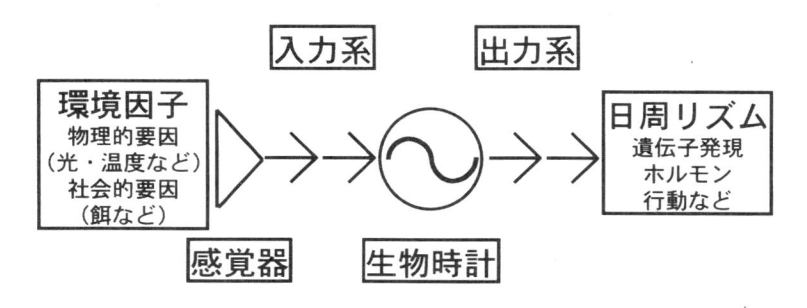

図7-1 生物時計の機能単位．生物時計は機能上，入力系，生物時計，出力系の三つの部分に区分してとらえることができる．

1-2 魚類のサーカディアンリズムと生物時計

脊椎動物の生物時計は視床下部の視交叉上核，松果体，網膜のいずれかに存在することが知られている（Kleinら，1991；Iigoら，1994；Cahill and Besharse，1995；Falcón，1999）．哺乳類においてはサーカディアンリズムを制御する主要な生物時計は視床下部に存在する視交叉上核に存在することが明らかにされ（Kleinら，1991；Yu and Reiter，1993），現在その分子機構が日進月歩の勢いで明らかにされつつある（Dunlap，1999；Lowrey and Takahashi，2000）．一方，魚類の生物時計は松果体，網膜および脳内に存在すると考えられている．遊泳活動，摂餌活動，生殖活動，酸素消費量，ホルモン分泌などさまざまな生理機能にサーカディアンリズムが観察されるが（Thorpe，1978；千葉・高橋，1991），これらのリズムを支配する魚類の生物時計の存在部位は未だ明らかにされておらず，またサーカディアンリズムの発現・制御機構に関する知見は少ない（飯郷，1999a）．

なぜ魚類の生物時計に関する研究は進展が遅かったのであろうか？その理由の一つとしては，長期にわたって安定してリズムを記録することが困難であったことがあげられよう．たとえば魚類の遊泳活動リズムは恒常条件下では7〜10日間で減衰し，リズムが観察されなくなってしまうのである（飯郷，2001）．しかし，最近になって魚類の松果体に生物時計が存在し，メラトニンと呼ばれるホルモンの分泌にサーカディアンリズムが観察されることが明らかになった（Falcónら，1989；Iigoら，1991，1994，1997；Ekström and Meissl，1997；Falcón，1999）．これまでに松果体における生物時計の存在が明らかになった魚種はパイク *Esox lucius*，キンギョ *Carassius auratus* をはじめとして20数種に及ぶ．最近，筆者らはアユ *Plecoglossus altivelis* の培養松果体からのメラトニン分泌リズムが長期間にわたって安定したサーカディアンリズムを示すことを見いだした．本稿ではアユ松果体における生物時計について解析した結果（Iigoら，投稿中）を中心に，魚類松果体の生物時計機構について概説する．

§2. 魚類松果体の生物時計の性質

2-1 培養アユ松果体からのメラトニン分泌サーカディアンリズムの測定

魚類の松果体は，生物時計のみならず，光情報の入力系となる光受容能と出力系であるメラトニン合成系（図7-2）を同一の器官に併せもち，また，長期間の培養可能でメラトニン分泌のサーカディアンリズムを容易に測定できることから，生物時計機構を *in vitro* で解析するのに最適の材料である．松果体の培養には灌流培養装置（Iigoら，1991；図7-3）を用い，個々の松果体からのメラトニン分泌動態を連続的に調べた．

アユ松果体を19日間（明暗条件下で1日培養した後，恒暗条件下で10日間培養し，その後さらに明暗条件下で3日間，恒暗条件下で5日間）培養した際のメラトニン分泌リズムを図7-4に示す．松果体からのメラトニン分泌は，明暗条件下では暗期に亢進，明期に低下する顕著な日周リズムを示した．光条件を恒暗条件に切り換えた後も，主観的暗期（明暗条件下の暗期に相当する時間帯）に亢進，主観的明期（明暗条件下の明期に相当する時間帯）に低下するサーカディアンリズムを10日間にわたって示した．光条件を明暗条件に切り換えるとただちにメラトニン分泌リズムは明暗に同調したが，その後恒暗条件に移すと再びフリーランを始めた．この結果から松果体には生物時計とその同調に必要な光受容器が存在し，メラトニン合成系を生物時計からの出力系として用いていることがわかる．

アユ松果体を明暗条件下で1日培養した後，恒暗条件下で4日間培養した17個のアユ松果体からのメラトニン分泌リズムを重ね合わせて図7-5に示す．トラフからピークへの中間点，およびピークからトラフへの中間点の位相をそれぞれ計算したところ，それらの変動計数は1.2〜3.2%であり，リズムの個体差は非常に小さいことがわかった．恒暗条件下における周期は26.1±0.2時間（平均値±標準誤差）であった．これらの結果から，メラトニン分泌リズムを指標にアユ松果体に存在する生物時計の性質を定量的・定性的に解析することが可能であると結論された．

2-2 光同調

アユ松果体の生物時計が松果体自身に存在する光受容器を用いて24時間周期の明暗サイクルに同調していることを確認するために，1群の松果体を通常の明暗条件で，他の1群を逆転した明暗条件で培養開始時より2日間培養した後，恒暗条件に移し，メラトニン分泌リズムを測定した（図7-6）．その結果，アユ松果体は *in vitro* で与えられた光周期に同調し，明暗条件下での両者の位相は逆転した．この位相関係は恒暗条件に移行した後も維持されたことから，アユ松果体の生物時計は松果体自身に存在する光受容器を用いて環境の明暗周期に同調していることが確認された．

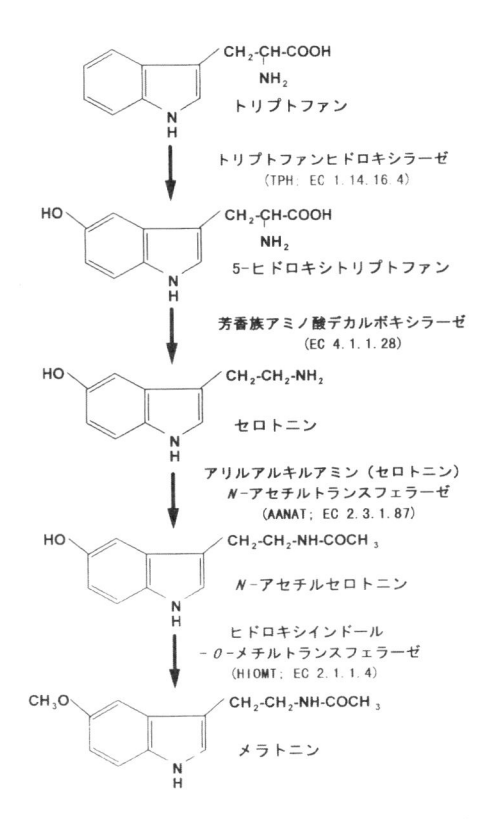

図7-2 メラトニン合成系．メラトニンはトリプトファンから4段階の酵素反応で生合成される．メラトニンの日周リズムはアリルアルキルアミン N-アセチルトランスフェラーゼの活性により調節されていると考えられている．

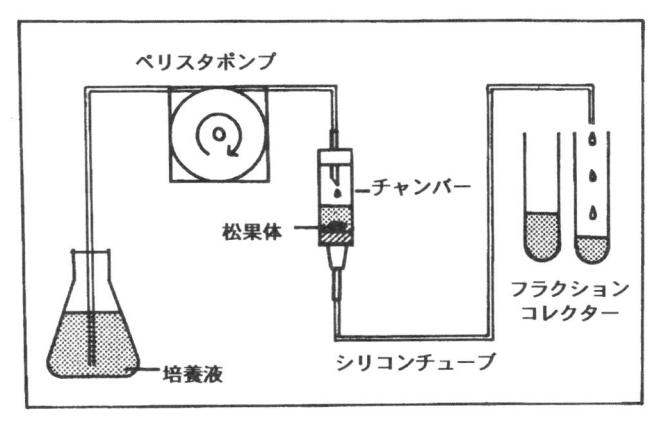

図7-3 松果体灌流培養系．培養チャンバーに収容した個々の松果体にペリスタポンプで培養液を連続的に灌流し，フラクションコレクターで自動的に2〜4時間毎に分取した．培養液中のメラトニン含量はラジオイムノアッセイにより測定した．

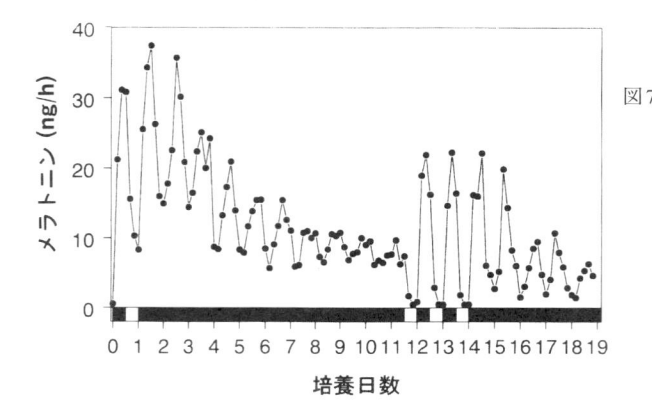

図7-4 19日間培養したアユ松果体からのメラトニン分泌リズム．アユ松果体を様々な光条件下（明暗条件1日，恒暗条件10日，明暗条件3日，恒暗条件5日），20℃で灌流培養した．メラトニン分泌量（縦軸）を培養液の分取終了時刻（横軸）にプロットした．横軸の白バーは明期を，黒バーは暗期を示す．アユ松果体からのメラトニン分泌は明暗条件下では暗期に高く明期に低い日周リズムを，恒暗条件下では主観的暗期（明暗条件下の暗期に相当する時間帯）に高く主観的明期（明期に相当する時間帯）に低いサーカディアンリズムを示した．

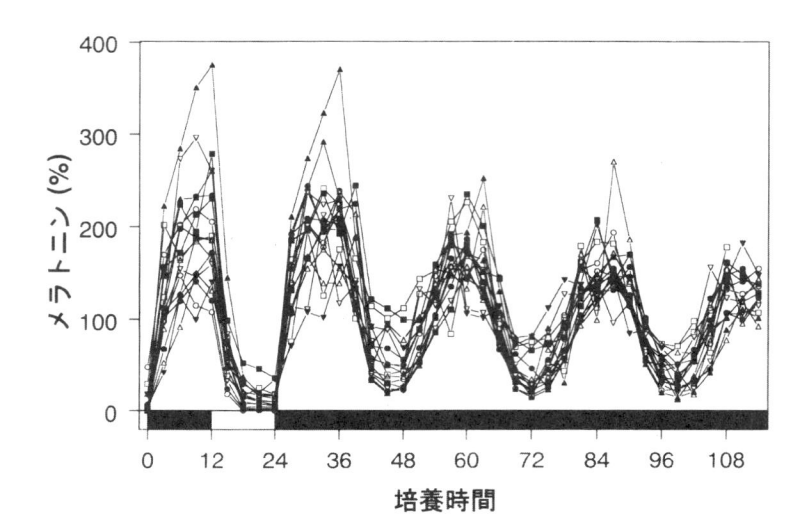

図7-5 培養アユ松果体からのメラトニン分泌リズム．アユ松果体を明暗条件下で1日，続いて恒暗条件下で4日間培養した．リズムの安定性を示すため17個のアユ松果体のデータを重ね合わせて示した．縦軸のメラトニン分泌量は実験期間全体の平均メラトニン分泌量を100%として標準化した．リズムの個体差は非常に小さいことが判明した．恒暗条件下における周期は26.1±0.2時間（平均値±標準誤差）であった．

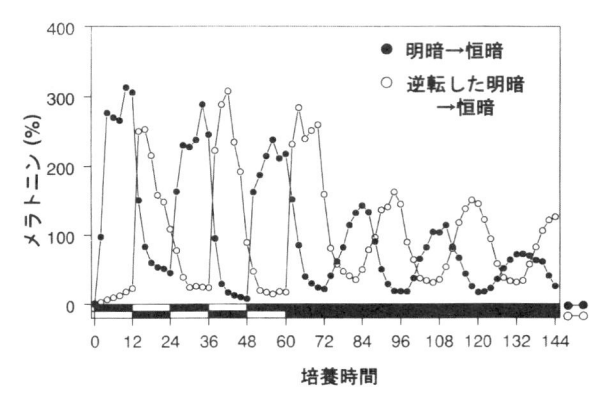

図7-6 培養アユ松果体からのメラトニン分泌リズムの光同調．培養開始時より明暗条件下，および逆転した明暗条件下で2日間培養した後，恒暗条件下で4日間培養した．明暗条件下では直ちに与えられた光周期にメラトニン分泌リズムは同調し約12時間異なる位相のリズムを示した．この位相関係は恒暗条件に移行した後も持続したことから，アユ松果体の生物時計が *in vitro* で光同調したことがわかる．

恒暗条件下で短時間の光パルスを与えると，照射時刻に依存的に生物時計の位相変異が起こることが多くの生物で知られている．しかしながら，魚類の生物時計が光パルスにより位相変異を起こすかどうかについては安定したリズムが記録できないため検討されていなかった．そこで，恒暗条件下で培養したアユ松果体に様々な時間帯に6時間の光パルスを与えて，生物時計の位相変異を測定した．その結果，主観的暗期後半の光パルスは生物時計の位相前進を，主観的暗期前半の光パルスは位相後退を惹起したが，主観的明期の光パルスは効果がなかった（図7-7）．位相変位量を光パルスを与えた時刻に対してプロットし，位相反応曲線としてこれらの結果をまとめたところ，この位相反応曲線は多くの生物で報告されている位相反応曲線と同様の典型的な光パルス型位相反応曲線であることが判明した（図7-8）．よって，アユ松果体の生物時計は他の生物の生物時計と同一の機構で光同調を行っていると考えられた．アユ松果体の生物時計の光パルスに対する位相反応曲線で興味深いのは，位相前進が位相後退に比べて大きくなっている点である．これはアユ松果体の生物時計の周期が24時間より長いため，通常の明暗条件下では日の出を合図として24時間周期に同調していることと関連があると思われる．

2-3　温度補償性

　変温動物である魚類にとって温度は最も重要な環境要因の一つである．これまでに松果体からのメラトニン分泌や血中メラトニン濃度の日周リズムに及ぼす温度の影響が検討されてきたが（Bollietら，1994；Iigo and Aida, 1995），生物時計の最も基本的な性質の一つである周期の温度補償性については検討されていなかった．そこで，アユ松果体を様々な温度で培養し，生物時計の温度補償性について検討した．アユ松果体を明暗条件下20℃で2日間培養した後，温度のみを5，10，15，20，25，または30℃に切り換え

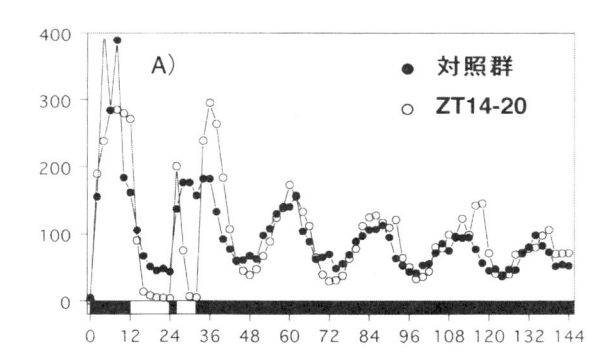

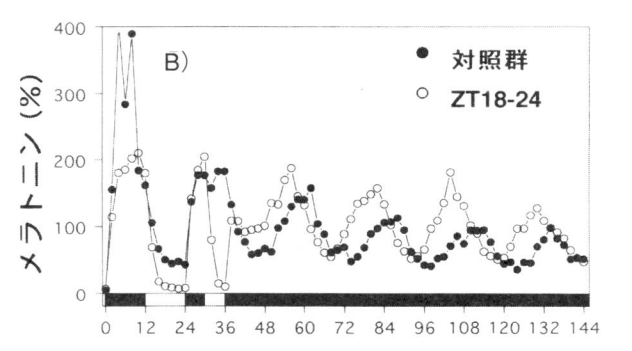

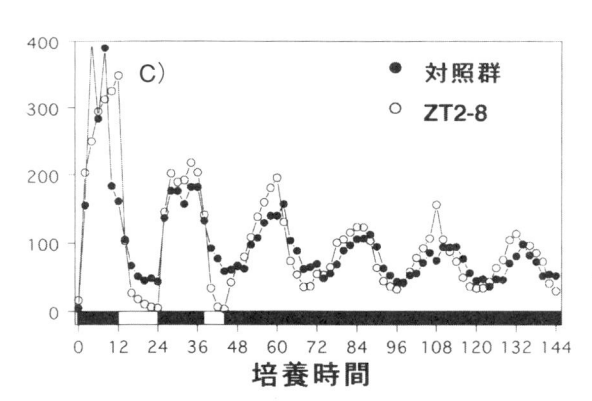

図7-7　培養アユ松果体からのメラトニン分泌サーカディアンリズムの光パルスによる位相変異．6時間の光パルスを，(A) 主観的暗期前半 (ZT14-20)，(B) 主観的暗期後半 (ZT18-24)，C) 主観的明期 (ZT2-8) に与え，メラトニン分泌サーカディアンリズムの位相変位を調べた．(A) では位相の後退が，(B) では位相の前進が起こったが，(C) では位相変位は観察されなかった．ZT0＝明暗条件下での明期開始時刻．ZT12＝明暗条件下での暗期開始時刻．

て2日間培養し，さらにその後，恒暗条件に切り換えて4日間培養した（図7-9）．その結果，明暗条件下におけるメラトニン分泌は温度にかかわらず日周リズムを示したが，メラトニン分泌量は温度の影響を強く受け，温度依存的にメラトニン分泌量が増加することが判明した（$Q_{10}=1.92$；図7-10A）．一方，恒暗条件下におけるメラトニン分泌は10～30℃の広い温度域でサーカディアンリズムを示したが，5℃では消失した．10～30℃における周波数（周期の逆数）のQ_{10}は1.06と算出され，温度補償性が成立していることが判明した（図7-10B）．

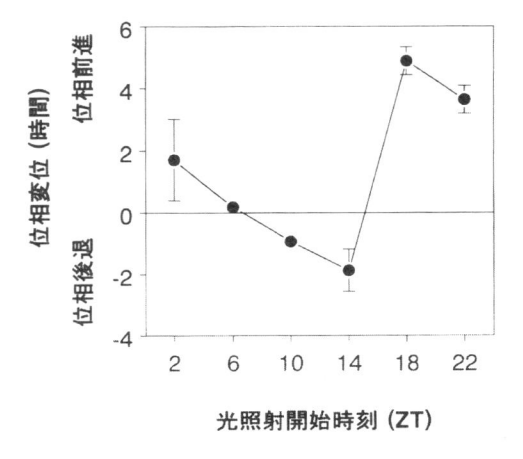

図7-8 培養アユ松果体からのメラトニン分泌サーカディアンリズムの6時間の光パルスに対する位相反応曲線．位相変位量（縦軸）を光パルスの開始時刻（横軸）に対してプロットした．主観的暗期前半の光パルスは位相後退を，主観的暗期後半の光パルスは位相前進を惹起したが，主観的明期の光パルスは効果がなかった．この位相反応曲線は多くの生物で報告されている位相反応曲線と同様の典型的な光パルス型位相反応曲線である．

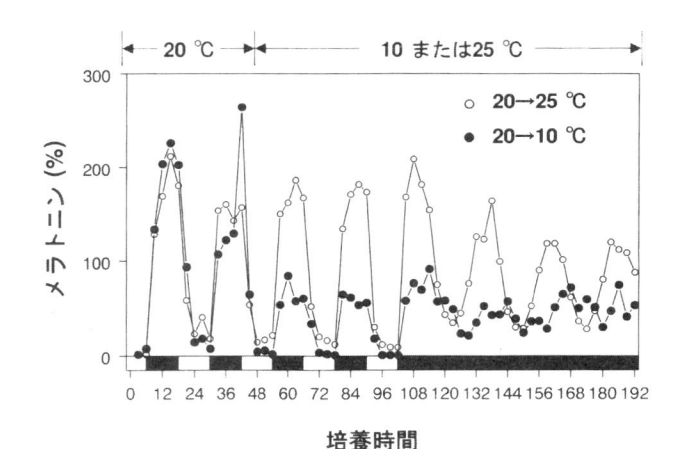

図7-9 培養アユ松果体からのメラトニン分泌サーカディアンリズムにおよぼす温度の影響．アユ松果体を明暗条件下20℃で2日間培養した後，温度のみを5，10，15，20，25，または30℃に切り換えて2日間培養し，さらにその後恒暗条件に切り換えて4日間培養した．データは培養開始後2日間の平均メラトニン分泌量を100％として標準化した．図には10℃群と25℃群のみを示した．10℃群よりも25℃群の方がメラトニン分泌量が多いこと，また，10℃群の恒暗条件下でのサーカディアンリズムの位相が25℃群よりも後退していることに注意．

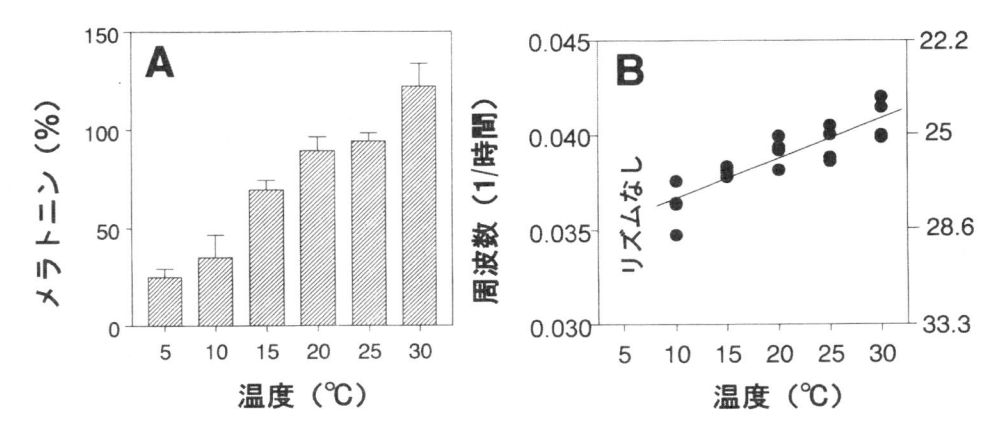

図7-10 培養アユ松果体からの明暗条件下におけるメラトニン分泌量（A）とサーカディアンリズムの周期（B）におよぼす温度の影響．(A) 明暗条件下で温度を変化させた後の平均メラトニン分泌量を温度に対してプロットした．温度を変化するとメラトニン分泌量は5〜30℃の範囲では温度依存的に増加し，Q_{10}は1.92と算出された．(B) 恒暗条件下でのサーカディアンリズムの周期と周波数（周期の逆数）を温度に対してプロットした．温度が上昇すると周波数は増加する．周波数のQ_{10}は1.06と算出され，温度の影響を比較的受けにくいこと，すなわち，温度補償性が成立していることが判明した．データは平均値と標準誤差（n=4）．

§3. 魚類松果体の生物時計の機能的解析

3-1 光入力系

アユ松果体の生物時計は松果体自身に存在する光受容器を介して明暗サイクルに同調していることが上述の研究結果から明らかになった．アユ松果体に存在するのはいったいどのような光受容体なのであろうか？　魚類の松果体における光受容能の存在は，電気生理学的に古くから証明されており，構造的にも網膜の錐体に似た光受容細胞が存在することが知られていた（田畑・大村，1991）．また，免疫組織化学的にロドプシン様の視物質が光受容細胞外節に存在することも知られている（Vigh and Vigh-Teichmann, 1981）．そこで，ウシロドプシンに対する抗血清を用いて免疫組織化学によりアユ松果体にロドプシン様の視物質が存在するかどうか調べたところ，松果体の内腔に突出した光受容細胞外節にロドプシン様視物質が存在することが明らかになった（図7-11A）．この部分には光シグナ

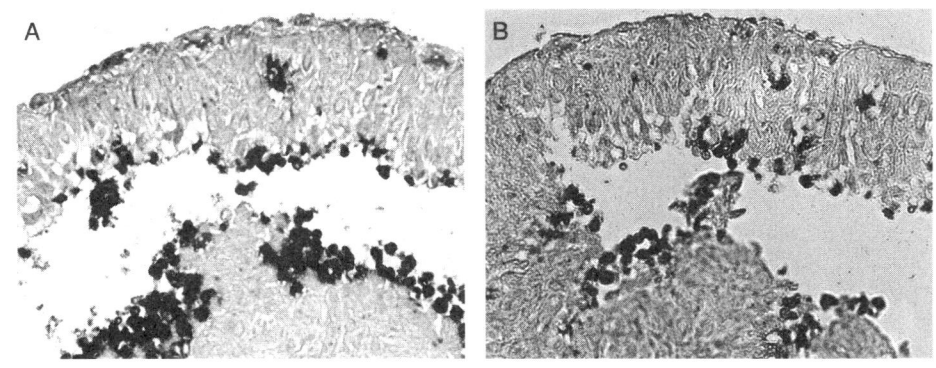

図7-11 アユ松果体における光受容関連タンパク質の局在．(A) 抗ウシロドプシン血清Rh-As（Kawataら，1992），(B) 抗トランスデューシン血清PTXab（Suzukiら，1993）を用いた免疫組織化学により光受容細胞の外節に陽性反応が認められた．

ルトランスダクションに関与するGタンパク質であるトランスデューシン様の免疫陽性反応も確認された（図7-11B）．また，視物質の発色団であるレチナール，デヒドロレチナールの存在も高速液体クロマトグラフィーにより確認された（図7-12）．

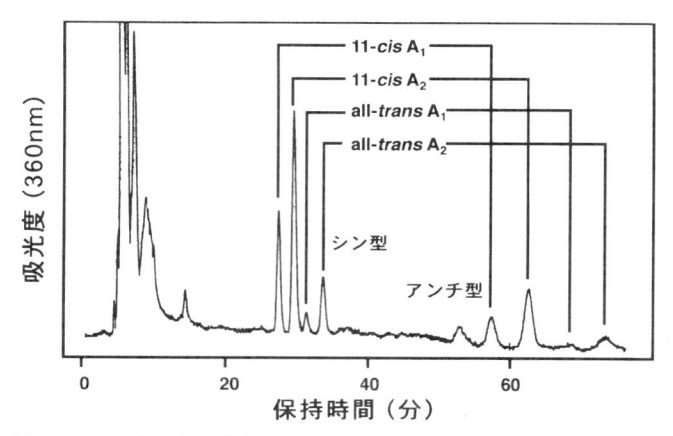

図7-12 アユ松果体に存在する視物質発色団のHPLCによる同定．レチナールオキシム法（Makino-Tasaka and Suzuki, 1986）によりアユ松果体の視物質発色団を同定した．アユ松果体にはレチナール（ビタミンA_1のアルデヒド）および3-デヒドロレチナール（ビタミンA_2のアルデヒド）の両者が存在することが明らかになった．11-$cis A_1$：11-シスレチナールオキシム，11-$cis A_2$：11-シス3-デヒドロレチナールオキシム，all-$trans A_1$：オールトランスレチナールオキシム，all-$trans A_2$：オールトランス3-デヒドロレチナールオキシム．シン型，アンチ型は幾何異性体である．

続いて，ロドプシン様の光受容体がメラトニン分泌リズムに関与していることを生理学的に証明するために，培養アユ松果体に様々な波長の光（350～650 nm）を同一の光強度（1.25 nmol／m^2s）で照射し，メラトニン分泌の光による抑制の波長特異性を調べた．その結果，525 nmに最も強い抑制が見られた（図7-13）．これらの結果は，ロドプシン様の視物質が松果体に存在し，メラトニン分泌の光抑制に関与していることを示唆している．松果体の光感覚に関する電気生理学的研究の結果では，松果体電位図の光感受性，ならびに神経節細胞の光感受性ともに494～527 nmに極大があることが報告されており（Hanyuら，1978；Tabata, 1982），ロドプシン様の視物質が松果体における主要な視物質であると結論された．

アユ松果体に発現する視物質遺伝子のcDNAクローニングを現在試みているが，アユ松果体における網膜型ロドプシン遺伝子の発現はRT-PCRで検出できなかった（Masudaら，投稿中）．最近，魚類の松

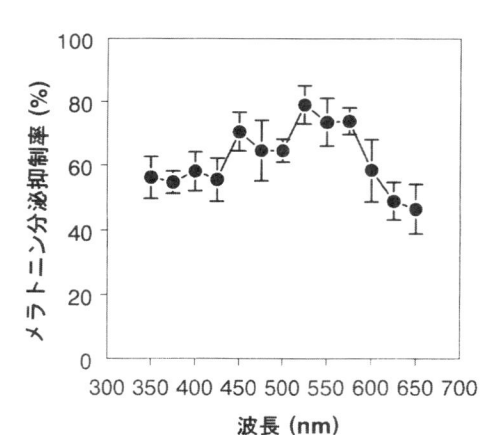

図7-13 アユ松果体からのメラトニン分泌の光による抑制の波長特異性．基礎生物学研究所大型スペクトログラフ室を利用して培養アユ松果体に様々な波長の光（350～650 nm）を同一の光強度（1.25 nmol／m^2s）で暗期開始時刻から4時間照射し，メラトニン分泌の光による抑制の波長特異性を調べた．525 nmに最も強い抑制が見られ，ロドプシン様の視物質が松果体における主要な視物質であると結論された．

果体にはエクソロドプシンと名付けられた松果体特異的なロドプシンが存在することが報告され（Manoら，1999；Philpら，2000），アユ松果体からもエクソロドプシンをコードすると考えられるcDNA断片が増幅された（Masudaら，未発表）．よって，アユ松果体においてもエクソロドプシン遺伝子が発現し，生物時計の光同調に関与している可能性が高いと思われる．

3-2 生物時計の分子機構

魚類松果体の生物時計はどのようなメカニズムで発振しているのであろうか？これまで多くの生物時計の発振にRNAやタンパク質の新規合成が重要であることが阻害剤を用いた実験から明らかにされた（Takahashiら，1989）．そこで恒暗条件下で培養したアユ松果体に転写阻害剤である5,6-dichlorobenzimidazole riboside（DRB），ならびにタンパク質合成阻害剤であるシクロヘキシミドを主観的暗期後半に6時間パルス投与し，メラトニン分泌サーカディアンリズムの位相変位を惹起するかどうか，また，主観的暗期後半の光パルス（5時間）による位相前進を阻害するかどうか調べた（図7-14）．その結果，DRBは効果がなかったが，シクロヘキシミドは有意な位相後退を惹起した．また，光パルスを単独で与えた場合みられる位相前進はシクロヘキシミドにより消失したが，DRBは効果がなかった（Masudaら，投稿中）．これらの結果はタンパク質の新規合成がアユ松果体に存在する生物時計の発振，ならびに光による位相変位に必須であることを示している．現在，DRBとシクロヘキシミドの6時間パルスに対する位相反応曲線を作成しつつあるが，両者ともに時刻依存的に位相変位を惹起することがこれまでに判明した．よって，生物時計の発振には新規の転写も重要であると考えられる（Mizusawaら，投稿中）．

近年の研究により生物時計の発振は時計遺伝子と呼ばれる遺伝子群により支配されていることが明

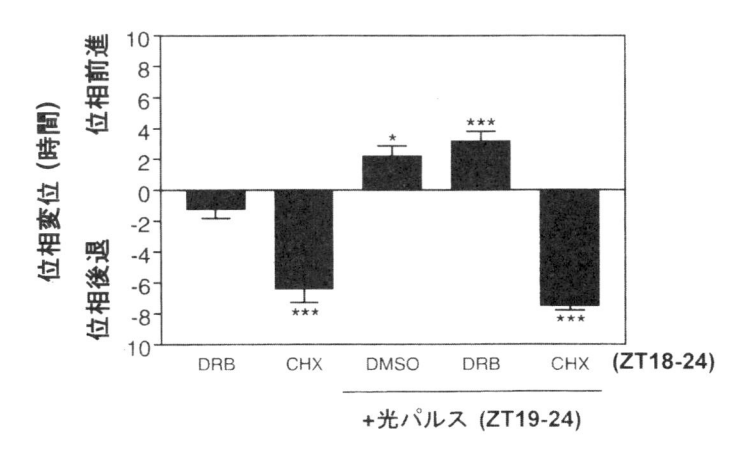

図7-14 培養アユ松果体からのメラトニン分泌サーカディアンリズムにおよぼすRNA合成およびタンパク質合成阻害剤の影響．恒暗条件下で培養したアユ松果体にRNA合成阻害剤である5,6-dichlorobenzimidazole riboside（DRB，$100\,\mu$M），ならびにタンパク質合成阻害剤であるシクロヘキシミド（CHX，$142\,\mu$M）を主観的暗期後半（ZT18-24）にパルス投与し，メラトニン分泌サーカディアンリズムの位相変位を惹起するかどうか，また，主観的暗期後半の光パルス（ZT19-24）による位相前進を阻害するかどうか調べた．DRBは効果がなかったが，シクロヘキシミドは有意な位相後退を惹起した．また，光パルスを単独で与えた場合みられる位相前進はシクロヘキシミドにより消失したが，DRBは効果がなかった．

らかになってきた．ショウジョウバエでは，*Period, Timeless, Clock, Cycle, Cryptochrome, Double time* 遺伝子が，マウスでは *Period1・2・3, Clock, Bmal1・2, Cryptochrome1・2, Casein kinase I ε* 遺伝子が時計遺伝子として同定された（Dunlap, 1999；Lowrey and Takahashi, 2000）．これら時計遺伝子群は転写・翻訳・翻訳後修飾のネガティブフィードバックループとポジティブフィードバックループにより相互作用し，サーカディアンリズムを作り出していると考えられている．最近，魚類においても *Period3, Clock, Bmal1,2, Cryptochrome1a・1b・2a・2b・3・4* 遺伝子がゼブラフィッシュ *Danio rerio* から同定された（Whitmore ら，1998；Cermakian ら，2000；Delaunay ら，2000；Kobayashi ら，2000）．アユ松果体の生物時計の発振に必要な mRNA とタンパク質は時計遺伝子の産物であると予測される．現在，アユの時計遺伝子の cDNA クローニングを試みており，*Period 2・3, Clock, Bmal1* をコードすると考えられる cDNA 断片を得た（Mizusawa ら，未発表）．アユ松果体の生物時計の発振における時計遺伝子群の役割は近い将来明らかになるものと期待される．

3-3 出力系

生物時計からの時刻情報はどのようにして出力系であるメラトニン合成系に伝達されるのであろうか？魚類の松果体からのメラトニン分泌は通常，明暗サイクルと生物時計の双方により制御されているが，サケ科魚類（ニジマス *Oncorhynchus mykiss* およびサクラマス *O. masou*）では生物時計による制御が存在しないことが知られている（Gern ら，1992；Iigo ら，1998；図 7-15）．よって，生物時計によるメラトニン分泌制御が存在する魚種としない魚種の松果体におけるメラトニン合成制御系を比較検討すれば生物時計によるメラトニン合成制御メカニズムが明らかにできるものと期待される．

時計遺伝子群の転写にはサーカディアンリズムが見られるので，生物時計からの出力系も同様に転写レベルで制御されている可能性が高い（Dunlap, 1999；Lowrey and Takahashi, 2000）．そこで

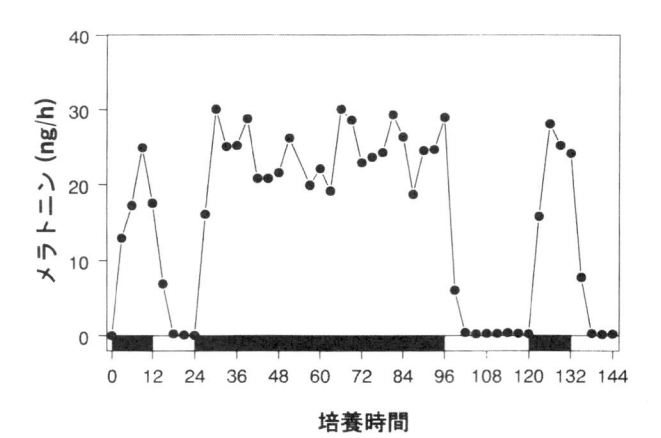

図 7-15 培養ニジマス松果体からのメラトニン分泌リズム．ニジマス松果体を様々な光条件下（明暗条件1日，恒暗条件3日，恒明条件1日，明暗条件1日），15℃で灌流培養した．ニジマス松果体からのメラトニン分泌は明暗条件下では暗期に高く明期に低い日周リズムを示したが，恒暗条件下では常にメラトニン分泌が亢進し，サーカディアンリズムは観察されなかった．恒明条件下ではメラトニン分泌は抑制されたが，明暗条件に戻すと再び暗期にメラトニン分泌量は増加した．すなわち，ニジマス松果体にはメラトニン分泌リズムを制御する生物時計は存在しない．

RNA合成阻害剤であるアクチノマイシンDとタンパク質合成阻害剤であるシクロヘキシミドがアユとニジマスの松果体からの明暗条件下におけるメラトニン分泌リズムに及ぼす影響を検討した（Mizusawaら，2001；図7-16）．その結果，RNA合成が同程度に抑制されていたにもかかわらず，アクチノマイシンDによるメラトニン合成の抑制効果はアユ松果体の方がニジマス松果体よりもが有意に大きかった．一方，シクロヘキシミド処理はアユ・ニジマス両者の松果体からのメラトニン分泌を完全に抑制した．よって，生物時計によるメラトニン合成の制御は主に転写レベルで行われているものと考えられた．また，新規のタンパク質合成がメラトニン合成には必須であることも判明した．

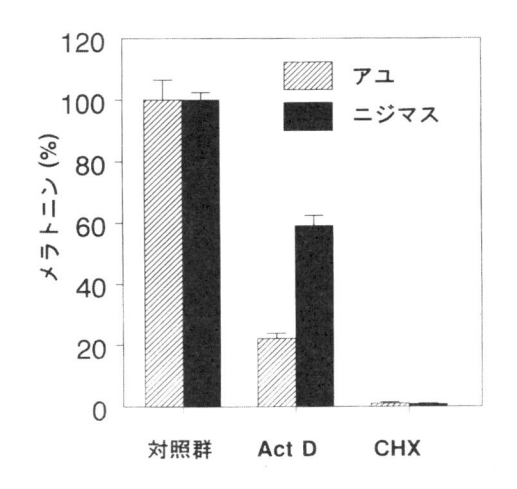

図7-16 培養アユ・ニジマス松果体からの明暗条件下でのメラトニン分泌リズムにおよぼすRNA合成およびタンパク質合成阻害剤の影響．明暗条件下で培養した松果体に暗期開始3時間前からRNA合成阻害剤であるアクチノマイシンD（Act D, $10\mu g/ml$），ならびにタンパク質合成阻害剤であるシクロヘキシミド（CHX, $142\mu M$）を24時間投与した．データは暗期におけるメラトニン分泌量を対照群を100%として示した（平均値＋標準誤差，n=4）．アクチノマイシンDによるメラトニン合成の抑制効果はアユ松果体の方がニジマス松果体よりもが有意に大きかった．また，シクロヘキシミド処理は両種の松果体からのメラトニン分泌を完全に抑制した．

それではメラトニン合成系（図7-2）のどのステップが生物時計により転写制御されているのであろうか？　最も可能性が高いのはメラトニン合成の律速段階であると考えられているアリルアルキルアミン N-アセチルトランスフェラーゼである．最近，この酵素をコードする遺伝子のcDNAクローニングがなされ，遺伝子発現のリズムが詳細に検討された．その結果，生物時計によりメラトニン合成が制御されているパイク，ゼブラフィッシュでは明暗条件下のみならず恒暗条件下でもアリルアルキルアミン N-アセチルトランスフェラーゼmRNAはリズムを示すが，生物時計による制御を欠くニジマスでは恒暗条件下でリズムが見られないことがわかった（Kleinら，1997；Begayら，1998；Mizusawaら，1998，2000；飯郷，1999b）．これらの結果は転写阻害剤を用いたアリルアルキルアミン N-アセチルトランスフェラーゼ活性抑制の実験の結果と一致している（Falcónら，1998）．また，トリプトファンヒドロキシラーゼmRNAもアリルアルキルアミン N-アセチルトランスフェラーゼmRNAとほぼ同じ動態を示すこともわかった（Bégayら，1998）．よって魚類松果体の生物時計からメラトニン合成系への出力はトリプトファンヒドロキシラーゼ，アリルアルキルアミン N-アセチルトランスフェラーゼの転写レベルで行われているものと考えられる．

§4. 今後の展望

我々ヒトを含む生物の生物時計の分子機構に関する研究の進展は著しい．これまでに解析されてきたショウジョウバエやマウスの生物時計機構の分子遺伝学的研究に関するブレークスルーは突然変異体から原因遺伝子を同定するフォーワードジェネティクスによるものであった．そこにヒトゲノム計画に代表されるリバースジェネティクスによる研究が加わり，生物時計の分子機構が完全に明らかに

される日も近いと思われる．本稿において紹介した魚類松果体の生物時計に関する研究は主に生理学的手法を用いて行われたものであるが，魚類の生物時計のメカニズムを明らかにするには分子遺伝学的手法を導入する必要があることを痛切に感じている．そのためには，ゼブラフィッシュやメダカのような小型モデル魚類を用い，系統的に解析していく必要があるだろう．今後さらに魚類の生物時計に関する研究が進展し，環境情報の受容から，生物時計の時刻情報発振，そして個体レベルのサーカディアンリズムに至る一連のネットワークの全貌が明らかにされることを願ってやまない．

謝　辞

本稿に紹介した研究の多くは東京大学大学院農学生命科学研究科・会田勝美教授，同大学院・水澤寛太氏，増田智浩氏，帝京科学大学理工学部・田畑満生教授と共同で行ったものである．深く感謝する．奈良女子大学・大石正教授と兵庫医科大学・鈴木龍男博士には貴重な抗血清を提供していただいた．また，水産庁水産工学研究所の長谷川英一博士には視物質発色団の高速液体クロマトグラフィー分析をお願いした．厚く御礼申し上げる．本研究の一部は文部科学省の科学技術振興調整費（目標達成型脳科学研究推進事業）と科学研究費，ならびに日本学術振興会の科学研究費より行われた．

文　献

Ali, M. A. (1992)：Rhythms in Fishes. NATO ASI Series, Series A, Life Sciences, vol.236, Plenum Press, New York, p.1-348.

Aschoff, J. (1981)：Handbook of Behavioral Neurobiology. 4. Biological Rhythms. Plenum Press, pp. 1-563.

Bégay, V., J. Falcón, G.M. Cahill, D.C. Klein and S.L. Coon (1998)：Transcripts encoding two melatonin synthesis enzymes in the teleost pineal organ : circadian regulation in pike and zebrafish, but not in trout. Endocrinology, 139, 905-912.

Bolliet, V., V. Bégay, J.P. Ravault, M. A. Ali, J. P. Collin and J. Falcón (1994)：Multiple circadian oscillators in the photosensitive pike pineal gland: a study using organ and cell culture. J. Pineal Res., 16, 77-84.

Cahill, G. M. and J. C. Besharse (1995)：Circadian rhythmicity in vertebrate retinas : Regulation by a photoreceptor oscillator. Prog. Retinal Eye Res., 14, 267-291.

Cermakian, N., D. Whitmore, N. S. Foulkes and P. Sassone-Corsi (2000)：Asynchronous oscillations of two zebrafish CLOCK partners reveal differential clock control and function. Proc. Natl. Acad. Sci. USA, 97, 4339-4344.

千葉喜彦・高橋清久(1991)：時間生物学ハンドブック．朝倉書店，pp.1-558.

Delaunay, F., C. Thisse, O. Marchand, V. Laudet and B. Thisse (2000)：An inherited functional circadian clock in zebrafish embryos. Science, 289, 297-300.

Dunlap, J. C. (1999)：Molecular bases for circadian clocks, Cell, 96, 271-290.

Ekström, P. and H. Meissl (1997)：The pineal organ of teleost fishes. Rev. Fish biol. Fishries., 7, 199-284.

Falcón, J. (1999)：Cellular circadian clocks in the pineal. Prog. Neurobiol., 58, 121-162.

Falcón, J., S. Barraud, C. Thibault and V. Bégay (1998)：Inhibition of messenger RNA and protein synthesis affect differently serotonin arylalkylamine N-acetyltransferase activity in clock-controlled and non clock-controlled fish pineal. Brain Res., 797, 109-117.

Falcón, J., J. B. Marmillon, B. Claustrat and J. P. Collin (1989)：Regulation of melatonin secretion in a photoreceptive pineal organ : an in vitro study in the pike. J. Neurosci., 9, 1943-1950.

Gern, W.A., S. S. Greenhouse, J. M. Nervina and P. J. Gasser (1992)：The rainbow trout pineal organ : An endocrine photometer. Rhythms in Fishes (ed. by M.A. Ali), Plenum Press, p.199-218.

Hanyu, I., H. Niwa and T. Tamura (1978)：Salient features in photosensory function of teleostean pineal organ. Comp. Biochem. Physiol., 61A, 49-54.

飯郷雅之(1999a)：魚類の日周リズムの形成機構に関する研究．日水誌，65，617-620.

飯郷雅之(1999b)：メラトニン合成酵素，生物時計の分子生物学（海老原史樹文・深田吉孝編）．シュプリンガーフェアラーク，p.83-95.

飯郷雅之(2001)：摂餌と生物時計，魚類の自発摂餌－その基礎と応用（田畑満生編），恒星社厚生閣，p.70-78.

Iigo, M. and K. Aida (1995)：Effects of season, temperature, and photoperiod on plasma melatonin rhythms in the goldfish, Carassius auratus. J. Pineal Res., 18, 62-68.

Iigo, M., H. Kezuka, K. Aida and I. Hanyu (1991)：Circadian rhythms of melatonin secretion from superfused goldfish

(*Carassius auratus*) pineal glands *in vitro*. *Gen. Comp. Endocrinol.* 83, 152-158.

Iigo, M., H. Kezuka, T. Suzuki, M. Tabata and K. Aida (1994): Melatonin signal transduction in the goldfish, *Carassius auratus*. *Neurosci. Biobehav. Rev.*, 18, 563-569.

Iigo, M., M. Hara, R. Ohtani-Kaneko, K. Hirata, M. Tabata and K. Aida (1997): Photic and circadian regulations of melatonin rhythms in fishes. *Biol. Signals*, 6, 225-232.

Iigo, M., S. Kitamura, K. Ikuta, F. J. Sánchez-Vázquez, R. Ohtani-Kaneko, M. Hara, K. Hirata, M. Tabata and K. Aida (1998): Regulation by light and darkness of melatonin secretion from the superfused masu salmon (*Oncorhynchus masou*) pineal organ. *Biol. Rhythm Res.*, 29, 86-97.

Kawata, A., T. Oishi, Y. Fukada, Y. Shichida and T. Yoshizawa (1992): Photoreceptor cell types in the retina of various vertebrate species: immunocytochemistry with antibodies against rhodopsin and iodopsin. *Photochem. Photobiol.*, 56, 1157-66.

Klein, D. C., S. L.Coon, P. H. Roseboom, J. L. Weller, M. Bernard, J. A. Gastel, M. Zatz, P. M. Iuvone, I. R. Rodriguez, V. Bégay, J. Falcón, G.M. Cahill, V.M. Cassone and R. Baler (1997): The melatonin rhythm-generating enzyme: molecular regulation of serotonin N-acetyltransferase in the pineal gland. *Recent Prog. Horm. Res.*, 52, 307-358.

Kobayashi, Y., T. Ishikawa, J. Hirayama, H. Daiyasu, S. Kanai, H. Toh, I. Fukuda, T. Tsujimura, N. Terada, Y. Kamei, S. Yuba, S. Iwai and T. Todo (2000): Molecular analysis of zebrafish photolyase/cryptochrome family: two types of cryptochromes present in zebrafish. *Genes Cells*, 5, 725-738.

Kondo, T. and M. Ishiura (1999): The circadian clocks of plants and cyanobacteria. *Trends Plant Sci.*, 4, 171-176.

Lowrey, P. L. and J. S. Takahashi (2000): Genetics of the mammalian circadian system: Photic entrainment, circadian pacemaker mechanisms, and posttranslational regulation. *Annu. Rev. Genet.*, 34, 533-562.

Makino-Tasaka, M. and T. Suzuki, (1986): Quantitative analysis of retinal and 3-dehydroretinal by high-pressure liquid chromatography. *Methods Enzymol.*, 123, 53-61.

Mano, H., D. Kojima and Y. Fukada (1999): Exo-rhodopsin: a novel rhodopsin expressed in the zebrafish pineal gland. *Mol. Brain Res.*, 73, 110-8.

Mizusawa, K., M. Iigo, T. Masuda and K. Aida (2000): Light-dark cycle-dependant oscillation of arylalkylamine N-acetyltransferase1 mRNA levels in rainbow trout retina. *Neuroreport*, 16, 3473-3477.

Mizusawa, K., M. Iigo, T. Masuda and K. Aida (2001) Inhibition of RNA synthesis differentially affects *in vitro* melatonin release from the pineal organs of ayu (*Plecoglossus altivelis*) and rainbow trout (*Oncorhynchus mykiss*). *Neurosci. Lett.* 309, 72-76.

Mizusawa, K., M. Iigo, H. Suetake, Y. Yoshiura, K. Gen, K. Kikuchi, T. Okano, Y. Fukada and K. Aida (1998): Molecular cloning and characterization of a cDNA encoding the retinal arylalkylamine N-acetyltransferase of the rainbow trout, *Oncorhynchus mykiss*. *Zool. Sci.*, 15, 345-351.

Philp, A. R., J. Bellingham, J. Garcia-Fernandez and R. G. Foster, (2000): A novel rod-like opsin isolated from the extra-retinal photoreceptors of teleost fish. *FEBS Lett.*, 468, 181-188.

Suzuki, T., K. Narita, K. Yoshihara, K. Nagai and Y. Kito (1993): Immunochemical detection of GTP-binding protein in cephalopod photoreceptors by ani-peptide antibodies. *Zool. Sci.*, 10, 425-430.

Tabata, M. (1982) The electropinealogram (EPG) in teleosts. *Bull. Japan. Soc. Fish. Soc.*, 48, 151-155.

田畑満生・飯郷雅之(1993):サーカディアンリズム.放射線科学, 36, 225-229.

田畑満生・大村百合(1991):松果体と光感覚.魚類生理学(板沢靖男,羽生 功編).恒星社厚生閣, p.443-470.

Thorpe, J. E. (1978): Rhythmic Activity of Fishes. Academic Press, p.1-312.

Vigh, B. and I. Vigh-Teichmann (1981): Light- and electron-microscopic demonstration of immunoreactive opsin in the pinealocytes of various vertebrates. *Cell Tissue Res.*, 221, 451-463.

Whitmore, D., N.S. Foulkes, U. Strahle and P. Sassone-Corsi (1998): Zebrafish *Clock* rhythmic expression reveals independent peripheral circadian oscillators. *Nat. Neurosci.*, 1, 701-707.

Yu, H. S. and R. J. Reiter, (1993): Melatonin. Biosynthesis, Physiological Effects and Cclinical Application. CRC Press, p.1-550.

8. 魚類の網膜における光受容細胞の分化と増殖

大村 百合

はじめに

ほとんどの脊椎動物で，鳥類や哺乳類の一部に生後間もない時期に網膜細胞の増殖がみられるのを除けば，誕生後の眼の成長はひとえに神経性組織の拡張によるものとされる．しかし，魚類では一生にわたって眼は大きくなり，網膜の細胞数は魚の大きさにしたがって増加する（Fernald, 1991）．初期の細胞分裂により網膜組織が十分に分化（differentiation）した後でさらに増殖（proliferation）が行われ，新しいニューロンの増殖と既成の網膜の拡張により，魚類の網膜は一生にわたって成長し続けるという点で，他の脊椎動物のそれとは根本的に異なる．

§1. 網膜の分化および発達

1-1 鳥類や哺乳類における網膜の分化

網膜は発生初期に眼胞より生じた眼杯の内側層から形成され，外側層は色素上皮に成る．始め網膜は未分化な神経性上皮細胞（neuroepithelial cell）の層であり，この時期の神経性上皮細胞は盛んに分裂・増殖している．

藤沢（1984）は，神経性上皮細胞の細胞増殖の様子を知るために，^{3}H-チミジンをニワトリ胚網膜に取り込ませてオートラジオグラフィーを行った．^{3}H-チミジンは細胞分裂周期のS期（DNA合成期）の核に選択的に取り込まれ，投与後3時間では網膜の深層部に位置する神経性上皮細胞の核のみに^{3}H-チミジンの銀粒子がみられ，10時間後には網膜深層部の核のみならず色素上皮側の核，分裂中の核にも全て銀粒子がみられた．このことから，神経上皮細胞は網膜の深層部でDNA合成を行い，その後細胞体は網膜の色素上皮側に移動し，そこで細胞分裂を行い娘細胞は網膜の深層部にもどって次のDNA合成を行うことが確かめられた．^{3}H-チミジン投与後さらに時間経過すると，標識された核の数は増加し，色素上皮側はほとんど標識細胞で占められるが，硝子体側の細胞のほとんどは標識されない．このようにアイソトープで標識されない細胞は，もはやDNA合成能力を失ってしまったものとみなされ，それ以後再びDNA合成を開始し増殖することはなく，神経芽細胞（neuroblast）と呼ばれる．

完成した網膜には，光受容細胞，水平細胞，双極細胞，アマクリン細胞，神経節細胞の5種類のニューロンがみられ，これらの細胞は集合して層を成し，外顆粒層，内顆粒層，神経節細胞層を形成し，ニューロンから伸びる神経突起もまた集合して外網状層，内網状層，視神経線維層を形成している（図8-1参照）．網膜組織において最初に産生される神経芽細胞は神経節細胞に分化するが，その他の網膜ニューロンの神経芽細胞は動物の種類により多少異なる順序で産生され，ニワトリでは神経節細

胞，アマクリン細胞，光受容細胞，水平細胞，双極細胞の順に産生される（藤沢，1984）．神経芽細胞の産生は網膜の中心部で開始し，しだいに周縁部へ波及していき，ニワトリ胚では孵卵12日頃に周縁部の神経性上皮細胞もすべて神経芽細胞に分化し，網膜の成長は停止するといわれる．

1-2 魚類の網膜組織の分化

仔魚の網膜の分化に関する初期の研究は，Müller（1952）によりグッピー Lebistes reticulatus を用いて行われた．網膜は始め神経性上皮細胞の盛んな分裂と増殖を繰り返した後，中心部からいわゆる層構造を成す網膜組織の分化が始まり，次第に周縁部へと広がっていく．周縁部の末端付近にはその後も神経性上皮細胞の分裂・増殖がみられ，胚芽帯（germinal zone）と呼ばれ，生涯にわたって網膜細胞を増殖し続ける．

Sharma and Ungar（1980）はキンギョ Carassius auratus の受精卵に ^{3}H-チミジンを注入し，孵化前後のキンギョ網膜における増殖細胞すなわち ^{3}H-チミジン標識細胞の出現頻度を調べた．始めの段階ではほとんど全ての神経性上皮細胞が分裂しており，^{3}H-チミジン標識細胞が網膜全体にみられるが，分化が進むにつれ網膜基底側（内層）から色素上皮側（外層）へと細胞分裂が止まり，神経節細胞層，内顆粒層の順に ^{3}H-チミジン標識細胞がみられなくなる．したがって，神経節細胞が最初に形成され，光受容細胞および水平細胞が最後になり，網膜周縁部では発達が進んでも ^{3}H-チミジン標識細胞が多数存在し続けることが明らかにされた．

Grün（1975）の電顕観察に基づく記載

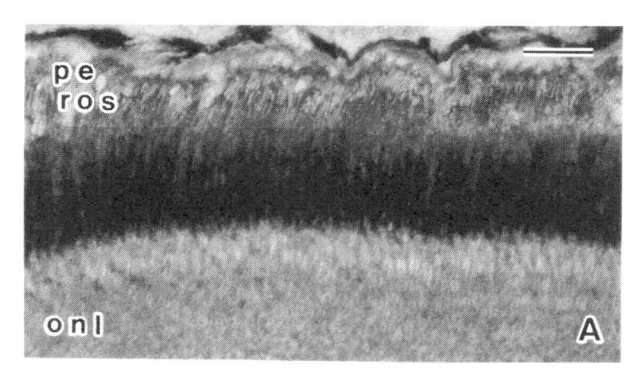

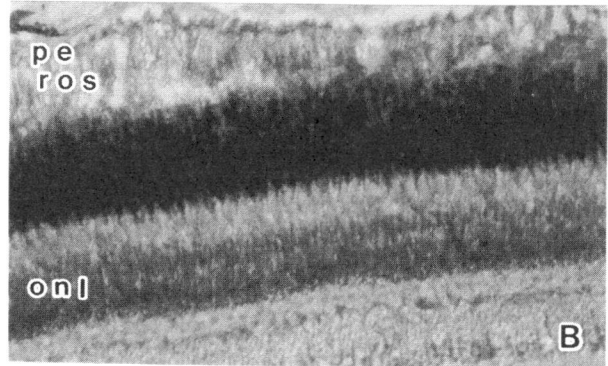

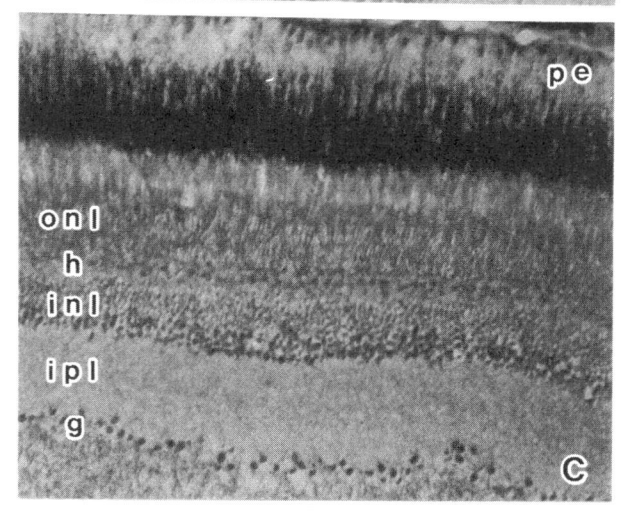

図8-1 ニジマス Oncorhynchus mykiss 稚魚の網膜（明順応）のABC法による免疫組織化学写真図．A.桿体オプシン抗体に対する強い免疫反応が桿体外節にみられる．B.アレスチン（S-antigen）抗体に対する反応は特に外顆粒層に顕著である．C.PER3（時計遺伝子の一種）抗体にに対する反応陽性は外顆粒層の光受容細胞および水平細胞，内顆粒層の双極細胞およびアマクリン細胞，さらに神経節細胞および色素上皮細胞の核にもみられる．g 神経節細胞層，h 水平細胞層，inl 内顆粒層，ipl 内網状層，onl 外顆粒層，pe 色素上皮，ros 桿体外節層，スケールは50μm（Omura, Y. ら，未発表）

によれば，ティラピア *Tilapia leucosticta* の網膜では受精後3日目にまず神経節細胞の軸索と樹状突起が出現し，5日目には光受容細胞外節の形成が始まり，6日目には錐体細胞と桿体細胞の区別が可能になる．内網状層および外網状層の分化は受精後4日目に始まるが，内網状層の方がシナプス形成は早い．介在ニューロンである水平細胞の分化は最も遅く，6日目以後であった．7日目には双錐体細胞が形成され，11日目には3個の単錐体細胞を3〜5個の双錐体細胞が囲む錐体細胞モザイク（cone mosaic）がみられた．12日目には，錐体細胞終足に樹状突起の陥入とシナプスリボンの形成がみられ，その翌日仔魚は親魚の口内から泳ぎ出て視覚行動を示すので，網膜の構造が完成したものとみなされた．

1-3 魚の成長に伴う網膜の発達

魚類では体の成長に比例して眼も大きくなるが，その割合は魚の視覚の重要性に依存しており，視覚のよく発達した魚種ではその成長によく比例する（Fernald, 1991）．体長20 cmのキンギョでは5 cmの時に比べ眼の半径は2.5倍に，網膜面積は6倍に増大している（Johns and Easter, 1975, 1977）．細胞の増殖によって増大する網膜面積の割合は魚種により大きく変動するが，調べられた全ての魚種で新しい細胞は網膜の周縁部の胚芽帯から出現する（Müller, 1952；Fernald, 1991）．

魚の成長に伴う網膜細胞の増加は，グッピーでは体長7 mmの52.5万個から，28 mmの189.5万個に増え（Müller, 1952），キンギョの場合は全長6 cmで約400万個，10 cmでは約800万個と数えら

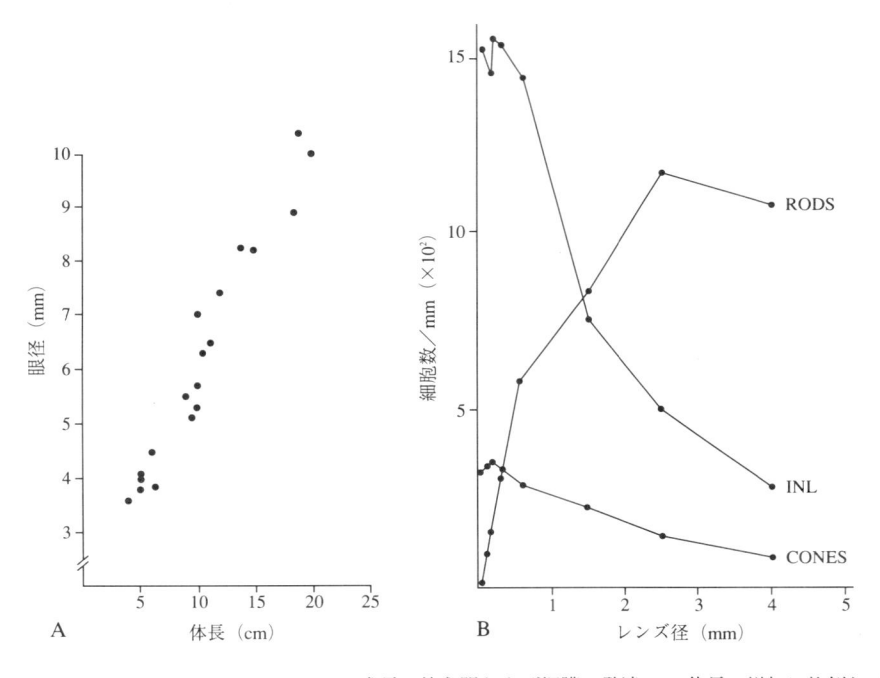

図8-2 キンギョ *Carassius auratus* の成長に伴う眼および網膜の発達．A. 体長の増加に比例して，眼の半径が増大する．[Johns, P.R. and Easter, S. S., 1975, Vision in Fishes（ed. by Ali, M.A.），451-457, Fig. 1 on p. 453；Kluwer Academic/Plenum Publisher より掲載許可を得て引用] B. レンズ半径の増大に対し，桿体細胞密度は急速に増加してピークに達すると一定値を維持するが，錐体細胞密度は緩やかに減少し，内顆粒層の細胞密度は1/3以下に減少する．(Johns, P. R., 1982, *J. Neuroscience*, **2**: 178-198, Fig. 10 on p. 186；Society for Neuroscience より掲載許可を得て引用)

れた（Jones, 1977）．また，桿体細胞の密度は体長が増すにつれ増加してピークに達した後一定に保たれるが，他の網膜細胞の密度は魚の成長につれ減少するので，仔稚魚期でも網膜面積の増加は網膜の拡張によるところが大きいものと考えられる（図8-2参照）．ヒメジ科の *Upeneus tragula* の網膜では成長につれて桿体細胞密度は増加するが，錐体細胞と双極細胞の分布密度は着底生活へ移行後急速に減少することが明らかにされた（Shand, 1994）．

クロダイ類の *Acanthopagrus butcheri* の網膜では単錐体のみの網膜からスクエアモザイク（1個の単錐体が4個の双錐体に囲まれるパターン）が形成される様子が明らかにされ（Shandら, 1999），キンギョの網膜では桿体細胞のシナプス形成が錐体細胞のそれよりはるかに遅れることなどが指摘されている（Raymond, 1985）．しかし，魚の成長に伴う網膜細胞の増加や移動によって網膜内シナプスが恒常的に再構成されているものと考えられるが，仔稚魚期の網膜ニューロンのシナプス可塑性（synaptic plasticity）に関する研究報告はあまりみあたらない．

1-4 魚の成長に伴う桿体細胞の増加

他のタイプの細胞の密度は減少するが，どの大きさの魚でも桿体細胞密度は一定であるとみなされるので，他の細胞の数に対する桿体細胞の数の割合は必然的に増加し続けることになる．アフリカ産シクリッドフィッシュ *Haplochromis burtoni* では孵化時にrods/cone比は〜1であるが，6ヶ月には4〜6になり，成長すると17という大きな値になる（Fernald, 1991）．桿体細胞の増加は網膜の中心部では分散しており，ただrods/cone比を変化させることだけでよいが，周縁部では網膜の大きさに基づいて他のニューロンに対する桿体細胞比を増加させており，これには第二の桿体細胞専用胚芽帯

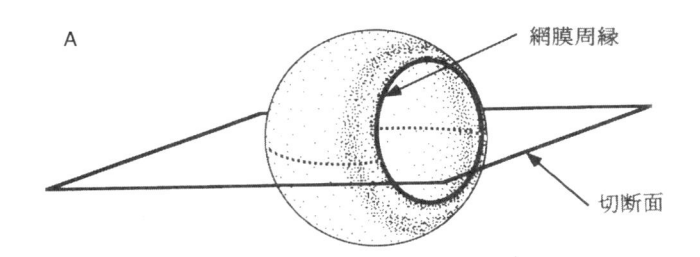

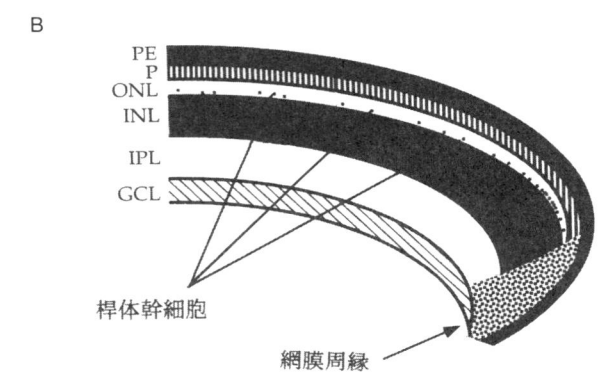

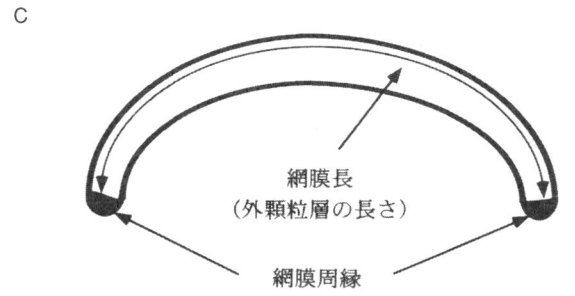

図8-3 桿体幹細胞の増殖を標識し解析する方法の模式図．A.眼杯の水平断（鼻-側頭方向）．網膜面の小さなスポットは桿体幹細胞の分布を示し，周縁部末端付近に高密度のゾーンがみられる．B.水平断切片の半分が描かれ，外顆粒層の硝子体側に分布する桿体幹細胞が示される．C.網膜長（retinal length）すなわち外顆粒層の長さが示される．GCL 神経節細胞層，INL 内顆粒層，IPL 内網状層，ONL 外顆粒層，P 光受容細胞外節内節層，PE 色素上皮．（Chiu, J..F. ら, 1995, *Brain Res.* 673 : 119-125, Fig. 1 on p.120 ; Elsevier Science より掲載許可を得て引用）

が深く関わっているとFernald（1991）は唱えている（図8-3参照）．眼が大きくなるにつれ第一胚芽帯は密度を減少させるのに対し，第二胚芽帯では桿体幹細胞（rod progenitor）自身が増殖して一定の密度を維持し，既成の網膜に十分に見合う桿体細胞を産生するものとFernaldは考えている．

さらに，H. burtoniでは網膜外網状層で細胞分裂を行っている桿体幹細胞の数が数えられ，網膜における細胞分裂数は規則的な日周性の変動あるいは概日リズムを示すことが明らかにされている（Chiuら，1995）．この桿体幹細胞の細胞分裂リズムは顕著なもので，最も高い細胞分裂数は夜間にみられ，昼間の3倍に近い値であった．また，このリズムは恒暗条件下でもみられ，内因性のものでサーカディアンクロック（circadian clock）により支配されているものとみなされる．絶えず増殖している細胞集団が概日あるいは日周リズムを示す例はいくつか知られているが，ニューロンになることが決まっている幹細胞の細胞分裂リズムに関する報告は他にみあたらない．

§2. 初期発育過程における光受容細胞の分化

2-1 光受容細胞の分化は松果体が先か，それとも網膜が先か？

網膜に比べ松果体ははるかに小さな光受容器（先端膨大部の直径で約1 mm）であるが，魚類の網膜における光受容細胞の分化を論ずるに当たって，まず松果体の光受容細胞の方が先に分化することについて論ずることにする．

両者の分化の時期の差は，ニジマス Oncorhynchus mykiss や北太平洋産サケ Salmo salar のように長い孵卵日数を要する冷水魚において顕著で，アユ Plecoglossus altivelis やヒラメ Paralichthys olivaceus，あるいはトゲウオ Gasterosteus aculeatus のような孵卵日数の短い温水魚ではその差は小さいが，にもかかわらず松果体の光受容細胞の方がいずれにおいても先に分化する（図8-4参照，van Veenら，1984；Östholmら，1987，1988；Omura and Oguri，1991，1993）．しかしながら，雌雄同体魚の Rivulus marmoratus では孵卵中期に松果体および網膜の両者の光受容細胞が分化し，網膜の方がシナプス形成が早く単錐体細胞および双錐体細胞だけでなく桿体細胞も同時期に完成することが報告されている（Aliら，1988）．

光受容細胞の外節とシナプスの形成を指標にして，電顕観察により光受容細胞の出現の時期を調べると，孵卵日数が10日のアユでも3日のヒラメでもともに受精後3〜4日目に松果体の光受容細胞は出現し，5〜6日目に網膜錐体細胞は出現した（Omura and Oguri，1991）．これに対し，受精後28日目に孵化したニジマスでは発眼時（網膜色素上皮に色素顆粒が出現）の15日目に松果体光受容細胞が出現したが，網膜錐体細胞の出現は孵化の前日までもち越された（図8-4参照；Omura and Oguri，1993）．さらに，光受容細胞に特異的なタンパク質であるオプシンやトランスデューシン（α-transducin）に対する免疫反応を利用して，光受容細胞の出現の時期が調べられている．受精後孵化までにかかる日数が比較的短いトゲウオでは，受精後3日目に早くも松果体に免疫反応陽性細胞がみられるが，網膜には5〜6日目になってやっと認められた（van Veenら，1h984；Östholmら，1988）．発眼後孵化までに30日を要する北大西洋産サケでは，2日目に松果体には陽性細胞がみられるが，網膜には孵化後8日目になってもまだ陽性細胞はみられなかった（Östholmら，1987）．

前述の雌雄同体魚 R. marmoratus の場合を除いて，網膜のそれより早い松果体の光受容細胞の出現を支持する結果が多いのであるが，なぜ松果体光受容細胞はそのように早い時期に出現する必要があ

るのだろうか？　ニジマスでは受精後15日目の発眼（網膜色素上皮に色素顆粒が沈着）を合図に，内耳の耳石日周輪紋の形成が始まることが知られ，日周期性の輪紋形成には明暗周期が不可欠であることが確かめられている（Mugiya, 1987）が，この時期はちょうど松果体光受容細胞が出現する時期と一致する．したがって，網膜光受容細胞が未分化なこの時期，耳石日周輪形成に必要な明暗光周期の情報は松果体を介して伝えられることが示唆される（Omura and Oguri, 1993）．また，北太平洋産ハリバット *Hippoglossus hippoglossus* の胚体では，オプシンが最初に，それからアレスチン（S-antigen），トランスデューシンおよびセロトニンが孵化の前に松果体に検出されるが，網膜には孵化仔魚になっても何ら検出されず，松果体における光シグナルトランスダクション機構の早期の形成は孵化の引き金になると考えられた（Forsell ら，1997）．さらに，日周リズムの駆動に関わるメラトニンの最も重要な合成酵素 AANAT（arylalkylamine N-acetyltransferase）の遺伝子発現も，網膜より早く松果体に検出されることがゼブラフィッシュ *Danio rerio* の胚体および孵化仔魚で明らかにされている（Gothilf ら，1999）．

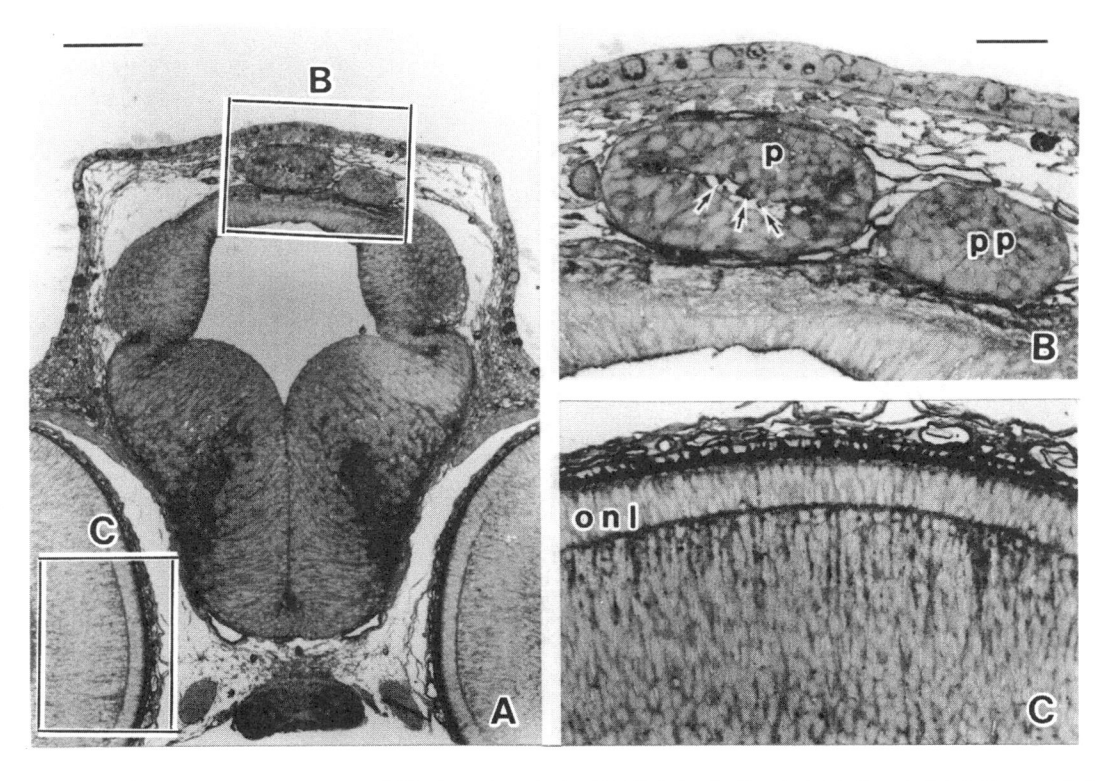

図8-4　ニジマス *Oncorhynchus mykiss* 胚体（21日）における松果体および網膜の光受容細胞の出現を比較．Aは全体図で，BおよびCはそれぞれAの枠で囲まれた松果体および網膜部分の拡大図．松果体には外節を備えた光受容細胞が既にみられるが（矢印），網膜光受容細胞の外節形成は28日まで持ち越される．スケールは100μm（A）および30μm（B, C）．(Omura, Y. and Oguri, M., 1993, *Arch. Histol. Cytol.*, 56, 283-291, Fig. 1 on p. 285を改変)

2-2　網膜光受容細胞の分化は錐体細胞が先か，桿体細胞が先か？

　従来，桿体細胞および錐体細胞の同定の基準は主として形態学的特徴に依存しており，硬骨魚網膜の発達過程においては先ず錐体細胞が現れ，変態の頃になって始めて桿体細胞が出現するものと考え

られてきた（Blaxter, 1975参照）．しかし，典型的な変態を行う魚種では孵化の頃に錐体細胞が現れ，仔魚から稚魚に変わる変態の頃に桿体細胞が出現するが，胚体期が短く変態もみられない直達発生の魚種では孵化の前に錐体細胞のみならず桿体細胞も現れるものと考えられる（Evans and Fernald, 1990参照）．視物質やその遺伝子の発現に関する最近の免疫細胞化学的研究の成果ははしばしば桿体細胞の方が先であることを示唆している（Raymondら，1995；Schmitt and Dowling, 1996；Stenkampら，1996, 1997）．これは共焦点レーザースキャン顕微鏡によるwhole-mount標本の観察，光受容細胞特異抗体の作製，オプシン遺伝子のクローニングなどの優れた研究技術の進歩によるところが大きいのであるが，最近ゼブラフィッシュやキンギョの胚体網膜で明らかにされた桿体細胞と錐体細胞の分化の様式について解説する．

受精後3日目に孵化するゼブラフィッシュでは，始め光学顕微鏡と透過電子顕微鏡の観察から，最初に光受容細胞が出現するのは2日目であるが，桿体細胞が区別できるのは8日目以後とされた（Branchek and Bremiller, 1984）．ところが，走査電子顕微鏡による網膜全体の観察と局所的な透過電子顕微鏡の詳細な解析の組み合わせにより，2.5日目に網膜中心部の小部位すなわち視神経の腹側に光受容細胞の外節形成が認められ，桿体細胞の出現が錐体細胞とともに観察された（Kljavin, 1987）．これは，桿体および錐体細胞の各々のオプシンに対する免疫細胞化学やRNAプローブを用いたin situハイブリダイゼーションにより，改めて桿体細胞および錐体細胞が受精後2日目にほぼ同時に出現することが明らかにされた（Raymondら，1995；Schmitt and Dowling, 1996）．両者は同様に受精後50〜52時間で網膜腹側眼杯裂（choroid fissure）近くに小さなスポットとして現れるが，錐体細胞の分布は網膜全体に均一な密度で波のように広がって行き，桿体細胞は腹側に濃密なパッチとして局在し背側や側頭側あるいは鼻側にも全体にほぼ均一に散在する（図8-5参照，Raymondら，1995）．

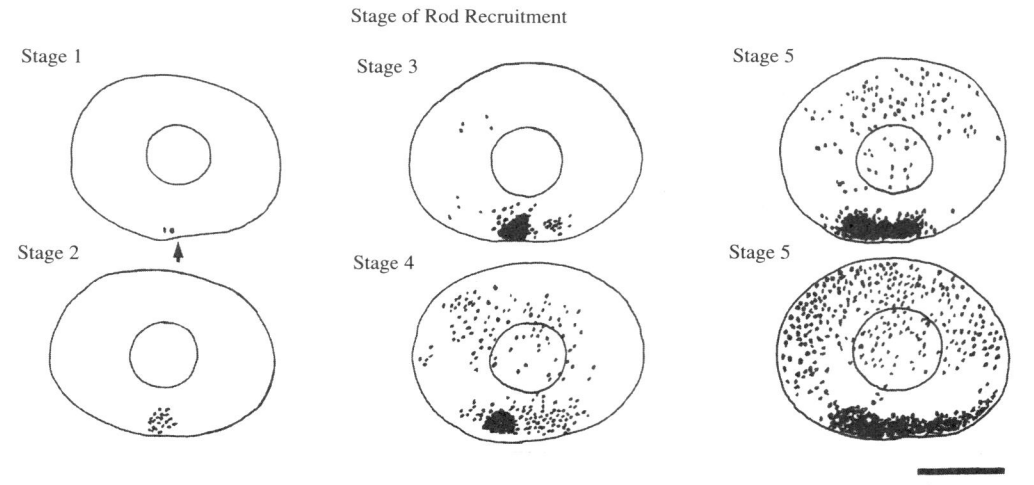

図8-5 ゼブラフィッシュ Brachydanio rerio 胚体の網膜における桿体細胞のオプシン発現・分化を示す模式図．in situ ハイブリダイゼーションを行ったwhole-mount標本の観察により，受精後50時間でまず腹側眼杯裂付近（矢印）に桿体オプシンの発現が数個のスポットとして認められ（stage 1），その位置で少し広がり数が増し（stage 2），さらにスポットの密度を増すとともに急速に側方および背側へと広がり（stage 3, 4），60〜73時間では特に腹側の密度が増し（stage 5），84時間後には背側，鼻側，側頭側の全体に広がり数も著しく増加する（stage 6）ことが明らかにされた．スケールは100μm（Raymond, P.A.ら，1995, J. Comp. Neurol. 359：537-550, Fig. 4 on p. 543；John Wiley & Sons, Inc. より掲載許可を得て引用）

一方,受精後4日目に孵化するキンギョでは,孵化後2日目までに光受容細胞外節の分化が進み,透過電顕観察によれば錐体細胞と桿体細胞が区別されるが,最初に現れるのは錐体細胞でその外節のみならずシナプス小足も速やかに発達する.これに対し,桿体細胞の発達はかなり緩やかでそのシナプス終末である小球の完成は1ヶ月以後になると報告されていた(Raymond, 1985).ところが,オプシンに関する in situ ハイブリダイゼーションによると,先ず桿体細胞が孵化の前に腹側眼杯裂近くに現れ,ゼブラフィッシュの場合と同様にそこに密に集合した桿体細胞のパッチを成し,吻側や背側,側頭部へと速やかに拡散して広がる(Stenkampら,1996).錐体細胞の出現はちょうど孵化の頃に始まり,赤色,緑色,青色,紫外線受容型の順序で速やかに増加し,網膜全体に広がって行く.このような桿体細胞および錐体細胞の出現・分化のパターンは成魚の網膜周縁胚芽帯でもみられ,増殖細胞を BrdU (bromodeoxyuridine) 注入に標識するとともに in situ ハイブリダイゼーションによりそのオプシン mRNA の発現を調べると,桿体細胞はその幹細胞の誕生後3日以内に出現するが,錐体細胞の出現には少なくとも7日を要し,赤色,緑色,青色,紫外線受容型の順序で出現することが明らかにされた(Stenkampら,1997).

桿体細胞並びに錐体細胞に含まれる視物質あるいはその遺伝子発現を指標にして光受容細胞の分化を基準化すれば,形態学的特徴に依存した同定の基準が直達発生型のゼブラフィッシュやキンギョではいとも簡単に覆されることが明らかとなった.この基準化を典型的な変態型魚種の網膜に対して試みることは未だなされてはいないが,孵化の頃に錐体細胞が現れ仔魚から稚魚に変わる変態の頃に桿体細胞が出現すると信じられてきた概念が揺らぐこともまたありうることかもしれない.

§3. 成長に伴う網膜光受容細胞の増殖および分化

3-1 桿体細胞の増殖はどこで行われるのか?

魚類では初期発育過程以後成魚になってもかなり長期間にわたって網膜細胞が増加し続ける.他の網膜細胞の密度は魚の成長につれ減少するが,桿体細胞の密度は体長が増すにつれ増加してピークに達した後も一定に保たれる(図8-2参照).

Johns (1977) はキンギョ稚魚に ^{3}H-チミジンを投与しオートラジオグラフィーにより網膜を調べ,新しい網膜細胞の形成に関わる細胞増殖は網膜周縁胚芽帯に限られ,新しい網膜組織は周縁近くに同心円状に付加されることを示唆した.また,Johns and Fernald (1981) および Johns (1982) はキンギョ稚魚に ^{3}H-チミジンを投与して増殖細胞が網膜周縁胚芽帯以外にも分布することを明らかにし,新しい桿体細胞が成熟した桿体細胞の間に介在する幹細胞の有糸分裂により形成されることを示した.さらに,網膜周縁近くでは胚芽帯で増殖した桿体幹細胞が内顆粒層を経て外顆粒層に移動し,そこで桿体細胞は成熟することも報告された(Raymond and Rivlin, 1987).Fernald (1991) は網膜周縁近くに第二の桿体細胞専用の胚芽帯のあることを提唱し,眼が大きくなるにつれ第一胚芽帯は密度を減少させ,第二の胚芽帯の桿体幹細胞自身が増加し一定の密度を維持し,既存の網膜に十分に見合う桿体細胞を産生すると考えた.

Hagedorn and Fernald (1992) もまた ^{3}H-チミジンを口内保育魚のシクリッドフィッシュ *H. burtoni* の胚体あるいは仔魚に注入し,外顆粒層に点在する標識細胞を三次元的にプロットして,始め網膜全体にみられる神経性上皮細胞の細胞分裂が受精後4日から5日にかけて急速に周縁部の胚芽帯に限局

されて行くのに対し，桿体幹細胞の増殖が受精後5日から6日にかけて網膜の中心部から全体に急速に広がることを明らかにした（図8-6参照）．一方，Negishi and Wagner（1995）は放射性物質としての³H-チミジンの使用の煩雑さを避けて，簡便な増殖細胞標識法としてPCNA（proliferating cell nuclear antigen）に対する免疫抗体反応を利用し，きわめて良好な成果を上げた．ブルーアカラ *Aequidens pulcher* の胚体および孵化仔魚の網膜で増殖細胞の分布を調べ，受精後2日まで網膜全体にみられた増殖細胞がその後急速に周縁部に限局して行くのに対し，中心部から周辺部へ層状化が進んで行く網膜の外顆粒層に，桿体幹細胞とみなされるPCNA免疫活性な増殖細胞が増加してくることを明らかにした．さらに，Julianら（1998）はPCNA法を用いて，ニジマスでは成魚の網膜でも

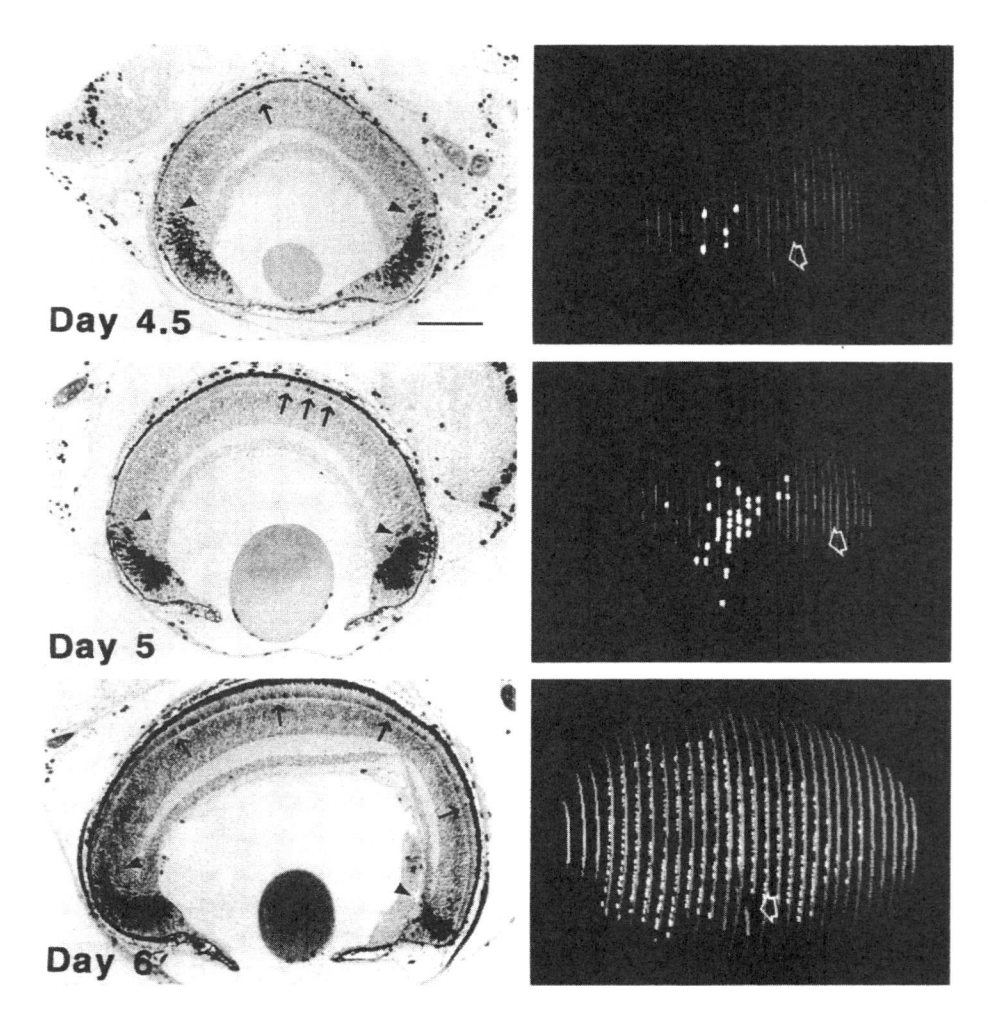

図8-6　シクリッドフィッシュ *Haplochromis burtoni* 胚体の網膜における桿体幹細胞の増殖．始め網膜全体にみられた³H-チミジン標識細胞は受精後4日目までに網膜周縁部の胚芽帯に限局し（矢頭印），4.5日目には新たに網膜中心部（視神経の出口近く）の外顆粒層に³H-チミジン標識細胞が数個認められ（矢印），5日目には約30個に増え，6日目には網膜全体にわたって外顆粒層に無数に分布するようになる．左側には網膜中心部を含む切片のオートラジオグラフが，右側には各切片で数えられた³H-チミジン標識細胞が全てプロットされている．スケールは100μm（Hagedorn, M. and Fernald, R. D., 1992, *J. Comp. Neurol.* 321：193-208, Fig. 10, Day 4.5-6 on p.205；John Wiley & Sons, Inc. より掲載許可を得て引用）

外顆粒層に増殖細胞が豊富にみられ，内顆粒層に出現した増殖細胞が外顆粒層へ移動してくることも指摘した．

3-2 仔魚の変態に伴う網膜光受容細胞の分化

魚の変態（metamorphosis）はしばしば生息環境の変化に伴うものであり，照度や分光などの光環境の変化に対応して，網膜には生化学，生理学，あるいは解剖学的な劇的な変化がしばしば現れる．陸生の両生類と違って魚類の場合は，変態の前と後で眼のレンズの構造や焦点合わせを変えることはなく，もっぱら変化は網膜の内部にみられ，Evans and Fernald（1990）によれば，次のような3つのカテゴリーに変化がみられる．すなわち，1）光受容細胞の外節層板膜に含まれる視物質（visual pigment）のピーク感度，2）新しい網膜細胞の付加（addition），3）網膜内神経ネットワークの再編成という3つの変化が硬骨魚の変態ではみられる．ここでは，2番目のカテゴリーすなわち変態に伴う新しい網膜細胞の付加について言及する．

Evans and Fernald（1990）によれば，進化の過程における仔魚期の短縮化あるいは消失は，錐体細胞より遅れて現れるのはずの桿体細胞の出現の時期を早めることになった．したがって，仔魚の網膜光受容細胞の分化の様式として次の3つのタイプが考えられる．1）ニシンやイワシ，あるいはカレイやヒラメのような典型的な変態を行う魚種では孵化の頃に錐体細胞が現れ，仔魚から稚魚に変わる変態の頃に桿体細胞が出現する（Blaxter and Jones, 1967；Blaxter and Staines, 1970；Blaxter, 1975；Evans and Fernald, 1990, 1993；Omura and Yoshimura, 1999）．2）胚体期が長いサケ科魚種では孵化時に錐体細胞が現れ，孵化後網膜運動反応（photomechanical response）が始まる頃桿体細胞も出現するようである（Lyall, 1957；Ali, 1959；Östholmら, 1987；Omura and Oguri, 1993）．また，3）キンギョやゼブラフィッシュのように胚体期が短く変態もみられない直達発生（direct development）の場合は，孵化の前に錐体細胞のみならず桿体細胞も現れる（Kljavin, 1987；Hagedorn and Fernald, 1992；Raymondら, 1995；Schmitt and Dowling, 1996；Stenkampら, 1996）．

なお，上記の網膜光受容細胞の分化様式のうち，強いて当てはめれば直達発生型に属する胎生魚のグッピーでは，錐体細胞および桿体細胞が孵卵中期のほぼ同時期に出現し，さらに錐体細胞モザイクも桿体細胞の配置も成魚の場合とほぼ同様に形成され，網膜が十分に発達した状態で誕生することになる（Kunzら, 1983）．

3-3 ヒラメの成長に伴う網膜光受容細胞の分化と増殖

ヒラメは典型的な変態を行う魚種で，受精後3日で孵化し6日目までに卵黄も使い果たされるが，松果体の光受容細胞は3日目に形成され始め4日目にはほぼ完成するのに対し，網膜の光受容細胞は5 1/2日目頃に始めて出現する．このことは松果体光受容細胞が初期の外界光周期への同調に重要な役割をもつのに対し，網膜光受容細胞の出現は摂餌行動の開始と密接に関わっていることを示唆する．孵化後2週目までは錐体細胞がほぼ一列に整然と並んでいるが，変態が始まり着底生活へ移行する頃（40日）になると錐体細胞の外側（脈絡膜側）に桿体外節が密に並び，外顆粒層の核も3列あるいは4列を成す（図8-7参照）．1年魚では，錐体細胞の小さい外節の上に桿体細胞の細く長い外節が不規則ではあるが幾重にも並んで厚い層をなしている（図8-7）．図8-7にみられるように14日齢の光受容細胞外節はPNAレクチン（錐体細胞外節を選択的に標識する）に対し強い反応を示し，40日齢および1年魚にみられる桿体細胞外節はCon Aレクチンに対する強い反応（PNAレクチンに対しては

ネガティブ）を示す．したがって，変態前にみられる錐体細胞に対して，変態後の桿体細胞の出現および増加の様子は一目瞭然であるが，変態以前のヒラメの網膜に桿体細胞オプシン，あるいはその遺伝子が既に発現しているかどうかは未だ明らかにされていない．

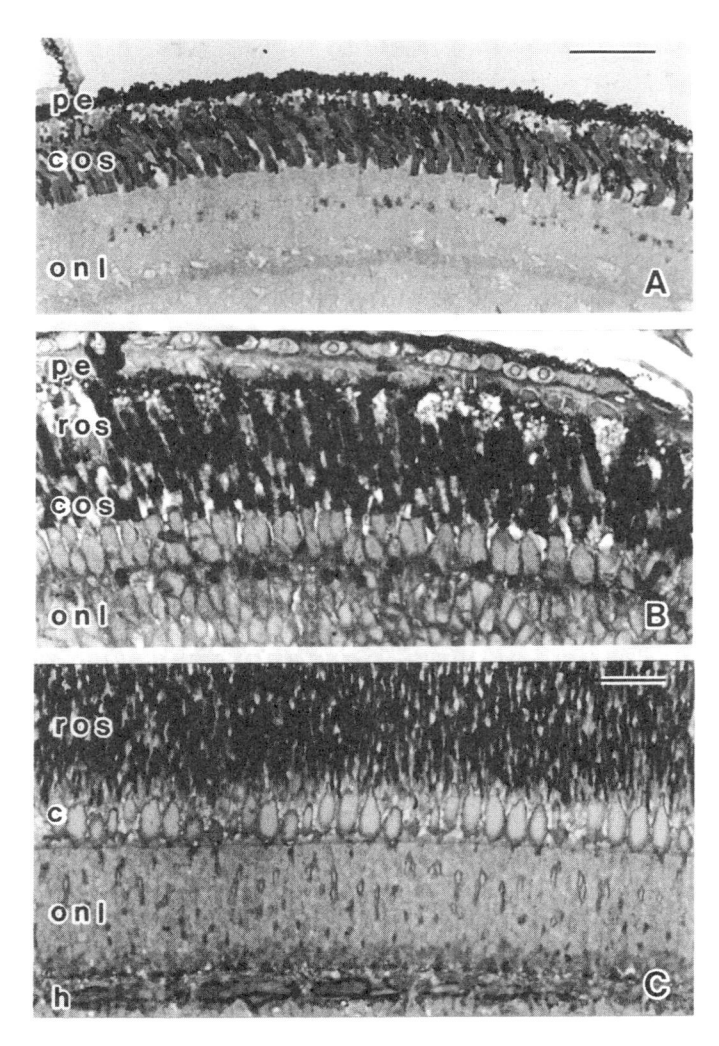

図8-7 ヒラメ Paralichthys olivaceus の網膜の発達に関するレクチン組織化学写真図．A. 14日齢の網膜ではPNA（錐体細胞外節を選択的に標識する）に陽性な外節のみがみられる．B. 40日齢の網膜ではCon A陽性の桿体細胞外節が錐体細胞の上に多数並んでいる．C. 1年齢の網膜では，小さな外節をつけた錐体細胞の上にCon A陽性の桿体細胞外節が幾重にも積み重なっている．スケールは20μm（A, B）および30μm（C）（Omura, Y. ら，未発表）

§4. 生態適応における網膜光受容細胞の分化と増殖

4-1 深海魚の網膜にみられる光受容細胞の増殖

^{3}H-チミジン-オートラジオグラフィー法やPCNA-免疫細胞化学的方法により，魚類の網膜におけ

る光受容細胞の増殖機構の解明は著しく進んだ．しかし，実験に用いられた魚種はほとんど直達発生型のキンギョやゼブラフィッシュあるいはシクリッドフィッシュで，いわゆる室内で人為的に生産された実験魚であった．それでは，生息環境に適応して著しく網膜を発達させてきたと考えられる，ウナギあるいは深海魚のような魚種の網膜についてはどうであろうか？

　Frölichら（1995）は37種の深海魚について網膜桿体細胞の増殖機構をPCNA-免疫細胞化学的に調べ，2パターンに分けることができた．1）第1のパターンは，桿体細胞外節が短く（20〜30μm），3層以上の桿体外節の層状配列を示すグループ（ヒモダラ Nematonurus armatus やソコダラ Coryphaenoides guentheri によって代表される）で，桿体増殖細胞が外境界膜のすぐ内側に1層に並んでみられ，この新しい桿体細胞は外境界膜のすぐ外側に挿入され，そこにあった古い桿体細胞はさらに外側に持ち上げられる．2）第2のパターンは，桿体細胞外節がかなり長く（60〜80μm），2層以上にはならないグループ（例えばセキトリイワシ類の Conocara macroptera や Alepocephalus agassizii）で，桿体幹細胞は外顆粒層中に塊となって散在し，新しく形成された外節の統合がより統計的なパターンであるのに対し，有糸分裂活性の順序は空間的にも時間的にも明瞭さを欠いている．さらにFrölich and Wagner（1996，1998）は深海魚網膜の桿体細胞の外節に注目し，外節層が単層であるか多層であるかに関わらず，12魚種で全て外節の新生（renewal）が行われていることを明らかにした．また，数層のものから12層のものまで多層の桿体細胞外節層を示す魚種の中でも，(1) 魚の体長が増大している限り新しい外節層が付加されていく魚種と，(2) 最大体長の20〜47％に成長した段階で新しい外節層形成は終了する魚種の2つのタイプがあることを明らかにした．前者の例として中層外洋性の Chauliodus sloani が，後者の例としては深層底棲性の3種，チゴダラ Antimora rostrata，ソコダラ C. guentheri，ヒモダラ N. armatus があげられた．

4-2　ウナギの網膜における光受容細胞の分化

　一般に，魚類の網膜における光受容細胞の分化は先ず錐体細胞が出現し，仔魚から稚魚へ移行する変態の頃に桿体細胞もみられるようになる（Blaxter, 1975；Evans and Fernald, 1990）．透明な柳葉状レプトケファルス幼生からシラスウナギへ独特の変態を行うウナギでは，変態以前には桿体細胞しかみられず，後になって錐体細胞が出現すると報告されていた（Blaxter and Staines, 1970；Blaxter, 1975；Pankhurst, 1983）．ところが，これはヨーロッパウナギ Anguilla anguilla の体長50 mmおよび80 mmのレプトケファルス幼生について調べられたもので，ヨーロッパウナギはサルガッソー海で孵化してから北赤道海流とメキシコ湾流に乗ってヨーロッパ沿岸に達するのに約3年を要している（Harden Jones, 1968）．

　そこで，我々は産卵場付近で採集された孵化後2〜3週間と推定されるニホンウナギ Anguilla japonica のレプトケファルス幼生のみならず，人工孵化仔魚の網膜についても調べ，他の変態を行う魚種の場合と同様に先ず錐体細胞が出現することを明らかにした（図8-8参照，Omuraら，1997）．さらに，体長を増すほどレプトケファルス幼生の網膜では錐体細胞と桿体細胞の区別が難しく（植松ら，1994），きわめて速やかに錐体細胞から桿体細胞へ移行することも考えられる．このような錐体細胞の早期の出現はヨーロッパウナギの場合でもみられるのではないかと考えられ，変態前にも関わらずレプトケファルス期に桿体細胞がみられるのは，この時期のウナギの生息環境への適応とみなされる．

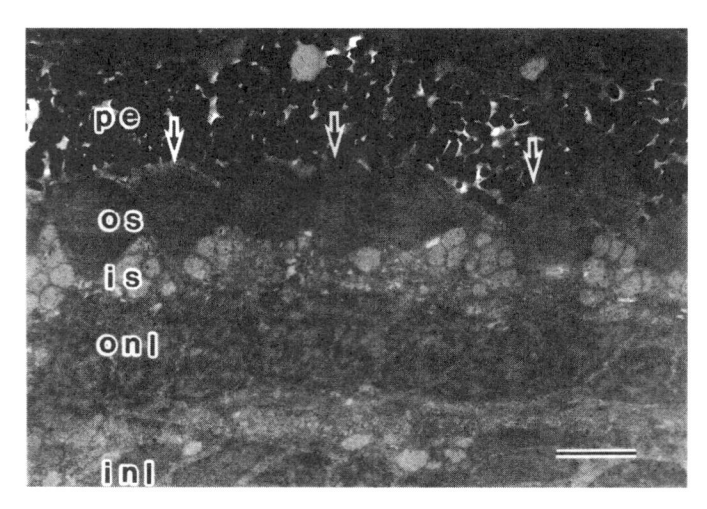

図8-8 ニホンウナギ Anguilla japonica 孵化仔魚の網膜電顕図. 一列に並んだ光受容細胞の外節（矢印）は錐体細胞型である. inl 内顆粒層, is 内節, onl 外顆粒層, os 外節, pe 色素上皮, スケールは 3 μm（Omura, Y. ら, 1997, Fish. Sci. 63: 1052-1053, Fig. 2 on p. 1053 を改変）

4-3　ウナギの網膜にみられる光受容細胞の増加

　ニホンウナギはマリアナ諸島付近の深海で産卵し，孵化後レプトケファルス幼生となり，黒潮に乗ってシラスウナギに成長し，日本列島沿岸に到着する（Tsukamoto, 1992）．そして河川や湖沼で数年を過ごした後，海へ降って成熟し再び深海の産卵場へ戻るというライフサイクルが想定されている．この間に，ニホンウナギの網膜では光受容細胞外節および外顆粒層の核の数が増加し続けることが明らかにされた（図8-9参照，都築, 1997；都築ら, 1997）．レプトケファルス幼生では外節の数と外顆粒層の核の数が同数で1：1，シラスウナギでは錐体細胞と外顆粒層の数の比が1：6.7，淡水ウナギでは1：10.9，降りウナギでは1：14.0であり，成長が進むにつれ桿体細胞密度が増していた．また，この間の光受容細胞外節層は次のように特徴づけられる．

　1）レプトケファルス幼生および人工孵化仔魚の網膜では，光受容細胞の外節が1層に並んでいて，視神経付近の中心部にみられる外節は短く円錐形をなし，周縁部になるほど細長く伸び円柱状を呈す．
2）シラスウナギの網膜では，光受容細胞の外節の形およびその位置から桿体細胞と錐体細胞の区別は明瞭で，外顆粒層のすぐ外側に接して錐体細胞の樽型の内節および円錐状の外節が1列に並び，その外側に桿体細胞の細長い円柱状の外節（小さな内節浮を含む）が2層を成している．外節層の厚さ，すなわち外節の長さは周縁部を除いてほぼ一定に保たれる．3）淡水ウナギと降りウナギの網膜では1層の錐体細胞層に対し，桿体細胞層は淡水ウナギで3層，降りウナギで4層を成しているが，桿体細胞外節の長さは脈絡膜側から硝子体側までほぼ同じである．

　このように，少なくともシラスウナギから降りウナギに至るまで，錐体細胞層は1層であるのに対し，桿体細胞の外節層はシラスウナギで2層，淡水ウナギで3層，降りウナギで4層と増加し，外顆粒層の核の数もウナギの成長につれ増加するので，ニホンウナギの網膜では桿体細胞の数が増えるだけでなく密度も増していくことが考えられる．桿体細胞は薄暗い所での運動視覚に優れているので，これは夜行性あるいは暗い深層での明暗感覚の発達という生息環境への適応とみなせる．既に述べた

ように，多数の深海魚で桿体細胞外節の多層配列を示す網膜（multibank rod retina）が観察され，その中には成長に伴って層の数が増す魚種についても報告されている（Frölichら，1995；Frölich and Wagner, 1996, 1998；Wagnerら，1998）．

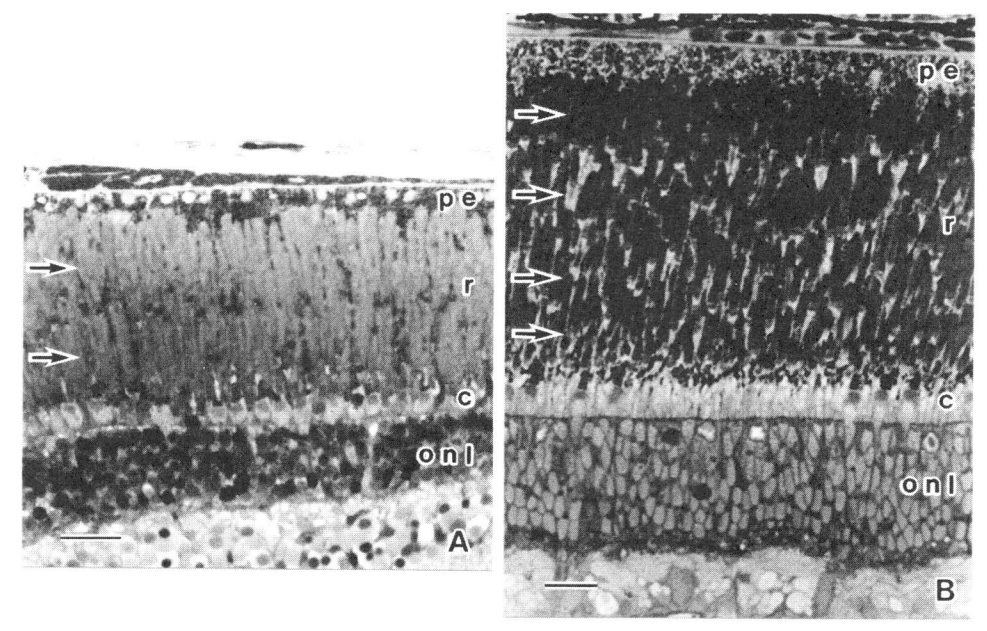

図8-9　シラスウナギと降りウナギ Anguilla japonica の網膜の比較．A．シラスウナギの網膜には1層に並んだ錐体細胞の上に，2層に整然と並んだ桿体細胞の外節（内節も含まれる）がみられる（矢印）．B．降りウナギの網膜では桿体細胞外節層（内節も含まれる）は4層を成すことが確かめられた（矢印）．c 錐体細胞層，onl 外顆粒層，pe 色素上皮，r 桿体細胞外節層，スケールは20μm（Omura, Y.ら，未発表）

おわりに

　嗅上皮などの感覚組織における例外を除けば，哺乳類成体の中枢神経系においてニューロン新生（neurogenesis）が行われることはないと長い間信じられてきたが，ラットやマウスだけでなくヒトでも成体の嗅球や海馬などで新しいニューロンが形成されていることが最近明らかにされた（Erikssonら，1998；Kempermann and Gage, 1999）．本稿で述べてきたように，魚類の網膜では他の脊椎動物とは異なり，初期の細胞分裂により網膜組織が十分に分化した後にも恒常的にあるいは生態適応の過程で活発な光受容細胞の増殖が行われる．また，魚の網膜が外科的手術やウワバインなどの薬物によって傷つけられると，光受容細胞を含むニューロンの活発な新生が生じ網膜組織の再生が行われることも明らかにされている（Raymond and Hitchcock, 1997, 2000）．魚類の網膜における光受容細胞の分化・増殖機構に関する基礎的な研究の成果が，あるいは傷害を受けたり機能しなくなった神経組織の人為的修復などの研究推進に手懸かりを与えるかもしれない．

文　　献

Ali, M. A. (1959)：The ocular structure, retinomotor and photo-behavioural responses of juvenile Pacific salmon. Can. J. Zool., 37, 965-996.

Ali, M. A., M. A. Klyne, E. H. Park and S. H. Lee (1988)：Pineal and retinal photoreceptors in embryonic *Rivulus marmoratus* Poey. *Anat. Anz. Jena*, 167, 359-369.

Blaxter, J. H. S. (1975): The eyes of larval fish. In : Vision in Fishes (ed. by M. A. Ali), Plenum Press, New York, p.427-450.

Blaxter, J. H. S. and M. P. Jones (1967): The development of the retina and retinomotor responses in the herring. *J. Mar. Biol. Assoc. U. K.*, 47, 677-697.

Blaxter, J. H. S. and M. Staines (1970): Pure-cone retinae and retinomotor responses in larval teleosts. *J. Mar. Biol. Assoc. U.K.*, 50, 449-460.

Branchek T. and R. Bremiller (1984): The development of photoreceptors in the zebrafish, *Brachydanio rerio*. I. Structure. *J. Comp. Neurol.*, 224, 107-115.

Chiu, J. F., A. F. Mack and R. D. Fernald (1995): Daily rhythm of cell proliferation in the teleost retina. *Brain Res.*, 673, 119-125.

Eriksson, P. S., E. Perfilieva, T. Björk-Eriksson, A.-M. Alborn, C. Nordborg, D. A. Peterson and F. H. Gage (1998): Neurogenesis in the adult human hippocampus. *Nature Med.*, 4, 1313-1317.

Evans, B. I. and R. D. Fernald (1990) Metamorphosis and fish vision. *J. Neurobiol.*, 21, 1037-1052.

Evans, B. I. and R. D. Fernald (1993) Retinal transformation at metamorphosis in the winter flounder (*Pseudopleuronectes americanus*). *Vis. Neurosci.*, 10, 1055-1064.

Fernald, R. D. (1991): Teleost vision : seeing while growing. *J. Exp. Zool. Suppl.*, 5, 167-180.

Frölich, E., K. Negishi and H.-J. Wagner (1995): Patterns of rod proliferation in deep-sea fish retinae. *Vision Res.*, 35, 1799-1811.

Frölich, E. and H.-J. Wagner (1996): Rod outer segment renewal in the retinae of deep-sea fishes. *Vision Res.*, 36, 3183-3194.

Frölich, E. and H.-J. Wagner (1998): Development of multi-bank rod retinae in deep-sea fishes. *Vis. Neurosci.*, 15, 477-483.

Forsell, J., B. Holmovist, J. V. Helvik and P. Ekström (1997): Role of the pineal organ in the photoregulated hatching of the Atlantic halibut. *Int. J. Dev. Biol.*, 41, 591-595.

藤沢 肇 (1984): 網膜の組織発生, 人体組織学-感覚器 (山田英知・橋本一成編) 朝倉書店, 179-207.

Gothilf, Y., S. L. Coon, R. Toyama, A. Chitnis, M. A. A. Namboodiri and D. C. Klein (1999): Zebrafish serotonin N-acetyltransferase-2 : marker for development of pineal photoreceptors and circadian clock function. *Endocrinology*, 140, 4895-4903.

Grün, G. (1975): Structural basis of the functional development of the retina in the cichlid *Tilapia leucosticta* (Teleostei). *J. Embryol. Exp. Morphol.*, 33, 243-257.

Hagedorn, M. and R. D. Fernald (1992): Retinal growth and cell addition during embryogenesis in the teleost, *Haplochromis burtoni. J. Comp. Neurol.*, 321, 193-208.

Harden Jones, F. R. (1968): Fish Migration, Edward Arnold Ltd., London, p. 69-85.

Johns, P. R. (1977): Growth of the adult goldfish eye III. Source of the new retinal cells. *J. Comp. Neurol.*, 176, 343-358.

Johns, P. R. (1982): Formation of photoreceptors in larval and adult goldfish. *J. Neuroscience*, 2, 178-198.

Johns, P. R. and R. D. Fernald (1981): Genesis of rods in teleost fish retina. *Nature*, 293, 141-142.

Johns, P. R. and S. S. Easter (1975): Retinal growth in adult goldfish. In : Vision in Fishes (ed. by M. A. Ali), Plenum Press, New York, p.178-198.

Johns, P. R. and S. S. Easter (1977): Growth of the adult goldfish eye II. Increase in retinal cell number. *J. Comp. Neurol.*, 176, 331-342.

Julian, D., K. Ennis and J. I. Korenbrot (1998): Birth and fate of proliferative cells in the inner nuclear layer of the mature fish retina. *J. Comp. Neurol.*, 394, 271-282.

Kempermann, G. and F. H. Gage (1999): New nerve cells for the adult brain. *Sci. Am.*, 280, 1999, 48-53.

Kljavin, I. J. (1987): Early development of photoreceptors in the ventral retina of the zebrafish embryo. *J. Comp. Neurol.*, 260, 461-471.

Kunz, Y. W., S. Ennis and C. Wise (1983): Ontogeny of the photoreceptors in the embryonic retina of the viviparous guppy, *Poecilia reticulata* P. (Teleostei). *Cell Tissue Res.*, 230, 469-486.

Lyall, A. H. (1957): The growth of the trout retina. *Quart. J. Micros. Sci.*, 98, 101-110.

Mugiya, Y. (1987): Effects of photoperiods on the formation of otolith increments in the embryonic and larval rainbow trout *Salmo gairdneri. Bull. Jpn. Soc. Sci. Fish.*, 53, 1979-1984.

Müller, H. (1952): Bau und Wachstum der Netzhaut des Guppy (*Lebistes reticulatus*). *Zool. Jahrb.*, 63, 275-324.

Negishi, K. and H.-J. Wagner (1995): Differentiation of photoreceptors, glia, and neurons in the retina of the cichlid fish *Aequidens pulcher* ; an immunocytochemical study. *Devel. Brain Res.*, 89, 87-102.

Omura, Y. and M. Oguri (1991): Photoreceptor development in the pineal organ and the eye of *Plecoglossus altivelis* and *Paralichthys olivaceus* (Teleostei). *Cell Tissue Res.*, 266, 315-323.

Omura, Y. and M. Oguri (1993): Early development of the pineal photoreceptors prior to the retinal differentiation in the embryonic rainbow trout, *Oncorhynchus mykiss* (Teleostei). *Arch. Histol. Cytol.*, 56, 283-291.

Omura, Y., K. Uematsu, H. Tachiki, K. Furukawa and H. Satoh (1997): Cone cells appear also in the retina of eel larvae. *Fish. Sci.*, 63, 1052-1053.

Omura, Y. and R. Yoshimura (1999): Immunocytochemical localization of taurine in the developing retina of the lefteye flounder *Paralichthys olivaceus. Arch. Histol. Cytol.*, 62, 441-446.

Östholm, T., E. Brännäs and Th. van Veen (1987): The pineal rgan is the first differentiated light receptor in the embryonic salmon, *Salmo salar* L. *Cell Tiss. Res.*, 249, 641-646.

Östholm, T., P. Ekström, A. Bruun and Th. van Veen (1988): Temporal disparity in the pineal and retinal ontogeny. *Devel. Brain Res.*, 42, 1-13.

Pankhurst, N. W. (1983): Retinal development in larval and juvenile European eel, *Anguilla anguilla* (L.). *Can. J. Zool.*, 62, 335-343.

Raymond, P. A. (1985): Cytodifferentiation of photoreeptors in larval goldfish : delayed maturation of rods. *J. Comp Neurol.*, 236, 90-105.

Raymond, P. A., L. K. Barthel and G. A. Curran (1995): Developmental patterning of rodr and cone photoreceptors in embryonic zebrafish. *J. Comp. Neurol.*, 359, 537-550.

Raymond, P. A. and P. F. Hitchcock (1997): Retinal regeneration : common principles but a diversity of mechanisms. *Adv. Neurol.*, 72, 171-184.

Raymond, P. A. and P. F. Hitchcock (2000): How the neural retina regenerates. *Resul. Prob. Cell Differ.*, 31, 197-218.

Raymond, P. A. and P. Rivlin (1987): Germinal cells in the goldfish retina that produce rod photoreceptors. *Devel. Biol.*, 122, 120-138.

Schmitt, E. A. and J. E. Dowling (1996): Comparison of topographical patterns of ganglion and photoreceptor cell differentiation in the retina of the zebrafish, *Danio rerio*. *J. Comp. Neurol.*, 371, 222-234.

Shand, J. (1994): Changes in retinal structure during development and settlement of the goatfish *Upeneus tragula*. *Brain Behav. Evol.*, 43, 51-60.

Shand, J., M. A. Archer and S. P. Collin (1999): Ontogenetic changes in the retinal photoreceptor mosaic in a fish, the black bream, *Acanthopagrus butcheri*. *J. Comp. Neurol.*, 412, 203-217.

Sharma, S. C. and F. Ungar (1980): Histogenesis of the goldfish retina. *J. Comp. Neurol.*, 191, 373-382.

Stenkamp, D. L., L. K. Barthel and P. A. Raymond (1997): Spatiotemporal coordination of rod and cone photoreceptor differentiation in goldfish retina. *J. Comp. Neurol.*, 382, 272-284.

Stenkamp, D. L., O. Hisatomi, L. K. Barthel, F. Tokunaga and P. A. Raymond (1996): Temporal expression of rod and cone opsins in embryonic goldfish retina predicts the spatial oreganozation of the cone mosaic. *Invest. Ophtahal. Vis. Sci.*, 37, 363-376.

Tsukamoto, K. (1992): Discovery of spawning area for the Japanese eel. *Nature*, 356, 789-791.

都築和美（1997）：ニホンウナギの網膜における光受容細胞の分化．平成8年度名古屋大学農学部卒業論文, pp.19（図版12）．

都築和美，大村百合，植松一真，塚本勝巳（1997）：ウナギの網膜における光受容細胞の分化．平成9年度日本水産学会春季大会講演要旨集, p.93.

植松一真，友田秀一，大村百合（1994）：ウナギレプトケファルス幼生の脳感覚系の形態．月刊海洋, 26, 282-287.

van Veen, T., P. Ekström, L. Nyberg, B. Borg, I. Vigh-Teichmann and B. Vigh (1984): Serotonin and opsin immunoreactivities in the developing pineal organ of the three-spined stickleback, *Gasterosteus aculeatus*. L., *Cell Tissue Res.*, 237, 559-564.

Wagner, H.-J., E. Flöhlich, K. Negishi and S. P. Collin (1998): The eyes of deep-sea fish II. Functional morphology of the retina. *Prog. Retin. Eye Res.*, 17, 637-685.

9. 硬骨魚類の視覚神経路

山本直之, 伊藤博信

§1. はじめに

1-1 硬骨魚類の進化

硬骨魚類には,真骨魚類および古生代に硬骨魚類の系統本幹から分かれたポリプテルス類,チョウザメ類,ガー類,アミアが含まれる(図9-1).真骨魚類は,中生代に様々な生態的地位に適応するために爆発的な適応放散を遂げ,魚類中最大の種数からなる.真骨魚類には,比較的古い時代に分かれたニシン類やコイ類などと現代的な真骨魚類である棘鰭類(イットウダイ類,カサゴ類,カワハギ類など多数の種を含む)が含まれる(図9-2).このように,硬骨魚類は他の脊椎動物群と比較して多様な系統から構成されている.即ち,ある系統の神経系で明らかになったことが,近縁の系統はともかく,離れた系統にそのまま当てはめられるとは限らないことに留意する必要がある.実際,神経系の外部形態や神経回路には系統ごとに大きな違いがみられる(伊藤,1987;伊藤・吉本,1991;伊藤,2002).

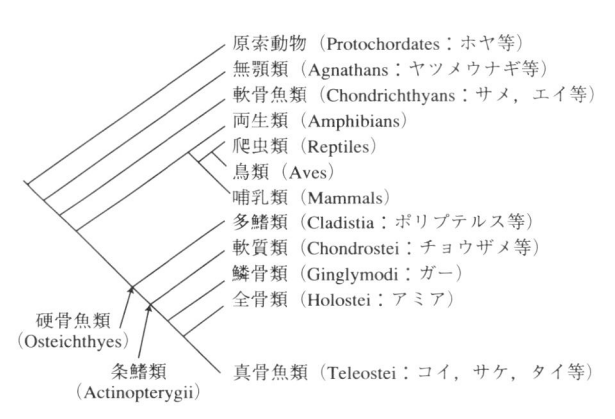

図9-1 脊椎動物の系統樹.脊椎動物近縁の外部系統として,原索動物も加えてある.Nelson (1994)をもとにした魚類の系統樹にその他の系統を加えた.

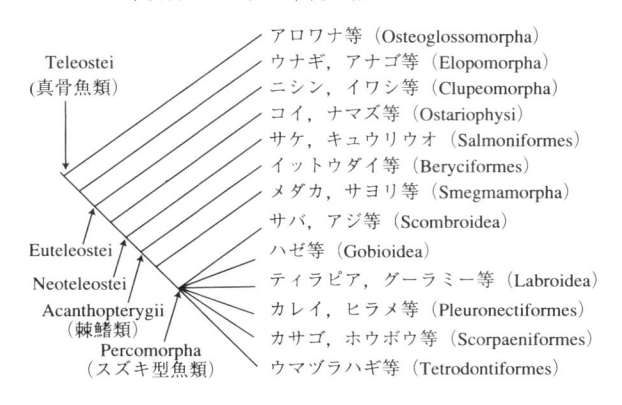

図9-2 真骨魚類の系統樹.Nelson (1994)をもとに主要な系統を選び作成.

1-2 視覚情報は複数の脳部位に送られる

網膜の視細胞によって受容された視覚情報は,網膜レベルでの情報処理を受けた後,視神経細胞(optic nerve cell あるいは網膜神経節細胞 retinal ganglion cell)の軸索である視神経によって脳へと運ばれる.視覚情報は,いくつかの中継核を経て最終的に終脳まで上行するほか,眼球運動制御,遠近調節,概日リズムに関与する部位にも送られている.また逆に,脳から網膜へ遠心性に情報を送る経路の存在も知られている.

1-3 2つの視覚系

脊椎動物には一般に2つの視覚上行路が存在することが知られている（図9-3）. その1つは膝状体系（geniculate system）と呼ばれ, 網膜から間脳の中継核（哺乳類では外側膝状体背側核）を経て終脳に至る経路である. もう1つの経路は非（外）膝状体系（extra-geniculate system）と呼ばれ, 網膜から視蓋（哺乳類では上丘）を介し, 次いで間脳の中継核を経て終脳に至る経路である. このような2つの視覚路の概念は, Schneider（1969）が哺乳類の研究に基づいて提唱した. その後, 鳥類（Karten and Hodos, 1970）, 爬虫類（Hall and Ebner, 1970a, b）, 両生類（Riss and Jakway, 1970；Northcutt and Kicliter, 1980）, 軟骨魚類（Ebbesson, 1972；Luiten, 1981a, b）にも同様に2つの視覚系が存在することが分かってきた（図9-4：伊藤, 1986；伊藤, 2002）. 硬骨魚類の視覚上行路は1980年代の伊藤らの棘鰭類の研究でその詳細が明らかにされた（Itoら, 1980；Ito and Vanegas, 1983；1984）. 最近になって,

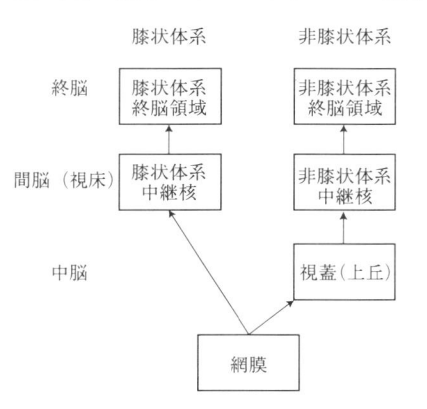

図9-3 2つの視覚路（膝状体系と非膝状体系）の概念図.

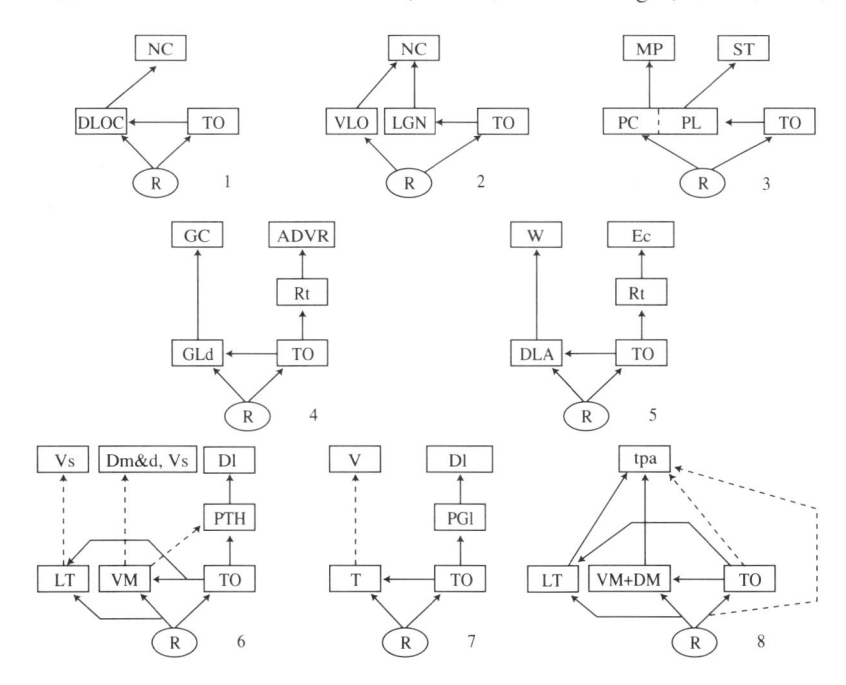

図9-4 2つの視覚上行路の系統発生.
1軟骨魚類（間脳の中継核が未分化とする説）, 2軟骨魚類（間脳の中継核が分化しているとする説）, 3両生類, 4爬虫類, 5鳥類, 6棘鰭類, 7コイ目, 8軟質類（チョウザメ）. 伊藤（1986）の原図に最近の自家所見を加えて作成.
ADVR：anterior dorsal ventricular ridge；DLA：nucleus dorsolateralis posterior；Dl：終脳背側野外側部；DLOC：dorsolateral optic complex；DM：視床背内側核；Dm, d：終脳背側野内側部および背側部；Ec：外線条体；GC：一般皮質；GLd：外側膝状体背側核；LGN：lateral geniculate nucleus；LT：視床外側部；MP：内側外套；NC：Nucleus centralis；PC：Nucleus posterocentralis；PGl：糸球体前核外側部；PL：Nucleus posterolateralis；PTH：視床前核；R：網膜；Rt：円形核；ST：線条体；T：視床；TO：視蓋；tpa：視床投射領域；V：終脳腹側野；VLO：ventrolateral optic nucleus；VM：視床腹内側核；Vs：終脳腹側野交連上部；W：Visual wulst（高線条体）.

我々はチョウザメ Acipenser transmontanus の視覚上行路を解明した．また，骨鰾類（コイ Cyprinus carpio など）の視覚上行路に関しても，若干のデータを得ている．これらの知見をもとに，以下では他の脊椎動物とも比較しながら硬骨魚類の視覚上行路の進化を議論し，その他の視覚路についても概説する．

§2．網膜投射と視覚路

2-1 視神経の交叉パターン

ほとんどの真骨魚類の視神経は完全交叉をして，反対側の視蓋や視床などの投射先に向かう．しかし，非真骨魚類性硬骨魚類では非交叉性線維が豊富に見られる（ガー Lepisosteus platyrhincus, Collin and Northcutt, 1995；チョウザメ，Ito ら，1999）．ほとんどの脊椎動物系統で視神経線維には非交叉性成分が存在し，対側優位の両側性投射が脊椎動物の基本的なパターンである（Ito ら，1999 の Discussion 参照）．真骨魚類の共通祖先が完全交叉という形質を獲得したと見られる．ピラニア Serrasalmus nigar では例外的に両側投射であり（Ebbesson and Ito, 1980），独自の進化の結果と思われる．

2-2 視蓋への投射と非膝状体系

視蓋（optic tectum）は，その名前が示すとおり網膜の主要な投射先である．しかしながら，視覚以外にも各種感覚情報の入力を受ける．視蓋は明瞭な層構造を形成していて，異なる感覚情報は別々の層に入力している（Vanegas and Ito, 1983：図 9-5, 9-6）．即ち視蓋は多種感覚情報の相関中枢と

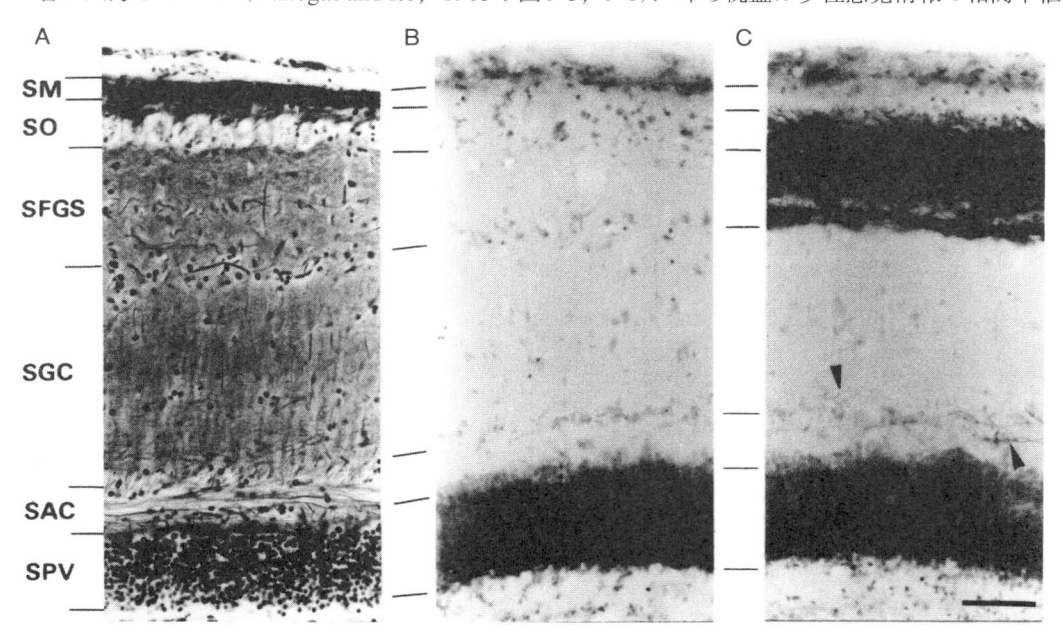

図 9-5 スズキ型魚類のドワーフグーラミーの視蓋の層構造（A：Bodian 染色，B：Nissl 染色）と網膜投射（C）．A, B）視蓋は表層から，辺縁層（stratum marginale：SM），視神経線維層（stratum opticum：SO），浅線維灰白層（stratum fibrosum et griseum superficiale：SFGS），中心灰白層（stratum griseum centrale：SGC），中心白質層（stratum album centrale：SAC），脳室周囲層（stratum periventriculare：SPV）の 6 層構造を成す．C）視神経に投与したトレーサーによって視神経の終末を黒く染色してある．網膜投射線維は主に SFGS と SO に終末するが，少数の線維は深層の SGC や SAC にも至る（矢頭）．スケールは 50 μm．

みなすことができる．視蓋から延髄へ下行する投射経路もあるので（視蓋延髄路：Tractus tecto-bulbaris），視蓋は感覚系と運動系の接点の1つと考えることもできる．このように，視蓋は豊富な入出力系をもっている（図9-7）．

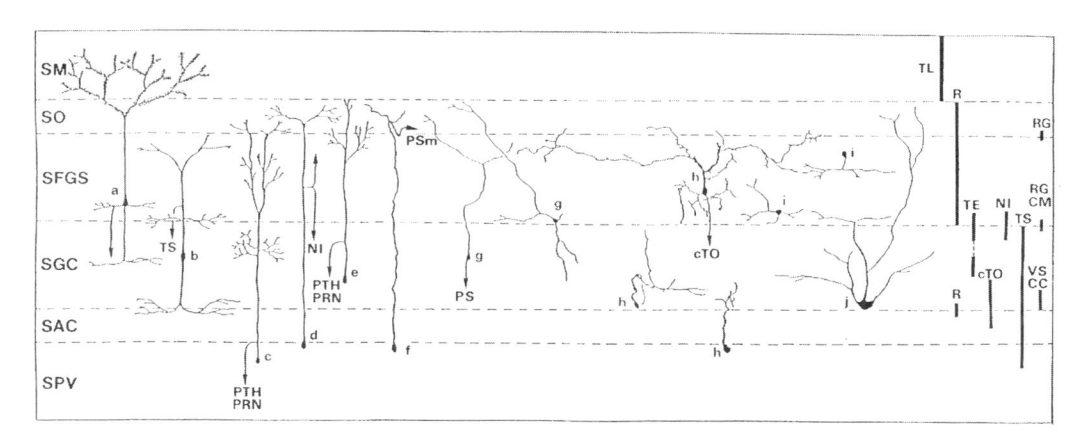

図9-6 硬骨魚類視蓋の主な構成細胞とその軸索（矢印）の投射先．層構造の略号は図9-5を参照のこと．
a）の細胞は縦走堤からの線維を辺縁層で大量に受けるが，軸索の投射先は不明である．b）の細胞への入力源は不明だが，半円堤（TS）に投射する．c, d, e, f）は網膜からの線維を主として受けると考えられる細胞群であり，c, e）は視床前核（PTH）と視索前野網膜投射核（PRN）に投射し，d）は峡核（NI）に投射する．f）は浅視蓋前域核大細胞部（PSm）に投射する．g）は浅視蓋前域核（PS）へ，h）は反対側の視蓋（cTO）へ投射する．i）は介在ニューロンと思われる．j）は延髄などへの投射ニューロンと思われる．また右側の黒棒は外部からの入力線維が終末する層を示す．TL）縦走堤から，R）網膜から，TE）終脳から，cTO）反対側視蓋から，NI）峡核から，TS）半円堤から，VS）三叉神経感覚核から，CC）小脳から，RG）Goldsteinの赤核から，CM）乳頭体から，の投射部位を示す．伊藤・吉本（1991）の原図に，Yoshimoto and Ito（1993），Shimizuら（1999），Sawaiら（2000）など最近の自家所見を加えて作成．

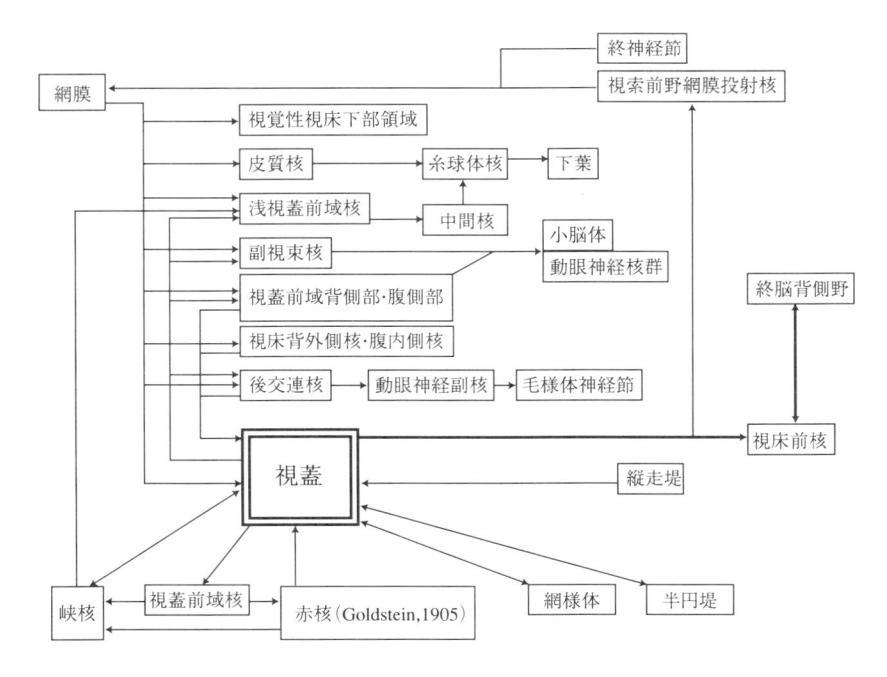

図9-7 棘鰭類の視覚系と視蓋の線維連絡．
これまでに報告された主要な連絡と最近の自家所見による．反対側の諸構造との連絡は単純化のため省略してある．

視神経線維は，視蓋の視神経線維層（Stratum opticum）と浅線維灰白層（Stratum fibrosum et griseum superficiale；終末は最も豊富）に終末を形成する（Vanegas and Ito, 1983：図9-5）．少数の視神経線維はより深い層に至り，中心灰白層（Stratum griseum centrale）や中心白質層（Stratum album centrale）にも終末する．

非膝状体系は，棘鰭類のイットウダイ類 *Holocentrus* で詳細に研究されている．視蓋は間脳の視床前核（Nucleus prethalamicus）へ投射する（Itoら，1980；Ito and Vanegas, 1983；1984：図9-8）．視床前核に投射する視蓋の細胞は，脳室周囲層（Stratum periventriculare）に細胞体をもつものが主体である．その樹状突起は浅線維灰白層へと延びて分枝しているので，このニューロンは視床前核へ視覚性情報を送っていると考えられる（Ito and Vanegas, 1984）．視床前核は終脳背側野外側部（Area dorsalis telencephali pars lateralis）へ投射する（Ito and Vanegas, 1984）．したがって，網膜→視蓋→視床前核→終脳背側野外側部という終脳上行路が形成されることになる．この経路は視蓋から間脳の中継核を経て終脳に至る視覚路であるから，非膝状体系に相当すると考えられる．視床前核は終脳背側野から抑制性と思われる下行性投射を受けることや（Ito and Vanegas, 1983；伊藤，2002），細胞形態やシナプス構成の点で，哺乳類の非膝状体性中継核である LP-pulvinar complex と酷似している（Ito and Vanegas, 1983；Ito and Atencio, 1976）．

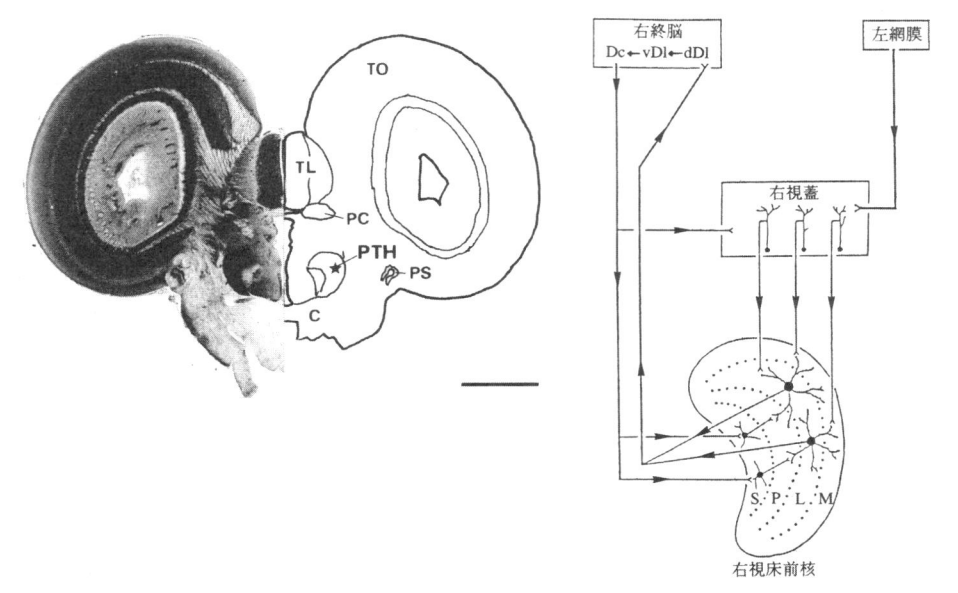

図9-8 視床前核（Nucleus prethalamicus：PTH）を中心とした棘鰭類（イットウダイ）の視覚路．
　　　伊藤・吉本（1991）にYamaneら（1996）の知見を加えた．
C：optic chiasm；Dc：Area dorsalis telencephali pars centralis（終脳背側野中心部）；dDl：dorsal portion of area dorsalis telencephali pars lateralis（終脳背側野外側部の背側部）；L：large cell layer；M：marginal layer；P：plexiform layer；PC：Nucleus paracommissuralis（後交連傍核）；PS：Nucleus pretectalis superficialis（浅視蓋前域核）；S：small cell layer；TL：Torus longitudinalis（縦走堤）；TO：Tectum opticum（視蓋）；vDl：ventral portion of area dorsalis telencephali pars lateralis（終脳背側野外側部の腹側部）．スケールは1mm．

棘鰭類以外の真骨魚類における非膝状体系はよく分かっていなかった．最近，我々は骨鰾類コイ目の糸球体前核外側部（Nucleus preglomerulosus pars lateralis）が視蓋から投射を受け，終脳背側野外側部に投射することを明らかにした（山本ら，未発表：図9-9）．糸球体前核外側部に投射する視蓋の

ニューロンは，その形態から網膜投射を受けていると考えられる．また糸球体前核外側部は，イットウダイの視床前核と同様，終脳背側野から下行性投射を受ける．ただし，視蓋からの投射線維は糸球体前核外側部の背側部分だけに終末し，その他の部分には，半円堤（Torus semicircularis）からおそらく側線感覚が入力する（山本ら，未発表）．糸球体前核外側部の背側部分が棘鰭類の視床前核と相同と思われる．棘鰭類ではこの部分が特に発達して視床前核を形成したか，コイ目では何らかの原因で非膝状体性中継核が退化的になって側線感覚中継核との境界が不明瞭になっているのかもしれない．棘鰭類や骨鰾類以外の系統での研究が，真骨魚類の非膝状体性中継核の進化を解き明かす鍵となろう．

　非真骨魚類性の硬骨魚類（チョウザメ，ガー，アミア Amia calva など）の非膝状体系は長らく不明であった．チョウザメの視覚系を調べたところ，視蓋は視床の背内側部，腹内側部，外側部に投射し（Yamamoto ら，1999），これら3つの領域は終脳の腹外側部（視床投射領域：thalamic projection

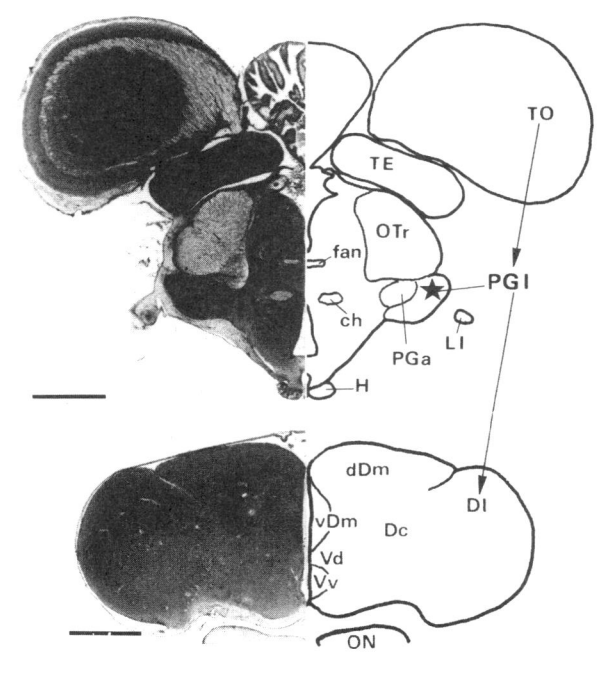

図9-9　糸球体前核外側部（PGl）を中心とした骨鰾類（コイ）の視覚上行路．ch：Commissura hirizontalis（水平交連）；Dc：Area dorsalis telencephali pars centralis（終脳背側野中心部）；dDm：dorsal portion of Area dorsalis telencephali pars medialis（終脳背側野内側部の背側部）；Dl：Area dorsalis telencephali pars lateralis（終脳背側野外側部）；fan：Fibrae ansulatae of Sheldon；H：Hypophysis（下垂体）；Ll：Lobus inferior（下葉）；ON：optic nerve；OTr：optic tract（視索）；PGa：Nucleus preglomerulosus pars anterior（糸球体前核前部）；TE：Telencephalon（終脳）；TO：Tectum opticum（視蓋）；Vd：Area ventralis telencephali pars dorsalis（終脳腹側野背側部）；vDm：ventral portion of Area dorsalis telencephali pars medialis（終脳背側野内側部の腹側部）；Vv：Area ventralis telencephali pars ventralis（終脳腹側野腹側部）．スケールは1 mm．

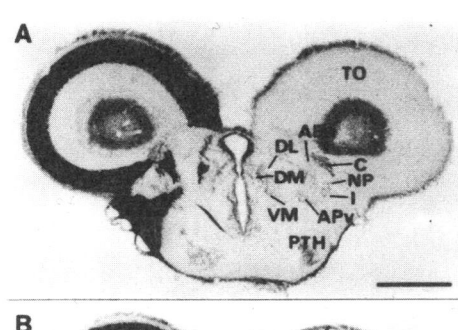

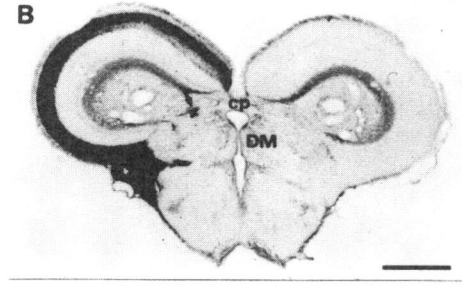

図9-10　グーラミーの視床と視蓋前域の諸核への網膜投射．視神経に投与したトレーサーによって，視神経線維は黒く染色されている．A）視床背外側核（Nucleus dorsolateralis thalami：DL）と視蓋前域背側野および腹側野（Area pretectalis pars dorsalis et ventralis：APd, APv）に終末が見える．視床腹内側核（Nucleus ventromedialis thalami：VM）の外側部分にも少数の線維が終末している．B）Aの写真より若干尾側．後交連核に終末が見える（矢印）．スケールはA，Bともに500μm．C：Nucleus corticalis（皮質核）；cp：Commissura posterior（後交連）；DM：Nucleus dorsomedialis thalami（視床背内側核）；I：Nucleus intermedius（中間核）；NP：Nucleus pretectalis（視蓋前域核）；PTH：Nucleus prethalamicus（視床前核）；TO：Tectum opticum（視蓋）．

area）に投射することが分かった（Albertら，1999）．

2-3 視床への投射と膝状体系

網膜は視床の背外側核（Nucleus dorsolateralis thalami）と腹内側核（Nucleus ventromedialis thalami）に投射する（図9-10）．このうち，視床腹内側核は終脳背側野の内側部および背側部（Area dorsalis telencephali pars medialis et dorsalis）と終脳腹側野の交連上部（Area ventralis telencephali pars supracommissuralis）に投射することが知られている（カサゴ Sebastiscus marmoratus：Itoら，1986）．また，最近のティラピア Oreochromis niloticus での研究で，視床の外側部が終脳腹側野交連上部に投射することが示唆された（Yamamoto and Ito, 2000）．コイ目でも，視床から終脳腹側野交連上部に投射があり，膝状体系に相当する経路が含まれている可能性がある（山本ら，未発表）．しかしながら，これらの経路を構成する線維は極めて少なく，膝状体系が存在するとしても痕跡的である．また，終脳腹側野交連上部は嗅覚投射をうけることが知られている部位であり，膝状体系の投射先としては不自然である．今後更に研究が必要であろう．

チョウザメでは，網膜からの情報は視床の背内側部，腹内側部，外側部で中継され，終脳の視床投射領域に到達する（Itoら，1999；Yamamotoら，1999；Albertら，1999）．即ち，膝状体系が明らかに存在する．ただし，チョウザメの膝状体系と非膝状体系は間脳レベルで重なり，終脳の同一領域に投射する（Itoら，1999；Yamamotoら，1999；Albertら，1999：図9-11）．この状態は，軟骨魚類の視覚上行路とよく似ている（Ebbesson，1972：図9-4-1）．これらの結果を単純に解釈すると，脊椎動物の共通祖先では2つの視覚系は未分化であり，チョウザメや軟骨魚類ではその状態が保たれていることになる（図9-1の系統樹参照）．この場合，2つの視覚系の分化は四足動物の共通祖先で起り，真骨魚類では膝状体系に相当する成分は何らかの理由で退化的になったと推測される．一方，軟骨魚類でも2つの視覚系が分化しているいう報告もある（Luiten，1981a，b：図9-4-2）．チョウザメにおいても，核内レベルにおいて膝状体系中継部と非膝状体系中継部が分かれている可能性は否定できない．実際，視床への網膜投射は視蓋投射領域より吻側中心に終末する傾向が見られた．チョウザメでは視覚系の発達が悪いため，2つの視覚上行路が実験的にはっきりと分離できなかっ

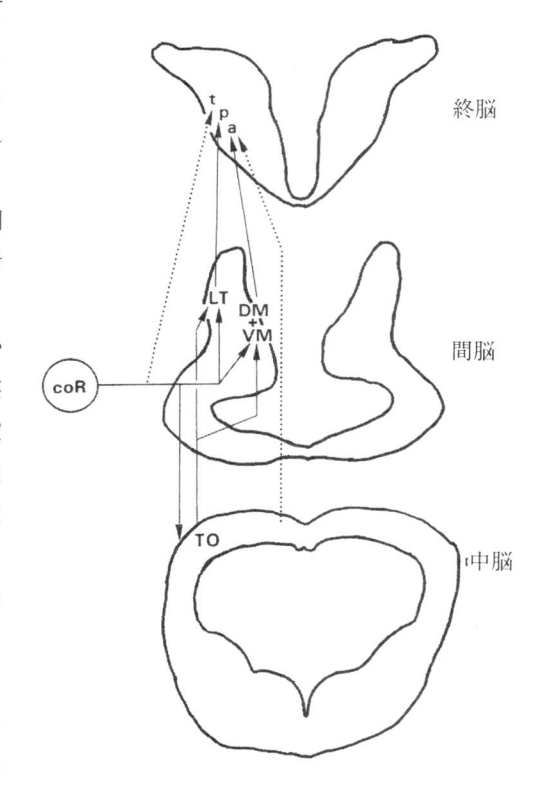

図9-11 チョウザメの視覚上行路．網膜から同側の視蓋や視床を介して終脳に至る経路も存在するが，単純化のため網膜から反対側の終脳への上行路のみ示してある．膝状体系と非膝状体系が間脳と終脳のレベルで重なっていることに注意．また，網膜と視蓋から直接終脳に至る特異な経路が存在する．ただし，これらの経路を構成する線維は非常に少ない（点線で示した）．

coR：contralateral retina（反対側網膜）；DM：dorsomedial thalamic area（視床背内側部）；LT：lateral thalamic area（視床外側部）；VM：ventromedial thalamic area（視床腹内側部）；TO：Tectum opticum（視蓋）；tpa：thalamic projection area（視床投射領域）．

たのかもしれない．チョウザメや軟骨魚類で視覚系が2つに分化しているとすると，2つの視覚系は脊椎動物の共通祖先の段階で既に存在していたと考えられる．この場合，真骨魚類では膝状体系が何らかの理由で退化的になったことになる．ポリプテルスなどの非真骨魚類性硬骨魚類の研究が，視覚系の進化を理解するために必要である．

2-4 視床下部への投射と概日リズム

視神経線維は視床下部あるいは視索前野の吻腹側部に終末することが分かっている（真骨魚類においても，他の網膜投射部位と異なり両側性であることが多い）．この部位は視覚性視床下部領域（optic hypothalamus あるいは視交叉上核 suprachiasmatic nucleus）と呼ばれている（図9-12）．視覚性視床下部領域は，哺乳類の視交叉上核と同様に視交叉の背側に位置している．哺乳類の視交叉上核は網膜投射を受け，生体の概日リズムを刻む生物時計の働きをしていることが知られている．視覚性視床下部領域も類似の機能をもつ可能性がある（生物時計に関しては飯郷，2002を参照）．なお，チョウザメの視覚性視床下部領域は，視交叉から脳室中に向かって棍棒状に突出した特異な形態をもつ（Ito ら，1999：図9-12）．

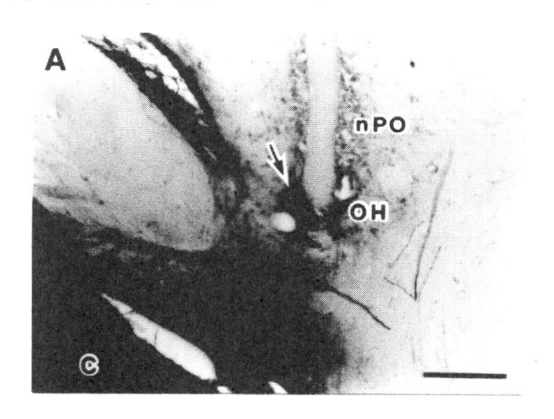

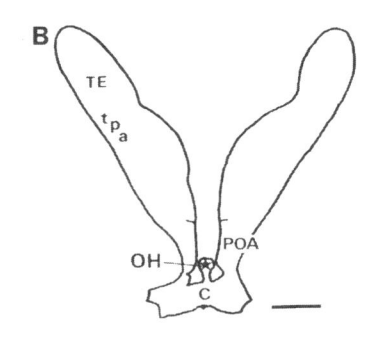

図9-12 視覚性視床下部領域（optic hypothalamus：OH）．A：テッポウウオの視覚性視床下部領域．視神経に投与したトレーサーによって標識された終末が見られる（矢印）．スケールは100μm．B：チョウザメの視覚性視床下部領域は，脳室中に棍棒状に突出している．スケールは1mm．
C：optic chiasm（視神経交叉）；nPO：Nucleus preopticus（視前核），POA：preoptic area（視索前野）；TE：Telencephalon（終脳）；tpa：thalamic projection area（視床投射領域）．

2-5 視蓋前域と副視束核への投射と眼球運動制御および遠近調節

網膜は視蓋前域（Pretectum）の視蓋前域背側部と腹側部（Area pretectalis pars dorsalis et ventralis）と中脳被蓋にある副視束核に投射する（Ito ら，1984：図9-10）．これらの神経核は視蓋からの投射も受け，外眼筋を支配する脳神経核（動眼神経核，滑車神経核，外転神経核）と小脳体に投射する（Uchiyama ら，1988）．視覚対象の網膜上のイメージを安定化させるために眼球運動を制御する回路であると推測される．

網膜は，視蓋前域に存在する後交連核（nucleus of posterior commissure）にも投射する（Ito ら，1984：図9-10）．後交連核は動眼神経副核（accessory oculomotor nucleus，あるいは Edinger-Westphal nucleus）に投射する（Somiya ら，1992）．動眼神経副核は，毛様体神経節の節後ニューロンを介してレンズの移動を制御し遠近調節を行う（Somiya ら，1992）．

網膜は，視蓋前域に存在する浅視蓋前域核小細胞部（Nucleus pretectalis superficialis pars parovocellularis：コイ目：図9-13）や浅視蓋前域核（Nucleus pretectalis superficialis：棘鰭類）にも投射する（図9-7）．棘鰭類の浅視蓋前域核は網膜の他，視蓋と峡核（Nucleus isthmi）から投射を受け，視蓋，視蓋前域の中間核（Nucleus intermedius of Brickner, 1929），縫線核（Nucleus raphe）に投射することが知られる（Murakamiら，1986；Striedter and Northcutt, 1989）．コイ目の浅視蓋前域核小細胞部は棘鰭類の浅視蓋前域核と同様の線維連絡をもつことが分かり（Xueら，2002），2つの核の相同性が示された．これらの核の機能はいまのところはっきりしない．

§3. 2つの視覚上行路と機能的分化

Schneider（1969）は，2つの視覚系は形態学的だけでなく機能的にも分化していると提唱した．すなわち，「膝状体系は視覚対象のパターン認識に，非膝状体系は空間的定位に関わる」とする考えである．しかしながら，その後の哺乳類での実験は否定的である（例えばSpragueら，1977）．一方，両生類と軟骨魚類での研究結果はSchneiderのアイデアを支持している（Ingle, 1973；Graeber and Ebbesson, 1972；Graeberら，1973）．硬骨魚類では，終脳の除去をしても，パターン認識能力は変らず（Bernstein, 1962；Savage and Swingland, 1969），逆に視蓋を除去するとパターン認識能力がなくなること（Springerら，1977；Yagerら，1977）が報告されている．これは，パターン認識能と空間定位能が分離して2つの視覚系に依存しているのではなく，系統によって異なる割合で同時に2つの系に依存しているためと解釈できる．実際，哺乳類では視覚対象のパターン認識と空間的定位に必要な情報は，どちらも膝状体系を通って終脳に運ばれることが明らかになってきている．パターン認識能は網膜の小型の視神経細胞から外側膝状体背側核の小型細胞を介して一次視覚野に至る成分に主に依存し，空間的定位能は網膜の大型の視神経細胞から外側膝状体背側核の大型細胞を介して一次視覚野に至る成分に主に依存していると考えられている（Livingstone and Hubel, 1987）．非膝状体系を経由する視覚情報に関しては，上記の膝状体系のような詳細な研究はされていないが，両機能への微弱な関与が報告されている（Weiskrantzら，1974）．視蓋が極度に発達している硬骨魚類では，両機能に必要な情報がともに視蓋に運ばれ，そこで必要な情報処理のかなりの部分を行っているのかもしれない．

§4. その他の視覚路

4-1 浅視蓋前域核大細胞部を介した経路

浅視蓋前域核大細胞部（Nucleus pretectalis superficialis pars magnocellularis）はコイ目の視蓋前域に見られる円形の顕著な神経核であり（図9-13），視蓋から視覚性投射を受ける（Yoshimoto and Ito, 1993）．浅視蓋前域核大細胞部は，小脳弁外側核（Nucleus lateralis valvulae）を介して小脳に情報を送る（Ito and Yoshimoto, 1990）．この経路全体を通じて局所対応性が保たれていて，運動制御に必要な視覚情報を小脳に送る経路であると思われる（Yoshimoto and Ito, 1993）．

小脳弁外側核へ軸索を送る浅視蓋前域核大細胞部の細胞は，軸索の途中から側副枝を出して乳頭体（Corpus mamillare）に送ることが知られている（Yoshimoto and Ito, 1993）．この投射路の機能は不明である．小脳弁外側核に投射する軸索終末と乳頭体へ投射するその側副枝の終末は，光学顕微鏡レ

ベルでは全く異なる形態を示すが，電子顕微鏡レベルではよく似た形態をもつことがわかっており興味深い（Ito ら，1997）．棘鰭類では，浅視蓋前域核大細胞部に相同な神経核は見いだせない（Sawai ら，2000）．

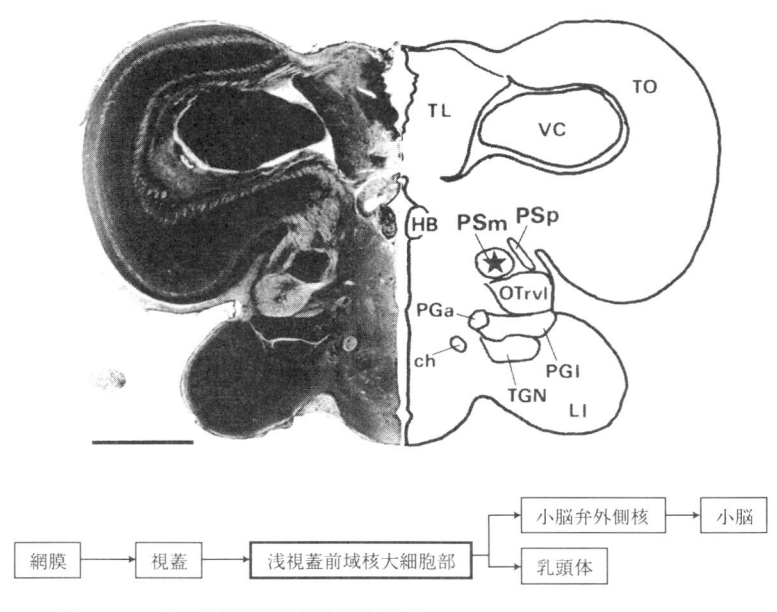

図9-13 コイの浅視蓋前域核大細胞部（Nucleus pretectalis superficialis pars magnocellularis：PSm）の位置とその線維連絡.
ch：Commissura horizontalis（水平交連の線維）；HB：Habenula（手綱）；Ll：Lobus inferior（下葉）；OTrvl：Tractus opticus pars ventrolateralis（視索腹外側部）；PGa：Nucleus preglomerulosus pars anterior（糸球体前核前部）；PGl：Nucleus preglomerulosus pars lateralis（糸球体前核外側部）PSp：Nucleus pretectalis superficialis pars parvocellularis（浅視蓋前域核小細胞部）；TGN：tertiary gustatory nucleus（視床三次味覚核）；TL：Torus longitudinalis（縦走堤）；TO：Tectum opticum（視蓋）；VC：Valvura cerebelli（小脳弁）．スケールは1mm.

4-2 皮質核―糸球体核―下葉系

棘鰭類の視蓋前域吻側部にみられる皮質核（Nucleus corticalis：図9-14）は，樹状突起を視蓋の浅線維灰白層と中心灰白層に延ばしており，視覚と一般体性感覚を受容していると考えられる（Sakamoto and Ito，1982；Shimizu ら，1999）．皮質核は中間核とともに，糸球体核（Corpus glomerulosum）に投射する（Sakamoto and Ito，1982）．糸球体核は吻側に位置する前部と大きな円形部から成り，両者は瓢箪状につながっている．糸球体核は細胞構築によって3タイプに分けられている（Ito and Kishida，1975）．スズキ型魚類の中でも，ウマヅラハギ *Thamnaconus modestus* やキュウセン *Halicoeres poecilopterus* などでは特にその発達が著しい．糸球体核は下葉の散在核（Nucleus diffusus lobi inferioris）に投射する（Sakamoto and Ito，1982；Shimizu ら，1999）．カワハギ *Stephanolopis cirrhifer* において，糸球体核を構成する大細胞と小細胞の生理学的な性質の違いが最近明らかにされた（Tsutsui ら，2001）．この経路が果たす役割の詳細は不明であるが，下葉が関与することが報告されている摂食行動に（Demski，1983），何らかの視覚性の影響を及ぼすのかもしれない．

4-3 峡核との線維連絡

峡核（Nucleus isthmi）は，中脳と延髄の境界部に存在する（図9-15）．この核は，両生類，爬虫類，鳥類の同名の核や，哺乳類の二丘体傍核（Nucleus parabigeminalis）と相同である．峡核の線維連絡はスズキ型真骨魚類のウマヅラハギにおいて詳細に研究されている．ウマヅラハギの峡核は，視蓋から視覚性投射を受け（Itoら，1981），視蓋と浅視蓋前域核に投射する（Sakamotoら，1981）．視蓋との相互連絡は局所対応的であることが分かっている（Sakamotoら，1981）．峡核は視蓋前域核を介した視蓋からの入力も受けることが分かっている（Itoら，1981）．視蓋からの入力は興奮性であり，視蓋前域核からの入力は抑制性であると考えられている（Itoら，1982）．コイ目には，視蓋前域核は存在しない．コイ目では，棘鰭類の視蓋前域核ニューロンに相当する細胞は視蓋内に存在している可能性がある（Xueら，2002）．

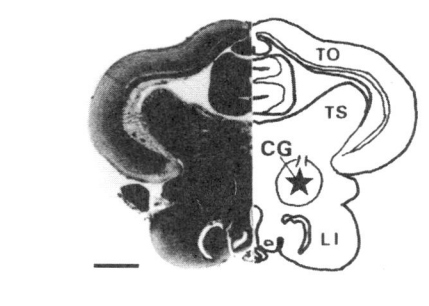

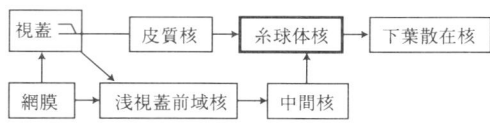

図9-14 棘鰭類の糸球体核（Corpus glomerulosum：CG）とその線維連絡．テッポウウオの中脳の前頭断切片．Bodian染色．このレベルでは，糸球体核円型部が見える．糸球体核前部はもっと吻側に存在する．スケールは500μm．皮質核は，視蓋に延ばしている樹状突起に網膜投射を受ける（ボックス図では，皮質核から視蓋内部に延びている線で表した）．視蓋内の樹状突起は一般体性感覚など他の感覚情報も受ける可能性がある．LI：Lobus inferior（下葉）；TO：Tectum opticum（視蓋）；TS：Torus semicircularis（半円堤）．

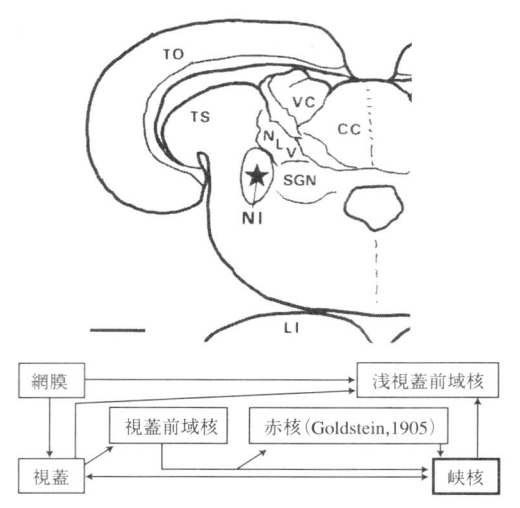

図9-15 棘鰭類の峡核（Nucleus isthmi：NI）とその線維連絡．ティラピアの中脳尾側部の前頭断切片．スケールは500μm．ボックス図はItoら（1982），Striedter and Northcutt（1989）の知見に最近の自家所見（Xueら，2002）を加えて作成した．CC：Corpus cerebelli（小脳体）；LI：Lobus inferior（下葉）；NLV：Nucleus lateralis valvulae（小脳弁外側核）；SGN：secondary gustatory nucleus（二次味覚核）；TO：Tectum opticum（視蓋）；TS：Torus semicircularis（半円堤）；VC：Valvura cerebelli（小脳弁）．

§5. 向網膜系

多くの脊椎動物において，脳から網膜に情報を送る経路が見つかっている（Uchiyama，1989）．このような網膜への投射系（retinopetal system）には元来適切な和名がなかったが，向網膜系と名付けられ定着しつつある（内山ら，1998）．硬骨魚類には2種類の向網膜系が存在する（Uchiyama，1989）．1つは，間脳に存在する網膜投射ニューロン群である．間脳の向網膜系ニューロンは棘鰭類に見られるが，キンギョ Carassius auratus などの骨鰾類では見つかっていない．チョウザメでも間脳に網膜投射ニューロンが見つかるので（Hofmannら，1993；Itoら，1999），骨鰾類では二次的に消滅したと思われる．ウマヅラハギの間脳には非常によく発達した網膜投射ニューロン群が見られ，視

索前野網膜投射核（preoptic retinopetal nucleus）と名付けられている（Uchiyamaら，1981；Uchiyama and Ito., 1984：図9-16）．この核は視蓋から投射を受け，網膜のアマクリン細胞層（amacrine cell layer）に投射することが分かっているが（Uchiyamaら，1981；1985；1986），その機能はよく分かっていない．鳥類のウズラの向網膜系は形態学的および生理学的に詳細な研究がなされており（Uchiyama and Ito, 1993；Uchiyamaら，1995；1996），ウマヅラハギの視索前野網膜投射核と類似した連絡様式を持つ．ウズラの向網膜系は，視覚的注意を集中している網膜部位を移していく働きがあると考えられている（Uchiyama and Barlow，1994）．硬骨魚類の間脳の向網膜系も同様な機能をもつかもしれない（詳細はUchiyama, 1989参照）．

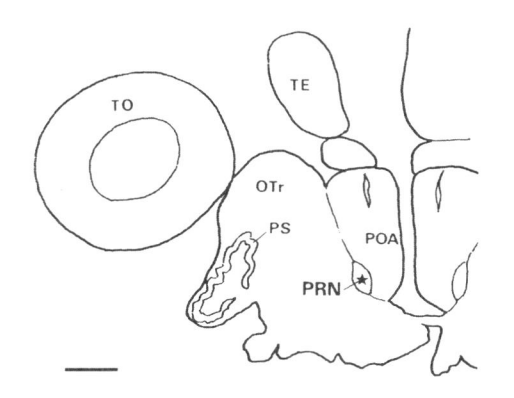

図9-16　ウマヅラハギの視索前野網膜投射核（preoptic retinopetal nucleus：PRN）．スケールは500μm．OTr：optic tract（視索）；POA：preoptic area（視索前野）；PS：Nucleus pretectalis superficialis（浅視蓋前域核）；TE：Telencephalon（終脳）；TO：Tectum opticum（視蓋）．

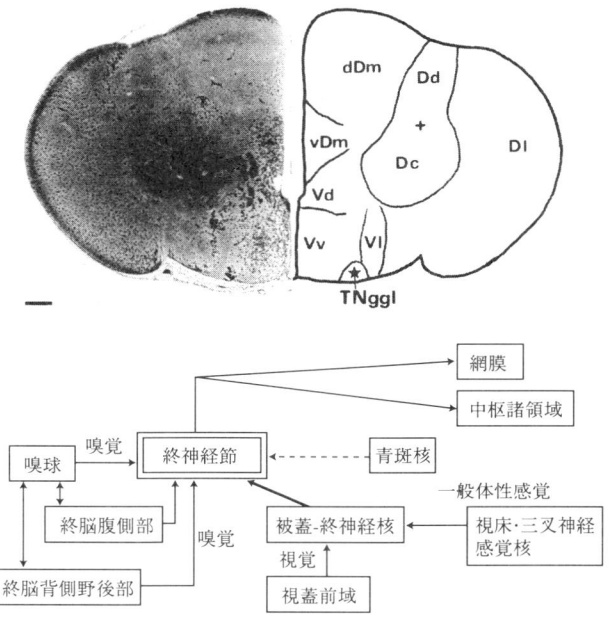

図9-17　ドワーフグーラミーの終神経節（ganglion of the terminal nerve：TNggl）とその線維連絡．写真は終脳吻側部の前頭断切片をBodian染色したもの．スケールは100μm．ボックス図の点線は極少数の投射線維を表す．被蓋－終神経核は，以前は被蓋－嗅球核とされていたが（Prasada Rao and Finger，1984），投射様式に基づいて改名した．Dd：Area dorsalis telencephali pars dorsalis（終脳背側野背側部）；Vl：Area ventralis telencephali pars lateralis（終脳腹側野外側部）．他の略号は図9-9を参照．

硬骨魚類に見られるもう1つの向網膜系は，終脳の網膜投射ニューロンである．終脳の向網膜系はほとんどの脊椎動物に見られる（Uchiyama, 1989）．一部の硬骨魚類では，終脳の向網膜系ニューロンは細胞集団を形成していて，終神経節（ganglion of the terminal nerve）と呼ばれる（図9-17）．これらの細胞は嗅球やその周辺に存在し，網膜に投射するため嗅網膜核（nucleus olfacto-retinalis）とも呼ばれる．終脳の網膜投射ニューロンが神経節を形成せず嗅神経，嗅球，終脳腹側野に散在的に分布する系統もある（例えばサケ類）．このような系統による分布の違いは，終神経の細胞群が発生学的に嗅プラコードに出現し，その後脳内に移動することを反映していると思われる（Schwanzel-Fukuda and Pfaff., 1989；Murakami and Arai, 1994；Parharら, 1995；Yamamotoら, 1996). 終神経節の細胞はゴナドトロピン放出ホルモン (GnRH) 陽性であり (Münzら, 1981；Oka and Ichikawa, 1990；Amanoら, 1991；Kimら, 1995), 網膜を含めた様々な脳部位に広範に投射する (Oka and Matsushima, 1993；Yamamotoら, 1995). 網膜における終神経節由来のGnRH陽性線維は, 内顆粒層と内網状層の間に網目状に存在する (Münzら, 1982；Uchiyama, 1990). 終神経のGnRH系はその極めて広範な投射によって, 動物の覚醒状態や動機づけを制御する神経修飾機能をもつと考えられ (Oka, 1997；岡, 2002), スズキ型魚類のドワーフグーラミー *Colisa lalia* では巣作り行動の開始を制御することがわかっている (Yamamotoら, 1997). 終神経のGnRH陽性線維は, 様々な脳部位に影響を与えて行動を制御すると同時に網膜からの視覚情報の取込みも調節していると思われる. 実際, GnRHが網膜の興奮性に影響を与えることが知られている (Stellら, 1984；Walker and Stell, 1986；Umino and Dowling, 1991). 最近, 終神経節に中脳と終脳から一般体性感覚, 視覚, 嗅覚情報が送られることが分かってきた (Yamamoto and Ito, 2000；図9-17). このことは各種感覚情報が終神経のGnRH系の神経修飾機能に影響を与えることや視覚以外の感覚情報が網膜の活動に影響を与えていることを示唆していて興味深い.

文献

Albert, J. S., N. Yamamoto, M. Yoshimoto, N. Sawai and H. Ito (1999)：Visual thalamo-telencephalic pathways in the sturgeon *Acipenser*, a non-teleost actinopterygian fish. *Brain, Behav. Evol.*, 53, 156-172.

Amano, M., Y. Oka, K. Aida, N. Okumoto, S. Kawashima and Y. Hasegawa (1991)：Immunocytochemical demonstration of salmon GnRH and chicken GnRH-II in the brain of masu salmon, *Oncorhynchus masou*. *J. Comp. Neurol.*, 314, 587-597.

Bernstein, J. J. (1962)：Role of the telencephalon in color vision of fish. *Exp. Neurol.*, 6, 173-185.

Brickner, R. M. (1929)：A description and interpretation of certain parts of the teleostean midbrain and thalamus. *J. Comp. Neurol.*, 47, 225-282.

Collin, S. P. and R. G. Northcutt (1995)：The visual system of the Florida garfish, *Lepisosteus platyrhincus* (Ginglymodi). *Brain, Behav. Evol.*, 45, 34-53.

Demski, L. S. (1983)：Behavioral effects of electrical stimulation of the brain. (ed.by R.E.Davis and R. G. Northcutt), Fish Neurobiology Vol. II, University of Michigan Press, p. 317-359.

Ebbesson, S. O. E. (1972)：A proposal for a common nomenclature for some optic nuclei in vertebrates and a evidence for a common origin of two such cell groups. *Brain, Behav. Evol.*, 6, 75-91.

Ebbesson, S. O. E. and H. Ito (1980)：Bilateral retinal projection in black piranha (*Serrasalmus nigar*). *Cell Tiss. Res.*, 213, 483-495.

Goldstein, K. (1905)：Untersuchungen über das Vorderhirn und Zwishenhirn einiger Knochenfische (nebst einigen Beiträgen über Mittelhirn und Kleinhirn derselben). *Arch. Mikr. Anat.*, 66, 135-219.

Graeber, R. C. and S. O. E. Ebbesson (1972)：Retinal projections in the lemon shark (*Negaprion brevirostris*). *Brain, Behav. Evol.*, 5, 461-477.

Graeber, R. C., S. O. E. Ebbesson and J. A. Jane (1973)：Visual discrimination in shark without optic tectum. *Science* 180, 413-414.

Hall, W. C. and F. F. Ebner (1970a)：Parallels in the visual afferent projections of the thalamus in the hedgehog (*Praechinus hypomelas*) and the turtle (*Pseudemys scripta*) *Brain, Behav. Evol.*, 3, 135-154.

Hall, W. C. and F. F. Ebner (1970b)：Thalamotelencephalic projections in the turtle (*Pseudemys scripta*). *J. Comp. Neurol.*, 140, 101-122.

Hofmann, M. H., C.Piñuela and D. L. Meyer (1993)：Retinopetal projections from diencephalic neurons in a primitive actinopterygian fish, the starlet *Acipenser ruthenus*. *Neurosci. Lett.*, 161, 30-32.

飯郷雅之 (2002)：魚類松果体の生物時計. 魚類のニューロサイエンス, 恒星社厚生閣, pp.93-105.

Ingle, D. (1973)：Two visual systems in the frog. *Science*, 181, 1053-1055.

伊藤博信 (1986)：系統発生からみた感覚路の多重性－視覚系を中心として. 脳と神経, 38, 845-852.

伊藤博信 (1987)：環境と脳－比較神経学の新しい側面. 医学の歩み, 143, 753-758.

伊藤博信 (2002)：魚類の脳研究の歴史と展望. 魚類のニューロサイエンス, 恒星社厚生閣, pp.1-8.

Ito, H. and F. Atencio (1976)：Staining methods for an electron microscopic analysis of Golgi impregnated nervous tissue and demonstration upon pulvinar neurons. *J. Neurocytol.*, 5, 293-317.

Ito, H. and R. Kishida (1975)：Organization of the teleostean nucleus rotundus. *J. Morphol.*, 147, 89-108.

Ito, H. and H. Vanegas (1983)：Cytoarchitecture and ultrastructure of nucleus prethalamicus, with special reference to degenerating afferents from optic tectum and telencephalon, in a teleost (*Holocentrus ascensionis*). *J. Comp. Neurol.*, 221, 401-415.

Ito, H. and H. Vanegas (1984): Visual receptive thalamopetal neurons in the optic tectum of teleosts (Holocentridae). *Brain Res.*, 290, 201-210.

Ito, H. and M. Yoshimoto (1990): Cytoarchitecture and fiber connections of the nucleus lateralis valvulae in the carp (*Cyprinus carpio*). *J. Comp. Neurol.*, 298, 385-399.

伊藤博信・吉本正美 (1991): 神経系. 魚類生理学 (板沢靖男, 羽生 功編). 恒星社厚生閣. p.363-402.

Ito, H., N. Sakamoto and T. Takatsuji (1982): Cytoarchitecture, fiber connections, and ultrastructure of the nucleus isthmi in a teleost (*Navodon modestus*), with special reference to the degenerating isthmic afferents from the optic tectum and nucleus pretectalis. *J. Comp. Neurol.*, 205, 299-311.

Ito, H., Y. Morita, N. Sakamoto and N. Ueda (1980): Possibility of telencephalic visual projections in teleosts, Holocentridae. *Brain Res.*, 197, 219-222.

Ito, H., T. Murakami, T. Fukuoka and R. Kishida (1986): Thalamic fiber connections in a teleost (*Sebastiscus marmoratus*): visual, somatosensory, octavolateral, and cerebellar relay region to the telencephalon. *J. Comp. Neurol.*, 250, 215-227.

Ito, H., H. Tanaka, N. Sakamoto and Y. Morita (1981): Isthmic afferent neurons identified by the retrograde HRP method in a teleost, *Navodon modestus*. *Brain Res.*, 207, 163-169.

Ito, H., H. Vanegas, T. Murakami and Y. Morita (1984): Diameters and terminal patterns of retinofugal axons in their target areas: An HRP study in two teleosts (*Sebastiscus* and *Navodon*). *J. Comp. Neurol.*, 230, 179-197.

Ito, H., M. Yoshimoto, J. S. Albert, N. Yamamoto and N. Sawai (1999): Retinal projections and retinal ganglion cell distribution patterns in a sturgeon (*Acipenser transmontanus*), a non-teleost actinopterygian fish. *Brain, Behav. Evol.*, 53, 127-141.

Ito, H., M. Yoshimoto, J. S. Albert, Y. Yamane, N. Yamamoto, N. Sawai and A. Kaur (1997): Terminal morphology of two branches arising from a single stem-axon of pretectal (PSm) neurons in the common carp. *J. Comp. Neurol.*, 378, 379-388.

Karten, H. J. and W. Hodos (1970): Telencephalic projections of the nucleus rotundus in the pigeon (*Columba livia*). *J. Comp. Neurol.*, 140, 35-52.

Kim, M.-H., Y. Oka, M. Amano, M. Kobayashi, K. Okuzawa, Y. Hasegawa, S. Kawashima, Y. Suzuki and K. Aida (1995): Immunocytochemical localization of sGnRH and cGnRH-II in the brain of goldfish, *Carassius auratus*. *J. Comp. Neurol.*, 356, 72-82.

Livingstone, M. S. and D. H. Hubel (1987): Psychophysical evidence for separate channels for the perception of form, color, movement, and depth. *J. Neurosci.*, 7, 3416-3468.

Luiten, P. G. M. (1981a): Two visual pathways to the telencephalon in the nurse shark (*Ginglimostoma cirratum*). I. Retinal projections. *J. Comp. Neurol.*, 196, 531-538.

Luiten, P. G. M. (1981b): Two visual pathways to the telencephalon in the nurse shark (*Ginglimostoma cirratum*). II. Ascending thalamotelencephalic connections. *J. Comp. Neurol.*, 196, 531-538.

Münz, H., W. E. Stumpf and L. Jennes (1981): LHRH systems in the brain of platyfish. *Brain Res.*, 221, 1-13.

Münz, H., B. Claas, W. E. Stump and L. Jennes (1982): Centrifugal innervation of the retina by luteinizing hormone releasing hormone (LHRH)-immunoreactive telencephalic neurons in telesotean fishes. *Cell Tiss. Res.*, 222, 313-323.

Murakami, S. and Y. Arai (1994): Direct evidence for the migration of LHRH neurons from the nasal region to the forebrain in the chick embryo: a carbocyanine dye analysis. *Neurosci. Res.*, 19, 331-338.

Murakami, T., Y. Morita and H. Ito (1986): Cytoarchitecture and fiber connections of the superficial pretectum in a teleost, *Navodon modestus*. *Brain Res.*, 373, 213-221.

Nelson, J. S. (1994): Fishes of the World. 3rd Ed. John Wiley & Sons, N.Y.

Northcutt, R. G. and E. Kicliter (1980): Organization of the amphibian telencephalon. In Comparative Neurology of the Telencephalon. (ed. by Ebbesson, S. O. E.), Plenum Press, p.203-255.

岡 良隆 (2002): 神経修飾物質としてのペプチドGnRH (生殖腺刺激ホルモン放出ホルモン) とその放出. 魚類のニューロサイエンス, 恒星社厚生閣. p.160-177.

Oka, Y. (1997): GnRH neuronal system of fish brain as a model system for the study of peptidergic neuromodulation. In GnRH Neurons: Gene to Behavior (ed. by I. S. Parhar and Y. Sakuma), Brain Shuppan Publishing, p.245-276.

Oka, Y. and M. Ichikawa (1990): Gonadotropin-releasing hormone (GnRH) immunoreactive system in the brain of the dwarf gourami (*Colisa lalia*) as revealed by light microscopic immunocytochemistry using a monoclonal antibody to common amino acid sequence of GnRH. *J. Comp. Neurol.*, 300, 511-522.

Oka, Y. and T. Matsushima (1993): Gonadotropin-releasing hormone (GnRH) immunoreactive terminal nerve cells have intrinsic rhythmicity and project widely in the brain. *J. Neurosci.*, 13, 2161-2176.

Parhar, I. S., M. Iwata, D. W. Pfaff and M. Schwanzel-Fukuda (1995): Embryonic development of gonadotropin-releasing hormone neurons in the sockeye salmon. *J. Comp. Neurol.*, 362, 2-16.

Prasada Rao, P. D. and T. E. Finger (1984): Asymmetry of the olfactory system in the brain of the winter flounder, *Pseudopleuronectes americanus*. *J. Comp. Neurol.*, 225, 492-510.

Riss, W. and J. S. Jakway (1970): A perspective on the fundamental retinal projections of vertebrates. *Brain, Behav. Evol.*, 3, 30-36.

Sakamoto, N. and H. Ito (1982): Fiber connections of the corpus glomerulosum in a teleost, *Navodon modestus*. *J. Comp. Neurol.*, 205, 152-170.

Sakamoto, N., H. Ito and S. Ueda (1981): Topographic projections between the nucleus isthmi and the optic tectum in a teleost, *Navodon modestus*. *Brain Res.*, 224, 225-234.

Savage, G. E. and I. R. Swingland (1969): Possibly reinforced behavior and the forebrain in goldfish. *Nature* (*Lond*), 221, 878-879.

Sawai, N., N. Yamamoto, M. Yoshimoto and H. Ito (2000): Fiber connections of the corpus mamillare in a percomorph teleost, tilapia *Oreochromis niloticus*. *Brain, Behav. Evol.*, 55, 1-13.

Schneider, G. E. (1969): Two visual systems. *Science*, 163, 895-902.

Schwanzel-Fukuda, M. and D. W. Pfaff (1989): Origin of luteinizing hormone-releasing hormone neurons. *Nature*, **338**, 161-164.

Sheldon, R. E. (1912): The olfactory tracts and centers in teleosts. *J. Comp. Neurol.*, **22**, 177-339.

Shimizu, M., N. Yamamoto, M. Yoshimoto and H. Ito (1999): Fiber connections of the inferior lobe in a percomorph teleost, *Thamnaconus* (*Navodon*) *modestus*. *Brain, Behav. Evol.*, **54**, 127-146.

Somiya, H., M. Yoshimoto and H. Ito (1992) Cytoarchitecture and fibre connections of the Edinger-Westphal nucleus in the filefish. *Phil. Trans R. Soc. Lond.*, **B337**, 73-81.

Sprague, J. M., J. Levy, A. DiBerardo and G. Berlucchi (1977): Visual cortical areas mediating form discrimination in cat. *J. Comp. Neurol.*, **172**, 441-488.

Springer, A. D., S. S. Easter and B. W. Agranoff (1977): The role of the optic tectum in various visually-mediated behaviors of goldfish. *Brain Res.*, **128**, 393-404.

Stell, W. K., S. E. Walker, K. S. Chohan and A. K. Ball (1984): The goldfish nervus terminalis: a luteinizing hormone-releasing hormone and molluscan cardioexcitatory peptide immunoreactive olfactoretinal pathway. *Proc. Natl. Acad. Sci. USA*, **81**, 940-944.

Striedter, G. F., and R. G. Northcutt (1989): Two distinct pathways through the superficial pretectum in a percomorph teleost. *J. Comp. Neurol.*, **283**, 342-354.

Tsutsui, H., N. Yamamoto, H. Ito and Y. Oka (2001): Encoding of different aspects of afferent activities by two types of cells in the corpus glomerulosum of a teleost brain. *J. Neurophysiol.*, **85**, 1167-1177.

Uchiyama, H. (1989): Centrifugal pathways to the retina: Influence of the optic tectum. *Vis. Neurosci.*, **3**, 183-206.

Uchiyama, H. (1990) Immunohistochemical subpopulations of retinopetal neurons in the nucleus olfactoretinalis in a teleost, the whitespotted greenling (*Hexagrammos stelleri*). *J. Comp. Neurol.*, **293**, 54-62.

Uchiyama, H. and H. Ito (1993): Target cells for the isthmo-optic fibers in the retina of the Japanese quail. *Neurosci. Lett.*, **154**, 35-38.

Uchiyama, H. and R. B. Barlow (1994): Centrifugal inputs enhance responses of retinal ganglion cells in the Japanese quail without changing their spatial coding properties. *Vision Res.*, **17**, 2189-2194.

Uchiyama, H. and H. Ito (1984): Fiber connections and synaptic organization of the preoptic retinopetal nucleus in the filefish (Balistidae, Teleostei). *Brain Res.*, **298**, 11-24.

内山博之・今園隆彦・後藤浩一 (1998): 基本競合系としての向網膜神経核. 信学技報. 1998 (1), 29-33.

Uchiyama, H., H. Ito and S. Nakamura (1985): Electro-physiological evidence for tectal efferents to the neurons projecting to the retina in a teleost fish. *Exp. Brain Res.*, **57**, 408-410.

Uchiyama, H., H. Ito and M. Tauchi (1995): Retinal neurons specific for centrifugal modulation of vision. *Neuroreport*, **6**, 889-892.

Uchiyama, H., S. Matsutani and H. Ito (1986): Tectal projection neurons to the retinopetal nucleus in the filefish. *Brain Res.*, **369**, 260-266.

Uchiyama, H., S. Matsutani and H. Ito (1988): Pretectum and Accessory optic system in the filefish *Navodon modestus* (Balistidae, Teleostei) with special reference to visual projections to the cerebellum and oculomotor nuclei. *Brain, Behav. Evol.*, **31**, 170-180.

Uchiyama, H., N. Sakamoto and H. Ito (1981): A retinopetal nucleus in the preoptic area in a teleost, *Navodon modestus*. *Brain Res.*, **222**, 119-124.

Uchiyama, H., N. Yamamoto and H. Ito (1996): Tectal neurons that participate in centrifugal control of the quail retina: A morphological study by means of retrograde labeling with biocytin. *Vis. Neurosci.*, **13**, 1119-1127.

Umino, O. and J. E. Dowling (1991): Dopamine release from interplexiform cells in the retina: effects of GnRH, FMRFamide, bicuculline, and enkephalin on horizontal cell activity. *J. Neurosci.*, **11**, 3034-3046.

Vanegas, H. and H. Ito (1983): Morphological aspects of the teleostean visual system: A review. *Brain Res. Rev.*, **6**, 117-137.

Walker, S. and W. K. Stell (1986): Gonadotropin-releasing hormone (GnRF), molluscan cardioexcitatory peptide (FMRFamide), enkephalin and related neropeptides affect goldfish retinal ganglion cell activity. *Brain Res.*, **384**, 262-273.

Weiskrantz, L., E. K. Warrington, M. D. Sanders and J. Marshall (1974): Visual capacity in the hemianopic field following a restricted occipital ablation. *Brain*, **97**, 709-728.

Xue, H.-G., N. Yamamoto, M. Yoshimoto, C.-Y. Yang and H. Ito (2002): Fiber connections of the nucleus isthmi in the carp (*Cyprinus carpio*) and tilapia (*Oreochromis niloticus*). *Brain, Behav. Evol.* (in press).

Yager, D., S. C. Sharma and B. G. Grover (1977): Visual functions in goldfish with unilateral and bilateral tectal ablation. *Brain Res.*, **137**, 267-275.

Yamamoto, N. and H. Ito (2000): Afferent sources to the ganglion of the terminal nerve in teleosts. *J. Comp. Neurol.*, **428**, 355-375.

Yamamoto, N., Y. Oka and S. Kawashima (1997): Lesions of gonadotropin-releasing hormone (GnRH)-immunoreactive terminal nerve cells: Effects on reproductive behavior of male dwarf gouramis. *Neuroendocrinol.*, **65**, 403-412.

Yamamoto, N., H. Uchiyama, H. Ohki-Hamazaki, H. Tanaka and H. Ito (1996): Migration of GnRH-immunoreactive neurons from the olfactory placode to the brain: A study using avian embryonic chimeras. *Dev. Brain Res.*, **95**, 234-244.

Yamamoto, N., M. Yoshimoto, J. S. Albert, N. Sawai and H. Ito (1999): Tectal fiber connections in a non-teleost actinopterygian fish, the sturgeon *Acipenser*. *Brain, Behav. Evol.*, **53**, 142-155.

Yamamoto, N., Y. Oka, M. Amamo, K. Aida, Y. Hasegawa and S. Kawashima (1995): Multiple gonadotropin-releasing hormone (GnRH)-immunoreactive systems in the brain of the dwarf gourami, *Colisa lalia*: Immunohistochemistry and radioimmunoassay. *J. Comp. Neurol.*, **355**, 354-368.

Yamane, Y., M. Yoshimoto and H. Ito (1996): Area dorsalis pars lateralis of the telencephalon in a teleost (*Sebastiscus marmoratus*) can be subdivided into dorsal and ventral regions. *Brain, Behav. Evol.*, **48**, 338-349.

Yoshimoto, M. and H. Ito (1993): Cytoarchitecture, fiber connections, and ultrastructure of the nucleus pretectalis superficialis pars magnocellularis (PSm) in carp. *J. Comp. Neurol.*, **336**, 433-446.

10. 弱電気魚の電気感覚—その起源から電気的交信まで—

菅 原 美 子

はじめに

電気刺激が十分強ければ，あらゆる生物が電気刺激に反応する．これは生物の基本単位である細胞が，膜の内外にイオン濃度差を生み出し，その電気化学エネルギーの作る微弱な電位差を利用してさまざまな生命活動を営んでいるからである．そのため細胞は電気によって刺激されやすく，また刺激となる電流・電圧は時として生命活動そのものを促進したり停止させたりする．この場合，電気刺激への反応があっても，"電気受容がある（electroreceptive）"ということはできない．感覚としての"電気受容"があるかどうかは，他の感覚の定義と同じく，電気エネルギーを適刺激とする感覚器（sense organ）があり，受容細胞（receptor cell）で適刺激が受容器電位（receptor potential）に変換され，さらに感覚神経のインパルスコードに変換されて中枢神経系の特定の部位に伝えられ，情報処理が行われた結果が行動に反映されるかどうかによって決る．多くの陸生動物は強く電気刺激されると忌避的反応を示すが，この反応は感覚としての電気受容を利用して反応したわけではない．陸生動物は電気刺激を感覚情報として処理する神経回路をもっていない．また現存の大部分の硬骨魚類も電気受容の感覚をもっていない．現在，電気受容があるとされるのは水生生物が主であり，軟骨魚類（Chondrichthyes）と硬骨魚類（Osteichthyes）の一部，両生類の一部，哺乳類のカモノハシなどである．この章では，魚類にとって重要な側線器感覚と電気感覚，その類似性と中枢機構，弱電気魚の電気感覚と行動などについて述べる．

§1. 電気受容
1-1 電気受容の発見

自然の環境の中で電気に敏感な生き物がいることを最初に発見したのは，Paker and van Heusen (1917) である．子ヤギの薄い皮で目隠しをしたアメリカナマズ *Ictalurus nebulosus* に，直径3 mm の鋼鉄の棒を先端3 mm のみ（2.8平方センチメートル）水中に入れ近づけると，近寄って噛みついたりする探索行動が見られ，さらに6 mm（5.6平方センチメートル）入れると逃げ去る逃避行動が観察された．ガラス棒や木の棒では探索行動も逃避行動も起こらなかった．乾電池を使って電流刺激を与えた場合は，$0.67 \mu A$（マイクロアンペア）で探索行動，$1.12 \mu A$ 以上で逃避行動が引き起こされた．ここで働く感覚器として，Paker らは噛みつく行動から類推して味覚器を候補に考えたが，20%硫酸マグネシウムで5分間皮膚を洗うと反応が見られなくなることから，体表の感覚器も候補とした．しかしこのときはまだ感覚器は特定されず，感覚としての電気受容は予想すらされていなかった．

ナマズ類の電気受容感覚器として小孔器（small pit organ）を示唆したのは，40年後のLissmann

(1958) である．この器官は既に Herrick（1901）が発見していたが何をする器官であるかは不明であった．10年後，Dijkgraaf（1968）は側線神経を切断することで，電気受容が消失することを示し，一方，Roth（1968）は小孔器から電気受容応答を記録した．アメリカナマズの体表には側線器の末梢器官である"遊離感丘（free neuromast）"が散在する．電気刺激に対する感度は，小孔器では0.1〜0.2 μA，遊離感丘では2〜4 μA であり，その差は20倍ほど小孔器の方が低い閾値をもっていた．

ナマズ類に電気受容があることは，日本の研究者によっても報告されている．畑井ら（Hatai and Abe, 1932；Hatai ら，1932；Kokubo, 1934）は，池の水を引き入れた水槽で飼っていたナマズが，地震の数時間前から水槽の縁をたたく機械的な刺激に敏感に反応し，地震の前後に特に敏感に反応すること，地震で起こる地電流の変化に反応することなどを示した．この場合も，機械的刺激には遊離感丘が，また地電流の変化には小孔器が刺激されたと考えられる．

Lissmann and Machin（1958）がアフリカ産の弱電気魚ジムナルカス *Gymnarchus niloticus* に電気受容を発見した時期，電気受容器の存在は競って調べられた．Bennett and Grundfest（1959），Bullock ら（1961）によりジムノタス *Gymnotus carapo* の電気受容が発見され，続いて，Szabo and Fessard（1963）によりモルミルスで発見された．これらの多くは弱発電魚と呼ばれ，10 V 以下の弱い発電を行う種属である．これら硬骨魚類に対し，軟骨魚類にも電気受容が見つけられた．Murray（1960, 1962, 1965）は，板鰓類（Elasmobranchii）のロレンチニ器官が電場の変化に応答することを示した．さらに Dijkgraaf（1962）と Dijkgraaf and Kalmijn（1966）はロレンチニ器官が電気受容器であること，さらにサメやエイなどの非発電魚でも電気感覚を索餌行動に利用していることを行動実験で示した（Kalmijn, 1971）．

その後，ナマズ類では，小孔器と遊離感丘からの求心神経が顆粒隆起（EG：eminentia granularis）の前部（EGa）と後部（EGp）のそれぞれ別の部位に投射していることから，電気受容と側線器系機械受容は全く別の感覚であることが示された（Finger and Tong, 1984）．

1-2 電気受容の系統的分布

電気受容が"感覚"であるとするなら，生活領域に起こるわずかな電場の変化を感知する電気受容器があり，その情報を処理して行動に反映させる中枢部位があるはずである．電場の変化に対する感度の表現として，生息環境水のインピーダンスの違いによる誤差を避けるために，ここでは検出感度を V/cm で表すことにする（Bullock ら，1983）．一般に，電気刺激に対して条件付けして，どのくらいの微弱な電気刺激に対し反応するかを調べる行動感度は，電気受容器に直接刺激を与え神経応答の変化を調べて得た受容器感度よりも高い．また皮膚に電気刺激を与えて脳部位から誘発電位を記録し，電気刺激への応答の有無を調べた中枢感度はその中間の値をとることが多い．たとえばサメ・エイなど海産板鰓類の行動感度は 0.005〜0.5 μV/cm（マイクロボルト/センチメートル）であるが，受容器感度は 1〜10 μV/cm である．また淡水産発電魚では 1 μV/cm〜2 mV/cm である．末梢受容器よりは，中枢で，さらに行動へと感度がよくなるのは，情報がより高次の中枢に上るにしたがって特定のニューロンに収束し，そこで特徴情報の抽出が行われ，抽出された情報を基に行動が決定されるからである．弱電気魚の電気感覚中枢は，一次中枢が延髄の電気感覚葉にあり，ここから中脳の隆起前域核（nucleus praeeminentialis）と半円堤（torus semicircularis），また間脳に送られてさらに小脳（cerebellum）に投射する．微弱な電場刺激（0.01〜400 μV/cm）を与えるとそれら特定の脳領

域で誘発電位が記録される．このことはもし誘発電位が特定の領域で記録できれば，電気感覚をもつことを意味する．

Bullockら（1982，1983）は約60種類の魚類および両生類で，電気感覚系中枢核での誘発電位を記録し，電気受容の系統的分布を調べた．その結果は図10-1に示すように，ヤツメウナギやサメなど，発電器官はもたないが電気受容感覚のみをもつ種が見いだされた．

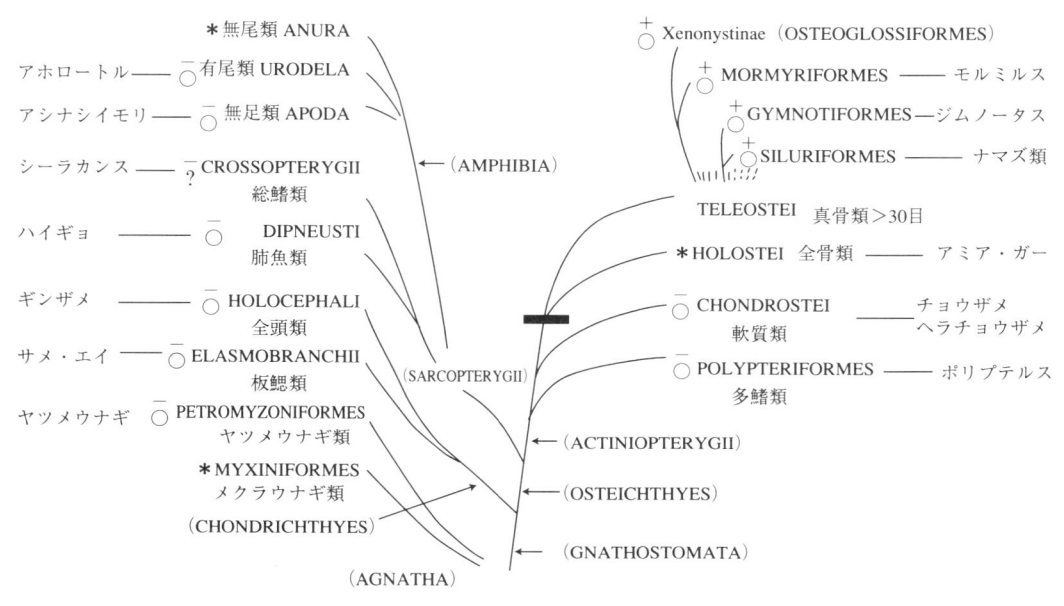

図10-1 電気受容系の系統分布

学名・系統樹はBullockら（1983）に従う．○：電気受容性あり，＊：電気受容性なし，＋：プラスで興奮，－：マイナスで興奮．？：不明（組織所見のみ）．太い線は受容機構での極性の反転を示す．

最も原始的な無顎類（Agnatha）では，ヤツメウナギ *Lampetra tridentara* が $0.1\,\mu\mathrm{V/cm}$ の行動感度をもち，延髄内耳側線野の背側核（DON：dorsal octavolateral nucleus）で誘発電位を記録することができ，電気感覚をもつことが示された．しかし，メクラウナギ類（Myxiniformes）では行動学的にも解剖学的にも電気感覚は認められなかった．サメ・エイなどの軟骨魚類（Chondrichthyes），硬骨魚類（Osteichthyes）では，肉鰭類（Sarcopterygii）の肺魚 *Lepidosiren paradoxa*（Roth，1973），シーラカンス *Latimeria chalumnae*（Northcutt，1980）など，多鰭類（Polypteriformes）のポリプテルス *Calamoichthys calabaricus*（Roth，1973），軟質類（Chondrostei）のヘラチョウザメ *Polyodon spathula*（Jørgensen，1972；Kalmijn，1974），チョウザメ *Scaphirhynchus platorynchus*（Teeter，1980）などでは，軟骨魚類型のアンプラ型電気受容器が見いだされた．しかし全骨類（Holostei）では，誘発電位も記録されず，背側核も見られなかった（McCormick，1981）．

真骨類（Teleostei）では33目中，電気感覚をもつのは，モルミルス目（Mormyriformes），ジムノタス目（Gymnotiformes），ナマズ目（Siluriformes）の3目と，アフリカナイフフィッシュの *Xenomystus*（Bradford，1982；Bullock and Northcutt，1982）の1属のみである．ナマズ目ではデンキナマズ *Electrophrus electricus* のみが発電器官をもつ発電魚であり，淡水産および海産のナマズ類は電気受容感覚のみをもつ．

南アメリカ生息のジムノタス目とアフリカ中部生息のモルミルス目は，それぞれ発電器官が複雑に分化し，10 V以下の弱発電を行うことができる．これらの種属では，発電器官の放電（EOD：electric organ discharge）を利用して周囲の環境を探る電気的定位（electrolocation）や電気的交信（electrocommunication）を行い，縄張り形成や配偶行動に電気受容と発電が深く関わっている．電気受容器の種類は，一部の非発電魚ももつアンプラ型受容器の他に，とくにEODに対して感受性の高い結節型受容器（tuberous electroreceptor）が発達し，その感覚神経は内耳側線野の背側核に代わって電気感覚葉（ELL：electrosensory lateral line lobe）に終わっている（図10-2）．結節型受容器はシビレエイなどの強発電魚にも見られる．ジムノタス目とモルミルス目ではEODのタイミングのみに応答するタイプと振幅変化に応答するタイプがあり，時間検出と振幅検出の2種類の受容器をもっている．

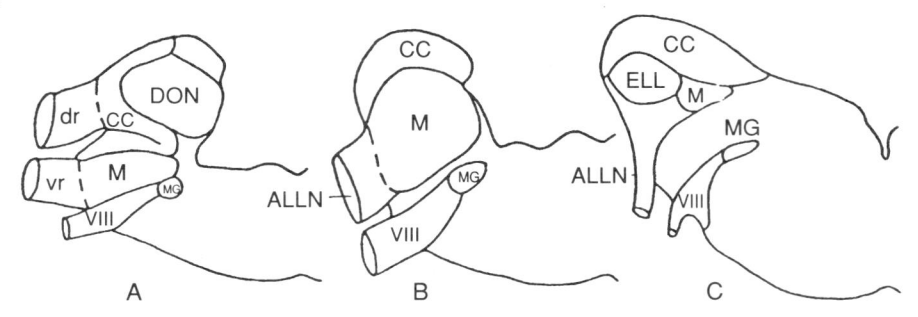

図10-2　延髄内耳側線野の横断面図
A：非真骨魚（板鰓類サメなど），電気受容性あり．B：全骨類および非電気受容性の真骨類など．C：電気受容性のある真骨類（ナマズ類）．ALLN：前側線神経，CC：小脳体，DON：内耳側線野背側核，dr：前側線神経の背側枝，ELL：電気感覚葉，MG：内耳大細胞核，M：内耳側線野内側核，vr：前側線神経腹側枝，VIII：内耳神経（Bullockら，1982より改変）

§2. 側線器と電気受容器

　電気感覚は聴・側線器系の感覚とされているが，機械的受容器である側線器・内耳・平衡覚と電気感覚とではどのような類似と相違があるのだろうか．これらの感覚は驚くほど類似点が多く，適応進化の点からも興味深い問題を提起している．ここでは最も類似性の高い側線器と電気受容器を中心に比較する．

2-1　側線器

1）有毛細胞　　側線器は円口類，魚類，両生類などの水生脊椎動物の体表にある機械受容器である．この器官は感丘（neuromast）と呼ばれる表在性の遊離感丘（free neuromast）と，皮下に埋没した管器（canal organ）の底にある管器感丘（canal neuromast）の2つのタイプが見られる（Dijkgraaf, 1962）．管器には体表への開口部があり，開口部と開口部の間に感丘が位置し管器内の水の動きを検出する．感覚細胞である"有毛細胞"は有毛細胞を取り囲む網状の支持細胞とクラスターを形作る．有毛細胞の有毛部には，1本の動毛（kinocillium）と，動毛から離れるほど短くなる数十本の不動毛（stereocillia）が方向性をもって並び，さらにこれらをゼラチン状のクプラ（cupula）が覆う．図10-3にタラ科 *Lota vulgaris* の管器感丘を示す．クプラは体表の水流や管器内液の動きによって偏位し，クプラの偏位は中に埋もれている有毛細胞の動毛と不動毛を動かす．有毛細胞は側基底部で，感覚神経

と求心性シナプスを形成し，また遠心性神経シナプスを受ける．求心性シナプス前部には，有毛細胞の特徴であるシナプス小胞に取り囲まれたデンスボディが特徴的にみられる（Flock，1965）．

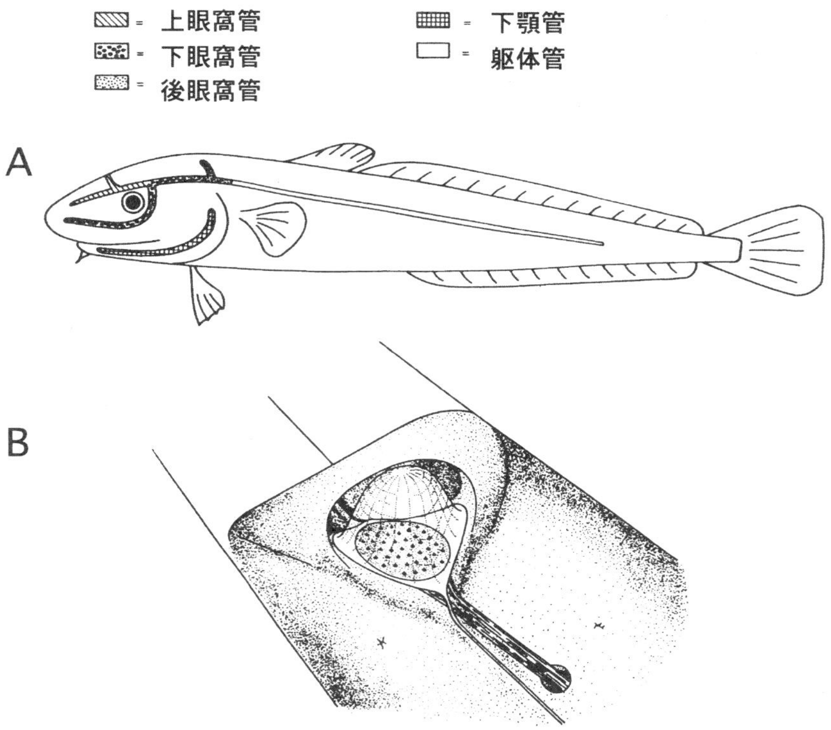

図10-3　硬骨魚の側線器
A：タラ科の側線器の分布を示す．B：後眼窩管の管器感丘の模式図．管の底部の小孔から出た側線神経と血管は結合組織とともに卵円形の感覚上皮板を形作り，そこに受容細胞が埋もれている．有毛部は感覚上皮板よりも大きいゼラチン様物質のカプセルで被われている．（Flock，1965より改変）

2）受容器電位　　これら有毛細胞の興奮には方向特異性がある．すなわち，動毛が不動毛と反対の方向に屈曲するとき細胞は脱分極して伝達物質を放出し，感覚神経の放電が増加する．一方，動毛が不動毛の方向に屈曲するとき，細胞は過分極し，感覚神経の放電は減少する（Flock，1965）（図10-4）．仮にクプラに$5\mu m$の偏位を加えると，脱分極応答の方が過分極応答よりも大きくなる．管器感丘の近傍から集合受容器電位であるマイクロホン電位を記録すると，刺激周波数の2倍の周波数の電位が記録される．これは感丘内の有毛細胞が動毛を向き合わせるように並んでいるために，各有毛細胞の脱分極は反対方向へのクプラの偏位でそれぞれ起こることになり，マイクロホン電位は刺激の2倍の周波数となる．対軸に沿った管器では有毛細胞が管器と平行に互いに反対を向いて並ぶため，対軸方向の感度は最大となる．

管器は頭頂部，顔面など種特有の走行をしている（図10-3）．管器の長軸方向への有毛細胞の感度が最大であるとすると，顔面の上下左右および対軸に沿って，最大感度をもつ有毛細胞が並ぶこととなる．この有毛細胞の配置はあらゆる方向への動きが検出されることを意味しており，これが"側線器は方向検出器"といわれる理由ともなる（Shotwellら，1981；Coombsら，1992）．

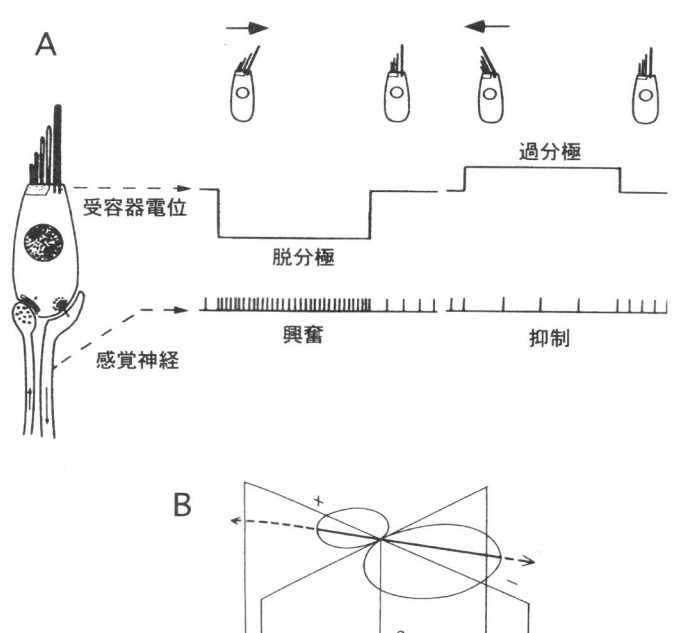

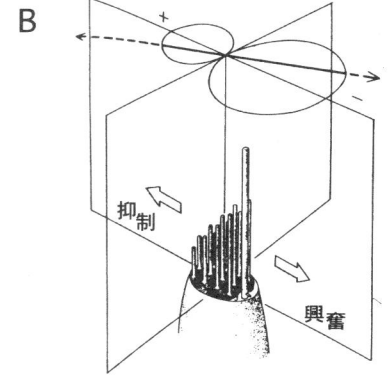

図 10-4　有毛細胞の構造と働き
A：有毛部の動きと受容器電位・感覚神経の応答．動毛が反不動毛方向に傾いたとき有毛細胞は脱分極し，感覚神経のインパルスは増加する．受容器電位は細胞外ではマイクロフォン電位として記録される．B：有毛部の動きとマイクロフォン電位．受容器電位の大きさは不動毛方向への偏位ベクトル（矢印と円で示す）として表される．同じ角度のクプラの偏位に対して，脱分極の方が応答は大きい．（Flock, 1965 より改変）

3）**側線神経の応答**　クプラは硬めのゼラチン様物質である．有毛細胞はクプラと有毛部の偏位を検出する．しかしクプラと周囲の水との間には粘性も働くので，クプラは水の動きを正確に有毛細胞に伝えているとはいえない．Kalmijn（1988）や Coombs ら（1992）によると，側線器は水の動きそのものよりも，水の動く速度や加速度の変化を検出していると考えられる．どのくらいの周波数まで応答するのだろうか．側線神経の応答域から類推して（図 10-5），遊離感丘はおよそ 30 Hz 以下の振動に応答する低域フィルターとして働き，管器感丘は 100 Hz 付近の広域フィルターとして速度と加速度に応答することを明らかにしている．ちなみに平衡器（sacculus）からの感覚神経は，クロマス科 *Lepomis gibbosus* で 200〜300 Hz，キンギョ *Carassius auratus* で 1,000 Hz まで応答することが知られている（Fay and Ream, 1986）．

2-2　アンプラ型電気受容器

1）**特殊側線器**　"アンプラ型"側線器，または特殊側線器と呼ばれる電気受容器は，機械受容

器である側線器とは形態上も機能上も全く異なるものである (Dijkgraaf, 1962). 特殊側線器と呼ばれるものは, 板鰓類のロレンチニ器官, 硬骨魚ナマズ目ゴンズイのアンプラ器官 (Friedrich-Freksa, 1930), モルミルス目のアンプラ器官 (Lismann, 1958), ナマズ目の小孔器などである (Herrick, 1901). これらの感覚器は周囲の電場のDC成分, あるいは低周波成分に応答し, その感度は海産魚で5nV/cm (ナノボルト/センチメートル), 淡水魚で 1～5μV/cm (マイクロボルト/センチメートル) である (Zakon, 1986, 1988 ; Kalmijn, 1988).

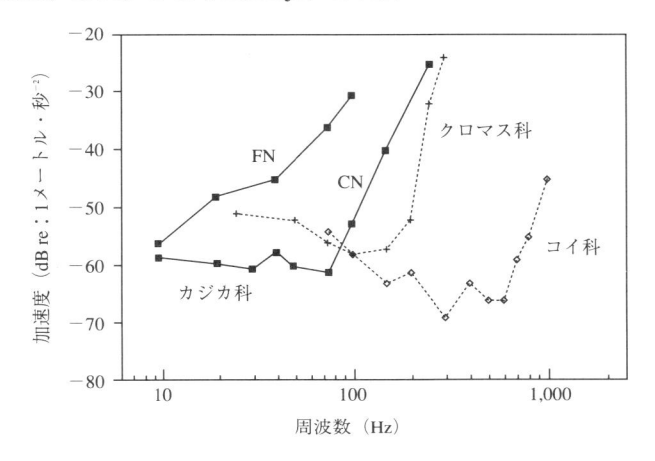

図10-5 聴側線器系感覚神経の周波数応答曲線
実線はカジカ科 *Cottus* の遊離感丘 (FN) および管器感丘 (CN) からの側線神経の応答. 点線はクロマス科 *Lepomis* とコイ科 *Carassius* (キンギョ) の球形嚢内耳神経からの応答. キンギョ以外は鰾をもっていない. 刺激は体幹部の側線器から1.5cmの距離で小球を振動することにより与えた. (Coombら, 1992より改変)

2) 電場の変化と電気受容器 周囲の電場をアンプラ型電気受容器はどのように検出しているのだろうか. アンプラ型電気受容器は, 側線器と同じく体表に開口し皮膚から陥入した管部と, その終端の瓶の底のようなアンプラと呼ばれる単層感覚上皮とで構成される (図10-6). 淡水産硬骨魚では, 体表の皮膚に埋没する管の短い小孔器として体表に分布する.

淡水産硬骨魚では, 体液浸透圧を維持するために皮膚抵抗が高く ($50 k\Omega \cdot cm^2$), また体液抵抗は低い (約 $200 \Omega \cdot cm$) (Kalmijn, 1974) ので, 体内はほとんど等電位となる. 図10-7Aに示すように体周囲に電場の勾配ができても体内は等電位なので, 体表に分布する受容器で各部の電場電位の分布を検出することができる. アンプラ型電気受容器は体軸にそって左右上下対称に分布しているので, 左右上下からの情報を比較することで周囲の電場の変化を検出できる.

ガンギエイ *Raja clavata* などの海産軟骨魚類では, 管部は体表に開口するが, 皮膚下に長く陥入して数ミリから数十センチの長さになる. 数個のアンプラが管部の終端で房状のクラスターを作り, さらにクラスターは頭背側や腹側など数ヶ所に集まってアンプラ集合を作り, この集合を結合組織のアンプラカプセルが取り囲む (Murray, 1974) (図10-6A).

管部からアンプラ内腔にかけては側線器のクプラと同じくゼラチン様物質で満たされ, その電気抵抗は $25 \sim 31 \Omega \cdot cm$ ときわめて低く, 海水 (約 $25 \Omega \cdot cm$) に近い. またクプラ同様に K^+ イオン濃度も高い (Russell and Sellick, 1976 ; Okitsuら, 1978). 管部の壁は数層の扁平上皮細胞が相互に密着帯

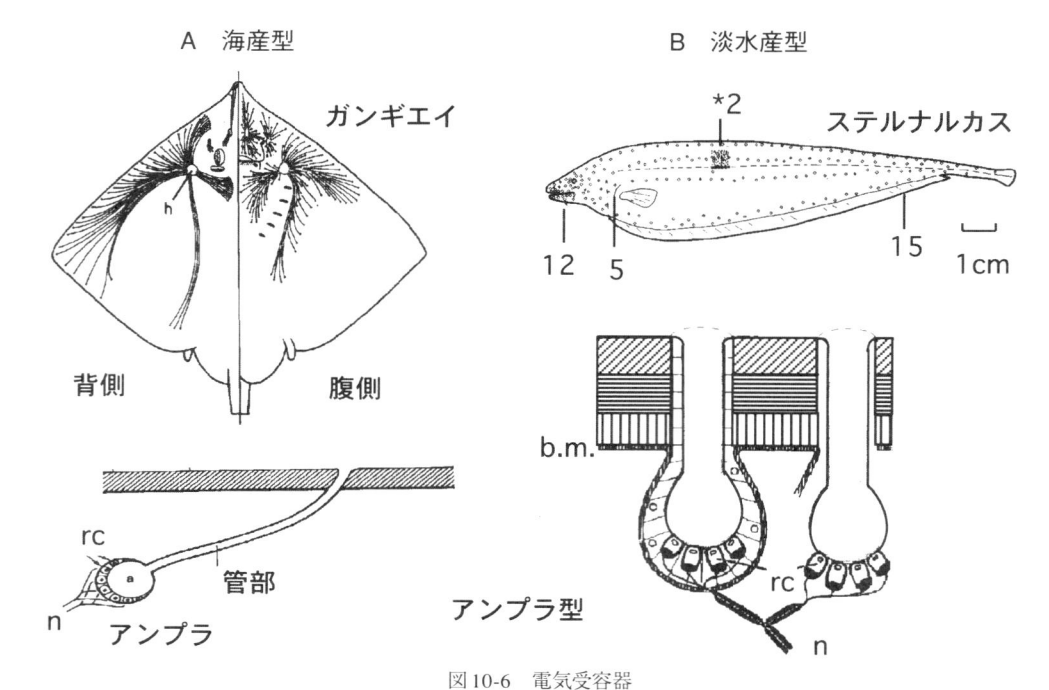

図10-6 電気受容器
A：海産軟骨魚類ガンギエイの背側および腹側のアンプラ型受容器の分布を示す．B：淡水産硬骨魚類ステルナルカスの2種類の電気受容器．数字は1mm^{2}中のアンプラ器官の数．＊は5mm^{2}中の結節型受容器の数を示す．h：アンプラカプセル，b.m.；皮膚基底膜，rc；電気受容細胞，n；感覚神経（A：Murray，1974；B：Szabo，1974より改変）

(tight junction) を作り，電気抵抗は $6 M\Omega \cdot cm^2$ と高い（Waltman，1966）．管部の直径1.2mm，長さ10cm，内部抵抗 $30\Omega \cdot cm$ の長さ定数（space constant，ある点の電圧が自然対数 $1/e$（約37％）に減衰するまでの距離）を計算すると75cmとなり，これは実際の管の長さの数倍である．つまり開口部の電圧はほとんど減衰することなくアンプラの感覚上皮に到達する．

軟骨魚類の体液浸透圧は尿素によって海水と等張に保たれており，皮膚抵抗は比較的低く，体液の電気伝導度は淡水産硬骨魚（$5,000\mu S/cm$；Kalmijn，1974）よりもわずかに低い．そのため，体外の電場の電位勾配は図10-7Bで示すように体内にも同様の電位の勾配を作る．この場合は皮膚の内外の電位差は意味をもたない．受容細胞はアンプラ内腔とアンプラ外側にあたるカプセル内電位との差を測定することとなる．カプセルには体表各部からの管が集合し

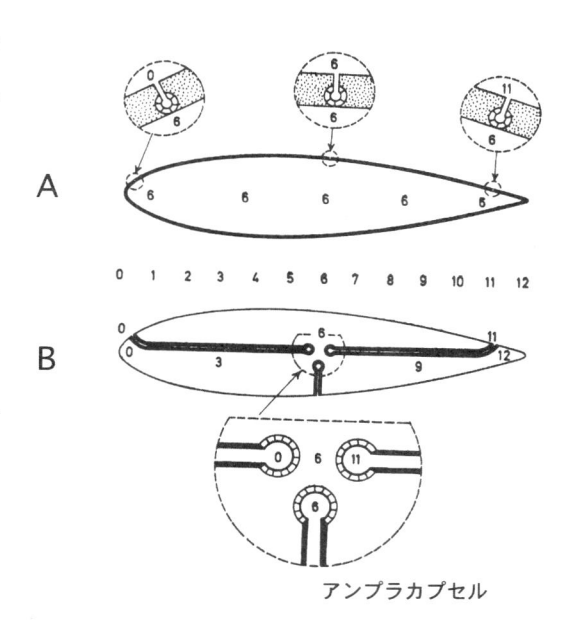

図10-7 体周囲の電場が体内に作る電位勾配
A：淡水産硬骨魚の場合．数字は電場の強さを相対的に電位で示す．皮膚抵抗が高いので体内は等電位となる．B：海産軟骨魚類の場合．皮膚抵抗が低いので，体内には体外の電場の強さの影響をうけた電位勾配ができる．アンプラカプセル内のみが等電位である．（Murray，1974より）

144　魚類のニューロサイエンス

ており，また体表の開口部とアンプラ内腔とはほぼ等電位であるので，体軸に沿った電場電位は皮下に陥入したアンプラ内外の電位差として測定される．

管部は体軸に沿って左右対称的にまた放射状に分布をし，また頭背側と腹側も同様に分布するので，左右からの非対称的な入力や頭背側と腹側の入力電位を比較することで方向検出が可能となる（Murray, 1974；Kalmijn, 1974）．Kalmijn（1974）らは，このようなアンプラ型電気受容器での方向検出を，受動的電気的定位（passive electrolocation），あるいは電気的方向検出（electro-orientation）と呼んだ．発電器官をもたない場合は，他の生物の筋運動・鰓呼吸などの生物電気が体外の電場変化の発生源となる．

3）**電気受容細胞**　電気受容細胞は形態的に側線器や内耳の有毛細胞と類似しているが，トランスデューサーとなる有毛部はもっていない．軟骨魚類ではアンプラ内腔面（有毛部）に動毛が1本あるが，不動毛はない．一方，硬骨魚では動毛はなくて，代わりに微絨毛（microvilli）が有毛部を被い有毛部側面の面積を広げて抵抗を下げていると考えられる（Szabo, 1974）．このため電気受容細胞には，側線器系の有毛細胞で見られるような，動毛の屈曲の方向によって決まる方向特異性はない．むしろ感覚上皮そのものがトランスデューサーであり，受容細胞の両端にかかる電位差あるいは電流が適刺激となる（図10-8）．

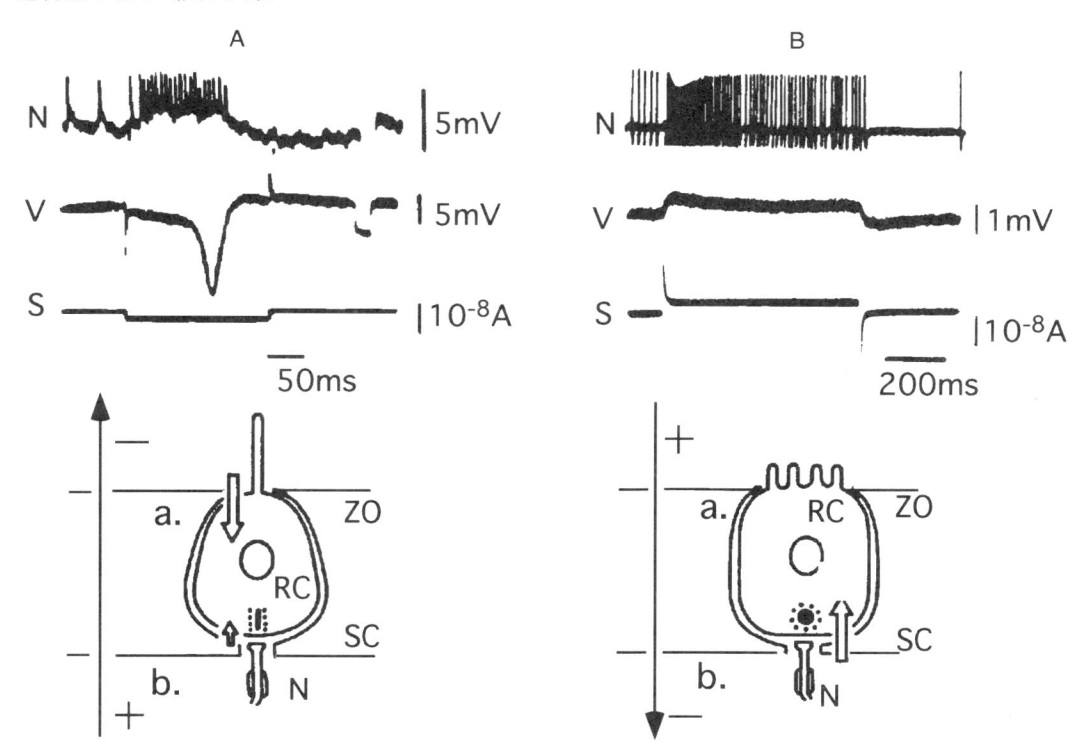

図10-8　アンプラ型電気受容器
A：軟骨魚類ガンギエイ．B：硬骨魚類ゴンズイ．下に，アンプラ内腔に刺激（実線矢印）を与えたときの受容細胞の応答を示す．軟骨魚類では，有毛部が脱分極されたときの内向き電流により側基底部が興奮し，伝達物質の放出が起こる．硬骨魚類では側基底部で脱分極が起こったときに伝達物質は放出され，感覚神経はインパルスを発生する．白矢印は内向き電流を表す．a.；アンプラ内腔側面（有毛部），b；感覚上皮の基底膜，S；刺激，N；感覚神経，SC；支持細胞，RC；受容細胞，V；アンプラ内受容器電位，ZO；閉鎖帯

刺激電流が受容細胞の有毛部を脱分極するか，あるいは側基底部を脱分極するかで，興奮の極性が決まる．軟骨魚類では，アンプラ内腔がマイナスとなる刺激電圧が感覚上皮にかかるとき，受容細胞の有毛部が脱分極され，その内向き電流は側基底部を脱分極して，伝達物質の放出を促進する（Obara and Bennett, 1972；Clusin and Bennett, 1977a, b）．

一方，硬骨魚類では，アンプラ内腔がプラスとなる刺激で受容器電位を発生する（Obara and Oomura, 1973）．この場合は，外界からアンプラ内腔に流れ込んだ刺激電流が側基底部を直接脱分極することで受容器電位が発生する（Sugawara and Obara, 1984, Sugawara, 1989b）．

受容器電位は有毛部も側基底部もともにCa^{2+}依存性電位である．軟骨魚類では有毛部・側基底部の両方にCa^{2+}チャネルとK^+チャネルが分布し，興奮性がある．硬骨魚類では側基底部のみにCa^{2+}チャネルとK^+チャネルが分布し興奮性膜として働く．Na^+チャネルは電気受容細胞では見いだされていない（Sugawara, 1989a；Sugawara and Obara, 1989）．

4）アンプラ内K^+イオンと受容器電流　　アンプラ内腔は，側線器のクプラあるいは内耳の内リンパ液と同じくK^+イオン濃度が高い．側線器のクプラでは24～100 mMのK^+イオンが存在し，+15 mVから+50 mVのクプラ内DC電位が記録される（Russell and Sellick, 1976）．そのため側線受容細胞の有毛部は脱分極され，有毛部から側基底膜に向かって定常的上皮電流が流れる．この上皮電流が刺激変換電流（受容器電流）として働く．この電流は側基底膜を脱分極して，求心性シナプスでの伝達物質の放出を促す．側線器では有毛部の動毛の偏位によって動毛先端部の機械受容チャネルのコンダクタンスが変わり，その結果，受容器電流は増減する，すなわち伝達物質の放出量は変わる．これが有毛細胞での機械受容機構である（Hudspeth, 1985）．

アンプラ型受容器の場合アンプラ内腔のK^+イオンは，軟骨魚のガンギエイ *Raja oscellata* で13.5 mM，アンプラ内電位+20 mV（Clusin and Bennett, 1979），海産硬骨魚のゴンズイ *Plotosus anguillaris* で62.5 mM，アンプラ内電位−13 mVとなっている（Okitsuら，1978；Sugawara and Obara, 1984）．アンプラ内電位は，管部開口部を電気的に絶縁して測定したもので，海水に開いているときは0 mVである．しかしガンギエイでは，アンプラ内DC電位はおよそ+20 mVもあるので，水中では上皮電流はアンプラから海水に向かって流れる．すなわち受容細胞は管部の開口部が海水に浸る限り，有毛部を脱分極する方向に上皮電流が流れ，受容細胞は刺激が加わらない状態でもわずかに脱分極した状態に置かれる．

一方，ゴンズイではアンプラ内腔の負のDC電位のために，上皮電流は側基底膜を脱分極する方向に流れる．アンプラ開口部にプラスの刺激が加わると，側基底膜を脱分極している上皮電流は増加し，すなわち受容器電流は伝達物質の放出を増やし，感覚神経の放電頻度は増加する．逆にマイナスの刺激が入ると受容器電流は側基底膜を過分極するために，伝達物質の放出量は減少して，感覚神経の放電頻度は減少する．ゴンズイのアンプラ内電位の起電力としては支持細胞の側基底膜に存在するNa-K ATPase が関与している（Sugawara, 1989b）．

5）一次感覚神経の応答　　アンプラ型電気受容器からの感覚神経には静止時放電があり，刺激の極性に応じてスパイク頻度が増減する．矩形波刺激を与えると急激なスパイク頻度の増加と順応（adaptation）が起こり，刺激の強さに応じた持続的な放電頻度（tonic discharges）へと落ちついていく（図10-9）．ゴンズイの場合，感覚神経の静止時放電は上で述べたように上皮電流によって受容細

胞がCaスパイクの閾値付近に脱分極され，伝達物質が常に少しずつ放出されて，その結果として感覚神経の静止時のスパイクが生ずると考えられる（Sugawara & Obara, 1984）．静止時の感覚神経の放電頻度は最大放電時の20〜45％であり，アンプラに数 μV の刺激が加わると約10％の放電頻度の増加が起こる（Obaraら，1981）．

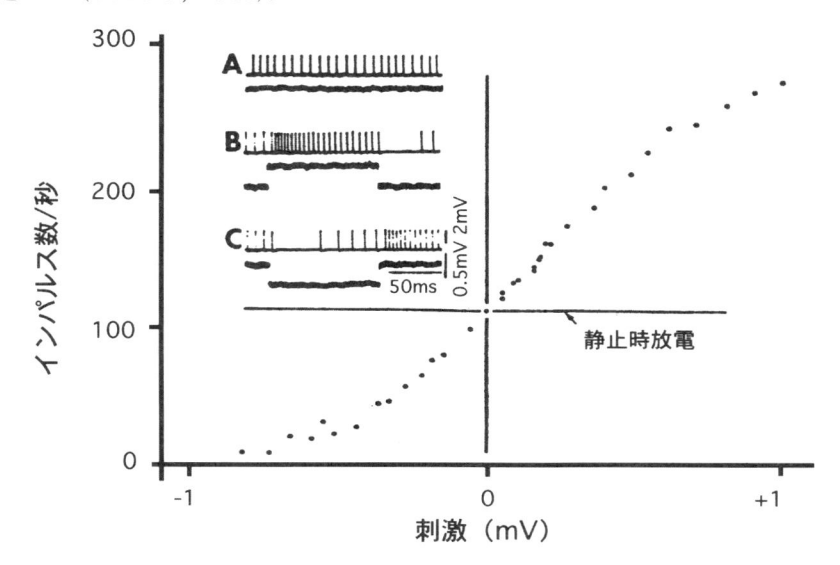

図10-9　硬骨魚ジムノタス *Gymnotus* のアンプラ型受容器からの求心性神経の応答
A：静止時の感覚神経の応答．B：アンプラ内腔にプラスの電気刺激を与えたときの応答．
C：アンプラ内腔マイナスの刺激時の応答．グラフは横軸が刺激の強さ，縦軸がインパルス数．刺激のない時点でも持続的な静止時放電があり，プラスまたはマイナスの刺激に対して放電頻度が増減する．（Bennett, 1971 より改変）

軟骨魚類のガンギエイでは有毛部と側基底膜に興奮性をもつため，受容細胞の脱分極がランダムに起こり，伝達物質の静止時の放出が起こっていると考えられる（Clusin and Bennett, 1979）．放電頻度の10％変化は，ゴンズイと同じく数 μV の刺激強度の変化で起こる（Murray, 1965）．

2-3　側線器感覚と電気感覚の中枢経路

電気受容感覚，側線器感覚，聴覚系中枢経路の代表的な神経核と神経連絡を図10-10に示した．聴・側線器系は発生の初期に同じプラコードから発生してきており，中枢神経系の核群にも類似性がみられる．

1) 延　髄　硬骨魚では頭部の感丘からの情報は前側線神経（ALLN）によって，また体幹部・尾部の感丘からは後側線神経（PLLN）によって，一次中枢核である延髄の内側核（nucleus medialis）（図10-11M）および尾側核（nucleus caudalis）（図10-11C）に伝えられる．また大部分の魚類では，前側線神経と後側線神経は同側の顆粒隆起（eminentia granularis）にも別々に到達している．さらに小脳の前庭側線葉（vestibulolateral lobe）や小脳体（cerebellar corpus）に投射するものもある（McCormick, 1989）．

2) 中　脳　二次感覚神経である尾側核のクレスト細胞からは，反対側の尾側核への神経連絡がみられる．他方，上行性の二次感覚神経は内側核から出て側線神経束をつくり，中脳（midbrain）の半円提（torus semicircularis）や視蓋（optic tectum）に投射する．半円提では，外側核（TSl：lateral

nucleus) に電気受容感覚が投射し,腹側核 (TSv : ventral torus semicircularis) には機械受容感覚が,また中心核 (TSc : central nucleus) には聴覚が投射する (Knudsen, 1977 ; Finger and Tong, 1984).

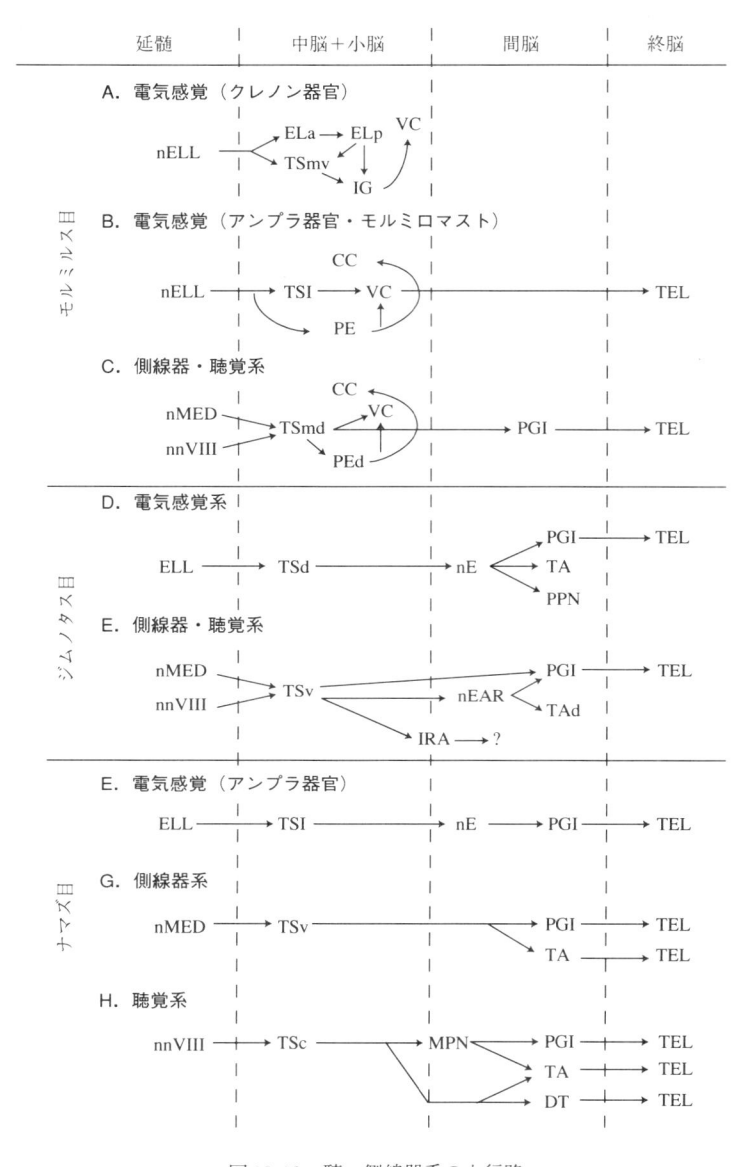

図 10-10 聴・側線器系の上行路
モルミルス目,ジムノタス目,ナマズ目の延髄,中脳-小脳,間脳,終脳での投射経路を示す.
CC ; 小脳体,DT ; 背側視床,ELa ; 半円堤外側核前部,ELp ; 半円堤外側核後部,ELL ; 電気感覚葉,IG ; 顆粒峡核,IRA ; 網状間質域,MPN ; medial pretoral nucleus,nE ; 電気感覚核,nEar ; 電気感覚核聴覚域,nELL ; 電気感覚葉核,nMED ; 内側核,PE ; 隆起前域核,nnVIII ; 第 8 神経核,PEd ; 隆起前域背側部,PGl ; 前糸球体外側核,PPN ; ペースメーカー核,TA ; nucleus tuberis anterior,TEL ; 終脳,TSc ; 半円堤中心核,TSd ; 半円堤背側核,TSmd ; 半円堤内側核背側部,TSmv ; 半円堤内側核腹側部,TSv ; 半円堤腹側核,VC ; 小脳弁 (Braford & McCormick, 1993 より改変)

電気感覚をもたない種類では，内側核は外側よりに，また中心核は内側よりに位置している（Echteler，1985）．

　3）視　蓋　視蓋深部は，さまざまな感覚の統合が起こる場所である．硬骨魚類の視蓋は間脳を被うように発達し，延髄内側核からの二次神経の一部は直接視蓋に投射している．電気魚では電気感覚の情報は半円堤を経由して（硬骨魚），あるいは背側核から直接（軟骨魚），視蓋に投射する．少なくとも電気感覚をもつ硬骨魚では，視覚地図に電気感覚の情報を書き込むかのように，体表との位置相関が見られ，多くの細胞は視覚にも電気感覚にも応答する多種感覚応答性を示している（Bastian，1982）．同様の詳細な研究は機械受容感覚については少ないが，Xenopusの側線器感覚について調べた結果からは視蓋ニューロンの応答が最もよく方向特異性を示し，方向決定を行う最初の部位ではないかと示唆されている（Zittlauら，1986）．

　4）終　脳　中脳からでた機械受容情報は，視床（thalamus）を経て，終脳（telencephalon）に到達する．すなわち，視床では中心後核（central posterior nucleus）と糸球体前核群（preglomerular complex）に終わる（Echteler，1984；Murakamiら，1986；伊藤，1988）．電気受容をもつ硬骨魚でも半円堤からの上行性入力が糸球体前核群に終わることが報告されている（Finger，1986；Carr and Maler，1986）．

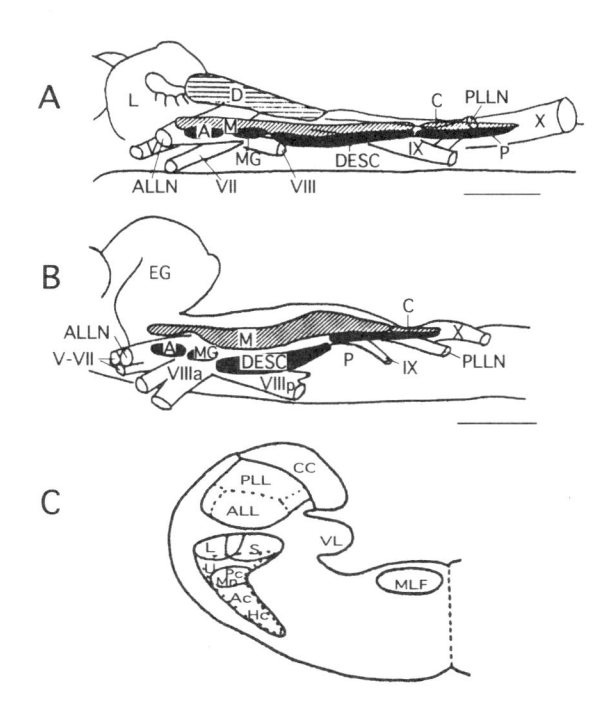

図10-11　聴・側線器系の中枢経路
A：チョウザメ Scaphirhynchus の脳幹部縦断面模式図．電気受容（横線部分），機械受容（斜線部分），内耳（黒色部分）感覚系からの投射領域を示す．スケールは1mm．B：アミア Amia の脳幹部縦断面図．機械受容と内耳系が投射する．C：アミアの延髄部分の横断面図．前側線神経（ALLN）と後側線神経（PLLN）の投射野を示す．
A；前内耳核，Ac；前半器官の投射野，ALL；前側線神経投射野，ALLN；前側線神経，C；尾側核，CC；小脳体，D；背側核，DESC；内耳核下行路，EG；顆粒隆起，Hc；水平半器官の投射野，IX；舌咽神経，L；ラゲナからの投射野，M；内側核，MG；大細胞核，MLF；内側縦束，Mn；Macula neglecta の投射野，P；後内耳神経，Pc；後半器官の投射野，PLL；後側線神経の投射野，PLLN；後側線神経，S；球形嚢の投射野，U；卵形嚢の投射野，V；三叉神経，VII；顔面神経，VIII；第8神経，VL；迷走神経葉，X；迷走神経（McCormick，1989より改変）

§3. 発電と結節型電気受容器

　これまで見てきたように，電気受容器は体性感覚の一種として機械受容器を基に進化を遂げたことが多くの点から明らかである．しかし，一部の魚類が発電器官を獲得するに伴って，さらに第二の電気受容器が出現した．モルミルス目やジムノタス目などの発電魚のみがもち，発電器官の放電（EOD：electric organ discharges）に対して応答する，結節型電気受容器（tuberous electroreceptor）（図10-6）である．EODの位相に同期して1スパイクのみで応答する位相検出タイプ（phase corder）と，EODの振幅（強度）に応じてスパイク発生の潜時と頻度が変わる強度検出タイプ（amplitude corder）がある．

　発電魚には，エレファントノーズフィッシュ Gnathonemus petersii のようにパルス放電をする種類と，アイゲンマニア Eigenmannia lineata のようにサイン波形を思わせるウェーブ放電をする種類がある（図10-12）(Kramer, 1990)．ジムノタス目のパルス型放電をする種では，位相検出受容器と強度検出受容器はそれぞれ，MタイプとBタイプと呼ばれ，ウェーブ型では，TタイプとPタイプと呼ばれる．モルミルス目のパルス放電種では位相検出受容器としてはクノレン器官（Knollen organ），強度検出受容器としてはモルミロマスト受容器（mormyromast electroreceptor）があり，ウェーブ放電種では，ジムナルコマストIとジムナルコマストIIがそれぞれに対応している．次節ではモルミルス目エレファントノーズフィッシュを例にとって発電と結節型受容器のはたらきについてみてみよう．ジムノタス目については，総説（菅原，1996a，1996b，1997）を参照のこと．

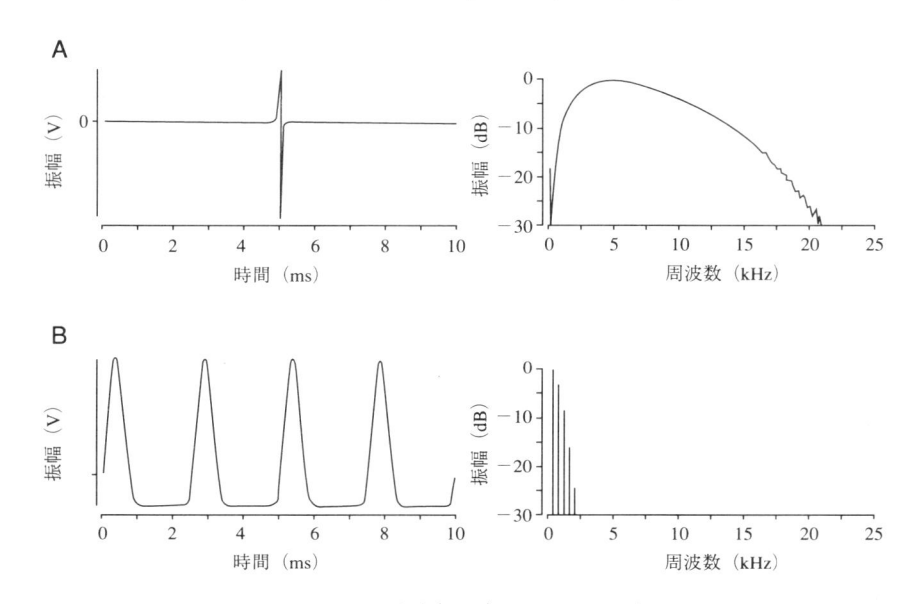

図10-12　発電（EOD）の2つのタイプ
A：モルミルス Gnathonemus のパルスEOD波形と周波数スペクトル．B：アイゲンマニア Eigenmannia のウェーブEOD波形と周波数スペクトル．パルスEODは広い周波数域で放電し，ウェーブEODは種属特有の狭い周波数域で放電する．(Kramer, 1990より)

3-1　モルミルス目の電気感覚

　モルミルス目はアフリカ中西部，コンゴ川流域に生息する弱電気魚である．発電器官は比較的単純なウェーブ種から複雑な構造をもつパルス種まで多様な進化を遂げている（Hopkins, 1999）．電気受容器は結節型受容器であるクノレン器官とモルミロマスト受容器，およびアンプラ器官の3種類があり，それぞれ異なった形態と刺激受容の応答様式をもっている（図10-13）．アンプラ器官が皮下に陥入した管部（図10-13C）をもつのに対し，結節型は皮下に埋没し外界からは遮断されている（Szabo, 1974）．またクノレン器官は頭部に多く分布し，モルミロマストは体幹部に分布してアンプラ器官と混在している．

　1）**クノレン器官**　　クノレン器官の管部には上皮細胞が緩く詰まっており，1〜35個の受容細胞

が支持細胞の上に載った形をしている（図10-13A）．受容細胞の内腔側面は，90％が内腔に突出し微絨毛で覆われ，感覚神経は1本が分枝してクノレン器官内の受容細胞を支配する．体外がプラスの刺激に対して，脱分極性の受容器電位が発生し，感覚神経は非常に短い潜時で1発のスパイクを発生する．過分極の刺激に対してはOFF時の位相に同期して感覚神経にスパイクが誘発される．自己のEODに対しても感覚神経は1発のスパイクのみを発生する（Bell and Szabo, 1986）．

2）モルミロマスト受容器　モルミロマスト受容器は奇妙な2階建ての構造をしており，2種類の受容細胞はそれぞれ別の空間に有毛部分を突きだしている（図10-13B）．上の内腔にちょうどアンプラ器官の受容細胞のように有毛部をわずかに出しているのがSC1細胞，下の内腔にクノレン器官の受容細胞のように細胞の大部分を突きだしているのがSC2細胞である．これら2種類の受容細胞からの感覚神経は電気感覚葉の異なる部位に投射する．モルミロマスト受容器は刺激が強くなるにしたが

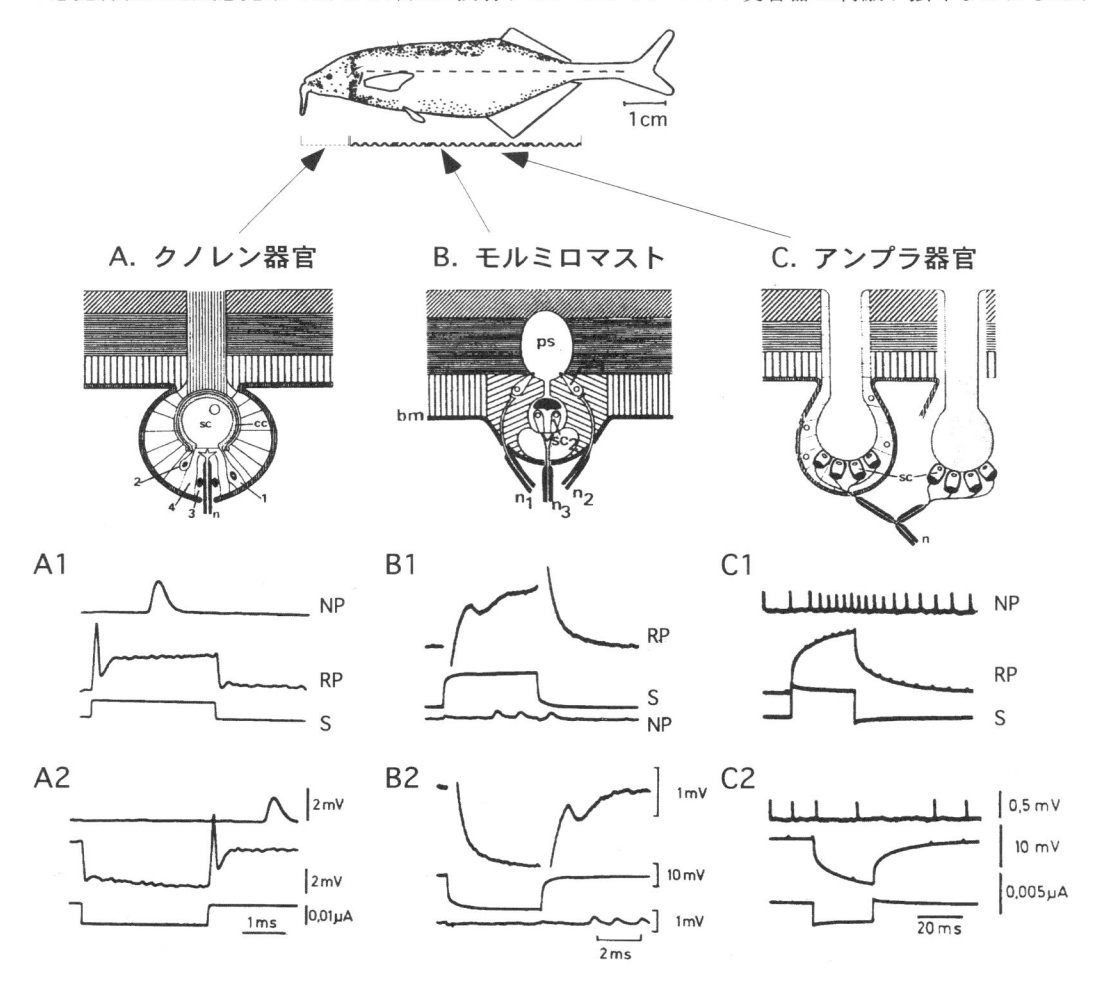

図10-13　モルミルス *Gnathonemus* の電気受容器の構造と応答
　A：クノレン器官．刺激に対し感覚神経は1インパルスのみ発生．B：モルミロマスト受容器．刺激の強さはインパルスの潜時と数に変換される．C：アンプラ器官．体外側がプラスになる刺激で，感覚神経の自発放電は増加する．A1, B1, C1；体外がプラスとなる刺激への受容器電位と感覚神経の応答．A2, B2, C2；体外がマイナスとなる刺激への受容器電位と感覚神経の応答．n；感覚神経，ps；内腔，sc；受容細胞，NP；感覚神経の応答，RP；受容器電位，S；電気刺激（A, B, C は Szabo, 1974 より改変．A1～C2 は Bell and Szabo, 1986 より改変）

って，1発目のスパイク発生の潜時が短くなるとともにスパイク数も増える．スパイクの最大数はSC1で2～4スパイク，SC2細胞で4～8スパイクである．両受容細胞間での機能的な違いはよくわかっていないが，電気容量の違いを検出しているとの報告がある（von der Emde and Bleckmann, 1992）．

3）**電気的定位** 弱電気魚の発電と電気感覚は，コウモリのように超音波を発しその反射してくる音波をとらえ，反射時間から対象物の場所や距離を知覚しているわけではない．1回毎の放電で体周囲にできる電場内に，電気抵抗や電気容量の異質な物体があると電場の電流密度は異なってくる（図10-14）．弱電気魚は体周囲に広がった電場を，体表での電位分布あるいは皮膚を横切る微弱な電流として電気受容器で検出している（Heiligenberg, 1977）．

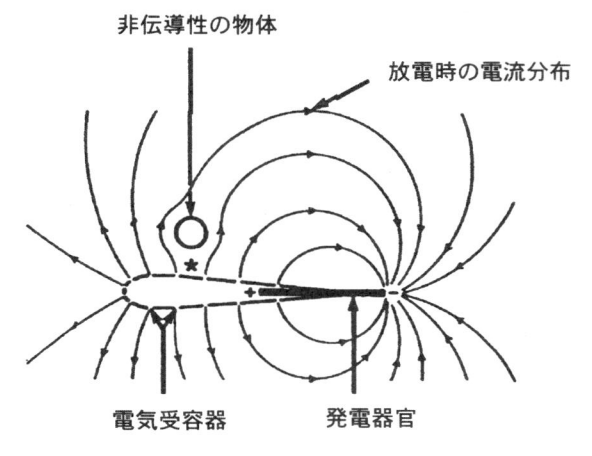

図10-14 電気的定位の原理
発電器官の放電により体周囲に電場ができる．円弧の線は電流分布を示す．プラスチックなど非伝導性の物体が電場の中にあると電流の分布が変わり，体表の電気受容器に加わる刺激電流量または電圧は変化する．（Heiligenberg, 1977より）

エレファントノーズフィッシュの場合を見てみよう．プラスチックでできた物体を皮膚から3～4 mmの受容野に置き（図10-15），モルミロマスト受容器からの感覚神経のスパイクを記録した．物体がある時スパイク数は減少し，物体を除くとスパイク数は元の状態に戻った．一方，アンプラ器官の感覚神経からの記録では，物体の有無によってスパイク数は変化していない．このことは，体周囲におかれた物体の検出にはアンプラ器官よりもモルミロマスト受容器が有効に働いていることを示している（Bell and Russell, 1978）．このようにEODの電場を利用して，その変化から物体を検出することを「能動的な電気的定位」と呼んでいる．

しかし微弱な電位を発生する物体があるときは，アンプラ器官の応答も変化するはずである．Kalmijn（1971）は，淡水産トラザメ *Scyliorhinus canicula* が，砂の中に隠した餌のカレイ *Pleuronectes platessa* を見つけだし，またカレイの代わりに電極を埋めてカレイの呼吸リズムをまねて通電すると，トラザメは電極を見つけだすことを報告した．トラザメは発電器官をもたないのでこの場合はカレイの呼吸や心拍で起こる微弱な電場の変化をアンプラ器官で受動的に検出している．これを「受動的な電気的定位」として区別した．

このようなことから，アンプラ器官は電位分布の広がりを検出し，結節型受容器では物体によって起こる電気伝導度の変化を検出することで電気的定位に寄与していると考えられる．

4）**電気的交信** 電気感覚がEODの静的な電場の広がりを検出するものである以上，近くに発電魚がくると混信が起こり電気受容が妨げられる．アイゲンマニアなどのウェーブ放電種では相手と自己の発電周波数をわずかに変化させることで混信を回避する行動をとる（Heiligenberg, 1991；川崎, 2000a, b）．ではパルス放電種の場合はどのように混信を避けているのだろうか．

パルス放電種の場合は，図10-12に示すように，EOD周波数は広い帯域をもっている．つまりEOD周波数を自由に変えることができるので，ウェーブ放電種と同じような方法での混信回避行動は行わ

れていない．しかしモルミルス目のパルス放電種では，相手のEODに一定の間隔をおいて発電する行動が知られており，これは一種の混信回避行動と推測されている（Kramer and Bauer, 1976）．

また弱電気魚は，攻撃，縄張り，索餌，交尾行動などでEODの間隔を自在に変え，それぞれの行動に特有のEOD間隔パターン（SPI：sequential pulse interval）をもっている（Moller, 1995）．このようなEODを使っての社会行動は電気的交信と呼ばれており，EODの位相を検出するクノレン器官が重要な情報入力源となる．しかしモルミルスのクノレン器官は，パルスに対してのみ応答するので，そのパルスが自己の発したものであるのか，あるいは相手の発したものであるのかは受容器レベルでは区別できない．モルミルスの場合は，非常に巧妙な方法で，相手パルスの識別をしている．

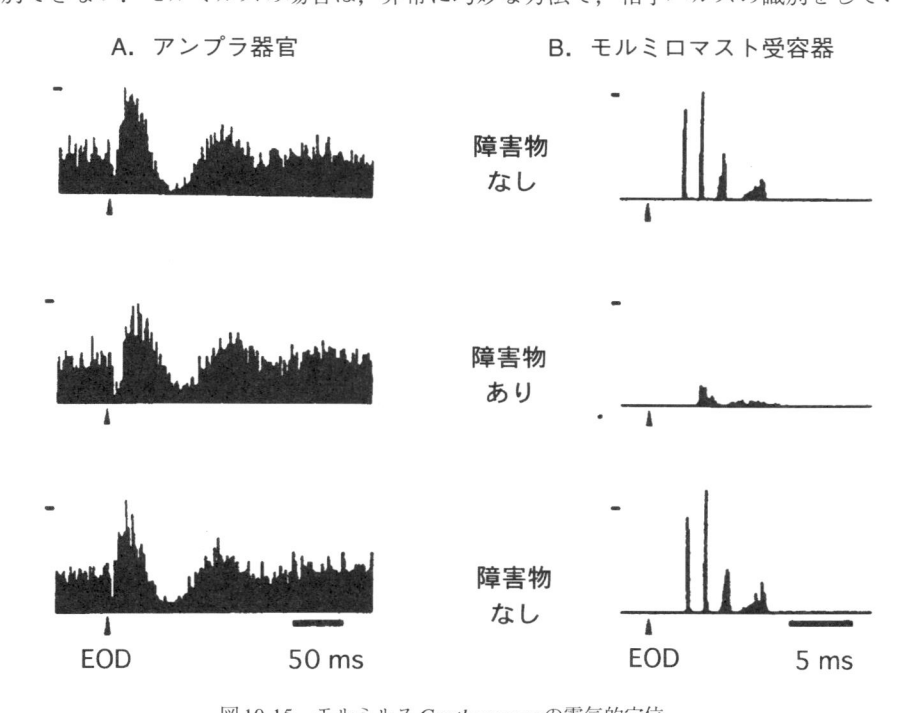

図10-15　モルミルス Gnathonemus の電気的定位
A；アンプラ器官・感覚神経のスパイク数ヒストグラム．20×20 mm 四方のプラスチックフィルムを皮膚上のアンプラ器官受容野に置いても，感覚神経の応答に変化はない．B；モルミロマスト受容器．8×20×0.3 mm のプラスチック板を表皮から 3～4 mm の位置に置くと，インパルス放電は減少した．障害物の検出には主にモルミロマスト受容器が働いていることがわかる．（Bell & Russell, 1978より）

5）**電気感覚葉**（ELL：electrosensory lateral line lobe）　モルミルスの電気感覚葉は背側菱脳（rhombencephalon）に位置し，3つの部分が区別される．モルミロマストの2種類の受容細胞からの感覚神経は電気感覚葉の異なる部位，すなわちSC1細胞は内側部（MZ：medial zone）に，またSC2細胞は背外側部（DLZ：dorsolateral zone）に投射する．アンプラ器官からは腹外側部（VLZ：ventrolateral zone）に，またクノレン器官からはELL核に投射している（Bell and Szabo, 1986；Meek, 1993）．

電気感覚葉は6層に分かれ，感覚神経は顆粒層（granular layer）の顆粒細胞に終止する．二次感覚ニューロンは神経節細胞層（ganglionic layer），網状層（plexiform layer），顆粒層にかけて存在する．

二次感覚ニューロンと介在ニューロンは顆粒細胞からの入力を受ける一方，分子層（molecular layer）に小脳のプルキンエ細胞のような樹状突起を伸ばし，分子層の内側および外側部で，平行線維からのシナプス入力を受ける．平行線維には小脳体の腹外側部に位置する顆粒隆起（EGp）からの軸索および間脳の隆起前域核（preeminential nucleus）からの軸索が入力している．顆粒隆起からは固有受容器からの情報が，また隆起前域核からは電気感覚中枢の下行性情報が伝えられる．ともにEODのコマンドニューロンからの随伴放電（EOCD：electric organ corollary discharges）（またはエファレンスコピーともいう）を強力に伝える経路である（図10-16）．

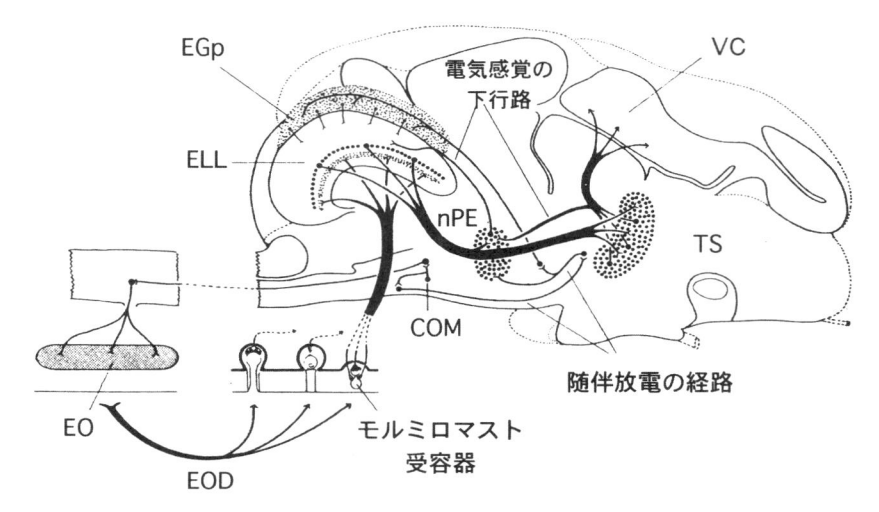

図10-16　モルミルス *Gnathonemus* の電気感覚−発電の神経経路
発電器官の放電（EOD）は体表の電気受容器を刺激する．電気受容器からの一次感覚神経は電気感覚葉で二次感覚神経に接続し，この神経は半円堤および隆起前域核に投射する．隆起前域核からは電気感覚葉の分子層に平行線維として下行性の経路がある．発電器官を支配する運動神経へは発電指令核より下行性の出力がある．これは随伴放電として隆起前域核，電気感覚葉，顆粒隆起後部へも情報が送られる．
VC；小脳弁，COM；発電指令核，EGp；顆粒隆起後部，ELL；電気感覚葉，EO；発電器官，nPE；隆起前域核（Meek, 1963より）

　随伴放電は，発電器官に放電を起こすコマンドニューロンの出力命令コピー情報である．分子層のニューロンは，随伴放電を平行線維からの興奮性シナプス電位（EPSP）として受けた直後に，モルミロマストやアンプラ受容器からの感覚情報を受けとることになる．すなわち二次感覚ニューロンに入る感覚情報は，随伴放電によって興奮性，あるいは抑制性の修飾を受けることになる（Sugawaraら，1999）．この最も典型的な例が，クノレン器官の場合である．

　クノレン器官からの一次感覚神経は，ELL核で電気シナプスを介して二次感覚ニューロンに情報を伝達する（Bell and Grant，1989）．しかし二次感覚ニューロンはちょうど自己のEODの到達時刻直前に，随伴放電による抑制性シナプス電位（IPSP）を受けて過分極を起こし（図10-17C-ii），この過分極によって自身のEODに対するスパイクは遮断される（図10-17B）．自己以外のEODにより惹起されたスパイクは上位中枢へと通過していく．すなわちここでは随伴放電によって自己のEOD情報を消去しておいて，自己以外のEOD情報を中脳の半円堤外側核前部（ELa核：anterior exterolateral nuclei）へと送っている（Amagaiら，1998）．

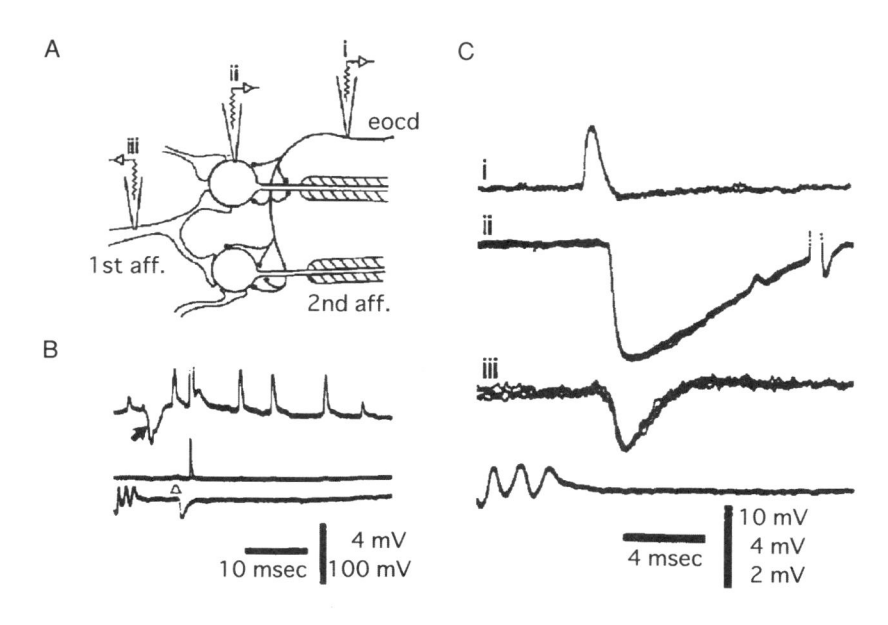

図10-17　モルミルスの電気感覚葉での情報処理
A：*Gnathonemus* クノレン器官からの一次感覚神経（1 st aff.）は，電気感覚葉核で二次感覚ニューロン（2 nd aff.）に電気シナプスと化学シナプスを介してインパルスを伝達する．B：一次感覚神経からの細胞内記録．上2本は，高倍増幅と低倍増幅の記録を示す．最下部は発電のコマンドパルス．電気シナプスを介して二次ニューロンの活動が逆行性に記録される．二次ニューロンには発電指令核からの随伴放電（eocd）がIPSPを起こし（矢印），この過分極により自己のEODに対するスパイクはブロックされる．皮膚への電気刺激（△）に対するスパイクは通過する．下より2番目の低倍トレースを参照．C：一次感覚神経（iii），二次感覚神経（ii），eocdニューロン（i）からの記録．最下段はコマンドニューロンのスパイクを示す．（Bell & Grant，1989より）

6）中脳での時間検出

同種の仲間などEOD信号源が体の片側に存在するとき，クノレン器官は左右の体側でちょうど反対の極性に応答する．これはクノレン器官の応答が，皮膚を内向きに流れ込む電流に位相同期してスパイクを発生すること，また受容細胞は左右の体側で逆の方向を向いているため，片方でEODのON応答をすると，反対側の受容細胞は外向きに流れる他者由来のEODのために，OFF応答をすることによる（図10-18B）．

この左右のわずかな応答時間の差から，中脳ではEOD波形の時間的パターンを識別していると考えられる（Amagaiら，1998）．すなわち，電気感覚葉核から反対側の半円堤外側核前部に上行した二次ニューロンは，中脳で抑制性大細胞と三次ニューロンである小細胞に電気的シナプスと化学的シナプスを形成する．大細胞は反対側の大細胞と多数の小細胞にシナプス接続し，抑制性遅延線として左右のEOD情報を照合することになる．小細胞は半円堤外側核後部（ELp核：posterior exterolateral nucleus）を経て，隆起前域下核（SPE；subpreeminential nucleus）と顆粒峡核（IG；Ischmic granule nucleus）に投射する（Mugnaini and Maler，1987；Xu-Friedman and Hopkins，1999）．

体軸の両側から来た情報で時間差を検出する方法は，鳥類やコウモリ（Carr and Konishi，1990），アイゲンマニアやジムナルカスで報告された遅延線によるしくみとよく似ている（Carr，1986；Heiligenberg，1991；総説：川崎200a，b）．聴覚・側線器・電気感覚に共通の神経情報処理のアルゴリズムが存在していると予想される．

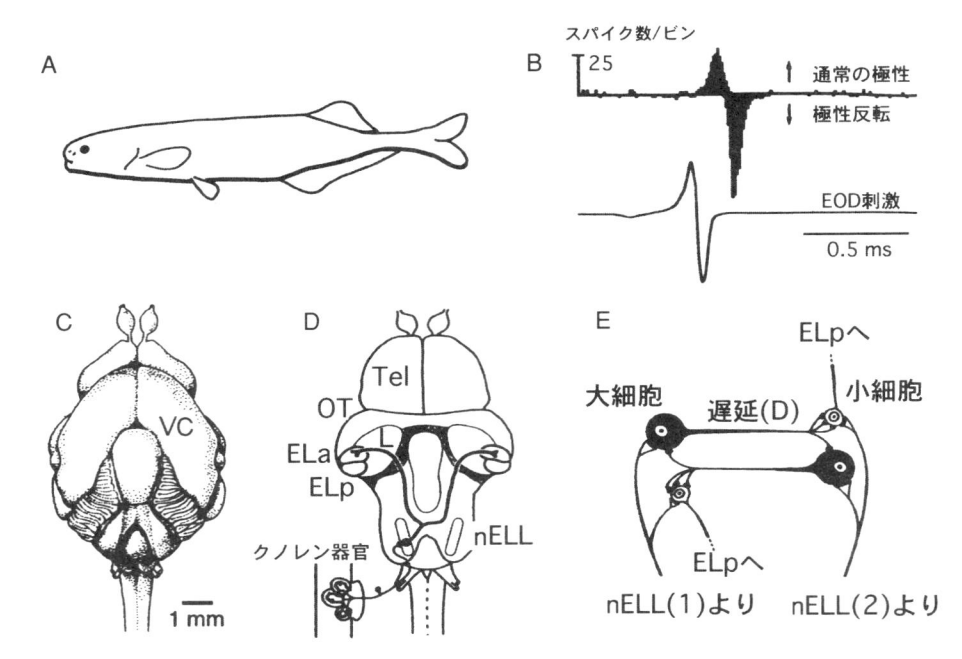

図10-18 モルミルスの中脳での情報処理
A：パルス型モルミルス Brienomyrus brachyistius. B：クノレン器官からのEOD刺激（下段）に対する応答（上段）. 下向きのヒストグラムは逆向きのEOD刺激に対する応答. 体の反対側では刺激EODの極性は反対となり, 左右の応答には時間遅れができる. C：脳を上から見たところ. D：クノレン器官系の上行路. E：中脳での時間差検出モデル. nELLから上行してきた二次ニューロンは2/3が反対側の抑制性大細胞と第三次ニューロンである小細胞に終始する. 残り1/3は同側に終止.

ELa；半円堤外側核前部, ELp；半円堤外側核後部, L；外側半円堤核, OT；視蓋, Tel；終脳, VC；小脳弁, nELL 電気感覚葉核, (Xi-friedman & Hopkins, 1999より)

おわりに

水槽に2尾のエレファントノーズフィッシュを入れ, 水槽の隅に電極を入れてEODを音として聞きながら行動を観察すると, 行動に伴ってEOD周波数は多様な変化をしていることがわかる. 攻撃し追尾し, また攻撃してやがて優劣が決まり, 劣位のものは隠れ家に潜んだまま, EODだけで応酬していたりする. 弱電気魚たちの放電を聞いているだけでも個性があり, 彼らはお互いに識別しているような気配すらある. 識別しているとしたら, EODの何を指標に区別し記憶しているのか. また相手のEODに対し正確な時間間隔で追従できるのはなぜか, 側線器感覚と電気感覚の遊泳中の相互作用など, 今後の研究を待つ未知なる部分は多い.

文　献

Amagai, S., M. A. Friedman, and C. D. Hopkins (1998): Time coding in the midbrain of mormyrid electric fish. I. Physiology and anatomy of cells in the nucleus exterolateralis par anterior. J. Comp. Physiol. A, 182, 115-130

Bastian, J. (1982): Vision and electroreception: Integration of sensory information in the optic tectum of the weakly electric fish Apteronotus albifrons. J. Comp. Physiol. A, 147, 287-297

Bell, C. and C. J. Russell (1978): Termination of electroreceptor and mechanical lateral line afferents in the mormyrid acousticolateral area. *J. Comp. Neurol.*, 182, 367-382

Bell, C. C. and K. Grant (1989): Corollary discharge inhibition and preservation of temporal information in a sensory nucleus of mormyrid electric fish. *J. Neurosci.*, 9 (3), 1029-1044

Bell, C. C., and T. Szabo (1986): Electroreception in mormyrid fish. Central anatomy. Electroreception. (ed. by T.H. Bullock and W. Heiligenberg), Wiley-Interscience, p. 375-421.

Bennett, M. V. L. (1971): Electrolocation in fish. *Ann. New York Acad. Sci.* 188, 242-269

Bennett, M. V. L. and H. Grundfest (1959): Electrophysiology of electric organ in *Gymnotus carapo*. *J. Gen. Physiol.*, 42, 1067-1104

Braford, M. R. Jr. (1982): African, but not Asian, notopterid fishes are electroreceptive: evidence from brain characters. *Neurosci. Lett.*, 32, 35-39

Braford, M. R. Jr. and C. McCormick (1993): Brain organization in teleost fishes: lessons from the electrosense. *J. Comp. Physiol. A*, 173, 704-707

Bullock, T. H., D. A. Bodznick, and R. G. Northcutt (1983): The phylogenetic distribution of electroreception: evidence for convergent evolution of a primitive vertebrate sense modality. *Brain Res. Rev.*, 6, 25-46

Bullock, T. H., S. Hagiwara, K. Kusano, and K. Negishi (1961): Evidence for a category of electroreceptors in the lateral line of Gymnotid fishes. *Science*, 134, 1426-1427

Bullock, T. H. and R. G. Northcutt (1982): A new electroreceptive teleost: *Xenomystus nigri* (Osteoglossiformes: Notopteridae). *J. Comp. Physiol.*, 148, 345-352

Bullock, T. H., R. G. Northcutt, and D. A. Bodznick (1982): Evolution of electroreception. *TINS*, 5, 50-53

Carr, C. E. (1986): Timing coding in electric fish and barn owls. *Brain Behav. Evol.*, 28, 122-133

Carr, C. E. and M. Konishi (1990): A circuit for detection of interaural time differences in the brain stem of the barn owl. *J. Neurosci.*, 10 (10), 3227-3246

Carr, C. E., and L. Maler (1986): Electroreception in Gymnotiform fish. Electroreception. (ed. by T.H. Bullock and W. Heiligenberg), John Wiley & Sons, p.319-373

Clusin, W. T. and M. V. L. Bennett (1977a): Calcium-activated conductance in skate electroreceptors. Current clamp experiments. *J. Gen. Physiol.*, 69, 121-143

Clusin, W. T. and M. V. L. Bennett (1977b): Calcium-activated conductance in skate electroreceptors. Voltage clamp experiments. *J. Gen. Physiol.*, 69, 145-182

Clusin, W. T. and M. V. L. Bennett (1979): The oscillatory responses of skate electroreceptors to small voltage stimuli. *J. Gen. Physiol.*, 73, 685-702

Coombs, S., J. Jansen, and J. Montgomery (1992): Functional evolutionary implications of peripheral diversity in lateral line systems. The evolutionary biology of hearing. (ed. by D. B. Webster, R. Fay, and A.N. Popper), Springer-Verlag, p. 267-294

Dijkgraaf, S. (1962): The functioning and significance of the lateral-line organs. *Biol. Rev.*, 38, 51-105

Dijkgraaf, S. (1968): Electroreception in catfish, *Amiurus neblosus*. *Experient.*, 24, 187-188

Dijkgraaf, S. and A. J. Kalmijn (1966): Versuche zur biologischen Bedeutung der Lorenzinischen ampullen bei den Elasmobranchiern. *Z. Vgl. Physiol.*, 53, 187-194

Echteler, S. M. (1984): Connections of the auditory midbrain in a teleost fish, *Cryprinus carpio*. *J. Comp. Neurol.*, 230, 536-551

Echteler, S. M. (1985): Organization of central auditory pathways in a teleost fish, *Cyprinus carpio*. *J. Comp. Physiol.A*, 156, 267-280

Fay, R. R. and T. J. Ream (1986): Acoustic response and tuning in saccular nere fibers of the goldfish (*Carassius auratus*). *J. Acoust. Soc. Am.*, 79 (6), 1883-1895

Finger, T. E. (1986): Electroreception in catfish. Behavior, anatomy, and electrophysiology. Electroreception. (ed. by T. B. Bullock and W. Heiligenberg), John Wiley & Sons, p.287-317

Finger, T. E. and S.-L. Tong (1984): Central organization of eighth nerve and mechanosensory lateral line systems in the brainstem of Ictalurid catfish. *J. Comp. Neurol.*, 229, 129-151

Flock, A. (1965): Electrical microscopic and electrophysiological studies on the lateral line canal organ. *Acta oto-laryngo. suppl.*, 199, 7-90

Friedrich-Freksa, H. (1930): Lorenzinische Ampullen bei dem Siluroiden *Plotosus anguillaris* Bloch. *Zool. Anz.*, 87, 49-66

Hatai, S. and N. Abe (1932): The responses of the catfish, *Parasilurus asotus*, to earthquakes. *Proc. Imperial Acad.*, 8 (8), 375-378

Hatai, S., S. Kokubo, and N. Abe (1932): The earth currents in relation to the responses of catfish. *Proc.Imperial Acad.*, 8 (10), 478-481

Heiligenberg, W. (1977): Principles of electrolocation and jamming avoidance. Studies of brain function. vol 1., Springer Verlag.

Heiligenberg, W. (1991): Neural net in electric fish. Cambridge: The MIT Press.

Herrick, C. J. (1901): The cranial nerves and cutaneous sense organs of the North American siluroid fishes. *J. Comp. Neurol.*, 11, 177-249

Hopkins, C. D. (1999): Design features for electric communication. *J. exp. Biol.*, 202, 1217-1228

Hudspeth, A. J. (1985): The cellular basis of hearing: the biophysics of hair cells. *Science*, 230, 745-752

伊藤博信 (1988): 視床の比較解剖学 神経研究の進歩, 32, 357-367

Jørgensen, J. M., A. Flock, and J. Wersall (1972): The lorenzinian ampullae of *Polyodon spathula*. *Z. Zellforsch.*, 130, 362-377

Kalmijn, A. J. (1971) The electric sense of sharks and rays. *J. exp. Biol.*, 55, 371-383

Kalmijn, A. J. (1974): The detection of electric field from inanimate and animate sources other than electric organs. Handbook of sensory physiology III/3. Electroreceptors and other specialized receptors in lower vertebrates. (ed. by A. Fessard), Springer-Verlag, p.148-200

Kalmijn, A. J. (1988): Detection of weak electric fields. Sensory biology of aquatic animals. (ed. by J. Atema, R. R. Fay, A. N. Popper, and W. N. Tavolga), Springer-Verlag, p.151-186

川崎雅司 (2000a):弱電気魚の比較生物学Ⅰ., 電気的行動の運動制御. 比較生理生化学, 17, 60-67

川崎雅司 (2000b):弱電気魚の比較生物学Ⅱ., 混信回避行動の神経制御. 比較生理生化学, 17, 68-74

Knudsen, E. I. (1977): Distinct auditory and lateral line nuclei in the midbrain of catfishes. *J. Comp. Neurol.*, 173, 417-432

Kokubo, S. (1934): On the behaviour of catfish in response to galvanic stimuli. *Sci. Rep. Tohoku Imp. Univ. Biol.*, 9, 87-96

Kramer, B. (1990): Electrocommunication in teleost fishes. Springer-Verlage.

Kramer, B. and R. Bauer (1976): Agonistic behaviour and electric signalling in a mormyrid fish, *Gnathonemus petersii*. *Behav. Ecol. Sociobiol.*, 1, 45-61

Lissmann, H. W. (1958): On the function and evolution of electric organs in fish. *J. exp. Biol.*, 35, 156-191

Lissmann, H. W. and K. E. Machin (1958): The mechanism of the object location in *Gymnarchus niloticus* and similar fish. *J. exp. Biol.*, 35, 451-486

McCormick, C. A. (1981): Central projections of the lateral line and eighth nerves in the Bowfin, *Amia calva*. *J. Comp. Neurol.*, 197, 1-15

McCormick, C. A. (1989): Central lateral line mechanosensory pathways in bony fish. The mechanosensory lateral line. (ed. by S. Coombs, P. Gorner, and H. Munz), Springer-Verlag, p.341-364

Meek, J. (1993): Structural organization of the mormyrid electrosensory lateral line lobe. *J. Comp. Physiol. A*, 173 (6), 675-677

Moller, P. (1995): Electric fishes. History and behavior. Chapman & Hall.

Mugnaini, E. and L. Maler (1987): Cytology and immunocytochemistry of the nucleus extrolateralis anterior of the mormyrid brain: possible role of GABAergic synapses in temporal analysis. *Anat. Embryol.*, 176, 313-336

Murakami, T., T. Fukuoka and H. Ito (1986): Telencephalic ascending acousticolateral system in a teleost (Sebastiscus Marmoratus), with special reference to the fiber connections of the nucleus preglomerulosus. *J. Comp. Neurol.*, 247, 383-397

Murray, R. W. (1960): The response of the ampullae of Lorenzini of elasmobranchs to mechanical stimulation. *J. exp. Biol.*, 37, 417-424

Murray, R. W. (1962): The response of the ampullae of Lorenzini of elasmobranchs to electrical stimulation. *J. exp. Biol.*, 39, 119-128

Murray, R. W. (1965): Electroreceptor mechanisms: the relation of impulse frequency to stimulus strength and responses to pulsed stimuli in the ampullae of Lorenzini of elasmobranchs. *J. Physiol.*, 180, 592-606

Murray, R. W. (1974): The ampullae of Lorenzini. Handbook of sensory physiology III/3. Electroreceptors and other specialized receptors in lower vertebrates. (ed. by A. Fessard), Springer-Verlag, p.125-146

Northcutt, R. G. (1980): Anatomical evidence of electroreception in the coelacanth (*Latimeria chalumnae*). *Zbl. Vet. Med. C. Anat. Histol. Embryol.*, 9, 289-295

Obara, S. and M. V. L. Bennett (1972): Mode of operation of ampullae of Lorenzini of the skate, Raja. *J. Gen. Physiol.*, 60, 534-557

Obara, S., T. Higuchi, and T. Nagai (1981): High sensitivity processes in the sensory transduction on the Plotosus electroreceptors. *Adv. Physiol. Sci.*, vol.31, Sensory physilogy of aquatic lower vetebrates. (ed. by T. Szabo and G. Czeh), Pergamon Press, p.41-56

Obara, S. and Y. Oomura (1973): Disfacilitation as the basis for the sensory suppression in a specialized lateralis receptor of the marine catfish. *Proc. Japan Acad.*, 49, 213-217

Okitsu, S., S. Umekita, and S. Obara (1978): Ionic compositions of the media across the sensory epithelium in the ampullae of Lorenzini of the marine catfish, Plotosus. *J. Comp. Physiol. A*, 126, 115-121

Parker, G. H. and A. P. Van Heusen (1917): The responses of the catfish, *Amiurus neblosus*, to metallic and non-metallic rods. *Amer. J. Physiol.*, 44, 405-420

Roth, A. (1968): Electroreception in the catfish, *Amiurus nebulosus*. *Z. Vgl. Physiol.*, 61, 196-202

Roth, A. (1973): Electroreceptors in Brachiopterygii and Dipnoi. *Naturwiss.*, 60, 106

Russell, I. J. and P. M. Sellick (1976): Measurement of potassium and chloride ion concentrations in the cupulae of the lateral lines of Xenopus laevis. *J. Physiol.*, 257, 245-255

Shotwell, S. L., R. Jacobs, and A. J. Hudspeth (1981): Directional sensitivity of individual vertebrate hair cells to controlled deflection of thier hair bundles. *Ann. New York Acad. Sci.*, 374, 1-10

Sugawara, Y. (1989a): Two Ca current components of the receptor current in the electroreceptors of the marine catfish *Plotosus*. *J. Gen. Physiol.*, 93, 365-380

Sugawara, Y. (1989b): Electrogenic Na-K pump at the basal face of the sensory epithelium in the *Plotosus* electroreceptor. *J. Comp. Physiol.A*, 164, 589-596

Sugawara, Y., K. Grant, V. Han, and C. C. Bell (1999): Physiology of electrosensory lateral line lobe neurons in *Gnathomenus petersii*. *J. exp. Biol.*, 202, 1301-1309

Sugawara, Y. and S. Obara (1984): Damped oscillation in the ampullary electroreceptors of *Plotosus* involves Ca-activated transient K conductance in the basal membrane of receptor cells. *Brain Res.*, 302, 171-175

Sugawara, Y. and S. Obara (1989): Receptor Ca current and Ca-gated K current in tonic electroreceptors of the marine catfish *Plotosus*. *J. Gen. Physiol.*, 93, 343-364

菅原美子 (1996a): 電気感覚系の比較生物学 I. 発電器官と発電器官の多様性. 比較生理生化学, 13 (1), 34-47

菅原美子 (1996b): 電気感覚系の比較生物学 II. 電気受容器と電気受容機構. 比較生理生化学, 13 (3), 219-234

菅原美子 (1997): 電気感覚系の比較生物学 III. 電気感覚の脳内機構と行動. 比較生理生化, 14 (3), 193-209

Szabo, T. (1974): Anatomy of the specialized lateral line organs of electroreception. Handbook of sensory physiology III/3. Electroreceptors and other specialized receptors in lower vertebrates. (ed. by F. Fessard), Springer-Verlag, p. 14-58

Szabo, T. and A. Fessard (1963): Le fonctionnement des electrorecepteurs etudie chez les mormyres. *J. Physiol.* (*Paris*), 57, 343-360

Teeter, T. H., R. B. Szamier, and M. V. L. Bennett (1980): Ampullary electroreceptors in the sturgeon *Scaphirhynchus platorynchus* (Rafinesque). *J. Comp. Physiol.*, 138, 213-223

von der Emde, G. and H. Bleckmann (1992): Differential response of two types of electroreceptive afferents to signal distortions may permit capacitance measurement in a weakly electric fish, *Gnathonemus petersii*. *J. Comp. Physiol. A*, 171, 683-694

Waltman, B. (1966): Electrical properties and fine structure of the ampullary canals of Lorenzini. *Acta. Physiol. Scand.*, 66 (suppl. 264), 1-60

Xu-Friedman, M. A. and C. D. Hopkins (1999): Central mechanisms of temporal analysis in the knollenorgan pathway of mormyrif electric fish. *J. Exp. Biol.*, 202, 1311-1318

Zakon, H. H. (1986): The electroreceptive periphery. Electroreception. (ed. by T.H. Bullock and W. Heiligenberg), John Wiley & Sons, p.103-156

Zakon, H. H. (1988): The electroreceptors: diversity in structure and function. Sensory biology of aquatic animals. (ed. by J. Atema, R. R. Fay, A. N. Popper, and W. N. Tavolga), Springer-Verlag, p.813-850

Zittlau, K. E., B. Claas, and H. Munz (1986): Directional sensitivity of lateral line units in the clawed toad *Xenopus laevis* Daudin. *J. Comp. Physiol. A*, 158, 469-477

11. 神経修飾物質としてのペプチドGnRH
（生殖腺刺激ホルモン放出ホルモン）とその放出

岡　良　隆

はじめに

　生殖腺刺激ホルモン放出ホルモン（gonadotropin-releasing hormone, GnRH）は，ノーベル賞を巡る激しい競争の結果，下垂体からのゴナドトロピン（生殖腺刺激ホルモン）放出を促進するペプチド性「下垂体刺激ホルモン」としてブタ脳の視床下部から最初に単離精製された．その後の研究により，GnRHは主に視床下部にあるGnRH産生ニューロンの細胞体で産生された後に脳底部にある正中隆起と呼ばれる脳部位まで軸索内を軸索輸送によって運ばれ，温度や日長などの外的環境や血中ホルモン濃度や自律神経活動などの内的環境の変化に応じて，軸索終末から下垂体門脈と呼ばれる血管の中に分泌され，下垂体にあるゴナドトロピン産生細胞からのゴナドトロピン放出を促す，ということがわかっており，教科書的にも大変よく知られるペプチドホルモンである．ところが，免疫組織化学的手法や分子生物学的手法の応用によりペプチド産生ニューロンが形態学的にも詳細に調べられるようになり，GnRHが脳内の視床下部以外の部位に存在するいわゆる「視床下部外ニューロン」でも産生されることや，視床下部外GnRHニューロン由来の神経線維が正中隆起には全く分布せず，脳内に広く分布していることなどがわかってきた．したがって，形態学的見地から明らかなように，これらの視床下部外GnRH系が産生するGnRHはいわゆる「ゴナドトロピン放出ホルモン」としては働き得ないことになる．我々は熱帯魚ドワーフグーラミー *Colisa lalia* の脳が，GnRH神経系，特に視床下部外GnRH系を細胞レベルで研究するには脊椎動物において最も適していることを発見し，研究に用いてきた．そして，上述した視床下部外GnRH系の主要構成要素である終神経GnRH細胞（終神経系は，元来0番目の脳神経として12対の脳神経よりも後に発見されたところから命名されたのだが，現在では，嗅プラコードに由来しユニークな発生を示す一群のGnRHニューロン系を指すことが多い）が脳内の極めて広範囲に投射すること，それらが特徴的なペースメーカー活動をしていることなどを示し，視床下部外GnRHニューロン系が行動の動機づけや覚醒状態を調節する神経修飾系として働くのではないかと考えるに至った．この実験系は，他の脊椎動物の脳では技術的に極めて困難な単一ペプチドニューロンの多角的機能解析を可能にする点で大変ユニークである．本章では，そのような神経修飾物質としてのGnRHペプチドに焦点を当て，それらの神経修飾作用と脳内における放出（分泌）の機構に関する最近の研究成果を紹介する．

§1. 終神経GnRH系の発見とGnRH神経系の多様性

　神経伝達物質やホルモン物質に対する特異的抗体を用いてそれらの産生細胞の形態学的特徴や分布および神経線維の投射部位などを調べることのできる免疫組織化学の手法が1970年代から次第に広

く利用されるようになり，それに伴ってGnRHペプチド産生ニューロンおよびそれらの神経線維の分布も次第に詳細に調べられるようになった．GnRHに対する特異性の高い優れた抗体が作成され，免疫組織化学的手法の技術改良も相まって，現在までに脊椎動物では円口類のヤツメウナギ（Sower, 1997）に始まりヒトを含む哺乳類（Silverman, 1994）に至るまでの実に様々な動物種においてGnRH神経系の形態学的特徴が調べられている．哺乳類など多くの脊椎動物の脳では，GnRH産生細胞は比較的小型で（細胞体の直径が約10μm前後），しかも細胞体は明瞭な神経核様の構造を作らず，したがって細胞体から正中隆起（GnRHなどの下垂体刺激ホルモン産生ニューロンの軸索が終末する部位；ここで放出されたGnRHなどが下垂体門脈系によって下垂体に運ばれ下垂体のホルモン産生細胞を刺激したりする）への軸索も神経束を形成しない．こうした特徴のため，正中隆起に投射するGnRH産生細胞を解剖学的に同定するには多くの困難を伴う．硬骨魚類では解剖学的に正中隆起と見なされる構造を欠いており，下垂体刺激ホルモン産生ニューロンの軸索は直接下垂体に投射するとされているが，大変興味深いことに，一部の硬骨魚類においては，GnRHニューロンが視索前野に明瞭な細胞塊を形成し，また明瞭な神経束を形成して下垂体に投射している．例えば，ドワーフグーラミーにおいては，通常のGnRH免疫組織化学の標本においてもそのような解剖学的特徴を認めることができるが，さらに，主な視床下部外GnRH系である終神経GnRH細胞が細胞塊を成している脳部位を両側性に局所破壊して2週間ほど放置し，GnRH免疫組織化学を行うと，視索前野GnRH細胞群とそこから下垂体に投射する軸索および下垂体における軸索終末だけを特異的に見ることができる（Yamamotoら，1995，1997）．また，下垂体にニューロビオチンやDiIなどの色素を注入すると視索前野GnRHニューロンを逆行性に標識することもでき，視索前野GnRH系が確かに下垂体に投射していわゆる「生殖腺刺激ホルモン放出」機能をもつことを明瞭に証明することができる（Yamamotoら，1998b）．

GnRH神経系の初期の解剖学的研究では主に下垂体刺激ホルモンとしての視床下部GnRH系が注目されてきたが，免疫組織化学の感度など技術的側面の発展に伴い，視床下部外にもGnRH神経系が存在することが次第にわかってきた．その中で注目に値するのは，Schwanzel-Fukuda and Silverman（1980）が，いわゆる「視床下部外GnRH系」の主要な構成要素が終神経（terminal nerve）に属することを初めて記載したことであろう．終神経の解剖学的発見は1878年に肉眼的に発見される最後の脳神経としてFritschによってサメで記載されたのが最初と思われるが（「終神経」の名称は脳神経として他の12対よりも吻側部にあるという意味と神経管の吻側端にある終板に近接して存在することから付けられたらしい），引き続き，ヒト，硬骨魚類，有尾両生類などの嗅球と終脳の境界部付近または嗅神経と嗅球の付け根付近に細胞体をもち脳内で特徴的な走行をする神経系として記載された．しかし，組織学的な記載のみでその機能が全く不明なことなどから，以来あまり注目を浴びていなかった．ところが，前述のSchwanzel-Fukuda and Silvermanがそれから数10年を経た1980年になって，GnRH抗体を用いた免疫組織化学で従来解剖学的に終神経節細胞と記載された細胞と終神経の走行に沿った多数のGnRH免疫陽性細胞の存在をテンジクネズミにおいて記載した．これに引き続き，Demski and Northcutt（1983）そしてSpringer（1983）がキンギョ *Carassius auratus* の終神経について大変興味深い発見を行った．Demski and Northcutt（1983）は，キンギョの嗅球と嗅神経の付け根にある終神経細胞（彼らはGnRH免疫組織化学は行わなかった）が嗅上皮と網膜および性

行動に重要な働きをすると考えられる視索前野に投射することを軸索輸送トレーサー（HRP）を用いて示し，さらに視神経を電気刺激することによって雄の放精が起きたことから，極めて想像をたくましくし，終神経系が嗅上皮で性フェロモン受容体としてはたらき，性行動を促進しているのではないか，との仮説を提唱した．残念ながら，終神経系が性フェロモン受容体としてはたらく可能性については，後に，キンギョ終神経細胞からの細胞外記録を行い，各種フェロモン物質や嗅覚刺激を加えても全く応答しないというFujitaらの報告（1991）によって否定され，また，我々の硬骨魚ドワーフグーラミーを用いた終神経系の局所破壊実験によって終神経系が直接的に性行動を促進するなどの可能性も否定された（Yamamotoら，1997）．上述の論文は大変興味深い仮説を提唱はしたが，著者らの思いこみが強すぎて科学的厳密性を欠いていたというわけである．しかしその後，Springerの報告（Springer，1983）に始まり，多数の研究者が大部分の硬骨魚類の終神経細胞が視神経を介して網膜に投射すること，さらに，これらがGnRH免疫陽性であることなどを解剖学的に証明し，硬骨魚類においては終神経GnRH細胞のこのような特徴は一般的な特徴として認められている．興味あることにこのようなGnRH免疫陽性な終神経細胞の網膜への遠心性投射は硬骨魚類以外の脊椎動物にはほとんど報告がなく，系統発生的に見ても大変興味がもたれる．この網膜への遠心性投射については後述する（3-2参照）．また，本章で話題となる神経修飾物質としてのGnRHは主にこの終神経GnRH系に代表される視床下部外GnRH系が放出するGnRHであると考えられており，これについては以下に詳述する．

この終神経GnRH系に加えて，中脳に産生細胞をもち，脳内に広く神経線維を投射している中脳GnRH系も視床下部外GnRH系として存在していることが現在までに大部分の脊椎動物で報告されている．例えば，サメ・エイなどの板鰓類，硬骨魚類，両生類，爬虫類，鳥類，および原始的な哺乳類では，中脳にニワトリII型と呼ばれるタイプのGnRH分子種（多様なGnRH分子種の存在については次項§2を参照のこと）を産生するGnRHニューロンの存在が報告されている．現在では，中脳GnRH系が脊椎動物において系統発生的に最もよく保存されているGnRH系ではないかと考えられている（Muske，1997；Sherwoodら，1997）．この中脳に存在するニワトリII型GnRH分子種を産生するGnRHニューロンとその投射は，内側縦束核とその下行路に解剖学的に類似していることからその同一性の可能性が示唆されることもある．最近Yamamotoらは脊髄にビオサイチンなどの軸索輸送標識物質を注入して内側縦束核とその下行路を標識し，GnRH免疫組織化学との二重標識をし，この問題を検討した（Yamamotoら，1998a）．その結果，両者は解剖学的に大変近接してはいるものの，実際には別の細胞であることが明らかとなった．内側縦束核の下行性ニューロンは大型でその軸索も太く直線的であるが，延髄・脊髄に投射する中脳GnRH細胞は同様に大型であるにもかかわらず，それらの軸索は大変細く曲がりくねっており分枝も多い．

形態的・機能的に多様なGnRH神経系ついては図11-1に示されるように，ドワーフグーラミーにおいて最も明瞭に示されている．この動物は脊椎動物のGnRH神経系（ひいてはペプチド神経系一般）を研究する上では，他の脊椎動物にはない，極めて実験に有利な点をもっている．すなわち，通常，ほとんどの脊椎動物のペプチドニューロンはその細胞体が直径10μm前後と小型であり，しかも脳内に散在していて同定が大変困難であるが，ドワーフグーラミーの終神経GnRH細胞はその形態的・生理的特徴から，生きた脳で容易にGnRH細胞であることを同定した上で電気生理学的・細

胞生物学的実験ができるのである．このGnRH細胞は，細胞体の直径が20～30μmと大型であり，しかも，細胞体同士がグリア細胞を介さずに密着して20個程度の細胞より成る細胞塊として存在している．さらに，この細胞塊は脳腹側の結合組織の真上に左右1対存在しているので，脳全体を取り出して結合組織を取り除き，脳の腹側を上にして置くと，この細胞塊が実体顕微鏡で見えるようになる．これによって，細胞を目で見ながら細胞内電極を刺入したりパッチピペットを吸着させたりする

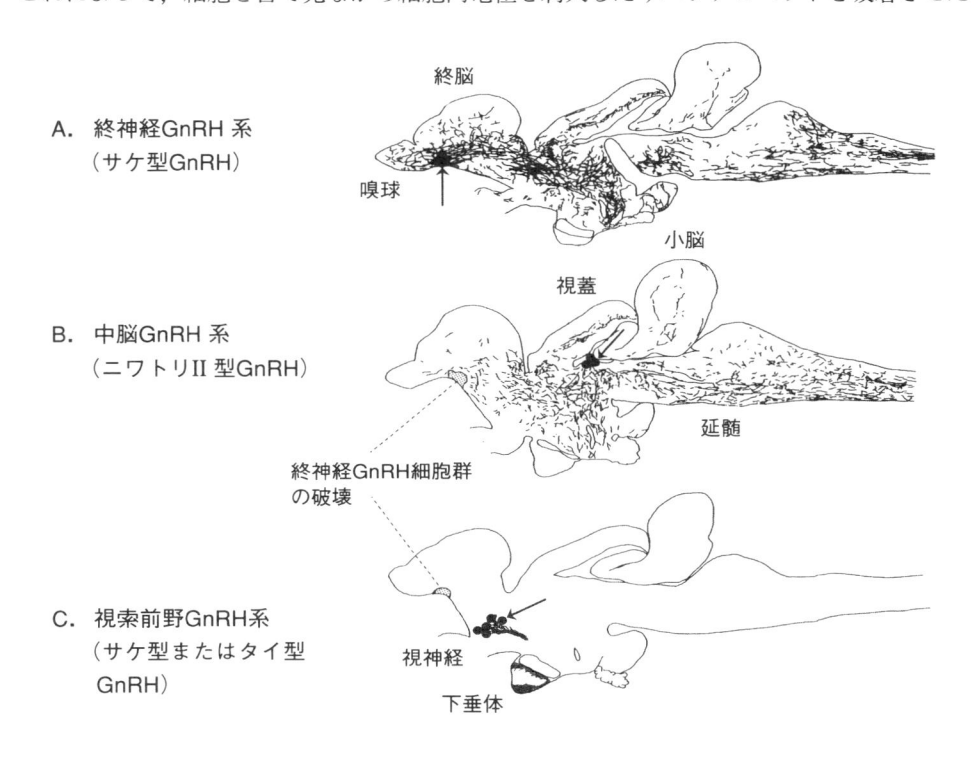

図11-1　ドワーフグーラミーの脳を用いて証明されたGnRH神経系の多様性．Aは終神経GnRH系，Bは中脳GnRH系，Cは視索前野GnRH系の細胞体（矢印の先の黒丸）と神経線維（線）を示す．免疫組織化学（A，CではニワトリⅡ型以外の多数のGnRHを認識する抗体もしくはサケ型GnRH抗体を，BではニワトリⅡ型GnRH抗体をそれぞれ用いている）と終神経GnRH細胞群の局所破壊（B，C）を組み合わせて得られた結果を元にして作成した模式図．終神経GnRH系と視索前野GnRH系はサケ型GnRH，中脳GnRH系はニワトリⅡ型GnRHを産生することが示唆されたが，その後の研究で，視索前野GnRH系はタイ型GnRHを産生する可能性が示唆されている（用いたサケ型GnRH抗体はタイ型GnRHにも交差反応する）．（Yamamotoら，1995を改変）

ことができる．さらに，細胞体全体が露出した状態になっているためか，酸素や溶液の供給が十分に早く行われるらしく，脳を丸ごと取り出して in vitro に置いた状態でこの細胞からの電気的活動を長時間記録することができる．したがって，脳の中で組織としての有機的環境を保持したままで単一のGnRH細胞の生理学的・細胞生物学的な性質を調べることが可能である．さらに特筆すべきことに，これらの大型の細胞体から直接GnRHが開口分泌により放出されていることが我々の最近の研究からわかってきた（Oka and Ichikawa，1991，1992；Ishizaki and Oka，未発表データ）．一般には，直接測定の困難なシナプス終末や軸索のバリコシティーにおいてペプチドニューロンからのペプチド放出が行われることを考えると，このことは技術的に多大なメリットとなる．一方で，神経修飾作用の

個体レベルでの効果は行動学的観察によって研究する必要があるが，ドワーフグーラミーは熱帯魚であり，年間を通じて性的に成熟した雌雄の個体を得ることができ，明確な性行動パターンをもっているため，神経行動学的解析にも適している．このように，ドワーフグーラミーのGnRH細胞はペプチドニューロンの神経生物学的研究を細胞レベルから行動レベルまで行う上で，ほかの脊椎動物では得難い多数の利点をもっている．

　他の脊椎動物においてはGnRH細胞群の特異的破壊や標識が困難なため同様の実験は行われていないが，ドワーフグーラミーにおける研究結果と，これまでの免疫組織化学や in situ hybridization を用いた多くの研究結果などを総合すると，おそらく基本的には脊椎動物を通じて以下の原則が当てはまるものと考えられる（図11-1参照）．すなわち，多くの脊椎動物の脳内においては少なくとも次のような3種類の形態学的に，そしておそらく機能的に区別し得るGnRH系が存在している（ただし円口類については例外的（Sowerら，1997）なので，以下の議論では除外する）．1）視索前野GnRH系は図11-1Cに示されるように，下垂体のみに神経線維を投射しており，脳内にはほとんど神経線維を伸ばしていない．したがって，視索前野GnRH系が文字通り生殖腺刺激ホルモン放出ホルモンとして働く系であることはまず疑う余地がない．2）終神経GnRH系については以降に詳しく述べられるが，図11-1Aに見られるように神経線維を下垂体にはまったく投射せず，嗅球から脊髄にいたるまでの脳内の極めて広い部位に投射している（Oka and Ichikawa, 1990；Oka and Matsushima, 1993；Yamamotoら，1995）．したがって，終神経GnRH系は下垂体機能の直接制御にはまったく関わっていないと考えられ，脳内で重要な神経修飾作用をしていることが示唆されている（Oka, 1997；Oka and Abe, 2002）．キンギョにおいて，終神経由来のGnRHが卵巣の発達や排卵にはまったく影響を及ぼさないこと（Kobayashiら，1994）も証明されており，この考えを支持している．終神経GnRH系の機能については以降で詳しく議論する．3）中脳GnRH系は脊椎動物を通じて最もよく保存されたGnRH系であると考えられ，現在まで報告された動物ではすべてニワトリII型GnRHを産生しており，これも終神経に類似して脳全体（特に脳幹・脊髄など）に広く投射することから，何らかの神経修飾作用をもつものと考えられる．

　このようなGnRH神経系の多様性に関して，脊椎動物の祖先型に大変近いと考えられている脊索動物のホヤで，最近興味深い観察がなされた（Tsutsuiら，1998）．ホヤの一種であるユウレイボヤ *Ciona* の中枢神経系に相当する神経節と生殖器官，消化管などを含む組織を用いて脊椎動物のGnRHに対する特異抗体による免疫組織化学を行うと，神経節の一部に多数のGnRH免疫陽性ニューロンが見つかった．それに加えて，生殖輸管（ホヤは雌雄同体），卵巣などにもGnRH免疫陽性細胞と線維が多数分布していることがわかった．ホヤに下垂体相同器官および生殖腺刺激ホルモンが存在するかどうかはまだ議論の余地が多いが，GnRH神経系の系統発生を考える上で興味深い．さらに，ホヤのGnRH分子についても最近興味深い報告がされている．Powellら（1996）はホヤの神経組織においては2種の新規のGnRH分子種（Tunicate I および Tunicate II）が産生されていることを報告した．また，Di Fioreら（2000）はユウレイボヤの生殖腺において哺乳類型GnRHとニワトリI型GnRHが存在していることを発見し，それらのGnRHがユウレイボヤ生殖腺からの性ステロイド合成・放出とラット下垂体からの濾胞刺激ホルモン放出を促進することを示した．両者のGnRHは生殖腺刺激ホルモン放出ホルモンとして働く視索前野GnRH系に発現するGnRH分子種であり，脊索動物のホヤに

おいて既にこのタイプのGnRH分子種が見いだされたことは大変興味深い．こうした結果から，彼らはこれら2つのGnRH分子種の配列と機能が進化を通じて大変よく保存されていると主張している．

§2. GnRHペプチドとGnRH受容体の多様性

GnRHペプチドは10個という比較的少ない数のアミノ酸からなるが，このうちの幾つかのアミノ酸置換により多数の分子種（少なくとも11種類以上のGnRH分子種のアミノ酸配列が現在までにわかっている）の存在が報告されている（図11-2参照；分子種の名称は最初にその分子種が同定された動物の名称から仮に命名されており，その分子種がその動物だけに存在することを意味するものではないことに注意）．つまり，GnRH神経系の産生するペプチドの分子種においても多様性が存在していることになる．さらに，現在までに調べられているほとんどの脊椎動物において一つの動物種に複数の分子種のGnRHが存在することが報告されている．例えば，ドワーフグーラミー（Yamamotoら，1995），ティラピア *Oreochromis*（Parharら，1997），マダイ *Pagrus major*（Okuzawaら，1997）などの硬骨魚類では，終神経GnRH細胞がサケ型GnRHを，視索前野GnRH細胞がタイ型GnRHを，中脳GnRH細胞がニワトリII型GnRHを，それぞれ産生することが免疫組織化学や *in situ* hybridizationの結果から強く示唆されている．また，ヒトにおいても1種類のGnRHではなく，ニワトリII型に相当する第2のGnRH分子の遺伝子も発現しているという報告がなされた（Whiteら，1998）．Whiteら（1998）はさらに，GnRHペプチドをGnRH IからGnRH IIIまでに分類し，それらの間の進化生物学的考察をしている．それによると，GnRH Iは視床下部に存在する放出ホルモン型，GnRH IIは中脳に存在し脊椎動物を通じて極めて構造の保存されているいわゆるニワトリII型，GnRH IIIは終神経系に相当する構造に存在する型，に分類され，これらは進化的に見て違った型に属するという．後述するように（3-1項参照），GnRHはカエルの末梢神経系（交感神経節）においてカリウムイオンチャネルの修飾作用を持つことが古くから報告されているが，興味あることに，カエルの交感神経節に発現しているGnRHはニワトリII型（GnRH II）である可能性が高い（Troskieら，1998）．

```
                1     2     3     4     5     6     7     8     9     10
MAMMAL          pGlu-His-Trp-Ser-Tyr-Gly-Leu-Arg-Pro-Gly-NH₂
CHICKEN-I       pGlu-His-Trp-Ser-Tyr-Gly-Leu-|Gln|-Pro-Gly-NH₂
SEA BREAM       pGlu-His-Trp-Ser-Tyr-Gly-Leu-Ser-Pro-Gly-NH₂
CATFISH         pGlu-His-Trp-Ser-|His|-Gly-Leu-|Asn|-Pro-Gly-NH₂
SALMON          pGlu-His-Trp-Ser-Tyr-Gly-|Trp-Leu|-Pro-Gly-NH₂
DOGFISH         pGlu-His-Trp-Ser-|His|-Gly-|Trp-Leu|-Pro-Gly-NH₂
CHICKEN-II      pGlu-His-Trp-Ser-|His|-Gly-|Trp-Tyr|-Pro-Gly-NH₂
LAMPREY-III     pGlu-His-Trp-Ser-|His-Asp-Trp-Lys|-Pro-Gly-NH₂
LAMPREY-I       pGlu-His-|Tyr|-Ser-Leu-Glu-Trp-Lys-Pro-Gly-NH₂
TUNICATE-I      pGlu-His-Trp-Ser-|Asp-Tyr-Phe-Lys|-Pro-Gly-NH₂
TUNICATE-II     pGlu-His-Trp-Ser-|Leu-Cys-His-Ala|-Pro-Gly-NH₂
```

図11-2 現在までにアミノ酸配列のわかっているGnRH分子種．分子種の名称は最初にその分子種が同定された動物の名称から仮に命名されており，その分子種がその動物の脳だけに存在することを意味するものではないことに注意．（Powellら，1996を改変）

このような複数のGnRH分子種と上述したような解剖学的に多様なGnRH系の対応関係やそれぞれのGnRH系に属するニューロンの投射様式（神経線維の分布域）については不明の点が多かった．この原因としては，脊椎動物の脳内ペプチドニューロンが一般に小型であり，しかも散在しているので，特定のGnRH細胞群だけを破壊したりトレーサーで標識したりすることが極めて困難であることが考えられる．また，最近までGnRHの各分子種に対する特異的な抗体やそれらのペプチド遺伝子に対するcDNAプローブが存在しなかったことも原因の一つである．これらの問題点については，従来実験によく用いられる哺乳類の脳を用いるよりも，多様性に富んだ各種魚類脳の特徴を活かして研究を進める方が有利なことが多い（Oka, 1997；Kimら，1997；Parhar, 1997のレビューを参照）．こうした研究からわかったことは，複数のGnRH系とGnRH分子種との関係は中脳GnRH系以外では動物種によって一定でなくバラエティーがあるということであり，したがって，それぞれのGnRH系の機能を決めている要因はGnRH分子種や受容体ではなく，§1で既に述べたような，それぞれのGnRH系に特有の投射様式（どの細胞群がどこに軸索をのばし，神経線維を分布させているか）であるといってよいだろう．

　さて，それではそのような多様なGnRHペプチドに対応する多様なGnRH受容体が存在するのであろうか？　GnRH受容体の構造に関する研究は，種々の技術的困難さから他のペプチド受容体に比べて遅れており，1990年代に入ってようやく受容体遺伝子のクローニングができるようになった．Millarらは脊椎動物におけるGnRH受容体を3つのグループに分類している（Troskieら，1998）．そのうち2つは哺乳類下垂体のGnRH受容体に似ており，IA型，IB型と命名された．II型と分類された第3の型は他の型とは大きく異なっており，アフリカツメガエル，トカゲ，ヒトDNAにおいて同定された．彼らはこれらの異るGnRH受容体は脊椎動物の多様なGnRHペプチド分子とともに進化してきたのではないかと推測している．

§3．GnRHによる神経修飾作用

3-1　GnRHによるイオンチャネルの修飾

　終神経GnRH系が中枢神経系において神経修飾作用をもつという考え方はOka（Oka, 1992；Oka and Matsushima, 1993）がドワーフグーラミーの終神経GnRH系を用いた研究結果から提唱したのだが，GnRHペプチドが末梢神経系に属する交感神経節で神経修飾物質として働くのではないかという示唆は，実は1970年代前後にされていた（Jan and Jan, 1983のレビューを参照）．西と纐纈は1968年にウシガエルの交感神経節細胞において数分間続く非常にゆっくりとした興奮性シナプス後電位（late slow EPSP）が生じることを発見していた．その後，Kuffler研究室においてJanらはLHRH（GnRHは当初黄体形成ホルモンLHの放出因子としてブタの下垂体から単離精製されたため，LHRHと呼ばれていた．その後LH放出促進活性だけでなく濾胞刺激ホルモンFSH放出活性ももつことや生殖腺刺激ホルモン（ゴナドトロピン）がLHとFSHに区別されていないような脊椎動物においても共通したアミノ酸配列をもつGnRHペプチドホルモンファミリーの存在が明らかになってきたことから，現在ではすべての脊椎動物脳内に存在するそのようなペプチドをGnRHと呼ぶようになった）が交感神経節前線維からアセチルコリンとともに分泌された後にある距離を拡散し，節後細胞にlate slow EPSPを発生させることを報告した（Jan and Jan, 1983参照）．その後の研究により，

この電位は不活性化しにくく静止膜電位付近で活性化しているカリウムチャネルの一種であるM電流がGnRHによって抑制されることにより生じることがわかっている（Brown, 1988）．GnRHによるM電流の抑制に関してはその後，ウシガエル交感神経節およびラット上頸神経節細胞を用いて，細胞および分子レベルのメカニズムが詳細に調べられている．現在までに，百日咳毒素に非感受性のGタンパク質（$G_{q/11}$）の活性化と細胞質拡散性メッセンジャーが関与すること，細胞内Ca^{2+}濃度の上昇が各種の細胞内情報伝達系を介して最終的にMチャネルを閉じるということ，Mチャネルには2つの開閉モードがあり，イオンチャネルもしくはそれに密接に関連するタンパク質のリン酸化・脱リン酸化によってそれらの開閉モードが調節されることがM電流の修飾の基礎になっていることなどがわかっている（Marrion, 1997）．しかしながら，実験に用いる細胞や方法によって幾分異なる結果が出るなど，まだ完全なメカニズムの解明にはいたっていない．このようなM電流の抑制がもたらす生理的意義としては，それが節後細胞の膜の興奮性を高めるように働くと考えられている．つまり，M電流が抑制されていないときにはM電流の膜電位安定化効果により節前線維の刺激に対して1対1にしか節後細胞の活動電位が起きないが，GnRHによりlate slow EPSPが生じている（M電流が抑制されている）間は刺激に対して持続的に活動電位を生じるようになる，ということが実験的に確かめられている．

一方，GnRHペプチドはM電流の抑制のみならず，カルシウム電流の修飾にも重要な働きをしている．カルシウム電流は現在までのところ特異的チャネルブロッカーやチャネル開閉のキネティクスなどによりL, T, N, P/Q, Rなどの型に分類されているが，この中でNおよびP/Qタイプのカルシウムチャネルが GnRH によって修飾されることが知られている（Elmslie ら，1990）．NおよびP/Q型カルシウムチャネルの神経修飾のメカニズムに関してはGnRH以外のGタンパク質共役型受容体の活性化を介する多くの神経修飾物質（例えば，ノルアドレナリン，ソマトスタチンなど）において分子生理学的な解析が進んでいる．それらの結果を総合すると，百日咳毒素に感受性のGタンパク質（G_o）の活性化に伴い膜の中でのタンパク質間相互作用により，イオンチャネル活性化の時間経過が遅くなり，ピーク電流値も小さくなることなどがわかっている．例えば，ノルアドレナリンによるこのような神経修飾にはGタンパク質のαサブユニットではなく$\beta\gamma$サブユニットが関与しており，しかもGタンパク質の$\beta\gamma$サブユニットとカルシウムチャネルのα_{1B}サブユニットが直接結合することにより，カルシウムチャネルの機能亢進に関与するカルシウムチャネルα_{1B}サブユニットとβサブユニットの相互作用を修飾・阻害する，というメカニズムが提唱されている．しかし，これ以外にも異るGタンパク質に共役して異る情報伝達系が関与することを示唆する実験結果もあり，GnRHによるカルシウムチャネル修飾にどのような経路が関与しているかについて結論は出ていない．いずれにしても，NおよびP/Q型カルシウムチャネルはシナプス前終末に局在し，神経伝達物質の放出に関与していると考えられており，これらのことからGnRHがシナプス終末からの伝達物質放出に対しても影響を及ぼす可能性が考えられる．実際にGnRHがシナプス伝達を修飾することを示す実験はまだされておらず，そのメカニズムの解明も含めて，今後の重要な課題の一つであろう．

以上のように，ウシガエルの交感神経節，ラットの上頸神経節などの末梢神経節ニューロンにおいてはGnRHが細胞内情報伝達系を動かすことによってカリウムおよびカルシウムチャネルを神経修飾する作用をもつことが明らかになっている．しかしながら，中枢ニューロンにおいてこうしたイオ

ンチャネルに対するGnRHの神経修飾作用が生理的に存在するかどうかについては不明の点が多い．ラット脳の海馬スライスを用いた実験では，GnRHは膜抵抗の増大（コンダクタンスの減少）を伴う持続的な脱分極を引き起こし，記録電極からの長いパルス通電に対して起きる活動電位列に引き続く後過分極を減少させる，などの効果を示すことが報告されている（Wongら，1990）．しかしながら，中枢ニューロンにおけるGnRHのイオンチャネル修飾作用とそのメカニズムに関しては，末梢の神経節細胞に比べて技術的困難を伴うためか，ほとんど研究されていない．著者らは最近，終神経GnRH細胞自身が産生するGnRHが終神経GnRH細胞の特徴的なペースメーカー活動の頻度やパターンを変化させる神経修飾物質として働くことを見いだした（図11-3．Abe and Oka, 2000；終神経GnRH細胞の形態学的な特徴やそれらのGnRHニューロンが示すペースメーカー活動のイオンチャネルメカニズムについては既に著者らが解説しているので，本章では詳しく述べない．Oka（1995, 1996, 1997, 1998），Oka and Abe（2002），Abe and Oka（1999, 2000）などを参照されたい）．その研究によると，サケ型GnRH投与によって終神経GnRHニューロンのペースメーカー頻度が一過性に減少し，続いて持続的に上昇することがわかった．この2相性のペースメーカー頻度の修飾はGnRHの非活性アナログによっては起こすことができず，またGnRH受容体アンタゴニストの前処理により抑制された．さらに，Gタンパク質共役過程を阻害する非加水分解型GDPアナログである

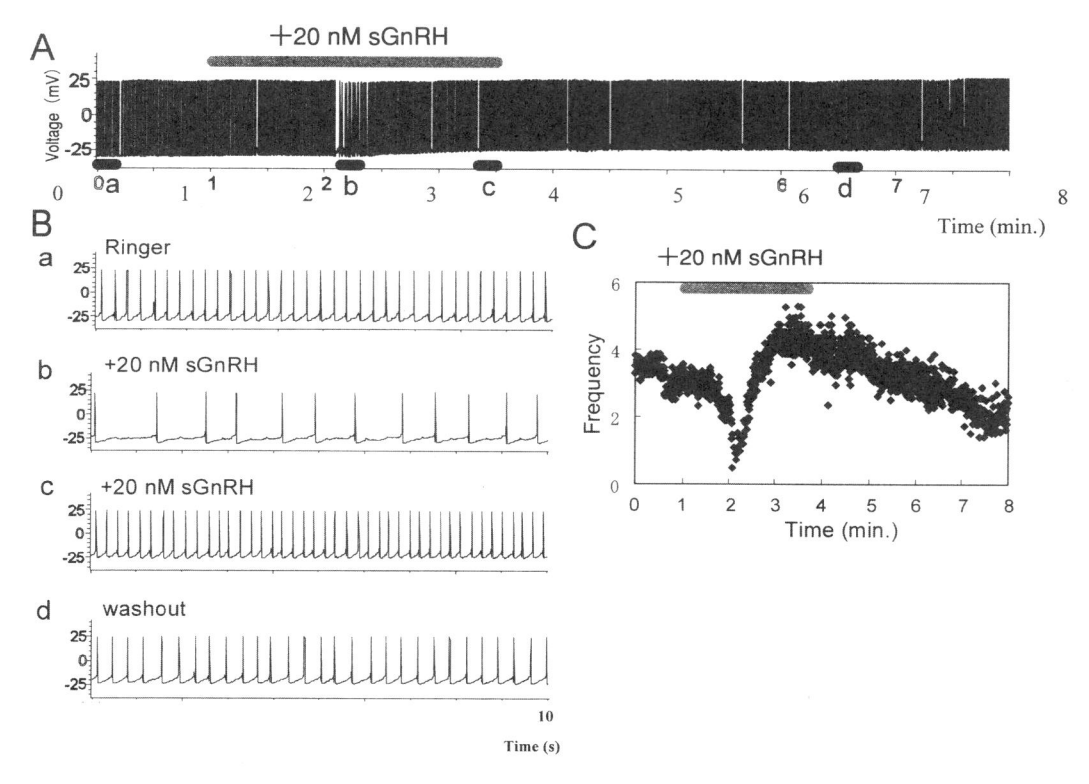

図11-3 サケ型GnRH（sGnRH）による終神経GnRH細胞のペースメーカー活動の2相性修飾．
終神経GnRH細胞のペースメーカー活動は，灌流液中へのsGnRHの投与により投与開始から1～2分以内に一過性の発火頻度減少（Ab）と続く持続性の発火頻度上昇（Ac）を引き起こす．BはAのトレースの一部（a-d）を時間軸を拡大して示したもの．Cは発火頻度（／秒）を時間軸に対してプロットした結果を示す．（Abe and Oka, 2000を改変）

GDP-β-S をパッチ電極から細胞内に導入すると，同様に2相性の変化が起きなくなった．これらのことから，Gタンパク質共役型GnRH受容体が終神経GnRH細胞膜に存在し，GnRHがこの受容体に結合することにより細胞内情報伝達機構が活性化する結果ペースメーカー活動が変化したと考えられる（Abe and Oka, 2000, 2002）．また，こうしたGnRHによる神経修飾作用に関しては，初期相においては細胞内Ca^{2+}ストアからのCa^{2+}放出によって上昇した細胞内Ca^{2+}がCa^{2+}依存性カリウムチャネルを活性化することによって過分極が起こりペースメーカー活動の頻度を下げること，そして後期相においてはGタンパク質活性化以降の何らかの過程でカルシウムチャネルが促進されることによってペースメーカー活動の頻度が上昇する，という機構が示唆されている（Abe and Oka, 2002）．これはドワーフグーラミーの終神経GnRH細胞という，単一細胞の生理学的・形態学的特徴を研究するのに最適なGnRHニューロン自身がGnRH受容体をもちGnRHの神経修飾を受ける対象となっていたことにより可能となった実験である．脳内に極めて広く投射する終神経GnRHニューロンから放出されるGnRHもGnRH受容体をもつ標的ニューロンに対して同様あるいは類似のメカニズムにより神経修飾を行っている可能性が考えられる．

3-2 GnRHによるニューロン機能の修飾

前節ではGnRHの神経修飾作用についてイオンチャネルの修飾という観点から考えてみたが，本節では，そのような神経修飾作用が細胞レベル・個体レベルでどのような作用を及ぼすのかについて考えてみたい．硬骨魚類の網膜においては終神経GnRH細胞由来の大変密な線維の投射が報告されているが，これらは主にドーパミン作動性interplexiformニューロンにシナプスすることが示唆されており，これを介してGnRHは網膜の神経節細胞の活動を修飾すると考えられている（Zucker and Dowling, 1987）．Umino and Dowling（1991）は，網膜をGnRHを含むリンガーで灌流すると，水平細胞が脱分極し小さなスポット光に対する光応答が増強し，逆に受容野全体に対する光刺激には応答が小さくなったと報告した．彼らの結果はGnRHがinterplexiformニューロンからのドーパミン放出を刺激することにより働くという考えを示唆していた．さらに，Behrensら（1993）はGnRHが同様のニューロンを刺激することにより光に応答して生成される水平細胞の紡錘状構造物の形成を促進することを報告した．このように，硬骨魚類網膜に投射する終神経GnRH細胞は明瞭な生理機能をもつようである．ただし，これらの修飾作用がどのような細胞内メカニズム（イオンチャネルの修飾などの情報伝達系路）によって起きているかは未だに解析されていない．

一方，最近EisthenらはGnRHがナトリウムおよびカリウムイオンチャネルを修飾することにより嗅受容器の感受性を変更する，という興味ある報告をしている（Eisthenら，2000）．彼女らは，両生類マッドパピー *Necturus maculosus* の嗅覚受容器細胞の膜電位固定記録を行い，GnRHがTTX感受性のナトリウムチャネルのキネティクスを変えずに電流の振幅を増大させること，また，カリウムチャネルも修飾する可能性があることなどを報告している．さらに，ナトリウムチャネルの修飾は繁殖期の動物において非繁殖期の動物よりも有意に多くの嗅覚受容細胞において起きることを見いだしている．これらのことから，GnRHは嗅覚受容器の興奮性を増大させ，それにより終神経GnRH系は嗅覚受容器の感受性を修飾する機能をもつという仮説を提唱している．この仮説は実際に嗅覚物質を用いた実験によって検証される必要があるが，大変魅力的な仮説である．

GnRHによる神経修飾の個体レベルでの効果についてはまだよく分かっていない点が多いが，次の

ような行動学的な実験結果の報告がある．Wirsigら（1987）はオスのハムスターにおいて終神経に傷害を与えると性行動に影響があることを報告したが，GnRH免疫組織化学を行っていないので終神経GnRH系の破壊がどの程度なのかわからないなど，幾つかの疑問点が残されている．Yamamotoら（1997）は上述したようなドワーフグーラミーの特徴を生かして，終神経GnRH細胞の局所的破壊を行い，オスの性行動に対する影響を調べた．両側の終神経GnRH細胞群を局所的に破壊し，破壊後1および2週間目にオスの性行動の各レパートリーを比較すると，特徴的な影響がみられた．すなわち，手術前のオスは1時間の行動観察時間中に必ず何回かの巣作り行動（nest-building）をしていた．ところが，終神経GnRH系が完全破壊，一部破壊された実験群では観察時間中にまったく巣作り行動を示さない個体が増えた．ただし，他の性行動のレパートリーである巣への勧誘行動と抱接行動については特に変化がなかった．また，巣作りについても，観察時間中に行動を始めた個体については，単位時間あたりの行動の頻度は変わらなかった．これらの行動実験の結果は，終神経GnRH細胞は，1）巣作り行動開始の閾値の制御に関わっている（したがっていったん行動が始まればその頻度は変わらない），2）他の性行動レパートリーの制御には必須ではない，ということを示唆している．終神経GnRH系破壊後の行動実験についてはこれら以外には報告がないので終神経GnRH系の個体レベルでの機能に関しては不明な点が多いが，おそらく，終神経GnRH系は性行動などの制御にとって必須というよりは，動物の覚醒状態や性行動の動機付けレベルなどの微妙な調節をしているのではないかと考えられる．

§4．GnRHペプチド開口放出の測定
4-1 ラジオイムノアッセイによる脳からのGnRH放出の測定

終神経GnRH系の神経修飾作用を研究する上で，脳内のGnRH放出活動について知る必要があると考え，著者らは最近，脳・下垂体スライス標本からのGnRH放出をラジオイムノアッセイ（RIA）により測定した（Ishizakiら，投稿中）．

まずドワーフグーラミーの脳・下垂体矢状断スライス標本を作製し，視索前野・下垂体を含む部分（視索前野GnRHニューロンの細胞体とその投射領域）と，それ以外の部分（終神経GnRHニューロンの細胞体とその投射領域の大部分）の2つに切り分けた．次にそれぞれをリンガー溶液中に静置し，その溶液をアゴニストなどを含むものに替えて一定時間おき，回収した溶液中のGnRH量をRIAで測定した．高K^+溶液で脱分極刺激を行った結果，視索前野GnRH系を含むスライスからのGnRH放出量には雌雄差があり，雄の方が雌よりも多くのGnRHを分泌していることが分かった．一方，終神経GnRH系を含むスライスからのGnRH放出には雌雄差が少なかった．脱分極刺激によるGnRH分泌は外液Ca^{2+}依存的であったことから，カルシウムチャネルの関与が予想されたのでその型を検討した．その結果，視索前野GnRH系を含むスライスではN型のカルシウムチャネルが関与しており，終神経GnRH系を含むスライスでも主にN型が関わっているがそれに加えてL型も少し関与していることが示唆された．どちらのスライスでもP/Q型のカルシウムチャネル阻害剤はGnRH分泌を阻害しなかった．次に細胞内カルシウムストアのGnRH放出への関与について調べた．細胞内カルシウムストアからのCa^{2+}放出を促進するためにカフェインを投与した結果，視索前野GnRH系を含むスライス・終神経GnRH系を含むスライスのいずれも，カフェイン投与によりGnRH放出量が自発

放出に比べて有意に増加することはなかった．しかし，細胞内カルシウムストアへのCa^{2+}取り込みを阻害するthapsigarginを投与すると，終神経GnRHを含むスライスでGnRH分泌量が減少した．このことからthapsigargin感受性のカルシウムストアが自発的GnRH分泌に関わっている可能性が考えられるが，さらなる検討が必要である．また，最近注目されているカルシウムストアの枯渇によって引き起こされる細胞外からのカルシウム流入（容量性カルシウム流入）がGnRH分泌活動に関わっているかどうかを検討した結果，終神経GnRH系を含むスライスでは，その自発的GnRH放出に容量性カルシウム流入が関わっている可能性が考えられた．これに関連して，終神経GnRH細胞のペースメーカー活動に容量性カルシウム流入が関与していることを示唆するデータもごく最近得られており（未発表データ），大変興味深い．

4-2　炭素線維電極を用いたGnRHの新たな測定法の開発

GnRH放出を調べるには，従来は前節に述べたようなRIAなどの方法を用いる他なかったのだが，最近著者らは微小炭素線維電極を用いた電気化学的方法により，リアルタイムにGnRH放出を測定することに成功した（Ishizaki and Oka, 2001）．ドーパミンなどのカテコールアミン類やセロトニンなど酸化還元されやすい神経伝達物質が開口放出により放出される時，細胞に炭素線維電極を密着させておくと電極の表面に放出されたアミンが吸着され，電極に適当な電圧をかけておくと酸化還元反応が起き，これを電流変化としてとらえることができる．この原理を用いて培養細胞などにおいて生体アミンの開口放出をリアルタイムに記録することが最近可能になった．GnRHは酸化されやすいアミノ酸であるTrp，Tyrを含むデカペプチドなので，微小炭素線維電極を用いてGnRH分泌活動のリアルタイム記録ができると考え，微小炭素線維電極を自作して既知濃度のGnRH溶液の電気化学的測定を試みた．その結果，微小炭素線維電極の電極電位をおよそ600～800 mV以上にすればGnRH溶液の酸化電流が測定でき，900～1,000 mVで酸化電流が最大になることが分かった．

この方法を利用して，ドワーフグーラミー脳・下垂体矢状断スライス標本の，下垂体における視索前野GnRHニューロンの軸索終末付近からの分泌活動のリアルタイム記録を行った（図11-4）．下垂体断面において視索前野GnRHニューロンの軸索終末が密集している場所に，微小炭素線維電極を接触させて電極電位を900 mVに保持した．高K^+灌流液で脱分極刺激をすると，分泌活動を反映する酸化電流がK^+濃度依存的に（脱分極の強さに依存して）観測された．このとき電極電位を異なる値に保持して，同様に脱分極刺激を行い酸化電流を記録すると，酸化電流の大きさは電極保持電位に依存しており，ドーパミンやセロトニンなどの神経伝達物質の酸化電位である600 mV以下の電極電位では酸化電流は観測されなかったことから，図11-4の酸化電流がそれらの神経伝達物質の酸化電流でないことは明らかである．RIAやGnRH免疫組織化学の結果と併せ，下垂体スライス標本におけるGnRHニューロン軸索終末からのGnRH分泌活動を，微小炭素線維電極を用いてリアルタイムに記録できることが示された．この方法は，脳内においてGnRHが分泌される領域や単離GnRH細胞などからの局所的なGnRH放出のリアルタイム測定に応用することができると期待され，GnRH系の機能を解析する有効な手段になると考えられる．

4-3　GnRH開口放出と細胞の電気活動および細胞内カルシウム濃度変化

先にも述べたように，脊椎動物のGnRHニューロンは一般に小型であり脳内に散在しているため，従来はこれらの電気活動を記録することは極めて困難であった（Kellyら，1984）．したがって，単

一細胞の詳細な電気生理学的・形態学的解析はドワーフグーラミーの終神経GnRHニューロンを用いた研究以外にほとんど見られなかった（Oka，1997，1998；Oka and Abe，2002）を参照のこと）．しかしながら，ごく最近，GFP（green fluorescent protein）標識したトランスジェニックマウスを用いてGnRHニューロンを視床下部脳スライスにおいて同定することが可能になった（Spergelら（1999），Skynnerら（1999），Suterら（2000a，b））．Suterらはこのようにして視床下部脳スライスにおいて同定されたGnRHニューロンからホールセル記録を行い，GnRHニューロンの自発活動を記録することに成功した．GnRHの下垂体門脈血中におけるGnRHの分泌パターンは数10分間隔のパルス状の増減パターンを示すことが以前から知られているが，彼らは，GnRHニューロンの自発放電がこれに対応するような間歇的なバースト状のパターンを示している，と主張している．残念ながら，彼らの記録は未だその主張の正当性を統計的にも示せるような定量的かつ再現性のある長時間記録ではないので，単一のGnRHニューロンの自発放電パターンだけでGnRHのパルス状分泌パターンが説明できると結論するには時期尚早だと思うが，このような試みは，記録方法や実験標本の改善などにより，さらに重要な情報をもたらすものと期待できる．

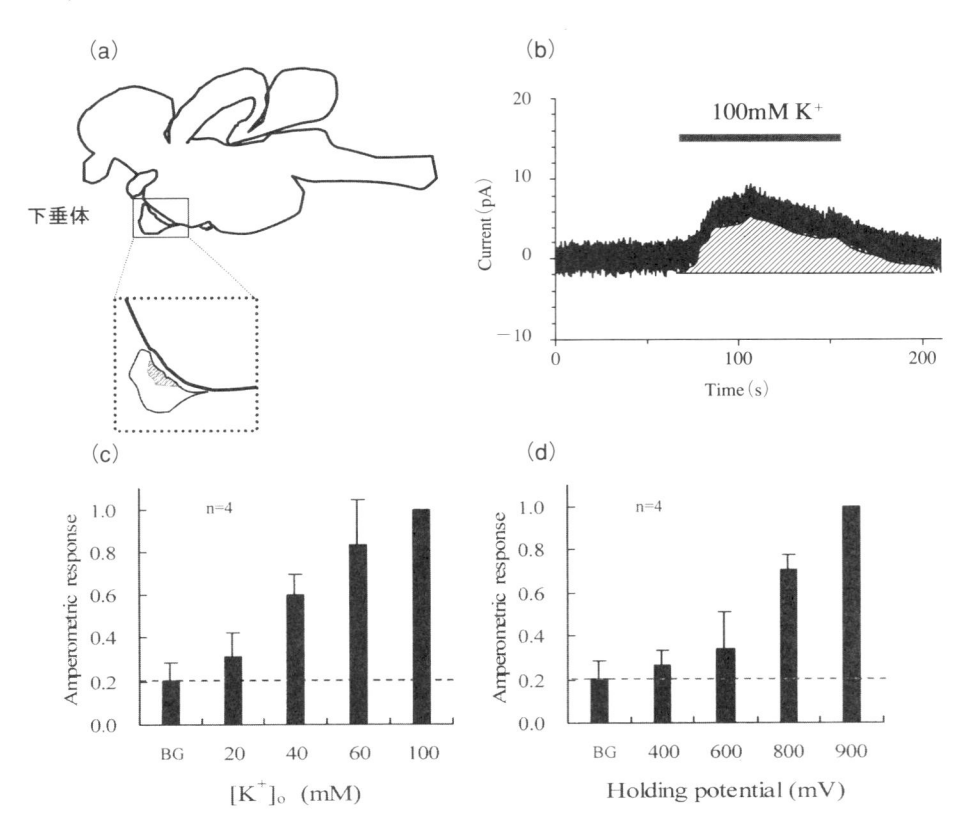

図11-4　微小炭素線維電極（CFE）を用いたGnRHのリアルタイム測定．
（a）ドワーフグーラミーの脳・下垂体スライス．下垂体におけるGnRHニューロンの投射領域を斜線部で示す．CFEをこの部位に接触させ，電極電位900mVで記録を行った．（b）高K^+脱分極刺激（100 mM K^+）を行うと，GnRH分泌活動を反映する酸化電流（斜線部）が記録された．この斜線部の面積を縦軸にとりK^+濃度に対する依存性（脱分極の強さへの依存性）を見たものを（c）に示す．（d）100 mM K^+刺激に対する酸化電流の大きさは電極の保持電位に依存していた．（Ishizaki and Oka，2001を改変）

一方，GnRHのパルス状分泌に関する細胞レベルのメカニズムを解明するアプローチとして，胎児期のGnRHニューロンを用いた研究と，GnRHを分泌する細胞株GT1-7を用いた研究がある．ここではTerasawaらのアカゲザル胎児脳培養GnRHニューロンを用いた研究を紹介しよう（Terasawaら，1999）．GnRHニューロンは嗅プラコードで生まれて脳内に移動してくることがわかっている．そこでTerasawaらは嗅プラコードもしくは移動中のGnRHニューロンを一次培養した．これらの培養GnRHニューロンが約50分間隔でパルス状にGnRHを培養液中に放出すること，このGnRH分泌には膜電位依存性カルシウムチャネルを介するCa^{2+}の流入が必要であること，などがまずわかった．そこで，この培養GnRHニューロンを用いて，ペプチド放出に深く関わるとされる細胞内カルシウム濃度の測定を行った．その結果，個々のGnRHニューロンが約8分間隔の周期的な細胞内カルシウム濃度上昇を示すことがわかったが，大変興味深いことに，約50分間隔で多くの培養細胞のカルシウム濃度上昇が一斉に起きるような同期化が起きていた．この周期がアカゲザルの in vivo におけるGnRHのパルス状分泌の周期と大変近いことから，Terasawaらはこうした GnRHニューロン間の細胞内カルシウム濃度上昇の同期化がGnRHのパルス状分泌の基礎になっていると結論している．今後はこの細胞内カルシウム濃度上昇の同期のメカニズムについて調べること，この同期が直接GnRH分泌に結びついているかどうかを検証すること，などが重要な課題になると思われる．また，一方ではGnRHニューロンだけではGnRHパルスの生成が説明できないという実験的な証拠もあり，GnRHのパルス状分泌のメカニズム解明までには未だ解決すべき課題も多く残されている．

おわりに

　神経修飾物質としてのペプチドGnRHとその放出に関して現在までにドワーフグーラミーの終神経GnRH系を用いて得られた結果を基にしてまとめた作業仮説を示す（図11-5）．血中ホルモン濃度などの生理的要因や外界から感覚器を介して入力する様々な環境要因は，ホルモンもしくは神経伝達物質というかたちで終神経GnRH細胞に働きかけ，何らかの細胞内情報伝達系を介して終神経GnRH細胞に存在する各種のイオンチャネル（Oka, 1995, 1996；Abe and Oka, 1999参照）の働きを調節するのではないだろうか（図中の点線矢印）．実際，最近山本らは解剖学的に，終神経GnRH細胞が体性感覚・視覚性入力を中脳被蓋の被蓋－終神経核（nucleus tegmento-terminalis；詳細については第9章山本らを参照）から，嗅覚性入力を嗅球や終脳の嗅球投射領域から受けとっている可能性を示唆している（Yamamoto and Ito, 2000）．また，終神経GnRH細胞自体がGnRH受容体をもち，これを介して細胞体付近から放出されたGnRHが終神経GnRH細胞に働きかける可能性を本章で述べたが（3-1参照），このほかにも，ティラピア Oreochromis niloticus の終神経GnRH細胞には甲状腺ホルモン，テストステロン，コルチゾールなどのホルモン受容体が発現していてこのようなホルモンが終神経GnRH細胞のGnRH遺伝子発現の調節も含めた活動調節に関わっているという可能性が示唆されている（Parharら（2000），Sogaら（1998および未発表データ）参照）．ホルモンや神経伝達物質により終神経GnRH細胞イオンチャネルの働きが修飾される結果，ペースメーカー活動の頻度やパターンが変化し，GnRH放出量も変化する．そして脳内に広く投射する神経線維から放出されるGnRHによって広範囲の標的神経細胞でカリウムチャネルやカルシウムチャネルが神経修飾される結果，標的神経細胞の興奮性や伝達物質の放出効率などが一斉に修飾される．そして，このような神経

修飾が，個体レベルでは，動物の覚醒状態やある種の行動に関する動機づけの変化をもたらすと考えられる．

本章で見てきたように，神経修飾に関わる終神経および中脳GnRH系と下垂体刺激ホルモン（文字通りゴナドトロピン放出ホルモン）として働く視索前野GnRH系という，形態的，機能的，分子的に異なる多様なGnRH神経系が脊椎動物の中枢神経系に存在するわけであるが，GnRHニューロンの基本的性質としては共通点をもつ可能性もある．これらの多様なGnRH神経系における研究成果や各種の研究手段を巧みに組み合わせることにより，GnRH神経系，ひいてはペプチドニューロ

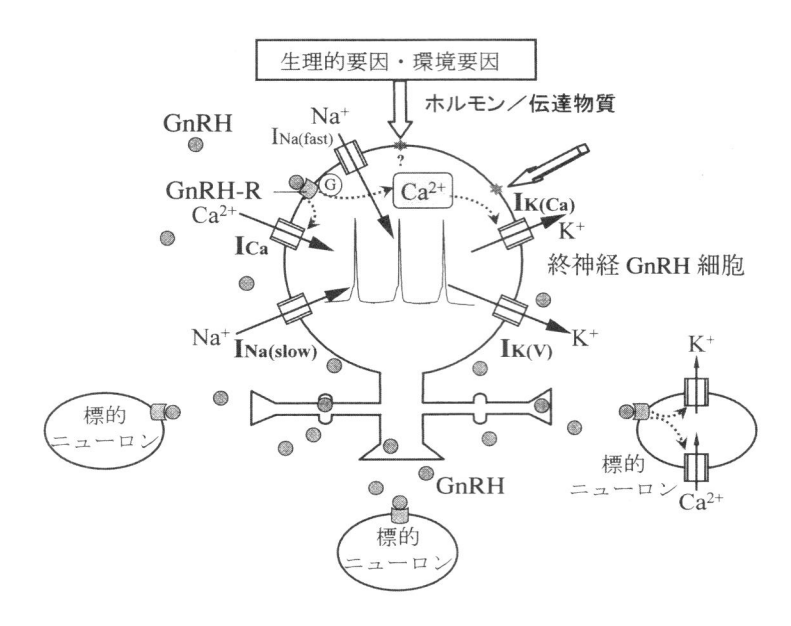

図11-5 終神経GnRH細胞の神経修飾機能に関する作業仮説．
終神経GnRH細胞は，活動電位発生に関わる従来のナトリウムチャネルとは異る種のナトリウムチャネル $I_{Na(slow)}$ とテトラエチルアンモニウム感受性カリウムチャネル $I_{K(V)}$ の相互作用により規則的なペースメーカー活動をしている．終神経GnRH細胞は神経終末や神経突起のバリコシティーおよび細胞体・樹状突起部など細胞の各部からGnRHペプチドを放出している．細胞体・樹状突起部から放出されたGnRHは自分自身もしくは隣接するGnRH細胞の活動を促進する（自己分泌，もしくは傍分泌）ことにより同期化したGnRHニューロン活動の正のフィードバック的促進を行っている．このとき，放出されたGnRHはGタンパク質共役型受容体（GnRH-R）に結合し，次のように働くと考えられる．(1) GnRH受容体活性化は細胞内カルシウムストアからのカルシウム放出を促進し，これによりカルシウム依存性カリウムチャネル $I_{K(Ca)}$ が活性化する．これによりペースメーカー頻度は減少する．(2) Gタンパク質活性化の下流の情報伝達系によるカルシウムチャネル I_{Ca} の活性化，または，カルシウムストアの枯渇によって活性化される容量性カルシウム流入により，ペースメーカー活動の頻度が上昇する．これらのカルシウム流入はさらに，GnRHペプチドの開口放出の促進に働く．環境からの感覚情報入力やホルモン・フェロモン入力などが，これと類似のメカニズムでホルモンや伝達物質の受容体を介してGnRHニューロンに働きかけ，GnRHニューロンのイオンチャネルや細胞内情報伝達系を修飾することによりそのペースメーカー活動を修飾する．これによってGnRHニューロンから脳の広い部位でのGnRH放出も変化する．GnRHは標的ニューロン（GnRH受容体をもつニューロン）の興奮性に関わるカリウムチャネルや伝達物質放出に関わるカルシウムチャネルを修飾することにより，最終的には動物行動の動機づけや覚醒状態などの微妙な調整をすると考えられる．

系の一般的性質が今後明らかにされていくことを願っている．その際には魚類脳が大変有力な研究材料となるであろう．

文献

Abe, H. and Y. Oka (1999): Characterization of K⁺ currents underlying pacemaker potentials of fish gonadotropin-releasing hormone cells. *J. Neurophysiol.*, 81, 643-653.

Abe, H. and Y. Oka (2000): Modulation of pacemaker activity by salmon gonadotropin-releasing hormone (sGnRH) in terminal nerve (TN)-GnRH neurons. *J. Neurophysiol.*, 83, 3196-3200.

Abe, H. and Y. Oka (2002): Mechanisms of the modulation of pacemaker actvity by GnRH peptides in the terminal nerve-GnRH neurons. *Zool. Sci.*, 19, (in press).

Behrens, U. D., R. H. Douglas and H. J. Wagner (1993): Gonadotropin-releasing hormone, a neuropeptide of efferent projections to the teleost retina induces light-adaptive spinule formation on horizontal cell dendrites in dark-adapted preparations kept in vitro. *Neurosci. Lett.*, 164, 59-62.

Brown, D. A. (1988): M-currents: an update. *Trends Neurosci.*, 11, 294-299.

Demski, L. and R. G. Northcutt (1983): The terminal nerve : A new chemosensory system in vertebrates? *Science*, 220, 435-437.

Di Fiore, M. M., R. K. Rastogi, F. Cecilliani, E. Messi, V. Botte, L. Botte, C. Pinelli, B. D'Aniello and A. D'Aniello (2000): Mammalian and chicken I forms of gonadotropin-relrasing hormone in the gonads of a protochordate, Ciona intestinalis. *Proc. Natl. Acad. Sci. USA*, 97, 2343-2348.

Eisthen, H. L., R. J. Delay, C. R. Wirsig-Wiechmann and V. E. Dionne (2000): Neuromodulatory effects of gonadotropin releasing hormone on olfactory receptor neurons. *J. Neurosci.*, 20, 3947-3955.

Elmslie K. S., W. Zhou, S. W. Jones (1990): LHRH and GTP-γ-S modify calcium current activation in bullfrog sympathetic neurons. *Neuron.*, 5, 75-80.

Fujita, I., P. W. Sorensen, N. E. Stacey and T. J. Hara (1991): The olfactory system, not the terminal nerve, functions as the primary chemosensory pathway mediating responses to sex pheromones in male goldfish. *Brain Behav. Evol.*, 38, 313-321.

Ishizaki, M. and Y. Oka (2001): Amperometric recording of gonadotropin-releasing hormone release activity in the pituitary of the dwarf gourami (teleost) brain-pituitary slices. *Neurosci. Lett.*, 299, 121-124.

Jan, L. Y. and Y. N. Jan (1983): A LHRH-like peptidergic neurotransmitter capable of 'action at a distance' in autonomic ganglia. *Trends Neurosci.* 6, 320-325.

Kelly M. J., O. K. Ronnekleiv and R. L. Eskay (1984): Identification of estrogen-responsive LHRH neurons in the guinea pig hypothalamus. *Brain Res. Bull.*, 12, 399-407.

Kim, M.-H., M. Amano, H. Suetake, M. Kobayashi and K. Aida (1997): GnRH neurons and gonadal maturation in masu salmon and goldfish. *In* : GnRH neurons : genes to behavior (ed. by I. S. Parhar and Y. Sakuma), Brain Shuppan Publishers, p.313-324.

Kobayashi, M., M. Amano, M. Kim, K. Furukawa, Y. Hasegawa and K. Aida (1994): Gonadotropin-releasing hormones of terminal nerve origin are not essential to ovarian development and ovulation in goldfish. *Gen. Comp. Endocrinol.*, 95, 192-200.

Marrion, N. V. (1997): Control of M-current. *Ann. Rev. Physiol.*, 59, 483-504.

Muske L. E. (1997): Ontogeny, phylogeny and neuroanatomical organization of multiple molecular forms of GnRH. *In* : GnRH neurons : genes to behavior (ed. by I. S. Parhar and Y. Sakuma), Brain Shuppan Publishers, p.145-180.

Oka, Y. (1992): Gonadotropin-releasing hormone (GnRH) cells of the terminal nerve as a model neuromodulator system. *Neurosci. Lett.*, 142, 119-122.

Oka, Y. (1995): Tetrodotoxin-resistant persistent Na⁺ current underlying pacemaker potentials of fish gonadotrophin-releasing hormone neurones. *J. Physiol.*, 482, 1-6.

Oka, Y. (1996): Characterization of TTX-resistant persistent Na⁺ current underlying pacemaker potentials of fish gonadotropin-releasing hormone (GnRH) neurons. *J. Neurophysiol.*, 75, 2397-2404.

Oka, Y. (1997): The gonadotropin-releasing hormone (GnRH) neuronal system of fish brain as a model system for the study of peptidergic neuromodulation. *In* : GnRH neurons : genes to behavior (ed. by I. S. Parhar and Y. Sakuma), Brain Shuppan Publishers, p.245-276.

岡 良隆 (1998): GnRHニューロンの形態学的・電気生理学的特徴. 脳と生殖 (市川 他著). 学会出版センター, p.69-96.

Oka, Y. and M. Ichikawa (1990): Gonadotropin-releasing hormone (GnRH) immunoreactive system in the brain of the dwarf gourami (*Colisa lalia*) as revealed by light microscopic immunocytochemistry using a monoclonal antibody to common amino acid sequence of GnRH. *J. Comp. Neurol.*, 300, 511-522.

Oka, Y. and M. Ichikawa (1991): Ultrastructure of the ganglion cells of the terminal nerve in the dwarf gourami (*Colisa lalia*). *J. Comp. Neurol.*, 304, 161-171.

Oka, Y. and M. Ichikawa (1992): Ultrastructural characterization of gonadotropin-releasing hormone (GnRH)-immunoreactive terminal nerve cells in the dwarf gourami.

Neurosci. Lett., 140, 200-202.

Oka, Y. and T. Matsushima (1993): Gonadotropin-releasing hormone (GnRH) -immunoreactive terminal nerve cells have intrinsic rhythmicity and project widely in the brain. J. Neurosci., 13, 2161-2176.

Oka, Y. and H. Abe (2002): Physiology of GnRH neurons and modulation of their activities by GnRH. In: "Neuroplasticity, Development, and Steroid Hormone Action" (ed. by R. J. Handa, S. Hayashi, E. Terasawa, and M. Kawata), CRC Press, p.191-203.

Okuzawa, K., J. Granneman, J. Bogerd, H.J.T. Goos, Y. Zohar and H. Kagawa (1997): Distinct expression of GnRH genes in the red seabream brain. Fish Physiol. Biochem, 17, 71-79.

Parhar, I. S. (1997): GnRH in tilapia : three genes, three origins and their roles. In : GnRH neurons: genes to behavior. (ed. by I. S. Parhar and Y. Sakuma), Brain Shuppan Publishers, p.99-122.

Parhar, I. S., T. Soga and Y. Sakuma (2000): Thyroid hormone and estrogen regulate brain region-specific messenger ribonucleic acids encoding three gonadotropin-releasing hormone genes in sexually immature male fish, Oreochromis niloticus. Endocrinol., 141, 1618-1626.

Powell, J. F. F., S. M. Reska-Skinner, M. O. Prakash, W. H. Fischer, M. Park, J. E. Rivier, A. G. Craig, G. O. Mackie and N. M. Sherwood (1996): Two new forms of gonadotropin-releasing hormone in a protochordate and the evolutionary implications. Proc Natl Acad Sci USA, 93, 10461-10464.

Schwanzel-Fukuda, M. S. and A.-J. Silverman (1980): The nervus terminalis of the guinea pig : a new luteinizing hormone-releasing hormone (LHRH) neuronal system. J. Comp. Neurol. 191, 213-225.

Sherwood, N. M., K. von Schalburg and D. W. Lescheid (1997): Origin and evolution of GnRH in vertebrates and invertebrates. In : GnRH neurons : genes to behavior (ed. by Y. Sakuma and I. Parhar), Brain Shuppan, p.3-25.

Silverman, A.-J., Livne, I. and J. W. Witkin (1994): The gonadotropin-releasing hormone (GnRH) neuronal systems : Immunocytochemistry and in situ hybridization. In : The Physiology of Reproduction (ed. by E. Knobil and J. D. Neil), 2nd Edition, Raven Press. p.1683-1709.

Skynner, M. J., R. Slater, J. A. Sim, N. D. Allen and A. E. Herbison (1999): Promoter transgenics reveal multiple gonadotropin-releasing hormone-I-expressing cell populations of different embryonic origin in mouse brain. J. Neurosci., 19, 5955-5966.

Soga, T., Y. Sakuma, and I. S. Parhar (1998): Testosterone differentially regulates expression of GnRH messenger RNAs in the terminal nerve, preoptic and midbrain of male tilapia. Mol. Brain Res., 60, 13-20.

Sower, S. A. (1997): Evolution of GnRH in fish of ancient origins. In : GnRH neurons : genes to behavior. (ed. by I. S. Parhar and Y. Sakuma), Brain Shuppan Publishers, Tokyo, p.27-49.

Spergel, D. J., U. Krüth, D. F. Haneley, R. Sprengel, and P. H. Seeburg (1999): GABA and glutamate-activated channels in green fluorescent protein-tagged gonadotropin-releasing hormone neurons in transgenic mice. J. Neurosci., 19, 2037-2050.

Springer, A. D. (1983): Centrifugal innervation of goldfish retina from ganglion cells of the nervus terminalis. J. Comp. Neurol., 214, 404-415.

Suter, K. J., W. J. Song, T. L., Sampson, J-P. Wuarin, J. T. Saunders, F. E. Dudek, and S. M. Moenter, (2000a): Genetic targeting of green fluorescent protein to GnRH neurons : characterization of whole-cell electrophysiological properties and morphology. Endocrinology, 141, 412-419.

Suter, K. J., J-P. Wuarin, B. N. Smith, F. E. Dudek, and S. M. Moenter, (2000b): Whole-cell recordings from preoptic / hypothalamic slices reveal burst firing in gonadotropin-releasing hormone neurons identified with green fluorescent protein in transgenic mice. Endocrinology, 141, 3731-3736.

Terasawa, E., W. K. Schanhofer, K. L. Keen, L. Luchansky (1999): Intracellular Ca^{2+} oscillations in luteinizing hormone-releasing hormone neurons derived from the embryonic olfactory placode of the rhesus monkey. J. Neurosci., 19, 5898-5909.

Troskie, B., J. A. King, R. P. Millar, Y. Peng, J. Kim, H. Figueras and N. Illing (2001): Chicken GnRH II-like peptides and a GnRH receptor selective for chicken GnRH II in amphibian sympathetic ganglia. Neuroendocrinol. 65, 396-402.

Troskie, B., N. Illing, E. Rumbak, Y.-M. Sun, J. Hapgood, S. Sealfon, D. Conklin and R. Millar (1998): Identification of three putative GnRH receptor subtypes in vertebrates. Gen. Comp. Endocrinol., 112, 296-302.

Tsutsui, H., N. Yamamoto, H. Ito and Y. Oka (1998) GnRH-immunoreactive neuronal system in the presumptive ancestral chordate, Ciona intestinalis (Ascidian). Gen. Comp. Endocrinol., 112, 426-432.

Umino, O. and J. E. Dowling (1991): Dopamine release from interplexiform cells in the retina : effects of GnRH, FMRFamide, bicuculine, and enkephalin on horizontal cell activity. J. Neurosci., 11, 3034-3046.

White, R. B., J. A. Eisen, T. L. Kasten and R. D. Fernald (1998): Second gene for gonadotropin-releasing hormone in humans. Proc. Natl. Acad. Sci. USA 95, 305-309.

Wirsig, C. R. and C. M. Leonard (1987): Terminal nerve damage impairs the mating behavior of the male hamster. Brain Res., 417, 293-303.

Wong, M., M. J. Eaton and R. L. Moss (1990): Electrophysiological actions of luteinizing hormone-releasing hormone : intracellular studies in the rat hippocampal slice preparation. Synapse, 5, 65-70.

Yamamoto, N., Y. Oka, M. Amano, K. Aida, Y. Hasegawa and S. Kawashima (1995): Multiple gonadotropin-releasing hormone (GnRH) immunoreactive systems in the brain of the dwarf gourami, Colisa lalia : immunohistochemistry and radioimmunoassay. *J. Comp. Neurol.*, 355, 354-368.

Yamamoto, N., Y. Oka and S. Kawashima (1997) : Lesions of gonadotropin-releasing hormone (GnRH) -immunoreactive terminal nerve cells : effects on the reproductive behavior of male dwarf gouramis. *Neuroendocrinol.*, 65, 403-412.

Yamamoto, N., Y. Oka, M. Yoshimoto, N. Sawai, J. S. Albert and H. Ito (1998a) : Gonadotropin-releasing hormone neurons in the gourami midbrain : a double labeling study by immunocytochemistry and tracer injection. *Neurosci. Lett.*, 240, 50-52.

Yamamoto, N., I. S. Parhar, N. Sawai, Y. Oka and H. Ito (1998b) : Preoptic gonadotropin-releasing hormone (GnRH) neurons innervate the pituitary in teleosts. *Neurosci. Res.*, 31, 31-38.

Yamamoto, N. and H. Ito (2000) : Afferent sources to the ganglion of the terminal nerve in teleosts. *J. Comp. Neurol.*, 428, 355-375.

Zucker, C. L. and J. E. Dowling (1987) : Centrifugal fibres synapse on dopaminergic interplexiform cells in the teleost retina. *Nature*, 300, 166-168.

12. 終脳（端脳）の構造と機能

吉 本 正 美，伊 藤 博 信

はじめに

　脊椎動物の脳は吻側から終脳，間脳（視床や視床下部），中脳，後脳（橋と小脳），髄脳（延髄）の順に並び，その尾側には脊髄が続く．終脳は端脳とも呼ばれるように脳の最も吻側に発達する部分である．脳の一般的な発生様式は，まず板状の神経板が出現し，神経板の上面が内腔面になるように左右の縁が閉じて管状の神経管を形成する．形成された神経管には背腹の中間にみられる溝（境界溝 sulcus limitans）を境にして背腹方向の機能区分がみられる．境界溝より背側領域は翼板と呼ばれる感覚区であり，境界溝より腹側領域は基板と呼ばれ運動区である．左右の翼板を繋ぐ部分を蓋板といい，左右の基板の間を底板という（図12-1）．管状になった神経管の吻側部では蓋板が腹側（下方）に折れ込んで左右一対の脳室（側脳室）を形成する（inversion）（図12-1b）．そして，これを基本にして，一対の側脳室を取り巻く壁を構成する部分は増殖，肥厚して発達する．両生類，爬虫類，および哺乳類の終脳ではこの基本型が維持されている．しかし，鳥類では左右の側脳室を形成した後，側脳室の背外側壁を構成する背側脳室隆起（dorsal ventricular ridge）と呼ばれる部分が内側方向に向かって極度に膨隆するため，側脳室は終脳の内側部に押し付けられ，脳室腔は極めて狭いスリット状の隙間になる．そのため，鳥類の終脳は全体として実質性のものとなっている．一方，硬骨魚類の終脳はeversion（外翻）（図12-1a）と呼ばれる特異な発生をする（Gage, 1893；Johnston, 1911；Holmgren, 1922；Källen, 1951a；Nieuwenhuys, 1962, 1963）．すなわち，神経管の吻側部では，蓋板が下方に折れ込むのではなく，左右に展開し，翼板が反転して背外側部に位置するようになる．この結果，左右の側脳室は形成されず，終脳表面が蓋板由来の膜で覆われた共通脳室（common ventricle）となる．前頭断の切片では，この脳室はT字型にみえる（伊藤・吉本，1991；伊藤，2000）．このため硬骨魚類の終脳を哺乳類や爬虫類および両生類の終脳と単純に比較することはできず，硬骨魚類の終脳の研究がより一層遅れる原因となった．

　また，一般に大脳新皮質はいわゆる高等な機能をもつ部位であると信じられている．そのために1960年代まで，この大脳新皮質（またはその相当部位）は哺乳類に特有なものであって，他の脊椎動物にはないと信じられていた（Karten, 1969, 1991）．すなわち，大脳新皮質は系統発生の本幹を形成する原始的な魚類－両生類－爬虫類の発生過程でその原基が現れ，徐々に発達し，哺乳類にいたって完成する構造であると考えられてきた．哺乳類の終脳において最も広い範囲を占めるのは大脳新皮質であり，この部位は6層構造を形成している．鳥類や硬骨魚類の終脳には6層構造を示す部位はおろか層構造を示す部位すら見当たらない．そのため長い間，系統発生の本幹から遠く離れて適応放散に成功した現代的な魚類や鳥類には大脳新皮質（またはそれに相同な構造物）は存在しないと信じ

られてきた．鳥類の終脳はその大部分が哺乳類の〔大脳〕基底核（主に線条体corpus striatum）に相当するものであり，本能行動や空中を三次元的に飛び回るための中枢として発達した結果とみなされていた．そのため，鳥類の終脳の各部位は，高線条体，新線条体，外線条体，原線条体，古線条体，などと命名されており，その名称は現在でも使用されている．そして，魚類の終脳は専ら嗅覚機能にのみ関与すると考えられていた（Herrick, 1924）．

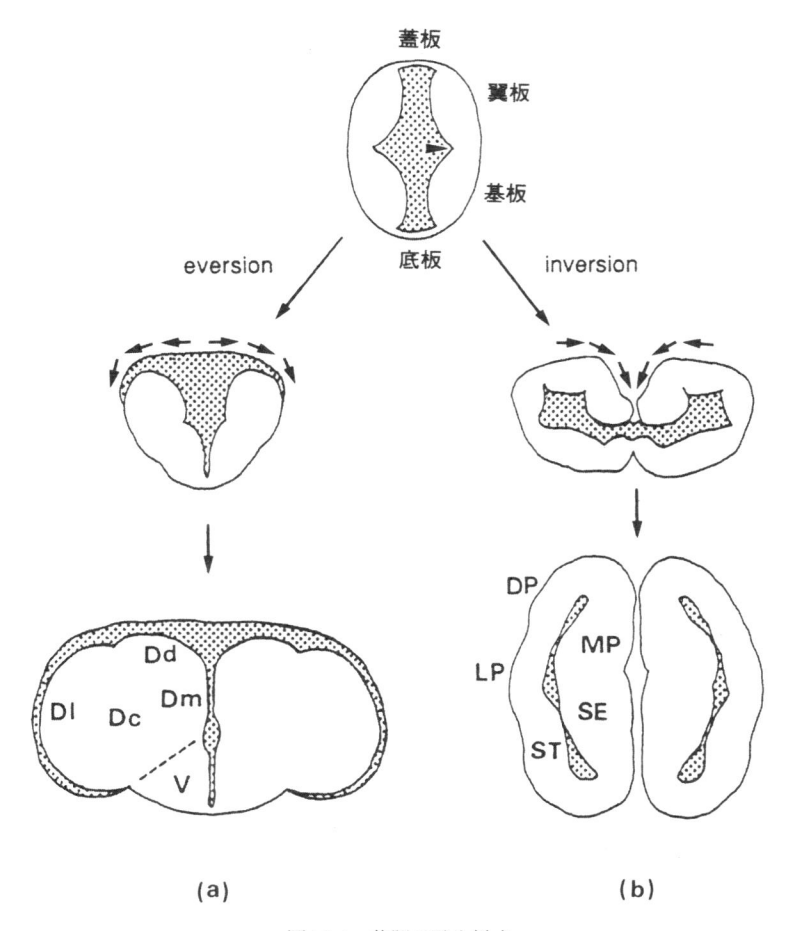

図12-1 終脳の発生様式．
(a)：硬骨魚類では蓋板が左右に拡大しeversionと呼ばれる反転型の発生をするため，T字型の共通脳室を形成する．(b)：他の脊椎動物では蓋板が下方に折れ込む発生（inversion）をし，左右一対の側脳室を形成する．脳室は灰色で示している．Dc：背側野中心部，Dd：背側野背側部，Dl：背側野外側部，Dm：背側野内側部，DP：背側外套，LP：外側外套，MP：内側外套，SE：中隔，ST：線条体，V：腹側野，矢頭：境界溝（伊藤，2000より改写）．

§1. 終脳の構造と系統発生

硬骨魚類の終脳がいかに特異であるかを理解するために，まず硬骨魚類以外の脊椎動物の終脳について解説する．硬骨魚類以外の軟骨魚類，両生類，爬虫類，鳥類，哺乳類などinversionの発生様式による終脳は，大きくわけて背側に形成される外套（pallium）と腹側に形成される外套下部（subpallium）

および側脳室（ventriculus lateralis）からなっている．外套は終脳表面を被う灰白質であり，大脳皮質（cortex cerebri）とその内部にある大脳白質（medullaris cerebri）を含めた部分である．外套はさらに背側外套（dorsal pallium），内側外套（medial pallium），外側外套（lateral pallium）の3区域にわけられる．外套下部には主な核として，中隔部（septal region），線条体（corpus striatum,〔大脳〕基底核 basal ganglia），および扁桃体（amygdaloid complex）などがある（伊藤・雨宮，1994；Voogtら，1998）．

1-1　外套（大脳皮質）

脊椎動物の系統発生を背景にしてみると，大脳の背外側部分を覆う外套（pallium）は出現する順番により，最も古（旧）い（すなわち最も早期に出現する）古外套（paleopallium，または古（旧）皮質（paleocortex），次に出現する原外套（archipallium，または原皮質 archicortex），そして最後に出現する新外套（neopallium，または新皮質 neocortex）というように名付けられてきた．つまり，原始的な状態では古皮質だけであり，両生類では古皮質に原皮質が加わり，現代的な爬虫類ではじめて新皮質が出現すると考えられてきた．哺乳類では新皮質が大幅に増えてくる．いわゆる高等な哺乳類と呼ばれるものは大脳新皮質が著しく増えて，古皮質や原皮質を覆い隠すようになる（Romer, 1971）．ヒトの脳では大脳半球の表面はほとんど新皮質である．この新皮質は個体発生中にどこをとってみても，同じ発生様式をもつため，ギリシャ語で"同じ，等しい"という意味の"isos"という言葉をつけて isocortex（等皮質）と呼ばれる．これに対して，等皮質とは異なる発生様式の古皮質や原皮質はギリシャ語の"異なる，その他の"という意味の"allos"をつけて allocortex（異皮質）と呼ばれている（Vogt and Vogt, 1919）．新皮質の6層構造は哺乳類において最初に出現した時に既に備わっていた基本的な構造であると考えられている（Northcutt and Kaas, 1995）．新皮質に比べ，異皮質と呼ばれる古皮質と原皮質は6層構造をもたず，発生の途中においても6層構造を示さない皮質である．外套の3区域にわけられた各部はそれぞれ，背側外套は新皮質に，内側外套は原皮質に，外側外套は古（旧）皮質に相当する（伊藤・雨宮，1994）．原皮質の主体を形成する領域は海馬（hippocampus）であり，歯状回（dentate gyrus）や海馬支脚（海馬台，subiculum）も含まれる．古（旧）皮質の範囲については異論もあるが，梨状葉前野（prepiriform area）や扁桃体周囲野（periamygdaloid area）などのいわゆる一次嗅皮質といわれる領域（嗅球から直接投射を受ける領域）が古（旧）皮質であると一般には考えられている（水野ら，1982）．これらの古皮質と原皮質から由来すると考えられている部分は，〔大脳〕辺縁系（limbic system）に属する領域や密接に関係のある領域であり，個体の維持と種の存続に直接的に関わる領域である．

1-2　外套下部

外套下（皮質下）部（subpallium）にある最大の核は〔大脳〕基底核または線条体（corpus striatum）であり，他に中隔部や嗅結節（tuberculum olfactorium）および扁桃体（amygdaloid complex）などが含まれる（Voogtら，1998）．扁桃体についてはその一部は外套から由来するという議論もある（Källen, 1951b；Northcutt and Kicliter, 1980；Ten Donkelaar, 1998）．哺乳類では基底核の主要な構造は，尾状核，被殻，淡蒼球であり，これらを全体として線条体（corpus striatum）と呼ぶ．これらのうち尾状核と被殻を合わせて新線条体（neostriatum）といい，淡蒼球は古線条体（paleostriatum）として区別される．これらの核は大脳皮質や視床などと神経回路を形成し，運動機能に関与すると推

定されている．高等哺乳類，ことにヒトでは元来は基底核が遂行していた多くの機能を大脳皮質が肩代わりして行い，基底核はおそらく自動運動や学習運動のプログラムの坐になっていると考えられている（水野ら，1982）．

§2. 硬骨魚類の終脳

発生学的には，終脳（telencephalon）（広義）は神経管の最も吻側部に発達する部分で，大脳半球（cerebral hemisphere）とその吻側に発達する嗅球（olfactory bulb）を含めた名称であるが，便宜上，魚類では終脳 telencephalon を大脳半球に相当する部分だけを指して用いることが多いので，ここでも嗅球と終脳（狭義）にわけて述べる．

また，視索前野（preoptic area）は終脳の尾側端を占め，前交連の後方から視神経交叉（optic chiasm）までの第三脳室最吻側部（視交叉陥凹 optic recess または視索前野陥凹 preoptic recess）の周辺領域をいう．この部分は終脳最尾側部（終脳不対部 telencephalon ipmar）として発生すると考えられているので本来は終脳の一部であるが，機能的には視床下部との関連が強いためしばしば間脳の最吻側部として取り扱われる（Braford and Northcutt, 1983；Meek and Nieuwenhuys, 1998；伊藤・吉本，1991）．ここでも同様の扱いとした．

§3. 嗅　　球

硬骨魚類の嗅球（olfactory bulb）は終脳に密着するタイプ（無柄型）と長い柄（嗅索）をもつタイプがみられる．密着するタイプの嗅球は終脳の腹側部の吻側に位置し，嗅上皮との間は長い嗅神経により連絡されている．このタイプは多くの硬骨魚類にみられる．長い嗅索をもつタイプは嗅球が嗅上皮に接近して存在するので嗅神経は短く，それに対して嗅球の尾側から出る長い嗅索によって終脳の腹側部に連絡する．このような嗅球はコイ科魚類など骨鰾類（Ostaryophysi）にみられる．

多くの硬骨魚類の嗅球は他の脊椎動物と同様の層構造とシナプス結合をもつ（Nieuwenhuys, 1967；Ichikawa, 1976；Oka ら，1982）．嗅球の層構築は表層から内部に向って，(1) 嗅神経層（primary olfactory nerve layer），(2) 糸球体層（glomerular layer），(3) 僧帽細胞層（mitral cell layer），(4) 顆粒細胞層（granule cell layer），の順に配列している．原則的には，これらを構成する細胞の種類は他の脊椎動物と同じである．しかし，キンギョ Carassius auratus, Cyprinidae, ナマズ Parasilurus asotus, Siluroidei, アナゴ Conger myriaster, Congridae などでは，嗅球の僧帽細胞層にえりまき細胞（ruffed cell）と名付けられた特異な細胞がみいだされている（Kosaka and Hama, 1979, 1980）．

3-1 嗅覚路

嗅覚路は，まず嗅上皮の嗅覚受容細胞から出る求心性線維（嗅神経）が嗅球の糸球体層でシナプスを形成し，その情報を僧帽細胞に伝える．この層にみられる糸球体は主に嗅神経の線維と僧帽細胞の樹状突起によって形成される．次に，僧帽細胞の軸索は内側嗅索（medial olfactory tract）と外側嗅索（lateral olfactory tract）を通り終脳の標的部位へと投射する．顆粒細胞層を形成する顆粒細胞は基底部にある短い基底樹状突起と尖端にみられる長い尖端樹状突起をもつ．その長い尖端樹状突起は僧帽細胞の樹状突起の基幹部（dendritic shafts）とえりまき細胞のえりまき部分に相互性シナプス

(reciprocal synapses) を形成し (Ichikawa, 1976; Kosaka and Hama, 1979, 1981, 1982; Oka, 1983), 短い基底樹状突起には嗅球へ投射する線維や終脳へ投射する僧帽細胞の軸索側枝がシナプスをする (Ichikawa, 1976).

嗅球から終脳や終脳以外の標的部位への投射は主に僧帽細胞によるものである. これまでにトレーサーによる標識法で検索された結果では, その投射先は, 終脳腹側野 (area ventralis telencephali：V) の全区分, 終脳背側野の外側部 (area dorsalis telencephali pars lateralis：Dl) の一部と後部 (pars posterior：Dp) の一部であり, 終脳以外では, 視索前野や後結節核 (nucleus posterior tuberis) である (Murakami ら, 1983) (図 12-2). その経路は内側嗅索と外側嗅索にわけられる. 内側嗅索は主に終脳の腹側野に投射する線維と終神経線維を含み, 外側嗅索は主に終脳の背側野に投射する線維が含まれる (Meek and Nieuwenhuys, 1998). また, 左右の嗅球は相互にも連絡をする.

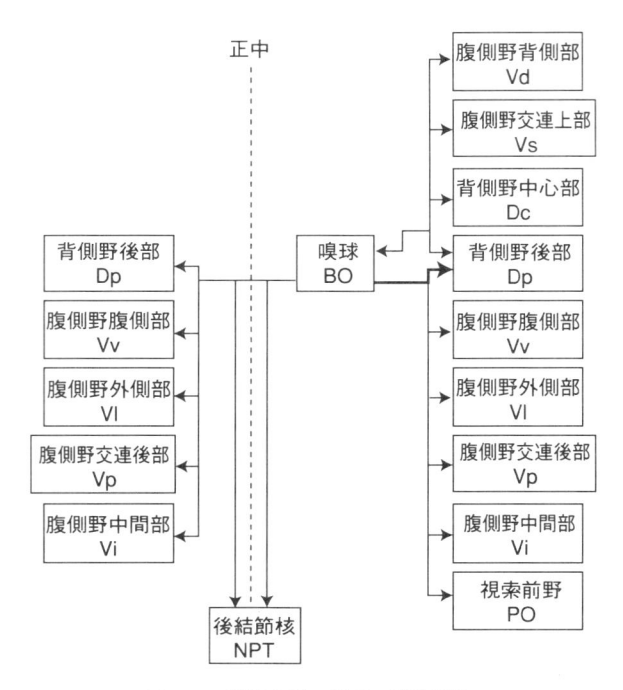

図 12-2 硬骨魚類の嗅球の線維連絡.
嗅球は背側野後部 Dp へ強く投射する (Murakami ら, 1983 より改写).

3-2 終神経系

硬骨魚類にも他の脊椎動物と同様に終神経節 (terminal nerve ganglion) がみられる. 長い嗅索をもつタイプのコイ科魚類の嗅球では, 嗅神経や嗅球さらには嗅索の中に大型の神経節細胞の集まりが認められる (Sheldon and Brookover, 1909; Springer, 1983; Stell ら, 1984). スズキ型の魚類など嗅球が終脳へ密着しているタイプでは, このような細胞群は嗅球と終脳との境界部近くに分布し, 網膜へ投射することから嗅網膜核 (nucleus olfactoretinalis) と名付けられた (Münz ら, 1981; Matsutani ら, 1986; Uchiyama, 1989, 1990) が, この細胞群も終神経節であるとみなされている (Demski, 1987; Muske, 1993). 終神経節の細胞群は網膜だけでなく脳各部に広範な投射をし (Oka and Matsushima, 1993; Yamamoto ら, 1995; Meek and Nieuwenhuys, 1998), 多くの細胞は Gonadotropin-releasing hormone (GnRH) や FMRFamide (Phe-Met-Arg-Phe-NH$_2$) 様物質 (ペプチド) に免疫陽性反応を示すのが特徴である. Demski and Northcutt (1983) は終神経節がフェロモンの検知と性行動の制御をしていると論じている. ドワーフグーラミー Colisa lalia, Anabantidae では雄の巣作り行動への関与が知られる (Yamamoto ら, 1997). しかし, 脳の広範囲な領域へ投射することから, 他の機能も備えている可能性が考えられ, その機能の全容についてはまだよく分かっていない (Yamamoto ら, 1997; 詳細は 11 章岡を参照されたい). スズキ型の魚類 (ティラピア Oreochromis (Tilapia) niloticus, Cichlidae とドワーフグーラミー) では終神経節が一般体性感覚,

視覚，嗅覚など種々の入力を受けとることを示唆する線維連絡が明らかにされている（Yamamoto and Ito, 2000）．

終神経は板鰓類で初めて発見された（Fritsch, 1879；Locy, 1905）．硬骨魚類の終神経とは異なり板鰓類の終神経は嗅球と終脳の間に独立した左右一対の神経線維束として認められ，その線維束の途中に原則として一つの終神経節を形成している．呉ら（1992）は板鰓類の終神経の肉眼的な形態には種差や個体差および左右差などがみられ，特に神経節の数や大きさには著しい差が認められることを報告している．また，その終神経節の細胞もFMRFamide反応陽性であり，その中枢枝は視索前野と中隔領域にまで投射することを明らかにした．しかし，その機能は性行動に関連することが推測されているが，よく分かっていない．

§4．硬骨魚類の終脳とその区分

硬骨魚類の終脳も哺乳類などと同様に外套（pallium）と外套下部（subpallium）の部分に相同な領域から成り立っていると考えられる．しかしながら前述のように，硬骨魚類の終脳はその発生様式（eversion）の違いと層構造がみられないなど形態的な違いなどから，inversionの発生様式で発達する哺乳類などの終脳と単純には対比させることができない．そこで，硬骨魚類の終脳は神経細胞の形態やその分布など細胞構築よってわけられてきた（Källén, 1951a；Nieuwenhuys, 1963）．その区分けは現在も一般的に用いられている（Northcutt and Braford, 1980；Northcutt and Davis, 1983；Nieuwenhuys and Meek, 1990；Meek and Nieuwenhuys, 1998）．

硬骨魚類の終脳は終脳背側野（area dorsalis telencephali：D）と終脳腹側野（area ventralis telencephali：V）にわけられる（図12-3）．両領域の境界はa cell-free zona limitans（神経細胞のみられない帯状の部分）である（Källén, 1951a；Nieuwenhuys, 1963）．背側野は硬骨魚類の終脳のもっとも大きな部分を占める領域である．背側野では共通脳室に沿った部分を，内側部（pars medialis：Dm），背側部（pars dorsalis：Dd），外側部（pars lateralis：Dl），にわけ，それらに囲まれた部分を中心部（pars centralis：Dc）と呼ぶ．さらに背側野の腹尾側部を後部（pars posterior：Dp）としてわけている．終脳の腹側野は外側方向への反転を生じなかった部分と考えられており，その領域は嗅球より尾側で視索前野より吻側部分をいう．腹側野は前交連の吻側部では，さらに腹側部（pars ventralis：Vv），背側部（pars dorsalis：Vd），これらの外側に位置する外側部（pars lateralis：Vl）にわけられている．前交連の周囲と尾側部では，前交連の吻背側部の交連上部（pars supracommissuralis：Vs），前交連の尾腹側部の交連後部（pars postcommissuralis：Vp），そして中間部（pars intermedia：Vi）にわけられている．このViはVpが外側へ延長した部分であろうと考えられている．また終脳の最も尾側にみられる脚内核（nucleus entopeduncularis：E）も終脳腹側野に属する核とされている（Nieuwenhuys, 1962, 1963；Northcutt and Davis, 1983；Nieuwenhuys and Meek, 1990；Meek and Nieuwenhuys, 1998）．

4-1 硬骨魚類の終脳各部と他の脊椎動物の終脳各部との相同

硬骨魚類の終脳の外套と外套下部との境界については，古くから議論されてきた．終脳背側野内側部（Dm）と腹側野背側部（Vd）の境が外套－外套下部の境界であり，Dmが外套でVdは外套下部であるとする研究者たち（Sheldon, 1912；Holmgren, 1922；Nieuwenhuys, 1963；Schnitzlein,

1968）に対し，Dmと背側野背側部（Dd）の境が外套－外套下部の境界であると主張する研究者たちもいる（Kuhlenbeck，1973；Northcutt and Braford，1980）．Northcutt and Braford（1980）は背側野の内側部（Dm）が外套下部で線条体であるとし，Echteler and Saidel（1981）は背側野外側部の背側部分（dDl）が他の脊椎動物の内側外套から由来する海馬に相当する部位であると論じている．Northcutt and Davis（1983）は，多くの研究者によって実験的に明らかになったこれまでの線維連絡に基づいて，硬骨魚類の終脳の区分と他の脊椎動物の終脳各部を比較し，その相同性を論じている．それによると，終脳背側野の背側部（Dd），外側部（Dl），後部（Dp）は外套で，それ以外は外套下部であり，そのうち腹側野の背側部（Vd）と腹側部（Vv）は中隔に，背側野内側部（Dm）の一部と背側野中心部（Dc）の一部は線条体に相当する部位であると結論づけている（表12-1）．それに対し伊藤・雨宮（1994）はそれまでに得られた線維連絡の研究結果から，背側野内側部の腹側部分（vDm）が内側外套に相当し，視覚投射領域である背側野外側部（Dl）は背側外套に相当すると論じている．さらに，同様に線維連絡から考えて，背側野内側部の背側部分（dDm），背側野背側部（Dd），背側野中心部（Dc）なども背側外套である可能性が強いと述べている（伊藤，1988；伊藤・雨宮，1994）．一方，Yamaneら（1996）は哺乳類の海馬と歯状回に亜鉛が高

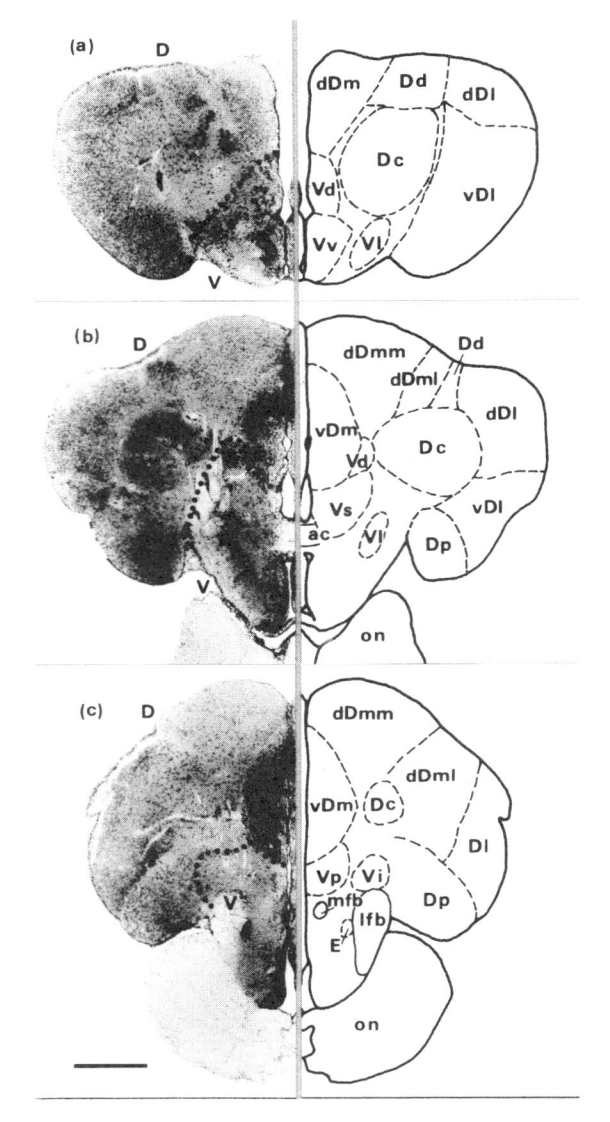

図12-3 終脳の各横断面とその区分.
図は前交連より吻側の高さ（a），前交連の高さ（b），前交連より尾側の高さ（c）での終脳の区分を示している．図の左側はNissl染色を施した切片である．lfb : lateral forebrain bundle, mfb : medial forebrain bundle, on : optic nerve （他の略号は本文を参照されたい）．

密度に分布することに注目し，硬骨魚類の終脳における亜鉛の分布を調べた．亜鉛は背側野外側部（Dl）に高濃度で分布していた．この結果に基づいて，Dlが哺乳類の海馬に相当する部位である可能性を指摘している．Yanez and Anadón（1996）はニジマス *Oncorhynchus mykiss*, Salmonidaeの終脳の脚内核から手綱核（habenular nucleus）への線維連絡を解析した結果から，硬骨魚類の脚内核は爬虫類の同名の核や哺乳類の淡蒼球などの古線条体とみなされている領域に相同であるというよりむしろ中隔部に相同な部位であろうと論じている．古くから，硬骨魚類と他の脊椎動物の終脳各部との

相同については多くの議論がなされているが，いまだに不明な点が多く明確に結論づけられていない．実験的に線維連絡を詳細に解析することや，電子顕微鏡のレベルでの解析を加えること，さらに免疫組織化学的な手法により免疫陽性細胞や終末の分布などを明らかにして，他の脊椎動物のものと比較することが，結論を得るための重要な手掛かりになると考えられる．

表 12-1 硬骨魚類（条鰭類 ray-finned fishes）の終脳と他の脊椎動物（land vertebrate）の終脳との比較（Northcutt and Davis, 1983 より改写）．TN：nucleus taenia（Dl の一部），Vn*：終脳腹側野の最も背側部にある細胞群（Vd の最も背側部分，Nieuwenhuys, 1963），Vc*：腹側野中心核（Vd または Vv から派生したとみなされる核）．*：魚種によって核の発達程度が大きく異なり，ほとんどみられない種類もある（他の略号は本文を参照されたい）．

	硬骨魚類 条鰭類（ray-finned fishes）	他の脊椎動物（land vertebrates）
終脳	終脳腹側野 Vv	内側中隔核
	Vd	外側中隔核
	Vn + Vl	嗅結節
	Vs + Vc	扁桃体 basal amygdala（外套下部由来）
	Vp + Vi + N	扁桃体 pallial amygdala（外套由来）
	E	脚内核
	終脳背側野 Dm（一部）	背側線条体（尾状核・被殻）
	Dc（一部）	腹側線条体（淡蒼球）
	Dp	外側外套
	Dd + Dl-d	背側外套
	Dl-v + Dl-p	内側外套

4-2 終脳内の線維連絡

終脳腹側野の全区分は嗅球から投射を受け，二次嗅覚中枢として嗅覚情報の処理に関与する．また，腹側野の各部分は嗅球へ相互的に投射している（Oka, 1980；Murakaki ら, 1983；Prasada Rao and Finger, 1984；Yamamoto and Ito, 2000）．腹側野はさらに終脳背側野にも投射する（Murakami ら, 1983；Shiga ら, 1985a, b；Yamamoto and Ito, 2000）．

終脳背側野は内側部（Dm），背側部（Dd），外側部（Dl），後部（Dp）にわけられているが，内側部（Dm）は嗅覚以外の情報が入力する領域である（Northcutt and Braford, 1980；Meek and Nieuwenhuys, 1998）．背側野内側部（Dm）はさらに背側部分（dorsal part of Dm：dDm）と腹側部分（ventral part of Dm：vDm）にわけられる．ここへは内耳・側線覚（Ito and Kishida, 1978；Finger, 1980；Murakami ら, 1983, 1986；Northcutt and Wullimman, 1988；Striedter 1991, 1992），一般体性感覚（Murakami ら, 1986），味覚（Kanwal ら, 1988；Lamb and Caprio, 1993；Yoshimoto ら, 1998）などの情報が入力する（図 12-4a, b，表 12-2）．それぞれの感覚情報の終止領域は異なっているようである．背側野外側部（Dl）は視覚系の投射領域で，視床前核（nucleus prethalamicus）からの投射線維を受ける（Ebbesson, 1980；Ito ら, 1980a, b；Ito and

表 12-2 スズキ目およびその派生群の硬骨魚類の終脳へ投射する感覚とその終止部位．

感覚の種類	終脳の各領域
一般体性感覚 内耳・側線感覚 味覚	背側野内側部 Dm
一般体性感覚 内耳・側線感覚	背側野背側部 Dd
一般体性感覚 内耳・側線感覚	背側野中心部 Dc
視覚	背側野外側部 Dl
嗅覚 味覚	背側野後部 Dp
嗅覚 味覚	腹側野 V

Vanegas, 1983；Murakami ら, 1983；Yamane ら, 1996). 他に Dl の背側部分の一部には内耳・側線感覚が入力し (Echteler and Saidel, 1981；Northcutt and Wullimann, 1988；Striedter, 1991, 1992), Dl の腹尾側の一部には嗅球からの線維が終止することも報告されている (Nieuwenhuys and Meek, 1990).

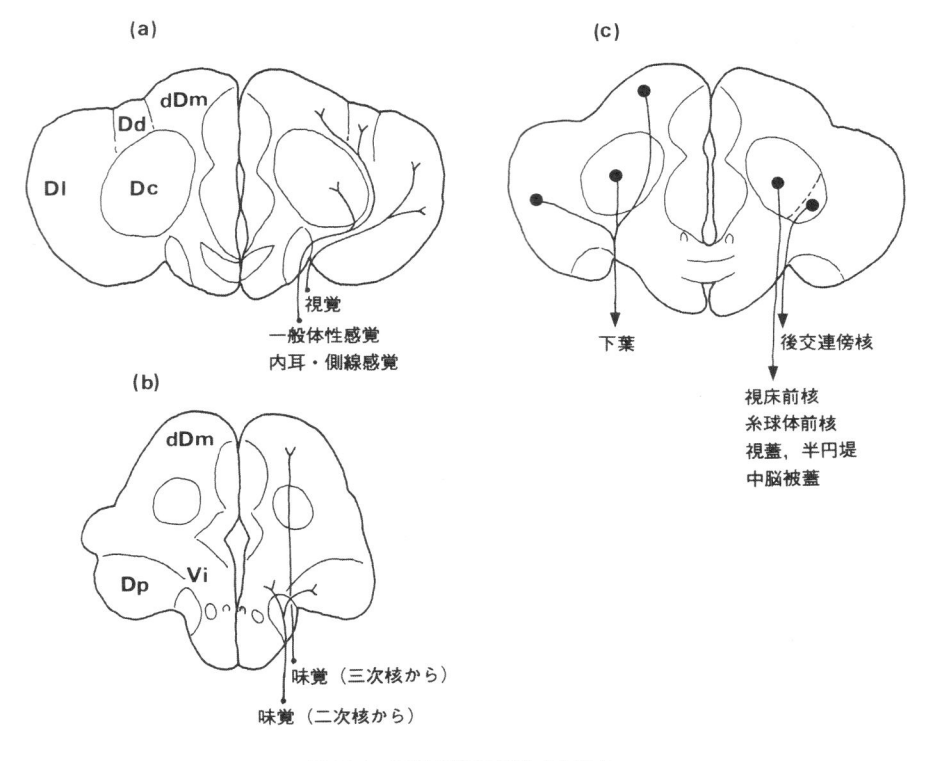

図 12-4 硬骨魚類の終脳の入出力.
(a, b)：終脳各部へ上行する嗅覚以外の感覚系. (c)：終脳各部から起こる下行路. Dc：背側野中心部, Dd：背側野背側部, dDm：背側野内側部の背側部分, Dl：背側野外側部, Dp：背側野後部, Vi：腹側野中間部. (伊藤, 2000 より改写).

終脳背側野の中心部（Dc）は終脳から遠心性に投射する神経細胞群の分布する主要な領域である（図 12-4c). ここには嗅球へ投射する細胞や間脳や中脳の諸核へ下行性に投射する細胞が分布している. これらの神経細胞は他の領域の細胞より大きい. Dc は終脳内の他の領域から起こる投射を受けるだけでなく, 相互的にも線維連絡をもつ. Dc の神経細胞群の主要な投射部位として, 中脳の視蓋 (Ito and Kishida, 1977；Bass, 1981；Grover and Sharma, 1981；Luiten, 1981；Ito ら, 1982；Ito and Vanegas, 1983；Murakami ら, 1983；Wullimann and Northcutt, 1990) や後交連傍核 (nucleus paracommissuralis, Ito ら, 1982；Murakami ら, 1983；Striedter, 1990；Wullimann and Meyer, 1993) が知られている. 視蓋は感覚情報の相関中枢として知られる部位であり, 後交連傍核は終脳-小脳路の中継核として知られている. また, 終脳各部は原則として反対側の同一部位と相互に連絡をしている.

終脳内・外の線維連絡は Murakami ら (1983) によってカサゴ Sebastiscus marmoratus, Scorpaenidae で詳細に解析されている（図 12-5). しかしながら, 硬骨魚類の終脳の各区分の発達程度は魚種によ

って大きく異なる（伊藤，1980，1987a，b）ことから，魚種により各区分の境界が曖昧になったり，名称の混乱もみられるなど，終脳の線維連絡についての解析は，まだ十分とはいえない．

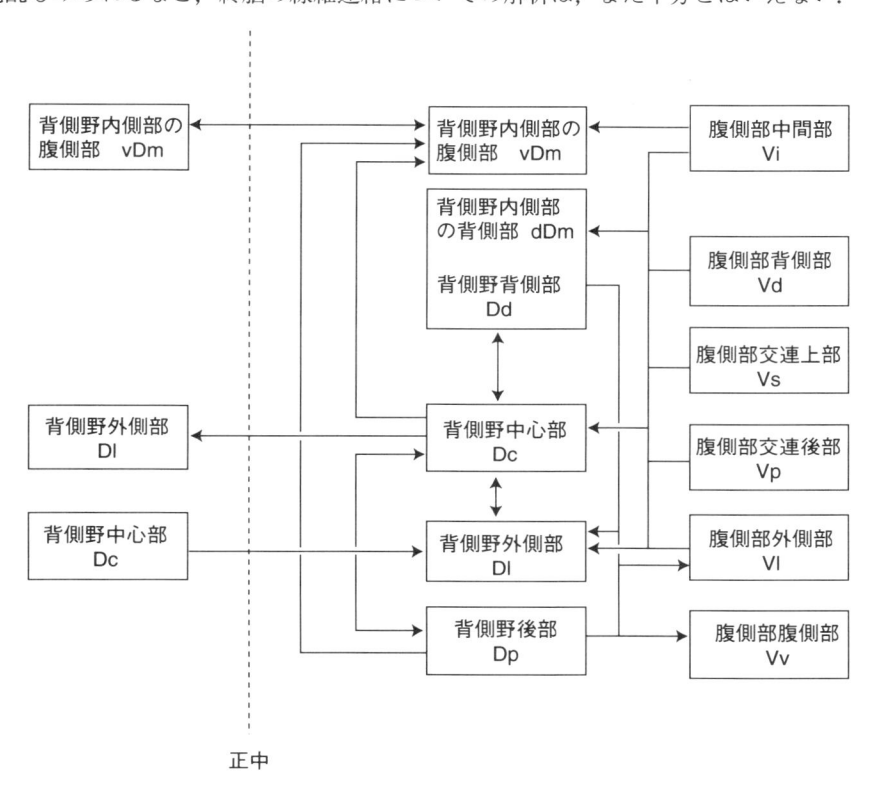

図12-5 硬骨魚類の終脳内の線維連絡（Murakamiら，1983より改写）．

4-3 終脳への感覚上行路

1）**視覚系**：1960年代にハムスターの脳の実験結果から，2つの視覚系の概念が提唱された（Schneider，1969）．それは，私たちは外界を認識する時に，視野の中に入った視覚対象物を同定する機能に関与する膝状体系：網膜－外側膝状体（視床）－一次視覚野（大脳新皮質）と，対象物の定位に関与する機能の非膝状体系：網膜－上丘－視床枕－二次視覚野（大脳新皮質）という2つの視覚系を用いている，というものであった．その後数年の内に，この概念について系統発生的な検証が行われた．ここで注目されることは，系統発生的に2つの視覚系の最終の投射先が大脳新皮質であるということが検証されたことである（伊藤，2000）．

硬骨魚類の視覚系に関してはItoらによって研究が進められた（Itoら，1980a，b，1984，1986；Ito and Vanegas，1983，1984；Vanegas and Ito，1983；Ito and Murakami，1984）．その結果，棘鰭類では非膝状体系視覚路：網膜－視蓋－視床前核－終脳背側野の外側部（Dl）のみが存在し，膝状体系視覚路が痕跡的であった．コイ科の魚類についても最近ようやく，スズキ型の魚類と同様であることが判明した（詳細は9章山本・伊藤を参照されたい）．つまり，2つの視覚系という概念で他の脊椎動物と比較すると，スズキ型魚類やコイ科魚類の終脳背側野の外側部（Dl）は大脳新皮質の二次視覚野に同等な部位であるといえる．また，原始的硬骨魚類であるチョウザメ *Acipenser transmontanus*，

Acipenceridaeも大脳新皮質の視覚野に同等な部位をもつことが明らかになった（Albertら，1999；Itoら，1999；Yamamotoら，1999）．

 2）味覚系：いろいろな末梢受容器から中枢神経系に送られてくる入力情報が終脳へいたる経路には2つの系が存在する．特定の様態の感覚入力にだけ関わる（modality-specific）系，すなわち毛帯系（lemniscal system）と感覚性入力の様態との対応が明確ではない非特殊入力系（non-specific afferent system），すなわち非毛帯系（extralemniscal system）である（Nauta and Karten, 1970）．毛帯系は直線的な（"closed"な）線維連絡の上行路であり，一次感覚中枢からの情報が視床を経由して終脳の特定の標的領域へ伝達される経路である．非毛帯系は広く多くの部位と線維連絡をもつ上行路で，特に辺縁系や臓性機能に関与する領域と関連する．Finger（1987）はこの概念が味覚系にも当てはまり，「味覚系にも毛帯系と非毛帯系がある」と提唱した．この説が正しければ，味覚系の毛帯系上行路の最終の投射領域を明らかにすることによって，哺乳類の大脳新皮質一次味覚野に相当する部位を硬骨魚類においても同定できるということになる．

 哺乳類の味覚上行路は，大脳新皮質の一次味覚野に達する経路と扁桃体や視床下部に達する経路の2つがある（Norgren, 1974, 1976；Norgren and Leonard, 1973；Nomuraら，1979）．口腔から咽頭にかけて分布する味蕾からの味覚情報は顔面神経，舌咽神経，迷走神経のそれぞれの求心線維を経由して，延髄の孤束核（nucleus tractus solitarii）の吻側部に投射する．ここからは，結合腕傍核（nucleus parabrachialis，または橋部味覚核）へ上行する．結合腕傍核からの上行路は2つに分かれ，1つの経路は視床の後内側腹側核を経由して，大脳新皮質一次味覚野へいたる．他方は結合腕傍核から視床下部や扁桃体へ投射する経路である．後者の投射領域は臓性機能に深く関与する部位や辺縁系に属する領域である．

 硬骨魚類は脊椎動物の中で最も味覚が発達している動物であり，口腔だけでなくヒゲや体表面にまで味蕾が分布する（Ariëns Kappersら，1936；Finger, 1987）．味覚系の上行路は骨鰾類のコイ *Cyprinus carpio*, Cyprinidaeやナマズ *Ictalurus*, Ictaluridaeで古くから調べられてきた（Herrick, 1905；Ariëns Kappersら，1936）．これらの魚類では，顔面神経，舌咽神経および迷走神経の求心性線維は延髄の顔面葉，舌咽葉および迷走葉の一次味覚中枢に終止し，ここから起こる上行線維は菱脳峡部の二次味覚核（哺乳類の結合腕傍核に相同）に投射する．二次味覚核は三次の視床味覚核（tertiary gustatory nucleus）や下葉（inferior lobe, 哺乳類の視床下部に相同）へ投射することが分かっていた（フナ *Carassius carassius*, Cyprinidae：Moritaら，1980；キンギョ：Moritaら，1983；ナマズ：Finger, 1978, 1983, 1986；Finger and Morita, 1985；Morita and Finger, 1985）．長い間，コイ科やナマズ科の魚類では終脳への投射は不明であった．これらの魚種では，終脳への中継核は間脳の視床後核（posterior thalamic nucleus）や三次の視床味覚核（tertiary thalamic gustatory nucleus）であろうと推測されていた．しかし，その後，ナマズでは間脳のnucleus lobobulbarisから終脳の背側野内側部（Dm）へ味覚性の投射がみられ（Kanwalら，1988；Lamb and Caprio, 1993），キンギョでは三次の視床味覚核からではなく，四次味覚核とみなされている下葉の外側堤（nucleus diffusus tori lateralis）から背側野内側部（Dm）へ投射することが報告された（Rink and Wullimann, 1998）．このように骨鰾類の終脳への味覚系投射経路は不明な点が多く残っていて，他の脊椎動物との対比ができなかった．一方，スズキ型魚類は広く適応放散し繁栄している魚類にもかかわらず，味覚系につ

いてはほとんど検索されていなかった．Wullimann（1988）はグリーンサンフィッシュ *Lepomis cyanellus*，Centrarchidae で，二次味覚核からは下葉の外側陥凹核（nucleus recessus lateralis）や中心核（central nucleus of the inferior lobe），外側堤，さらに間脳の三次味覚核（preglomerular tertiary gustatory nucleus）へ投射することを明らかにしていた．しかしながら，終脳への投射については不明であった．

そこで，著者らは，スズキ型魚類の味覚系について研究を進めた．ティラピアの味覚上行路を解析したところ哺乳類のものと大変よく似ていて，2つの上行路をもつことが明らかになった（Yoshimotoら，1998）（図12-6）．延髄の一次味覚中枢からの上行線維は菱脳峡部の二次味覚核（secondary gustatory nucleus）に投射する．次に，ここからの上行路は2つに分かれて，1つは間脳の三次の視床味覚核（preglomerular tertiary gustatory nucleus of the thalamus）へ投射し，ここからは終脳の背側野内側部の背側部分（dDm）の尾側部へ投射する．もう1つは二次味覚核から上行する線維の一部が外側前脳束を通って直接終脳に入り，終脳腹側野の中間部（Vi）と終脳背側野の後部（Dp）の内側部分に終止する経路である．終脳のViとDpは互いに隣接する部位である．二次味覚核から上行する線維はその他に下葉の nucleus diffusus lobi inferioris（NDLI）や外側陥凹核へも終止する．このようなティラピアの終脳へいたる視床経由の投射路は哺乳類の大脳新皮質の一次味覚野へいたる経路に対比でき，ティラピアの二次味覚核から直接終脳の後腹側領域（ViとDp）へ投射する経路は，哺乳類で結合腕傍核から扁桃体へ投射する経路と対比できた．すなわち，硬骨魚類の終脳背側野内側部（dDm）の尾側部は哺乳類の大脳新皮質の一次味覚野に相当し，終脳腹側野の中間部（Vi）と終脳の背側野の後部（Dp）の内側部の領域は扁桃体に相当する部位であることが示唆された．

3）**一般体性感覚系**：硬骨魚類の終脳における一般体性感覚領域を同定するために行った上行路の解析結果では，カサゴの脊髄後角部や三叉神経主感覚核（sensory nucleus of the trigeminal nerve）から上行する神経線維は視床の腹内側核（nucleus ventromedialis thalami，哺乳類の同名の核とは異なるので注意）に終止した．次に，視床から上行する線維は終

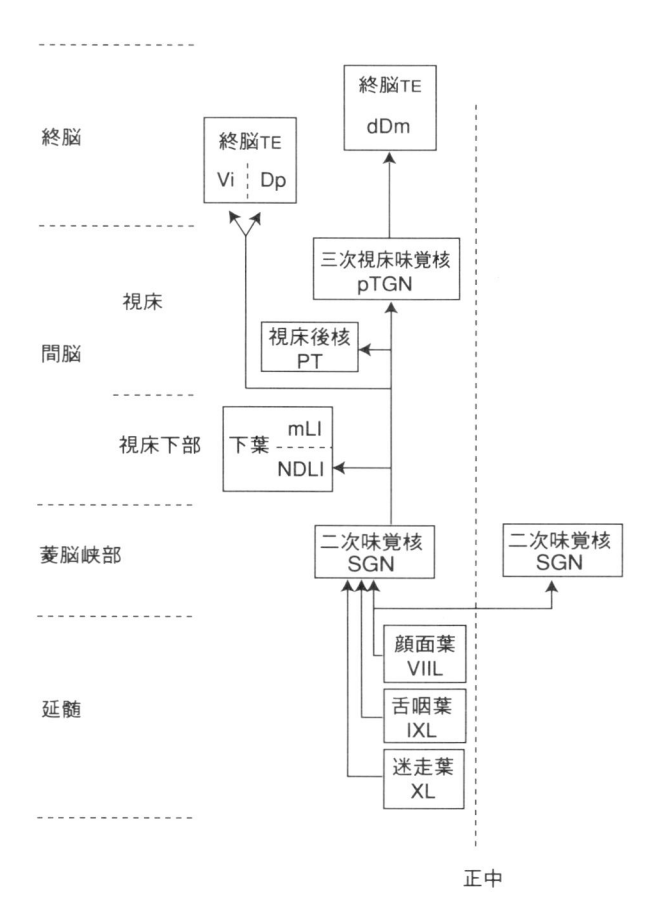

図12-6 スズキ型硬骨魚類ティラピアの終脳へいたる味覚系の上行路（Yoshimotoら，1998より改写）．

脳背側野の内側部 (Dm), 背側部 (Dd), 中心部 (Dc), および終脳腹側野の交連上部 (Vs) に終止していた (Ito ら, 1986). つまり, 硬骨魚類ではこれらの部位が哺乳類の体性感覚野に同等な領域である可能性がある.

4) 内耳・側線感覚系：これらの系では聴覚と前庭覚が内耳神経 (octavus nerve) により, 側線感覚は側線神経により菱脳峡部と延髄の一次感覚核すなわち顆粒隆起 (eminentia granularis) と内耳側線野 (area octavolateralis) に伝えられる. 顆粒隆起には内耳神経と側線神経がともに終止する. 内耳側線野では背腹方向に機能的な区分がみられ, 側線感覚は背側にある核に終止し, 聴覚はその腹側にある核に, 前庭覚は聴覚の終止部位の腹側に終止する (McCormick, 1983 ; Meredith and Butler, 1983 ; 伊藤・吉本, 1991). これらの一次感覚核からの上行路の解析をナマズで行った結果では, 聴覚と側線感覚の機械的刺激と電気的刺激の情報を伝える投射線維は半円堤 (torus semicircularis, 下丘と相同) の異なった部位に終止することが明らかにされた (Knudsen, 1977 ; Tong and Finger, 1983 ; Finger and Tong, 1984). さらにナマズでは, 半円堤のそれぞれの感覚の終止部位から生じる上行線維は間脳の糸球体前核外側部 (nucleus preglomerulosus pars lateralis), central posterior nucleus of dorsal thalamus (視床の腹内側核尾側部に同じ), 視床下部の前結節核 (anterior tuberal nucleus of hypothalamus) などに終止する. これらの核は次に終脳背側野の内側部 (Dm), 中心部 (Dc), 背側部 (Dd), および外側部 (Dl) に投射することが明らかにされた (Finger, 1980 ; Striedter, 1991, 1992). これはカサゴで行われた解析結果とほぼ同様であった. カサゴでは延髄の一次感覚核から上行する神経線維は半円堤や間脳の視床腹内側核と糸球体前核 (nucleus preglomerulosus) などに投射していた. 次に, これらを経由して終脳背側野の内側部 (Dm), 背側部 (Dd), および中心部 (Dc) に終止していた (Ito ら, 1986 ; Murakami ら, 1986). これらの研究は, 硬骨魚類の終脳背側野は内耳・側線感覚情報も入力することを示している.

4-4 硬骨魚類の終脳からの下行路

硬骨魚類の終脳からの下行路の起始細胞群が同定された部位は比較的少ない. これまでの実験で明らかになった起始細胞群としては, 終脳背側野の中心部 (Dc), 背側野の外側部 (Dl), 背側野の内側部の背側部分 (dDm) などである (図 12-4c). 終脳背側野の中心部 (Dc) からは間脳の視床前核 (nucleus prethalamicus) や糸球体前核 (nucleus preglomerulosus) へ, 視蓋前域の後交連傍核 (nucleus paracommissuralis), 中脳の視蓋 (tectum opticum), 半円堤 (torus semicircularis), 中脳被蓋 (mesencephalic tegmentum) などへ投射する (Ito and Kishida, 1977 ; Oka, 1980 ; Ito ら, 1982 ; Oka ら, 1982 ; Murakami ら, 1983). 終脳背側野の外側部 (Dl), 内側部の背側部分 (dDm) および中心部 (Dc) はともに下葉へ投射する (Murakami ら, 1983 ; Yoshimoto ら, 1998 ; Shimizu ら, 1999 ; Sawai ら, 2000). Shimizu ら (1999) は終脳と下葉との線維連絡について解析し, 終脳背側野内側部の背側部分 (dDm) は内側部 (medial part of dDm, dDmm) と外側部 (lateral part of dDm, dDml) で下葉において投射する核に違いがみられることを明らかにしている. 終脳から小脳へいたる投射経路 (終脳-後交連傍核-小脳) の中継核である後交連傍核は, Ito ら (1982) によって哺乳類の橋核に相同な核である可能性が指摘されている. 最近, 井村ら (未発表) はより詳細に線維連絡を明らかにしている. それによると後交連傍核は背側野中心部 (Dc) だけでなく背側野背側部 (Dd) からも投射を受けて, 小脳体に投射する. 終脳のそれぞれの部位からの経路は後交連傍核

の異なった部位で中継され，小脳体の別々の部分にいたることも分かってきた．

おわりに

　最近の研究結果により，硬骨魚類の終脳には嗅覚の他に視覚，一般体性感覚，内耳・側線感覚など各種感覚情報の入力部位が存在することが明らかになってきた．これは硬骨魚類の終脳にも大脳新皮質と同等な部位が存在することを示すものである．また，個体の維持や種の存続など動物の本能的な営みに関与する領域である辺縁系についても，この系に深く関与する嗅覚系の投射領域や味覚系の投射領域などが次第に明らかになってきた．最近，著者らは一般臓性感覚の上行路を検索したところ，延髄の一次の一般臓性感覚核から上行する投射線維は菱脳峡部の二次の一般臓性感覚核だけでなく，間脳では外側陥凹核，下葉の内側部および間脳の一般臓性感覚核などに終止し，さらに上行する線維は終脳腹側野のVsやVdにも終止することを見出している．この投射は哺乳類などの一般臓性感覚上行路と類似しており，哺乳類などの中隔部の核への投射（Ricardo and Koh，1978；Arendsら，1988）に対比することができる．このように一般臓性感覚の投射経路も哺乳類などのものと類似性がみられることは，硬骨魚類の辺縁系の基本設計も他の脊椎動物と共通なものであることを示唆している．

文　献

Albert, J. S., N. Yamamoto, M. Yoshimoto, N. Sawai, and H. Ito (1999)：Visual thalamotelencephalic pathways in the sturgeon *Acipenser*, a non-teleost actinopterygian fish. *Brain Behav. Evol.*, 53, 156-172.

Arends, J. J. A, J. M. Wild, and H. Philip Zeigler (1988)：Projections of the nucleus of the tractus solitarius in the pigeon (*Columba livia*). *J. Comp. Neurol.*, 278, 405-429.

Ariëns Kappers, C. U., G. C. Huber, and E. C. Crosby (1936)：The Comparative Anatomy of the Nervous System of Vertebrates, Including Man. vol.1, New York, The Macmillan Company, p.335-432.

Bass, A. H. (1981)：Organization of the telencephalon in the channel catfish, *Ictalurus punctatus*. *J. Morphol.*, 169, 71-90.

Braford, Jr. M. R. and Northcutt, R. G. (1983)：Organization of the diencephalon and pretectum of the ray-finned fishes. *In*：Fish Neurobiology (ed. by R. G. Northcutt and R. E. Davis). vol.2. Univ. of Michigan Press, Ann Arbor, p.117-163.

Demski, L. S. (1987)：Phylogeny of luteinizing hormone-releasing hormone systems in protochordates and vertebrates. *In*：The Terminal Nerve (Nervus Terminalis)：Structure, Function, and Evolution (ed. by L. S. Demski and M. Schwanzel-Fukuda). *Ann. NY Acad. Sci.*, 519, 1-14.

Demski, L. S. and R. G. Northcutt (1983)：The terminal nerve：A new chemosensory system in vertebrate? *Science*, 220, 435-437.

Ebbesson, S. O. E. (1980)：A visual thalamo-telencephalic pathway in a teleost fish (*Holocentrus rufus*). *Cell Tissue Res.*, 213, 505-508.

Echteler, S. M. and W. M. Saidel (1981)：Forebrain connections in the goldfish support telencephalic homologies with land vertebrates. *Science*, 212, 683-685.

Fritsch, G. (1878)：Untersuchungen über den feineren Bau des Fischgehirens. Gutmann, Berlin (L. S. Demski, R. D. Fields, T. H. Bullock , M. P. Schreibman, H. Margolis-Nunno, 1987：The terminal nerve of sharks and rays: Electron microscopic, immunocytochemical, and electrophysiological studies. *Ann NY Acad. Sci.*, 519, 15-32 より引用).

Finger, T. E. (1978)：Gustatory pathways in the bullhead catfish. II. Facial lobe connections. *J. Comp. Neurol.*, 180, 691-706.

Finger, T. E. (1980)：Nonolfactory sensory pathway to the telencephalon in a teleost fish. *Science*, 210, 671-673.

Finger, T. E. (1983) The gustatory system in teleost fish. *In*：Fish Neurobiology, vol.1 (ed. by R. G. Northcutt and R. E. Davis), Univ. of Michigan Press, Ann Arbor, p.285-309.

Finger, T. E. (1986)：Organization of chemosensory systems within the brains of bony fishes. *In*：Sensory Biology of Aquatic Organisms. (ed. by J. Atema, R. R. Fay, A. N. Porre, and W. N. Tovalga), New York：Springer-Verlag, p.329-338.

Finger, T. E. (1987)：Gustatory nuclei and pathways in the central nervous system. *In*：Neurobiology of Taste and Smell (Wiley series in neurobiology)(ed. by T. E. Finger and W. L. Silver, New York, John Wiley & Sons Inc., p.331-353.

Finger, T. E. and Y. Morita (1985)：Two gustatory systems：

facial and vagal gustatory nuclei have different brain stem connections. *Science*, 227, 776-778.

Finger, T. E. and S.-L. Tong (1984)：Central organization of eight nerve and mechanosensory lateral line systems in the brain stem of ictalurid catfish. *J. Comp. Neurol.*, 229, 129-151.

Gage, S. P. (1893)：The brain of *Diemyctilus viridescens* from larval to adult life and comparison with the brain of Amia and of Petromyzon. *In*：The Wilder Quarter Century Book. Ithaca, p.259-314. (Nieuwenhuys, R., 1963：The comparative anatomy of the actinopterygian forebrain, *J. Hirnforsch.*, 6：171-196より引用).

Grover, B. G. and S. C. Sharma (1981)：Organization of extrinsic tectal connections in the goldfish (*Carassius auratus*). *J. Comp. Neurol.*, 196, 471-488.

呉　嘉文・吉本正美・伊藤博信 (1992)：板鰓類の終神経．解剖学雑誌，62，317-332.

Herrick, J. C. (1905)：The central gustatory paths in the brain of bony fishes. *J. Comp. Neurol. and Psychol.*, 15, 375-456.

Herrick, J. C. (1924)：Neurological Foundations of Animal Behavior. Henry Holt and Co. (Reprinted by Hafner Publ. Co., New York in 1962).

Holmgren, N. (1922)：Points of view concerning forebrain morphology in lower vertebrates. *J. Comp. Neurol.*, 34, 391-459.

Ichikawa, M. (1976)：Fine structure of the olfactory bulb in the goldfish, *Carassius auratus*. *Brain Res.*, 115, 53-56.

伊藤博信 (1980)：行動の分化と神経系の形態変化．代謝，臨時増刊号「行動」，17，31-45.

伊藤博信 (1987a)：脳の進化と比較神経学の新しい立場．日医大雑誌，54，10-20.

伊藤博信 (1987b)：環境と脳：比較神経学の新しい側面．医学のあゆみ，143，753-758.

伊藤博信 (1988)：視床の比較解剖学．神経研究の進歩，特集号「視床—基礎と臨床—」，32，357-367.

伊藤博信 (2000)：硬骨魚類の大脳新皮質．比較生理生化学，17，32-39.

Ito, H. and R. Kishida (1977)：Synaptic organization of the nucleus rotundus in some teleosts. *J. Morphol.*, 151, 397-418.

Ito, H. and R. Kishida (1978)：Telencephalic afferent neurons identified by the retrograde HRP method in the carp diencephalon. *Brain Res.*, 149, 211-215.

Ito, H. and T. Murakami (1984)：Retinal ganglion cells in two teleost species, *Sebastiscus marmoratus* and *Navodon modestus*. *J. Comp. Neurol.*, 229, 80-96.

Ito, H. and H. Vanegas (1983)：Cytoarchitecture and ultrastructure of nucleus prethalamicus, with special reference to degenerating afferents from optic tectum and telencephalon, in a teleost (*Holocentrus ascensionis*). *J. Comp. Neurol.*, 221, 401-415.

Ito, H. and H. Vanegas (1984)：Visual receptive thalamopetal neurons in the optic tectum in teleosts, Holocentridae. *Brain Res.*, 290, 201-210.

伊藤博信・雨宮文明 (1994)：海馬の系統発生．*Clinical Neuroscience*, 12, 28-32.

伊藤博信・吉本正美 (1991)：神経系．魚類生理学（板沢靖男・羽生　功編），恒星社厚生閣，東京，p.363-402.

Ito, H., A. B. Butler, and S. O. E. Ebbesson (1980a)：An ultrastructural study of the normal synaptic organization of the optic tectum and the degenerating tectal afferents from retina, telencephalon, and contralateral tectum in a teleost, *Holocentrus rufus*. *J. Comp. Neurol.*, 191, 639-659.

Ito, H., Y. Morita, N. Sakamoto, and S. Ueda (1980b)：Possibility of telencephalic visual projections in teleosts, Holocentrus. *Brain Res.*, 197, 219-222.

Ito, H., T. Murakami, and Y. Morita (1982)：An indirect telencephalo-cerebeller pathway and its relay nucleus in teleosts. *Brain Res.*, 249, 1-13.

Ito, H., H. Vanegas, T. Murakami, and Y. Morita (1984)：Diameters and terminal patterns of retinofugal axons in their target areas: an HRP study in two teleosts (*Sebastiscus* and *Navodon*). *J. Comp. Neurol.*, 230, 179-197.

Ito, H., T. Murakami, T. Fukuoka, and R. Kishida (1986)：Thalamic fiber connections in a teleost (*Sebastiscus marmoratus*): visual, somatosensory, octavolateral and cerebellar relay region to the telencephalon. *J. Comp. Neurol.*, 250, 215-227.

Ito, H., M. Yoshimoto, J. S. Albert, N. Yamamoto, and N. Sawai (1999)：Retinal projections and retinal ganglion cell distribution patterns in a sturgeon (*Acipenser transmontanus*), a non-teleost actinopterygian fish. *Brain Behav. Evol.*, 53, 127-141.

Jonston, J. B. (1911)：The telencephalon of ganoids and teleosts. *J. Comp. Neurol.*, 21, 489-591.

Källén, B. (1951a)：Embryological studies on the nuclei and their homologization in the vertebrate forebrain. *Kungl. Fysiografiska Sällskapets Handligar*. N. F., Bd. 62, Nr. 5, 2-35.

Källén, B. (1951b)：The nuclear development in the mammalian forebrain with special regard to the subpallium. *Kungl. Fysiografiska Sällskapets Handligar*. N.F., Bd. 61, Nr. 9, 1-43.

Kanwal, J. S., T. E. Finger, and J. Caprio (1988)：Forebrain connections of the gustatory system in ictalurid catfishes. *J. Comp. Neurol.*, 278, 353-376.

Karten, H. J. (1969)：The organization of the avian telencephalon and some speculations on the phylogeny of the amniote telencephalon. *In*：Comparative and Evolutionary Aspects of the Vertebrate Central Nervous System (ed. by C. Noback and J. N. Peters). *Annals N. Y. Acad. Sci.*, 167, 146-179.

Karten, H. J. (1991)：Homology and evolutionary origins of the 'neocortex'. *Brain Behav. Evol.*, 38, 264-272.

Knudsen, E. I. (1977)：Distinct auditory and lateral line nuclei in the midbrain of catfishes. *J. Comp. Neurol.*, 173, 417-432.

Kosaka, T. and K. Hama (1979) : Ruffed cell : a new type of neuron with a distinctive initial unmyelinated portion of the axons in the olfactory bulb of the goldfish. I. Golgi impregnation and serial thin section studies. *J. Comp. Neurol.*, 186, 301-320.

Kosaka, T. and K. Hama (1980) : Presence of the ruffed cell in the olfactory bulb of the catfish, *Parasilurus asotus*, and sea ell, *Conger myriaster*. *J. Comp. Neurol.*, 193, 103-117.

Kosaka, T. and K. Hama (1981) : Ruffed cell : a new type of neuron with a distinctive initial unmyelinated portion of axon in the olfactory bulb of the goldfish (*Carassius auratus*). III. Three-dimensional structure of the ruffed cell dendrite. *J. Comp. Neurol.*, 201, 571-587.

Kosaka, T. and K. Hama (1982) : Structure of the mitral cell in the olfactory bulb of the goldfish (*Carassius auratus*). *J. Comp. Neurol.*, 212, 365-384.

Kuhlenbeck, H. (1973) : The central nervous system of vertebrates. vol. 3, part II: overall morphologic pattern. Karger, New York.

Lamb, C. F. and J. Caprio (1993) : Diencephalic gustatory connections in the channel catfish. *J. Comp. Neurol.*, 337, 400-418.

Locy, W. A. (1905) : On a newly recognized nerve connected with the forebrain of selachians. *Anat. Anz.*, 26, 33-123.

Luiten, P. G. M. (1981) : Afferent and efferent connections of the optic tectum in the carp (*Cyprinus carpio* L.). *Brain Res.*, 220, 51-65.

Matsutani, S., H. Uchiyama, and H. Ito (1986) : Cytoarchitecture, synaptic organization and fiber connections of the nucleus olfactoretinalis in a teleost (*Navodon modestus*). *Brain Res.*, 373, 126-138.

McCormick, C. A. (1983) : Organization and evolution of the octavolateralis area of fishes. *In* : Fish Neurobiology, vol.1. (ed. by R. E. Davis and R. G. Northcutt), Univ. of Michigan Press, Ann Arbor, p.179-213.

Meek, J. and R. Nieuwenhuys (1998) : Holosteans and Teleosts. *In* : The Central Nervous System of Vertebrates (ed. by R. Nieuwenhuys, H. J. ten Donkelaar, C. Nicholson), vol.2, Springer-Verlag, Berlin Heidlberg New York, p.759-938.

Meredith, G. E. and A. B. Butler (1983) : Organization of eight nerve afferent projections from individual end organs of the inner ear in the teleost, *Astronotus ocellatus*. *J. Comp. Neurol.*, 220, 44-62.

水野 昇・岩堀修明・小西 昭・共訳 (1982)：神経解剖学 (P. F. A. Martinetz Martinetz, 1980 : Neuroanatomy)，南江堂，p.45-307.

Morita, Y., and T. E. Finger (1985) : Reflex connections of the facial and vagal gustatory systems in the brain stem of the bullhead catfish, *Ictalurus nebulosus*. *J. Comp. Neurol.*, 231, 547-558.

Morita, Y., H. Ito, and H. Masai (1980) : Central gustatory paths in the crucian carp, *Carassius carassius*. *J. Comp. Neurol.*, 191, 119-132.

Morita, Y., T. Murakami, and H. Ito (1983) : Cytoarchitecture and topographic projections of the gustatory centers in a teleost, *Carassius auratus*. *J. Comp. Neurol.*, 218, 378-394.

Murakami, T., Y. Morita, and H. Ito, (1983) : Extrinsic and intrinsic fiber connections of the telencephalon in a teleost, *Sebastiscus marmoratus*. *J. Comp. Neurol.*, 216, 115-131.

Murakami, T., T. Fukuoka, and H. Ito, (1986) : Telencephalic ascending acousticolateral system in a teleost (*Sebastiscus marmoratus*), with special reference to the fiber connections of the nucleus preglomerulosus. *J. Comp. Neurol.*, 247, 383-397.

Münz, H., W. E. Stumpf, and L. Jennes (1981) : LHRH systems in the brain of platyfish. *Brain Res.*, 221, 1-13.

Muske, L. E. (1993) : Evolution of gonadotropin-releasing hormone (GnRH) neuronal systems. *Brain Behav. Evol.*, 42, 215-230.

Nauta, W. J. H., and H. J. Karten (1970) : A general profile of the vertebrate brain, with sidelights on the ancestry of cerebral cortex. *In* : The Neuroscience: Second Study Program : Evolution of Brain and Behavior (ed. by F. O. Schmitt), New York, Rockfeller Univ. Press, p.7-26.

Nieuwenhuys, R. (1962) : Trends in the evolution of the actinopterygian fishes, *J. Morphol.*, 111, 69-88.

Nieuwenhuys, R. (1963) : The comparative anatomy of the actinopterygian forebrain, *J. Hirnforsch.*, 6, 171-200.

Nieuwenhuys, R. (1967) : Comparative anatomy of olfactory centers and tracts. *Prog. Brain Res.*, 23, 1-64.

Nieuwenhuys, R. and J. Meek (1990) : The telencephalon of actinopterygian fishes. *In* : Comparative structure and evolution of cerebral cortex, part I (ed. by E. G. Jones, and A. Peters, Cerebral Cortex, vol.8A). Plenum, New York, p.31-73.

Nomura, S., N. Mizuno, K. Itoh, K. Matsuda, T. Sugimoto, and Y. Nakamura (1979) : Localization of parabrachial nucleus neurons projecting to the thalamus or the amygdala in the cat using horseradish peroxidase. *Exp. Neurol.*, 64, 375-385.

Norgren, R. (1974) : Gustatory afferents to ventral forebrain. *Brain Res.*, 81, 285-295.

Norgren, R. (1976) : Taste pathways to hypothalamus and amygdala. *J. Comp. Neurol.*, 166, 17-30.

Norgren, R. and C. M. Leonard (1973) : Ascending central gustatory pathways. *J. Comp. Neurol.*, 150, 217-238.

Northcutt, R. G. and M. R. Braford Jr. (1980) : New observations on the organization and evolution of the telencephalon of actinopterygian fishes. *In* : Comparative Neurology of the Telencephalon (ed. by S. O. E. Ebbesson), New York, Plenum, p.41-98.

Northcutt, R. G. and R. E. Davis (1983) : Telencephalic organization in ray-finned fishes. *In* : Fish Neurobiology (ed. by R. G. Northcutt and R. E. Davis), vol. 2. Univ. of Michigan Press, Ann Arbor, p.203-236.

Northcutt, R. G. and E. Kicliter (1980) : Organization of the amphibian telencephalon. *In* : Comparative Neurology of the Telencephalon. (ed. by S. O. E. Ebesson), Plenum, New York, p.203-256.

Northcutt, R. G. and J. H. Kaas (1995): The emergence and evolution of mammalian neocortex. *Trends in Neurosciences*, 18, 373-379.

Northcutt, R. G. and M. Wullimann (1988): The visual system in teleost fishes: morphological patterns and trends. *In*: Sensory biology of aquatic animals (ed. by J. Atem, R. R. Fay, A. N. Poppema, W. N. Tavolga). Springer, Berlin Heidelberg New York, p.515-552.

Oka, Y. (1980): The origin of the centrifugal fibers to the olfactory bulb in the goldfish, *Carassius auratus*: an experimental study using the fluorescent dye primuline as a retrograde tracer. *Brain Res.*, 185, 215-225.

Oka, Y. (1983): Golgi, electron microscopic and combined Golgi-electron microscopic studies of the mitral cells in the goldfish olfactory bulb. *Neuroscience*, 8, 723-742.

Oka, Y. and T. Matsushima (1993): Gonadotropin-releasing hormone (GnRH)-immunoreactive terminal nerve cells have intrinsic rhythmicity and project widely in the brain. *J. Neurosci.*, 13, 2161-2176.

Oka, Y., M. Ichikawa, and K. Ueda (1982): Synaptic organization of the olfactory bulb and central projection of the olfactory tract. *In*: Chemoreception in fishes. (ed. by T. J. Hara) Elsevier, Amsterdam, p.61-75.

Prasada Rao, P. D. and T. E. Finger (1984): Asymmetry of the olfactory system in the brain of the winter flounder, *Psedopleuronectes americanus. J. Comp. Neurol.*, 225, 492-510.

Ricardo, J. A., and E. T. Koh (1978): Anatomical evidence of direct projections from the nucleus of the solitary tract to the hypothalamus, amygdala, and other forebrain structures in the rat. *Brain Res.*, 153, 1-26.

Rink, E. and M. F. Wullimann (1998): Some forebrain connections of the gustatory system in the goldfish *Carassius auratus* visualized by separate DiI application to the hypothalamic inferior lobe and the torus lateralis. *J. Comp. Neurol.*, 394, 152-170.

Romer, A. S. (1971): The nervous system. *In*: The Vertebrate Body. (Shorter version, 4th edition). W. B. Saunders Company, Philadelphia and London, p.351-386.

Sawai, N., N. Yamamoto, M. Yoshimoto, and H. Ito (2000): Fiber connections of the corpus mamillare in a percomorph teleost, *Tilapia Oreochromis niloticus. Brain Behav. Evol.*, 55, 1-13.

Schneider, G. E. (1969): Two visual systems. *Science*, 163, 895-902.

Schnitzlein, H. N. (1968): Introductory remarks on the telencephalon of fish. *In*: The Central Nervous System and Fish Behavior (ed. by D. Ingle). Univ. of Chicago Press, Chicago, p.97-100.

Sheldon, R. E. (1912): The olfactory tracts and centers in teleosts. *J. Comp. Neurol.*, 22, 177-339.

Sheldon, R. E. and C. Brookover (1909): The nervus terminalis in teleosts. *Anat. Rec.*, 3, 257-259.

Shiga, T., Y. Oka, M. Satou, N. Okumoto, and K. Ueda (1985a): Efferents from the supracommissural ventral telencephalon in the hime salmon (landlocked red salmon, *Oncorhynchus nerka*): an anterograde degeneration study. *Brain Res. Bull.*, 14, 55-61.

Shiga, T., Y. Oka, M. Satou, N. Okumoto, and K. Ueda (1985b): A HRP study of afferent connections of the supracommissural ventral telencephalon and the medial preoptic area in the Himé salmon (landlocked red salmon, *Oncorhynchus nerka*). *Brain Res.*, 364, 162-177.

Shimizu, M., N. Yamamoto, M. Yoshimoto, and H. Ito (1999): Fiber connections of the inferior lobe in a percomorph teleost, *Thamnaconus (Navodon) modestus. Brain Behav. Evol.*, 54, 127-146.

Springer, A. D. (1983): Centrifugal innervation of goldfish retina from ganglion cells of the nervus terminalis. *J. Comp. Neurol.*, 214, 404-415.

Stell, W. K., S. E. Walker, K. S. Chohan, and A. K. Ball (1984): The goldfish nervus terminalis: a luteinizing hormone-releasing hormone and molluscan cardio-excitatory peptide immunoreactive olfactoretinal pathway. *Proc. Natl. Acad. Sci., USA*, 81, 940-944.

Striedter, G. F. (1990): The diencephalon of the channel catfish, *Ictalurus punctatus*. II. Retinal, tectal, cerebellar and telencephalic connections. *Brain Behav. Evol.*, 36, 355-377.

Striedter, G. F. (1991): Auditory, electrosensory, and mechanosensory lateral line pathways through the forebrain in channel catfishes. *J. Comp. Neurol.*, 312, 311-331.

Striedter, G. F. (1992): Phylogenetic changes in the connections of the lateral preglomerular nucleus in ostariophysan teleosts: a pluralistic view of brain evolution. *Brain Behav. Evol.*, 39, 329-357.

Ten Donkelaar, H. J. (1998): Anurans, *In*: The Central Nervous System of Vertebrates (ed. by R. Nieuwenhuys, H. J. ten Donkelaar, and C. Nicholson), Springer-Verlag, vol. 2, p.1151-1314.

Tong, S.-L. and T. E. Finger (1983): Central organization of the electrosensory lateral line system in bullhead catfish *Ictalurus nebulosus. J. Comp. Neurol.*, 217, 1-16.

Uchiyama, H. (1989): Centrifugal pathways to the retina: influence of the optic tectum. *Visual Neuroscience*. 3, 183-206.

Uchiyama, H. (1990): Immnochistochemical subpopulations of retinopetal neurons in the nucleus olfactoretinalis in a teleosts, the whitesppoted greenling (*Hexagrammos stelleri*). *J. Comp. Neurol.*, 239, 54-62.

Vanegas, H. and H. Ito (1983): Morphological aspects of the teleostean visual system: a review. *Brain Res. Review*, 6, 117-137.

Vogt, C. and O. Vogt (1919): Allgemeine Ergebnisse unserer Hirnforschung. Vierte Mitteilung: Die physiologische

Bedeutung derarchitectonischen Rindenreizungen. *J. Psychol. u. Neurol.*, 25, 279-462.

Voogd, J., R. Nieuwenhuys, P. A. M. van Dongen, and H. J. ten Donkelaar (1998): Mammals. *In*: The Central Nervous System of Vertebrates (ed. by R. Nieuwenhuys, H. J. ten Donkelaar, and C. Nicholson, Springer-Verlag, vol. 3, p.1637-2097.

Wullimann, M. F. (1988): The tertiary gustatory center in sunfishes is not nucleus glomerulosus. *Neurosci. Lett.*, 86, 6-10.

Wullimann, M. F. and D. L. Meyer (1993): Possible multiple evolution of indirect telencephalo-cerebellar pathways in teleosts: studies in *Carassius auratus* and *Pantodon buchholzi*. *Cell Tissue Res.*, 274, 447-455.

Wullimann, M. F. and R. G. Northcutt (1990): Visual and electrosensory circuits of the diencephalon in mormyrids: an evolutionary perspective. *J. Comp. Neurol.*, 297, 537-552.

Yamamoto, N., Y. Oka, M. Amano, K. Aida, Y. Hasagawa, and S. Kawashima (1995): Multiple gonadotropin-releasing hormone (GnRH)-immunoreactive systems in the brain of the dwarf gourami, *Colisa lalia*: immunohistochemistry and radioimmunoassay. *J. Comp. Neurol.*, 355, 354-368.

Yamamoto, N., Y. Oka, and S. Kawashima (1997): Lesions of gonadotropin-releasing hormone immunoreactive terminal nerve cells: effects on the reproductive behavior of male dwarf gouramis. *Neuroendocrinol.*, 65, 403-412.

Yamamoto, N. and H. Ito (2000): Afferent sources to the ganglion of the terminal nerve in teleosts, *J. Comp. Neurol.*, 428: 355-375.

Yamamoto, N., M. Yoshimoto, J. S. Albert, N. Sawai, and H. Ito (1999): Tectal fiber connections in a non-teleost actinopterygian fish, the sturgeon *Acipenser*. *Brain Behav. Evol.*, 53, 142-155.

Yamane, Y., M. Yoshimoto, and H. Ito (1996): Area dorsalis pars lateralis of the telencephalon in a teleost (*Sebastiscus marmoratus*) can be divided into dorsal and ventral regions. *Brain Behav. Evol.*, 48, 338-349.

Yanez, J. and R. Anadón (1996): Afferent and efferent connections of the habenula in the rainbow trout (*Oncorhynchus mykiss*): An indocarbocyanine dye (DiI) study. *J. Comp. Neurol.*, 372, 529-543.

Yoshimoto, M., J. S. Albert, N. Sawai, M. Shimizu, N. Yamamoto, and H. Ito (1998): Telencephalic ascending gustatory system in a cichlid fish, *Oreochromis* (*Tilapia*) *niloticus*. *J. Comp. Neurol.*, 392, 209-226.

13. 魚類の情動性と学習

吉田　将之

はじめに

　情動（emotion）とは，個体および種保存のための認知的行動，生理反応，感情体験である．このうち，空腹や性欲といった身体および種の維持にかかわる部分を一次性情動と呼び，一次性情動あるいは外的刺激により惹起されるものを二次性情動として区分している．二次性情動には快・不快，恐怖，不安などが含まれる．情動の表現型は，主観的に感情として体験される内的な感情体験と，客観的にとらえられる情動表出とがあるが，現在のところ魚類においては前者は計測不能であり，研究の対象とはなっていない．一方，後者の情動表出は，攻撃や逃避といった情動行動や，呼吸や心拍，血圧の変化など，自律神経系の活動の結果現れる情動性自律反応として測定が可能であり，詳細な研究の対象となっている．情動やそれに基づく学習は，個体および種の保存に直結した現象であり，ヒト以外の動物，たとえば魚類でその基本的過程を研究することは，環境に対する種の適応を理解する上でも大きな意義がある．

　情動の脳内メカニズムについては哺乳類においてかなり理解が進みつつあり，情動に深くかかわる脳領域や，情動性自律反応の神経回路などが提唱されている（堀，1991；Rolls，1999）．一方，魚類の情動性やその脳内機構はまだほとんどわかっていないといってよい．脳の基本的構造は，脊椎動物を通じてかなりの部分共通していることを考えると，哺乳類で提案されている情動にかかわる脳機能およびその組織解剖学的基盤は，ある程度魚類にも当てはまるのかもしれない．特に注目されてきたのは，哺乳類で情動に深くかかわる大脳辺縁系と系統発生的に相同な領域と推定される終脳の機能である．ただし，魚類終脳の発達過程は哺乳類とは大きく異なり，終脳を構成する各部位の，哺乳類の脳との構造的対応については議論が多い（Meek and Nieuwenhuys，1998；Butler，2000；吉本・伊藤，本書，第12章）．

　かなりの理解が進んでいるとはいえ，哺乳類の脳はニューロン数も膨大であり，きわめて複雑な系である．前述のように，情動は個体・種の保存に直結したシステムであり，その基本原理は脊椎動物を通じて共通した部分が多いであろう．比較的単純な魚類の中枢神経系をモデルとすることにより，広く脊椎動物に共通な基本的脳内機構を理解することができるのではなかろうか．

§1. 情動の生物学的な機能

　Rolls（1986）は，情動の生物学的な意義として，次の6つをあげている．それぞれについて魚類における情動との関連を考えながら以下に示す．

1）自律神経系や内分泌系の反応を引き起こすこと：これは，たとえばある情動状態に応じて引き

起こされる行動（たとえば逃走）の準備として心拍を増大させるなど，生存のために明らかな価値をもっている．

　2）ある刺激に応じた行動の柔軟性を増す：これは，たとえばある不快刺激とそれを予期させる別の刺激とを連合学習し，さらにその不快刺激を回避するような行動を獲得したとき，その回避行動を行うことができない状況になった場合でも依然不快情動は存続しているので，その不快刺激を回避するための別の行動をより速やかに獲得しうるであろう．これは，下記の動機づけと密接に関連する．

　3）動機付けの機能をもつ：ある情動状態は，それをもたらす原因となる刺激が，その個体にとって正の意味をもつ場合にはそれを獲得するような，また負の意味をもつ場合にはその刺激から遠ざかろうとする動機となる．

　4）コミュニケーションを成立させる役割をもつ：魚類の場合，体色変化や姿勢に個体の情動状態が反映される．これは，特に社会的な相互作用において重要であり，その個体の状態（なわばりを保持しているかなど）や序列などを他個体に認知させる役割をもつ．

　5）社会的なつながりを保つ：母子間の愛情などがこれに当たるが，この観点をそのまま魚類に当てはめることはできない．ただし，シクリッド科のある魚種などのように，卵や仔魚を親が守る行動がある．これは本能行動であるが，その本能行動を引き起こす動機となっているのが親魚の情動状態であるとも考えられる．

　6）上記のような情動の生物学的機能は，総合すればその個体にとって快として働く刺激には近づき，不快として働く刺激からは遠ざかることであるといえよう．情動とは，報酬と罰あるいはその変化によって引き起こされる状態であるといえる（Rolls, 1999）．情動によって，個体あるいは種はその環境に最大限適応し，存続の確率を高めている．

§2. 新奇な刺激に対する魚の情動反応

　新奇な刺激を受容したとき，その刺激が個体や種にとってどのような意味をもつのかという価値判断あるいはそのための情報収集の過程は，適切な反応を引き起こすために必須の過程である．当然ながら，その刺激が個体に直接悪影響を及ぼすような侵害刺激である場合には，反射としてその刺激から遠ざかるような行動が引き起こされるが，そうでない場合には覚醒反応（arousal response）として現れる．新奇な刺激に対する反応において，覚醒に続く行動は，動物の生理的な状態や経験によって様々である．餌となり得る対象として認知されるなら接近する行動が現れるだろうし，なわばり雄は同種の雄に対して示威姿勢をとるであろう．また，通常なら覚醒反応を引き起こすような刺激も，その刺激の質や強さによっては恐怖（fear），あるいは驚愕（fright）による反応や，すくみ（freezing）といった行動が発現する場合もあろう．

　Laming and Savage（1980）は，新奇な刺激に対する覚醒あるいは驚愕の反応の特徴をキンギョ *Carassius auratus* を用いて調べている．覚醒の場合に典型的に見られる行動は定位反応（orienting reaction）あるいは警戒（alerting）であり，これと同時に心拍および呼吸運動（鰓蓋運動）が減少する．このような覚醒反応様式は，キンギョのみに限定されるものではなく，魚類の場合一般に，動く影や，音声などの新奇な環境刺激に対して，鰭を立て，水中で静止するといった，刺激の種類に対して非選択的な覚醒反応を示す．この行動は一種の情動反応（情動表出の内の情動行動）あるいは刺激

に対する情動的評価のための準備段階と考えることができよう．この反応には，鰓蓋運動の減少や心拍の減少などが付随する（情動表出の内の情動性自律反応）（Rooney and Laming, 1986）．新奇な物体（刺激）に対して定位する覚醒反応は，その対象の情報をできるだけ多く得て，それに反応する準備をするという適応的な意義があるだろう（Sokolov, 1960）．Rooney and Laming（1986）は，哺乳類では，新奇な環境刺激に対して定位する行動と生理的な反応が種や状況によって一貫していないのに比べ，魚類では行動上の覚醒反応と心拍・鰓蓋運動の減少などの生理的反応との関連が一貫しており，このことにより魚類は刺激－反応関係を解析するための優れた材料となると述べている．驚愕反応においては，一過性の強い尾振りとともに，刺激呈示直後の徐脈（bradycardia）とそれに続く頻脈（tachycardia）が生じる．この場合は，反射による徐脈の後は，心臓に対するアドレナリン性の作用あるいは迷走神経に対する抑制により，心拍の増大が導かれると解釈される．

　覚醒反応と驚愕との関連は明確ではないが，それぞれは異なるタイプの反応であるという考えと，中枢神経系の反応の程度の違いであるという考えとがある（Laming and Ennis, 1982）．ある強い刺激に対してはまず驚愕反応が現れ，刺激を繰り返すと速やかに馴化（habituation）していく．これと同時に覚醒の反応が現れ，これもまた馴化していくが，驚愕反応の低下よりも覚醒反応の馴化の過程の方がゆっくりしている．この馴化過程はおそらく能動的なプロセスで，覚醒あるいは驚愕の機構が，経験とともに抑制される（あるいは促通がされなくなる）ことによるのであろう（Laming and Ennis, 1982）．

§3. 新奇刺激に対する覚醒度に関わる中枢

　覚醒反応のうち，生理的な変化である心拍変化などは，ヒトを含む高等脊椎動物にも共通してみられるもので，覚醒度の変化の際に脳に起きる変化に起因する二次的な現象である．哺乳類では，覚醒の神経基盤は脳幹網様体から高次脳領域への投射にあるが，魚ではどうであろうか．上述の覚醒反応は刺激の新奇性に対する反応であるから，その刺激が繰り返されると馴化する．キンギョにおける，視覚刺激に対する覚醒反応とその慣れの過程における脳波の記録から，覚醒度にかかわる脳領域は中脳から間脳，終脳にかけてであり，特に中脳で覚醒中の活動が著しく，刺激の繰り返し呈示による反応低下に対する抵抗が高いことが示唆された．このことから，哺乳類とのホモロジーが強く示唆されている（Laming, 1980）．

　また，脳局所刺激により覚醒に関連する脳領域を検索した研究によれば，覚醒を引き起こす刺激は，中脳と終脳とで閾値が低いことが示された（Laming, 1981；Savage, 1971）．また，刺激すると安静状態の脳波を誘導するような終脳部位も見つかった．したがって，終脳にはその部位によって，覚醒度に対して抑制性と促進性の両方の機能をもち，かつそれらには終脳内における局在性があることが示唆されている（Laming, 1981）．

　元来，魚類の終脳はもっぱら嗅覚情報処理にかかわる領域であると考えられてきた．一方，いくつかの脊椎動物において，嗅覚系は匂い情報の処理のみならず，情動やこれにかかわる覚醒や馴化にも関係があることが報告されている（Douglasら, 1969；Wenzelら, 1969；Phillips and Martin, 1971）よって，上記で述べたような，魚類における覚醒と馴化に終脳がかかわるという結果は，匂い情報処理機能が失われたことに原因があるという可能性もあった．しかしこの問題については，Rooney and

Laming (1984) によって，嗅球を除去したキンギョ Carassius auratus においても，視覚刺激に対して，対照群と変わらない覚醒反応と馴化が起きることが示されたことによって否定された．

終脳を除去しても，新奇な刺激に対する覚醒反応それ自体は失われないが，その馴化（もっとも基本的な学習の一形態）の過程が傷害されることが報告されている（Laming and McKee, 1981）．視覚刺激に対するキンギョの覚醒反応時の脳の表面電位を測定した研究においても，繰り返し刺激による終脳の反応の変化（低下）と，心拍反応の馴化との間に関連があることが示されており，覚醒反応の馴化に終脳がかかわることを支持している（Nicol and Laming, 1992）．

繰り返し刺激に対する馴化を観察するセッションを複数日にわたって繰り返すと，セッション内での馴化がより速やかに進行するようになる．また，その日の最初の刺激呈示に対する覚醒反応も小さくなる．繰り返し刺激に対する馴化過程は終脳の除去によって緩やかになるが，翌日は対照群と同様前日よりも速やかに馴化が進行する．このことは，終脳よりも下位の脳領域が前日のセッションの情報を保持しており，馴化を促進していることを示唆している（Rooney and Laming, 1988）．

これまでに得られている知見を総合すると，生物学的に意味をもつ刺激（新奇刺激など）に対する覚醒は中脳から間脳にかけた脳領域で生じる．その刺激が繰り返され，意味を失っていく過程で馴化が生じるが，これはその刺激に起因する覚醒度を抑制するような能動的な反応であり，この過程には終脳がかかわっている．ただし，終脳除去実験から，終脳に起因する機能の多くは終脳がなければ発現し得ないものではなく，除去しても馴化や学習は可能である．そして終脳以外の脳領域は覚醒における終脳の機能を補償しうる機能的可塑性をもつ（図13-1）（Laming and McKee, 1981）．したがって，覚醒における終脳の機能は修飾的なものであると考えられる．

上述のように，硬骨魚の終脳が非特異的覚醒とその馴化に対して修飾的な機能をもつことは確かであるが，それぞれが終脳のどの部位に機能局在しているのかを調べることはなかなか困難である．Laming (1987) は覚醒行動を定量化し，終脳の部分切除の影響を調べることでこの問題を解決しようとした．材料として選ばれたのは珊瑚礁域に住むノボリエビス Holocentrus rufus である．この魚種は非特異的な覚醒の際に他の魚種と同様背鰭を立てるが，主にこの持続時間を測定することにより覚醒行動反応の程度を定量化できる（Laming, 1987）．他の魚種ではこれが難しく，心拍変化などの生理的変化と関連づけて定量化する必要がある．上記研究の結果，前交連より尾側正中部分の切除は，視覚刺激に対する覚醒反応の馴化を強く傷害することが示された．一方，ローチ Rutilus rutilus におけるタップ刺激に対する覚醒反応は，終脳背側部の除去によって損なわれるという報告

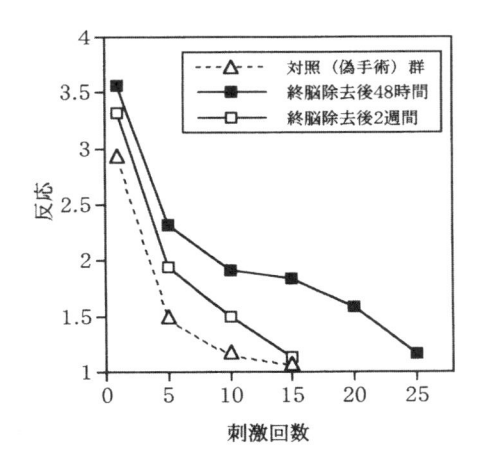

図13-1 キンギョにおける生理的覚醒反応とその馴化．後方から前方へと影を動かす刺激を2分おきに繰り返したときの覚醒反応の馴化．覚醒反応は，刺激呈示による心拍の減少を指標とした．反応の大きさは，刺激呈示中の10秒間に記録された心電図のなかでもっとも長い心拍間隔を，刺激呈示前の10秒間におけるもっとも長い心拍間隔で割った値．終脳の除去によって馴化過程が阻害される（終脳除去48時間後）が，除去後2週間でほぼ回復する．（Laming and McKee (1981) を改変）

もあり（Laming and Hornby, 1981），感覚のモダリティーによって覚醒反応にかかわる領域が異なる．しかし現れる反応は共通であり，これらの領域はそれぞれの感覚のモダリティーに対応した情報処理の領域であり，その結果に基づいて覚醒反応を引き起こす領域を修飾しているのかもしれない．

一方，ベタ Betta splendens においては，終脳の Dm（area dorsalis telencephali pars medialis）領域の局所除去は，馴化に対して促通性の影響を示した（Marino-Neto and Sabbatini, 1983）．終脳の全体除去実験などから，覚醒度に対する終脳の全体としての影響は抑制的だと考えられるが，局所的にはこれとは反対の機能をもつ領域を含んでいると考えられる．

§4. 新奇場面における魚の情動反応性

一般に，新奇場面において外向的・積極的に対処する個体を低情動であるといい，内向的・消極的に対処する個体を高情動であるという．このような，新奇場面における行動特性を情動反応性という．通常，我々が魚を用いて様々な行動実験，生理実験を行う場合，飼育水槽からある個体を取り出して実験槽に移動する．このとき，魚はそれまで経験したことのない新奇な環境に遭遇することになる．低情動の個体はその新しい環境に対して探索などの積極的行動をとり，速やかに馴致するであろうし，逆に高情動の個体はフリージングや狂奔などの恐怖反応を示し，通常の生理状態に回復するのに長い時間を要するかもしれない．

このようなとき，目的とする実験操作に適さない行動を示す個体は解析から除外される場合もある．これは，実験をする前の段階，あるいは結果の解釈において，既になんらかのバイアスがかかっていることになる．実験の目的によってはほとんど問題にならないであろうが，個体による偏差も含んだ種の特性を明らかにしようとするときには考慮を要するだろう．多くの場合は，新奇場面における魚の「普通でない」行動パターンは，単独で新しい環境に導入されたことによる恐怖に関連した情動反応の現れであると解釈されているが，果たしてそうだろうか．

情動反応性の測定には主にオープンフィールドにおける動物のふるまいをもとに研究されてきた．オープンフィールドテストとは，新奇場面テストの一つで，天井の開いた円形あるいは方形の装置であり，ここに導入された動物の行動様式から情動性を推察する．しかし，オープンフィールドテストは強制探索場面であり，たとえば導入された動物の移動運動の大小から情動性を比較しようとすると，よく動き回る動物は恐怖を感じていないために自由に探索しているとも解釈できるし，あるいは潜在的な恐怖の対象から逃れるために激しく移動しているのかもしれない（加藤ら，1991）．つまり行動発現の動機を明確に設定できないという問題がつきまとう．

魚類を用いたいくつかのオープンフィールドテストにおいては，新しい環境に導入直後の活動性の高まりは恐怖に基づいていると考えられた．しかし，新奇場面における動物のふるまいは，一般的情動性とは別の側面からの解釈（適応行動学的な解釈）も可能である．通常群で生活している動物であれば，群から隔離されて単独で新しい環境に導入されたために，同種他個体を求めて活動を高めているのかもしれない．すなわち，新奇場面に導入された動物には，複数の拮抗する圧力が働き，そのバランスの上に現れる行動が測定されているといえよう（Gallup and Suarez, 1980）．これは，実験者が動物を移動したりすることによる被捕食の可能性への遭遇，なじんでいた群からの突然の隔離，という状況を考慮に入れたモデルである．したがって，新奇場面における行動選択の主な動機として，

(1) 同種他個体との接触を求める社会的欲求
(2) 捕食される危険性を最小限にする

の2点をも考慮して結果を解釈すべきであろう．

エンゼルフィッシュ Pterophyllum scalare の幼魚を用いた Gómez-Laplaza and Morgan (1991) の研究では，このモデルに基づいた結論を導き出している．群で飼育していたエンゼルフィッシュのうち1尾を新しい環境に導入すると，新しい環境への導入前にしばらく単独飼育していた魚よりも大きな移動活動量を示した．直前まで群飼育されていた個体においては，群れに合流することが強い動機となる．一方，ある期間単独飼育された魚は，その間に同種の群に合流できないことを認知し，そのため新奇場面においては，同種他個体を求める動機よりも捕食者に発見されるリスクを減ずるという動機が上回り，よって活動量を低下させると考えられた (Gómez-Laplaza and Morgan, 1991)．このような解釈は，ほかの動物群に属する鳥類や齧歯類でも当てはまることから，Gallup and Suarez (1980) の適応行動学的な考え方は広く動物群を越えて成立すると考えられた (Gómez-Laplaza and Morgan, 1991)．しかしながら，新奇環境への単独導入における魚の行動が，恐怖などの情動によるものであるとする考えと，適応行動学的な考えとは相対するものではない．なぜなら，新奇場面に遭遇した魚はその環境の情動的な評価に基づいて適応的な行動を解発するからである．

§5. ランウェイテスト

オープンフィールドテストが強制探索場面であるという問題を解決するため，藤田 (1975) はラット Rattus norvegicus を被検体としたランウェイテストを考案した．ランウェイ装置は暗い出発室と明るい走路とからなり，出発室に導入された動物はそのままとどまることも，走路にでて探索することもできる．本来穴居性であるラットは，薄暗い出発室の方が，明るい走路よりも安心であると感じるであろう．情動反応性の低い個体ほど速やかに走路に出て探索行動をとると考えられる（加藤ら，1991)．すなわち，ランウェイテストは自由探索場面を設定して情動反応性を測定しようというものである．このテストにより，藤田らはラットを選択交配し，高情動系ラットと低情動系ラットを作出した（増井・藤田，1989)．これら2つの系統間で，学習能力，脳内伝達物質レベル，社会行動について比較し，それぞれの系統が保存性の高い形質を示すことが明らかとなった（加藤ら，1991；Fujita ら，1994)．

筆者らは，3つのそれぞれ性質の異なる魚種を用いて，ランウェイテストを魚類に応用する可能性を検討した．用いた魚種は，ブルーギル Lepomis macrochirus，ギンブナ Carassius langsdorfii，キンギョである．ブルーギルは好奇心が強く，さまざまな環境に適応している．一方，ギンブナは非常に警戒心が強く，人工飼育環境になじみにくい．キンギョはギンブナと近縁の種であるが，長い年月と世代にわたり人工飼育され，人に慣れやすい性質をもっている．

魚用のランウェイ装置は，水面の少し上に屋根のついた薄暗い出発室と，明るい走路からなる細長い水槽である（図13-2)．出発室と走路との間はギロチン式のドアで仕切られており，このドアを開けることにより魚は出発室と走路との間を自由に行き来できる．魚が出発室に導入され，5分間の馴致の後ドアが開けられる．ドアが開けられた後に初めて魚が出発室から泳ぎ出るまでの時間や，一定時間内に走路内を移動した量，出発室に戻る頻度などを，走路に設置したセンサーで読みとる．

測定の結果，上記3種は新奇場面での対処の仕方が明らかに異っていた（図13-2）．活動開始時間はブルーギル，キンギョ，ギンブナの順で早く，ブルーギルとギンブナの間には有意な差があった．また，走路内での移動量はブルーギルが他の魚種に比べて有意に大きかった．通常の飼育水槽内での移動活動量はギンブナが他の2魚種に比べて有意に大きいという観察結果と合わせて考えると，ランウェイ装置内でのそれぞれの魚種のふるまいの違いは，単に運動性の違いによるものではなく，新奇場面での対処の仕方が異なっていて，それが測定されたことを示している．この結果から，新奇場面における積極性の高さはブルーギル，キンギョ，ギンブナの順であることが示唆され，これは経験的に予想される結果と一致する．

ランウェイテストは，自由探索場面であるという利点があるものの，同種他個体との合流，捕食圧の回避，恐怖情動などの複数の動機を分離して測定することは難しい．しかし，新奇場面における魚

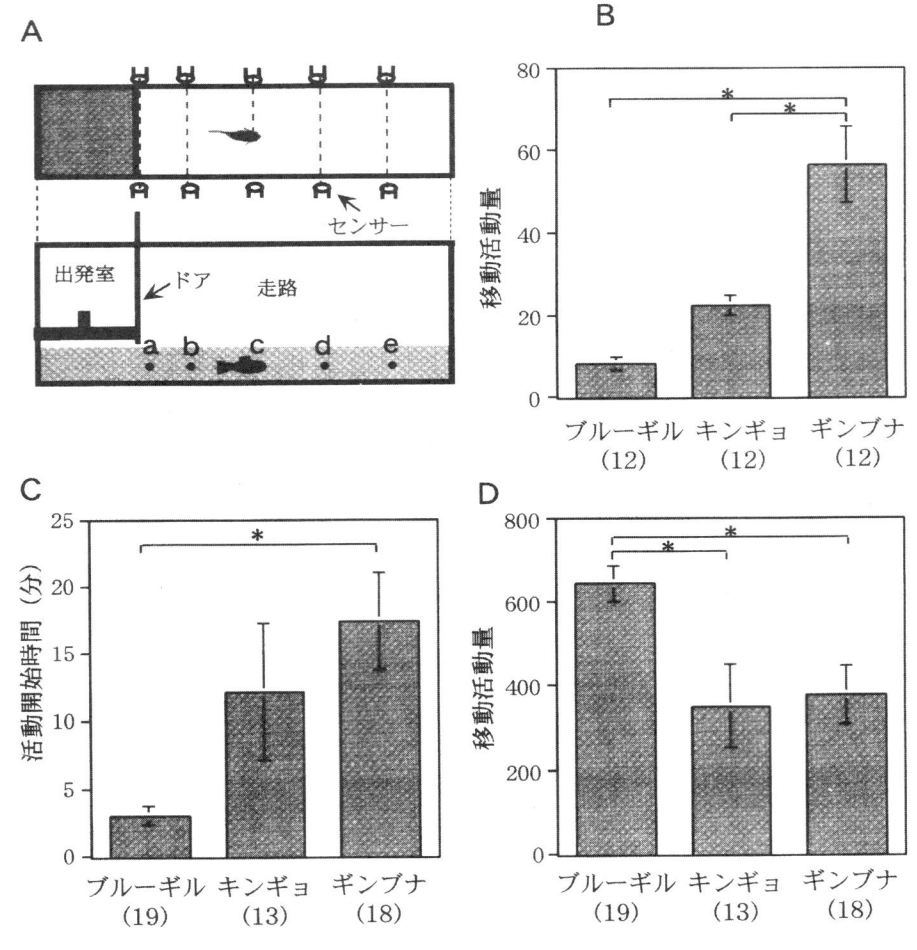

図13-2 ランウェイテストによる魚の情動反応性の測定．
A）魚用ランウェイ装置の上面図と側面図．B）飼育水槽内での活動性．移動活動量は，水槽を18の区画に分け，1分間に区画を横切った回数を示す．
C, D）ランウェイテスト結果の3魚種間の比較．活動開始時間は，出発室と走路の間のドアを開けてから，魚がセンサーaを最初に横切るまでの時間．移動活動量は，30分間の計測時間内にb～eのセンサーを横切った回数．＊印は有意差（$p<0.05$）を示す．

類の行動特性を定量化するひとつの方法として考慮に価するものである．

§6. 情動性の学習

感覚入力の価値判断（情動的評価）は，受容された刺激が個体にとってどのような意味をもつのかを評価する過程であり，適応的な意味をもつ．この評価にしたがって，様々な生得的行動からその状況にもっとも適したものを発現させる．あるいはその刺激が生物学的な意義をもたなければ能動的な

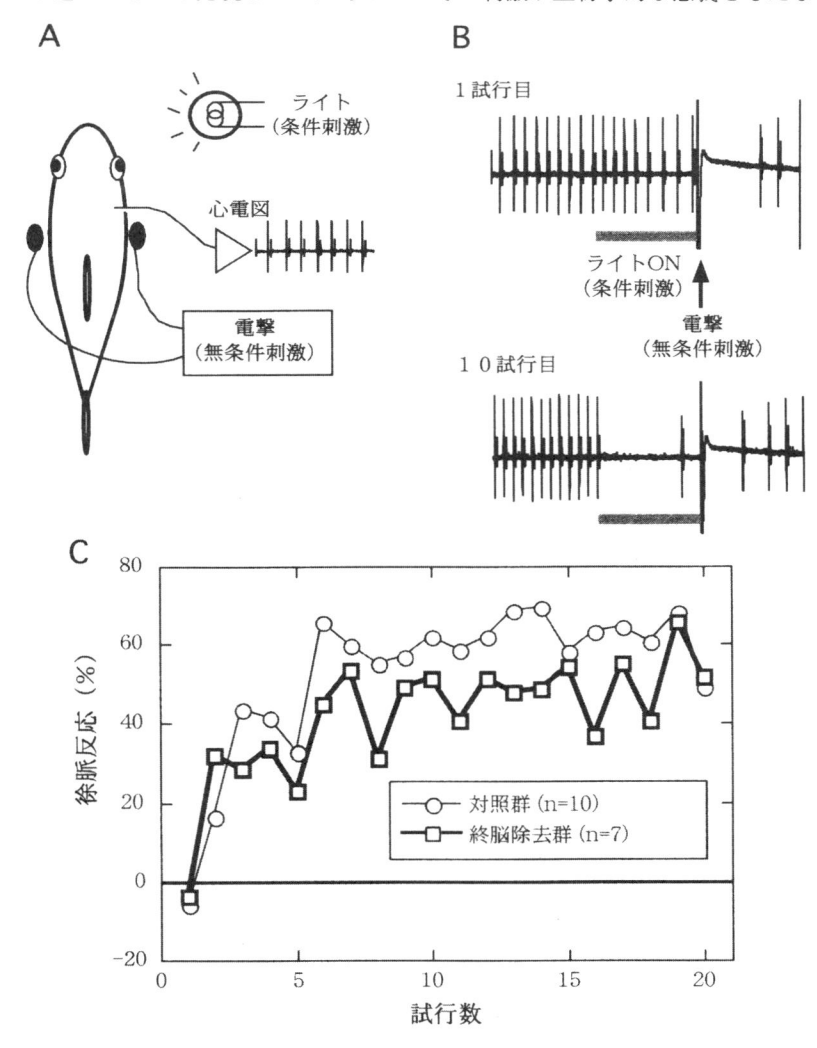

図13-3　キンギョにおける恐怖光条件付けと終脳除去の影響．
A．キンギョの恐怖光条件付けのためのセットアップの模式図．条件刺激としてライトの点灯，無条件刺激として条件刺激終了時に体表に弱い電撃を与える．条件付けの指標として心電図を記録する．
B．条件刺激（ライトの点灯）と無条件刺激（電撃）の対呈示を繰り返すことによる条件反応（徐脈）の発現．条件刺激は10秒間．対呈示試行前に条件刺激のみを10回繰り返し与え，馴化させてある．第1回目の対呈示試行では条件刺激に対する反応は生じない．電撃に対しては無条件反応としての徐脈が現れている．数回から10回程度の対呈示により条件付けが成立し，条件反応として徐脈が現れる．
C．条件付けにおける学習曲線．対照群と終脳除去群との間に差はない．徐脈反応（％）＝100×（条件刺激呈示前10秒間の心拍数－条件刺激呈示中の心拍数）／（条件刺激呈示前10秒間の心拍数）

反応を示さないという選択もなされる．たとえば，トゲウオの仲間の一連の繁殖行動などに代表されるような，鍵刺激による生得的行動の解発も特定の刺激に対する情動的評価の一例といえよう．

さらに，それまでの経験によって，同じ刺激に対しても情動的な評価は変わる．たとえば，それまで顕著な情動反応を引き起こさなかった刺激が，報酬や罰と組み合わされて呈示されると，その刺激は生物学的な意義をもつものとして学習され，情動反応を引き起こすようになる．

実験室で容易に再現しうる情動性の学習の例は，古典的恐怖条件付けであろう．古典的条件付けにおいては，比較的中性な条件刺激（conditioned stimulus）に随伴して，生物にとって意味のある無条件刺激（unconditioned simulus）が対呈示されることにより，条件刺激に対して条件反応（conditioned response）が形成される．例えば図13-3に示すように，ライトの点灯といった視覚刺激（条件刺激）と体表への電気ショック（無条件刺激）を組み合わせてキンギョに与える．ライトの点灯のみでは顕著な反応は生じない．また，電気ショックに対しては，もともとキンギョがもっている反応である徐脈とそれに続く頻脈とが観察される（無条件反応，unconditioned response）．ライトの点灯と電気ショックとの対呈示を数回から十数回くり返すと，条件付けが起き，ライトの点灯に対して徐脈などの生理的反応（条件反応）がおこる．この反応は，ライトの点灯に対して新たに情動的意味づけが行われた結果，身体的な恐怖反応として徐脈が生じたと考えられる．

通常，哺乳類では，恐怖条件付けをすると条件刺激に対して交感神経系全般の活動が起き，したがって頻脈が起こるのが普通であるが，上記キンギョの例では逆に徐脈が起こっている．これは次のように考えることができるだろう．つまり，動物が危機的な状況に置かれた場合，交感神経優位の反応として攻撃や逃走が選択されるか，あるいは副交感神経優位の反応として身体の活動レベルを下げ，捕食者などからの発見を防ぐかという2種類の戦略がある．種の違いや個体がおかれた状況に応じて，生存確率を高める方が選択されるのであろう（堀，1991）．実際，哺乳類で得られた知見では，恐怖条件付けにおける条件反応として，常に交感神経系の亢進が起きるとは限らないことが分かっている．例えば，拘束状態のウサギやラットに電気ショックなどの嫌悪刺激を与えると，副交感神経性の徐脈が起きる．魚類の情動性自律反応の神経メカニズムはまだ明らかになっておらず，今後の研究の進展が望まれる．

さてここで，恐怖の条件付けと書いたが，魚類が意識的な過程をもつとは考えにくいので，キンギョが主観として恐怖の情動を経験していることにはならないだろう．しかし，高度に発達した神経メカニズムをもつ動物においては，身体的恐怖反応の基礎となっている神経メカニズムと関連して主観的感情が発生しているのかもしれず，身体的情動反応を制御する脳機能の研究は，主観的な感情を理解する手がかりとなるかもしれない（LeDoux, 1998）．

§7. 学習における終脳の役割

魚類の終脳は長い間もっぱら嗅覚機能を担うと考えられてきた．しかし最近の研究で，終脳のうち嗅覚情報処理に直接関わるのは主にその腹側領域で，終脳の背側領域は，いわゆる新皮質としての構造をとってはいないものの，様々な情報処理のために特殊化し，発達していることが示されている（Vanegas and Ebbesson, 1976；Prechtlら, 1998）．

魚類の終脳は，系統発生的に哺乳類の大脳辺縁系に相当すると考えられている．このことは，魚類

の終脳の役割を明らかにする上で，哺乳類の辺縁系の研究が参考になることを示す．哺乳類の辺縁系は，学習や情動体験，刺激の価値判断（情動的評価）などに深く関わることがよく知られている．

魚類の学習課程における終脳の機能は，主に終脳除去した個体の学習行動実験を通して調べられてきた．終脳を外科的に除去しても，嗅覚以外の感覚機能や，遊泳や姿勢といった基本的運動機能にはほとんど影響がない（Flood and Overmier, 1981）．

学習の単純な形である古典的条件付けは，終脳除去によって障害を受けない．たとえば，視覚刺激（ライトの点灯など）と体表への電撃を組み合わせた条件付けにおいては，終脳除去手術を受けた群と対照群との間に学習能力の差が認められない（図13-3）．ただしこの場合は遅延条件付けであり，条件刺激と強化子（無条件刺激）が隣接した手続きである．すると，視覚刺激と電撃との組み合わせによって条件付けられるのが恐怖情動であるならば，終脳は恐怖の情動の中枢ではないということになる．一方，哺乳類などにおいては，古典的恐怖条件付けに大脳辺縁系の扁桃体が深く関わることが知られている．魚類終脳が哺乳類の辺縁系と進化的に相同な領域であるなら，情動性の条件付けという，基本的な学習課程に関わる脳領域が異なるということになる．これは脳の進化を考える上で非常に興味深い．魚類や爬虫類では視覚の中枢は中脳にあるが，進化の過程で視覚情報処理を担当する領域が大脳皮質に移行したことはよく知られている．これと同様の現象が，情動性の学習に関わる脳領域にも起こっているのかもしれない．ただし，終脳を除去した個体でも上記のような古典的条件付けが成立するのは，このとき覚醒（恐怖ではなく）が条件付けられているからであるという考え方もある（Laming and McKee, 1981）．

このような疑問点があるにせよ，学習に関わる魚類の終脳の機能は，哺乳類の辺縁系の機能とかなりの共通性があるといえよう．

§8. 短期記憶と終脳

終脳が除去された場合，条件刺激とそれに対する反応および強化子とが同時にあるいは隣接して起きる場合には学習は損なわれず，これらの間に時間的なずれがあると学習能力が損なわれると考えられた（Flood and Overmier, 1981；Savage and Swingland, 1969）．すなわち，終脳は短期記憶の形成にかかわるため，終脳が除去された個体では，条件刺激の痕跡が十分に長い時間保持されず，強化子が時間差をもって呈示されるとこれが有効ではなくなるという仮説である（Savage and Swingland 1969）．

しかし，この仮説を導き出した実験は，いずれも道具的条件付け手続きを用いており，この場合，条件刺激とその反応および強化子との間には，時間的な遅延とともに空間的な分離も存在するという問題がある．たとえば，条件刺激を受けた後にある一定の距離を移動して強化を受ける場合，時間的な遅延とともに，学習されるべき刺激とは異なる刺激条件で強化子が呈示されることになる．

Overmier and Savage（1974）は短期記憶における終脳の必要性を古典的痕跡条件付け手続きにより直接的に検証した．この条件付け手続きにおいては，キンギョは5秒間の条件刺激（赤ランプの点灯）呈示の後，5秒間の間隔をおいて無条件刺激（体表への電撃）が与えられる．条件刺激と無条件刺激の対呈示によって2者の連合学習が進行すれば，条件反応として心拍頻度の低下があらわれる．すなわち，これらの刺激の対呈示によって条件付けが成立するには，条件刺激が終了してから無条件

刺激が呈示されるまでの間，条件刺激の記憶を保持しておく必要がある．この学習は終脳除去個体と正常個体との間で有意な違いが認められなかった．すなわち，終脳がなくても記憶を短時間保持しておくことが可能であることが示された．したがって，終脳機能としての単純な短期記憶仮説は誤りである可能性が示唆された．

終脳除去個体において，条件刺激と無条件刺激の呈示との間に空間的な分離を伴う時間的な遅延が含まれる課題において学習が阻害されたのは，後述のように，終脳が空間認知に関わる領域であるからかもしれない．あるいは，道具的な学習が獲得される過程のある段階が障害を受けた可能性もある．

§9. 道具的条件付けと終脳

食餌性学習（appetitive learning），回避学習（avoidance learning）などの複雑な道具的学習は終脳の切除により大きく障害される．では，終脳は道具的学習のどの段階に関わっているのであろうか．道具的な学習は2つの段階，すなわち古典的条件付けの過程と道具的な過程とからなるという考え方がある．これを学習の2過程説（two-process learning theory）という．例えば，信号が呈示された時に隣の区画に移動すれば電撃を回避できるという回避学習を成立させる場合，まず，電撃が与えられた時，隣の区画に移動すればこれを終了できることを学習する（道具的な過程）．これと同時に，電撃と対呈示される信号（ランプの点灯など）に対する恐怖学習が成立する（古典的条件付け過程）．条件付けられた信号に対する恐怖は，電撃が呈示される前に逃避反応を引き起こす動機となる．この反応によって，電撃と恐怖信号が取り除かれれば，これが報酬となって回避反応が強化される．古典的な条件付けは終脳の除去によって障害されないことが分かっているので，終脳は上記の2つの過程を媒介する段階に関わっているのではないかと考えられた．終脳が除去された個体では，電撃と結び付けられた信号を条件性強化子（conditioned reinforcer），あるいは二次強化子（secondary reinforcer）として使うことができないために回避課題を学習できないのかもしれない．

Ohnishi（1989）は食餌性学習課題を用いてこの可能性を検討した．色の異なる小さな円形板をキンギョに呈示する．どちらか一方の色の円形板をつつくと報酬が得られる．この課題を1日に10試行ずつ繰り返した場合は，対照群，終脳除去群ともに学習は獲得されなかった．1日に30試行ずつくり返した場合には両群とも学習が獲得され，その学習曲線には違いが認められなかった．ところが，1日20試行ずつ繰り返した場合には，対照群と比較して，終脳除去群において学習の進行が障害を受けていた．色弁別学習課題における古典的条件付けは，終脳除去個体でも成立することが知られているので（Bernstein, 1962），色刺激により条件付けられた反応を二次強化子として使うために終脳がなんらかの役割を担っていると考えられた．しかし，1日に30回の試行を受けた終脳除去群は対照群とかわらない学習経過を示したので，条件付けられた動機づけ反応（この場合は食欲）を道具的な過程へと結び付ける（学習の2過程説における媒介段階）の場としては，終脳以外の脳領域が重要な役割を担っており，終脳はその領域の機能を促進する働きをもつのではないかと推察された．

§10. 空間記憶と終脳

近年になって，魚類の空間学習における終脳の役割が詳しく調べられてきている．空間学習は，情動性の学習であるとはいえないが，その中枢過程に終脳が重要な役割を担っていることが示されつつ

あり，神経メカニズムとしての関連性をもつ可能性もあるので，ここで取り上げる．

動物にとって，生息環境の空間認知に関わる記憶と学習は明白な生物学的意義をもつ．魚においても，複雑な空間認知地図（cognitive map）と呼べるようなものをもつことが示唆されている（Campenhausenら，1981；Dodson，1988；Salasら，1996）．空間における自己の位置を認知する

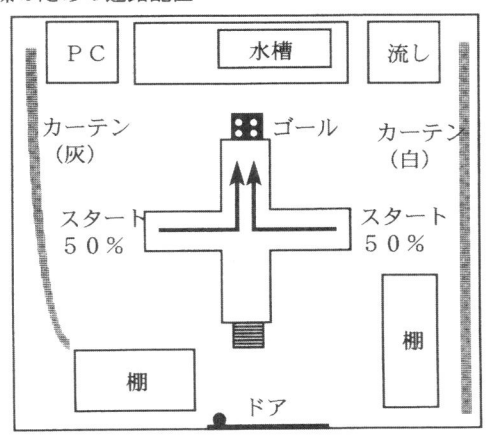

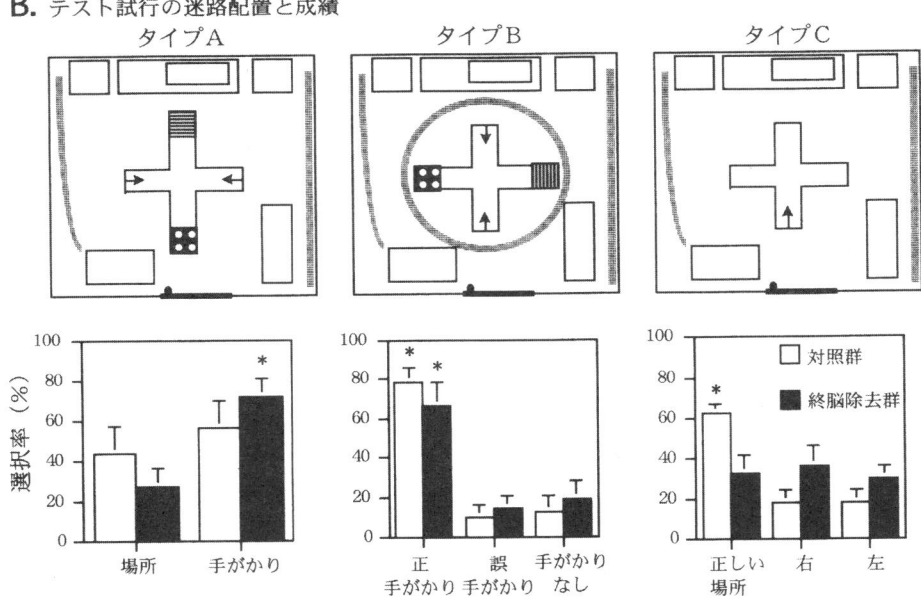

図13-4 キンギョの空間学習に対する終脳除去の影響．
A．訓練に用いた実験室の模式図．迷路内の手がかり（点あるいは縞のある四角）と迷路外の手がかりが示されている．試行の半数を右からのスタート，残りを左からのスタートとした．供試魚の半数においては反対の縞模様側をゴールとした．試行の際に使わないスタート路は遮断した．魚は，迷路内の直接的な手がかりと，周囲の情報との相対的な位置関係の両方を利用できる．（図中の迷路の大きさは実際とは異なる）
B．テスト試行に用いた迷路配置と結果．タイプAは，迷路内手がかりと場所情報の両方を利用できるが，迷路内手がかりは訓練時とは反対の位置に置かれる．タイプBは，迷路の周囲をカーテンで仕切り，迷路内手がかりのみを利用できる．タイプCは，相対的な場所情報のみを利用できる．配置図の下のグラフは，それぞれのテスト試行においてキンギョが選択したアームの割合を示す．＊印は，他の選択肢と比べて有意（$p<0.05$）に多く選択していることを示す．
（Lópezら（2000）より改変）

ことによって，なじみのない出発点から目的とする場所に効率的に到達することができる．このような複雑な空間学習は魚の脳のどの領域が担っているのであろうか．

哺乳類や鳥類においては，空間学習には海馬が重要な役割をもつことが知られている．海馬の損傷によって，空間学習に障害を受ける．魚類の終脳は，進化的に見て陸生脊椎動物の大脳辺縁系との相同性が示唆されているが，終脳内に海馬と相同な部位があるのか，あるとすればそれはどの部分なのかということについては未だに議論されているところである．空間学習の問題は，機能的な側面からこの議論に深く関わるであろう．

実験室で再現される魚の空間学習には大きくわけて2通りの戦略がある．一つはある強化子と空間的に直接関連づけられた手がかり刺激による手がかり学習（cue learning）と，空間の特徴を符号化し，そこでの強化子の相対的な位置による場所学習（place learning）である．スペインの研究グループが空間学習におけるキンギョの終脳の役割について，迷路課題を用いた興味深い一連の研究を報告している（Salasら，1996；Lópezら，2000a，b）．図13-4に実験の概略を示した．

机や棚などが決まった位置に配置してある部屋の中心に，透明な材質でできた十字迷路が置かれている．餌報酬と関連した環境情報として，迷路内に置かれた2種類のランドマーク（一方が報酬と組み合わされる）と，迷路が置かれた部屋の家具との相対的位置関係が与えられる．訓練試行においては，キンギョは両方の情報を用いることができる．終脳除去群と対照群とはどちらも十数日間の訓練で迷路の分岐において正しい選択を行うようになる．興味深いことに，終脳除去群の方が習得がやや早い．一定の習得条件を満たした後に，位置情報と手がかり情報のどちらをつかって課題を遂行していたのかを調べるテストをすると，終脳除去個体はもっぱら手がかり情報に基づいて迷路のアームを選択していたことがわかった．また，別の研究では，場所記憶に基づいた迷路学習は終脳の除去によって大きく傷害されることが示された（Salasら，1996）．

これらの研究結果から，終脳の除去により場所学習は著しく障害を受けるが，手がかり学習による課題の遂行は影響を受けないことが示された．また最近，キンギョの空間学習に伴って脳内のタンパク質合成が盛んになり，かつそれが終脳の背側領域で顕著であることが報告されている．これは終脳の一部が，学習過程において哺乳類などの海馬と非常に似かよった機能をもつことを示し，認知地図の形成のための神経基盤を提供していることを示唆している（Vargasら，2000）．

おわりに

魚類における情動性や学習の場として，特に哺乳類の大脳辺縁系との系統発生学的類似性という観点からも終脳が注目されてきた．しかし，終脳の除去は行動に様々な影響を及ぼすが，ある行動が完全に失われることは稀である．しかも，古典的条件付けや単純な回避課題の学習には終脳は必須ではない．これは見方によっては，魚類終脳がそれだけ高次の機能を担っていることを暗示しているのかもしれない．Aronson（1981）は，下位の中枢で形成され，統合された行動が，終脳によって修飾されるという考えを提案した．この修飾機能は，複雑な行動を遂行するには重要であるが，単純な行動においてはさほど重要ではないのであろう．では，古典的条件付け反応や，道具的な学習を統合している神経基盤は脳のどこにあるのだろうか．

Karamyan（1965，1968）は，魚類を含む下等脊椎動物の条件付けにおいては，条件刺激，無条件

刺激，反応の連合は小脳で行われると考えた．この機能は爬虫類，鳥類，哺乳類では前脳に移行し，大脳化，皮質化のみちを辿ってより高度に発達してくる．魚類の終脳は条件付けの形成には直接関わらず，その他の脳領域に対して非特異的な影響をおよぼすものと考えた．魚類においては小脳が運動機能以外にも重要な役割を担っているという考え方は，これまであまり多くの注目を集めてこなかった．しかし，魚類脳において小脳はかなり大きな部分を占めており，運動調節機能以外に，高次の中枢機能を担っている可能性は十分にあるだろう．

文献

Aronson, L. R. (1981): Evolution of telencephalic function in lower vertebrates. In Laming, P.R. (ed.) Brain mechanisms of behaviour in lower vertebrates, Cambridge University Press, Cambridge, pp. 33-58.

Bernstein, J.J. (1962): Role of the telencephalon in color vision of fish. *Exp. Neurol.*, 6, 173-185.

Butler, A.B. (2000): Topography and topology of the teleost telencephalon: a paradox resolved. *Neurosci. Lett.* 293, 95-98.

Campenhausen, C.V., I. Reiss and R. Weissert (1981): Detection of stationary objects by the blind cave fish *Anoptichtys jordani* (Characidae). *J. Comp. Physiol.*, 143, 369-374.

Dodson, J. J. (1988): The nature and role of learning in the orientation and migratory behavior of fishes. *Env. Biol. Fishes*, 23, 161-182.

Douglas, R.J., R.L. Isaacson and R.L. Moss (1969): Olfactory lesions, emotionality and activity. *Physiol. Behav.* 4, 379-381.

Flood, N.B. and J.B. Overmier (1981): Learning in teleost fish: role of the telencephalon. In Laming, P. R. (ed.) Brain mechanisms of behaviour in lower vertebrates, Cambridge University Press, Cambridge, pp. 259-279.

藤田 統 (1975)：ラットの情動反応性の測度としてのランウェイ・テストにおける諸反応の行動遺伝学的分析：I－表現型変異と子－親回帰に基づく遺伝率推定値－心理学研究, 46, 281-292.

Fijita, O., Y. Annen and A. Kitaoka (1994): Tsukuba high- and low-emotional strains of rats (*Rattus norvegicus*): an overview. *Behav. Gen.*, 24, 389-415.

Gallup, G.G. and S.D. Suarez (1980): An ethological analysis of open-field behaviour in chickens. *Anim. Behav.*, 28, 368-378.

Gómez-Laplaza, L. and E. Morgan (1991): Effects of short-term isolation on the locomotor activity of the angelfish (*Pterophyllum scalare*). *J. Comp. Psychol.*, 105, 366-375.

堀 哲郎 (1991)：脳と情動-感情のメカニズム－ブレインサイエンス・シリーズ6，共立出版, 233pp.

Karamyan, A. I. (1965): Evolution of functions in the higher divisions of the central nervous system and of their regulating mechanisms (Translated by Crawford, R.). In Pringle, J. W. S. (ed). Essays on physiological evolution. Pergamon Press, New York, pp.149-165.

Karamyan, A. I. (1968): On the evolution of the integrative activity of the central nervous system in the phylogeny of vertebrates. *Progress Brain Res.*, 22, 427-447.

加藤 宏・赤井住郎・増井誠一郎 (1991)：行動の選択（藤田 統編著）動物の行動と心理学，教育出版，東京，pp.24-32.

Laming, P. R. (1980): Electroencephalographic studies on arousal in the goldfish (*Carassius auratus*). *J. Comp. Physiol. Psychol.* 94, 238-254.

Laming, P.R. (1981): The physiological basis of alert behavior in fish. In Laming, P.R. (ed.) Brain mechanisms of behaviour in lower vertebrates, Cambridge University Press, Cambridge, pp. 203-222.

Laming, P.R. (1987): Behavioural arousal and its habituation in the squirrel fish, *Holocentrus rufus*: the role of the telencephalon. *Behav. Neural Biol.* 47, 80-104.

Laming, P.R. and P. Ennis (1982): Habituation of fright and arousal responses in the teleosts *Carassius auratus* and *Rutilus rutilus*. *J. Comp. Physiol. Psychol.* 96, 460-466.

Laming, P. R. and P. Hornby (1981): The effect of unilateral telencephalic lesions on behavioral arousal and its habituation in the roach, *Rutilus rutilus*. *Behav. Neural Biol.* 33, 59-65.

Laming, P.R. and M. McKee (1981): Deficits in habituation of cardiac arousal responses incurred by telencephalic ablation in goldfish, *Carassius auratus*, and their relation to other telencephalic functions. *J. Comp. Physiol. Psychol.*, 95, 460-467.

Laming, P. R. and G. E. Savage (1980): Physiological changes observed in the goldfish (*Carassius ouratus*) during behavioral arousal and fright. *Behav. Neural Biol.* 29, 255-275.

LeDoux, J. E. (1998)：情動・記憶と脳（八木欽治訳）．別冊日経サイエンス，123, 78-89.

López, J. C., V. P. Bingman, F. Rodríguez, Y. Gómez and C. Salas (2000a) Dissociation of place and cue learning by telencephalic ablation in goldfish. *Behav. Neurosci.*, 114, 687-699.

López, J. C., C. Broglio, F. Rodríguez, C. Thinus-Blanc and C. Salas (2000b): Reversal learning deficit in a spatial task but not in a cued one after telencephalic ablation in goldfish. *Behav. Brain Res.*, 109, 91-98.

Marino-Neto, J. and R.M.E. Sabbatini (1983): Discrete telencephalic lesions accelerate the habituation rate of behavioral arousal responses in siamese fighting fish (*Betta splendens*). *Brazilian J. Med. Biol. Res.*, 16, 271-278.

増井誠一・藤田 統 (1989): ラットの情動性の遺伝構築のメンデル交雑による検討. 心理学研究, 60, 90-97.

Meek, J. and R. Nieuwenhuys (1998): Holosteans and Teleosts. In Nieuwenhuys, R., Ten Donkelaar, H. J. and Nicholson, C. The central nervous system of vertebrates vol. 2, Springer-Verlag, Berlin. pp.759-937.

Nicol, A. U. and P. R. Laming (1992): Sustained potential shift responses and their relationship to the ECG response during arousal in the goldfish (*Carassius auratus*). *Comp. Biochem. Physiol.* 101A, 517-532.

Ohnishi, K. (1989): Telencephalic function implicated in food-reinforced color discrimination learning in the goldfish. *Physiol. Behav.*, 46, 707-712.

Overmier, J.B. and G.E. Savage (1974): Effects of telencephalic ablation on trace classical conditioning of heart rate in goldfish. *Exp. Neurol.*, 42, 339-346.

Phillips, D. S. and G.K. Martin (1971): Effects of olfactory bulb ablation upon heart rate. *Physiol. Behav.* 7, 535-537.

Prechtl, J.C., G. von der Emde, J. Wolfart, S. Karamüsel, G.N. Akoev, Y. N. Andrianov and T.H. Bullock, (1998): Sensory processing in the pallium of a mormyrid fish. *J. Neurosci.*, 15, 7381-7393.

Rolls, E. T. (1986): A theory of emotion, and its application to understanding the neural basis of emotion. In Oomura, Y. (ed.) Emotions. Neural and chemical control. Japan Sci. Soc. Press, Tokyo and Karger, Basel, pp.325-344.

Rolls, E. T. (1999): The brain and emotion. Oxford University Press. New York.

Rooney, D. J. and P.R. Laming (1986): Cardiac and ventilatory arousal responses and their habituation in goldfish : effects of the intensity of the eliciting stimulus. *Physiol. Behav.* 37, 11-14.

Rooney, D. J. and P. R. Laming (1988): Effects of telencephalic ablation on habituation of arousal responses, within and between daily training sessions in goldfish. *Behav. Neural Biol.* 49, 83-96.

Salas, C., F. Rodríguez, J.P. Vargas, E. Durán, and B. Torres (1996): Spatial learning and memory deficits after telencephalic ablation in goldfish trained in place and turn maze procedures. *Behav. Neurosci.*, 110, 965-980.

Savage, G.E. (1971): Behavioural effects of electrical stimulation of the telencephalon of the goldfish, *Carassius auratus*. *Animal Behav.* 19, 661-668.

Savage, G. E. and I. R. Swingland (1969): Positively reinforced behaviour and the forebrain in goldfish. *Nature*, 221, 878-879.

Sokolov, E. N. (1960): Neuronal models and the orienting reflex. In Brazier, M. A. (ed.) The central nervous system and behavior, pp.187-286.

Vargas, J. P., F. Rodríguez, J. C. López, J. L. Arias and C. Salas (2000): Spatial learning-induced increase in the argyrophilic nuclear organizer region of dorsolateral telencephalic neurons in goldfish. *Brain Res.*, 865, 77-84.

Vanegas, H. and S.O.S. Ebbesson (1976): Telencephalic projection in two teleost species. *J. Comp. Neurol.* 165, 181-196.

Wenzel, B.M. and A. Salzman (1968): Olfactory bulb ablation or nerve section and behavior of pigeons in nonolfactory learning. *Exp. Neurol.* 22, 472-479.

14. サケの母川回帰と嗅覚記憶

佐 藤 真 彦

はじめに

　北半球の高緯度地方の川で生まれたサケの稚魚が，外洋を回遊しながら成長し，やがて，産卵のために故郷の川に回帰することはよく知られている．多くの場合，距離にして数1,000 km，時間にして数年間に及ぶ大旅行である．どのような手がかりを頼りに，外洋を回遊し，生まれ育った川に戻るのだろうか．また，なぜ，このような困難な旅に挑むのだろうか．サケ科魚類は，生まれ育った川に回帰（母川回帰）する強い傾向を，共通の性質としてもっているが，その生活史や生態は系統樹上の位置により多様である．ここでは，サケ科魚類の分布，生活史，あるいは，進化について触れた後，著者がフィールドとして利用している中禅寺湖のヒメマスを用いた研究，および，魚類の嗅覚記憶に関する最近の研究について述べ，母川回帰の機構を議論する．

§1. サケ科魚類

　サケ科魚類は，イトウ属 *Hucho*，イワナ属 *Salvelinus*，タイセイヨウサケ属 *Salmo*，サケ属 *Oncorhynchus* の4属からなる．北太平洋に分布するサケ属は，タイセイヨウサケ属との共通の祖先が大西洋から北極海へ入り，さらに，ベーリング海峡を通って太平洋に移動した後に種分化したという説が有力である（Neave, 1958；岡崎, 1988）．新生代に入ると，気候の寒冷化が進んで極域に氷床が発達した．その結果生じたベーリング陸橋が，新生代の大部分の期間を通じて存在したとされる．鮮新世の初期（約500万年前）に，一時的に気候が温暖となって海水面が上昇し，それまでベーリング陸橋によって遮断されていた北極海と太平洋が，ベーリング海峡によって連絡した（Briggs, 1970；Marincovich Jr. and Giagenkov, 1999）．大西洋から太平洋へのサケ科魚類の移動は，この時期におこったと考えられている．

　近年のアロザイム（酵素の多型）を利用した分子系統樹の解析からも，この考えが支持される．すなわち，分子時計を仮定して見積もると，サケ属が最初に分化した時期は，今から約500万年前になるという（Kitano ら, 1997）．図14-1は，サイン（SINEs, short interspersed elements）が挿入された順序から推定したサケ科魚類の系統樹である（Murata ら, 1993；Takasaki ら, 1996）．サインとは，RNAの情報が，おそらくcDNAを介して再びDNA中に取り込まれたレトロポゾンの一種で，とくに短い配列が繰り返されるものを指す．この図から，サケ科魚類がイトウ属，イワナ属，タイセイヨウサケ属，サケ属の順に進化したことが分かる．これらの結果は，従来の形態的指標に基づく系統樹ともよく一致する．

　今から約500万年前に寒冷化と温暖化の周期的な交代が始まり，とくに，最近の100万年間では約

10万年の周期で氷期と間氷期が繰り返された．この間に，サケ属の種分化が進んだと考えられている．すなわち，氷期の間に，氷床に覆われなかったいくつかの避難場所（refuge）に残された集団の間で地理的な隔離が生じ，地域集団として分離した．間氷期の間に，氷床が後退して新たに露出した地域に分散する過程で，さらに局所的な集団の系統が生じた．この際，サケ科魚類に特徴的な母川回帰性が，局所的な集団の地理的隔離を促進したとされる．
 より進化した種ほど淡水への依存度が低く，したがって，海水への依存度が高い．たとえば，系統的に古いイトウ属やイワナ属は，タイセイヨウサケ属やサケ属に比べて，孵化した後も長い間淡水に留まり，ある程度大きくなってから降海する．最も新しく派生したシロサケ Oncorhynchus keta やカラフトマス Oncorhynchus gorbuscha は，産卵床の砂利の間から流れの中に浮上（emergence）した直後に降海する．

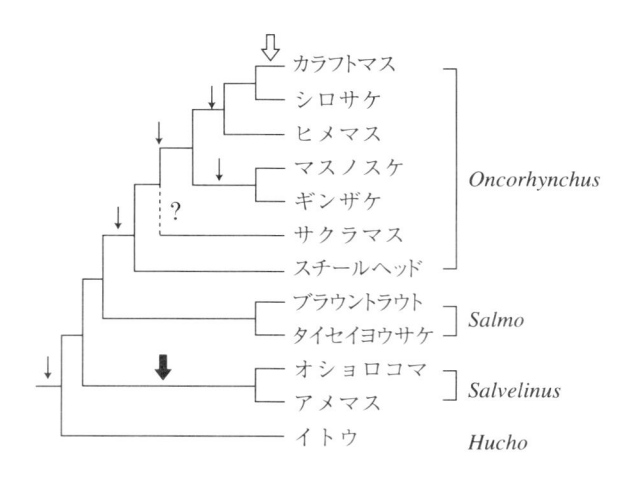

図14-1 SINE insertion analysis に基づくサケ科魚類の系統樹（Murataら，1993；Takasakiら，1996を改変）
↓：Hpa I family，⬇：Fok I family，⇩：Sma I family

 図14-2に，最終氷河期（今から約5万年前～1万年前）の最盛期（1.5万年前）における氷床，海岸線，および避難場所の位置を示す（Wood, 1995）．氷床から免れた避難場所として，(1) Columbia refuge（コロンビア川，および，それ以南の河川），(2) Bering refuge（ベーリング陸橋），(3) Coastal refugia（カナダのブリティッシュ・コロンビア州の沿岸および近傍の島），および，(4) Land-Locked refugia（カムチャツカ半島，アラスカ州沿岸のコディアク島）がある．また，図14-2には，それぞ

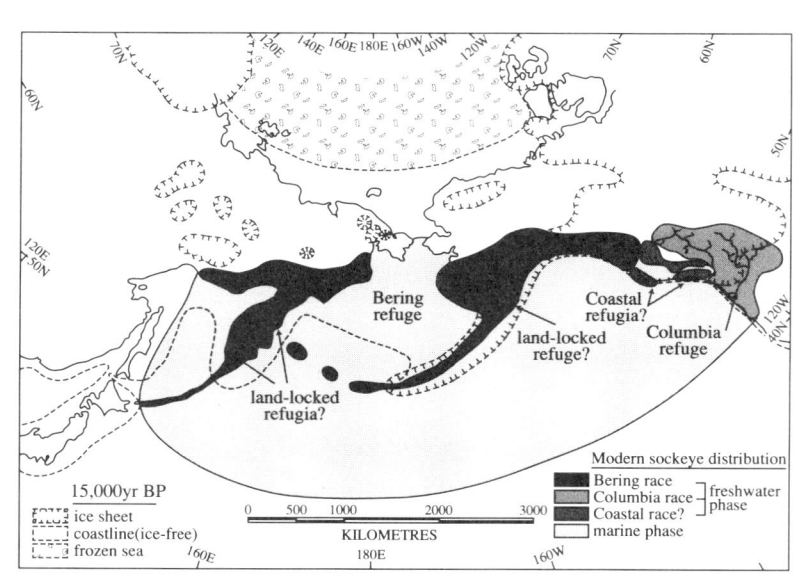

図14-2 Wisconsin 氷期における Refugia, Ice sheets と現在のベニザケの分布（Wood, 1995）

れの避難場所に由来すると思われるベニザケ Oncorhynchus nerka 集団の分布域と海における広がりが示されている．このように，北太平洋におけるサケ属の現在の分布は，最終氷河期が終了して以来の約1万年間で定まったとされる．

§2. 生活史

サケ科魚類は，川または湖で産卵し，種によって異なるが，孵化した稚魚が0〜3年間ほど淡水生活を送る．その後，より豊富な餌を求めて降海し，数年間かけて外洋を索餌回遊する．十分に成長して成熟が始まると，自分の生まれた川（母川）に向かって移動を開始する．やがて，産卵の準備が整い十分に成熟した状態で，母川に回帰する（Groot and Margolis, 1991）．このように，サケの母川回帰は，時間的にも空間的にも正確に行われる．

図14-3に，例として，ベニザケの生活史を示す．ベニザケは，上流に湖のある川の，通常，さらに，その湖に注ぐ支流を母川とする．回帰したベニザケは，産卵後，雌雄とも疲弊して一生を終える．産卵床の砂利の間から孵化・浮上した稚魚は，体側に楕円形の斑紋（パー・マーク, parr mark）をもち，パー（parr）と呼ばれる．パーの状態で川を降り，湖を1〜2年間ほど回遊して成長する．この間に，皮膚にグアニンが沈着して体色が銀色となるスモルト（smolt）に変態する．これを銀化（銀毛化，スモルト化, smoltification）と呼ぶ．スモルトの状態で湖を出発し，川を降って海に出る（降海型, anadromous type）．成長の速かった，主として，雄の一部は湖に留まり（残留型, residual type），早熟の小型雄として約3年で成熟する．降海型のベニザケは，餌の豊富な外洋を索餌回遊し，4〜5年かけて大型魚として成熟する．成熟して母川に回帰したベニザケの体は婚姻色で赤く

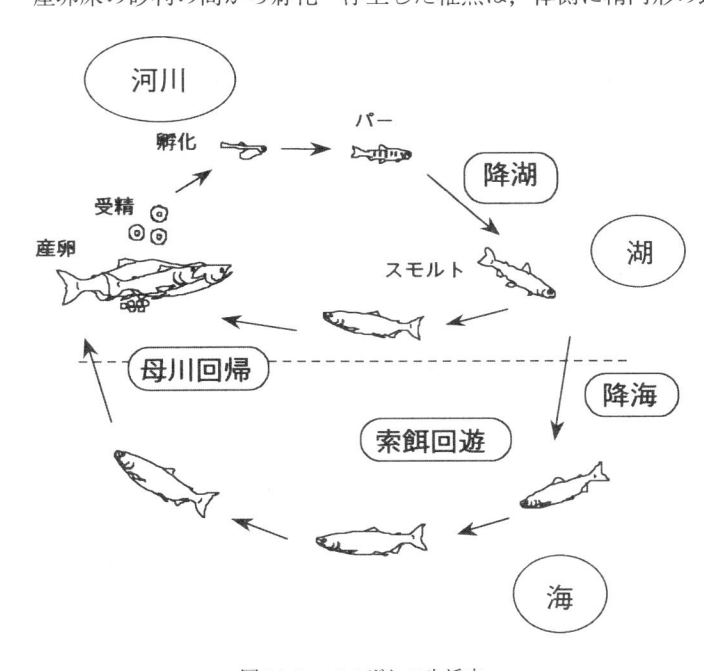

図14-3 ベニザケの生活史

なり，雄では頭部が"hooknose"（鼻曲がり）の状態となる．

このように，ベニザケの生活史戦略（life history strategy）には，降海型と残留型の2つのタイプがある．行動生態学では，戦略（strategy）とは形態的形質や生理的形質と同様に，遺伝的に規定された行動的形質を指す．1個体が2つ以上の行動を使い分ける場合は，戦術（tactics）と呼んで区別する（粕谷, 1990）．また，ある集団中の個体に行動の違いが見られる場合，(1) 1個体が条件によって異なる戦術を使い分ける場合（条件付き戦略, conditional strategy），(2) ある1つの条件下で確率的に異なる戦術を使い分ける場合（混合戦略, mixed strategy），(3) 集団中に異なる戦略の個体が

混在している場合の3つが考えられる．集団中の個体の行動の違いは，(1)の条件付き戦略による場合が多い．また，生活史戦略とは，成長や繁殖のスケジュール，あるいは，卵の数や大きさなどの生活史を規定している形質を指す．ベニザケの生活史戦略は，餌や生活空間などの資源（resource）が得られれば湖に残留し，得られなければより豊富な資源を求めて降海する，残留と降海の2つの戦術からなる条件付き戦略と考えられる（帰山，1994）．

ギンザケ Oncorhynchus kisutch の場合，1～2年間を川で過ごした後の春にスモルトとして降海するが，その年の秋に早熟の小型雄として回帰する"jack"と翌年以降の秋に大型の雄として回帰する"hooknose"（鼻曲がり）の2つのタイプがある（Gross, 1985）．Hooknose は，産卵床を掘っている雌の下流で闘い，ライバルの hooknose を追い払うファイター（fighter）として振る舞う．結局，最も大きな hooknose が勝利して，雌を独占する．一方，jack は岩の陰や浅瀬に潜んで，hooknose が雌とともに放精・放卵している隙に，後方から忍び寄って放精するスニーカー（sneaker）として振る舞う．Jack は海で死亡するリスクが小さいが，雌を獲得するために hooknose と闘っても勝ち目がない．逆に，hooknose は雌を獲得するための闘争に勝利する確率が高いが，長い外洋生活中に死亡するリスクが大きい．しかしながら，野外での観察と簡単な仮定に基づく計算によると，いずれの戦術を用いても一生の間に残す子供の数，すなわち適応度（fitness）が等しいことが分かっている．このことは，上記の2つの戦術（fighting と sneaking）が進化的に安定な状態で集団中に存在していることを意味する（Gross, 1985, 1991）．成熟後に，fighting と sneaking のいずれの戦術を採用するかは，稚魚期における体の大きさにより決まる．

§3. コカニー型ベニザケと生殖隔離の進化

ベニザケでは，降海型と残留型のほかに一生を淡水中で過ごす小型の雌雄からなるタイプ（コカニー型，kokanee type）が存在する（Ricker, 1940）．残留型は産卵期に鈍いオリーブ・グレーの体色をもつのに対し，コカニー型は降海型と同様の赤い体色をもつ．Ricker（1940）は，残留型の子孫からコカニー型が分化したと考えた（Ricker, 1959参照）．

Wood and Foote（1996）は，ブリティッシュ・コロンビア州にあるタクラ湖のベニザケ降海型集団とコカニー型集団の遺伝的変異について調査した．タクラ湖は，フレーザー川の最上流に位置する大きな貧栄養湖である．氷床が退いた後の今から約1万年前以降に，Columbia refuge で生き残ったベニザケがフレーザー川に植民（colonize）したとされるが，タクラ湖のベニザケはその子孫と考えられている．当時，一時的に，フレーザー川の下流が氷床でせき止められたために，フレーザー川の水が支流のトンプソン川を通って南のコロンビア川に流れ込んだ．Columbia refuge のベニザケが，このルートを遡ってタクラ湖に植民したとされる（McPhail and Lindsey, 1986；Wood ら，1994）．

タクラ湖に注ぐ多くの支流には，降海型およびコカニー型ベニザケが産卵回帰する．Wood and Foote（1996）は，このうちの5つの支流に回帰する集団で，アロザイムの35遺伝子座について遺伝子頻度を測定し，集団の遺伝的変異を調べた．その結果，集団の5%以上の個体で多型が見られる高度に多型的な6遺伝子座の遺伝子頻度が，同一の支流で産卵する降海型とコカニー型で有意に異なることを見いだした．また，異なる支流で産卵する降海型同士，あるいは，コカニー型同士の間で，遺伝子頻度が異なる場合があった．これらのことから，同じ支流の降海型とコカニー型の間で，また，

支流が異なれば同じタイプ同士の間でも，集団の遺伝的な構成が異なることが分かった．

Foote and Larkin（1988）は，スキーナ川上流のバビーン湖（ブリティッシュ・コロンビア州）に注ぐ Pierre Creek で，ベニザケの降海型とコカニー型の性行動について調査した．Pierre Creek では，降海型とコカニー型の集団が同所的に，また，時期的にも重なって産卵するが，これらの2つのタイプの間で非常にはっきりとした同類交配（assortative mating）が見られた．すなわち，降海型の雄は降海型の雌とペアー形成して放精・放卵したのに対し，コカニー型の雄はコカニー型の雌とペアー形成した．

このような同類交配が，降海型集団およびコカニー型集団の間の遺伝的な分化を促進したことは大いに考えられる（Maynard Smith, 1989）．バビーン湖の氷床が消滅してから1万年未満と思われるので，降海型とコカニー型の遺伝的な分化の過程や生殖隔離（reproductive isolation）機構の進化は，現在，その途上にあるという（Foote and Larkin, 1988）．

同様に，氷床が退いた後に生じた湖において，生殖隔離が急速に進化していると思われる例が，ベニザケのほかにタイセイヨウサケ，北極イワナ，ブラウントラウト，イトヨなどで報告されている（Schluter, 1996）．

最近，Hendry ら（2000）は，ワシントン湖（ワシントン州）のベニザケ集団を用いて生殖隔離が極めて短期間で進化するという報告をしている．ワシントン湖に注ぐ Cedar 川には毎年10万〜30万尾の降海型ベニザケが回帰するが，これらのベニザケは1937年から1945年にかけて，同じワシントン州にある Baker 湖から Cedar 川に移植されたものの子孫である（Hendry ら, 1996）．この Cedar 川に定着したベニザケの例は，固有の集団がすでに生息していた地域へ人為的な移植を行って，移植が例外的に成功した稀な（おそらく，唯一の）例であるという（Hendry ら, 1996；§5参照）．その後1957年に，Cedar 川の河口から約7km離れた湖岸で産卵する小集団が発見された．この小集団は，Cedar 川から植民した集団と考えられた．耳石のパターンを分析した結果，湖岸で産卵している集団中に，湖岸で産まれた個体（beach residents）の他に Cedar 川で産まれて湖岸に"移民"した個体（beach immigrants）が多数（約39%）混じっていることが判明した．

一方，マイクロサテライト DNA の6座位における変異を利用して，これらの集団間の遺伝的な差異が調べられた．その結果，湖岸の集団（beach residents）と Cedar 川の集団（river residents），および，Cedar 川から湖岸へ移民した集団（beach immigrants）は遺伝的に異なる集団であるのに対し，river residents と beach immigrants は遺伝的に同一の集団であることが示された．すなわち，湖岸の集団（beach residents）に対して Cedar 川の集団（river residents）から多くの移民（beach immigrants）があるにもかかわらず，両者が遺伝的に分化した集団であることが分かった．したがって，両集団の間には，生殖隔離機構が存在し，beach immigrants の適応度が beach residents に比べて低く抑えられていることが推察された．実際，beach residents と river residents の間には表現型（成熟雄の体高，成熟雌の体長）に違いが見られ，beach immigrants は両者の中間の表現型を示すことが分かっている．Hendry ら（2000）によると，おそらく，beach immigrants は beach residents ほど湖岸の環境に適応しておらず，交配の成功率や子供の生存率が低くなっているという．彼らは，このような生殖隔離機構の進化が驚くべき速さ，すなわち，約13世代（移植を開始した1937年からサンプルを採集した1992年までの56年間）より短かい期間で起こったと示唆している．

§4. 母川説

サケが，自分の生まれ育った川に産卵のために戻ってくるという説は古くからある．アイザック・ウォルトンは著書の"The Compleat Angler（釣魚大全）"（1653〜1676）の中で，降海する途中のタイセイヨウサケ Salmo salar の若魚を川に仕掛けたトラップで捕え，尾にリボンや糸の標識をつけて放すと，通常，約半年後に，標識された魚が海から戻ってきて同じ場所で再び捕えられることを述べている．

その後，ようやく1900年代に入ってから，多くの標識放流−再捕獲実験が行われ，母川説（home stream theory，または parent stream theory）が実証された．初期の研究に関しては，Scheer（1939）が総説としてまとめている．また，それ以後の研究に関しては，Harden Jones（1968），Hasler ら（1978），Stabell（1984），Thorpe（1988），Groot and Margolis（1991）がまとめている．初期の研究では，降海する直前の稚魚の鰭を切断することにより標識して放流し，母川への回帰率，および，非母川への迷い込み率を調査した．その結果，タイセイヨウサケ，スチールヘッド（ニジマスの降海型），ベニザケ，マスノスケ Oncorhynchus tshawytscha，カラフトマスにおいて多くの場合，非常に正確に放流した川へ戻ってくることが示された．迷い込みがある場合でも多くの場合，数％程度で，また，母川の近傍の川に限られることも分かった（表14-1）．

表14-1　標識放流−再捕獲実験に基づく母川回帰率，および，迷い込み率（Scheer, 1939）
母川回帰率％＝（放流した川への回帰数／放流数）×100，迷い込み率％＝（他の川への回帰数／河川への総回帰数）×100

	サケの種類	川	地域	放流数	再捕獲された場所			
					放流した川 （母川回帰率％）	他の川 （迷い込み率％）	近傍の沿岸	海
1)	Salmo salar （タイセイヨウサケ）	Apple	Nova Scotia	3,252	92 (2.8)	6 (6)	0	0
2)	〃 （〃）	Margaree	〃	3,532	25 (0.7)	1 (4)	67	13
3)	Oncorhynchus mykiss （ニジマス）	Scott	California	17,683	432 (2.4)	6 (1)	0	0
4)	〃 （〃）	〃	〃	26,713	127 (0.5)	1 (0.8)	0	0
5)	Oncorhynchus nerka （ベニザケ）	Fraser	British Columbia	469,326	2,492 (0.5)	0 (0)	8,404	0
6)	Oncorhynchus tshawytscha （マスノスケ）	Columbia	Oregon-Washington	334,000	498 (0.15)	0 (0)	3	1
7)	〃 （〃）	Klamath	California	122,000	1,171 (1.0)	0 (0)	32	150
8)	Oncorhynchus gorbuscha （カラフトマス）	McClinton	British Columbia	107,949	2,941 (2.7)	0 (0)	325	10
9)	Oncorhynchus kisutch （ギンザケ）	Waddell	California	6,683	140 (2.1)	35 (20)	0	1

日本産のシロサケにおいても同様の結果が報告されている（坂野，1960；Sano, 1966）．図14-4は，オホーツク海沿岸の常呂川を母川とするシロサケについて，坂野（1960）による標識放流−再捕獲調査の結果を，白旗（1976b）が図としてまとめたものである．常呂川から標識放流（1951年，1954年）されたシロサケ稚魚527,000尾のうち，総計で1,973尾（0.37％）が北洋（2尾），沿岸

(1,651尾),および,河川(320尾)で再捕獲された.河川で再捕獲されたもののうちのほとんど(312尾,97.5%)が母川で再捕獲され,非母川への迷い込みはわずか(8尾,2.5%)であった.しかも,迷い込みの大部分は母川近傍の川に限られていた.

表14-1に含まれていないが,初期の研究の中でも,とくに,カルタス湖(ブリティッシュ・コロンビア州)のベニザケについてのFoerster(1936)による報告は,以下に述べるように,調査が徹底的に行われた点で特筆に値する.その後,このように徹底的な調査は行われていないという(Quinn, 1985).カルタス湖は,フレーザー川の最下流に位置するベニザケの生産の盛んな湖である.Foerster(1936)は,カルタス湖から降海するベニザケ(スモルト)の1930年群および1931年群の全個体を標識して放流した.そして,回帰が予想される1931年から1934年にかけて,カルタス湖だけでなく,回帰途中のバンクーバー島沿岸,フレーザー川の河口,および,フレーザー川から全ての標識魚を回収し,その標識の種類,年齢および性比を調査した.カルタス湖以外からの標識魚は,捕獲されたベニザケが最終的に集められる缶詰工場に人員を派遣して調査に当たらせた.

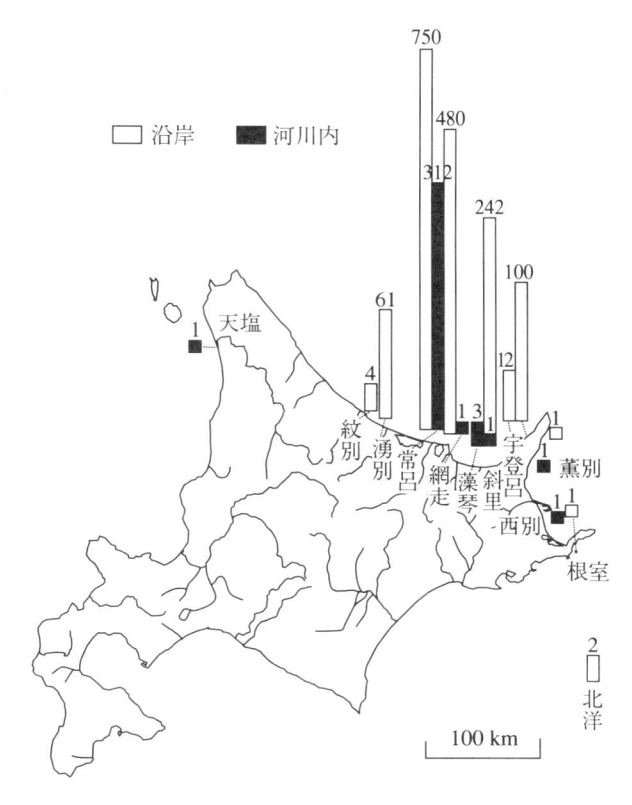

図14-4 常呂川を母川とするシロサケの標識放流-再捕獲試験の結果(白旗,1976bより,坂野,1960のデータに基づく)

その結果,カルタス湖への回帰率は,1930年群で1.76%(標識した104,061尾のうち1,835尾が回帰),1931年群で0.9%(標識した365,265尾のうち3,160尾が回帰)であった.回帰途中で捕獲されたもの(缶詰工場で回収されたもの)を含めた回帰率は,1930年群で3.7%(3,821尾),1931年群で3.5%(12,803尾)であった.検査の際の見落としによる誤差を考慮すると,回帰率の範囲は,それぞれ,3.7〜4.1%(1930年)および3.5〜3.7%(1931年),平均して3.75%と考えられた.それまでの部分的標識放流の結果から,鰭切断のハンディキャップにより平均して62%余計に(すなわち,100:38の比率で)外洋で死亡すると思われたが,このハンディキャップによる死亡がなかったものとして回帰率を見積もると,$3.75 \times (100 \div 38) = 9.9\%$の値が得られた.これらの結果から,1尾の雌が4,500個の卵を産むと仮定すると,このうちの2.5%(112尾)がスモルトとして降海し,0.25%(11尾)が成熟して回帰すること,すなわち,99.75%が途中で死亡するという見積もりが得られた.

このほか,本流に注ぐ支流から放流した場合にも,放流された支流に非常に正確に戻ってくることが,マスノスケ,スチールヘッド,ベニザケなどを用いて,繰り返し示されている.とくに,ベニザ

ケでは，稚魚の餌を供給するための湖（nursery lake）を必要とする生活史を反映して，支流（母川）への回帰性が強い（Burgner, 1991）．

§5. 迷い込み，植民と人為的移植

標識放流－再捕獲実験の結果（表14-1）は，母川への非常に正確な回帰を示し，多くの場合，非母川への迷い込み率は低い（0～6％）が，非母川に高率（20％以上）で迷い込んだケースもある（Taft and Shapovalov, 1938；Quinn, 1990, 1993）．最近，Candy and Beacham（2000）は，ブリティッシュ・コロンビア州における1968～1990年群のマスノスケを対象としたcoded wire tag（CWT）標識の結果を報告している．CWTはbinary codeを付したステンレスワイヤー製のタグで，これを放流前の稚魚の吻側部の軟骨に打ち込んで標識する．ブリティッシュ・コロンビア州のマスノスケでも非母川への迷い込み率は0～4％と低く，また多くの場合，迷い込みも母川近傍の河川に限られていた．サケ科魚類の繁栄が母川への正確な回帰によることは疑いないが，もし，非母川への迷い込みがなかったとしたなら，最終氷河期の間，数カ所の避難場所で生き残っていたサケが，氷河が後退した後の約1万年間で，現在のように広範な地域にまでその分布を広げられなかったことも，また確かである．

非母川への迷い込み（straying）は，一般に，感覚，記憶などにおける何らかの不完全さのために，あるいは，母川回帰の際の手がかりのあいまいさのために，母川探索に失敗した結果であると考えられている．たとえば，河口やその近傍の海などの母川から遠く離れた地点から直接放流して逐次記銘（§7. 7-6参照）の機会を与えないと，非母川への迷い込み率が高くなることが知られている（石田，1982；菅野・佐々木，1983；Solazziら，1991；Hansenら，1993；Candy and Beacham, 2000）．一方，Quinn（1984b）によれば，迷い込みは自然災害のリスクを回避して子孫を残すための代替生活史戦略（alternative life-history strategy）であるという．しかしながら，この考えは，群淘汰（group selection）に基づく説明であることに注意する必要がある．

ところで，母川への遡上が，何らかの理由で妨げられた場合，次善の策として近くの非母川に遡上して産卵するのではないかという議論がよく行われる（たとえば，Quinn, 1985；Quinnら，1989；Brannon and Quinn, 1990）．しかしながら，Karluk湖（コディアク島）での調査によると，母川（Meadow Creek）に回帰したベニザケを障害物（フェンス）をもうけて捕獲し，湖に放流すると，再び母川に戻ってくるが，さらに，この操作を何度繰り返しても必ず母川に回帰し，決して近傍の非母川には遡上しようとしなかったという（Hartman and Raleigh, 1964）．それ以上遡上が見られなくなるまで繰り返した回数は，平均して11回であった．このことから，少なくとも一度母川にまで回帰したベニザケでは，母川への執着が非常に強く，容易に変更できないことが分かる．

すでに述べたように，サケ科魚類は非母川に植民することで，分布域を広げたと思われる．それでは，氷河が後退した後に出現した川に，どのくらいの期間で新しいポピュレーションが植民するのだろうか．アラスカ南東部のGlacier Bay国立公園には，今から約300年ほど前の寒冷期に進出（neoglacial advance）した氷河が，その後急速に後退して生じたいくつかの新しい川がある．Milner and Bailey（1989）は，このうちの5つの川への植民について調査した．その結果，未だに痕跡的に残存している氷河からの濁った低温の水が流れる2つの川には，サケ科魚類が生息していないのに対

し，約150年ほど前に出現した2つの川には，カラフトマス，シロサケ，ギンザケ，オショロコマ Salvelinus malma の遡上が確認された．とくに，カラフトマスが大量に遡上していた．さらに，このうちの途中に湖がある川には，多数のベニザケが遡上していた．また，興味深いことに，最近のわずか15年ほど前に生じた川にも，調査を開始した1977年の時点で，すでに，オショロコマ，ギンザケ，ベニザケの遡上が観察された．このように，サケ科魚類では，自発的な植民がかなり急速に行われることから，分布域もかなり急速に拡大したと思われる．

一方，サケ科魚類の受精卵や稚魚を人為的に移植する試みは，自発的な植民を人為的に促進する意味がある．たとえば，コディアク島には下流に滝があるためにサケが遡上できない湖（フレーザー湖）がある．近傍の湖（Karluk湖およびRed湖）からベニザケの受精卵や稚魚をこの湖に移植（1951年開始，1971年終了）すると，移植開始から数年後（1956年）には，降海型ベニザケが滝の下にまで回帰した．この回帰した成熟魚を，滝の上のフレーザー湖に運び上げて放流して自然産卵させ，しばらくの間，系統を維持していたが，その後，1962年に滝をバイパスする魚道が完成すると，フレーザー湖へ回帰するベニザケが徐々に増えて，1980年代には毎年平均して25.6万尾が，1990年代には毎年平均して20万尾が回帰するようになったという（Blackett, 1979; Withler, 1982; Burgerら, 2000）．フレーザー湖のベニザケは，現在，異なる流入河川で産卵する4つの早期遡上集団と湖岸の異なる場所で産卵する3つの後期遡上集団に分かれているがマイクロサテライトDNAの集団遺伝学的分析から，前者（河川産卵集団）はRed湖の河川産卵集団（早期遡上集団）に由来し，一方，後者（湖岸産卵集団）はKarluk湖の湖岸産卵集団（後期遡上集団）に由来することが示唆されている（Burgerら, 2000）．

このほか，コカニー型ベニザケを別の湖に移植する試みに関しては，多くの成功例が知られている（Wood, 1995）．また，河川残留型をもつニジマス・カワマス・ブラウントラウトでは，南半球を含む世界各地への移植に成功している（MacCrimmon and Marshall, 1968; MacCrimmon and Campbell, 1969; MacCrimmon, 1971）．

従来，サケ科魚類の強い母川回帰性を利用すれば，移植が容易に行えるとの期待から，多くの人為的移植が長年にわたって試みられた．しかしながら，実際には，成功した例はわずかで，失敗した例の方がはるかに多い（Withler, 1982; 白旗, 1984; Groot and Margolis, 1991; Harache, 1992; Wood, 1995; Burgerら, 2000）．ここで，成功とは，移植を行った川で，自然産卵により再生産が持続している状態を指す．これらの失敗例の多くは，おそらく，移植先の川，湖，沿岸，および，索餌場としての海などを含めた環境にうまく適応できなかったためと考えられる．また，それぞれの川や湖に適応している固有の集団が，新たに移植された集団を競争排除した可能性も考えられる（MacLean and Evans, 1981; Taylor, 1991; Harache, 1992; Wood, 1995; Burgerら, 2000）．

カラフトマスは，降海した後2年で回帰するため，偶数年群と奇数年群が存在する．ところが，ブリティッシュ・コロンビア州南部，および，ピュジェット湾（ワシントン州）にあるほとんどの川では，奇数年群のみが定着している．そこで，これらの川に偶数年群を定着させる目的で，1914年から1932年にかけて，総計で8,500万尾の偶数年の稚魚を移植したが，成熟して回帰したカラフトマスは皆無であったという．また，1907年から1917年にかけて，大西洋岸のメイン州へ，総計で2,600万尾のカラフトマスを移植したが，結局，定着しなかった．ニューファウンドランド島（1959

〜1966年）やハドソン湾（1956年）へのカラフトマスの移植も失敗している．このほかにも，ベニザケ，カラフトマス，ギンザケなどを移植する試みが，北米太平洋岸で数多く行われたが，少数の例外を除いて悉く失敗している．

人為的な移植に成功した少数例として，(1) カリフォルニアからニュージーランドへのマスノスケ（1901年），(2) サハリンからコラ半島（ムルマンスク地方）へのカラフトマス（1956〜1978年），(3) ブリティッシュ・コロンビア州から五大湖へのカラフトマス（1956年），(4) ブリティッシュ・コロンビア州からニュージーランドへのベニザケ（1902年）の移植が知られている．(2) では，総計で2億個以上のカラフトマス卵が移植された．この場合，コラ半島周辺の川だけでなく，非常に広い範囲，すなわち，アイスランド，スコットランド，フィンマルク地方から，イェニセー川に至る広大な地域で迷い込みが見られたという（Krupitskij and Ustygov, 1977）．しかしながら，この移植に関しては，未だに安定な集団として定着していないという指摘がある（白旗, 1984；Heard, 1991）．(3) の成功は，まったくの偶然の結果で，ハドソン湾へカラフトマスを移植する計画の際に，少数の余剰の稚魚（21,000尾）をスペリオル湖の孵化場から排水路に捨てたところ，その生き残りが増えた結果であるという（Kwain and Lawrie, 1981；Withler, 1982）．その後のわずか20数年の間に，これらのカラフトマスは，さらに，ミシガン湖，ヒューロン湖からエリー湖，オンタリオ湖に至る五大湖の全ての領域に生息範囲を広げた．(4) では，初期の10数年間で少数の降海型ベニザケのほかに，多数の残留型ベニザケが確認された．しかし，1934年，および，1960年代に建設された複数のダムにより，現在では，残留型のみとなり，それも絶滅の危機に瀕しているという（Stokell, 1962；Scott, 1984；Graynoth, 1995；Quinnら, 1998）．

近年では，外来魚の大規模な人為的移植や生簀などの飼育施設からの大量逃亡による生態系への悪影響が危惧されている．とくに，それぞれの地域に固有の集団の個体との競合や交雑による地域集団のサイズや遺伝的構造の変化，あるいは，地域集団に病気や寄生虫をもたらすリスクなどが危惧されている（Krueger and May, 1991；Webbら, 1991, 1993；Harache, 1992；McKinnell and Thomson, 1997；McKinnellら, 1997）．

§6．母川回帰の機構

主として1950年代から1960年代以降に，日本・カナダ・アメリカの研究者により精力的に行われた標識放流－再捕獲調査の結果，北太平洋の沿岸域や外洋における回遊の特徴や回遊経路などが明らかにされている．すなわち，(1) サケが，母川から非常に遠く離れた外洋にまで移動して索餌する，(2) 種や地域集団の違いにより特徴的なルートを回遊するが，索餌のための共通の海域（アラスカ湾，ベーリング海など）も存在する，(3) 寒流の表層流に沿って移動することから，回遊の際の表層流の方向や海水温の果たす役割が重要である，(4) 種や母川の異なる個体から成る群れで回遊する，(5) 母川を同じくする個体が広い海域に分散するため，異なった場所から母川に向かって収束するように回帰する，(6) 逆に，母川を異にする個体が同じ場所で索餌するため，同じ場所から発散するようにそれぞれの母川へと回帰する，などが判明している（Neave, 1964；Royceら, 1968；岡崎, 1986；Thorpe, 1988；Groot and Margolis, 1991）．

北海道や東北地方由来のシロサケの場合，非常に遠方の海域にまで回遊する．すなわち，稚魚はま

ず沿岸を北上して亜寒帯流に入り，これに沿ってアラスカ湾にまで移動後，アラスカ環流に沿って回遊する．その後，ベーリング海に移動して，ベーリング環流から東カムチャッカ海流に沿って回帰する（Yonemori，1975；白旗，1983；伊藤，1984；入江，1990；Salo，1991）．アラスカのブリストル湾由来のベニザケの場合，ベーリング海およびアラスカ湾の2つの海域を，それぞれベーリング環流およびアラスカ環流に沿って数年かけて周期的に回遊する（Royceら，1968；Burgner，1991）．

　従来から，サケの回遊には，大きく分けて2つの段階が区別されている．すなわち，（1）外洋を回遊する段階，および，（2）母川を識別して回帰する段階である（Haslerら，1978；Hasler and Scholz，1983；Quinn，1982，1990；Dittman and Quinn，1996）．（1）では，さらに，（a）稚魚が母川近傍の沿岸から外洋の索餌海域にまで移動する段階，（b）索餌海域を回遊する段階，および，（c）成魚が索餌海域から母川近傍の沿岸にまで回帰する段階の，少なくとも3つの段階が区別できる．

　すでに述べたように，索餌海域への移動，および，索餌海域における回遊のためには，表層流と海水温が重要な役割を担っている．しかし，目的の海域に向かう際の移動速度が，海流よりも速いことから，海流によりまったく受動的に運ばれるのではない（Neave，1964；Royceら，1968）．また，移動に方向性が見られるので，ランダムに移動するのでもない（Quinn and Groot，1984；Hiramatsu and Ishida，1989；Quinn，1991）．

　索餌海域への移動が先行する経験なしに行われることから，この行動が遺伝的に制御された行動であることが分かる．一方，本来の生息地とは全く異なる場所への人為的な移植，たとえば，北米太平洋岸のマスノスケやベニザケのニュージーランドへの移植が成功していることから，移動行動がかなりフレキシブルな行動であることも確かである．移植した集団が定着しなかった場合でも，移植先の母川への回帰が見られる．したがって，索餌海域への移動を含めた回遊行動全般が，非常にフレキシブルな行動であると思われる．おそらく，このような，環境に対するフレキシブルな応答自体に遺伝的な基礎があるのだろう．

　Hansenら（1993）は，ノルウェー産のタイセイヨウサケの幼魚（postsmolt期）を，ノルウェー海の索餌海域（Faroe諸島沖）にまで船で運搬して直接放流したところ，成熟して母川へ回帰したものは皆無であったという．このことから，Hansenらは，索餌海域まで移動する際の経験が，母川へ回帰するために必要であると結論した．ただし，少数の標識個体がノルウェー沿岸でのみ再捕獲されたことから，索餌海域から東方のノルウェー沿岸へ向かう大まかな定位行動は，索餌海域への移動の経験なしに可能な生得的行動であるという．

　成長したサケは，母川での繁殖にちょうど間に合うタイミングで，母川に向かって移動を開始する．おそらく，母川への移動を動機づける要因が，成長や日長により制御された生殖腺の発達と相関していると考えられる（生田・会田，1987；平野，1994；Ikuta，1996；生田，1997；浦野ら，1999；生田・遊磨，2000）．また，母川での繁殖期間が母川集団ごとに異なることから，母川への移動を動機付ける要因の発現が遺伝的に制御されていると思われる．

　すでに述べたように，母川への移動のパターンは，異なった場所から母川に向かって収束するように，あるいは逆に，同じ場所から発散するように行われる（Neave，1964；Royceら，1968；Groot and Margolis，1991）．このような移動が可能となるためには，サケは自分が移動している方向だけでなく，母川を基準にした現在位置を知っている必要があると思われる．すなわち，サケは，真のナ

ビゲーション（navigation，航路決定）の能力をそなえている必要があると思われる．Neave（1964）は，これを"bi-coordinate navigation"と呼んだ．鳥の場合，巣の位置を基準にした現在位置の感覚を，地図感覚（map sense）と呼ぶ（Gould, 1982）．したがって，サケは，ナビゲーションのための"コンパス"および"地図"をそなえる必要があると思われる（"地図およびコンパス説，map and compass hypothesis"）（Neave, 1964；Royceら, 1968；Quinn, 1982, 1984a；Thorpe, 1988）．なお，現在位置（緯度と経度）についての手がかりは，日長および日の出・日の入りの時刻（Neave, 1964），あるいは，地磁気の伏角および偏角の分布（Quinn, 1982）から得られるという指摘がある．

方位を知るためのコンパスの候補として，太陽コンパスや磁気コンパスが示唆されている（Haslerら, 1978；Quinn, 1980, 1982, 1984a）．太陽コンパスは，太陽の位置を基準にして方位を知る方法で，体内にそなわった計時機構（生物時計，または，体内時計）により修正される．磁気コンパスは，地磁気の手がかりから方位を知る方法である．最近，ニジマスの嗅上皮の細胞中に磁鉄鉱（Fe_3O_4）の粒子が見いだされ，これが磁気コンパスとして機能するとの仮説が提唱されて注目を集めている（Walkerら, 1997；Diebelら, 2000；佐藤, 2001参照）．また，うねりに伴う慣性力を手がかりにしている可能性も指摘されている（Cook, 1984；Harden Jones, 1984）．

すでに述べたように，太平洋のサケは，広大な索餌海域のどの地点からでも母川に向かって，おそらく，"真直ぐに"回帰する（Neave, 1964；Royceら, 1968；Groot and Margolis, 1991）．また，タイセイヨウサケが母川に回帰するためには，索餌海域への移動経験を必要とする（Hansenら, 1993）．サケが索餌海域へ移動する際に，また，さらに索餌回遊を続ける際に，おそらく，母川の位置を基準にした現在位置についての情報を，絶えず更新しているのではないだろうか．そして，この現在位置の情報を利用することで，母川に向かって真直ぐに回帰するのではないだろうか．この点に関して，動物実験やシミュレーションなどによる今後の検証が望まれる．昆虫では，索餌に出かけたサバクアリが帰巣する際に，それまでの道を逆にたどるのではなく，餌を見つけた地点から巣に向かって真直ぐに帰巣する．これは，サバクアリが，現在位置を巣の位置を基準にして絶えず更新しているためである（経路積分，path integration）．サバクアリが現在位置を更新する際に，太陽コンパス（または，偏光コンパス）を利用することも判明している（Müller and Wehner, 1988；Wehner, 1989）．Path integrationを利用したnavigationに関しては，最近の総説（Etienneら, 1996；McNaughtonら, 1996；Wehnerら, 1996；Biegler, 2000）を参照されたい．

§7．母川回帰と嗅覚記銘仮説

7-1　嗅覚記銘仮説

母川回帰の最終段階では，母川に特有の"匂いの記憶"を手がかりとして，母川を認知することにより回帰すると考えられている．Hasler and Wisby（1951）は，（1）植生や土壌の違いにより，それぞれの川には固有の化学的組成，したがって，固有の匂いが存在する，（2）サケの稚魚は，自分が生まれ育った川（母川）の匂いに刷り込まれて（記銘されて）降海する，（3）成長したサケは，この匂いの記憶を手がかりにして，母川へと回帰するという仮説（嗅覚記銘仮説，olfactory imprinting hypothesis）を提唱した．この嗅覚記銘仮説は，その後の多くの実験的な証拠に支えられて，現在，広く認められている（Haslerら, 1978；Hasler and Scholz, 1983）．

7-2 フェロモン仮説

一方，Nordeng (1971, 1977) は，上記の考えとまったく異なるフェロモン仮説を提唱した．この仮説は，スカンディナビア半島のサケ科魚類（タイセイヨウサケ，北極イワナ，ブラウントラウト）では，成魚が回帰する前にスモルトが降海するという観察に基づくもので，降海した個体，あるいは，残留した個体から放出されるポピュレーションに特異的なフェロモン（population-specific pheromones）を，成魚が生得的に認識し，このフェロモンの軌跡をたどることによって母川に回帰するという説である．

Black and Dempson (1986) は，ラブラドル半島の北極イワナでこのフェロモン仮説を検証した．彼らは，北極イワナが多く遡上する Ikarut River に注ぐ支流の1つで，それまで北極イワナが遡上したことのない川に設けた囲いの中に，Ikarut River に遡上した北極イワナを入れておいても，まったく誘引効果が見られなかったことから，フェロモン仮説は支持できないと結論した．Sutterlin and Gray (1973) も，タイセイヨウサケで同様の観察を行い，フェロモンの誘引効果に対して疑問を述べている．

このように，フェロモン仮説の旗色はよくないが，母川回帰に際してフェロモンが誘引的に作用している可能性も残されている（Stabell, 1984）．

7-3 嗅覚記銘仮説と移植実験

移植実験に関しては，すでに述べたものの他に，Donaldson and Allen (1957)，および，Jensen and Duncan (1971) が行った実験が，母川に対する強い執着を明らかにした点で重要である．

図14-5A は，ピュジェット湾に注ぐギンザケが遡上する水系のうちの，3つの水系にある4ヶ所の孵化場の位置を示す．すなわち，(1) Issaquah Creek，(2) ワシントン大学，(3) Soos Creek，および，(4) Minter Creek の孵化場である．これらの孵化場のうち，(2) のワシントン大学の孵化場には，それまで，ギンザケの回帰が見られなかったが，Donaldson and Allen (1957) が，そこへのギンザケ

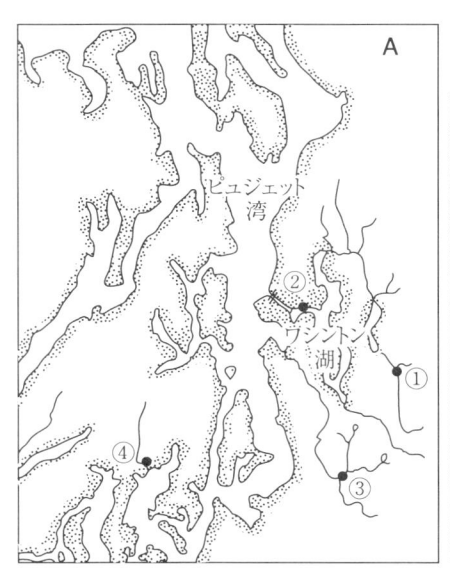

図14-5　ピュジェット湾に注ぐ水系におけるギンザケの移植（Donaldson and Allen, 1957）
A：孵化場の位置を示す地図．①Issaquah Creek 孵化場，②ワシントン大学孵化場，③Soos Creek 孵化場，④Minter Creek 孵化場．B：ワシントン大学孵化場から運河に注ぐ排水路の魚梯．

の移植を試みた．彼らは，Soos Creek に回帰したギンザケの卵から孵化させて育てた稚魚（スモルト）71,000 尾を 2 つのグループに分け，Issaquah Creek（37,000 尾）とワシントン大学（34,000 尾）に運んで，2ヶ月間飼育した後，それぞれの場所から標識放流し，それぞれの河川に回帰した標識魚の数を調べた．その結果，Issaquah Creek へは 71 尾の標識魚が回帰し，そのうち Issaquah Creek から放流したものが 70 尾，ワシントン大学から放流したものが 1 尾であった．ワシントン大学へは 124 尾が回帰し，その全てがワシントン大学から放流したものであった．Soos Creek と Minter Creek への標識魚の遡上はゼロであった．

　これらの結果は，ギンザケは生まれた川ではなく，移植（放流）された川に非常に正確に回帰することを示している．とくに，ワシントン大学から放流されたサケは，ワシントン湖とピュジェット湾を結ぶ大きな運河に，細い流れ（約 32 l/s）として注いでいる排水路の魚梯（図 14-5B）を上って，コンクリート製の池へと回帰した．しかも，この池へ供給されている水の大部分は，もともと運河からポンプで汲み上げた水である．母川水（この場合，孵化場からの排水）に含まれる誘引物質については，不明な点が多いが，強い誘引力に驚かされる．

　母川の強い誘引力を明らかにしたもう 1 つの例として，Jensen and Duncan（1971）の移植実験がある．彼らは，コロンビア川の支流の 1 つの Wenatchee River にある孵化場で卵から育てたギンザケの稚魚（スモルト）65 万尾を，別の支流の Snake River にある施設に運び，その場所の湧き水に約 2 日間入れておいた後，Snake River の少し上流にある水力発電所のダムのすぐ上から標識放流した．この実験の当初の目的は，発電機のタービンをサケの稚魚が通るとき，どの程度死ぬかを調べることにあった．約半年後，ギンザケの jack（早熟雄）が，施設の排水が Snake River に注ぐ地点の近くに集まった．それまで，その場所でギンザケが産卵することは知られていなかったので，半年前に放流したギンザケが繁殖のために，施設の排水に誘引されて集まったと思われた．このことを確かめるために，floating trap（捕獲用の浮上式トラップ）を川の中に入れて，そこに施設の排水を流し込んだ．その結果，大量（399 尾）のギンザケがトラップで捕らえられた．コントロールとして，川の水を流し込んでも 1 尾もトラップに入らなかった．移植元の川（Wenatchee River）には，1 尾の標識魚も回帰しなかった．したがって，放流前に 2 日間湧き水に曝すだけで，非常な正確さでその水に回帰することが分かる．

7-4　嗅覚記銘仮説と感覚閉塞実験

　母川回帰行動に嗅覚が関与している可能性を示唆したのは，Treviranus（1822），および，Buckland（1880）が最初であるという（Harden Jones，1968；Hasler and Scholz，1983）．この可能性を検証する目的で，感覚閉塞実験を行ったのは Craigie（1926）が最初であるが，明瞭な結果が得られなかった．その後，Wisby and Hasler（1954）は，ワシントン湖水系の 2 つの川，すなわち，Issaquah Creek（図 14-5 参照），および，その支流の East Fork に回帰したギンザケを用いて，嗅覚閉塞実験を行った．それぞれの川を母川とするギンザケの鼻孔にワセリン，ベンゾカイン軟膏，あるいは，綿で栓をして，2 つの川の合流点の下流から放流したところ，それぞれの母川を正しく選択できなかった．すなわち，2 つの川をランダムに選択した．一方，コントロールとして放流した無処理のギンザケは，自分の母川を正しく選択した．この結果から，サケが母川の手がかりを嗅覚を用いて検知することが初めて示された．

その後，Grovesら（1968）は，コロンビア川下流域の支流（Spring Creek）を母川とするマスノスケで大規模な調査を行い，母川回帰にとって嗅覚が重要なはたらきをしていることを確認した．彼らは，さらに，視覚も重要なはたらきをしていることを示した．嗅覚の重要性は，このほか，タイセイヨウサケ（Bertmar and Toft, 1969）やシロサケ（Hiyamaら，1967）はじめ，多くのサケ科魚類で確認されている（Stasko, 1971；Hasler and Scholz, 1983）．

7-5 人工的化学物質に対する記銘実験

Hasler and Wisby（1951）が人工的化学物質（自然界に存在しない人工的に合成された有機化合物）に対する記銘実験のアイデアを披露してから20年以上の準備期間の後，Scholzら（1976）により，そのアイデアが実行に移された．彼らは，孵化したギンザケをミシガン湖の水とは無関係の湧き水で1.5年間飼育し，これを3群（モルホリン $5×10^{-5}$ mg/l 処理群，フェネチルアルコール $1×10^{-3}$ mg/l 処理群，無処理のコントロール群）に分けた．これらの化学物質を飼育タンクに滴下して，パーからスモルトに変態する時期の1.5ヶ月間飼育した後，これら3群を直接ミシガン湖に標識放流した．

ギンザケが成熟して回帰する予定の秋（放流から1年半後）に，ミシガン湖に流入する2つの川から，それぞれ，モルホリン，または，フェネチルアルコールを滴下して，それぞれの川に誘引されるかどうかを調査した．その結果，モルホリンを滴下した川へは，モルホリン処理群の大部分が，フェネチルアルコールを滴下した川へは，フェネチルアルコール処理群の大部分が回帰した．一方，無処理のコントロール群では，河川に対する好み（回帰）の偏りが見られなかった．以上の実験結果は，ギンザケが人工的な化学物質に記銘され，母川回帰の際にこの手がかりを利用したことを示している．

その後，Tilsonら（1994, 1995）は，ルーズベルト湖（ワシントン州）のコカニー型ベニザケを用いて，モルホリン，および，フェネチルアルコールに対する記銘実験を行い，上記の結論を支持する結果を得ている．また，彼らは，自然の地形を利用したY迷路によるテストを行い，成熟魚が孵化／浮上期およびスモルト期に記銘した化学物質に誘引されて遡上することを見ている．

7-6 逐次記銘仮説

サケが，本流に沿って川を降る際に，途中で多くの支流との合流点を通過する．逆に，母川へと回帰する際には，多くの支流に遭遇する．母川水が河口に達するときには，嗅覚による検出が可能な閾値以下の濃度に希釈される場合が多いと思われる．たとえば，Harden Jones（1968）によれば，カルタス湖からの水はフレーザー川の河口近くで0.4％以下に希釈され，これはおそらく閾値以下の濃度であるという．したがって，もし，それぞれの合流点で匂いの標識を順番に記銘しながら川を降り，回帰の際には，記銘した匂いの標識を逆の順番にたどって行くことが可能ならば，より容易に母川へと到達できるはずである．このような考えを，逐次記銘仮説（sequential imprinting hypothesis）と呼ぶ（Harden Jones, 1968）．

Harden Jones（1968）は，逐次記銘仮説を支持する証拠として，上述したDonaldson and Allen（1957）などの移植実験を上げている．これらの実験（ギンザケ，ベニザケ，タイセイヨウサケを用いた実験）は，成熟したサケは生まれ育った地点ではなく，放流された地点に回帰するが，前者が放流点のすぐ近くの上流に位置している場合には，そこに回帰することを示すものであった．

その後，Quinnら（1989），および，Brannon and Quinn（1990）は，ワシントン湖水系の上流を母川とするギンザケを，途中の流れを経験させずに直接下流に放流すると母川に回帰できなくなること

を示した．Solazziら（1991）は，コロンビア川のギンザケを河口，汽水域，あるいは近傍の海から直接放流すると，母川への回帰が妨げられるとともに，非母川への迷い込みが多くなることを示した．また，Heard（1996）はアラスカ州南東部のマスノスケにおいても，河川に放流した場合には非母川への迷い込みが見られなかったのに対し，汽水域に直接放流した場合には非母川への高率（8.3％）の迷い込みが見られたことを報告している．これらの結果は，いずれも，逐次記銘仮説を支持するものである．

日本のシロサケを対象に，1970年代の初めから約10年間にわたって実施された"海中飼育放流試験"は，逐次記銘仮説に関する観点から興味深い結果を提供している（白旗，1976b；飯岡，1980；Koganezawa and Sasaki，1982；菅野・佐々木，1983）．"海中飼育放流試験"とは，サケ・マス資源の増大，とくにシロサケ稚魚の離岸期までの初期減耗の抑制を目的として，ある程度の大きさにまで孵化場で育てたシロサケの稚魚を，湾内の海に設置した生簀に移して，さらに1ヶ月～50日ほど飼育した後，生簀から湾内に直接放流して，成熟魚の回帰状況を調査した試験研究を指す．この場合，母川を降って河口から湾内に出るまでの間の経験が遮断される．海中飼育放流試験は，山田湾（岩手県）鮫ノ浦湾（宮城県），陸奥湾（青森県）などで行われた．いずれの場合においても，成熟したシロサケが放流された湾に回帰し，生簀の近傍の定置網などで多数が捕獲され，さらに一部が近傍の河川に遡上した．たとえば，鮫ノ浦湾には川幅がわずか2mほどの後川が流入するが，海中飼育放流の結果，鮫ノ浦湾内の定置網による漁獲量が急増し，また，それまでほとんど遡上がみられなかった後川に多数（とくに回帰の多かった1980年度には，800尾近く）が遡上した．また，近傍に流入河川のない陸奥湾の茂浦から放流したところ，茂浦近傍における漁獲量がそれまでの10数尾～50尾程度から1,000尾以上に急増した．したがって，海中飼育放流されたシロサケは，放流された湾内の，おそらく生簀の近くにまで回帰し，その後近傍の河川に遡上したものと思われる．

同様の結果が，ピュジェット湾（ワシントン州）のギンザケについても報告されている（Renselら，1988）．すなわち，ワシントン湖水系のIssaquah Creek（7-3参照）の孵化場から，ギンザケの稚魚をピュジェット湾の最奥部（Squaxin島）の生簀に移して海中飼育放流すると，成熟したギンザケが湾奥部に回帰し，最終的に湾奥部の河川（主として，Deschutes川）に遡上した．また，アラスカ州南東部のBaranof島のギンザケやベニザケにおいても，稚魚を海中飼育放流すると，成熟魚が放流した湾に流入する河川に遡上することが報告されている（Heard，1976；Wertheimerら，1983）．

また，興味深いことに，上記の山田湾におけるシロサケの海中飼育放流試験では，山田湾への流入河川である織笠川および関口川の河口からほぼ等距離（それぞれ4.0kmおよび3.3km）の位置に生簀を設置し，織笠川の孵化場で孵化した稚魚，および関口川の孵化場で孵化した稚魚を生簀に移して，海中飼育放流した．その結果，織笠川からのシロサケは成熟後織笠川に遡上したのに対し，関口川からのシロサケは成熟後関口川に遡上した（飯岡，1980，1982）．したがって，母川から湾内の海にいたる経路の記銘が遮断されても，母川の近くにまで回帰したシロサケの少なくとも一部は，最終的に母川を探知できることが分かる．しかしながらこの場合，孵化場から母川に放流する通常のケースと比べて，母川への遡上率が著しく低下したと同時に，非母川への迷い込み率が増加した．このことから，途中の経路における記銘の遮断が，母川回帰に対してマイナスの影響を及ぼした可能性が考えられる（飯岡，1980，1982；石田，1982；菅野・佐々木，1983）．

§8. 中禅寺湖のヒメマス

　降海型のベニザケは，エトロフ島を分布の南限としている．一方，北米のコカニー型ベニザケに相当するヒメマスが，北海道および本州のいくつかの湖に生息している．これらのヒメマスは，もともと阿寒湖に陸封されていたコカニー型ベニザケを支笏湖に移植（1894年）したのが始まりで，その後，さらに支笏湖からほかの湖に移植して，各地に広まったものである．コカニー型ベニザケは，アイヌ語でカパッチェポと呼ばれ，"薄い小魚"を意味するという（徳井，1988）．中禅寺湖のヒメマスは，支笏湖産のヒメマス卵を十和田湖に移植（1902年）し，さらに，十和田湖産ヒメマス卵を中禅寺湖に移植（1906年）したものに由来する（田中，1967；白旗，1976a，私信；徳井，1988，1992）．この間，降海型ベニザケ卵もエトロフ島ウルモベツ湖（1934～1940年）やフレーザー川（1956年）から移植され，ヒメマスと混交したとされる（田中，1967；白旗，1976a，私信）．

　中禅寺湖へヒメマスを移植したのは，当時の帝室林野局日光養魚場で，現在の，養殖研究所日光支所の前身である．それ以来，日光養魚場，養殖研究所，および，中禅寺湖漁業協同組合の長年にわた

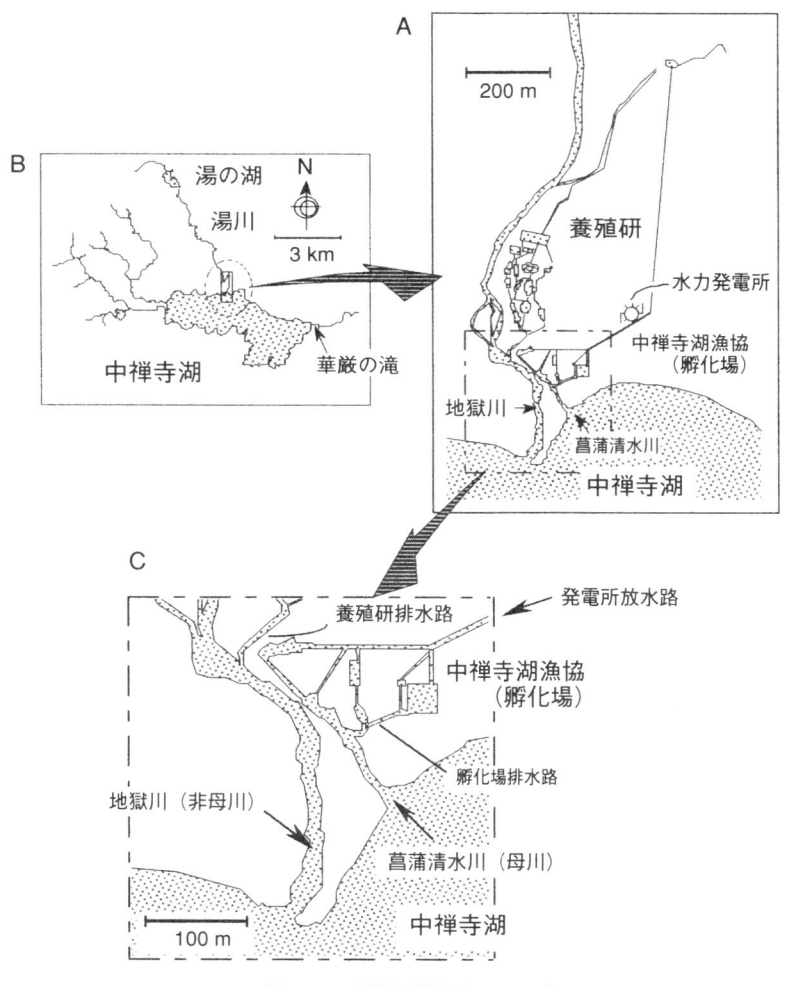

図14-6　中禅寺湖地域のマップ
A，Bの四角で囲んだ部分を，それぞれ，B，Cに示してある

る努力の結果，現在では，毎年数千尾のヒメマスが産卵のために回帰するようになっている．人工孵化した稚魚を，約半年間池中飼育して放流すると，主として満3年目の秋に30 cmほどに成長し，婚姻色の鮮やかな姿に成熟して，放流された川（母川）に回帰する．

養殖研究所周辺には，隣接した2つの川（地獄川と菖蒲清水川）がある（図14-6）．地獄川は，湯の湖から戦場ヶ原を経て，中禅寺湖北岸の菖蒲ヶ浜に流入する．菖蒲清水川は，付近の湧き水を水源とする人工的な水路で，水力発電所を経て菖蒲ヶ浜に注ぐ．ヒメマスは，中禅寺湖漁業協同組合の孵化場から菖蒲清水川を通って放流され，成熟後，菖蒲清水川に回帰する．地獄川（非母川）と菖蒲清水川（母川）の河口は，150 mほどしか離れていないが，ヒメマスの地獄川への迷い込みはほとんどない．中禅寺湖西岸の千手ヶ浜には，外山沢，柳沢，千手清水川，横川，観音水の5つの川が流入する（図14-7参照）．

"中禅寺湖とヒメマス"は，"北太平洋とサケ"のミニチュアモデルと考えることができる（佐藤, 1994）．実際，過去30年以上にわたって，養殖研究所日光支所の研究者および共同利用研究者らによる，ヒメマスの回遊，母川回帰および産卵行動に関する研究成果が蓄積している．

白旗・田中（1969）は，それまでヒメマスの遡上の見られなかった外山沢から，ヒメマスの稚魚を放流すると，成熟したヒメマスが外山沢に回帰することを報告している．そのときの様子を，白旗はつぎのように述べている（研究所内発表資料より引用）．「……孵化後6ヶ月の池中飼育した稚魚183,000尾を昭和41年5月30日に中禅寺湖千手ヶ浜外山沢（河口から1.8 km点）に，陸路運搬して放流した．この川では，今までヒメマス産卵群の遡上が見られなかった．昭和43年10月5, 6日に外山沢とその河口にヒメマス産卵群の遡上と寄りが発見され，10月6日には♂497, ♀774尾が採捕できた．この産卵群は，昭和41年の放流の結果できた新しいポピュレーションであると推定した．……」淡々とした文章の行間から，そのときの感激が伝わってくる．このように，中禅寺湖のヒメマスで，初めて，移植により新しいポピュレーションができることが示された．

白旗（1970）は，それまでほとんど遡上の見られなかった地獄川（450,000尾）および千手清水川（18,082尾）にヒメマス稚魚を放流すると，それぞれ，地獄川（1,296尾）および千手清水川（63尾）にヒメマス成熟魚が遡上することも報告している（研究所内発表資料）．また，白旗（1969）は，嗅覚閉塞実験から，ヒメマスが母川を探知する際に嗅覚が重要なはたらきをすることを報告している．このほか，中禅寺湖のヒメマスは，孵化後約2年9ヶ月で成熟するが，(1) 孵化後1年6ヶ月以内であれば，新たな川に2日以上曝すことにより母川として記銘し直せること，(2) 孵化後，約2年以上経過すると，新たな川に10ヶ月〜0.5ヶ月曝しても，もはや母川として記銘できないこと，等の重要な発見をしている（白旗・田中, 1969；白旗, 1970, 1971；研究所内発表資料）．

以上の結果は，(1) 中禅寺湖のヒメマスにおいても，嗅覚記銘仮説が当てはまる，(2) 性成熟が新たな記銘を抑制する，(3) ヒメマスの母川記銘では，アヒルなどの記銘と異なり成長初期の不可逆的な臨界期がなく，性成熟以前であれば，短時間（おそらく2日以内）の曝露で新たな記銘が可能である，したがって，(4) 逐次記銘仮説が支持されることなどを明瞭に示している．

白旗らにより行われた初期の研究は，その後，養殖研究所日光支所の北村・生田らによりさらに発展させられている．たとえば，北村ら（2000）は，母川回帰に及ぼす嗅覚や視覚閉塞の効果について，厳密な検証を行っている．また，北村・生田（1998），八板（1998），北村（2000）は，成熟し

たヒメマスが母川に回帰する経路を調べる目的で，菖蒲清水川に回帰したヒメマスに超音波発信器を装着して湖に放流し，GPS装置を積んだ船で追跡する超音波トラッキング（ultrasonic tracking）を行っている．図14-7にその結果の一部を示す．"湖産ヒメマス"は真直ぐに母川に回帰するのに対し，"池産ヒメマス"は迷走することが分かる．湖産ヒメマスとは湖で成長・成熟して母川へ回帰したヒメマスを指し，一方，池産ヒメマスとは成熟するまで母川水が流れている池で飼育したヒメマスのことで，湖を一度も経験したことのないヒメマスを指す．これらの結果から，湖での視覚的な経験が母川に向かうために重要なことが示唆される．湖産ヒメマスは，おそらく，観測航法（pilotage）により回帰すると思われる．すなわち，湖岸の光景や湖面を通して入ってくる湖の周辺の眺めなどの湖産ヒメマスがよく知っている視覚的な標識（landmark）を手がかりにして回帰するのであろう．嗅覚は，母川の近傍にまで回帰した後に母川を認識するのに用いられると思われる．一方，池産ヒメマスの一部は，十分時間をかければ，正しく母川回帰できるので，視覚的な経験がなくても，おそらく，試行錯誤の後に嗅覚により母川を探知していると思われる．同様の結果は，洞爺湖のヒメマスにおいても，上田らによって確認されている（上田ら，1994；Uedaら，1998）．

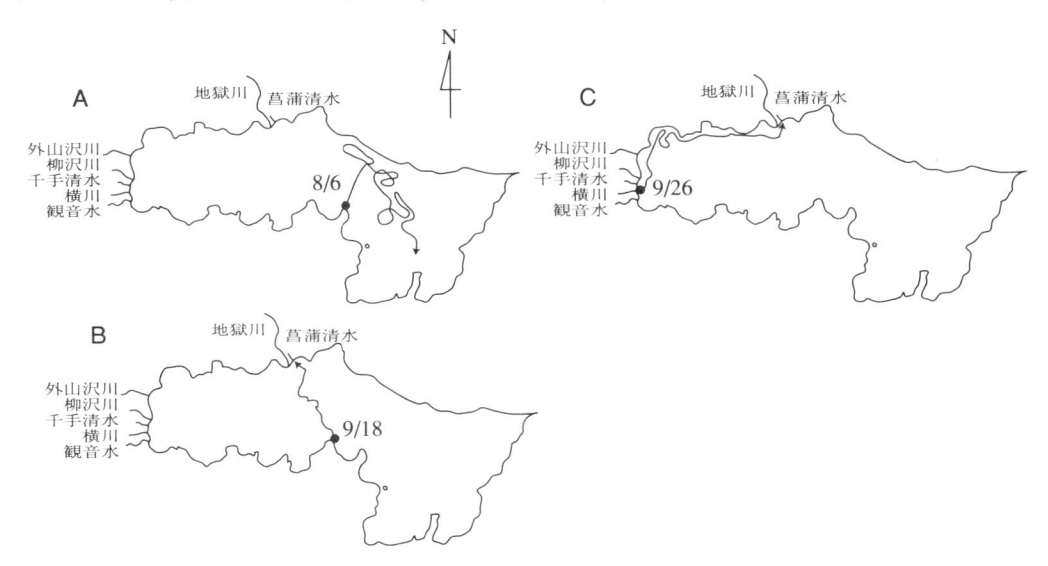

図14-7 超音波トラッキングによるヒメマスの回帰経路の追跡（北村・生田，1998；八板，1998）
A：池産ヒメマス，B，C：湖産ヒメマス．黒丸印の地点から矢頭印の地点まで追跡した．

このほか，ヒメマスの回遊行動を動機づけている内分泌学的要因が明らかにされている．たとえば，Iwata（1996）は，甲状腺ホルモンをヒメマスに投与すると降河行動が誘発されること，また，ヒメマスの稚魚が血中の甲状腺ホルモン濃度が一時的に上昇して約2週間後の日没直後に降河することを見ている．ギンザケ，サクラマスなどでは，甲状腺ホルモンの血中濃度が，新月のタイミング，新奇な水，あるいは，水温の変動などに同調して上昇する（Grauら，1981；Dickhoffら，1982；Yamauchiら，1984；Nishiokaら，1985）．甲状腺ホルモンは母川記銘のために必須のホルモンであると考えられている（Hasler and Scholz, 1983；Tilsonら，1994, 1995；Dittman and Quinn, 1996）．

図14-8Aに，ヒメマスの降河期における，甲状腺ホルモン，成長ホルモン，および，副腎皮質ホルモンの変動の様子を模式的にまとめてある（生田・遊磨，2000）．甲状腺ホルモンはスモルト化およ

び降河行動を促進し，また，成長ホルモンと副腎皮質ホルモンは海水適応を促進する（Hoar，1976；岩田，1987；山内・高橋，1987；岩田・平野，1991；平野，1994）．

回帰行動を動機づけているホルモンに関しても，ヒメマスが回帰する年の春（4月頃）にテストステロン濃度が上昇し始めることから，北村・生田（1994）は，雌雄ともテストステロンが母川への回帰行動をトリガーすると考えている（Truscottら，1986；生田・会田，1987；Ikuta，1996；生田，1997；浦野ら，1999）．実際，ヒメマスの未熟魚にテストステロンを投与すると実験水路への遡上が促進される．この場合，日没直後に遡上することから，遡上行動は体内時計と密接にリンクしていることが分かる（北村・生田ら，1996，1997；Munakataら，2000，2001）．図14-8Bに，母川回遊に伴う血中性ホルモン濃度の変動を模式的に示す（生田・遊磨，2000）．エストラジオール，11-ケトテストステロンは生殖腺の発達を促進し，17α，20β-プレグネン-3-オンは生殖細胞の成熟を促すホルモンである（長浜，1991；生田，1997）．

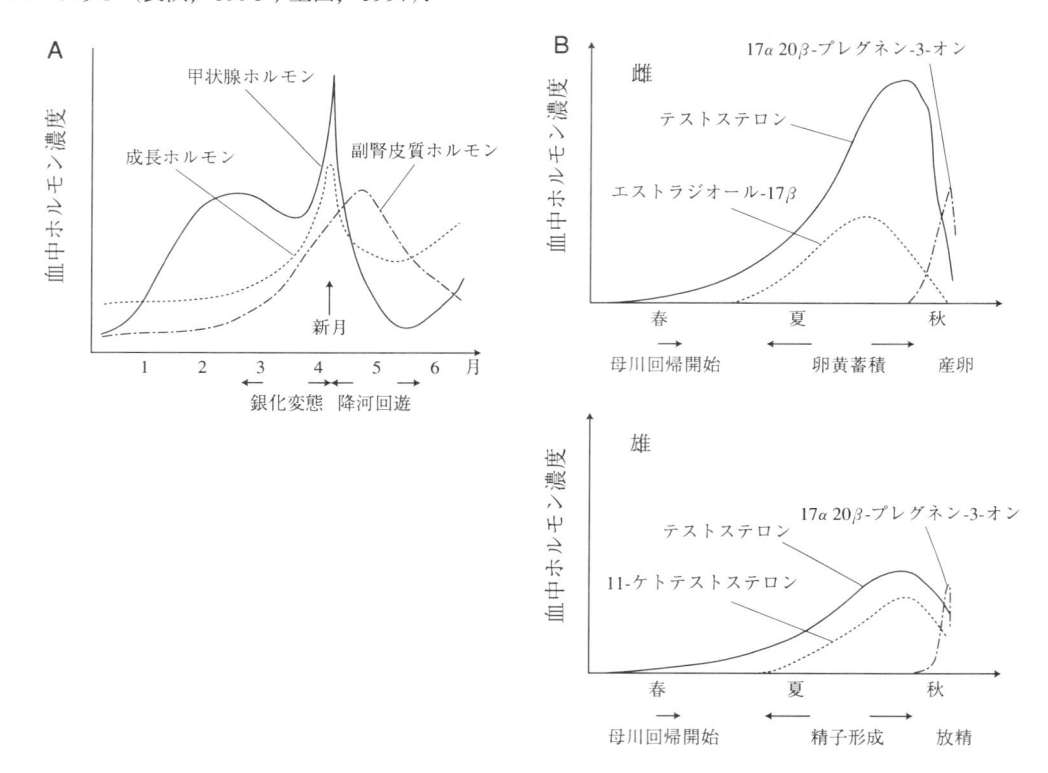

図14-8　降河期（A）および成熟期（B）における血中ホルモン濃度の変動（生田・遊磨，2000）

§9．嗅覚記憶とNeural Correlates

もし嗅覚記銘仮説が正しいなら，母川に対する記憶を反映した神経活動（neural correlates）を嗅覚神経系の活動として捉えることができるはずである．このような期待から，多くの研究者がこの課題に取り組んだ．たとえば，Haraら（1965），および，Uedaら（1967）は，それまで行動学や生態学の手法が主流であったこの分野に，生理学（電気生理学）の手法が導入できることを初めて示した（上田，1969；Hara，1970）．彼らは，ピュジェット湾に流入する水系に回帰したマスノスケおよびギンザケ

の鼻孔を色々な河川水で刺激すると，母川水で刺激したときに限って，嗅球（第一次嗅覚中枢）から大きな脳波応答が誘発されるという報告を行った．この結果は，記銘された母川の記憶が嗅球（もしくは，嗅上皮）に蓄えられていて，この記憶が母川水刺激により呼び出されることを意味しており，彼らは，「……2つの川の合流点でどちらの川を選択するかを迫られた場合，大きい脳波をひきおこす方の川を選ぶことにより，母川にたどり着く……」という仮説を提唱した（Uedaら，1967）．

しかしながら，同じ材料と手法を用いたOshimaら（1969）によるその後の研究では，これらの結果を再現できなかった．また，フレーザー川のベニザケ（Bodznick，1975），中禅寺湖のヒメマス（Uedaら，1971），三陸のシロサケ（Kajiら，1975）を用いた研究においても，これらの結果を確認できなかった．一方，これらの嗅球脳波応答を指標にした研究の過程で，中禅寺湖のヒメマスや三陸のシロサケが，異なる河川水の間の質の違いを識別できることが示された（Uedaら，1971；Kajiら，1975）．

Cooper and Hasler（1974）は，モルホリンを記銘したギンザケ（実験群）のモルホリン刺激に対する嗅球脳波応答が，記銘しなかったギンザケ（コントロール群）の脳波応答に比べて有意に大きいという報告を行った．実験群は，モルホリンを記銘後，ミシガン湖に放流され，成熟後，モルホリンに誘引されて回帰したギンザケである．しかしながら，この結果も，Hara（1974），Hara and Macdonald（1975）および，Hara and Brown（1979）により厳しく批判され，再現性が疑問視されている（Stabell，1984参照）．

一方，Nevittら（1994）は，嗅覚記憶が末梢の嗅上皮に存在するという興味深い報告を行っている．彼らは，ギンザケの稚魚をフェネチルアルコールで記銘し，6ヶ月後に，嗅受容細胞のフェネチルアルコールに対する応答を調べた．その結果，フェネチルアルコールで記銘したギンザケの嗅受容細胞の応答が，記銘しなかったギンザケに比べて有意に大きいことを見いだした．この末梢性の嗅覚記憶（peripherally stored memory）の考え（Nevittら，1994；Dittmanら，1997；Nevitt and Dittmann，1999）は，上記の中枢性の嗅覚記憶（centrally stored memory）の考えと対照的で，今後の検証が望まれる．

このように，嗅覚記銘仮説が多くの行動実験により支持されている一方，母川記憶のneural correlatesに関しては，未だに不明な点が多い．さらに，母川記銘（母川記憶の形成）のメカニズムや母川記憶の想起（母川記憶の読み出し）のメカニズムに関しても，コンセンサスに達しているとはいえず，ほとんど未解明の段階にある．魚類嗅球のシナプス可塑性と嗅覚記憶の形成に関する，筆者らによる最近の研究については，§11，および，§12で取り上げる．

§10．ヒメマスの母川応答：ニューロエソロジー（神経行動学）的研究
10-1　Y迷路中での母川選択と遡上行動

§8では，中禅寺湖を北太平洋のミニチュアモデルとみなして，サケの回遊と母川回帰の機構の解明を目指す試みについて述べた．しかし，よく制御された実験のためには，中禅寺湖でさえまだ大きすぎる感がある．また，母川回帰の研究には，水質をコントロールできる人工河川がぜひ必要である．そこで，筆者らは，比較的大がかりなY迷路（図14-9A）を建設し，これに母川水と非母川水を導くことにより，母川選択行動および遡上行動を，Y迷路中で再現することに成功した（佐藤ら，1998）．

近い将来，このY迷路中で母川を選択して遡上している最中のヒメマスの嗅覚中枢（嗅球）から，神経活動を無線送信することを目指している（佐藤，1996；Satou ら，1996a；Kudo ら，1997，1999；佐藤ら，in press）．

図14-9Bの☆印の位置にY迷路を設置し，ポンプを用いて非母川水を②（地獄川）から，母川水を①（菖蒲清水川）から，それぞれY迷路の左右のアームにまで導いた．アームの長さは約20 m，下流の水槽の大きさは約3.5 m×6 mである．自然の地形や水路を利用したものを除いて，これほど大がかりなY迷路は，今までに報告がない．筆者らの経験によれば，小規模なスケールのY迷路では，探索行動による偶然の選択と区別するのが困難なため，明瞭な結果を得るのが困難と思われる．

下流水槽の最下流部に，菖蒲清水川に回帰したヒメマスの♂20尾，♀20尾，計40尾を入れ，十分アダプトさせた後，どちらのアームに遡上するかビデオ観察した．図14-9Cに，嗅覚遮断の効果についてテストした例を示す．無処理（Intact）のヒメマスは，母川と非母川を明瞭に区別して母川側にのみ遡上するが，嗅覚を遮断（OlfX）すると，遡上行動が著しく阻害され，また，母川と非母川を区別できなくなった．Sham operation（Sham）を施したコントロールのヒメマスでは，無処理群と同様の結果が得られた．以上の結果から，嗅覚記銘仮説の予測通りに，母川水の識別に嗅覚が関与していることが明瞭に示された．

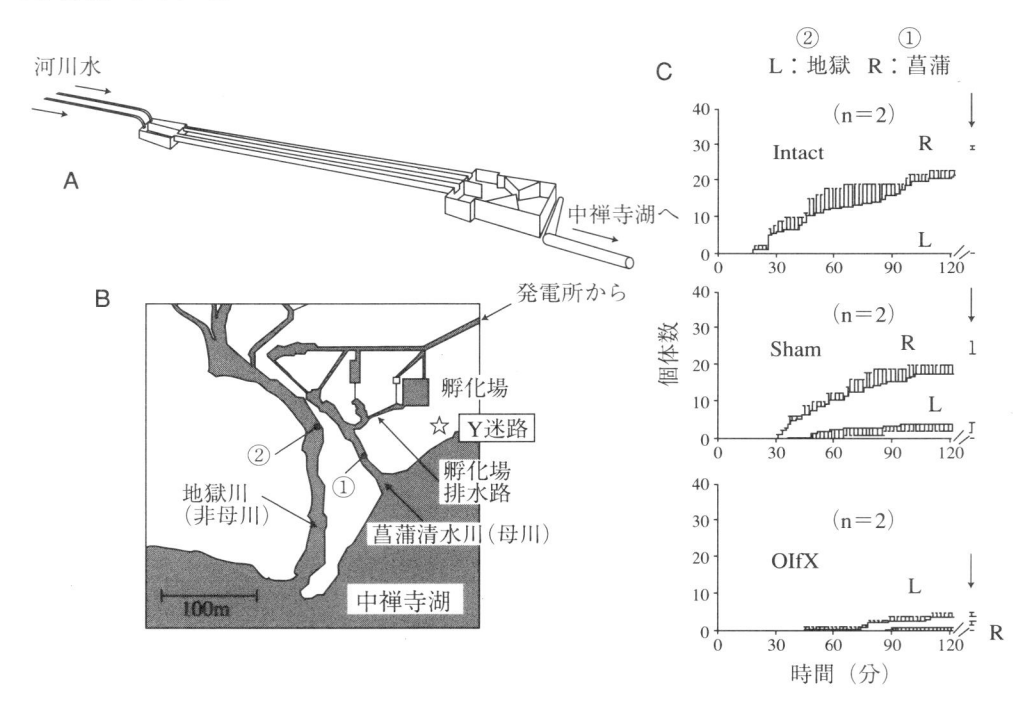

図14-9 母川選択・遡上に及ぼす嗅覚閉塞の効果
A：Y迷路，B：菖蒲清水川（母川）および地獄川（非母川）周辺のマップ，C：遡上の時間経過．横軸に時間，縦軸に遡上した個体数の積算値の平均と標準誤差を示す．下向きの矢印は翌朝までの遡上数を，括弧内の数字は実験の回数を示す．

10-2 河川水刺激に対する嗅球脳波応答

河川水刺激に対する嗅球脳波応答を，筋弛緩剤で不動化した状態（不動化条件下），もしくは，水

槽中で自由に遊泳している状態（自由遊泳条件下）で検討した（Satouら，1995；佐藤ら，1998）．その結果，孵化場からの排水（母川）を含む水（①～④）に対して大きな応答があるのに対し，孵化場からの排水を含まない水（⑤～⑦）に対しては小さな応答のみが得られた（図14-10）．この大きな脳波応答は，おそらく，孵化場の魚から放出されるフェロモンや餌の匂いが強い刺激となったためと思われる．また，交差順応テストを行った結果，母川水と非母川水には互いに順応しない成分が含まれていることが判明した．このことから，母川回帰したヒメマスが，母川と非母川を互いに識別していることが分かる．

しかしながら，不動化条件あるいは自由遊泳条件，いずれの条件下でも，母川に特有の脳波応答，すなわち，母川記憶に特有の脳波応答は見られなかった．

また，自由遊泳条件下では大きな自発的な脳波が絶えず出ていたのに対し，不動化条件下では大きな自発脳波がほとんど全く見られなかった．おそらく，不動化条件下では"拘束ストレス"により，自発脳波が抑えられたものと思われる．

そこで，より自然状態に近い条件下で嗅球脳波を記録する目的で，嗅球脳波を無線方式で送信することを試み，野外の水路での計測に成功した（佐藤ら，1993, in press；Satouら，1996a；Kudoら，1997, 1999）．すでに述べたように，近い将来，この方法を用いて，Y迷路中でヒメマスが母川を選択・遡上している時の嗅球脳波の記録を試みる予定である（佐藤ら，in press）．

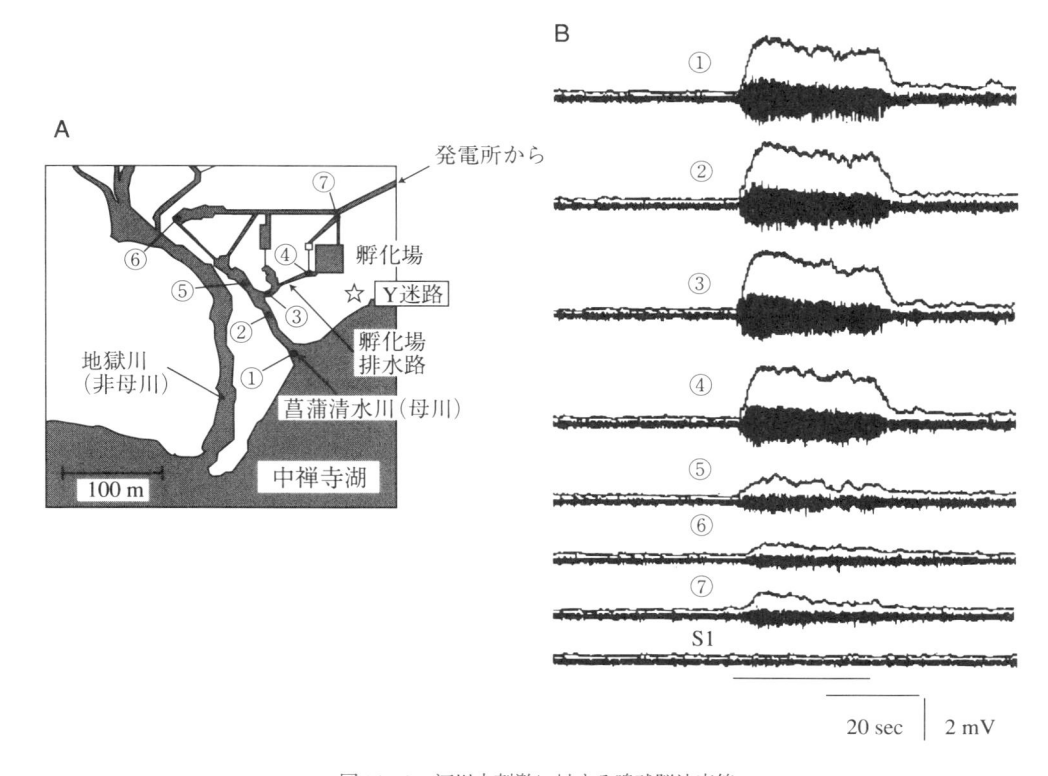

図14-10 河川水刺激に対する嗅球脳波応答
A：試験水をサンプルした場所①～⑦，B：試験水①～⑦に対する嗅球脳波応答．下線の期間，S1（水源水）から試験水に切り換えて刺激した．不動化条件下のヒメマスから記録した．

§11. 魚類嗅球におけるシナプス可塑性

嗅球の脳波応答を指標にして，サケの母川記憶の研究が初めて行われた1960年代の後半は，魚類の神経系や記憶の機構に関する知識が不十分であった．そのため，試行錯誤的にアプローチせざるをえなかったが，当時に比べて，現在ではこれらの知識に格段の進歩が見られる．たとえば，魚類嗅球の構造や生理に関してかなりのことが判明している（Satouら，1983；Satou，1990）．また，記憶の機構に関して，哺乳類の海馬でかなり解明が進んでいる（Bliss and Collingridge，1993；真鍋，1997；Martinら，2000）．

記憶が，シナプスの可塑的変化として蓄えられるとする考えを"記憶のシナプス説"と呼ぶ．ラットがフェロモンを記憶する際に，副嗅球のシナプス可塑性が関与しているとする有力なモデルが提出されている（Brennanら，1990；Kaba and Nakanishi，1995；椛，1999）．このモデルは，フェロモン刺激に暴露した後，妊娠が中断されるかどうかを指標とした，行動薬理学的・内分泌学的研究に基づくモデルで，"ノルアドレナリンの存在下で，フェロモンの記憶が僧帽細胞－顆粒細胞（下記参照）シナプスに蓄えられる"という説である．

そこで，魚類の嗅覚記憶について研究を始めるに当って，このモデルを参考にした（Satouら，1996a）．研究対象としてコイ *Cyprinus carpio* の嗅球を選び，嗅球の僧帽細胞－顆粒細胞シナプスで長期増強（Long-term potentiation，LTP）が生じるかどうかをテストした．LTPとは，シナプス伝達効率が長時間（通常，1時間以上）にわたって増強する現象を指し，記憶の要素的過程と考えられている（津本，1999；小田，2000，2001）．

図14-11Aに，コイ嗅球のシナプス構成を模式的に示す．嗅球の主要ニューロンである僧帽細胞は，嗅神経からの入力を受けとって，出力を嗅索を通じて終脳へ送り出す．顆粒細胞は抑制性の介在ニューロンで，僧帽細胞との間で相反性シナプスを介して相互作用すると同時に，上位中枢からの遠心性の入力を受けとる（Satou，1990）．嗅球外側部の僧帽細胞が外側嗅索（LOT）へ，嗅球内側部の僧

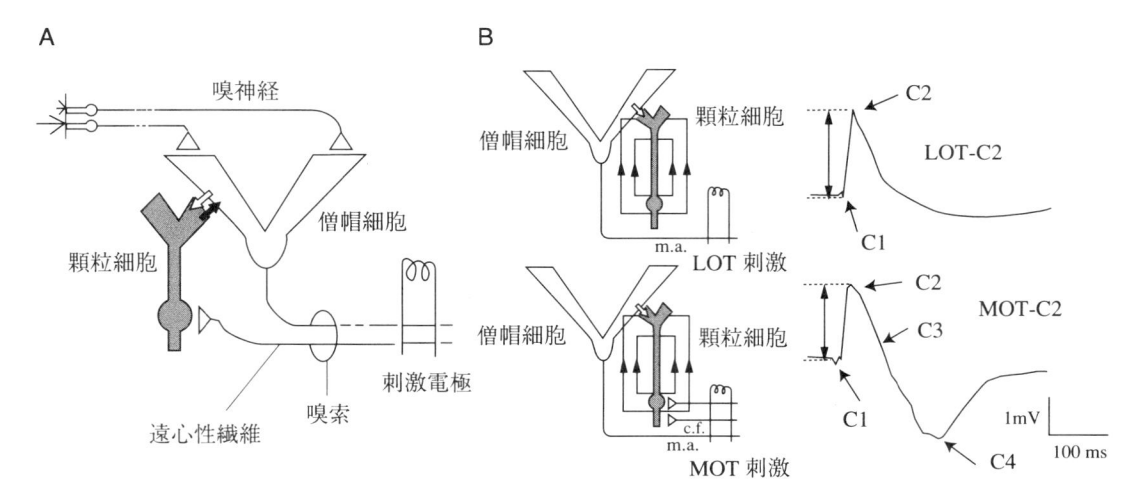

図14-11 嗅球のシナプス構成とフィールド電位の起源
A：コイ嗅球のシナプス構成．B：フィールド電位の起源．矢印は僧帽細胞－顆粒細胞シナプスが活性化されたときの細胞外電流の方向を指す．C1〜C4はフィールド電位の成分波を指す．LOT-C2：LOT刺激により誘発されたフィールド電位のC2成分，MOT-C2：MOT刺激により誘発されたフィールド電位のC2成分，m.a.：僧帽細胞軸索，c.f.：遠心性線維．

帽細胞が内側嗅索（MOT）へ軸索を送り出す．終脳からの遠心性線維が，MOTを通って顆粒細胞に終止する．

　僧帽細胞－顆粒細胞シナプスの伝達効率の変化は，嗅索（LOT，またはMOT）の電気刺激に対する嗅球の顆粒細胞層から記録されるフィールド電位のC2成分の大きさを経時的に測定することにより，容易に知ることができる．フィールド電位のC2成分は，嗅索を逆行性に伝導してきたインパルスにより僧帽細胞－顆粒細胞シナプスが活性化されたときの細胞外電流を反映している（Satouら，

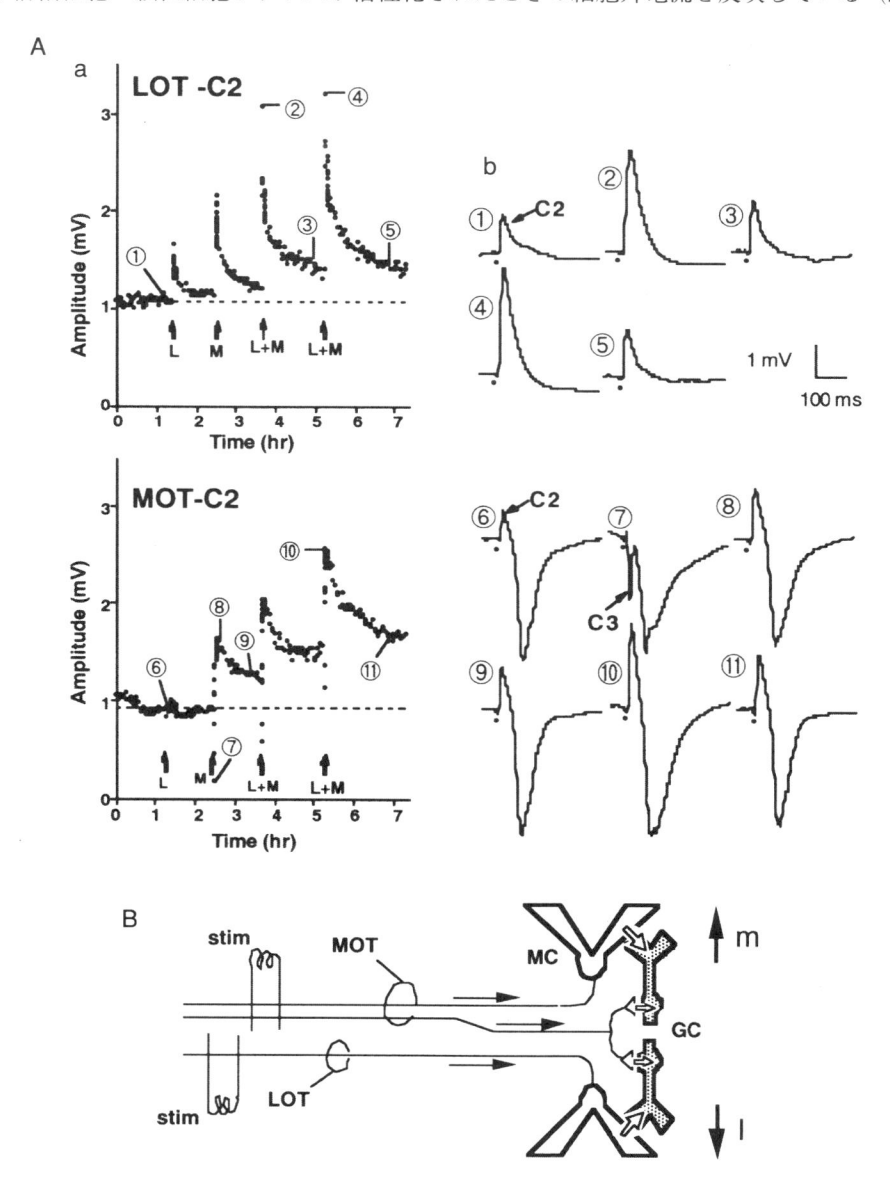

図14-12　LTPの典型例とLTPの神経路
　A：LTPの典型例．横軸に時間，縦軸にC2成分の大きさをプロットしてある．上向き矢印の時点で，テタヌス刺激（5 Hz，201 pulses）をL，MまたはL＋Mに与えた．aの①〜⑪の時点のサンプル波形をbに示す．B：LTPの神経路．mは内側方向，lは外側方向を指す．MCは僧帽細胞，GCは顆粒細胞を指す．矢印はインパルスの方向を示す．

1983；Satou, 1990)（図14-11B). 以下に述べるように，コイ嗅球の僧帽細胞－顆粒細胞シナプスが，嗅索のテタヌス刺激または薬物の投与により可塑性を示すことが判明し，シナプス可塑性を研究するためのよいモデルになることが分かった（Anzai and Satou, 1996；Hoshikawaら，1999；Satoら，2000).

図14-12に，LTPの典型例（A），および，LTPを誘発するための神経路（B）を示す．LOT刺激によって誘発されるフィールド電位のC2成分（LOT-C2）にLTPを誘発するためには，LOT＋MOTの両者をテタヌス刺激する必要があった．テタヌス刺激とは，反復的な電気刺激のことで，この例では，5 Hzの頻度で与えた201発の電気刺激のことを指す．一方，MOT刺激によって誘発されるフィールド電位のC2成分（MOT-C2）にLTPを誘発するためには，MOT（または，LOT＋MOT）をテタヌス刺激すればよいことが判明した．このことから，LTPをひきおこす神経路は，僧帽細胞樹状突起と遠心性線維の両者を介して，同時に，顆粒細胞を賦活する神経路であると推定された（B).

図14-13に，LTPが生じる条件（A），および，作業仮説としての嗅覚記憶形成のモデル（B）を模式的に示す．上述したように，LTPを誘発するためには，顆粒細胞が僧帽細胞樹状突起と遠心性線維の両者から同時に興奮性入力を受ける必要がある．持続的な嗅覚入力と終脳からのフィードバック入力によりこの条件が満たされるので，自然状態では，持続した匂い刺激に曝されることにより匂いの記憶が形成される可能性が考えられる．図14-13Bに示した嗅覚記憶形成のモデルを支持する根拠として，僧帽細胞－顆粒細胞シナプスの伝達が匂い刺激により増強されること，また，僧帽細胞－顆粒細胞シナプスにLTPが生じているときには，匂い応答も増強されること（Huruno and Satou, 1999）の2点がある．今後は，このモデルを作業仮説として，実証的研究を行う必要がある．また，ラット副嗅球のフェロモン記憶形成のモデル（Brennanら，1990；Kaba and Nakanishi, 1995；椛，1999）と同様に，ノルアドレナリンが嗅覚記憶形成の際に促進的に作用する可能性に関しては今後の課題である（§12参照).

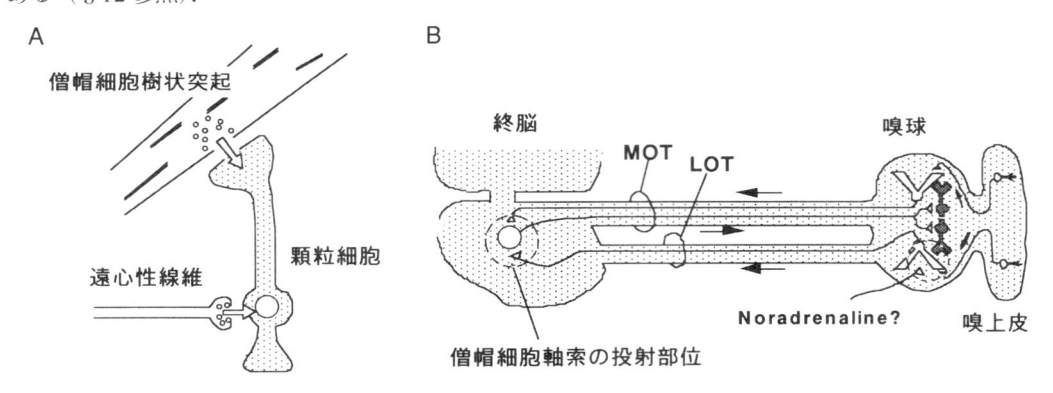

図14-13 嗅覚記憶形成のモデル
A：LTPが生じる条件．顆粒細胞が僧帽細胞樹状突起と遠心性線維の両者から同時に興奮性入力を受ける．B：嗅覚記憶形成のモデル．持続的な嗅覚入力と終脳からのフィードバック入力により嗅覚記憶が形成される．矢印は，インパルスの方向を示す．

サケの母川記銘の機構に関しては，ヒメマスのスモルトの嗅球においても，LTPが生じることが判明している（Satouら，1996b)（図14-14). スモルトに変態した状態の，放流直前の時期のヒメマスを用いてテストしたところ，終脳の外側部（L），および内側部（M）に同時にテタヌス刺激（8 Hz,

503 pulses) を与えると，嗅球のフィールド電位にLTPが誘発されることが分かった．したがって，ヒメマスの嗅球シナプスにおいても，コイと同様の可塑性が生じると思われる．

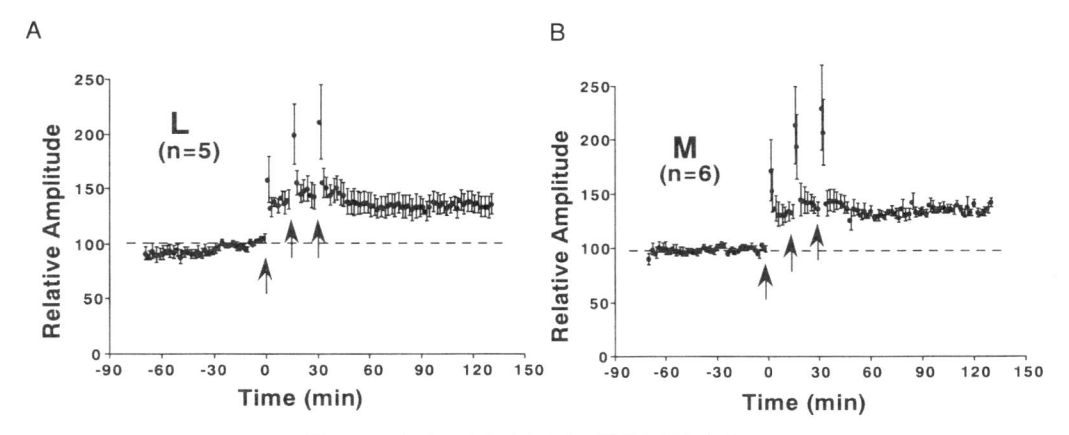

図14-14 ヒメマスのスモルトの嗅球に見られるLTP
Aは終脳の外側部（L），Bは終脳の内側部（M）に電気刺激を与えたときのフィールド電位応答（平均値±標準誤差）を示す．上向き矢印の時点で，L＋Mにテタヌス刺激（8 Hz，503 pulses）を与えた．

§12. 魚類嗅球の in vitro 標本におけるシナプス可塑性

　生体から取り出した脳組織を生理的塩類溶液中で維持する in vitro 標本を用いることにより，LTPに関与している神経伝達物質や神経修飾物質などを明らかにすることができる．そこで，コイ嗅球の in vitro 標本を開発して，種々の薬物のLTPにおよぼす効果を調べた（Hoshikawaら，1999；Satoら，2000）．

　その結果，(1) 僧帽細胞−顆粒細胞シナプスの伝達物質がグルタミン酸であり，伝達物質受容体としてNMDA型およびAMPA／カイニン酸型受容体の両者が関与していること，(2) in vitro 標本においても，嗅索をテタヌス刺激することによりLTPを誘発できること，また，(3) LTPの誘発には，NMDA型受容体が関与していること，(4) ノルアドレナリンが修飾物質として作用してLTPを促進している可能性が考えられること，(5) LTPの発現に，代謝型グルタミン酸受容体，$GABA_A$受容体の関与が考えられること，(6) LTPの発現にcAMPがセカンドメッセンジャーとして関与している可能性が考えられることなどが判明している．

　図14-15Aに，僧帽細胞−顆粒細胞シナプス伝達におよぼすD-AP5，および，CNQXの効果を示す．D-AP5はNMDA型受容体の阻害剤であり，CNQXはAMPA／カイニン酸型受容体の阻害剤である．D-AP5を投与するとシナプス伝達がある程度ブロックされ，D-AP5とCNQXの両者を投与するとシナプス伝達が完全にブロックされた．このことから，僧帽細胞−顆粒細胞シナプス伝達には，興奮性伝達物質であるグルタミン酸のNMDA型およびAMPA／カイニン酸型受容体の両者が関与していることが分かる．

　図14-15Bに，LTPに及ぼすノルアドレナリン投与の効果を示す．ノルアドレナリンはシナプス伝達を抑制するが，テタヌス刺激（8 Hz，502 pulses）により誘発されるLTPに対して，これを増強した．したがって，ノルアドレナリンが修飾物質として作用してLTPを促進している可能性が考えられる．

　図14-15Cに，フォールスコリンにより誘発されるLTPを示す．アデニル酸シクラーゼの活性化剤

であるフォールスコリンを，内在性のホスホジエステラーゼの阻害剤であるIBMXと共に投与するとLTPが誘発された．不活性なアナログである1,9-dideoxyforskolinを投与した場合にも，ある程度の増強がおこったが，フォールスコリン投与の場合ほどの効果は見られなかった．したがって，cAMPがセカンドメッセンジャーとして関与している可能性が示唆される．実際，膜透過性のcAMPアナログである8-Br-cAMPを投与すると，LTPが誘発されることが分かっている．

以上，ヒメマスを用いたニューロエソロジー（神経行動学）的研究，および，コイ嗅球のシナプス可塑性に関する最近の研究について述べた．サケ科魚類が母川を記銘する際に，僧帽細胞－顆粒細胞シナプスのLTPやノルアドレナリンが関与しているかどうかに関しては，上記の作業仮説に基づいて，今後さらに追求する必要がある．

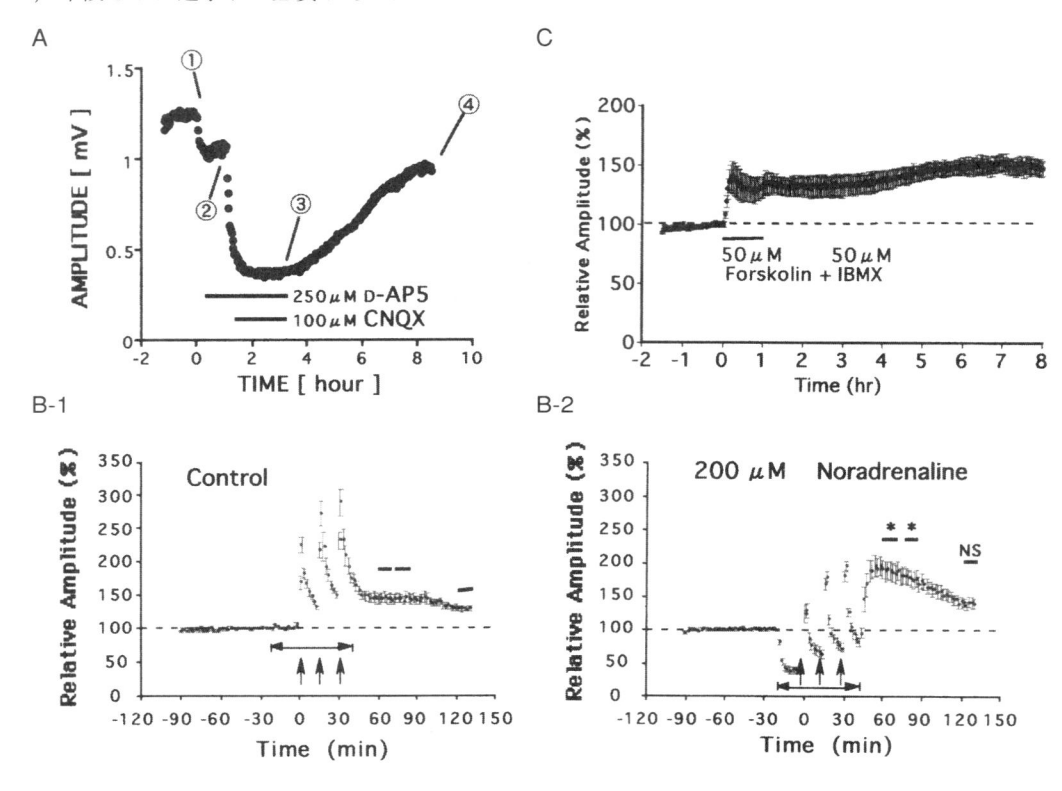

図14-15 D-AP5，CNQX，ノルアドレナリン，フォールスコリンの効果
A：D-AP5（250μM），CNQX（100μM）の効果．B：noradrenaline（200μM）の効果．上向き矢印の時点でテタヌス刺激（8Hz，502pulses）を嗅索に与えた．C：フォールスコリン（50μM）の効果．IBMX（50μM）を同時に投与した．

謝　辞

本稿を準備するに当たり，快く引用を許してくださった白旗総一郎氏，および，いろいろと情報を提供してくださった北村章二博士に深謝いたします．白旗総一郎氏・北村章二博士からは，貴重なご意見や参考となる資料も賜りました．篤く御礼申しあげます．また，長年にわたり，研究の便宜をはかってくださった養殖研究所日光支所，および，中禅寺湖漁業協同組合の方々に深謝いたします．

文 献

Anzai, S. and Satou, M. (1996): Long-term and short-term plasticity in the dendro-dendritic mitral-to-granule cell synapse of the teleost olfactory bulb. *Neurosci. Res., Suppl.*, 20, S223.

Bertmar, G. and Toft, R. (1969): Sensory mechanisms of homing in salmonid fish I. Introductory experiments on the olfactory sense in grilse of Baltic salmon (*Salmo salar*). *Behaviour*, 35, 235-241.

Biegler, R. (2000): Possible uses of path integration in animal navigation. *Animal Learning Behavior*, 28, 257-277.

Black, G. A. and Dempson, J. B. (1986): A test of the hypothesis of pheromone attraction in salmonid migration. *Environ. Biol. Fishes*, 15, 229-235.

Blackett, R. F. (1979): Establishment of sockeye (*Oncorhynchus nerka*) and chinook (*O. tshawytscha*) salmon runs at Frazer Lake, Kodiak Island, Alaska. *J. Fish. Res. Board Can.*, 36, 1265-1277.

Bliss, T. V. P. and Collingridge, G. L. (1993): A synaptic model of memory: long-term potentiation in the hippocampus. *Nature*, 361, 31-39.

Bodznick, D. (1975): The relationship of the olfactory EEG evoked by naturally-occurring stream waters to the homing behavior of sockeye salmon (*Oncorhynchus nerka* Walbaum). *Comp. Biochem. Physiol.*, 52A, 487-495.

Brannon, E. L. and Quinn, T. P. (1990): Field test of the pheromone hypothesis for homing by Pacific salmon. *J. Chem. Ecol.*, 16, 603-609.

Brennan, P., Kaba, H., and Keverne, E. B. (1990): Olfactory recognition: a simple memory system. *Science*, 250, 1223-1226.

Briggs, J. C. (1970): A faunal history of the North Atlantic ocean. *Syst. Zool.* 19, 19-34.

Buckland, F. (1880): Natural History of British Fishes. Unwin, London, pp.420.

Burger, C. V., Scribner, K. T., Spearman, W. J., Swanton, C. O. and Campton, D. E. (2000): Genetic contribution of three introduced life history forms of sockeye salmon to colonization of Frazer Lake, Alaska. *Can. J. Fish. Aquat. Sci.*, 57, 2096-2111.

Burgner, R. L. (1991): Life history of sockeye salmon (*Oncorhynchus nerka*). *In*: Groot, C. and Margolis, L. (eds), Pacific Salmon Life Histories. UBC Pres, Vancouver, 3-117.

Candy, J. R. and Beacham, T. D. (2000): Patterns of homing and straying in southern British Columbia coded-wire tagged chinook salmon (*Oncorhynchus tshawytscha*) populations. *Fish. Res.*, 47, 41-56.

Cook, P. H. (1984): Directional information from surface swell: some possibilities. *In*: McCleave, J. D., Arnold, G. P., Dodson, J. J. and Neill, W. H. (eds.), Mechanisms of Migration in Fishes. Plenum, New York, pp. 79-101.

Cooper, J. C. and Hasler, A. D. (1974): *Science*, 183, 336-338.

Diebel, C. E., Proksch, R., Green, C. R., Neilson, P. and Walker, M. M. (2000): Magnetite defines a vertebrate magnetoreceptor. *Nature*, 406, 299-302.

Dickhoff, W. W., Darling, D. S. and Gorbman, A. (1982): Thyroid function during smoltification of salmonid fish. *Gunma Symp. Endocrinol.*, 19, 45-61.

Dittman, A. H. and Quinn, T. P. (1996): Homing in Pacific Salmon: mechanisms and ecological basis. *J. Exp. Biol.*, 199, 83-91.

Dittman, A. H., Quinn, T. P., Nevitt, G. A., Hacker, B. and Storm, D. R. (1997): Sensitization of olfactory guanylyl cyclase to a specific imprinted odorant in coho salmon. *Neuron*, 19, 381-389.

Donaldson, L. R. and Allen, G. H. (1957): Return of silver salmon, *Oncorhynchus kisutch* (Walbaum) to point of release. *Tran. Am. Fish. Soc.*, 87, 13-22.

Etienne, A. S., Maurer, R. and Seguinot, V. (1996): Path integration in mammals and its interaction with visual landmarks. *J. Exp. Biol.*, 199, 201-209.

Foote, C. J. and Larkin, P. A. (1988): The role of male choice in the assortative mating of sockeye salmon and kokanee, the anadromous and nonanadromous forms of *Oncorhynchus nerka*. *Behaviour*, 106, 43-62.

Gould, J. L. (1982): The map sense of pigeons. *Nature*, 296, 205-211.

Grau, E. G., Dickhoff, W. W., Nishioka, R. S., Bern, H. A. and Folmar, L. C. (1981): Lunar phasing of the thyroxine surge preparatory to seawater migration of salmonid fish. *Science*, 211, 607-609.

Graynoth, E. (1995): Spawning migrations and reproduction of landlocked sockeye salmon (*Oncorhynchus nerka*) in Waitaki catchment, New Zealand. *N. Z. J. Mar. Freshwater Res.*, 29, 257-269.

Groot, C. and Margolis, L. (eds) (1991): Pacific Salmon Life Histories. UBC Pres, Vancouver.

Gross, M. R. (1985): Disruptive selection for alternative life histories in salmon. *Nature*, 313, 47-48.

Gross, M. R. (1991): Salmon breeding behavior and life history evolution in changing environments. *Ecology*, 72, 1180-1186.

Groves, A. B., Collins, G. B. and Trefethen, P. S. (1968): Roles of olfaction and vision in choice of spawning site by homing adult chinook salmon (*Oncorhynchus tshawytscha*). *J. Fish. Res. Bd. Canada*, 25, 867-876.

Hansen, L. S., Jonsson, N. and Jonsson, B. (1993): Oceanic migration in homing Atlantic salmon. *Anim. Behav.*, 45, 927-941.

Hara, T. J. (1970): An electrophysiological basis for olfactory discrimination in homing salmon: a review. *Fish. Res. Bd. Canada*, 27, 565-586.

Hara, T. J. (1974): Is morpholine an effective olfactory

stimulant in fish? *J. Fish. Res. Bd. Can.*, 31, 1547-1550.
Hara, T. J. and Macdonald, S. (1975): Morpholine as olfactory stimulus in fish. *Science*, 187, 81-82.
Hara, T. J. and Brown, S. B. (1979): Olfactory bulbar electrical responses of rainbow trout (*Salmo gairdneri*) exposed to morpholine during smoltification. *J. Fish. Res. Bd. Canada*, 36, 1186-1190.
Hara, T. J., Ueda, K. and Gorbman, A. (1965): Electroencephalographic studies of homing salmon. *Science*, 149, 884-885.
Harache, Y. (1992): Pacific salmon in Atlantic waters. *ICES mar. Sci. Symp.*, 194, 31-55.
Harden Jones, F. R. (1968): Fish Migration. Arnold, London, pp.325.
Harden Jones, F. R. (1984): Could fish use inertial clues when on migration? *In*: McCleave, J. D., Arnold, G. P., Dodson, J. J. and Neill, W. H. (eds.), Mechanisms of Migration in Fishes. Plenum, New York, pp.67-78.
Hartman, W. L. and Raleigh, R. F. (1964): Triburary homing of sockeye salmon at Brooks and Karluk Lakes, Alaska. *J. Fish. Res. Bd. Canada*, 31, 485-504.
Hasler, A. D. and Scholz, A.T. (1983): Olfactory Imprinting and Homing in Salmon, Springer-Verlag, Berlin, New York.
Hasler, A. D., Scholz, A.T. and Horrall, R. M. (1978): Olfactory imprinting and homing in salmon. *Amer. Sci.*, 66, 347-355.
Hasler, A. D. and Wisby, W. J. (1951): Discrimination of stream odors by fishes and its relation to parent stream behavior. *Amer. Natur.*, 85, 223-238.
Heard, W. R. (1976): Raising coho salmon from fry to smolts in estuarine pens, and returns of adults from two smolt releases. *Prog. Fish-Cult.*, 38, 171-174.
Heard, W. R. (1991): Life history of pink salmon (*Oncorhynchus gorbuscha*). *In*: Groot, C. and Margolis, L. (eds) (1991): Pacific Salmon Life Histories. UBC Pres, Vancouver, 119-230.
Heard, W. R. (1996): Sequential imprinting in chinook salmon: Is it essential for homing fidelity? *Bull. Natl. Res. Inst. Aquacult.*, Suppl. 2, 59-64.
Hendry, A. P., Quinn, T. P. and Utter, F. M. (1996): Genetic evidence for the persistence and divergence of native and introduced sockeye salmon (*Oncorhynchus nerka*) within Lake Washington, Washington. *Can. J. Fish. Aquat. Sci.*, 53, 823-832.
Hendry, A. P., Wenberg, J. K., Bentzen, P., Volk, E. C. and Quinn, T. P. (2000): Rapid evolution of reproductive isolation in the wild: evidence from introduced salmon. *Science*, 290, 516-518.
Hiramatsu, K. and Ishida, Y. (1989): Random movement and orientation in pink salmon (*Oncorhynchus gorbuscha*) migrations. *Can. J. Aquat. Sci.*, 46, 1062-1066.
Hiyama, Y., Taniuchi, T., Suyama, K., Ishioka, K., Sato, R., Kajihara, T. and Maiwa, T. (1967): A preliminary experiment on the return of tagged chum salmon to the Otsuchi River, Japan. *Bull. Jpn. Soc. Sci. Fish.*, 33, 18-19.
平野哲也 (1994): 降海と陸封の生理的メカニズム. 川と湖を回遊する淡水魚-生活史と進化 (後藤 晃・塚本勝巳・前川光司編). 東海大学出版会, pp.20-39.
Hoar, W. S. (1976): Smolt transformation: evolution, behavior, and physiology. *J. Fish. Res. Bd. Canada*, 33, 1233-1252.
Hoshikawa, R., Sato, Y. and Satou, M. (2000). An in vitro study of long-term potentiation in the carp olfactory bulb. *In*: Symposium on Frontiers of the Mechanisms of Memory and Dementia (ed. by Kato, T.), Elsevier Science, Amsterdam, pp. 27-28.
Huruno, M. and Satou, M. (2000): Long-term potentiation and olfactory memory formation in the carp olfactory bulb. *In*: Symposium on Frontiers of the Mechanisms of Memory and Dementia (ed. by Kato,T.), Elsevier Science, Amsterdam, pp.25-26.
飯岡主税 (1980): サケの回帰率向上に関する種苗育成放流技術開発試験報告書-標識放流魚回帰調査-. 岩手県水産試験場 (昭和49年度~54年度総括), pp.137-164.
飯岡主税 (1982): シロサケ稚魚海中飼育放流による沿岸回帰特性. 別枠研究溯河性さけ・ますの大量培養技術の開発に関する総合研究, 海中飼育放流技術による稚魚減耗の抑制, 昭和56年度報告, 東北区水産研究所, pp.35-46.
Ikuta, K. (1996): Effects of steroid hormones on migration of salmonid fishes. *Buu. Natl. Res. Inst. Aquacult.*, Suppl., 2. 23-23.
生田和正 (1997): サケはなぜ海に下ってまた川に帰ってくるのか. 化学と生物, 35, 650-655.
生田和正・会田勝美 (1987): 産卵回遊. 回遊魚の生物学 (森沢正昭・会田勝美・平野哲也編). 学会出版センター, pp.72-89.
生田和正・遊磨正秀 (2000): ホタルとサケ. 岩波書店.
入江隆彦 (1990): 海洋生活初期のサケ稚魚の回遊に関する生態学的研究. 西水研研報, 68, 1-142.
石田信正 (1982): 海中飼育放流応用技術の開発. 別枠研究溯河性さけ・ますの大量培養技術の開発に関する総合研究, 海中飼育放流技術による稚魚減耗の抑制, 昭和56年度報告, 東北区水産研究所, pp.11-16.
伊藤 準 (1984): さけ・ます資源の調査, 来遊予測および管理. 遺伝 (特大号, サケの生物学), 38, 38-44.
岩田宗彦 (1987): 降海行動と海水適応. 回遊魚の生物学 (森沢正昭・会田勝美・平野哲也編). 学会出版センター, pp.140-155.
岩田宗彦・平野哲也 (1991): 浸透圧調節. 魚類生理学 (板沢靖男・羽生 功編). 恒星社厚生閣, pp.125-150.
Iwata, M. (1996): Downstream migratory behaviors and endocrine control of salmonid fishes. *Bull. Natl. Res. Inst. Aquacult.*, Suppl. 2, 17-21.
Jensen, A. L. and Duncan, R. N. (1971): Homing of transplanted coho salmon. *Prog. Fish Cult.*, 33, 216-218.
椛 秀人 (1999): 匂いの絆: その刷り込みのメカニズム. 細胞工学別冊, 秀潤社, pp.90-102.
Kaba, H. and Nakanishi, S. (1995): Synaptic mechanism of

olfactory recognition memory. *Rev. Neurosci.*, 6, 125-141.

帰山雅秀 (1994)：ベニザケの生活史戦略－生活史パタンの多様性と固有性．川と湖を回遊する淡水魚－生活史と進化 (後藤 晃・塚本勝巳・前川光司編)．東海大学出版会, pp.101-113.

Kaji, S., Satou, M., Kudo, Y., Ueda, K. and Gorbman, A. (1975)：Spectral analysis of olfactory responses of adult spawning chum salmon (*Oncorhynchus keta*) to stream waters. *Comp. Biochem. Physiol.*, 51A, 711-716.

菅野 尚・佐々木 実 (1983)：本州太平洋沿岸におけるシロザケの資源培養．(水産庁監修・大島泰雄校閲)，最新版「つくる漁業」，資源協会, pp.600-610.

粕谷英一 (1990)：行動生態学入門．東海大学出版会．

北村章二 (2000)：テレメトリーによる中禅寺湖ヒメマスの母川回帰行動．日水誌, 66 (5), 919-920.

北村章二・生田和正 (1994)：サケ科魚類の産卵回帰行動の生理制御機構．農水産系生態秩序の解明と最適制御に関する総合研究 (バイオコスモス計画) 平成5年度研究報告, 農林水産技術会議事務局, p.214-215.

北村章二・生田和正 (1998)：サケ科魚類母川回帰行動の人為制御技術の開発．農水産系生態秩序の解明と最適制御に関する総合研究 (バイオコスモス計画) 平成9年度研究報告, 農林水産技術会議事務局, p.192-193.

北村章二・生田和正・天野勝文 (1996)：サケ科魚類の産卵回帰行動の生理制御機構．農水産系生態秩序の解明と最適制御に関する総合研究 (バイオコスモス計画) 平成7年度研究報告, 農林水産技術会議事務局, p.214-215.

北村章二・生田和正・天野勝文 (1998)：サケ科魚類母川回帰行動の人為を制御技術の開発．農水産系生態秩序の解明と最適制御に関する総合研究 (バイオコスモス計画) 平成8年度研究報告, 農林水産技術会議事務局, p.194-195.

北村章二・生田和正・鹿間俊夫・中村英史・棟方有宗・会田勝美・鈴木幸成・吉原喜好・螺良光孝・天野勝文・山森邦夫 (2000)：中禅寺湖におけるヒメマスの母川回帰行動：標識放流による解析．平成12年度日本水産学会春季大会講演要旨集, p.66.

Kitano, T., Matsuoka, N. and Saitou, N. (1997)：Phylogenetic relationship of the genus *Oncorhynchus* species inferred from nuclear and mitchondrial markers. *Genes Genet. Syst.* 72, 25-34.

Koganezawa, A. and Sasaki, M. (1982)：Development of seawater net-cage culture and release of chum]salmon. In, C. J. Sidermann (ed.), Proceedings of the 11th U.S.-Japan Meeting on Aquaculture, Salmon Enhancement, Tokyo, Japan, October 19-20, pp.75-81. NOAA Tech. Rep. NMFS27.

Krueger, C. C. and May, B. (1991)：Ecological and genetic effects of salmonid introductions in North America. *Can. J. Fish. Aquat. Sci.*, 48, Suppl. 1, 66-77.

Krupitskiy, Yu. G. and Ustyugov, A. F. (1977)：The pink salmon, *Oncorhynchus gorbuscha*, in the rivers of the north Krasnoyarsk territory. *J. Ichithyol.*, 17, 320-322.

Kudo, Y., Satou, M., Kitamura, S., Iwata, M. and Takeuchi, Y. (1997)：Underwater radio-telemetry of electroencephalographic activity from hime salmon, landlocked sockeye salmon *Oncorhynchus nerka*. *Fish. Sci.*, 63, 687-691.

Kudo, Y., Satou, M., Kitamura, S., Iwata, M. and Takeuchi, Y. (1999)：A newly designed underwater antenna and its application to underwater radio-telemetry for measuring electroencephalographic activity from the rainbow trout freely swimming in natural environments. *Frontiers Med. Biol. Engineer.*, 285-294.

Kwain, W-h. and Lawrie, A. H. (1981)：Pink salmon in the Great Lakes. *Fisheries*, 6, 2-6.

MacCrimmon, H. R. (1971)：World distribution of rainbow trout (*Salmo gairdneri*). *J. Fish. Res. Board Can.*, 28, 663-704.

MacCrimmon, H. R. and Campbell, J.S., (1969)：World distribution of brook trout, *Salvelinus fontinalis*. *J. Fish. Res. Board Can.*, 26, 1699-1725.

MacCrimmon, H. R. and Marshall, T. L. (1968)：World distribution of brown trout, *Salmo trutta*. *J. Fish. Res. Board Can.*, 25, 2527-2548.

MacLean, J. A. and Evans, D. O. (1981)：The stock concept, discreteness of fish stocks, and fisheries management. *Can. J. Fish. Aquat. Sci.*, 38, 1889-1898.

真鍋俊也 (1997)：海馬におけるシナプスの可塑性．実験医学, 15, No.13 (増刊), 脳科学の最前線 (真鍋俊也・片山正寛編)．羊土社, pp.1628-1635.

Marincovich Jr., L. and Giagenkov, A.Yu. (1999) Evidence for an early opening of the Bering Strait. *Nature*, 397, 149-151.

Martin, S.J., Grimwood, P.D. and Morris, R.G. (2000)：Synaptic plasticity and memory: an evaluation of the hypothesis. *Ann. Rev. Neurosci.*, 23, 649-711.

Maynard Smith, J. (1989)：Evolutionary Genetics, Oxford University Press. メイナード＝スミス (1995)：進化遺伝学 (巌佐 庸・原田祐子訳) 産業図書.

McKinnell, S. and Thomson, A. J. (1997)：Recent events concerning Atlantic salmon escapees in the Pacific. *ICES J. Marine Science*, 54, 1221-1225.

McKinnell, S., Thomson, A.J., Black, E.A., Wing, B.L., Guthrie, III, C. M., Koerner, J. F. and Helle, J. H. (1997)：Atlantic salmon in the North Pacific. *Aquacult. Res.*, 28., 145-157.

McNaughton, B. L., Barnes, C. A., Gerrard, J. L., Gothard, K. M., Jung, M. W., Knierim, J. J., Kudrimoti, H., Qin, Y., Skaggs, W. E., Suster, M. and Weaver, K.L. (1996)：Deciphering the hippocampal polyglot: The hippocampas as a path integration system. *J. Exp. Biol.*, 199, 165-171.

McPhail, J. D. and Lindsey, C. C. (1986)：Zoogeography of freshwater fishes of Cascadia (the Columbia system and rivers north to the Stikine). Zoogeography of North America Freshwater Fishes (ed. by C.H. Hocutt and E.O. Wiley). John Wiley & Sons, Inc., New York, p.615-637.

Milner, A. M. and Bailey, R. G. (1989)：Salmonid colonization of new streams in Glacier Bay National Park, Alaska. *Aquacult. Fish. Manag.*, 20, 179-192.

Munakata, A., Amano, M., Ikuta, K., Kitamura, S. and Aida, K. (2000): Inhibitory effects of testosterone on downstream migratory behavior in masu salmon, *Oncorhynchus masou*. *Zool. Sci.*, 17, 863-870.

Munakata, A., Amano, M., Ikuta, K., Kitamura, S. and Aida, K. (2001): The effects of testosterone on upstream migratory behavior in masu salmon, *Oncorhynchus masou*. *Gen. Comp. Endocrinol.*, 122, 329-340.

Murata, S., Takasaki, N., Saitoh, M. and Okada, N. (1993): Determination of the phylogenetic relationships among Pacific salmonids by using short interspersed elements (SINEs) as temporal landmarks of evolution. *Proc. Nat. Acad. Sci. USA*, 90, 6995-6999.

Müller, M. and Wehner, R. (1988): Path integration in desert ants, *Cataglyphis fortis*. *Proc. Natl. Acad. Sci. USA*, 85, 5287-5290.

長浜嘉孝 (1991):生殖:配偶子形成の制御機構. 魚類生理学 (板沢靖男・羽生 功編). 恒星社厚生閣, pp.243-286.

Neave, F. (1958): The origin and speciation of *Oncorhynchus*. *Trans. R. Soc. Can.*, 52 (Section V), 25-39.

Nevitt, G. and Dittman, A. (1999): A new model for olfactory imprinting in salmon. *Integr. Biol.*, 1, 215-223.

Nevitt, G. A., Dittman, A. H., Quinn, T. P. and Moody, W. J. Jr. (1994): Evidence for a peripheral olfactory memory in imprinted salmon. *Proc. Natl. Acad. Sci. USA*, 91, 4288-4292.

Nishioka, R. S., Young, G., Bern, H. A., Jochimsen, W. and Hiser, C. (1985): Attempts to intensify the thyroxin surge in coho and king salmon by chemical stimulation. *Aquaculture*, 45, 215-225.

Nordeng, H. (1971): Is the local orientation of anadromous fishes determined by pheromones? *Nature*, 233, 411-413.

Nordeng, H. (1977): A pheromone hypothesis for homeward migration in anadromous salmonids. *Oikos*, 28, 155-159.

小田洋一 (2000):学習を担うシナプス伝達の長期増強. 蛋白質 核酸 酵素, 45, No.3 (増刊), 神経回路形成と機能発達 (津本忠治・村上富士夫・小幡邦彦・吉岡 亨・川合述史編). 共立出版, pp.464-465.

小田洋一 (2001):学習・記憶をになうシナプス長期増強. 生物物理, 41, 80-85.

岡崎登志夫 (1986):サケ科魚類. 遺伝, 40 (2), 34-43.

岡崎登志夫 (1988):集団構造と分布・回遊—ニジマス類—. 現代の魚類学 (上野輝彌・沖山宗雄編). 朝倉書店, pp.218-247.

Oshima, K., Harn, W. E. and Gorbman, A. (1969): Olfactory discrimination of natural waters by salmon. *J. Fish. Res. Bd. Canada*, 26, 2111-2121.

Quinn, T. P. (1980): Evidence for celestrial and magnetic compass orientation in lake migrating sockeye salmon fry. *J. Comp. Physiol.*, 137, 243-248.

Quinn, T. P. (1982): A model for salmon navigation on the high seas. In: Salmon and Trout Migratory Behavior Symposium (ed. by E. L. Brannon and E. O. Salo), University of Washington, School of Fisheries, Seattle, pp. 229-237.

Quinn, T.P. (1984): Homing and straying in Pacific salmon. In: McCleave, J. D., Arnold, G. P., Dodson, J. J. and Neill, W. H. (eds.), Mechanisms of Migration in Fishes. Plenum, New York, pp.357-362.

Quinn, T. P. (1985): Homing and the evolution of sockeye salmon (*Oncorhynchus nerka*). In: Rankin, M. A. (ed.), Migration: Mechanisms and Adaptive Significance. Contribution in Marine Science, Supplement to Vol.27, Univ. Texas, Port Aransas, pp. 353-366.

Quinn, T. P. (1990): Current controversies in the study of salmon homing. *Ethol. Ecol. Evol.*, 2, 49-63.

Quinn, T. P. (1991): Models of Pacific salmon orientation and navigation on the open ocean. *J. theor. Biol.*, 150, 539-545.

Quinn, T.P. (1993): A review of homing and straying of wild and hatchery-produced salmon. *Fish. Res.*, 18, 29-44.

Quinn, T. P., Brannon, E. L. and Dittman, A. H. (1989): Spatial aspects of imprinting and homing in coho salmon, *Oncorhynchus kisutch*. *Fish. Bull.*, *U.S.*, 87, 769-774.

Quinn, T. P. and Groot, C. (1984): Pacific salmon (*Oncorhynchus*) migrations: orientation versus random movement. *Can. J. Aquat. Sci.*, 41, 1319-1324.

Quinn, T. P., Graynorth, E., Wood. C. C. and Foote, C. J. (1998): Genotypic and phenotypic divergence of sockeye salmon in New Zealand from their ancestral British Columbia populations. *Trans. Amer. Fish. Soc.*, 127, 517-534.

Rensel, J. E., Harris, R. P. and Tynan, T. J. (1988): Fishery contribution and spawning escapement of coho salmon reared in net-pens in southern Puget Sound, Washington. *N. Am. J. Fish. Manage.*, 8, 359-366.

Ricker, W. E. (1940): On the origin of kokanee, a fresh-water type of sockeye salmon. *Trans. R. Soc. Can.*, 34 (Section V), 121-135.

Ricker, W. E. (1959): Additional observations concerning residual sockeye and kokanee (*Oncorhynchus nerka*). *J. Fish. Res. Bd. Canada*, 6, 897-902.

Ricker, W. E. and Robertson, A. (1935): Observation on the behaviour of adult sockeye salmon during the spawning migration. *Can. Field-Nat.*, 49, 132-134.

Royce, W. F., Smith, L. S. and Hartt, A. C. (1968): Models of oceanic migrations of Pacific salmon and comments on guiding mechanisms. *Fish. Bull.*, 66, 441-462.

坂野栄市 (1960):北海道に於ける鮭稚魚の標識放流試験. 昭和26年〜34年. 北海道さけ・ますふ化場研究報告, 15, 17-38.

Salo, E. O. (1991): Life history of chum salmon. In: Groot, C. and Margolis, L. (eds), Pacific Salmon Life Histories. UBC Pres, Vancouver, pp.231-309.

Sano, S. (1966): Salmon of the North Pacific Ocean-Part III. A review of the life history of North Pacific salmon. 3. Chum salmon in the Far East. *Int. North Pac. Fish. Comm. Bull.*, 18, 41-57.

Sato, Y., Hoshikawa, R., Okawa, K. and Satou, M. (2000):

Long-term potentiation in the carp olfactory bulb: an in vitro study. *Neurosci. Res., Suppl.,* 24, S99.

Satou, M. (1990): Synaptic organization, local neuronal circuitry, and functional segregation of the teleost olfactory bulb. *Progr. Neurobiol.,* 34, 115-142.

佐藤真彦 (1994): 中禅寺湖にサケの母川回帰の謎を追う. 遺伝, 48 (10), 4-5.

佐藤真彦 (2001): ニジマスは鼻で方位を感知する―最終段階に入った磁気受容器仮説の検証―. 遺伝, 55, 17-19.

Satou, M., Kudo, Y. and Kitamura, S. (1996a): Strategies for studying the olfactory mechanism in salmon homing. *Bull. Natl. Res. Inst. Aquacult.,* Suppl., 2, 49-57.

佐藤真彦・工藤雄一・北村章二・岩田宗彦 (1993): 野外河川における, ニジマス嗅球脳波の水中電波テレメトリー. 第17回日本神経科学大会抄録集 p.266.

Satou, M., Kudo, Y., Kitamura, S., Iwata, M. (1995): Olfactory bulbar EEG responses to natural stream odors in freely swimming hime salmon (landlocked red salmon, *Oncorhynchus nerka*). Abstracts of the 4th IBRO World Congress of Neuroscience, 9-14, July, 1995, Kyoto, Japan, p.300.

Satou, M., Fujita, I., Ichikawa, M., Yamaguchi, K. and Ueda, K. (1983): Field potential and intracellular potential studies of the olfactory bulb in the carp: evidence for a functional separation of the olfactory bulb into lateral and medial subdivisions. *J. Comp. Physiol.,* 152A, 319-333.

Satou, M., Sugiyama, S., Inadomi, T. and Kitamura, S. (1996b): Field-potential response and synaptic plasticity in the olfactory bulb of salmonid fish. *Zool. Sci.,* Suppl. 13, 107.

佐藤真彦・杉山 新・稲冨圭美・北村章二 (1996): サケ科魚類嗅球のフィールド電位とシナプス可塑性. 日本動物学会第67回大会予稿集, p.57.

佐藤真彦・田村信治・星川 亮・工藤雄一・北村章二 (1998): ヒメマスの母川選択行動: 電気生理学的検討およびY迷路による行動学的検討. 平成10年度日本水産学会春期大会講演要旨集, p.55.

佐藤真彦・工藤雄一・北村章二・岩田宗彦・竹内康人・内藤靖彦 (in press): 母川回帰の嗅覚機構解明へのニューロエソロジー (神経行動学) 的アプローチ: 自由遊泳中のサケ科魚類の嗅覚中枢活動のテレメトリ. 横浜市立大学論叢.

Scheer, B. T. (1939): Homing instinct in salmon. *Quart. Rev. Biol.,* 14, 408-430.

Schluter, D. (1996): Ecological speciation in postglacial fishes. *Phil. Trans. R. Soc. Lond.* B, 351, 807-814.

Scott, D. (1984): Origin of the New Zealand sockeye salmon, Oncorhynchus nerka (Walbaum). *J. Roy. Soc. N. Z.,* 14, 245-249.

白旗総一郎 (1969): ヒメマスの回帰生態―VI. 母川探知における視覚・嗅覚の役割. 日本水産学会春季大会講演要旨集, p.44-45.

白旗総一郎 (1970): ヒメマスの回帰生態―VIII. 母川記憶の成立時期 (その2). 日本水産学会春季大会講演要旨集, p.5.

白旗総一郎 (1972): ヒメマスの回帰生態―IX. 母川記銘のcritical stage. 日本水産学会春季大会講演要旨集, p.137.

白旗総一郎 (1976a): 淡水区水産研究所日光支所. 遺伝, 30 (4), 89-93.

白旗総一郎 (1976b): 増殖研究を通じてみたサケ・マスの生物特性. 東海区水産研究所業績C集, さかな, 17, 26-34.

白旗総一郎 (1983): 北海道におけるシロザケの資源培養. つくる漁業, 資源協会, 東京, pp.585-600.

白旗総一郎 (1984): 南米チリにおけるサケの放流. 遺伝 (特大号, サケの生物学), 38, 45-51.

白旗総一郎・田中 実 (1969): ヒメマスの回帰生態―VII. 母川記憶の成立時期. 日本水産学会春季大会講演要旨集, p.45.

Solazzi, M. F., Nickelson, T. E. and Johnson, S. L. (1991): Survival, contribution and return of hatchery coho salmon (Oncorhynchus kisutch) released into freshwater, estuarine, and marine environments. *Can. J. Fish. Aquat. Sci.,* 48, 248-253.

Stabell, O. B. (1984): Homing and olfaction in salmonids: a critical review with special reference to the Atlantic salmon. *Biol. Rev.,* 59, 333-388.

Stasko, A. B. (1971): Review of field studies on fish orientation. *Ann. N. Y. Acad. Sci.,* 188, 12-29.

Stokell, G. (1962): Pacific salmon in New Zealand. *Trans. Roy. Soc. New Zeal. Zool.,* 2, 181-190.

Sutterlin, A. M. and Gray, R. (1973): *J. Fish. Res. Bd. Canada,* 30, 985-989.

Taft, A. C. and Shapovalov, L. (1938): Homing instinct and straying among steelhead trout (*Salmo gairdneri*) and silver salmon (Oncorhynchus kisutch). *California Fish Game,* 24, 118-125.

Takasaki, N., Park, L., Kaeriyama, M., Gharrett, A. J. and Okada, N. (1996): Characterization of species-specifically amplified SINEs in three salmonid species-chum salmon, pink salmon, and kokanee: the local environment of the genome may be important for the generation of a dominant source gene at a newly retroposed locus. *J. Mol. Evol.,* 42, 103-116.

田中甲子郎 (1967): 奥日光における水産事業. 淡水区水産研究所資料, 50 (Bシリーズ No.10), 淡水区水産研究所, 日野, pp.156.

Taylor, E. B. (1991): A review of local adaptation in Salmonidae, with particular reference to Pacific and Atlantic salmon. *Aquacult.* 98, 185-207.

Thorpe, J. E. (1988): Salmon migration. *Sci. Progr., Oxf.,* 72, 345-370.

Tilson, M. B., Scholz, A. T., White, R. J. and Galloway, H. (1994): Thyroid-induced chemical imprinting in early life stages and assessment of smoltification in kokanee salmon: implications for operating Lake Roosevelt kokanee salmon hatcheries. 1993 Ann. Rep., Prepared for Bonneville Power Administration, Portland, Oregon, pp.156.

Tilson, M. B., Scholz, A. T., White, R. J. and Hendrickson, J. L. (1995): Artificial imprinting and smoltification in juvenile kokanee salmon: implications for operating Lake Roosevelt kokanee salmon hatcheries. 1994 Ann. Rep., Prepared for

Bonneville Power Administration, Portland, Oregon, pp.127.
徳井利信 (1988)：かばっちぇぽ．秋田豆ほんこの会，秋田．pp.62.
徳井利信 (1992)：中禅寺湖のヒメマスについて訂正すべき既往事項．養殖研ニュース，24, 34-38.
Truscott, B., Idler, D. R., So, Y. P. and Walsh, J. M. (1986)：Maturational steroids and gonadotropin in upstream migratory sockeye salmon. *Gen. Comp. Endocrinol.*, 62, 99-110.
Treviranus, G. R. (1822)：Biologie oder Philosophie der lebenden Natur fur Naturforscher und Arzte, vol.VI, Rower, Gottingen.
津本忠治 (1999)：記憶はどのようにして保持されるのか．細胞工学別冊，秀潤社，pp.64-73.
上田一夫 (1969)：回遊と感覚ーサケの溯河回遊と嗅覚を中心にー．科学，39, 308-314.
Ueda, K., Hara, T. J. and Gorbman, A. (1967)：electroencephalographic studies on olfactory discrimination in adult spawning salmon. *Comp. Biochem. Physiol.*, 21, 133-143.
Ueda, K., Hara, T. J., Satou, M. and Kaji, S. (1971)：Electrophysiological studies of olfactory discrimination of natural waters by hime salmon, a land-locked Pacific salmon, *Oncorhynchus nerka. J. Fac. Sci., Univ. Tokyo, Sec.* IV, 12 (2), 167-182.
上田　宏・帰山雅秀・山内晧平・栗原堅三 (1994)：サケの母川回帰に新機構ーサケは視覚で母川へ帰るー．遺伝，48 (11), 6-7.
Ueda, H., Kaeriyama, M., Mukasa, K., Urano, A., Kudo, H., Shoji, T., Tokumitsu, Y., Yamauchi, K. and Kurihara, K. (1998)：Lacustrine sockeye salmon return straight to their natal area from open water using both visual and olfactory cues. *Chem. Senses*, 23, 207-212.
浦野明央・安東宏徳・上田　宏 (1999)：サケ科魚類の母川回帰制御遺伝子の発現機構の解明と制御．農水産系生態秩序の解明と最適制御に関する総合研究（バイオコスモス計画）平成9年度研究報告，農林水産技術会議事務局，p.186-187.
Walker, MM., Diebel, C. E., Haugh, C. V., Pankhurst, P. M., Montgomery, J. C. and Green, C. R. (1997)：Structure and function of the vertebrate magnetic sense. *Nature*, 390, 371-376.
Walton, I. (1653-1676)：The Compleat Angler, Clarendon Press, Oxford, 1983. なお，文献をご教示くださった原　俊昭博士に感謝いたします．

Webb, J. H., Hay, D.W., Cunningham, P. D. and Youngson, A. F. (1991)：The spawning behaviour of escaped farmed and wild adult Atlantic salmon (*Salmo salar* L.) in a northern Scottish river. *Aquaculture*, 98, 97-110.
Webb, J. H., McLaren, I. S., Donaghy, M. J. and Youngson, A. F. (1993)：Spawning of farmed Atlantic salmon, *Salmo salar* L, in the second year after their escape. *Aquacult. Fish. Manage.*, 24, 557-561.
Wehner, R. (1989)：Arthropods. In : Papi, F. (ed.), Animal Homing, Chapman & Hall, London, pp.45-144.
Wehner, R., Michel, B. and Antonsen, P. (1996)：Visual navigation in insects : Coupling of egocentric and geocentric information. *J. Ecp. Biol.*, 199, 129-140.
Wertheimer, AC., Heard, W. R. and Martin, R. M. (1983)：Culture of sockeye salmon (*Oncorhynchus nerka*) smolts in estuarine net pens and returns of adults from two smolt releases. *Aquaculture*, 32, 373-381.
Wisby, W. J. and Hasler, A. D. (1954)：Effect of olfactory occlusion on migrating silver salmon (*O. kisutch*). *J. Fish. Res. Bd. Canada*, 11, 472-478.
Withler, F. C. (1982)：Transplanting pacific salmon. *Can. Tech. Rep. Fish. Aquat. Sci.*, 1079, 27pp.
Wood, C. C. (1995)：Life history variation and population structure in sockeye salmon. *Am. Fish. Soc. Symp.* 17, 195-216.
Wood, C. C. and Foote, C. J. (1996)：Evidence for sympatric genetic divergence of anadromous and nonanadromous morphs of sockeye salmon(*Oncorhynchus nerka*). *Evolution*, 50, 1265-1279.
Wood, C. C., Riddell, B. E., Rutherford, D. T. and Withler, R. E. (1994)：Biochemical genetic survey of sockeye salmon (*Oncorhynchus nerka*) in Canada. *Can. J. Fish. Aquat. Sci.*, 51 (Suppl.1), 114-131.
八板将明 (1998)：中禅寺湖におけるヒメマスの母川回帰生態に関する研究．修士論文，東京大学大学院農学生命科学研究科水圏生物科学専攻，pp.23.
山内晧平・高橋裕哉 (1987)：回遊行動とホルモン．回遊魚の生物学（森沢正昭・会田勝美・平野哲也編）．学会出版センター，pp.156-171.
Yamauchi, K., Koide, N., Adachi, S. and Nagahama, Y. (1984)：Changes in seawater adaptability and blood thyroxine concentrations during smoltification of the masu salmon, Oncorhynchus masou, and the amago salmon, *Oncorhynchus rhodurus. Aquaculture*, 42, 247-256.

15. 魚類の性行動の内分泌調節と性的可逆性
― 魚類の脳は両性か？―

小 林 牧 人

はじめに

　一般に脊椎動物の性行動および下垂体からの生殖腺刺激ホルモン（GTH）の分泌パターンは雌雄で異なるパターンを示す．たとえばラットでは，雌は交尾の際に背中を湾曲させるロードーシスという雌特有の性行動を行い，雄は雌に馬乗りになるマウンティングという雄の性行動を行う．また下垂体で産生される2種類のGTHのうちの黄体形成ホルモン（LH）は，雌では基礎分泌に加えて排卵を誘起する大量分泌（LHサージ）が周期的に起こるが，雄ではLHは基礎分泌しかみられない（下河内，1992；山内，1999；山内・新井，2001）．このような雌雄に特異的な性行動およびLH分泌のパターンは，脳の発達過程における性分化により脳の雌雄性（脳の性）が生じ，その結果，個体が性成熟に達すると脳の性にしたがって発現すると考えられている．哺乳類の場合，出生前後の時期（周生期）に性ホルモンの作用により，脳がどちらか一方の性に機能的な分化をする（性ホルモンのorganizational effect，形成作用）．そして性成熟後，性ホルモンの作用により脳が活性化され，分化した方の性に対応した性行動およびLH分泌パターンが発現する（性ホルモンのactivational effect，活性作用）．したがって，通常雌雄それぞれの性的活動がその生活史のおいて逆転して起こることはない．

　筆者らが研究対象としている魚類においても，雌雄に特異的な性行動およびGTH分泌パターンが起こることが調べられている．筆者はこれまでにキンギョを用いて産卵時の性行動およびGTH分泌の内分泌調節機構についての研究をすすめてきたが，その研究過程において，魚類の脳は基本的に両性であり，性成熟後もその両性性は保持されているのではないか，という考えをもつようになった．ここでは，はじめに魚類の生殖関連ホルモンおよびキンギョ Carassius auratus の排卵・性行動の内分泌調節について概略する．次にギンブナ Carassius auratus langsdorfii における性行動の研究を紹介し，最後にこれらの研究結果から得られた魚類の脳の性的両性性（可逆性）についての筆者の考えを述べる．

§1. 魚類の生殖関連ホルモン

　魚類においても他の脊椎動物同様，その生殖活動は主として脳の視床下部，下垂体および生殖腺からなる生殖内分泌系により調節されている．性行動およびLH分泌の説明に入る前に，ここでは魚類の生殖活動を調節するホルモンについて概説しておく．

　脳の視床下部で産生される生殖腺刺激ホルモン放出ホルモン（GnRH）はアミノ酸10残基からなるペプチドで，下垂体における生殖腺刺激ホルモン（GTH）の合成・放出を促進する（Okuzawa and

Kobayashi, 1999). 魚類の脳内には視床下部以外にも広くGnRHが分布することが示されているが，この点については，岡（2002）を参照されたい．

　下垂体で産生される生殖腺刺激ホルモン（GTH）は，分子量約30,000の糖タンパク質ホルモンで，濾胞刺激ホルモン（FSH）と黄体形成ホルモン（LH）の2種類がある．哺乳類の雌では，FSHが卵巣における濾胞の発達，LHが排卵の誘起作用をもつ．魚類においては，従来下垂体GTHは，LH様GTHが1種類のみ存在し，すべての生殖腺の発達過程を調節すると考えられてきた．しかし近年FSH様GTHがサケ科魚類をはじめとして多くの魚類において同定され，魚類においても哺乳類と同様，2種類のGTHが存在することが明らかとなった（Suzukiら，1988；小林・孫，2000）．当初これらの2種類のGTHは，FSH様GTHがGTH-I，LH様GTHがGTH-IIと呼ばれてきたが，最近，他の脊椎動物のGTHおよびその遺伝子との構造上の類似性から，魚類のGTHもFSH，LHと呼ぶことが提唱されている．ここではその提案に従い，魚類のGTHをFSH，LHと呼ぶ．しかし魚類のGTHの生理作用については，LHの卵成熟・排卵および排精誘起作用に対し，FSHの生理作用はほとんど明らかとなっていない．サケ科魚類では，生殖腺の発達の初期に血中FSH濃度が高く，卵成熟・排卵および排精のみられる生殖腺発達の後期にLH濃度が上昇することから，FSHは卵形成，精子形成の初期に作用していると考えられている．しかし他の魚種ではFSHの生理作用についての知見はまだほとんど得られていない．

　生殖腺では性ホルモン（性ステロイドホルモン）が産生されるが，魚類の雌では卵巣の発達の際に，はじめに雌性ホルモンのエストラジオール（E_2）が産生される．魚類においても他の卵生脊椎動物と同様，E_2は肝臓に作用して卵黄タンパク質前駆物質（ビテロゲニン）の合成を促進する．このビテロゲニンが卵母細胞に取り込まれ（卵黄蓄積），卵母細胞は次第に大きくなる．卵黄蓄積が完了に近づくと，卵巣で産生される性ホルモンは，E_2からテストステロンへと変わる．テストステロンは哺乳類では雄性ホルモンとして知られているが，多くの魚類では雌雄ともにそれぞれ卵巣，精巣でさかんに産生される．また一般に魚類では，血液中のE_2濃度は卵黄蓄積がさかんな時にピークを示し，卵黄蓄積の完了が近づくにつれて低下し，産卵時には低値を示す（Kobayashiら，1987a，1988）．卵黄蓄積が完了すると下垂体からのLHの大量分泌（LHサージ）が起こる（図15-1）（Kobayashiら，1987b）．このLHサージにより，濾胞細胞で$17\alpha,20\beta$-ジヒドロキシ-4-プレグネン-3-オン（17,20β-P）などのプロゲスチン（黄体ホルモン）が産生され，卵成熟が誘起される．またLHサージはプロスタグランジン（PG）の産生を促進するが，このPGが濾胞細胞層の破裂，すなわち排卵の誘起に重要な役割を果たしていると考えられている．

　キンギョでは排卵後，LH分泌および性ホルモンの産生は低下するが，卵巣内では排卵された卵が卵巣腔に存在する間，PG（キンギョでは主として$PGF_{2\alpha}$）が引き続き産生される．また興味深いことにキンギョでは，17,20β-PおよびPGの2つのホルモンは，ともに体外へ放出されて雄を刺激するフェロモンとして作用することが知られている．17,20β-Pは主として雄のLH分泌を促進し，PGは性行動を誘起する（Staceyら，1994）．

　一方，魚類の雄ではLHの作用により，精巣でテストステロン，11-ケトテストステロンなどの雄性ホルモン（アンドロゲン）が産生され，精子形成が促進される．精子形成が進行すると，精巣においても17,20β-Pが産生されるようになり，排精，精子の運動能の獲得，精漿の産生が進行する．

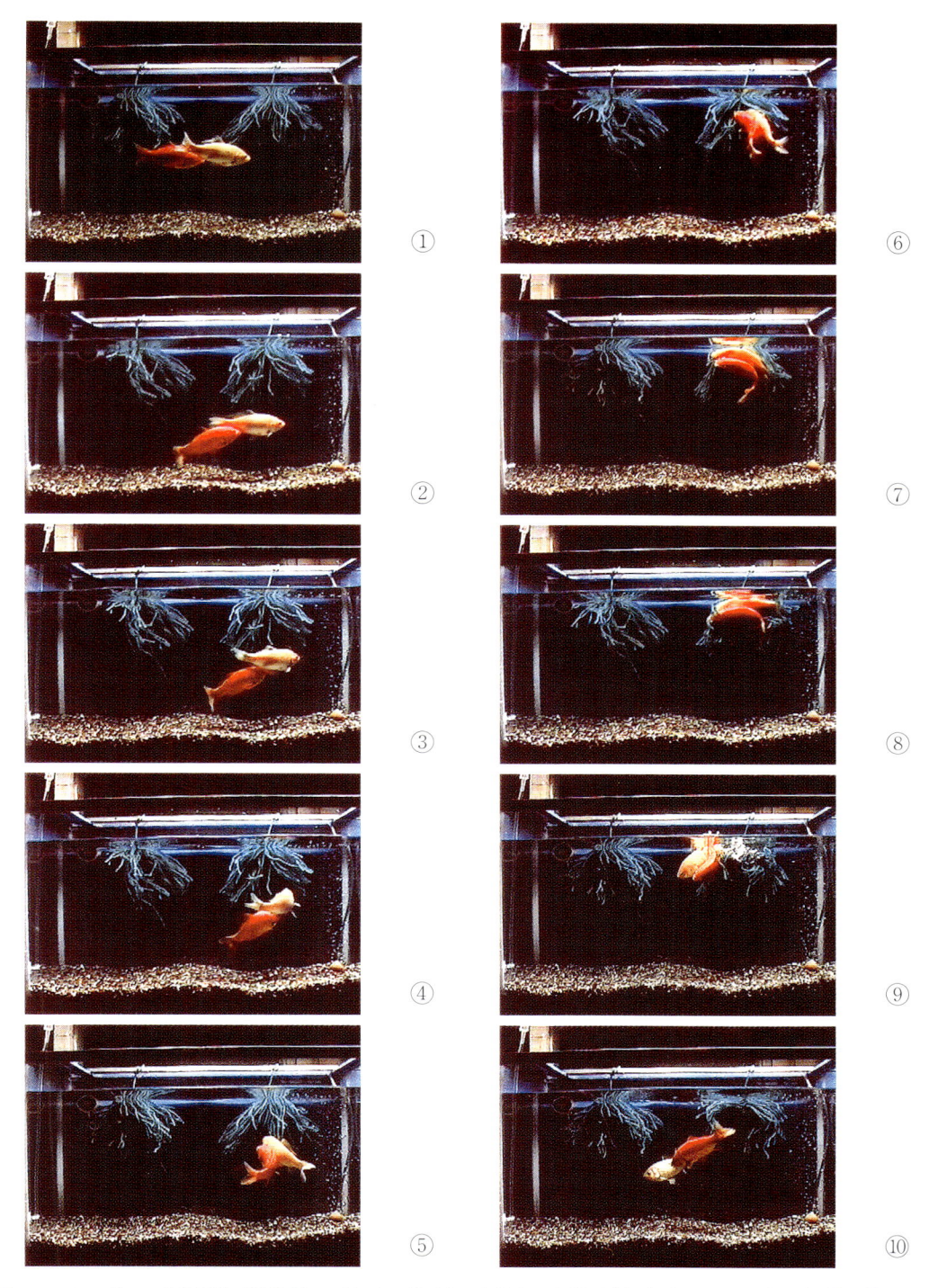

図 15-3　キンギョの産卵行動（性行動）．はじめに雄（赤）が排卵した雌（黄）を追いかける（追尾）①〜④．次に雌が水面近くの水草（ここではアクリル製の人工の水草を使っている）に向かって上昇し⑤，⑥，雄が続く．水草のそばで雌雄の魚は身体を横にし⑦，雌は放卵し，雄は放精する⑧．その後尾鰭を振動させて水を撹拌し⑨，雌雄の魚は水面下へと下降する⑩．その後，雄の追尾が再開する．受精卵は粘着性で水草に付着する．写真①から写真⑩までの時間は約 2.2 秒である．

キンギョでは，産卵行動時に，雌の排卵LHサージに同期して雄においてもLHサージが起こることが知られている（図15-1）(Kobayashiら，1986a, b)．この雄のLHサージは，雌の排卵と同期して排精，精液の産生を促進していると考えられている．なお魚類の生殖内分泌の詳細については，最近の総説を参照されたい（市川ら，1998；小林・朴，1998；松山ら，2000）．

§2．キンギョの排卵と性行動（産卵行動）

キンギョはコイ科に属する魚で，春の産卵期に数回産卵を行う（Kobayashiら，1986c）雌では，冬から春にかけての水温上昇とともに卵黄蓄積が進み，卵黄蓄積の完了した卵母細胞のみが下垂体からのLHサージにより排卵され，卵黄蓄積途上の卵母細胞は引き続き卵黄蓄積を行い，次の機会に排卵される．排卵・産卵を数回繰り返した後，夏の高水温により卵黄蓄積は停止し，翌年の冬まで卵巣は退縮した状態が保たれる．また雄の精子形成は雌の卵黄蓄積に対応して進行するが，その開始は雌より多少早く秋のうちから進行する．

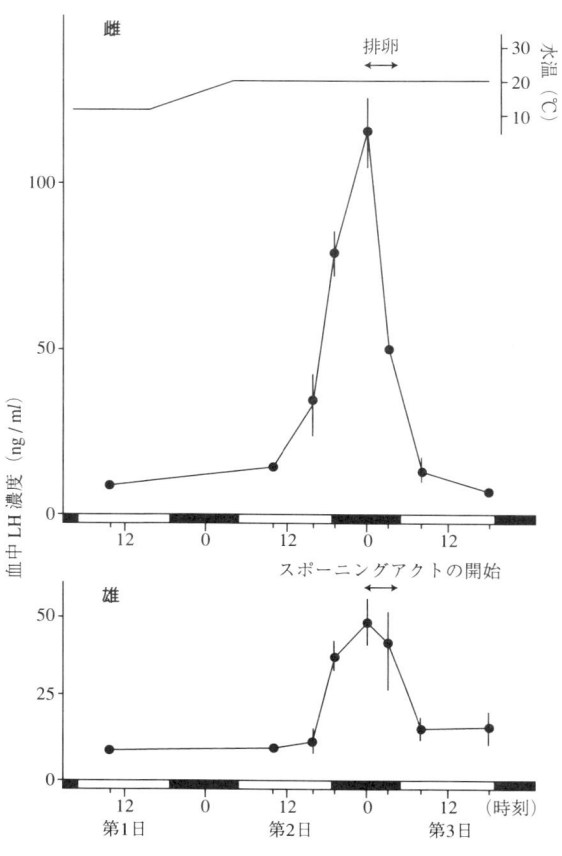

図15-1 キンギョの雌雄のLH（黄体形成ホルモン）サージ．水温上昇刺激（第1日から第2日への暗期に水温を10℃上昇）により雌の排卵LHサージが誘起される．雌のLHサージは光周期に同調して起こり，明期の後半に開始し，暗期にピークを示す．排卵はサージのピークあたりに起こる．雄のLHサージは雌からのフェロモンにより雌と同調して起こる．

哺乳類の排卵様式は，卵胞の発育とともに産生されるE_2が引き金となってLHサージ・排卵へと至る「自然排卵型」と，E_2が十分産生された状態に加えて雄との交尾刺激が引き金となってLHサージ・排卵が起こる「刺激排卵型」に分けられる．キンギョでは，卵黄蓄積の完了後テストステロンの産生が促進され，この状態の時に水温の上昇，降雨などの環境刺激が引き金となって，LHサージ・排卵が起こる（Kobayashiら，1989a, b）．したがって，哺乳類の排卵様式からすると，キンギョの場合，交尾刺激ではないものの，外部からの刺激によって排卵が起こるという点では，「刺激排卵型」に相当する．筆者らはこの性質を利用して，水温上昇という刺激により多くの雌のキンギョを同じ日に排卵させ，研究に活用している（Yamamotoら，1966）．

キンギョの雌のLHサージおよび排卵は，ラットの場合と同様，光周期と同調して起こる（Kezukaら，1989）．キンギョの場合，明期の後半にLHサージが開始し，血液中のLH濃度がピークに達する暗期のほぼ中頃に排卵が起こる（図15-1）(Kobayashiら，1987b)．排卵した雌は，腹部を軽く圧迫すると卵が生殖孔からもれてくるので，キンギョの排卵の有無は容易に確認できる．

一方，キンギョの産卵行動は，雌の排卵の数時間前から，雄が排卵過程に入った雌を追いかけることから始まり，雌が排卵後，数時間にわたって排卵した卵をすべて放出し，終了する．この一連のキンギョの産卵行動は雄の「追尾」(chasing)，「スポーニングアクト」(spawning act) と「放精」(ejaculation) および雌の「スポーニングアクト」(spawning act) と「放卵」(oviposition) からなる（図15-2）．

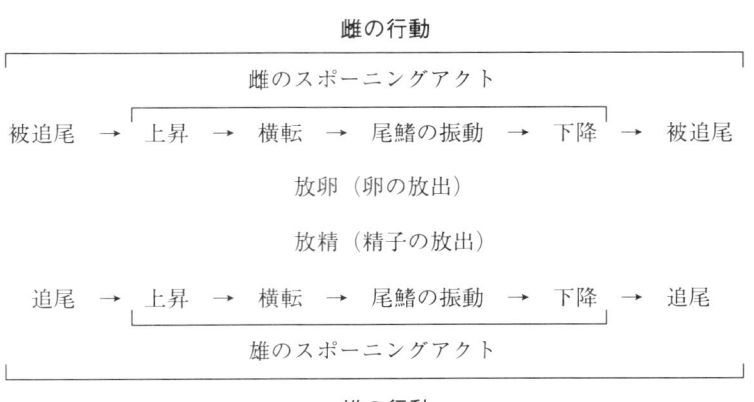

```
                          雌の行動
        ┌─────────────────────────────────────────┐
                    雌のスポーニングアクト
                ┌─────────────────────────┐
  被追尾 →  上昇 →  横転 →  尾鰭の振動 →  下降 →  被追尾

                    放卵（卵の放出）

                    放精（精子の放出）

  追尾   →  上昇 →  横転 →  尾鰭の振動 →  下降 →  追尾
                └─────────────────────────┘
                    雄のスポーニングアクト
        └─────────────────────────────────────────┘
                          雄の行動
```

図15-2　キンギョの性行動（産卵行動）．はじめに雄が排卵した雌をさかんに追いかける（追尾，chasing）ようになり，次に放卵，放精のための一連の行動（スポーニングアクト，spawning act）が行われる．雌雄の魚は水面近くの水草（産卵床）に向かって上昇（rise）し，身体を横転（turn）する．この時雌は卵を放出（放卵，oviposition）し，雄は精子を放出（放精，ejaculation）する．その後，尾鰭を振動させて（tail flipping）水を攪拌し，水面下へと下降（fall）し，追尾が再開する．受精卵は粘着性で水草に付着する．

　行動の説明に入る前に，ここで少し用語についてふれておく．キンギョの産卵行動といった場合，雌雄の魚が卵，精子を放出して受精をさせるといった雌雄両方の魚による行動を指す場合と，雌が卵を放出する行動と雄が精子を放出する行動を個別に指す場合がある．後者の場合，「雌の産卵行動」という表現は問題ないが，「雄の産卵行動」というのは必ずしも適切ではない．そこで本章では，雌雄両方による行動に対して「産卵行動」という言葉を使い，雌雄それぞれの行動を指す場合，「雌の性行動」，「雄の性行動」という言葉を使う．

　また雌が卵を放出するための一連の行動を「雌のスポーニングアクト」，雄が精子を放出するための一連の行動を「雄のスポーニングアクト」と呼ぶことにし，あとで紹介する実験との関係から，ここでは実際に卵の放出（放卵）あるいは精子の放出（放精）が伴わなくても，本来の放卵，放精のための行動と同様な一連の行動が行われた場合は，スポーニングアクトが行われた，と定義する．ついでながら補足しておくと，英語の「spawning」という言葉は，日本語の「産卵」とは異なり，雄にも雌にも使える言葉である．

　キンギョの産卵行動は，雄が雌をさかんに追いかけるという追尾から始まる．この追尾は雌の排卵が確認される前からみられるが，この場合，雌はただ追われるだけで，それ以外に特別な行動はしない（図15-2）．雌の排卵後，雄の追尾は激しくなり，遊泳速度も増す．そして雌雄のスポーニングアクトが始まり，放卵，放精が起こる．通常，我々はガラス水槽内に雌雄1個体ずつ魚を入れ，プラスチックあるいはアクリル製の水草を産卵床として入れている．

雌雄の一連のスポーニングアクトは，まず雌が水面の水草に向かって上昇することから始まる（図15-3）．雄が雌に追従し，雌雄の魚が寄り添って水面に向かって上昇（rise）し，水面に達すると体を横（turn）にする．ちょうど雄が下に位置し，雌は上になる．この時雌は放卵（oviposition）し，雄は放精（ejacuation）する．放卵，放精後，雌雄のキンギョは尾鰭を激しく振り（tail flipping），水を攪拌する．この結果，卵と精子が水中でよくまざり，受精率が高められているものと考えられる．その後，魚は水中へと下降（fall）し，再び追尾が始まる．雌雄のスポーニングアクトにおいて，必ず雌が上に，雄が下に位置するので，雄型および雌型のスポーニングアクトは明確に定義することができる．また水面への上昇は必ず雌が先で雄をリードし，雄が先に上昇することはない．1回のスポーニングアクトはほんの一瞬の時間で行われるが，雌が直径約1 mmの卵を数百から数千個排卵し，1回に数十から数百ずつの卵を放卵するので，スポーニングアクトは数時間にわたり，数十回繰り返される．放卵された卵は粘着性をもち，水草に付着する．排卵された卵がすべて放卵されると産卵行動は終了する．

§3. キンギョの性行動のホルモンとフェロモンによる調節

3-1 プロスタグランジン（PG）と17, 20β-P

キンギョの一連の性行動はホルモンおよびフェロモンにより制御されているが，特に雌の卵巣でつくられるPGが雌雄のキンギョの性行動の発現に重要な役割を果たしている．自然条件下での性行動の成立には，まずはじめに雌において排卵を誘起するLHサージが起こることが必須である．このLHサージは排卵だけでなく，排卵に先立ち卵巣において卵成熟誘起ステロイドである17, 20β-Pの産生を促す．キンギョでは，この17, 20β-Pは雌では卵成熟を誘起するホルモンとして作用するとともに，水中に放出されて雄を刺激するフェロモンとして作用する（Dulkaら，1987）．雄はこの17, 20β-Pフェロモンの刺激により，下垂体からのLH分泌が促進され（フェロモンのプライマー作用），その結果雌のLHサージと同期した雄のLHサージを示す．この雄のLHサージにより精巣内で17, 20β-Pの産生が促進され，精液量の増加が起こる（Staceyら，1994）．また雌からフェロモンとして放出された17, 20β-Pには，雄のLH分泌を促進するだけでなく，行動を活発にする作用（フェロモンのリリーサー作用）もみられる（DeFraipont and Sorensen，1993）．

LHサージにより雌で排卵が誘起されるが，排卵時に卵巣内でPGが産生され，さらにキンギョでは排卵後，卵巣腔内に排卵された卵が存在するという機械的な刺激により卵巣内で引き続きPGが産生される．このPGは卵巣内に放卵可能な卵があるということを伝えるシグナルであり，雌の脳に作用して雌の性行動であるスポーニングアクトを誘起する（図15-3）．排卵された卵がすべて放卵されると，あるいは人為的に卵をしぼりとるとPGの産生は停止し，雌の性行動も終了する．また排卵された卵を卵巣腔に戻すと再び性行動が起こることも示されている（Stacey and Liley，1974；Stacey，1976）．

このPGは，雌ではスポーニングアクトを誘起するホルモンとして作用するが，17, 20β-P同様，水中に放出され，雄を刺激する強力なフェロモンとして作用する．雄はこのPGフェロモンを受容すると直ちに雌を追尾し，雌のスポーニングアクトにあわせて雄がスポーニングアクトを行う（フェロモンのリリーサー作用）．またPGフェロモンは，17, 20β-Pフェロモンほどではないが，雄におけ

るLH分泌促進作用も示す（フェロモンのプライマー作用）．さらにPGフェロモンによって雄が雌と性行動を行うと，この行動を行うことが刺激となってさらにLH分泌が促進されることも知られている（Sorensenら，1989；Zheng and Stacey，1997）．

実際の産卵では，雌のLHサージが開始するころから雄の弱い追尾がみられ，排卵後追尾は激しくなる．17，20β-Pのフェロモンとしての作用は主として雄のLH分泌促進であるが，雄の行動を活発にする作用も若干みられる．したがって，雄の性行動は卵成熟過程に放出される17，20β-Pフェロモン，排卵後に放出されるPGフェロモンにより次第に強められていくと考えられる（DeFraipont and Sorensen，1993）．

17，20β-PおよびPGがフェロモンとして放出される場合，そのままの形のものと種々の代謝物が放出されるが，フェロモンとして活性をもつものは，17，20β-Pと17，20β-P硫酸抱合体，PGF$_{2\alpha}$と15ケトPGF$_{2\alpha}$である（Sorensenら，1995a，2000）．これらのフェロモンのうち，17，20β-Pは主として鰓から，17，20β-P硫酸抱合体，PGF$_{2\alpha}$および15ケトPGF$_{2\alpha}$は主として尿とともに水中に放出される（Sorensenら，1995b；Appelt and Sorensen，1999）．なおキンギョのフェロモンの詳細については，Sorensen and Stacey（1999）の総説を参照されたい．

PGは，通常排卵していない雌の卵巣ではつくられないが，排卵していない雌にPGを投与すると，排卵した雌とまったく同様な「スポーニングアクト」が誘起されることがStaceyらにより明らかにされている（図15-4）（Stacey，1976；Stacey and Kyle，1983）．ただしこの場合，排卵していないので，実際の卵の放出は伴わない．一方，投与されたPGは水中にフェロモンとして放出され，成熟雄の追尾，スポーニングアクトを誘起し，この場合，雄は実際に放精もする．この方法により，排卵した雌を用意しなくても，雄の成熟を維持しておくことにより，この成熟雄とPG投与雌を用いて，1年中キンギョの性行動の実験を行うことが可能となった．通常，PG投与後5分程度で雄の追尾は開始する．ただし，このPGの雌における行動誘起作用は無条件に反射的に起こるものではなく，成熟した雄と水草などの産卵床が存在しなければ行動は誘起されない．

さらに興味深いことに，Staceyらは，成熟した雄にPGを投与すると，投与された雄は雌の性行動である雌型のスポーニングアクトを行うことを見いだした

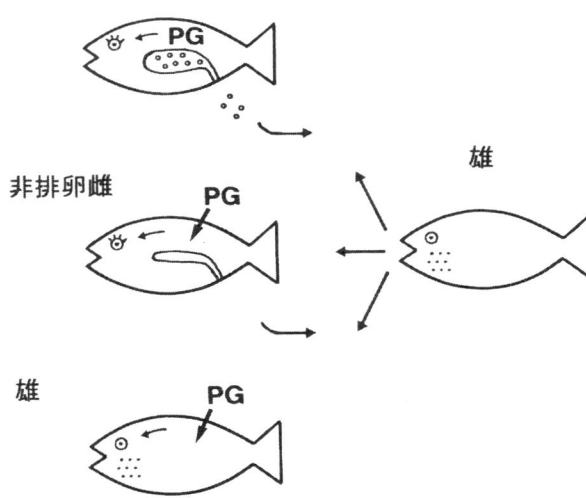

図15-4 プロスタグランジンによるキンギョの性行動の誘起．雌では排卵後，卵巣内でプロスタグランジンF$_{2\alpha}$（PG）が産生され，このPGが脳に作用して雌の性行動（スポーニングアクト）を誘起する．一方，PGはフェロモンとして水中に放出され雄を刺激し，雄の性行動（追尾とスポーニングアクト）を誘起する．非排卵雌にPGを投与すると，排卵雌と同様，雌型のスポーニングアクトとフェロモンの放出が誘起され，雌の性行動が行われる．ただしこの場合，雌では卵の放出は伴わない．また雄にPGを投与すると，PGを投与した非排卵雌同様，この雄が雌型のスポーニングアクトを行い，雄同士で性行動が行われる．

(図15-4)（Stacey and Kyle, 1983）．水槽内に成熟雄を入れると，この雄は排卵雌，PG投与雌および PG投与雄に対して区別することなく追尾，スポーニングアクト，放精を行う．このPG投与により雌型のスポーニングアクトを行う雄は，もちろん卵の放出はしないが，雌型の性行動によって精子を放出しているかどうかは確認されていない．またPGを投与された雄は，代謝により血液中のPGの濃度が低下すると雌型の性行動は行わなくなり，正常な雄として，排卵雌，PG投与雌に対して雄の性行動を行う．

プロスタグランジンによる性行動の誘起は，キンギョ以外の魚種では，後述するギンブナ（Kobayashi and Nakanishi, 1999），ドジョウ *Misgurnus anguillicaudatus* (Kitamuraら, 1993），ツースポットシクリッド *Cichlasoma bimaculatum* (Cole and Stacey, 1984），パラダイスフィッシュ *Macropodus opercularis*（Villarsら, 1985），lampan jawa *Puntius gonionotus*（Liley and Tan, 1985），ドワーフグーラミー *Colisa lalia*（Yamamotoら, 1997）などの魚種で報告されている．しかしニジマス *Oncorhynchus mykiss* ではPGによる性行動誘起はみられない．(Stacey, 1987)．PGと性行動の詳細についてはStacey and Cardwell（1995, 1997）の総説を参照されたい．

3-2 性ホルモン

1）**雌** キンギョの性行動は，雌ではPGが引き金となってスポーニングアクトが誘起され，雄では雌からのPGフェロモンが引き金となって追尾，スポーニングアクトが開始する．一般に脊椎動物の性行動には性ホルモンの関与が考えられる．哺乳類の雌では雌性ホルモンのうちの発情ホルモン（エストロゲン）である E_2 が，雄では雄性ホルモン（アンドロゲン）が性行動の発現には必須であると考えられている．しかし魚類の雌では，性行動を行うときには血液中の E_2 濃度はすでに低下している．そこでキンギョの性行動に性ホルモンが関与しているかどうか検討したところ，雌の性行動の発現には，卵巣で産生される性ホルモンは必須ではないことが明らかとなった（Kobayashi and Stacey, 1993）．卵巣を摘出してもPGを投与することによりスポーニングアクトが誘起され，性ホルモンを投与しても性行動が活発になることはない．また性成熟前の未熟な雌にPGを投与してもスポーニングアクトが誘起された．卵巣をもたない雄がPGにより雌の性行動を行うことと合わせて考えると，キンギョの雌の性行動は，PGが引き金となって起こり，卵巣で産生される性ホルモンは必要条件ではないということになる．

キンギョ以外の魚種において雌の性行動と性ホルモン関係について調べた研究は少なく，これまでのところグッピー *Poecilia reticulata* において E_2 が雌の性行動を促進することが報告されている（Liley, 1972）．

2）**雄** 多くの脊椎動物の雄では雄性ホルモンが雄の性行動の発現に重要であると考えられている．キンギョの雄の性行動は雌からのPGフェロモンにより引き金が引かれることが明らかである．この場合，雄性ホルモンが必要条件となっているかどうかを検討するために，雌に雄性ホルモンの11-ケトテストステロン（KT）をサイラスチックカプセルにより投与し，その効果を調べた．雄の性行動を調べるには，本来雄を使うべきであるが，キンギョの雄の精巣摘出手術が困難であるという技術的な理由と，雌に雄の性行動が誘起されるかという生物学的興味から雌を用いた．

カプセル移植3ヶ月後，これらのKTを投与した雌（以下KT雌）をPGを投与した雌（以下PG雌）のいる水槽に入れると，KT雌はPG雌に対して雄と同様な追尾および雄型のスポーニングアクトを

行った（Stacey and Kobayashi, 1996）．ただしこの場合，雄型のスポーニングアクトといってももちろん精子が出るわけでない．なおテストステロンによっても雄型の性行動は誘起されるが，その効果はKTに比べてきわめて弱い．また研究当初は3ヶ月後に雄性ホルモンの効果を調べたが，その後早いものでは，KT投与3日後に雄型の性行動を行う個体がみられた（小林，未発表）．雌の性行動にE_2が不要であることに加え，非芳香化ステロイドであるKTが雄の性行動に重要であることは，魚類の性行動における性ホルモンの役割を考えるうえで非常に興味深いと思われる．

次にこれらの雄型の性行動をするようになったKT雌が，雌本来の性行動，すなわち雌型のスポーニングアクトを行うかどうか確かめるために，これらの魚にPGを投与したところ，正常な雌と同様なスポーニングアクトがみられた（Stacey and Kobayashi, 1996）．

これらの結果から，雄の性行動の発現には，雄性ホルモンのKTが必要であると考えられる．ただしこの実験は雌を使って行っているので，本当にこのことが雄にあてはまるのかどうかは，実際に雄を用いて確認する必要がある．またKTにより雌が雄型の性行動を行うようになっても，雌型の性行動は抑制されない．このことは，雄にPGを投与して雌型の性行動を行わせても，その後雄型の性行動が可能であることと対応して興味深い．

さらにKTは，性行動以外の雌の性質についても抑制しないことが明らかとなった．KTを投与されて雄型の性行動を行うようになった雌のなかで，実験期間中に卵巣の発達，排卵が起こり，雌として正常な放卵を行う個体がみられた．すなわちKTは，卵巣の発達，LHサージ，排卵をも抑制しないのである．またこの雌から産まれた卵は，雄との産卵行動により，正常に受精，孵化した（小林，未発表）．

KTは，雌の性質を抑制しない一方，性行動以外の雄の性質を雌に発現させることも明らかとなった．まずKT投与1ヶ月後，雌にキンギョの雄の二次性徴である追い星が鰓蓋と胸鰭に発達した（Stacey and Kobayashi, 1996）．また通常，雌が放出するフェロモン17, 20β-Pに反応してLH分泌が促進されるのは雄だけで，雌にこのような反応はみられない．しかしKT雌はこのフェロモンに反応して雄型のLHサージを示した（Kobayashiら，1997）．さらに成熟した雌において，KTにより卵巣内に精巣が分化することも観察された（Kobayashiら，1991）．ただしこれまでに示したKTにより雌に誘起された雄の性質は，卵巣摘出魚においても誘起されることから，卵巣内に分化した精巣からの要因で起こるものではなく，外部から投与したKTの直接作用によるものと考えられる．

これまで雄の性行動への雄性ホルモンの関与は数種の魚種で調べられている（Borg, 1994）．精巣摘出による性行動の低下，雄性ホルモン投与による回復から，雄性ホルモンが雄の性行動の発現に必要であることが示されている．しかし魚種によっては精巣摘出が困難であるため，無処理の雄あるいは雌に雄性ホルモンを投与してその効果を確認している（Kindlerら，1991；Stacey and Kobayashi, 1996）．これまでのところ，雄性ホルモンの中で，11-ケトテストステロンおよび11-ケトアンドロステンジオンに高い性行動誘起効果がみられている．哺乳類の雄性ホルモンとして知られているテストステロンは，弱い効果しかみられない（Borg, 1994；Kindlerら，1991；Stacey and Kobayashi, 1996）魚類では，テストステロンは雌雄共通の性ホルモンであることを考えると，テストステロンの作用が弱いことも理解できる．しかしテストステロン投与実験では多少雄型の性行動が誘起されることがある．産卵期に高い血中テストステロン濃度を示す成熟雌においてなぜ雄型の性行動が起こらないか，

その理由については明らかではない.

一方,精巣でつくられる雄性ホルモンは,魚種によっては必ずしも雄型の性行動発現の必要条件とはなっていない.社会的刺激によって性転換をする雌性先熟型の性転換魚,bluehead wrasse *Thalassoma bifasciatum* では,雌の卵巣摘出手術後,雌が雄に性転換する環境におくと,この社会的刺激により雌は生殖腺がなくても雄型の性行動を始める(Godwinら,1996).またホンソメワケベラ *Labroides dimidiatus* も社会的刺激により雌から雄への性転換が起こるが,生殖腺が卵巣から精巣に変わるのに2週間ほどかかる.しかし雄の性行動は,生殖腺が卵巣のまま,数時間のうちに始まることが知られている(Nakashimaら,2000).すなわちこれらの魚では,精巣由来の雄性ホルモンがなくても雄型の性行動をすることが可能であると考えられる.

3-3 その他のホルモン

最近,キンギョにおいてGnRHが雌の性行動に関与することが示された.キンギョの脳室内にGnRHを投与することにより,PG投与によるスポーニングアクトの頻度が増加し,GnRHのアンタゴニストにより減少する(Volkoff and Peter, 1999).このことはキンギョの脳内のGnRHが雌の性行動の発現に促進的に関与していることを示唆する.ただし,同様の処理を雄に行っても性行動への影響はない.GnRHの投与実験では,脳内のどの部位でつくられるGnRHがどこに作用しているのかはわからないが,終神経由来のGnRHの性行動への関与を示す報告もある.魚類では,終神経に存在するGnRH産生細胞は,脳の他の部位に広く線維を投射し,GnRHは脳内における神経修飾作用をもつことが示唆されている(Kobayashiら,1994;Kimら,2001;岡,2002).雄のドワーフグーラミーでは終神経破壊,雌のキンギョでは嗅索切断が行われ,それぞれ終神経由来のGnRHの産生あるいは軸索輸送と放出を阻害し,性行動への影響が調べられている(Stacey and Kyle, 1983;Yamamotoら,1997;Kimら,2001).その結果,ドワーフグーラミー,キンギョいずれの場合においても,手術後一連の性行動は正常なパターンで行われるものの,行動の起こりやすさに若干低下がみられる.このことは終神経由来のGnRHは,性行動の発現のそのものの制御よりは,性行動を誘起する刺激に対する反応性を高め,性行動を起こりやすくしているのではないかと考えられる(岡,2002).

この他に,性転換魚類における研究から,GnRHに加えて脳内のペプチドホルモンであるアルギニンバソトシン(AVT)の性行動への関与が示唆されている.bluehead wrasse, ballan wrasse *Labrus berggylta* および dusky anemone fish *Amphiprion melanopus* では,性転換の前後で脳内のGnRH産生細胞の数あるいは細胞体の大きさが変化することが知られている(Groberら,1991;Elofssonら,1997, 1999).またオキナワベニハゼ *Trimma okinawae* および bluehead wrasse では,性転換の前後でAVT産生細胞の数あるいは細胞体の大きさが変化する(Grober and Sunobe, 1996;Godwinら,2000).これらの結果からGnRHおよびAVTが脳内で作用して雌雄の性行動の発現を調節していることが示唆されている.しかしこれらのホルモンが外部からの刺激を受けて,性転換(行動,生殖腺および体色などの表現型の転換)を引き起こす脳内での出発点のホルモンなのか,性転換が起こった結果として産生されているのかはまだ明らかではない.また非性転換魚であるキンギョの雌にKTを投与して,雄型の性行動をするようにしても,脳内のGnRHおよびAVT産生細胞に顕著な変化はみられなかった(Parharら,2001).GnRHおよびAVTがどのような魚種でどのような性的活動とか

かわっているのかは，今後の研究が待たれる．

§4. ギンブナの性行動

日本のある地域の湖沼に生息するギンブナは三倍体性のコイ科の魚で，雌しか存在しない雌性発生魚である．キンギョにおいて雄性ホルモンにより雌に雄型の性行動およびLH分泌パターンが誘起されたことから，雌のギンブナに雄性ホルモンに与えたところ，雄型の性質が発現した．

三倍体性のギンブナは雌しか存在せず，この雌の卵は減数分裂が行われない．天然ではギンブナの雌は近縁種の雄と産卵行動を行い，卵は異種の精子の刺激を受けて発生を開始すると考えられている（Yamashitaら，1990）．しかし精子由来の遺伝子はその後の発生過程で排除されるため子孫はすべて雌となり，遺伝的クローンとなる．実際に研究室においてドジョウ，ニジマスなどの異種の精子を用いてギンブナの卵を発生させると，雑種はできずすべて雌のギンブナになる．このようにギンブナは生物学上非常に興味深い魚であるが，ここでの実験は，このようなギンブナの遺伝的性質を活用したものではなく，雌だけで進化してきたと考えられる魚種に雄の性質が潜在的に存在するかどうか，という観点からである．

ギンブナの雌にKTを投与し（KT雌），他の雌にPGを投与すると，これらの2個体の間でキンギョと同様にそれぞれ雄型および雌型のスポーニングアクトが誘起される．またKT雌は，水中に投与された17, 20β-Pに反応して血中LH濃度が上昇するという雄型のLH分泌も示した．さらに雄型の性行動を行ったKT雌は，雌の性質を失うことなく，PGを投与されると他のKT雌とともに雌型のスポーニングアクトを行う．これらの実験結果は，同じコイ科のキンギョでの実験結果と同様であるが，雌だけで進化してきた雄のいない魚において，雄型の性行動およびLH分泌を制御する性質が潜在的に保持されていることは興味深い（Kobayashi and Nakanishi, 1999）．

§5. 魚類の性的可逆性（両性性）

これまで述べてきたキンギョの性行動の成立についての実験結果をまとめると，雌型の性行動はPGが引き金となって起こり，その場合性ホルモンは必要条件ではない（図15-5）．雄型の性行動は，雌からのPGフェロモンが引き金となり，この場合雄性ホルモン（KT）が必要条件であると考えられる．さらに一連の研究過程において，PG投与により雄に雌型の性行動が誘起され，KTにより雌に雄型の性行動を誘起できることが明らかとなった．これらの結果から次のようなことが考えられる．通常，雄は雄型の性行動のみを行い，雌型の性行動をすることはないが，これは雌型の性行動ができないのではなく，しないのである．すなわち雄の場合，精巣でPGが大量に産生されることがないため，雌型の性行動の引き金が引かれることはない．しかし外部からPGを投与されればすぐに雌型の性行動を行う．また雌では卵巣でKTがほとんど産生されないため，通常雄型の性行動はしないが，KTを投与することによりフェロモンに反応して，雄型の性行動をするようになる．さらに興味深いことに通常使われていない方の性の性行動の機構を活性化させても，本来の性の性行動の機構は抑制されない（Kobayashiら，2000）．

PGにより雄に雌型の性行動が起こることはキンギョ以外では報告がないが，雄に雌型様の性行動が起こることはサケ科のヒメマス *Oncorhynchus nerka* で観察されている．雄のヒメマスの脳の特定の

```
  雌 型                    雄 型
性行動
  [PG ♀]                [KT ♂]
スポーニングアクト     追尾
放卵          PG →    スポーニングアクト
                      放精

  [PG ♂]                [KT ♀]
スポーニングアクト     追尾
                      スポーニングアクト

LH分泌
外部刺激→[Testo. ♀]    [KT ♂]
    17,20β-P
  排卵LHサージ        フェロモン誘起LHサージ

              17,20β-P
                        [KT ♀]

                      フェロモン誘起LHサージ
```

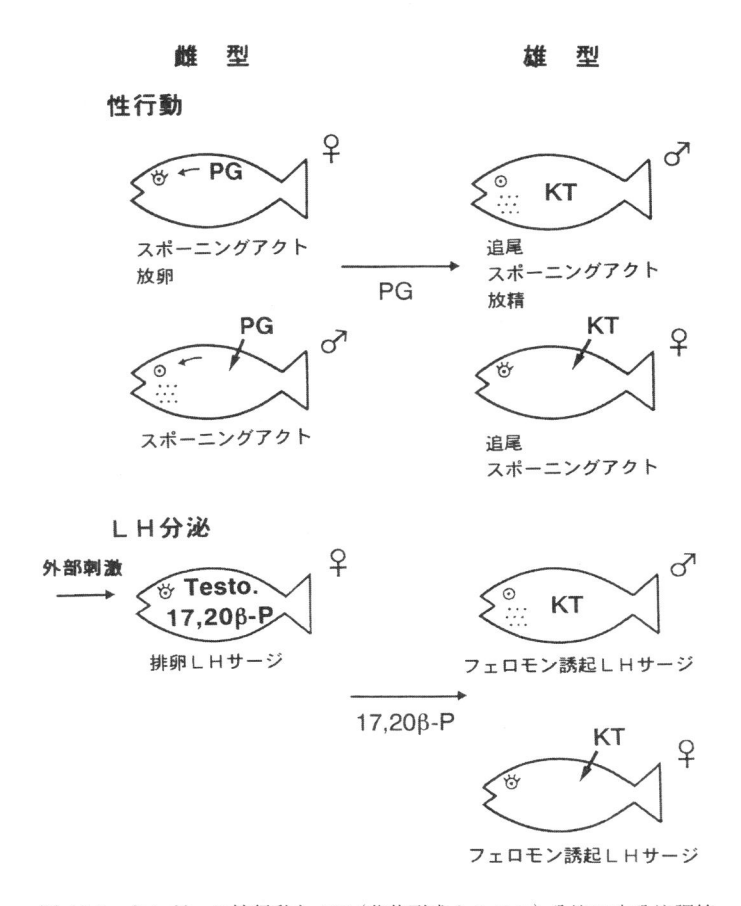

図15-5 キンギョの性行動とLH（黄体形成ホルモン）分泌の内分泌調節とその可逆性．雌において，雌型の性行動（スポーニングアクト）は卵巣で産生されるプロスタグランジン$F_{2\alpha}$（PG）が引き金となって起こるが，この際，性ホルモンは必須ではない．また雄にPGを投与すると雌型の性行動（雌型のスポーニングアクト，ただし卵の放出はない）が誘起される．雄型の性行動は，雌からのフェロモンが引き金となって起こる．この時，精巣でつくられる雄性ホルモン（11-ケトテストステロン，KT）が必須であると考えられる．また雌にKTを投与すると雄型の性行動（雄型のスポーニングアクト，ただし精子の放出はない）が誘起される．
雌型のLHサージ（排卵LHサージ）は，環境要因が引き金となり，卵巣でつくられるテストステロン（Testo.）が必須である．雌型のLHサージ（フェロモン誘起LHサージ）は，雌からのフェロモン（17,20β-P）が引き金となって起こり，KTが必須であると考えられる．雌にKTを投与すると雄型のLHサージが誘起される．ただしこれまでのところ，雄に雌型のLHサージを誘起した例はまだない．

部位に電気刺激を与えると，その雄は雄型の性行動を行うが，刺激の部位によっては，雌型の性行動に類似した行動が誘起されることが知られている（論文中ではdisplacement behaviorと記述されている）(Satou ら，1984)．

一方，雄性ホルモンにより雌において雄型の性行動が誘起されることは，前述のギンブナ(Kobayashi and Nakanishi, 1999)，トゲウオ *Gasterosteus aculeatus* (Wai and Hoar, 1963)，グッピー (Landsman ら，1987) およびカダヤシ *Gambusia affinis holbrooki* (Howell ら，1980) において示されている．

これまでのキンギョでの実験結果から，次のようなことが推測される．キンギョは通常その生活史において性転換を行わず，どちらか一方の性の生殖腺しかもたないが，性行動を制御する脳のレベルにおいては，雌雄両方の性行動を制御できる性的可逆性をもっているのではないかと考えられる．さらに前述したようにキンギョ以外の非性転換魚類においても雌雄逆の性行動が誘起されることは，このような考えを支持するものと考えられる．

またキンギョでは，性行動以外に雌雄に特異的なLH分泌のパターンが知られているが，KT投与により雌は雄型のLHサージを示すことも明らかとなった(Kobayashiら，1997)．すなわちキンギョの雌では，性行動だけでなく，LH分泌においても性的可逆性をもつものと考えられる（ただしこれまでのところ，雄に雌型のLHサージを起こすことには成功していない）．さらにこれらのキンギョにおける性行動およびLH分泌の性的可逆性は，性転換魚類のもつ「両性」性と比較しうるのではないかとも考えられる．魚類では，その生活史において性転換を行う魚類が数多く知られている（中

園・桑村，1987；中園，1991)．性転換の様式は多様であるが，これらの魚類においては一生のうちで生殖腺の性が一方の性からもう一方の性に変わり，それに伴い性行動のパターンが変わる．これまでに性転換魚類の血中LH量の測定をした例はないが，おそらくLH分泌の分泌パターンも変わると推測される．したがって，性転換魚類では生殖腺のレベルだけでなく，性行動およびLH分泌が雌雄両方に対応できるような，脳の両性性が存在するものと考えられる．

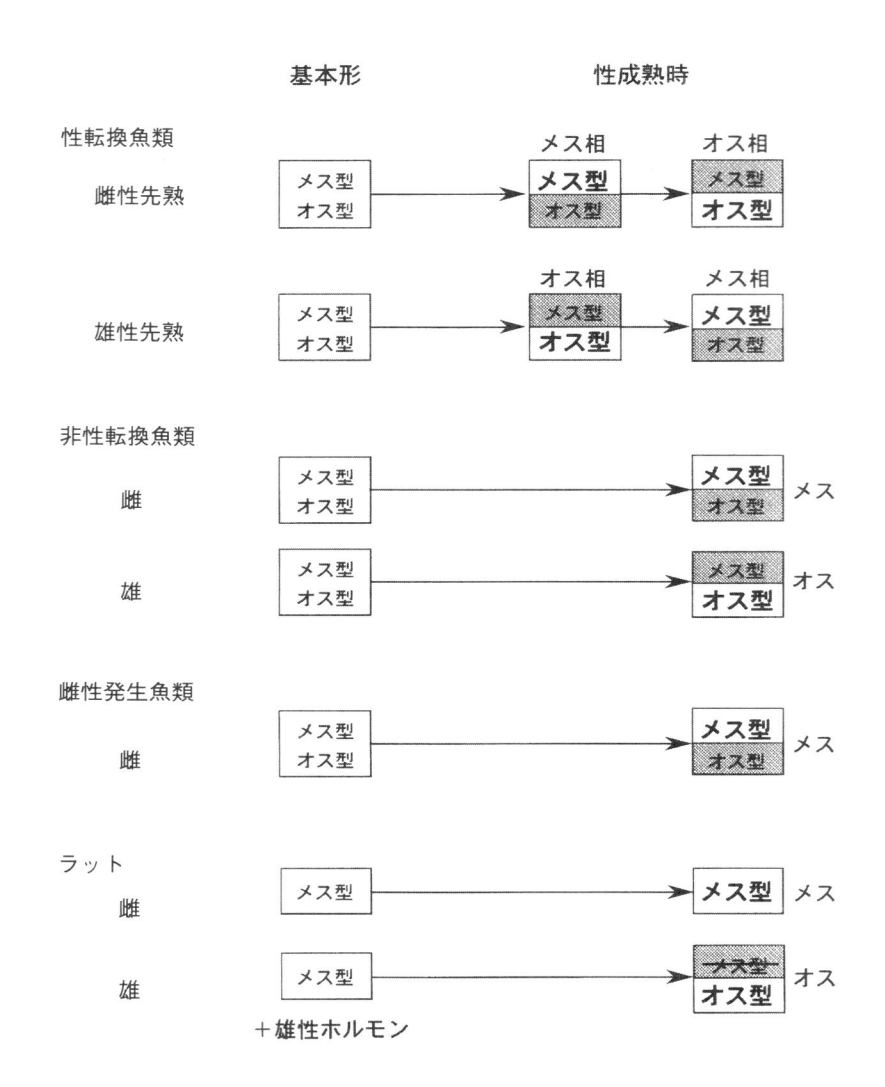

図15-6 魚類の脳の両性性についての仮説．性転換魚類（hermaphroditism）には雌性先熟（protogynous）と雄性先熟（protandrous）がある．性転換魚類では，それぞれの性の相のときに，脳の一方の性の部分が機能し，その性の性行動が行われる．もう一方の性（影を付けてある部分）の機能は停止していると考えられるが，性転換後，活性化される．すなわち，脳は両方の性に対応する両性性をもつ．非性転換魚類（gonochorism）および雌性発生魚類（gynogenesis）では，通常脳の片方の性の部分しか使われないが，潜在的には両方の性の性行動に対応できる脳をもち，ホルモンの投与などによりもう一方の性の部分も機能する．ラットでは，脳の基本型は雌型で，雄では雄性ホルモンの作用により雄の部分ができ，同時に雌の部分に抑制がかかる．

脊椎動物の脳の性および脳の性分化については哺乳類で詳細に研究されている．ラットでは，脳の性は基本的に雌型で，周生期の雄性ホルモンの有無により脳が雄型あるいは雌型に分化することが知られている（図15-6）．すなわち遺伝的に雌であれば卵巣が形成され，雄性ホルモンがつくられないので脳はそのまま雌型となる．しかし遺伝的に雄の場合，精巣が形成され，精巣で産生される雄性ホルモンの作用により脳は雄型に分化する．またこのとき雌型の機能の抑制が起こる．このようにして決まった脳の性は不可逆で，その後変わることはない（性ホルモンのorganizational effect）．そして個体が性成熟に達すると，この脳の性と同じ性のパターンの性行動およびLH分泌が起こるようになる（性ホルモンのactivational effect）．

　魚類において脳の性分化に関する知見はほとんどないが，ラットのような様式の性分化があてはまるとは思われない．生殖腺，性行動およびLH分泌において両性性をもつと考えられる性転換魚類の脳では，個体が「雌の相」にある時（雌の行動をする時）には脳の雌の部分が機能して雄の部分の機能は停止し，個体が「雄の相」（雄の行動をする時）にかわると，脳の雄の部分が活性化して雌の部分は停止する，といった機構が考えられる（図15-6）．この場合，キンギョでみられたのと同様，一方の性の機能は他方を抑制しない．そのためラットとは異なり，1個体の魚が両方の性の性行動を行うことができるのではないだろうか．またキンギョのような非性転換魚類においては，通常雌は一生のうちで脳の雌の部分だけが，雄では雄の部分だけしか機能しないが，潜在的に両方の性に対応する能力をもっていることは，雄性ホルモン，PGの投与実験から明らかである（図15-5，15-6）．さらに雌だけの魚種として進化をしてきたと考えられるギンブナにおいても，潜在的に脳の雌雄両性性が示されている．

　このように自然界における性転換魚類の存在，キンギョ，ヒメマスおよびギンブナでの実験結果から，魚類の脳の両性性という性質は，性転換魚類に特別にみられるものではなく，魚類全般にみられる共通の性質ではないかと考えられる．またこのなかで，性転換魚類というのは，この脳の両性性を繁殖戦略として活用した魚類である，ということもできるのではないだろうか．

　一方，哺乳類を含め非性転換（雌雄異体）という方式を選択した動物において，また性転換魚類においてもその状況にそぐわない方の性の性行動が起こらないような抑制系が必要であると考えられる．哺乳類においては，神経系といったハードウェアによる抑制がなされているのに対し，魚類では，ホルモンの欠如あるいは社会的刺激による抑制といったソフトウェアによる調節が主要な抑制因子なのかもしれない．

§6．最近の性転換魚類における研究

　魚類の脳の両性性を考えるうえで，性転換魚類の存在は非常に重要な意味をもつ．近年，日本の魚類学者により性転換魚類の研究が大きく進展し，これまでの性転換魚類の概念が大きく変化しつつある（Kuwamura and Nakashima, 1998）．ここでは最近の性転換魚類の研究を脳の両性性という仮説とを関連づけて紹介したい．

　従来，性転換魚類は，同一魚種については一方向のみの性転換が一生に1回だけ起こると考えられてきた．すなわち雌性先熟あるいは雄性先熟という様式である．しかしダルマハゼ *Paragobiodon echinocephalus*（Kuwamuraら，1994）において，最初に雄あるいは雌として成熟し，それぞれの性

の魚がどちらも性転換を行うといった同一魚種における双方向への性転換が自然条件下で観察された．さらに頻度は少ないが一度性転換した魚がもとの性に戻るという性転換も観察され，性転換魚類の概念が大きく変わった．このことは，同一魚種において性転換の方向が限定されず，双方向の性転換がみられること，また性転換は1回だけではなく，変わった性が戻ることのできる魚種が自然界に存在するということを示している．このダルマハゼの双方向への性転換が社会的刺激によって起こることは，野外および水槽内での実験によって確認されている（Nakashimaら，1995）．また同様な双方向性転換がアカテンコバンハゼ *Gobiodon rivulatus rivulatus* においても野外および水槽実験で確認されている（Nakashimaら，1996）．さらに自然条件下では雌性先熟と考えられているオキナワベニハゼでは，水槽内の実験条件下で性転換すべく状況におくと，同一個体の魚が性転換を繰り返し行うことが確認された（Sunobe and Nakazono, 1993）．自然条件下で性転換が繰り返し行われているとは考えにくいが，オキナワベニハゼにはダルマハゼ，アカテンコバンハゼと同様な性的可逆性を潜在的にもつことを示している．またこれらの性転換魚類の研究結果は，魚類の脳の両性性の潜在性を強く示すものである．

　これらの双方向性転換魚類の発見の経緯としては，おそらく，それまで組織学的手法により魚の生殖腺の性を中心に観察をしてきたのに対し，フィールドでの潜水技術および研究室での魚の飼育技術の発展により，魚を殺さずに同一個体を継続して観察することが可能になったためと考えられる．また従来からハタ科の belted sandfish *Serranus subligarius* などのような同時的雌雄同体魚（同一個体が卵巣，精巣を両方もち，それらが同時に発達・成熟する魚）が性行動の性転換を瞬時にして繰り返すことは知られていたが（Cheekら，2000），隣接的雌雄同体魚（同一個体が一生のうちに卵巣，精巣をもつが，同時にではなく，時間的にずれて発達・成熟する魚．いわゆる性転換魚類）においてもとに戻る性転換が起こるという発想が生まれにくかったのは，やはり哺乳類における organizational effect の考えの影響が強く，性転換魚類においても1回は性転換が起こるもののその後の性は固定する，といった考えが中心だったのかもしれない．言い換えると，魚類の性転換は，哺乳類の性分化と同様，生活史において方向性のある現象を考えられてきたが，双方向性転換魚類の研究により，魚類の性転換は，方向性があり不可逆な変化をする哺乳類の性分化とは異なり，雄と雌という2種類の生理状態のどちらにいるのかといった可逆的な現象とも考えることができる．

　さらに最近，性転換魚類の研究は，観察だけでなく種々の実験が行われるようになり，性転換魚類の概念が変わりつつある．中嶋らの研究によると，従来雌性先熟型で性転換は1回だけと考えられてきたホンソメワケベラにおいて，1度雌から雄への性転換（行動および生殖腺の変化）した魚が，また雌へと戻る（行動および生殖腺ともに）ことが野外実験により明らかとなった．前述のように雌のホンソメワケベラは，雄に性転換する社会的環境におかれると，行動は1～2時間で雄型へと変化し，生殖腺は2週間ほどで卵巣から精巣へと変化する．この時，行動が雄型に変化し，生殖腺がまだ卵巣の状態の魚を自分の体より大きな雄と遭遇させ，雌としての社会的状況におくと，この魚の行動は数分後に雌型に戻る（Nakashimaら，2000）．また行動，生殖腺ともに雄型に変化した魚では，雌としての社会的状況におかれると，生殖腺が精巣のまま数日後に行動は雌型に戻り，さらに1～2ヶ月すると卵巣が発達して放卵するようになる（Kuwamuraら，投稿中）．また自然条件下では雌性先熟の性転換するキンチャクダイ科のコガネヤッコ *Centropyge flavissimus* においても，水槽実験により雄

から雌に戻る性転換が報告されている（日置・鈴木，1996）．これら両魚種が，ダルマハゼやアカテンコバンハゼのように自然条件下においても双方向の性転換を行っているのかは明らかではない．しかしこのホンソメワケベラおよびコガネヤッコにおける研究は，これまでの一方向の性転換魚と考えられていた魚においても潜在的に双方向性転換魚類と同様な性的可逆性をもつことを示している．また筆者としては，これらの最近の性転換魚類の研究成果は，筆者の提唱する魚類の脳の両性性という仮説を支持する結果であると考えている．

おわりに

　魚類の性行動およびGTH分泌の内分泌調節を明らかにすることを目指して始めた研究が，雌雄に逆の性の性行動が起こったことにより，性的可逆性という方向へと進んできた．学生の頃に，水産学科で魚のホルモンの研究を始めた筆者は，順天堂大学医学部の新井康允先生の書かれた哺乳類の脳の性についての総説を読む機会をもち，自然界に存在する性転換魚類の脳のしくみは新井先生の書かれたことにあてはまるのだろうか，という疑問をもつにいたった．この疑問に対して答えを出すような研究を直接行ってきたわけではないが，研究の根底にはこの疑問があったような気がする．

　本稿では，魚類の脳の両性性という仮説を掲げてはいるものの，これまでの研究はすべて脳以外の要因，すなわちホルモン，フェロモンといったソフトウェア的なものであり，脳そのものについての研究結果は何もない．脳の両性性の本質を解明するには，今後は脳自身というハードウェアについての研究が課題であり，神経科学，分子生物学的アプローチが必要とされると考えられる．またその際，性転換魚類は，魚類の脳の研究のよいモデルとなると思われる．

　本稿で述べてきたように，筆者らの研究を含め，これまでの魚類の性行動の研究は，性行動が起こるための要因の研究が中心であった．しかし今後は誘起要因に加えて性行動の発現を抑制している要因の研究も重要であると考えられる．また魚類の脳が基本的に両性であり，哺乳類の脳の基本型が雌型であるとしたら，脊椎動物の進化の過程で，どのような経過を経て脳が変化をしてきたのか，またこのような脳の変化は生物学的にどのような意味をもつのか，興味深い問題であると思われる．

　一方，魚類のもつ性的可逆性（性のゆらぎやすさ）というのは，外部からの要因の影響を受けやすいということでもあり，近年問題となっている環境ホルモン（内分泌攪乱化学物質）の影響という点において，魚類は他の脊椎動物とは異なった生殖障害が生じる可能性も考えられる．実際，本稿で引用した雌のカダヤシの雄型性行動の誘起は，雄性ホルモン作用をもつ環境ホルモンによって起こった例である（Howellら，1980；Sumpter，2000）．このような観点からも魚類の性的可逆性についての研究を発展させていきたいと考えている．

文　献

Appelt, C.W. and P.W. Sorensen (1999)：Freshwater fish release urinary pheromones in a pulsatile manner. Advances in Chemical Signals in Vertebrates. (ed. by R.E. Johnston, D. Muller-Schwarze and P. W. Sorensen), Plenum Press, p. 247-256

Borg, B. (1994)：Androgens in teleost fishes. Comp. Biochem. Physiol. C, 109, 219-245

Cheek, A. O., P. Thomas and C. V. Sullivan (2000)：Sex steroids relative to alternative mating behaviors in the simultaneous hermaphrodite Serranus subligarius (Perciformes: Serranidae). Horm. Behav., 37, 198-211

Cole, K. S. and N. E. Stacey (1984)：Prostaglandin induction of spawning behavior in Cichlasoma bimaculatum (Pisces Cichlidae). Horm. Behav., 18, 235-248

DeFraipont, M., and P. W. Sorensen (1993): Exposure to the pheromone 17α, 20β-dihydroxy-4-pregnen-3-one enhances the behavioural spawning success, sperm production and sperm motility of male goldfish. *Animal Behav.*, 46, 245-256

Dulka, J. G., N. E. Stacey, P. W. Sorensen, and G. J. Van Der Kraak (1987): A sex steroid pheromone synchronizes male-female spawning readiness in goldfish. *Nature*, 325, 251-253

Elofsson, U., S. Winberg and R. C. Francis (1997): Number of preoptic GnRH-immunoreactive cells correlates with sexual phase in a protandrously hermaphroditic fish, the dusky anemonefish (*Amphioprion melanopus*). *J. Comp. Physiol. A*, 181, 484-492

Elofsson U., S. Winberg and G. E. Nilsson (1999): Relationships between sex and the size and number of forebrain gonadotropin-releasing hormone-immunoreactive neurons in the ballan wrasse (*Labrus berggylta*), a protogynous hermaphrodite. *J. Comp. Neurol.*, 410, 158-170

Godwin, J., D. Crews. and R. R. Warner (1996): Behavioural sex change in the absence of gonads in a coral reef fish. *Proc. R. Soc. Lond. B*, 263, 1683-1688

Godwin, J., R. Sawby, R. R. Warner, D. Crews and M. S. Grober (2000): Hypothalamic arginine vasotocin mRNA abundance variation across sexes and with sex change in a coral reef fish. *Brain Behav. Evolution*, 55, 77-84

Grober, M. S., and I. M. D. Jackson and A. H. Bass (1991): Gonadal steroids affect LHRH preoptic cell number in a sex/role changing fish. *J. Neurobiol.*, 22, 734-741

Grober, M. S. and T. Sunobe (1996): Serial adult sex change involves rapid and reversible changes in forebrain neurochemistry. *NeuroReport*, 7, 2945-2949

日置勝三・鈴木克美 (1996): 雌性先熟雌雄同体性アブラヤッコ属 (キンチャクダイ科) 3種の雄から雌への性転換. 東海大学海洋研究所研究報告, 17, 27-34

Howell, W. M., D. A. Black and S. A. Bortone (1980): Abnormal expression of secondary sex characters in a population of mosquitofish, *Gambusia affinis holbrooki*: evidence for environmentally-induced masculinization. *Copeia*, 1980, 676-681

市川眞澄・岡 良隆・小林牧人・武内ゆかり・束村博子・西原真杉・朴 民根・前多敬一郎・村上志津子・森 祐司 (1998): 脳と生殖 GnRH神経系の進化と適応. 学会出版センター, 233 pp.

Kezuka, H., M. Kobayashi, K. Aida and I. Hanyu (1989): Effects of photoperiod and pinealectomy on the gonadotropin surge and ovulation in goldfish *Carassius auratus*. *Nippon Suisan Gakkaishi*, 55, 2099-2103

Kim, M. H., M. Kobayashi, Y. Oka, M. Amano, S. Kawashima, K. and Aida (2001): Effects of olfactory tract section on the immunohistochemical distribution of brain GnRH fibers in the female goldfish, *Carassius auratus*. *Zool Sci.*, 18, 241-248

Kindler, P. M. Bahr and D. P. Philipp (1991): The effects of exogenous 11-ketotestosterone, testosterone, ane cyproterone acetate on prespawning and parental care behaviors of male bluegill. *Horm. Behav.* 25, 410-423

Kitamura, S. H. Ogata and F. Takashima (1993): Activities of F-type prostaglandins a releaser sex pheromones in cobitide loach, *Misgurnus anguillicaudatus*. *Comp. Biochem. Physiol. A*, 107, 161-169

Kobayashi, M., K. Aida and I. Hanyu (1986a): Gonadotropin surge during spawning in male goldfish. *Gen. Comp. Endocrinol.*, 62, 70-79

Kobayashi, M., K. Aida and I. Hanyu (1986b): Pheromone from ovulatory female goldfish induces gonadotropin surge in males. *Gen. Comp. Endocrinol.*, 63, 451-455

Kobayashi, M., K. Aida and I. Hanyu (1986c): Annual changes in plasma levels of gonadotropin and steroid hormones in goldfish. *Bull. Japan. Soc. Sci. Fish.*, 52, 1153-1158

Kobayashi, M., K. Aida and I. Hanyu (1987a): Radioimmunoassay for salmon gonadotropin. *Nippon Suisan Gakkaishi*, 53, 995-1003

Kobayashi, M., K. Aida and I. Hanyu (1987b): Hormone changes during ovulation and effects of steroid hormones on plasma gonadotropin levels and ovulation in goldfish. *Gen. Comp. Endocrinol.*, 67, 24-32

Kobayashi, M., K. Aida and I. Hanyu (1988): Hormone changes during ovulatory cycle in goldfish. *Gen. Comp. Endocrinol.*, 69, 301-307

Kobayashi, M., K. Aida and I. Hanyu (1989a): Induction of gonadotropin surge by steroid hormone implantation in ovariectomized and sexually regressed female goldfish. *Gen. Comp. Endocrinol.*, 73, 469-476

Kobayashi, M., K. Aida, K. and I. Hanyu (1989b): Involvement of steroid hormones in the preovulatory gonadotropin surge in female goldfish. *Fish Physiol. Biochem.*, 7, 141-146

Kobayashi, M., K. Aida and N. E. Stacey (1991): Induction of testis development by implantation of 11-ketotestosterone in female goldfish. *Zool. Sci.*, 8, 389-393

Kobayashi, M. and N. E. Stacey (1993): Prostaglandin-induced female spawning behavior in goldfish (*Carassius auratus*): does the ovary modulate the response? *Horm. Behav.*, 27, 38-55

Kobayashi, M., M. Amano, M. Kim, K. Furukawa, Y. Hasegawa, K. and Aida (1994): Gonadotropin-releasing hormones of terminal nerve origin are not essential to ovarian development and ovulation in goldfish. *Gen. Comp. Endocrinol.*, 95, 192-200

Kobayashi, M., K. Furukawa, M. Kim and K. Aida (1997): Induction of male-type gonadotropin secretion by 11-ketotestosterone in female goldfish. *Gen. Comp. Endocrinol.*, 108, 434-445

小林牧人・朴 民根 (1998): 脊椎動物の生殖内分泌現象. 第3巻, 生殖とホルモン (日本比較内分泌学会編), 学会出版センター, p.1-18

Kobayashi, M. and T. Nakanishi (1999): 11-Ketotestosterone induces male-type sexual behavior and gonadotropin secretion in gynogenetic crucian carp, *Carassius auratus langsdorfii. Gen. Comp. Endocrinol.*, 115, 178-187

Kobayashi, M., N. E. Stacey, K. Aida and S. Watabe (2000): Sexual plasticity of behavior and gonadotropin secretion in goldfish and gynogenetic crucian carp. Reproductive Physiology of Fish. (ed. by B. Norberg, O. S. Kjesbu, E. Andersson, G. L. Taranger and S. O. Stefansson), John Grieg AS, p.117-124

小林牧人・孫　永昌 (2000)：生殖腺刺激ホルモン，月刊海洋，32, 74-80

Kuwamura, T., Y. Nakashima and Y. Yogo (1994): Sex change in either direction by growth-rate advantage in the monogamous coral goby, *Paragobiodon echinocephalus. Behav. Ecol.*, 5, 434-438

Kuwamura, T. and Y. Nakashima (1998): New aspects of sex change among reef fishes : recent studies in Japan. *Environ. Biol. Fish.*, 52, 125-135

Landsman, R. E., L. A. David and B. Drew (1987): Effects of 17 α-methyltestosterone and mate size on sexual behavior in Poecilia reticulata. Proc. Third Intl. Symp. on the Reproductive Physiol. Fish. (ed. by D. R. Idler, L. W. Crim and J. M. Walsh), Memorial University of Newfoundland, p.133

Liley, N. R. and E. S. P. Tan (1985): The induction of spawning behavior in Puntius gonionotus (Bleeker) by treatment with prostaglandin PGF$_{2\alpha}$. *J. Fish Biol.*, 26, 491-502

Liley, N. R. (1972): The effects of estrogens and the other steroids on the sexual behavior of the female guppy, *Poecilia reticulata. Gen. Comp. Endocrinol.*, Suppl. 3, 542-552

松山倫也・小林牧人・足立伸次 (2000)：魚類の配偶子形成機構－水産における基礎と応用，月刊海洋，32, 65-68

Nakashima, Y., T. Kuwamura and Y. Yogo (1995): Why be a both-ways sex changer? *Ethology*, 101, 301-307

Nakashima, Y., T. Kuwamura and Y. Yogo (1996): Both-ways sex change in monogamous coral gobies, Gobiodon spp. *Environ. Biol. Fish.*, 46, 281-288

Nakashima, Y., Y. Sakai, K. Karino and T. Kuwamura (2000): Female-female spawning and sex change in a haremic coral-reef fish, *Labroides dimidiatus. Zool. Sci.*, 17, 967-970

中園明信・桑村哲生 (1987)：魚類の性転換，東海大学出版会，283 pp.

中園明信 (1991)：機能的雌雄同体現象，魚類生理学 (板沢靖男・羽生　功編)，恒星社厚生閣，p.327-361

岡　良隆 (2002)：神経修飾物質としてのペプチド GnRH とその放出．魚類のニューロサイエンス．(植松一眞・岡　良隆・伊藤博信編)，恒星社厚生閣，p.160-177

Okuzawa, K. and M. Kobayashi (1999): GnRH neuronal system in the teleostaen brain and functional significance. Brain Regulation of Endocrine System. (ed. by P. D. Prasada Rao and R. E. Peter), Kluwer Academic/Plenum Publishers, p.85-100

Parhar, I., H. Tosaki, Y. Sakuma and M. Kobayashi (2001): Sex differences in the brain of goldfish :Gonadotropin-releasing hormones and vasotocinergic neurons. *Neuroscinece*, 104, 1099-1110

Satou, M., Y. Oka, M. Kusunoki, T. Matsushima, M. Kato, I. Fujita and K. Ueda (1984):Telencepahlic and preoptic areas integrate sexual behavior in hime salmon (landlocked red salmon, *Oncorhynchus nerka*): Results of elctrical brain stimulation experiments. *Physiol. Behav.*, 33, 441-447

下河内　稔 (1992)：脳と性，朝倉書店，202 pp.

Sorensen, P. W., N. E. Stacey, and K. J. Chamberlain (1989): Differing behavioral and endocrinological effects of two female sex pheromones on male goldfish. *Horm. Behav.*, 23, 317-332

Sorensen, P. W., A. P. Scott, N. E. Stacey and L. Bowdin(1995a): Sulfated 17, 20 β-dihydroxy-4-pregnen-3-one functions as a potent and specific olfactory stimulant with pheromonal actions in the goldfish. *Gen. Comp. Endocrinol.*, 100, 128-142

Sorensen, P. W., A. R. Brash, F. W. Goetz, R. G. Kellner, L. Bowdin and L. A. Vrieze (1995b): Origins and functions of F prostaglandins as hormones and pheromones in the goldfish. Reproductive Physiology of Fish. (ed. by F. W. Goetz and P. Thomas), FishSymp 95, p. 252-254

Sorensen, P. W., and N. E. Stacey (1999): Evolution and specialization in fish hormonal pheromones. Advances in Chemical Signals in Vertebrates. (ed. by R. E. Johnston, D. Muller-Schwarze and P.W. Sorensen), Plenum Press, p. 15-48

Sorensen, P. W., A. P. Scott and R. L. Kihslinger (2000): How common hormonal metablites function as relatively specific pheromonal signals in the goldfish. Reproductive Physiology of Fish. (ed. by B. Norberg, O. S. Kjesbu, E. Andersson, G. L. Taranger and S. O. Stefansson), John Grieg AS, p. 125-128

Stacey, N. E. and L. R. Liley (1974): Regulation of spawning behavior in the female goldfish. *Nature*, 247, 71-72

Stacey, N. E. (1976): Effects of indomethacin and prostaglandins on the spawning behavior of female goldfish. *Prostaglandins*, 12, 113-126

Stacey, N. E. (1987): Roles of hormones and pheromones in fish reproductive behavior. Psychobiology of Reproductive Behavior. (ed. by D. Crews), Prentice-Hall, Inc., p. 28-60

Stacey, N. E. and A. N. Kyle (1983): Effects of olfactory tract lesions on sexual and feeding behavior in the goldfish. *Physiol. Behav.*, 30, 621-628

Stacey, N. E., J. R. Cardwell, N. R. Liley, A. P. Scott and S. W. Sorensen (1994): Hormones as sex pheromones in fish. Perspectives in Comparative Endocrinology (ed. by K.G. Davey, R. E. Peter, and S. S. Tobe), National Research Council of Canada, p. 438-448

Stacey, N. E. and J. R. Cardwell (1995): Hormones as sex pheromones in fish : widespread distribution among freshwater species. Reproductive Physiology of Fish. (ed. by F. W. Goetz and P. Thomas), FishSymp95, p.224-248

Stacey, N. E. and M. Kobayashi (1996): Androgen induction of male sexual behaviors in female goldfish. *Horm. Behav.*, 30, 434-445

Stacey, N. E. and J. R. Cardwell (1997): Hormonally-derived sex pheromones in fish : new approaches to controlled reproduction. Recent Advances in Marine Biotechnology Vol.1. (ed. by M. Fingerman, R, Nagabhushanam and M. F. Thompson), Oxford-IBH, p.407-454

Sumpter, J. P. (2000): endocrine disrupting chemicals in the aquatic environment. Reproductive Physiology of Fish. (ed. by B. Norberg, O. S. Kjesbu, E. Andersson, G. L. Taranger and S. O. Stefansson), John Grieg AS, p. 349-355

Sunobe, T. and A. Nakazono (1993): Sex change in both directions by alteration of social dominance in *Trimma okinawae* (Pisces : Gobiidae). *Ethology*, 94, 339-345

Suzuki, K., H. Kawauchi and Y. Nagahama (1988): Isolation and characterization of two distinct gonadotropins from chum salmon pituitary glands. *Gen. Comp. Endocrinol.*, 71, 292-301

Villars, T. A., N. Hale and D. Chapnick (1985): Prostaglandin-$F_{2\alpha}$ stimulates reproductive behavior of female paradise fish (Macropodus opercularis). *Horm. Behav.*, 19, 21-35

Volkoff, H. and R. E. Peter (1999): Action of two forms of gonadotropin-releasing hormone and a GnRH antagonist on spawning behavior of the goldfish *Carassius auratus*. *Gen. Comp. Endocrinol.*, 116, 347-355

Wai, E. H. and W. S. Hoar (1963): The secondary sex characters and reproductive behavior of gonadectomized sticklebacks treated with methyl testosterone. *Can. J. Zool.*, 41, 611-628

Yamamoto, K., Y. Nagahama and F. Yamazaki (1966): A method to induce artificial spawning of goldfish all through the year. *Bull. Japan. Soc. Sci. Fish.*, 32, 977-983

Yamamoto, N., Y. Oka and S. Kawashima (1997): Lesions of gonadotropin-releasing hormone-immunoreactive terminal nerve cells : effects on the reproductive behavior of male dwarf gouramis. *Neuroendocrinology*, 65, 403-412

山内兄人 (1999):脳が子どもを産む, 平凡社, 229 pp.

山内兄人・新井康允 (2001):性を司る脳とホルモン, コロナ社, 216 pp.

Yamashita, M., H. Onozato, T. Nakanishi and Y. Nagahama (1990): Breakdown of the sperm nuclear envelope is a prerequisite for male pronucleus formation : direct evidence from the gynogenetic crucian carp *Carassius auratus langsdorfii*. *Dev. Biol.*, 137, 155-160

Zheng, W. and E. Stacey (1997): A steroidal pheromone and spawning stiluli act via different neuroendocrine mechanisms to increase gonadotropin and milt volume in male goldfish (*Carassius auratus*) *Gen. Comp. Endocrinol.*, 105, 228-235

16. 自律神経系

船 越 健 悟

はじめに

脊椎動物の自律神経系の進化をひもとくうえで，円口類・軟骨魚類の未発達で痕跡的な自律神経系と，硬骨魚類のより発達した自律神経系との間になんらかの境界線を引くことが可能であろう．ただし，硬骨魚類の自律神経系は独特の形態学的特徴をもっており，哺乳類，鳥類，爬虫類，両生類のいずれにも類するものではない．一般に自律神経系は，(1) 交感神経系 (sympathetic nervous system)，(2) 副交感神経系 (parasympathetic nervous system)，(3) 腸管神経系 (enteric nervous system)，の3つに区分されるが，こうした区分が硬骨魚類の自律神経系に当てはまるかどうかは，これまで慎重に議論されてきた．つまり哺乳類では，交感神経系の節前細胞と副交感神経系の節前細胞は，胸腰髄部と脳幹・仙髄部にわかれて存在しており，それに応じて末梢の自律神経系も交感神経系と副交感神経系に解剖学的に区別されている．これに対し，硬骨魚類では長い間，脊髄における節前細胞群が同定されず，また頭部に存在する自律神経節の中枢神経系との連絡も不明であったため，厳密な意味で交感神経系と副交感神経系の解剖学的区分が不可能であった．したがって，交感神経系，副交感神経系のかわりに，「頭部自律神経系 (cranial autonomic nervous system)」，「脊髄部自律神経系 (spinal autonomic nervous system)」といった概念を用いて自律神経系の構成が説明されてきた (Pick, 1970；Gibbins, 1994；Donald, 1998)．近年，交感神経幹に投射する脊髄の節前細胞群がようやくいくつかの種において同定され，また，頭部交感神経節と呼ばれてきた神経節が，まさしく脊髄交感神経節前細胞からの投射を受けていることも明らかにされた．したがって，仙髄副交感神経節前細胞に相当するものの存在についてはいまだに不確定であるが，このことを除けば，現時点では，副交感神経系と交感神経系を，起始細胞が脳幹にあるか脊髄にあるかによって区別しうるものと考えてよいように思われる．よって本章では，脳幹に節前細胞をもち，脳神経を経由して節後細胞と連絡をもっている「頭部自律神経系」を副交感神経系として，脊髄に節前細胞をもち交感神経幹を経由して節後細胞と連絡をもっている「脊髄部自律神経系」を交感神経系として，自律神経系の概略を解説してゆくこととしたい．

§1. 自律神経系の解剖と機能

1-1 副交感神経系 (parasympathetic nervous system)

1) **動眼神経** (occulomotor nerve)　動眼神経核群のなかに，エディンガー・ウェストファール核 (E-W核) (Edinger-Westphal nucleus) に相同な副交感神経成分の核が，外眼筋を支配する体性運動成分の核群とははっきりと区別して認められる (Wathey, 1988；Somiyaら, 1992)．バス *Paralabrax*

sp. において，この核を電気刺激すると，レンズ収縮筋（lens retractor muscle）が収縮し，レンズの収縮がもたらされる（Wathey, 1988）．毛様体神経節（ciliary ganglion）は神経節あるいは神経叢として視神経のすぐ腹側に存在しており，アセチルコリン（ACh）性の節後細胞を含む．ミシマオコゼ Uranoscopus scaber の毛様体神経節は，短根（radix brevis）を介して動眼神経からの線維を受けるほか，長根（radix longa）を介して交感神経や三叉神経と連絡している（Yong, 1931）．

2）顔面神経（facial nerve）　顔面神経が副交感神経成分を含んでいるかどうかは不明である．顔面神経節以外に，顔面神経の末梢に神経節の存在は確認されていない．

3）舌咽神経（glossopharyngeal nerve）　舌咽神経は，裂前枝（pretrematic nerve）と裂後枝（posttrematic nerve）に分かれ，前者は口腔前部の粘膜に分布し，後者は鰓枝として第一番目の鰓に投射する．裂後枝は鰓の横紋筋に分布する特殊臓性遠心性成分のほか，一般臓性遠心性成分として，副交感神経性要素を含んでいる．副交感節後細胞は，裂後枝の神経束内に数多く含まれており，鰓血管を支配する（Gibbins, 1994）．舌咽神経運動核は延髄において迷走神経運動核のすぐ吻側に位置している．舌咽神経運動核のなかで，特殊臓性遠心性成分と，一般臓性遠心性成分の細胞の局在性ははっきりしない．

4）迷走神経（vagus nerve）　迷走神経は，鰓に分布する鰓枝（branchial ramus），咽頭を支配する咽頭枝（pharyngeal ramus），そして心臓や消化管など体腔器官に分布する内臓枝（visceral ramus）に分かれる．

各々の鰓枝は鰓溝をはさんで，前の鰓の後方部を走行する裂前枝と，後ろの鰓の前方部を走行する裂後枝に分かれるが，これらは舌咽神経と同様に，横紋筋を支配する特殊臓性遠心性成分と，鰓の血管を支配する副交感神経性成分を有する．鰓枝の神経束内には数多くの副交感節後細胞が存在する．タラ Gadus morhua では，これらの節後細胞のほとんどが NADPH-diaphorase 活性を示すことから，NO を神経活性物質として利用している可能性がある（Gibbins ら, 1995）．しかし，クサフグ Takifugu niphobles ではこれらの細胞に NADPH-diaphorase 活性は見られない．鰓の血管支配様式の詳細については別項に記す．

内臓枝は咽頭に終末する小枝を出したのち，食道，胃に沿って走行し，腸の近位部にまで達する．内臓枝の多くは消化管壁の腸管神経系（enteric nervous system）に終末すると考えられているが，内臓枝の神経束中にも多くの小神経節や散在性の神経節細胞を認める（Pick, 1970；Gibbins, 1994）．

心臓枝（cardiac ramus）は迷走神経内臓枝から分かれて，キュビエ管（ductus of Cuvier）の背側壁を通り，主静脈（cardianal vein）に沿って静脈管に至り，そこから洞房領域（sino-atrial region）にかけて心臓神経叢を形成し，心臓神経節（intracardiac ganglion）に終末する（Gibbins, 1994）．

迷走神経運動核内において，特殊臓性運動成分と一般臓性運動成分の細胞は，それぞれ背外側方と腹内側方に分かれる傾向にある（Morita and Finger, 1987；Diaz-Regueira and Anadon, 1992）．軟骨魚類では，前者にのみカルシトニン遺伝子関連ペプチド（CGRP）免疫活性が認められるが（Molist ら, 1995），硬骨魚類においても CGRP の発現に同様な特異性があるのかは不明である．キンギョにおいて，一般臓性運動成分つまり副交感神経節前細胞は，腹腔臓器からの入力を受ける一次臓性感覚核領域からの投射を受けているが，咽頭からの入力を受ける一次臓性感覚核領域からの投射は受けない（Goehler and Finger, 1992）．したがって，迷走神経によってもたらされる内臓反射シス

テムはある程度臓器特異性もっていると考えられる．

1-2　交感神経系（sympathetic nervous system）

1）末梢交感神経系（peripheral sympathetic nervous system）　硬骨魚類の交感神経幹は頭部に伸長し，脳神経と交差する部位に頭部交感神経節 cranial sympathetic ganglia を形成している．通常，三叉神経，顔面神経，舌咽神経，迷走神経と関連して，三叉交感神経節（trigeminal sympathetic ganglion），顔面交感神経節（facial sympathetic ganglion），舌咽交感神経節（glossopharyngeal sympathetic ganglion），迷走交感神経節（vagal sympathetic ganglion）と呼ばれる神経節がそれぞれ認められるが，種によって神経節はさまざまな程度に癒合しており，タラでは三叉交感神経節と顔面交感神経節が癒合した facial-trigeminal complex，舌咽交感神経節，迷走交感神経節の3つが認められるだけである（Gibbins, 1994）．これら頭部交感神経節も脊髄の節前細胞からの投射を受けることが HRP をもちいた神経トレーサー実験で確認された（Funakoshi ら，1996）．頭部交感神経節は，おそらく脳神経の運動核からの支配を受けることはない．

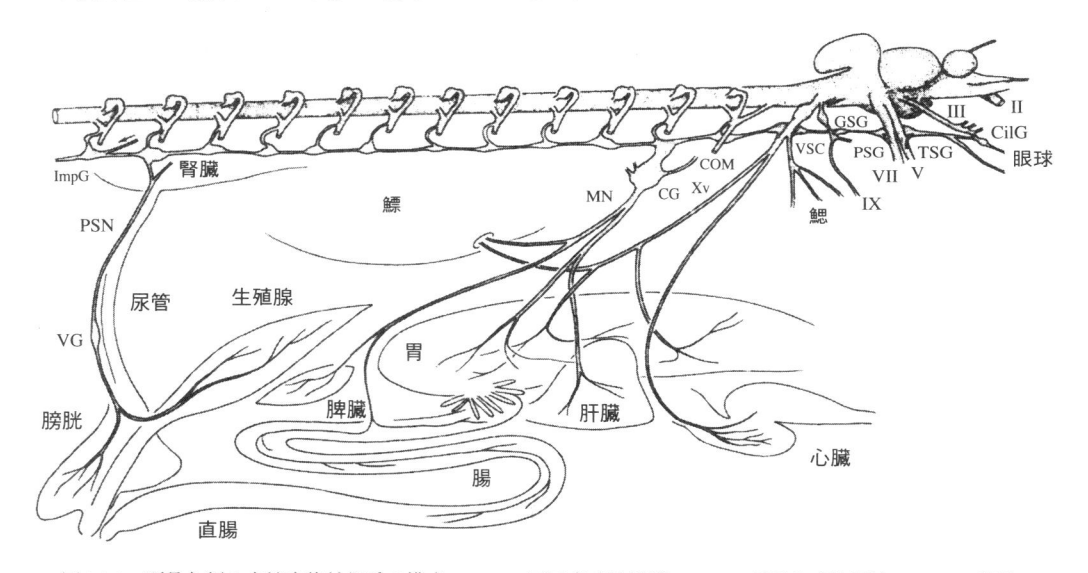

図16-1　硬骨魚類の末梢自律神経系の構成．TSG：三叉交感神経節，FSG：顔面交感神経節，GSG：舌咽交感神経節，VSG：迷走交感神経節，CG：腹腔神経節，ImpG：不対神経節，VG：膀胱神経節，CilG：毛様体神経節，MN：腸間膜神経，PSN：後内臓神経，COM：左右の交通枝，II：視神経，III：動眼神経，V：三叉神経，VII：顔面神経，IX：舌咽神経，Xc：迷走神経心臓枝，Xv：迷走神経内臓枝．Nilsson（1983）より改訂．

脊髄部において，交感神経幹は各脊髄神経と交叉する部位に脊髄交感神経節（spinal sympathetic ganglia）を形成する．吻側部では交感神経幹は有対性であるが，キュウセン *Halicoerus poecilopterus* では，第6脊髄神経レベルで左右が不対神経節（ganglion impar）において合流し，より尾側のレベルでは正中に1個しかみられなくなる（Funakoshi ら，1997）．このようなパターンは他の種でも報告されている（Gibbins, 1994）．脊髄交感神経節は灰白交通枝を介して，脊髄神経への節後線維を投射する．これらは，血管や皮膚の色素胞を支配するが，皮膚腺には分布しない．クサフグの皮膚腺は髄上細胞（supramedullary cell）による直接支配を受けている（Funakoshi ら，1998）．

腹腔神経節（celiac ganglion）は有対性で，椎前神経節（prevertebral ganglion）として短い内臓神

経（splanchnic nerve）を介して交感神経幹と連絡しているものと，椎傍神経節（paravertebral ganglion）として交感神経幹に沿って存在しているものがある．カワハギ Stephanolepis cirrhifer，やクサフグでは，第一脊髄神経の知覚神経節と同じレベルに位置しているが，キュウセンやナマズ Ictalurus punctatus では，より尾側によっている．腹腔神経節からは腸間膜神経（mesenteric nerve）が出て，消化管に分布している．この神経はこれまで，splanchnic nerve あるいは anterior splanchnic nerve と呼ばれてきたが，哺乳類との相同性を考慮すると腸間膜神経と呼ばれるべきである．キンギョの腹腔神経節細胞は，細胞体の大きさや樹状突起の数において多様性を示すが，機能との関連性は不明である（Karilaら，1995）．一方，タラの腹腔神経節では，神経節細胞に含まれる神経活性物質と末梢の標的器官への投射パターンに関連性がみられる．胃の粘膜下神経叢や血管に投射する細胞は，CA合成酵素であるチロシンヒドロキシラーゼ（TH）のほかNPYを含むが，筋間神経叢や筋層に投射する細胞はTHのみを含む．一方，THとNOSのいずれをも含む細胞も確認されているが，これらは胃にはほとんど投射していない（Karilaら，1997）．

2) **交感神経節前細胞**（sympathetic preganglionic neurons） 硬骨魚類の交感神経節前細胞の解剖学的詳細は長い間不明であったが，逆行性神経トレーサーを用いた実験によって，一部の種において明らかになった．クサフグ，カワハギなどフグ目の交感神経節前細胞の細胞柱（central autonomic nucleus, CAN）は，中心管のすぐ背側の領域に，わずか髄節2つの範囲に限局しているが，吻側部の髄節と尾側部の髄節では細胞構築に大きな違いがある（Funakoshiら，1996，2000c）（図16-2）．さらにこの2つの髄節では末梢投射パターンに違いがあり，腹腔神経節に投射する細胞は大部分が吻側部の髄節に認められるのに対し，尾側部の髄節は吻尾方向により広い範囲の交感神経節に節前線維を投射している（Funakoshiら，1996）．一方，キュウセンやナマズでは交感神経節前細胞は中心管の背側の領域以外にも灰白質の外側端や側索内にも広がっており，吻尾方向にもより広い範囲に分散して存在している（Goehler and Finger, 1996；Funakoshiら，1997）．

興味深いことに，カワハギでは，ガラニン（GAL）を含有する節前細胞が吻側部の髄節に局在しているが，これらは頭部交感神経節と腹腔神経節に投射し，TH陰性節後細胞を選択的に支配する（Funakoshiら，2000b）（図16-3）．また，NADPH-diaphorase陽性細胞は主に尾側部の髄節にみられるが，残念ながらこれらの細胞におけるNOの機能はわかっていない

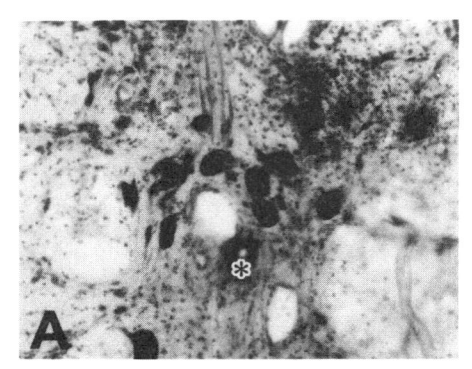

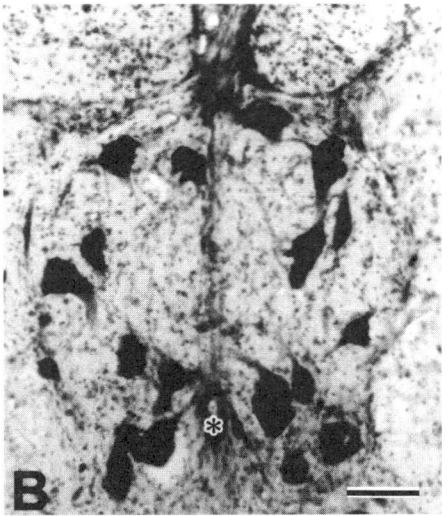

図16-2 カワハギの交感神経節前細胞．ニッスル染色．吻側部（A）と尾側部（B）では細胞構築に違いがみられる．星印：中心管，スケールは100μm．

(Funakoshiら，1995)．

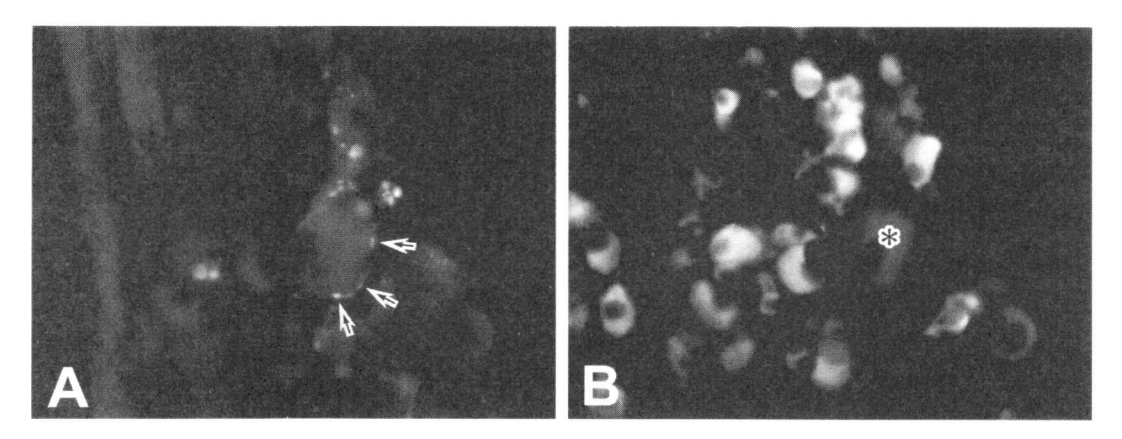

図16-3-1 カワハギ腹腔神経節におけるガラニン陽性神経終末．同一切片上でガラニン（A）とチロシンヒドロキシラーゼ（B）に対する抗体を用いた免疫組織化学を施してある．ガラニン（GAL）陽性神経（Aの矢印）は，チロシンヒドロキシラーゼ（TH）陰性細胞（Bの星印）に選択的に終末する．

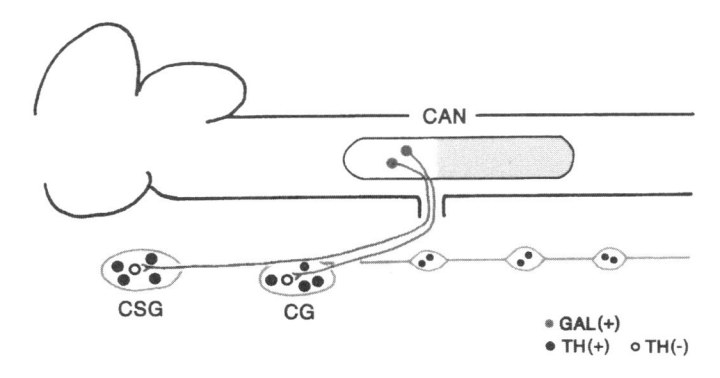

図16-3-2 CAN：central autonomic nucleus，CG：腹腔神経節，CSG：頭部交感神経節，GAL（＋）：ガラニン陽性細胞，TH（＋）：チロシンヒドロキシラーゼ陽性細胞，TH（－）：チロシンヒドロキシラーゼ陰性細胞．

§2．中枢自律神経系（central autonomic pathway）

2-1 交感神経節前細胞に対する神経支配

いわゆるpremotor neuronと呼ばれる，交感神経節前細胞を支配している上位の神経細胞群についてはあまりよく分かっていない．カワハギの交感神経節前細胞柱CANに対しては，これまでにセロトニン（5-HT）性，カテコラミン（CA）性線維のほか，サブスタンスP（SP）や，コレシストキニン8（CCK-8）を含むペプチド性神経による支配が確認されている．とくに吻側部の髄節では，これらの神経線維は密に分布しており，節前細胞の細胞体や樹状突起との間にシナプスが確認された．これらの神経線維の起始は証明されていないものの，5-HT線維は延髄縫線核からの下行性線維によってもたらされ，SPとCCK-8線維については，一次知覚細胞が直接の入力源と考えられている（Funakoshiら，2000a，2000c）．

2-2 副交感神経節前細胞に対する神経支配

迷走神経運動核は一次臓性感覚核からの入力を受ける．それ以外に，この核には5-HT性，CA性，SP性，NT性，ソマトスタチン（SOM）性神経の分布が確認されているが（Battenら，1990；Johnstonら，1990；Sasら，1990, 1991；Ma, 1997），これらが副交感神経節前細胞に対して入力をもっているかについては明らかではない．E-W核は後交連核nucleus of posterior commissureによって支配されている（Somiyaら，1992）．舌咽神経運動核に対する神経支配の詳細は明らかではない．

§3. 効果器における自律神経性調節

3-1 循環器（cardiovascular system）

1) 心臓（heart）　　一部の例外を除いて硬骨魚類の心臓は，迷走神経心臓枝からの副交感神経と，迷走交感神経節からの交感神経の支配を受けている．これらの線維は合流し，vagosympathetic trunkとして心臓に至る．静脈洞と心房にはCA性線維の密な分布が認められる．CAはβ-adrenoceptorを介して心拍数や心収縮力を増加させる．一部の種ではCA性線維は心室まで達し，冠状血管の血流調節に関与していると推測されている（Donald, 1998）．

心臓神経節細胞のほとんどはvasoactive intestinal peptide（VIP）を含んでいることが複数の種で確かめられている．これらはAChを共存していると考えられるが証拠はない．薬理学的にはAChはムスカリン受容体を介して心拍数や心収縮力を抑制する．VIP陽性線維は静脈洞や心房の心筋に分布するが，心室壁には認められない（Daviesら，1994）．また，キンギョでは，心臓神経節細胞のほとんどがNADPH-diaphorase活性を示すことから，NOも心機能調節に対して何らかの役割を果たしている可能性がある（Bruningら，1996）．

2) 鰓血管（branchial vasculature）　　鰓の血管は，副交感神経性の支配を舌咽・迷走神経の鰓枝に沿って存在する神経節細胞から受けるほか，交感神経性の支配を鰓枝を経由して受ける．鰓の循環系は，ガス交換を媒介する動脈－動脈系（arterio-arterial pathway）と鰓組織を灌流する動脈静脈系（arterio-venous pathway）に分けられる．動脈－動脈系において，腹側大動脈の静脈血は入鰓動脈（afferent branchial artery）から，入鰓弁動脈（afferent filament artery），入二次鰓弁細動脈（afferent lamellar arteriole）を通り，二次鰓弁（lamella）の毛細血管に入る．そこで外界水との間でガス交換が行われた後，出二次鰓弁細動脈（efferent lamellar arteriole），出鰓弁動脈（efferent filament artery），出鰓動脈（efferent branchial artery）を経て背側大動脈から大循環に入る．

多くの種において，CA性線維が入鰓弁動脈と入二次鰓弁細動脈に分布していることが確認されている．また，一部の種では出二次鰓弁細動脈と出鰓弁動脈にもCA性線維の分布が見られる（Donald, 1998）．一方，ACh性神経の支配は，出鰓弁動脈の基部の括約筋に限局している（Bailly and Dunel-Erb, 1986）．一方，入鰓動脈と出鰓動脈は，基本的に自律神経の支配をうけない．

ニジマス *Salmo gairdneri* では，5-HTを含む細胞が出鰓弁動脈や出二次鰓弁細動脈の周囲に見られる（Baillyら，1989）．これら内在性5-HT細胞も鰓血管に対して血管収縮性の作用をもつと考えられている．鰓血管に対するペプチド性神経の分布は乏しく，またそれらが自律神経性であるという証拠もない．

3) 体血管（systemic vasculature）　　背側大動脈や消化管・肝臓・鰾・腎臓・泌尿生殖器などの

内臓血管にはCA性神経の支配が認められている（Donald, 1998）．これらはα-adrenoceptorを介する作用によって血管を収縮し，β-adrenoceptorを介する作用によって血管を拡張させる（Morris and Nilsson, 1994）．硬骨魚類のCA性神経にはニューロペプチドY（NPY）は共存しない（Donald, 1998）．一方，ACh性神経による機能血管への神経支配は報告されていない．また，一部の内臓血管にはVIP, pituitary adenylate cyclase-activating polypeptide（PACAP）などの神経ペプチドを含む神経線維が分布している（Donald, 1998）．

3-2　消化管 (gastrointestinal canal)

腸管神経系は粘膜層と粘膜下層の間にある粘膜下神経叢（submucosal plexus）と，内側の輪状筋層と外側の縦走筋層の間にある筋間神経叢（myenteric plexus）からなる．これらの神経叢は消化管の血管，平滑筋，そして腺を支配している．消化管は加えて外来性の線維として，迷走神経内臓枝由来の副交感神経と，腸間膜神経由来の交感神経の支配を受ける．腸管に分布する神経には多種の神経ペプチドの存在が報告されているが，それらの消化管に対する働きは多くの場合種特異的である．

1）平滑筋（smooth muscles）　迷走神経の刺激によって，胃の平滑筋は興奮，興奮および抑制，抑制の3種類の反応を示す．興奮性の反応はACh性神経によってもたらされることがアトロピンを用いた実験によっても確かめられている．一方，多くの種において交感神経は胃の運動を，α-adrenoceptorを介して興奮させ，β-adrenoceptorを介して抑制させる（Nilsson, 1983）．そのほか，胃の筋間神経叢や平滑筋層には5-HT, NOS, そしてVIP, PACAP, ボンベシン（BOM）, SP, GAL, gastrin/CCK, NPY, エンケファリン（ENK）, ニューロンテンシン（NT）などに陽性を示す細胞と神経線維が様々な種で報告されている（Donald, 1998）．ニジマスにおいて，NOは胃の運動を強く抑制させる働きをもつ．一方，SPは胃の運動に対して興奮性の働きをもつ（Green and Campbell, 1994）．

腸は主に腸間膜神経による交感神経性の支配をうけており，CA性の運動抑制と，ACh性の運動促進反応が確認されている（Nilsson, 1983）．腸の筋間神経叢や平滑筋層にも，胃と同様に多種の神経ペプチドやNOSに陽性を示す細胞や線維が示されている．5-HT, BOM, gastrin/CCK, SPは腸の平滑筋運動に対して興奮性の働きをもつと考えられている（Donald, 1998）．

消化管の蠕動運動は，胃に分布するACh性神経と5-HT性神経によって始動される．ニジマスにおいて，この働きは，SOMとVIPによってそれぞれ抑制される（Grove and Holmgren, 1992）．また，タラにおいては，蠕動運動における上行性興奮システムはACh性と5-HT性神経によって，下行性抑制システムはNO性神経によってもたらされる（Karila and Holmgren, 1995）．

2）粘膜（mucosal layer）　胃と腸の粘膜下神経叢や消化管粘膜には，CA, 5-HT, NOS, VIP, PACAP, BOM, SP, GAL, gastrin/CCK, CGRP, ENKに陽性を示す神経線維が様々な種で示されている（Donald, 1998）．タラにおいては，胃腺からの酸分泌はACh, 5-HT, および多くのペプチドのよって調節されているとの報告がある（Jönsson, 1994）．

3-3　鰾 (swim bladder)

鰾は，vagosympathetic nerveと腹腔神経節からの線維が合流した鰾神経 swimbladder nerveの支配を受ける．ガス発生器官であるガス腺は血管に非常に富んだ分泌部粘膜上皮の一部であり，血液から乳酸を産生する．ガス腺には，CA性の神経支配が確認されているが，この神経のガス分泌に及ぼす

機能ははっきりしない（Campbell and McLean, 1994）．鰾の粘膜筋板にもCA性の神経支配がみられ，この神経を刺激すると吸収部粘膜（resorptive mucosa）の弛緩，分泌部粘膜（secretory mucosa）の収縮，排出口の開口などの反応がみられることから，CA性神経は鰾を空にさせるシステムに関与していると考えられている（Campbell and McLean, 1994）．CAは吸収部粘膜に対してはβ-adrenoceptor，分泌部粘膜に対してはα-adrenoceptorを介して作用を及ぼす（Campbell and McLean, 1994）．

また，ガス腺には外来性のACh性神経による神経支配と，内在性のACh性細胞による支配が推測されている（Campbell and McLean, 1994）．迷走神経を切断すると鰾の充満が障害されることから，外来性のACh性神経は鰾のガス分泌調節に関わっていると考えられる．一方，ACh性神経が粘膜筋板を支配しているという決定的な証拠はない．

その他，鰾を支配する神経には，VIP，SP，ENK，NT，PACAPなどの神経ペプチドが含まれることがさまざまな種で報告されている（Lundin and Holmgren, 1984, 1989）．キンギョにおいては，NOSが鰾の細胞や粘膜筋板を支配する神経線維に証明されている（Bruningら，1996）．しかし，鰾におけるNOの機能は不明である（Donald, 1998）．

3-4 泌尿生殖器系（urogenital system）

1）腎臓（Kidney） 硬骨魚類の腎臓は，造血機能や免疫機能に関係する頭腎（head kidney）と電解質調節に関与する体腎（body kidney, tubular kidney）に分かれる．体腎においては，輸入細動脈にCA性神経が密に分布していることがニジマスで報告されている（Elgerら，1984）．また，集合管周囲の平滑筋にも神経支配が確認されているが（Tsunekiら，1984），これがどのような神経活性物質を含むかは不明である．

2）膀胱（Urinary bladder） 膀胱は，後内臓神経（posterior splanchnic nerve）あるいは膀胱神経（vesicular nerve）と呼ばれる神経による自律神経性の支配を受けている．後内臓神経は，交感神経幹からおこり尿管に沿って走行するが，その途中に膀胱神経神経節（vesicular nerve ganglion）を有している（Uematsu, 1994）．この神経節の細胞の大部分は非CA性で，アセチルコリンエステラーゼを含む（Uematsu, 1994）．膀胱神経への電気刺激が膀胱の収縮をもたらし，AChがムスカリン受容体を介して膀胱の収縮を強めることから，この神経節からのACh性神経が，膀胱の興奮作用をもたらしていると推測されている（Uematsu, 1994）．膀胱神経神経節が陸棲動物の骨盤神経節と同様に，副交感神経系に属するものかどうかは，中枢からの入力経路が明らかではないため判断できない．

一方，CAは膀胱に対して抑制性の働きをもつようである（Uematsu, 1994）．また，膀胱には以前から，非CA性・非ACh性機序による，興奮性および抑制性の神経伝達機構が存在することが薬理学的に証明されていた．キンギョやタラで，NOSを含む細胞や神経線維が膀胱壁に確認され（Bruningら，1996；Olsson and Holmgren, 1996），NOS阻害剤の投与によって抑制反応の減弱がみられることから，NOが非CA性・非ACh性の抑制性神経伝達に関わっている可能性がある．一方，アンコウ *Lophius piscatorius* では，5-HTが非CA性・非ACh性の興奮性神経伝達に関わっている可能性が指摘されている（Lundin and Holmgren, 1986）．

3）生殖腺（gonads） 卵巣も後内臓神経の支配を受ける．卵巣壁の平滑筋にはCAを含む神経の支配が確認されている．CAはα-adrenoceptorを介して卵巣壁を興奮させ，β-adrenoceptorを介し

て抑制させる（Uematsu, 1994）．また，膀胱神経神経節由来のACh性線維は卵巣壁の興奮性収縮をもたらすと推測されている（Uematsu, 1994）．卵巣壁には，5-HT性線維とVIP性線維も確かめられている．5-HTは卵巣平滑筋に対して強い興奮作用を示す（Uematsu, 1994）．

3-5　脾臓（spleen）

脾臓は赤血球の貯蔵，放出，破砕とリンパ球の産生に関わっている．交感神経由来のCA性神経が脾臓の血管や脾柱（trabecula）に分布していることがタラで明らかにされている（Donald, 1998）．脾臓に分布する神経を刺激すると赤血球の放出が見られるが，この現象におけるCA性神経の関わりは不明である．

3-6　クロマフィン組織（chromaffin tissue）

硬骨魚類は副腎をもたないため，クロマフィン細胞は，頭腎，大血管，あるいは交感神経節に付属して散在性に認められる．クロマフィン細胞は，交感神経節前細胞によって直接支配されており，この神経の興奮によってアドレナリンやノルアドレナリンが血中に放出され，心臓や鰓血管に影響を与える．タラ，ニジマス，ウナギ Anguilla anguilla ではクロマフィン細胞に近接してVIP，PACAPを含んだ神経線維が認められているが（Reidら，1995），これらの神経線維の由来についてははっきりしない．

3-7　色素胞（chromatophores）

真皮には色素胞とよばれる色素顆粒を含んだ細胞が存在しており，この細胞内において色素顆粒が凝集，拡散することで，体表の色が表現される（図16-4）．硬骨魚類の色素胞はCA性交感神経線維の支配を受けており，α-adrenoceptorを介する作用によって色素の凝集がおこる（Fujii and Oshima, 1986；Grove, 1994）．

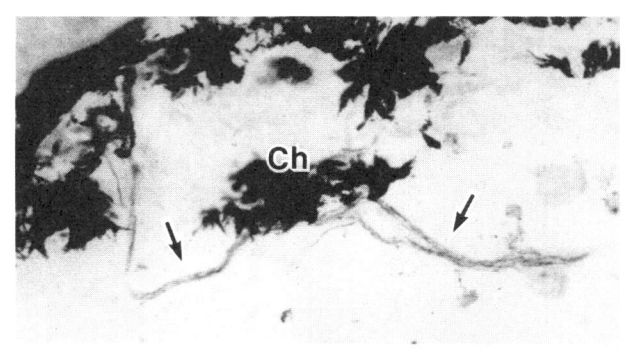

図16-4　クサフグの真皮におけるチロシンヒドロキシラーゼ陽性神経線維（矢印）．色素胞（Ch）に終末している像が認められる．

体色変化は環境の明暗や色彩に影響されるが，攻撃行動や逃避行動に伴っても認められる．したがって，自律性情動反応の表出器官としても皮膚の色素胞は重要な役割を担っていると思われる．

3-8　虹彩（iris）

魚類の虹彩には輪状に走行する瞳孔括約筋と放射状に走行する瞳孔散大筋が存在する．これらは，毛様体神経節に由来するACh性副交感神経と，三叉交感神経節など頭部交感神経節からの交感神経の神経支配を受ける．古い文献によると，ミシマオコゼでは，括約筋がACh性交感神経支配を受け，

散大筋がACh性副交感神経支配を受けるとされている (Donald, 1998). ただしこうした神経支配様式には種間において相当な違いがあるようだ.

文献

Bailly, Y. and S. Dunel-Erb (1986) : The sphincter of the efferent filament artery in teleost gills. I. Structure and parasympathetic innervation. *J. Morphol.*, 187, 219-237.

Bailly, Y., S. Dunel-Erb, M. Geffarda and P. Laurent (1989) : The vascular and epithelial serotonergic innervation of the actinopterygian gill filament with special reference to the trout, *Salmo gairneri. Cell Tissue Res.*, 258, 349-363.

Batten, T. F. C., M. L. Cambre, L. Moons and F. Vandesande (1990) : Comparative distribution of neuropeptide-immunoreactive system in the brain of the green molly, *Poecilia latipinna. J. Comp. Neurol.*, 302, 893-919.

Bruning, G., K. Hattwig and B. Mayer (1996) : Nitric oxide synthase in the peripheral nervous system of the goldfish, *Carassius auratus. Cell Tissue Res.*, 284, 87-98.

Campbell, G. and J.R. McLean (1994) : Lungs and swimbladders. In Comparative physiology and evolution of the autonomic nervous system (Eds., Nilsson, S. and S. Holmgren) Harwood Academic, Chur, 257-309.

Davies, P. J., J. A. Donald and G. Campbell (1994) : The distribution and colocalization of neuropeptides in fish cardiac neurons. *J. Auton. Nerv. Syst.*, 46, 261-272.

Diaz-Regueira, S. and R. Anadon (1992) : Central projections of the vagus nerve in *Chelon labrosus* Risso (Teleostei, O. Perciformes). *Brain Behav. Evol.*, 40, 297-310.

Donald, J. A. (1998) : Autonomic nervous system. In The physiology of fishes (Ed., Evans, D.H.). CRC Press, Boca Raton, 407-439.

Elger, M., I. Wahlqvist and H. Hentschel (1984) : Ultrastructure and adrenergic innervation of preglomerular arterioles in the euryhaline teleost, *Salmo gairdneri. Cell Tissue Res.*, 237, 451-458.

Fujii, R. and N. Oshima (1986) : Control of chromatophore movements in teleost fishes. *Zool. Sci.*, 3, 13-47.

Funakoshi, K., T. Abe and R. Kishida (1995) : NADPH-diaphorase activity in the sympathetic preganglionic neurons of the filefish, *Stephanolepis cirrhifer. Neurosci. Lett.*, 191, 181-184.

Funakoshi, K., T. Abe and R. Kishida (1996) : The spinal sympathetic preganglionic cell column in the puffer fish, *Takifugu niphobles. Cell Tissue Res.*, 284, 111-116.

Funakoshi, K., T. Abe, M. S. Rahman and R. Kishida (1997) : Spinal and vagal projections to the sympathetic trunk of the wrasse, *Halichoeres poecilopterus. J. Auton. Nerv. Syst.*, 67, 125-129.

Funakoshi, K., T. Kadota, Y. Atobe, M. Nakano, R.C. Goris and R. Kishida (1998) : Gastrin / CCK-ergic innervation of cutaneous mucous gland by the supramedullary cells of the puffer fish *Takifugu niphobles. Neurosci. Lett.*, 258, 171-174.

Funakoshi, K., T. Kadota, Y. Atobe, M. Nakano, R.C. Goris and R. Kishida (2000a) : Serotonin-immunoreactive axons in the cell column of sympathetic preganglionic neurons in the spinal cord of the filefish *Stephanolepis cirrhifer. Neurosci. Lett.*, 280, 115-118.

Funakoshi, K., T. Kadota, Y. Atobe, M. Nakano, K. Hibiya, R. C. Goris and R. Kishida (2000b) : Distinct localization and target specificity of galanin-immunoreactive sympathetic preganglionic neurons of a teleost, the filefish *Stephanolepis cirrhifer. J. Auton. Nerv. Syst.*, 79, 136-143.

Funakoshi, K., T. Kadota, Y. Atobe, M. Nakano, R. C. Goris and R. Kishida (2000c) : Differential distribution of nerve terminals immunoreactive for substance P and cholecystokinin in the sympathetic preganglionic cell column of the filefish *Stephanolepis cirrhifer. J. Comp. Neurol.*, 428, 174-189.

Goehler, L.E. and T.E. Finger (1992) : Functional organization of vagal reflex systems in the brain stem of the goldfish, *Carassius auratus. J. Comp. Neurol.*, 319, 463-478.

Goehler, L. E. and T. E. Finger (1996) : Visceral afferent and efferent columns in the spinal cord of the teleost, *Ictalurus punctatus. J. Comp. Neurol.*, 371, 437-447.

Gibbins, I. (1994) : Comparative anatomy and evolution of the autonomic nervous system. In Comparative physiology and evolution of the autonomic nervous system (Eds., Nilsson, S. and S. Holmgren) Harwood Academic, Chur, 1-67.

Gibbins, I. L., C. Olsson and S. Holmgren (1995) : Distribution of neurons reactive for NADPH-diaphorase in the branchial nerves of a teleost fish, *Gadus morhua. Neurosci. Lett.*, 193, 113-116.

Green, K. and G. Campbell. (1994) : Nitric oxide formation is involved in vagal inhibition of the stomach of the trout (*Salmo gairdneri*). *J. Auton. Nerv. Syst.*, 50, 221-229.

Grove, D. J. and S. Holmgren (1992) : Intrinsic mechanisms controlling cardiac stomach volume of the rainbow trout (*Oncorhynchus mykiss*) following gastric distension. *J. Exp. Biol.*, 163, 33-48.

Grove, D. J. (1994) : Chromatophores. In Comparative physiology and evolution of the autonomic nervous system (Eds., Nilsson, S. and S. Holmgren) Harwood Academic, Chur, 331-352.

Johnston, S. A., L. Maler and B. Tinner (1990) : The distribution of serotonin in the brain of *Apteronotus leptorhynchus* : an immunohistochemical study. *J. Chem. Neuroanat.*, 3, 429-465.

Jönsson, A.-C. (1994): Gland. In Comparative physiology and evolution of the autonomic nervous system (Eds., Nilsson, S. and S. Holmgren) Harwood Academic, Chur, 169-192.

Karila, P., I. Gibbins and S. Matthew (1995): Dendritic morphology of neurons in sympathetic ganglia of the goldfish, Carassius auratus. Neurosci. Lett., 198, 87-90.

Karila, P. and S. Holmgren (1995): Enteric reflexes and nitric oxide in the fish intestine. J. Exp. Neurol., 198, 2405-2411.

Karila, P., J. Messenger and S. Holmgren (1997): Nitric oxide synthase- and neuropeptide Y-containing subpopulations of sympathetic neurons in the celiac ganglion of the Atlantic cod, Gadus morhus, revealed by immunohistochemistry and retrograde tracing from the stomach. J. Auton. Nerv. Syst., 66, 35-45.

Lundin, K. and S. Holmgren (1984): Vasoactive intestinal polypeptide-like immunoreactivity and effects of VIP in the swimbladder of the cod, Gadus morhua. J. Comp. Physiol. B, 154, 627-633.

Lundin, K. and S. Holmgren (1986): Non-adrenergic, non-cholinergic innervation of the urinary bladder of the Atlantic cod, Gadus morhua. Comp. Biochem. Physiol., 84C, 315-323.

Lundin, K. and S. Holmgren (1989): The occurrence and distribution of peptide- or 5-HT-containing nerves in the swimbladder of four different species of teleosts (Gadus morhua, Ctenolabrus rupestris, Anguilla anguilla, Salmo gairdneri). Cell Tissue Res., 257, 641-647.

Ma, P. M. (1997): Catecholaminergic systems in the zebrafish. III. Organization and projection pattern of medullary dopaminergic and noradrenergic neurons. J. Comp. Neurol., 381, 411-427.

Molist, P., I. Rodriguez-Moldes, T. F. C. Batten and R. Anadon (1995): Distribution of calcitonin gene-related peptide-like immunoreactivity in the brain of the small-spotted dogfish, Scyliorhinus canicula L. J. Comp. Neurol., 352, 335-350.

Morita, Y. and T. E. Finger (1987): Topographic representation of the sensory and motor roots of the vagus nerve in the medulla of goldfish, Carassius auratus. J. Comp. Neurol., 264, 231-249.

Morris, J. L. and S. Nilsson (1994): The circulatory system. In Comparative physiology and evolution of the autonomic nervous system (Eds., Nilsson, S. and S. Holmgren) Harwood Academic, Chur, 193-246.

Nillson, S. (1983): Autonomic nerve function in the vertebrates. Springer-Verlag, Berlin.

Olsson, C. and S. Holmgren (1996): Involvement of nitric oxide in inhibitory innervation of the urinary bladder of atlantic cod, Gadus morhua. Am. J. Physiol., 270, R1380-R1385.

Pick, J. (1970): The autonomic nerves of fish. In The autonomic nervous system. Morphology, comparative, clinical and surgical aspects. Lippincott, Philadelphia, 197-214.

Reid, S. G., R. Fritsche and A.-C. Jonsson (1995): Immunohistochemical localisation of bioactive peptides and amines associated with the chromaffin tissue of five species of fish. Cell Tissue Res., 280, 499-512.

Sas, E., L. Maler. and B. Tinner (1990): Catecholaminergic systems in the brain of a gymnotiform teleost fish: an immunohistochemical study. J. Comp. Neurol., 292, 127-162.

Sas, E. and L. Maler (1991): Somatostatin-like immunoreactivity in the brain of an electric fish (Apteronotus leptorhynchus) identified with monoclonal antibodies. J. Chem. Neuroanat., 4, 155-186.

Somiya, H., M. Yamamoto and H. Ito (1992): Cytoarchitecture and fiber connections of the Edinger-Westphal nucleus in the filefish. Phil. Trans. R. Soc. Lond. B., 337, 73-81.

Tsuneki, K., H. Kobayashi and P. K. T. Pang (1984): Electron-microscopic study of the innervation of smooth muscle cells surrounding collecting tubules of the fish kidney. Cell Tissue Res., 238, 307-312.

Uematsu, K. (1994): Urogenital organs. In Comparative physiology and evolution of the autonomic nervous system (Eds., Nilsson, S. and S. Holmgren) Harwood Academic, Chur, 311-329.

Wathey, J. C. (1988): dentification of the teleost Edinger-Westphal nucleus by retrograde horseradish peroxidase labeling and by electrophysiological criteria. J. Comp. Physiol. A., 162, 511-524.

Yong, J. Z. (1931): On the autonomic nervous system of the teleostean fish, Uranoscopus scaber. Q. J. Microsc. Sci., 74, 491-535.

17. メダカの脳の発生—その形態学と遺伝的制御

石 川 裕 二

はじめに

　脳を含めた脊椎動物の基本的体制は，サカナ（魚上綱）の段階ですでに完成している（Romer, 1959）．そこで，いわゆる「単純なモデル脊椎動物」として，ゼブラフィッシュ *Danio rerio* やトラフグ *Fugu rubripes* が現代生物学によく登場するようになった．ゼブラフィッシュは発生遺伝学に（Haffter ら，1996；Driever ら，1996），トラフグはゲノムサイズが小さいために遺伝子研究に使われている（Brenner ら，1993）．筆者らは，1985 年，同じような考え方から脳の研究にメダカ *Oryzias latipes* を使いはじめた．脊椎動物に共通にあてはまるもの（普遍）は，個々の多様な種における事実の集積（特殊）から，はじめて顕現するものである．本稿では，筆者らのメダカでの結果を中心にすえて，脳の発生について述べる．

§1. なぜメダカか

　ゼブラフィッシュ（コイ目），トラフグ（フグ目），メダカ（メダカ目）は，すべて，陸上動物と同じぐらいの時間をかけて進化してきた現代型硬骨魚である（Nelson, 1994）．現代型硬骨魚は環境への適応において大成功した水生脊椎動物であり，比較神経学と動物行動学の観点から，非常に興味深い研究材料である（伊藤・吉本，1991；伊藤，2000）．

　しかも，これら現代型硬骨魚の幾つかでは，遺伝学的研究や実験発生学的研究が可能である．とくに，メダカなどの稚魚は，小さく透明なため，脳の発生を生きたまま全体的に把握することができる．また，メダカ特有の利点として，野生集団の進化遺伝学的研究が進んでいること，ゲノムサイズがゼブラフィッシュの半分なのでゲノム解析により適していること，そして多数の近交系（近親交配を繰り返すことにより，遺伝的にほとんど同一になった系統）が利用できること，などがあげられる（Ishikawa, 2000）．1979 年，Hyodo-Taguchi（1980, 1996）はメダカの近交系を世界で初めて作出した．これによって，メダカはマウスなどと同様な実験動物として初めて確立された．魚類の近交系は世界的に珍しいものである．

§2. 発生遺伝学の発展

　キイロショウジョウバエ *Drosophila melanogaster*（以下ショウジョウバエ）の発生遺伝学は約 20 年前から著しい発展を遂げ，その結果，動物の形態形成の原理が次第に明らかになってきた（Lawrence, 1992）．

　その骨子は次のようなものである．初期に働く少数の形態形成関連遺伝子群が存在する．これらの

遺伝子群のスイッチが時間的にも因果的にも階層的に順次オンになることにより，体が最初は大まかに，次第に細かく区画化されてゆく．しまいには細胞数個のレベルまで，特定の遺伝子の発現に関する個性が細胞に与えられてゆく．この形態形成カスケードには，DNA結合能をもつ転写調節因子が中心的機能を果たしているが，分泌性シグナル分子や細胞増殖因子による細胞同士の相互作用もまた重要な機能を果たしている．

この形態形成関連遺伝子群の中でも最も有名なものは，ホメオテック遺伝子複合体（HOM-C）であろう．HOM-Cの各遺伝子の空間的発現の組み合わせが，胚の前後軸に沿った位置情報をコードしているのではないかと考えられている（Lumsden and Krumlauf, 1996）．ホメオテック遺伝子複合体の構造を調べたところ，180塩基対からなる共通領域が発見され，ホメオボックスと名付けられた（McGinnisら，1984）．

ホメオボックスをもつ遺伝子をはじめ，ショウジョウバエ形態形成関連遺伝子の相同遺伝子が脊椎動物で多数単離され，その発現パターンが様々な動物の胚で調べられた．その結果，これらが脊椎動物に広く存在し，発生過程で機能していることが分かってきた．例えば，HOM-Cに対応する遺伝子群は，脊椎動物にも存在し，Hox-C（Hox complex）と呼ばれている．ただし，ハエでは1つのクラスターしかなかったのに対し，哺乳類では4つ，硬骨魚に至っては7つ存在する（黒澤・堀，2000）．このことは，遺伝子が進化の過程で重複して生じてきたことを示唆している（Ohno, 1970）．

また，様々な動物の胚を調べることにより以下のことが繰り返し示されている．可視的な構造が認められる以前に，将来の構造に対応した空間領域に，特定の形態形成関連遺伝子やシグナル分子の遺伝子が発現するのである．つまり，形態的パターン形成以前に，ある遺伝子の発現領域という目にみえない形でパターンが生ずる．これらの遺伝子が，その領域の形態形成に関与していることを窺わせる所見である．したがって，現在の発生学では，遺伝子発現という分子マーカーを用いた新しい観察方法が不可欠なものになっている．

§3. メダカの脳の発生

3-1 脳の発生の概観

あらゆる発生現象と同じように，脳の発生もまた多段階からなる一連のできごとである．筆者らは，形態学的な特徴から，メダカの脳の発生を6つの発生段階に分けている（Ishikawa, 1997）．すなわち，嚢胚期，神経胚期，神経索期，神経管期，後期胚期（孵化期にほぼ相当），そして稚魚期の6段階である（図17-1）．

メダカの脳の発生を他の脊椎動物のそれらとを比較すると，メダカの脳の大きさは最初から小さく，また発生速度は著しく早い．また，発生の初期（嚢胚期，神経胚期，神経索期）における脳は，他の動物群のそれらとはやや異なる．むしろ，脳がある程度でき上がった発生の中期（神経管期）において，他の動物の脳形態とおおむね似たパターンを示す．それからさらに進んだ発生の後期（後期胚期，稚魚期）では，再び特有のパターンが強く発達してくる．

発生中期で，様々な脊椎動物の胚が互いによく似る段階をファイロティピック（phylotypic）な段階と呼んでいる（Ballard, 1964；Slackら，1993）．この発生中期の胚は咽頭胚（pharyngula）とか，尾芽期の胚，などと呼ばれる．進化的に成立した，それを通過せざるを得ない，多くの動物群が共有

する発生メカニズムを反映したものと考えられている．

　以下にメダカの脳の発生について，ファイロティピックな段階（神経管期）に重点をおいて，順を追って述べる（Ishikawa and Hyodo-Taguchi, 1994；Ishikawa, 1997；Ishikawaら，1999a）．

3-2 脳の初期発生

　両生類での古典的な理解によれば，シュペーマンのオーガナイザー（Spermann's organaizer）由来の中軸中胚葉（脊索前板prechordal plateと脊索notochord）からの神経誘導（neural induction）を受けて，予定神経外胚葉から，神経板（neural plate）が形成される（図17-2A）．オーガナイザー活性は体の前方部を誘導する頭部オーガナイザー活性と後部を誘導する胴部オーガナイザー活性の2つにわけられる．しかし最近，両生類で，脊索前板（中軸中胚葉）の前方に隣接する内胚葉部域（将来前腸や肝臓になる）にも頭部オーガナイザーの活性があることがはっきりした（Bouwmeesterら，1996）．他の動物でも基本的には同じことが起こっていると考えられている（Beddington and Robertson, 1998）．両生類の原口背唇部，つまりシュペーマンのオーガナイザーに相当する部位は，ヒトでは

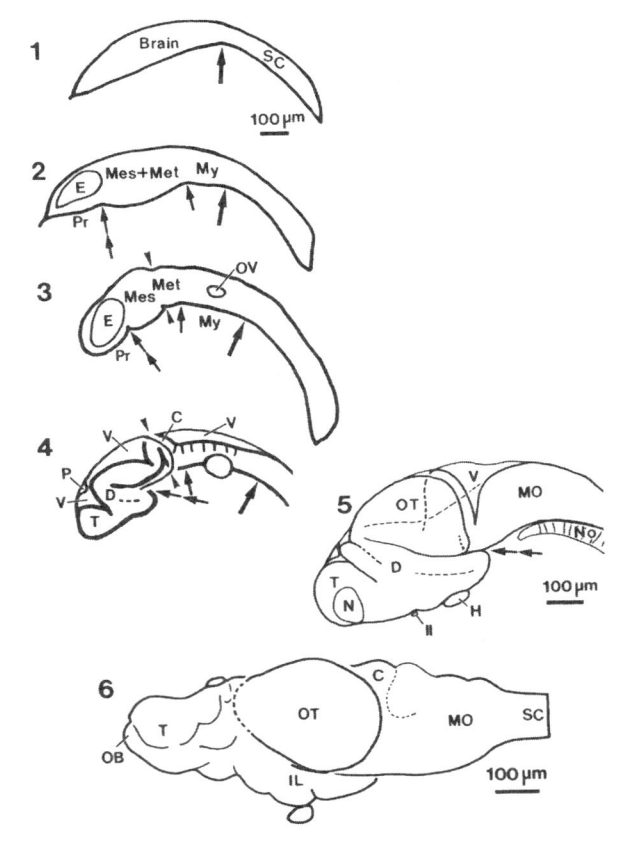

図17-1　メダカの脳の発生段階（Ishikawa, 1997より）
図の脳はすべて左外側面を示す．1は囊胚期，2は神経胚期，3は神経索期，4は神経管期，5は後期胚，そして6は稚魚期のそれぞれ示す．2でみえる一見中脳胞のような膨らみは，中脳胞（Mes）と後脳胞（Met）の合体したものである．Cは小脳，Dは間脳胞，Eは眼胞，Hは下垂体，ILは下葉，MOは延髄，Myは髄脳胞，Nは鼻，Noは脊索，OBは嗅球，OTは視蓋，OVは耳胞，Pは松果体，Prは前脳胞，SCは脊髄，Tは終脳胞，Vは脳室，IIは視神経，をそれぞれ示す．

原始結節（primitive node），ニワトリではヘンゼンの結節（Hensen's node）と呼ばれる．そして，メダカなど硬骨魚では胚楯（embryonic shield）と呼ばれる（Inohayaら，1999）．しかし，両生類以外の動物では，哺乳類のように脊索前板が内胚葉の場合がある．また，脊索前板が内胚葉とも中胚葉とも区別がつかないことがある．なお，脊索前板という言葉は，両生類以外の動物では，脊索より前方に隣接する，内胚葉を含めた中軸的な裏打ち組織を全体的にさして呼ぶことが多いので，注意したい（Gorodilov, 2000）．

　メダカで中枢神経系が最初に見えてくるのは，両生類と同じく囊胚期である（図17-2B）．両生類と異り，メダカの卵は多量の卵黄を含む端黄卵なので，胚は卵黄に圧迫されて，中胚葉は外胚葉や内胚葉と密着していて区別しがたい．しかし，胚楯を中心に薄い組織が陥入することは確かである（Inohaya, 1999）．陥入した薄い組織は中内胚葉（mesoendoderm）あるいはhypoblastと呼ばれる．

なお，陥入した組織の先端部分はメダカではPolsterという構造になり，孵化腺にすぐに分化してしまう（Inohaya, 1995）．

主として両生類を用いた実験により，神経誘導の時，何が起こっているのかが物質レベルでかなり明らかになってきた（Niehrs, 1999；上野・野地, 1999）．予定外胚葉はシュペーマンのオーガナイザーの誘導を受けないと（デフォルトの状態），表皮に分化してしまう．外胚葉を表皮に誘導する因子は，BMP（bone morphogenetic protein，ショウジョウバエの decapentaplegic 遺伝子産物に対応）というTGF-β（腫瘍成長因子）スーパーファミリーに属する分泌性タンパク質である．ところが，シュペーマンのオーガナイザーに含まれる幾つかの物質がBMPシグナルを阻害することにより，外胚葉の細胞は表皮から神経に運命を変えるようになると考えられている．つまり，この考え方によるとシュペーマンのオーガナイザーの機能的実体はBMP阻害因子ということになる．

神経板の時期には，すでに大まかな神経系の前後軸に沿ったパターン（後述）が決

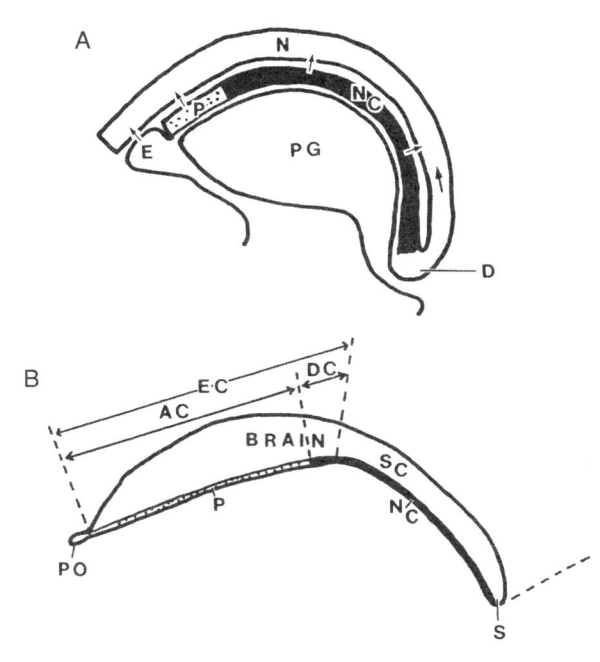

図17-2 脳の初期発生
A：アフリカツメガエルの嚢胚後期の矢状断模式図（向かって左が前方）．外胚葉（N）が内胚葉（E），脊索前板（P），脊索（NC）の神経誘導（矢印）を受けて神経板に分化する様子を示す．Dは原口背唇部，PGは原腸（腔）をそれぞれ示す．
B：メダカの嚢胚後期の矢状断模式図（左が前方）．陥入した中内胚葉は脊索前板（P）と脊索（NC）に区分される．前者は goosecoid の発現部位，後者は Brachyury（T）の発現部位をそれぞれ in situ hybridization によって調べた結果を示す（石川ら，未発表）．脊索前板の先端はポルスター（PO）となり，すぐに孵化腺に分化する．脳（EC, BRAIN）は原脳（AC）と続脳（DC）に区分される．Sは胚楯，SCは脊髄を示す．

まっていると考えられている（Lumsden and Krumlauf, 1996）．このパターンは，内胚葉および頭部オーガナイザーからの前方化因子（Cerberusなどの分泌性タンパク質）と，胴部オーガナイザー（中軸中胚葉）および非中軸中胚葉（将来，体節や側板になる）からの後方化因子（FGF, Wnt, レチノイン酸などが候補になっている）が拮抗的に作用することによって形成されるらしい（Lumsden and Krumlauf, 1996；Piccoloら, 1999）．

3-3 神経管の形成

神経板はその後，神経管（neural tube）になる（図17-3）．この過程は特に神経管形成（neurulation）と呼ばれ，この時期の胚を神経胚（neurula）という．神経管形成のやり方は動物によって異なる．ヒトを含む多くの動物では左右の神経板の縁（神経褶，neural fold）が互いに近づいて巻上がり，管状の構造がはじめから形成される（図17-3A）．管の内部の空間を神経腔（neurocoel）といい，これが将来の脳室になる．一方，硬骨魚などでは，ちょうど開いていた書物を閉じる時のように，左右の神経板が合わさって卵黄内に沈み込む（図17-3B）．その際，明瞭な神経腔はみえないので，最初にできる脳は充実性の索状物，つまり神経索（neural rod）と呼ばれる．その後，内部に腔所（神経腔

があらためて形成され，管状の神経管になる．ちなみに，哺乳類や鳥類などでも，脊髄後部の神経腔は同様に充実性の構造物から形成されることが知られている（Nakao and Ishizawa, 1984）．

神経管は立体であるから，多くの生物の構造と同じように，背腹軸，頭尾軸そして内外軸に沿った小区分を考えることができる（図17-3C）．この3つの軸に沿った区分けによって，立体的な格子状区画に分割されつつ，以下のように神経管の分化が進行すると考えられる．

3-4 神経管の分化

1）背腹軸に沿った分化 背腹軸に沿った小区分としては，脊椎動物の脳の基本構造として，頭尾方向に縦走するカラム状の区分けが古くから提唱されてきた．その有様は菱脳胞と脊髄の横断面でもっともよく見ることができる（図17-3C）．

外側の壁は背側の翼板（alar plate）と腹側の基板（basal plate）というそれぞれ一対の構造物になっている．両者の境は境界溝（sulcus limitans）と呼ばれる．この区分が重要なのは，機能との関連があるからである．境界溝を境として，背側（翼板）は求心性の機能に，腹側（基板）は遠心性の機能に対応している．さらに境界溝の周辺には臓性の機能が，離れた部分には体性の機能が対応している．一方，神経管の背側には蓋板（roof plate），腹側には底板（floor plate）という薄い壁が位置している．底板は，神経管の中でもシュペーマンのオーガナイザーに最も密着して発生する組織である．蓋板の局所的広がり方は，動物や脳の部位によって相当異る．硬骨魚では，終脳で蓋板が大きく広がり，翼板と基板を全体として外向けに翻してしまう（この過程を eversion という）．そのため，硬骨魚の終脳の形態は特異な様相を呈することになる（第12章を参照のこと）．

背腹軸に沿った神経管の分化に関しても，物質レベルで何が起こっているのかが両生類やニワトリでかなり明らかになってきた（Tanabe and Jessel, 1996）．ソニックヘッジホッグ（sonic hedgehog, ショウジョウバエの hedgehog に対応）という遺伝子が脊索または底板で発現している．こ

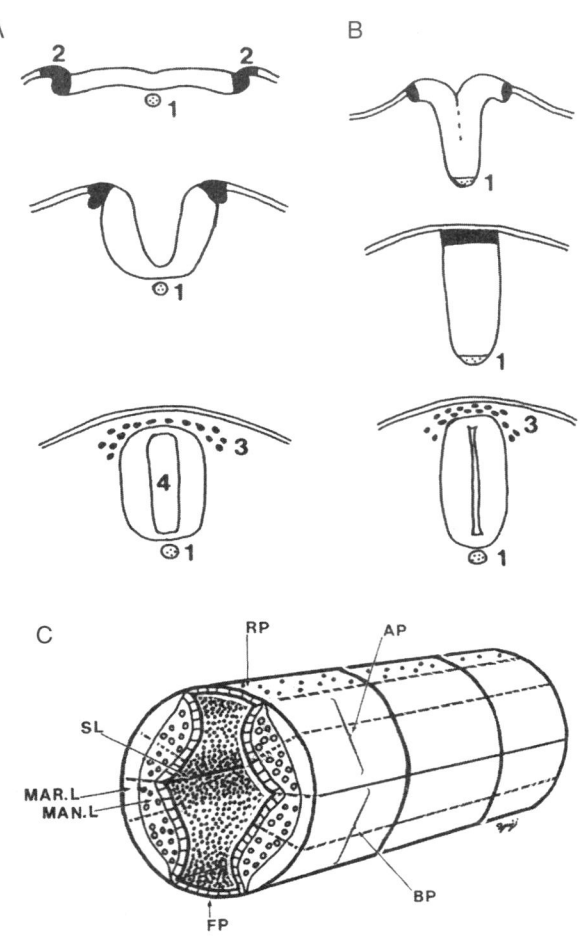

図17-3 神経管の形成
A：両生類における神経管形成（胚の前頭断模式図）．1は脊索，2は神経褶，3は神経冠，4は神経腔をそれぞれ示す．
B：メダカにおける神経管形成（胚の前頭断模式図）．神経腔が後からできることに注意．
C：でき上がった神経管の模式図．神経管を頭尾軸，背腹軸，そして内外軸，に沿った小区分に分けて，立体的に示す．翼板（AP），基板（BP），底板（FP），外套層（MAN.L），縁帯（MAR.L），蓋板（RP），および境界溝（SL）を示す．

の遺伝子産物は分泌性のタンパク質で，神経上皮組織を腹側化する．一方，神経管の背側に存在する表皮外胚葉または蓋板を含む神経管背側部からはBMPが分泌され，これが神経上皮組織を背側化する．このように背腹軸に沿ったおおまかなパターンは，ソニックヘッジホッグの腹側化シグナルとBMPの背側化シグナルとの拮抗作用によって決定されると考えられている．

2）頭尾軸に沿った分化　　古典的には，有頭骨類（Craniata）の神経管は，脊索に裏打ちされていない部分と脊索に裏打ちされている部分とに区分される（Nieuwenhuysら，1998）．前者は原脳（archencephalon），後者は続脳（deuteroncephalon）と脊髄管（myelon, spinal cord）である（図17-2B）．原脳と続脳とを脊髄管にたいして脳管（encephalon, brain tube）という．

しかし，原脳と続脳の境界がどこなのかについては，昔から論争が絶えない．また，底板が脳の前方部のどこまで存在するのか，という点でも一致がない．動物による違いがあるのかもしれない．

メダカでは，後期嚢胚を側面からみると，体のほぼ半分の位置にくびれをもつ，かすかな膨らみが卵黄の中に沈下しているのが見えた（図17-1-1および17-2B）．発生初期では脊索がまだ充分な形態的特徴を示していない．そこで脊索や脊索前板の分子マーカーを利用して調べてみると，体のほぼ半分の位置に境界があった（図17-2Bと17-4A）．したがって，メダカでの原脳と続脳の境界は菱脳胞

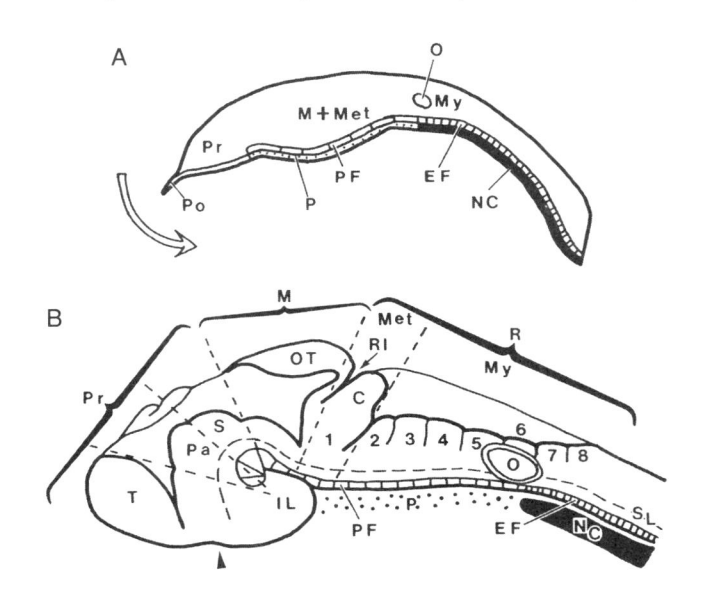

図17-4　神経胚期および神経管期のメダカ胚
A：3脳胞期（神経胚期）のメダカ胚の左側面模式図．脊索（NC）と脊索前板（P）に接した神経索の腹側端に底板（EFとPF）が存在する．底板の位置はHNF3-βの in situ hybridizationによる発現部位によって調べた（石川ら，未発表）．メダカでは，初期から脳に3つの膨らみがみえる．Mは中脳胞，Metは後脳胞，Myは髄脳胞，Oは耳胞，Poはポルスター，Prは前脳胞をそれぞれ示す．矢印は前脳胞の前端が全体的に大きく回転する方向を示す．
B：5脳胞期のメダカ胚頭部の矢状断模式図（向かって左が前方）．神経腔（脳室）が広がり，神経索は神経管に分化している．Cは小脳，cILは下葉（視床下部），OTは視蓋，Paはparencephalon（間脳の前半部），Rは菱脳，RIは菱脳峡，Sはsynencephalon（間脳の後半部），SLは境界溝，Tは終脳を示す．数字は菱脳分節を示す．矢頭は脳軸の前端を示す．

のほぼ中間と考えられる．この位置は耳胞が将来出現する付近である．耳胞付近に頭部と胴部の境界があることは，他の脊椎動物でも広く認められている（Kurataniら，1999）．頭部オーガナイザーと胴部オーガナイザーの境界やHox遺伝子の前方発現限界もこの付近にあると考えられる．

また，メダカでは，底板の前方存在限界は耳胞よりさらに前方の前脳胞の後部であった（図17-4A）．したがって，底板は，脊索ではなくて脊索前板に裏打ちされている部分でも存在することになる（この部分を脊索前底板 prechordal floor plate と呼び，脊索に裏打ちされている部分は脊索上底板 epichordal floor plate と呼ぶ）．

メダカでは，神経胚期で3脳胞がみえるようになる（図17-4A）．前方から，前脳胞（prosencephalon, forebrain），中脳胞類似物，そして菱脳胞類似物である．他の動物と同じように，前脳胞はのちに終脳胞（telencephalon, endbrain）と間脳胞（diencephalon）に分かれる．一見，菱脳胞に見える膨らみは真正の菱脳胞（rhombencephalon, hindbrain）ではなく，菱脳胞後部（髄脳胞，myelencephalon，将来の延髄）である．一方，一見，中脳胞に見える膨らみは，メダカでは真正の中脳胞（mesencephalon, midbrain，将来の中脳）と菱脳胞前部（後脳胞，metencephalon，将来の小脳と「橋」）が合併したものである．

発生が進むと，両者の境界部が鋭く切れ込み，菱脳峡（rhombencephalic isthmus）が生じ両者を分かつ．前方では視蓋（中脳背側部）が左右対照的に大きく膨れ，後方では小脳（後脳背側部）がその後端に接するように形成される（図17-4B，図17-8も参照のこと）．この菱脳峡は，局所的オーガナイジングセンターとして機能していることがニワトリでの研究で明らかになった（Crossleyら，1996）．ここに存在するFGF8（fibroblast growth factor 8，線維芽細胞増殖因子ファミリーの1つ）という分泌性タンパク質が視蓋／小脳の形成と極性の決定に重要な役割を果たしている（Joyner，1996）．ちなみにFGF8はまた，終脳胞の形成に関する局所的オーガナイジングセンターでも中心的役割を果たしていることが知られている（嶋村，1997）．シグナル分子が同一でも，脳の領域によって応答が異なるのである．

以上のようにしてメダカの脳は全体として5脳胞になる（図17-4B）．教科書などでは，すべての脊椎動物の脳の形成は，前脳胞，中脳胞，菱脳胞からなる3脳胞期からはじまると記載されている．これは，上述のように硬骨魚にはあてはまらないので，誤りである．しかし，作られ方の細部はともかく，発生の進行とともに脳の各部が頭尾方向に細分化されてゆくことには共通性がある（Puelles，1995）．

なお，脳の成長に伴い，前脳胞が眼胞とともに全体的に腹側に回転して脳軸が激しく屈曲（中脳屈）し，脳軸の先端が腹側に位置するようになる（図17-4）．そのため，終脳胞と間脳胞は脳軸に関して前後に区分されるのではなく，むしろ背腹に区分される．人間では巨大に発達する終脳は，硬骨魚では前脳胞の背側の小さな部分に過ぎない．また，成魚の脳の中で，最も大きい脳領域は視蓋であるが（後述），それが早くも胚の時期から大きいのが注目される（図17-1）．

5脳胞形成と同時進行的に，脳は頭尾方向にさらに細分化されてゆく．その結果できる分節を神経分節（neuromere）といい，脳の領域に応じて前脳分節（prosomere），中脳分節（mesomere），菱脳分節（rhombomere），脊髄分節（myelomere）と呼ばれる．メダカでは，形態的には3つの前脳分節，1つの中脳分節，8つの菱脳分節，そして約30の脊髄分節が観察される（Ishikawa，1992，1997）．

第1菱脳分節の背側から小脳が発生し，耳胞は第6菱脳分節に対している（図17-4B）．第1菱脳分節の背側から小脳が発生することは，全脊椎動物に共通している．Bergquist（1952）などの北欧学派の膨大な研究によると，各神経分節の中央部には細胞増殖のセンター（migration areas）がある（Bergquist and Källen，1972；Nieuwenhuysら，1998）．

3）**内外軸に沿った分化**　内外軸に沿った神経管の構造は，神経組織の発生・分化を反映している（Senn, 1970）．神経組織発生には，どの動物でも細胞増殖，細胞分化，細胞移動，突起伸長，結合形成の5段階がある．

初期の神経管の壁は神経上皮細胞（neuroepithelial cells）からなる多列上皮組織である．これらの細胞は急速に分裂増殖し，神経管の内腔（脳室）に接する胚芽層（matrix layer）を構成する（図17-3C）．胚芽層はどの方向にも均等に形成されるということではなく，主として側方に限って肥厚し，翼板と基板となる．背側の蓋板と腹側の底板はほとんど肥厚せず，薄いままに残る．このように，形態形成と細胞の増殖は密接に関係していることが明らかである．

胚芽層は細胞増殖の場であるとともに，細胞分化の場でもある．すなわち，神経上皮細胞から神経芽細胞（neuroblast）と神経膠芽細胞（glioblast）がここで分化する．神経芽細胞，すなわち原始神経細胞は神経管の表層に向かって遊走し，絶え間なく数を増すこれら神経芽細胞群が外套層または蓋層（mantle layer）を形成する（図17-3C）．外套層はのちに灰白質となる．また，胚芽層は，外套層への細胞供給を終えると，薄い上衣層（ependymal layer）として残存するようになる．神経芽細胞からの原始軸索（primitive axon）は，神経管の管壁側に伸長する．これらの神経線維の集団は，外套層のさらに外側に縁帯（marginal layer）を形成する（図17-3C）．縁帯はのちに白質となる．神経の軸索が胚芽層という細胞増殖のセンターから逃れるように表層に向かって伸長するのは興味深い．

3-5　後期胚の脳

1）**神経路の形成**　以上述べてきた神経管の小区画化が完了する時期には，神経細胞からの軸索突起の伸長とシナプス結合形成が始まる．軸索はでたらめに伸びるのではなく，ある定まった道筋をたどることが多いので，その道筋を神経路という．発生中期から後期にかけて，あらゆる脊椎動物で基本的神経路というべきものがみられる（Nieuwenhuysら，1998）．したがって，初期神経路の形態にもまたファイロティピックな段階があることになる．

基本的神経路は比較的少数の神経細胞から構成され，比較的単純なパターンを呈する．図17-5Aは神経管の小区画を神経板の発生段階にたちもどって投影した概念的模式図である．先に述べたように，神経分節などの神経管の立体的小区画の中心には細胞増殖センターがある．また，軸索は細胞増殖のセンターから逃れるよう伸長する傾向がある．したがって，もし軸索がこれら小区画の細胞増殖センターを逃れるように走行するとしたら，各小区画の境界を通る他はないことになる（図17-5B）．実際，小区画の境界が作る格子に対応して，基本的神経路は全体的に格子状のパターンを作っている（図17-6）．

成体の神経路の形成には，神経の軸索をガイドする多くの誘引因子や反発因子の複雑な組み合わせが働いていることが想定されている．しかし，初期の神経路形成に関しては，上述のような比較的単純なメカニズムで説明できるのではないかと考えられる（Katzら，1980；Burrill and Easter，1995）．その後発達してくる神経路は，既存の基本的神経路を工事現場の足場のように利用しながら発達し，

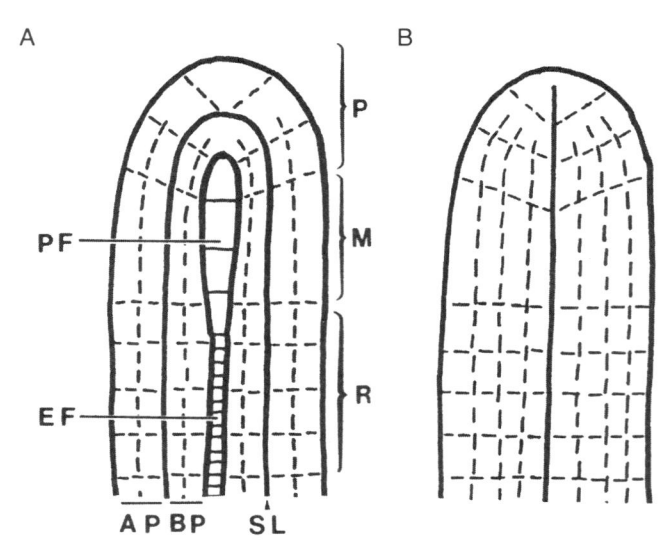

図17-5 神経管の小区画と初期神経路との関係
A：神経管の小区画を神経板に投影した概念図（上が前方）．APは翼板，BPは基板，EFは脊索上底板，Mは中脳胞，Pは前脳胞，PF脊索前底板，Rは菱脳胞，SLは境界溝を示す．
B：神経板における小区画の境界（概念図）．境界は整然とした格子状のパターンを示すことに注意．

また体全体の変形によって受動的に変化を受けるようである（Ishikawa and Iwamatsu, 1993）．

メダカでは，神経管期で神経路が形成され始め，後期胚で基本的な神経路は完成する（Ishikawa and Hyodo-Taguchi, 1994；Ishikawa, 1997；Ishikawaら, 1999c）．やはり，基本的神経路は全体として格子状の整然たるパターンを示す（図17-6）．メダカの基本的神経路は，運動区と感覚区をそれぞれ縦走する左右2対の幹線的神経路と，特定の場所で左右の部位を結ぶ幾つかの交連線維束が基本となっており，これに脳に出入りする末梢神経系が加わっている．

メダカの基本的神経路は，そのはじめから感覚区，運動区，そして左右が全体に互いに結び合うように形成される．このことは，はじめから神経伝導路が個体を全体的に統合するように形成されることを示している（柘植，1972）．また，脳胞や初期神経路が形成されるのは，感覚器や筋肉などの運動器が十分分化する以前である．このことは，脳胞や基本的神経路の形成には，外界との間に入出力を必要としないことを示唆している．その大部分は，遺伝的プログラムによって進行する自律的過程であろう．

2）**行動の発生**　基本的神経路の完成に呼応するかのように，行動の発達がみられる．メダカ後期胚に強い光を瞬間的にあてると，それに応じて胚は体を急激に動かす．メダカは，受精後約10日で，基本的神経路の形態をほぼ保ったままの状態で孵化する．孵化後メダカはすぐに泳ぎはじめ，餌を採り，仲間同士で闘争する．つまり，メダカでは，個体として生存に必要な脳と神経伝導路がわずか10日間で完成の域まで発生してしまうのである．

これと比べると，ヒトの後期胚における脳と行動の発達はいかにも対照的で，ヒトの特異な点が浮かび上がる．出生時のヒトの脳は，成人の約30％に過ぎず，新生児は歩くことも話すこともできな

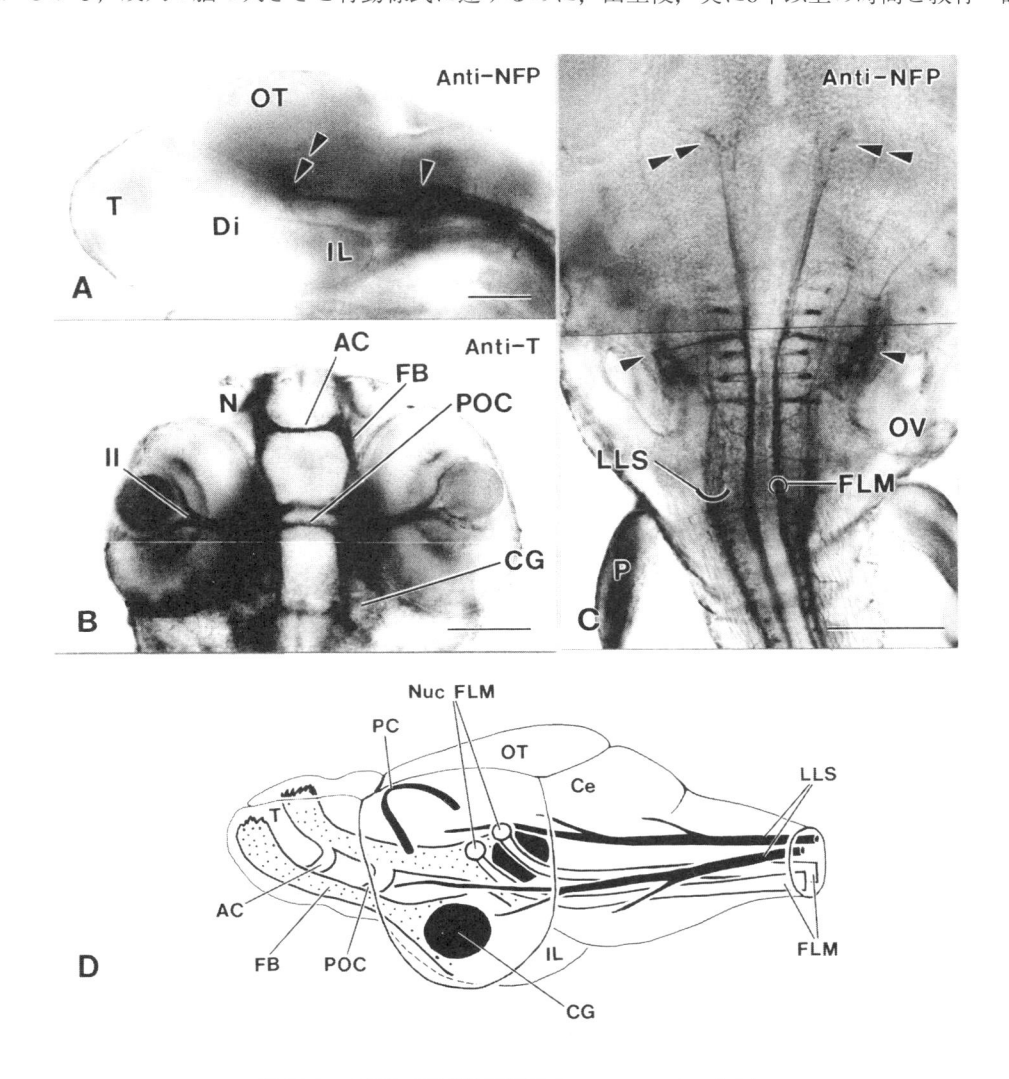

い．しかも，成人の脳の大きさと行動様式に達するのに，出生後，実に6年以上の時間と教育・訓練

図17-6 メダカの基本的神経路（Ishikawa, 1997より）
A：メダカ後期胚の抗ニューロフィラメント抗体による全身神経染色標本．左側面からみた写真（眼は取り除いてある）．ひとつの矢頭はマウスナー細胞のある位置，2つの矢頭は内側縦束の核がある位置をそれぞれ示す．Diは間脳胞，ILは下葉（視床下部），OTは視蓋，Tは終脳胞を示す．
B：メダカ後期胚の抗アセチルチューブリン抗体による全身神経染色標本．頭部を腹側面からみた写真．左右を縦走する前脳束（FB），横走する前交連（AC）および後視索交連路（POC）がみえる．CGは糸球体核，Nは鼻，IIは視神経を示す．
C：メダカ後期胚の抗ニューロフィラメント抗体による全身神経染色標本．頭胸部全体を背側面からみた像．脳の基本的伝導路は，縦走する2対の幹線的神経路（中脳以下では，内側縦束FLMと外側縦束系LLS）および横走する多数の交連線維によって全体として格子状を呈する．ひとつの矢頭はマウスナー細胞のある位置，2つの矢頭は内側縦束の核がある位置をそれぞれ示す．後脳ではマウスナー細胞を含む網様体がよく発達している．OVは耳胞，Pは胸鰭を示す．スケールはすべて100μm．
D：メダカ稚魚の基本的神経路の立体模式図（向かって左が前方）．Bodian染色した連続切片から再構築した．Ceは小脳，Nuc FLMは内側縦束の核，PCは後交連を示す．

を要する．これは，ヒトの脳の発達にとって，外界との長時間をかけたやりとりがいかに重要な要素であるかを示唆している．

3-6 稚魚期および成魚の脳

孵化後の稚魚では，脳の成長が続き，神経路も複雑に発達する．成長とともに，集合（群れ）行動や生殖行動など新たな行動が現れる（岩松，1993）．特に体長が約10 mmを超えると群れ行動の頻度が急激に高まるという．また，メダカの生殖行動は，近づき，従い，求愛定位，頭あげ1，求愛円舞，浮き上がり，交叉，頭あげ2，交尾，放卵などの一連の複雑な行動の連鎖からなる．

これらの行動発達の基礎となっている神経回路については，ほとんど分かっていない（Uematsu，1990）．また，内分泌撹乱物質などがメダカの生殖行動の発達を阻害することが最近報告されるようになった（Nirmalaら，1999；大嶋，2000）．後期に発達する神経回路形成には遺伝子のみではなく，外界との間の入出力が重要であると考えられる．メダカの脳の後期発達に対する環境要因の影響についても，現在わからないことが非常に多い．この分野の研究が今後進展することが望まれる．

メダカは3ヶ月後には性成熟に達する．性成熟に達した成魚の脳の大きさは，全長5 mm，最大幅2 mmの米粒程度の微小なものである（図17-7）．メダカの脳の重量は比重を1とすると，大きなものでおよそ4.6 mgで，脊椎動物の脳の中でも最小の部類に属する．しかし，メダカは体もまた小さい（体重，約230 mg）ので，脳は体重の2%を占める．ちなみにヒトの場合は，脳重およそ1,400 gで，体重（約70 kg）として，やはり2%を占めている．

メダカの脳の基本的構成に関しては，ヒトのそれと変わるところはないが，脳の外部形態は大いに異る（図17-7）．メダカでは視蓋が最も大きい脳領域である．ヒトでは著しく発達する終脳（大脳半球）は，メダカでは小さい．また，脳の内部形態に関しては，他のスズキ型の魚脳と類似しており，

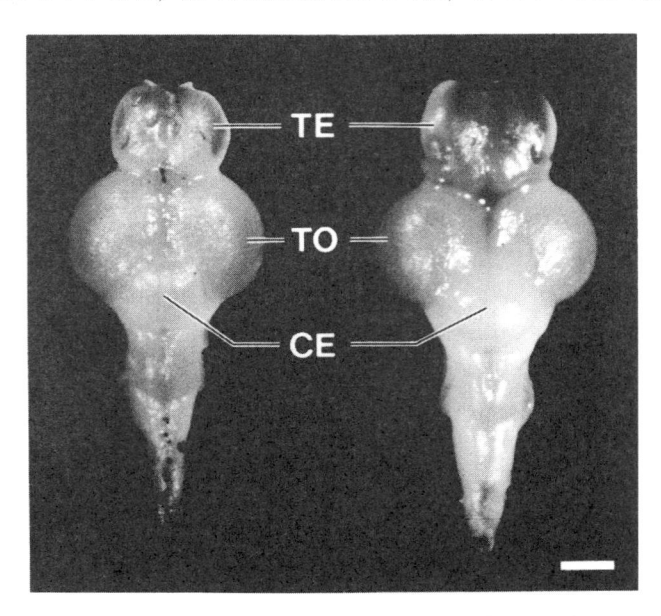

図17-7 近交系メダカ（成魚）の脳の外形（上が前方）
左側は新潟メダカ近交系，右側はアルビノメダカ近交系の脳を背側から示す．同じメダカでも，両者の形態は著しく異る．脳の前方から終脳（TE），視蓋（TO），小脳（CE）がみえる．スケール，0.5 mm．

よく発達した糸球体核（corpus glomerulosum）をもっている．なお，メダカの脳が小さいからといって，細胞数が著しく少ないとか細胞の大きさが極端に小さいということはない．

メダカ近交系を利用することにより，脳の形態と遺伝子の関係について興味深い事実が最近判明した（Ishikawaら，1999b）．遺伝子型の異るいくつかの近交系のメダカの脳を比較すると，系統毎に特有な脳形態をもち，互いに著しく異ることが分かった（図17-7）．つまり，同一種であっても個体により脳の外部形態は異り，それは個体の遺伝子型によって決定されている（育つ環境が同一であれば）．成魚の脳の形態に関与している遺伝子はおそらく複数あるだろうが，メダカの遺伝学やゲノム学が進めば，近交系を利用したQTL（quantitative trait locus）解析を通じて，当該遺伝子の同定が将来可能となろう．

魚の脳の特徴の1つは，性成熟後も脳の成長が停止せず，ゆっくりと成長が持続することである（Richter and Kranz，1981）．これは，成魚になっても胚芽層相当領域（proliferative zones）が脳室壁をはじめ幾つかの場所に残存するためである（Richter and Kranz，1981；Nguyenら，1999）．

メダカで特に発達を続けるのは視蓋（ヒトなどの上丘に相当）である．ここには著しく発達した層構造が形成される．哺乳類の大脳半球と硬骨魚の視蓋は，どちらもよく発達した層構造をもつ皮質様構造を示すが，その作られ方はまったく異る（Nguyenら，1999）．哺乳類の大脳半球では，脳室に面した胚芽層から脳表面に向けて垂直方向に神経細胞の移動が何度も起こる．この時，早期に移動した神経細胞層を，あとから分化した神経細胞が追い抜くように移動して新しい層が形成される（インサイドーアウトのパターン形成）．これに対して，メダカ成魚の視蓋では，proliferative zoneは視蓋の周縁にあり，ここから神経細胞が脳表面に平行方向に順次移動して，新しい層組織が付加される（タンジェンシャルな付加的パターン形成）．

§4．メダカの脳形成ミュータント — 新たな遺伝的素過程を求めて

4-1 突然変異体の網羅的収集の意義

脊椎動物の初期脳構造の形成は，遺伝的プログラムによって進行する自律的過程であるらしい，と述べた．このプログラムに関わっている遺伝子群の中には，ショウジョウバエの相同遺伝子のように既知のものもあるだろうが，未知のものも多数あることが予想される．また，既知の遺伝子がこれまで知られていなかった新規の働き方をする場合もあろう．

未知の遺伝的素過程を含む，遺伝的プログラムの全体を解明するための1つの有力な手段が順遺伝学である．順遺伝学は突然変異の大規模突然変異収集から出発し，遺伝分析を通じて遺伝子間の機能的関係を明らかにし，最終的には遺伝子を同定する．大事なポイントは，このプログラムに関わる遺伝子は多数あるかしもしれないが無限ではないことである．すなわち，すべてを網羅することは原理的には不可能ではない．

ショウジョウバエや線虫に比べると，脊椎動物での突然変異の網羅的収集は一般に困難である．しかし，飼育費用が安価で，産卵数が多いなどの理由により，魚では実施が可能である．富田（1990）は，色素に関する遺伝分析のため，多数の自然突然変異をメダカで収集した．また，近年，ドイツとアメリカでは，脊椎動物の初期発生の遺伝分析のため，ゼブラフィッシュを用いて網羅レベルに近い大規模な誘発突然変異収集が行われた（Hafftterら，1996；Drieverら，1996）．

突然変異の発見は原因遺伝子の機能の解明につながるものなので，突然変異の網羅的収集は当該生物現象に関わる全遺伝子の機能カタログ化をもたらす．現代では，ヒト，マウスをはじめとする，多数の生物種でゲノムの構造解析が進んでいる．突然変異の網羅的収集は，ゲノムの構造から様々な生物学分野を統合的に理解しようとするゲノム生物学を補完するものである．

多数の生物種でゲノム生物学が進むと，脳の形成の遺伝的プログラム全体の進化上の変遷をたどることができるようになるだろう．例えば，どのようなプログラム変更がなされて，ヒトの場合のような，特異な脳発生方式を生み出すのに至ったのかを推測することができるようになるかもしれない．

4-2　メダカにおける誘発突然変異収集

突然変異の網羅的収集の足がかりとして，私達は誘発突然変異収集をメダカでパイロット的に行った（Ishikawa, 1996；Ishikawa and Hyodo-Taguchi, 1997；Ishikawaら, 1997；Ishikawa, 2000）．X線あるいは化学物質で突然変異を誘発させ，遺伝性奇形を実体顕微鏡により検出した．現在，総計88の突然変異系統が得られている（2001年3月現在）．その多くは発生を生きたまま見ることのできるメダカだからこそ見つかったミュータントであった．もしこれがマウスだったら，発生は子宮内で進行するため，検出は困難であったろう．

88系統のうち，25％はなんらかの原因で脳特異的に形成異常を示すものであった．形態学的な解析を行ったところ，このうちの半分近くがゼブラフィッシュでは見つからなかったような新規な表現型であることが判明した．メダカでは，新規な突然変異の表現型がよく見つかるため，現在ではドイツでもメダカの誘発突然変異収集がはじめられている．

4-3　メダカ脳形成に関わる突然変異

筆者らが得た脳形成に関わる突然変異は，神経腔（脳室）の形成されないもの1系統，特定の神経分節が欠失するもの1系統，水頭症をひき起すもの3系統，特定の脳胞が形態異常を示すもの5系統，脳の細胞群が発生過程で細胞死を起こすもの12系統，など総計22系統である．

得られた脳のミュータントを概観すると，細胞死を伴う形態形成異常が22系統のうち約半分を占めていた．細胞の動態と脳の形成とは密接に連関していることは既に述べたが，それを端的に示している．重要なことは，これらの細胞死が，特定の発生時期に，脳の特異的小区画で起きることが多いことである．

細胞死は様々な原因で起こりうる（小池・三浦, 1998）．現在のところ，大きく分けると，細胞増殖時の細胞周期頓挫によるもの，および神経栄養因子など細胞生存維持に必要な物質の欠乏，の2大原因が考えられている．したがって，筆者らの結果は，発生時期特異的あるいは脳小区画特異的に，脳の細胞増殖と生存維持が予想外に細かく遺伝子によって調節されていることを示唆している．

残りの10系統は細胞死を伴わない脳のミュータントであった．その中の1つが，まったく思いがけない表現系を示したので紹介する（Ishikawa, 2000）．これは視蓋の左右対称性が一過性に破れる突然変異で，*Oot*（*One-sided optic tectum*）と名付けられた（図17-8）．

一般に，ある構造の左右対称的形成のためには，（1）左右一対の構造が形成される，（2）その構造の大きさが同一，（3）その構造の位置と形が中心軸に対して鏡像を作る，ことがすべて必要である．したがって，これらの3つの要素のうち，1つでも異常になれば，左右対称性が破れる．*Oot*の表現型は，この3つの過程のうち，（1）と（2）は正常に起こるのだが，（3）の過程のみが異常になったも

のと考えられる．すなわち，*Oot* 遺伝子は鏡像的な脳形態をつくる過程に特異的に関わっていることが推測される．このような突然変異が見つかったのは，全動物界を通じてはじめてである．脳が左右対称に形成されることは，これまで「あたりまえ」という先入観があったが，この過程に未知の遺伝的素過程がみつかったことになる．

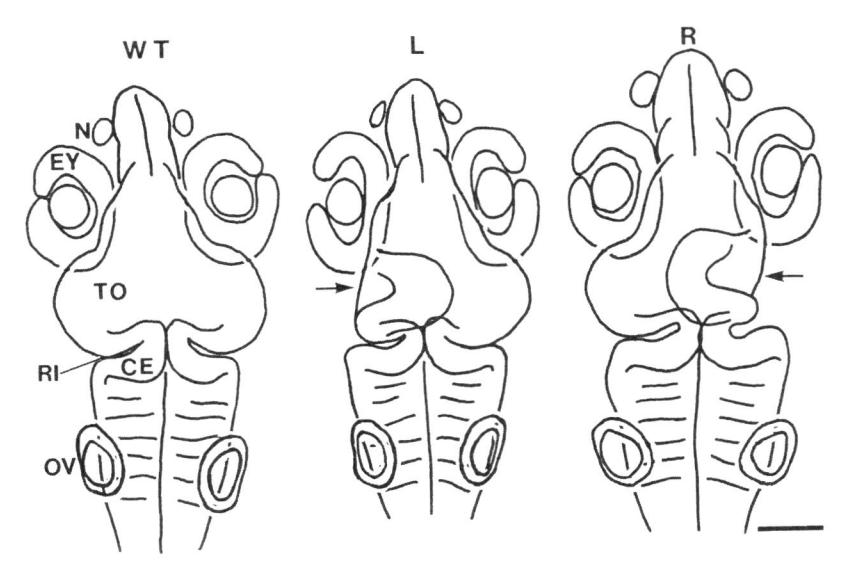

図 17-8　視蓋の左右対称性がやぶれる突然変異 *Oot*
神経管期の胚の頭部を背側からみた図（上が前方）．野性型（WT）では中脳背側が左右それぞれが外側に膨れ出すことによって左右対称な視蓋（TO）が形成される．ところが *Oot*（L と R）では，左右のそれぞれが同時に同程度膨れ出すのではあるが，片方の膨れ出す方向が異常（矢印）である．つまり，左右のどちらかは通常のように外側に，しかしもう一方は内側に膨れ出す．その結果，左右どちらかに偏った視蓋が形成される．左に偏るか，あるいは右に偏るかは，ほぼランダムである．視蓋の他には，他の部位に異常はまったく見られない．CE は小脳，EY は目，N は鼻，OV は耳胞，RI は菱脳峡を示す．スケールは 100 μm．

文献

Ballard, W. W. (1964)：Comparative Anatomy and Embryology, The Ronald Press.

Beddington, R. S. P. and E. J. Robertson (1998)：Anterior patterning in mouse. *Trends in Genetics*, 14, 277-284.

Bergquist, H. (1952)：Studies on the cerebral tube in vertebrates. The neuromeres. *Acta Zoologica*, 33, 117-187.

Bergquist, H. and B. Källen (1954)：Notes on the early histogenesis and morphogenesis of the central nervous system in vertebrates. *J. Comp. Neur.*, 100, 627-659.

Bouwmeester, T., S-H. Kim, Y. Sasai, B. Lu and E. M. De Robertis (1996)：Cerberus is a head-inducing secreted factor expressed in the anterior endoderm of Spemann's organizer. *Nature*, 382, 595-601.

Brenner, S., G. Elgar, R. Sandford, A. Macrae, B. Venkatesh and S. Aparicio (1993)：Characterization of the pufferfish (*Fugu*) genome as a compact model vertebrate genome. *Nature*, 366, 265-268.

Burrill, J. D. and S. S. Easter, Jr. (1995)：The first retinal axons and their microenvironment in zebrafish : cryptic pioneers and the pretract. *J. Neurosci.*, 15, 2935-2947.

Crossley, P. H., S. Martinez and G. R. Martin (1996)：Midbrain development induced by FGF8 in the chick embryo. *Nature*, 380, 66-68.

Driever, W., L. Solnica-Krezel, A. F. Schier, S. C. F. Neuhauss, J. Malicki, D. L. Stemple, D. Y. R. Stainier, F. Zwartkruis, S. Abdelilah, Z. Rangini, J. Belak and C. Boggs (1996)：A genetic screen for mutations affecting embryogenesis in zebrafish. *Development*, 123, 37-46.

Gorodilov, Y. N. (2000)：The fate of Spemann's organizer. *Zool. Sci.*, 17, 1197-1220.

Haffter, P., M. Granato, M. Brand, M. C. Mullins, M. Hammerschmidt, D. A. Kane, J. Odenthal, F. J. M. van Eeden, Y-J. Jiang, C-P. Heisenberg, R. N. Kelsh, M. Furutani-Seiki, E. Vogelsang, D. Beuchle, U. Schach, C. Fabian and C. Nüsslein-Volhard (1996)：The identification of genes with unique and essential functions in the development of the zebrafish, Danio rerio. Development, 123, 1-36.

Hyodo-Taguchi, Y. (1980)：Establishment of inbred strains of the teleost, Oryzias latipes. Zool. Mag., 89, 283-301.

Hyodo-Taguchi, Y. (1996)：Inbred strains of the medaka (Oryzias latipes). Fish Biol. J. Medaka, 8, 29-30.

Inohaya, K., S. Yasumasu, M. Ishimaru, A. Ohyama, I. Iuchi and K. Yamagami (1995)：Temporal and spatial patterns of gene expression for the hatching enzyme in the teleost embryo, Oryzias latipes. Dev. Biol., 171, 374-385.

Inohaya, K., S. Yasumasu, I. Yasumasu, I. Iuchi and K. Yamagami (1999)：Analysis of the origin and development of hatching gland cells by transplantation of the embryonic shield in the fish, Oryzias latipes. Develop. Growth Differ., 41, 557-566.

Ishikawa, Y. (1992)：Innervation of the caudal-fin muscles in the teleost fish, medaka (Oryzias latipes). Zool. Sci., 9, 1067-1080.

Ishikawa, Y. (1996)：A recessive lethal mutation, tb, that bends the midbrain region of the neural tube in the early embryo of the medaka. Neurosci. Res., 24, 313-317.

Ishikawa, Y. (1997)：Embryonic development of the medaka brain. Fish Biol. J. Medaka, 9, 17-31.

Ishikawa, Y. (2000)：Medakafish as a model system for vertebrate developmental genetics. Bioessays, 22, 487-495.

Ishikawa, Y. and T. Iwamatsu (1993)：Development of a motor nerve in the caudal fin of the medaka (Oryzias latipes). Neurosci. Res., 17, 101-116.

Ishikawa, Y. and Y. Hyodo-Taguchi (1994)：Cranial nerves and brain fiber systems of the medaka fry as observed by a whole-mount staining method. Neurosci. Res., 19, 379-386.

Ishikawa, Y. and Y. Hyodo-Taguchi (1997)：Heritable malformation in the progeny of the male medaka (Oryzias latipes) irradiated with X-rays. Mutation Res., 389, 149-155.

Ishikawa, Y., Y.Hyodo-Taguchi, K. Tatsumi (1997)：Medaka fish for mutant screens. Nature, 386, 234.

Ishikawa, Y., M. Yoshimoto and H. Ito (1999a)：A brain atlas of a wild-type inbred strain of the medaka. Fish Biol. J. Medaka, 10, 1-26.

Ishikawa, Y., M. Yoshimoto, N. Yamamoto and H. Ito (1999b)：Different morphologies from different genotypes in a single teleost species the medaka (Oryzias latipes). Brain, Behav. Evol., 53, 2-9.

Ishikawa, Y., K. Aoki, T. Yasuda, A. Matsumoto and M. Sasanuma (1999c)：Axonogenesis in the embryonic medaka brain. Neurosci. Res., 23, s148.

伊藤博信 (2000)：硬骨魚類の大脳新皮質, 比較生理生化学, 17, 32-39.

伊藤博信・吉本正美 (1991)：神経系. 魚類生理学 (板沢靖男・羽生 功編). 恒星社厚生閣, p.363-402.

岩松鷹司 (1993)：行動. メダカ学 (岩松鷹司著). サイエンティスト社, p.288-296.

Joyner, A. L. (1996)：Engrailed, Wnt and Pax genes regulate midbrain-hindbrain development. Trends in Genetics, 12, 15-20.

Katz, M. J., R. J. Lasek and H. J. W. Nauta (1980)：Ontogeny of substrate pathways and the origin of the neural circuit pattern. Neurosci., 5, 821-833.

小池達郎・三浦真紀 (1998)：神経系とアポトーシス. アポトーシスと医学 (田沼靖一編). 羊土社, p.54-60.

Kuratani, S., N. Horigome and S. Hirano (1999)：Developmental morphology of the head mesoderm and reevaluation of segmental theories of the vertebrate head : evidence from embryos of an agnathan vertebrate, Lampetra japonica. Dev. Biol., 210, 381-400.

黒澤 仁・堀 寛 (2000)：魚類のゲノムとHox遺伝子群の進化, 蛋白質 核酸 酵素, 45, 2893-2899.

Lawrence, P. A. (1992)：The Making of a Fly, Blackwell Science Ltd.

Lumsden, A. and R. Krumlauf (1996)：Patterning the vertebrate neuraxis. Science, 274, 1109-1115.

McGinnis, W., M. S. Levine, E. Hafen, A. Kuroiwa and W. J. Gehring (1984)：A conserved DNA sequence in homeotic genes of the Drosophila Antennapedia and Bithorax complexes. Nature, 308, 428-433.

Nakao, T. and A. Ishizawa (1984)：Light-and electron-microscopic observations of the tail bud of the larval lamprey (Lampetra japonica), with special reference to neural tube formation. Amer. J. Anat., 170, 55-71.

Nelson, J. S. (1994)：Fishes of the World (3rd edition), John Wiley and Sons.

Nguyen, V., K. Deschet, T. Henrich, E. Godet, J-S. Joly, J. Wittbrodt, D. Chourrout and F. Bourrat (1999)：Morphogenesis of the optic tectum in the medaka (Oryzias latipes) : a morphological and molecular study, with special emphasis on cell proliferation. J. Comp. Neurol., 413, 385-404.

Niehrs, C. (1999)：Head in the WNT-the molecular nature of Spemann's head organizer. Trends in Genetics, 15, 314-319.

Nieuwenhuys, R., H. J. ten Donkelaar and C. Nicholson (1998)：The Central Nervous System of Vertebrates, Springer-Verlag.

Nirmala, K., Y. Oshima, R. Lee, N. Imada, T. Honjyo and K. Kobayashi (1999)：Transgenerational toxicity of tributyltin and its combined effects with polychlorinated biphenyls on reproductive processes in japanese medaka (Oryzias latipes). Environ. Toxicol. Chem., 18, 717-721.

Ohno, S. (1970)：Evolution by Gene Duplication, Springer-Verlag.

大嶋雄治 (2000)：有機錫による魚類の内分泌かく乱. Biomed. Res. Trace Elements, 11, 235-241.

Romer, A. S. (1956): The Vertebrate Story, University of Chicago Press.

Piccolo, S., E. Agius, L. Leyns, S. Bhattacharyya, H. Grunz, T. Bouwmeester and E. M. De Robertis (1999): The head inducer Cerberus is a multifunctional antagonist of Nodal, BMP and Wnt signals. *Nature*, 397, 707-710.

Puelles, L. (1995): A segmental morphological paradigm for understanding vertebrate forebrains. *Brain Behav. Evol.*, 46, 319-337.

Richter, W. and D. Kranz (1981): Autoradiographic investigations on postnatal proliferative activity of the matrix-zones of the brain in the trout (*Salmo irideus*). *Z. mikrosk. Anat. Forsch.*, 95, 491-520.

Senn, D.G. (1970): The stratification in the reptilian central nervous system. *Acta anat.*, 75, 521-552.

嶋村健児（1997）：脊椎動物の脳における初期パターン形成，細胞工学, 16, 408-416.

Slack, J. M. W., P. W. H. Holland and C. F. Graham (1993): The zootype and the phylotypic stage. *Nature*, 361, 490-492.

Tanabe, Y. and T. M. Jessel (1996): Diversity and pattern in the developing spinal cord. *Science*, 274, 1115-1123.

富田英夫（1990）：系統と突然変異．メダカの生物学（江上信雄・山上健次郎・嶋　昭紘編）．東京大学出版会, p.111-128.

柘植秀臣（1972）：行動発達の神経学的基礎―カグヒルとヘリックの研究，恒星社厚生閣．

K. Uematsu (1990): An analysis of sufficient stimuli for the oviposition in the medaka oryzias latipes. *J. Fac. Appl. Biol. Sci., Hiroshima Univ.*, 29, 109-116.

上野直人・野地澄晴（1999）：新形づくりの分子メカニズム．羊土社．

18. ゼブラフィッシュを使った後脳発生機構の研究
―その進化論的，分子生物学的基盤―

岡本　仁，東島眞一，西脇優子，田中英臣，政井一郎，和田浩則

はじめに

ゼブラフィッシュ *Danio rerio* は，脊椎動物の発生メカニズムを研究するための優れたモデル実験動物として注目されている．胚は，透明で比較的少数の細胞からできていること，世代時間も3ヶ月と短いことなどの理由から，ゼブラフィッシュは細胞生物学や分子生物学における様々な研究に使われてきている（岡本ら，2000）．

これまで脊椎動物の脳の部域特異化の研究では，ショウジョウバエの転写因子に類似する転写因子を出発点として，発現解析や機能解析を行うという方法が最も大きな成果をもたらしてきた．一方で，この方法では特異化の制御因子を知ることはできるが，実際にこれらの因子と下流として機能する実動分子群の実体を明らかにすることは容易ではなかった．ゼブラフィッシュ胚を使った研究は，このような困難を克服する有力なアプローチを提供してくれる可能性がある．

ここではまず，後脳分化の分子機構を調べるためのモデル実験動物としてゼブラフィッシュが妥当かどうかを検討する．そのためにゼブラフィッシュを含めた条鰭類の魚におけるHox遺伝子群の構造解析から明らかになったゲノム構造の特殊性を説明する．さらに，それが条鰭類の魚の多様化とどのように関わっているかを明らかにする．その上で，ゼブラフィッシュを実験材料として後脳分化の分子機構を遺伝学的に調べるためには，ゼブラフィッシュのゲノム構造の特殊性がむしろ利点となる可能性があることを説明する．最後に，筆者らが最近行っている突然変異体のスクリーニングを紹介し，後脳の形成に異常をもつ突然変異体を網羅的にスクリーニングを行うことが可能であることを示す*．

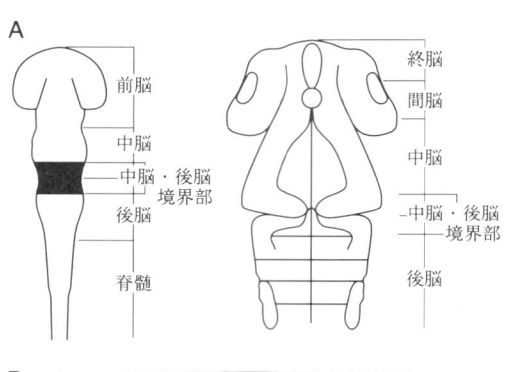

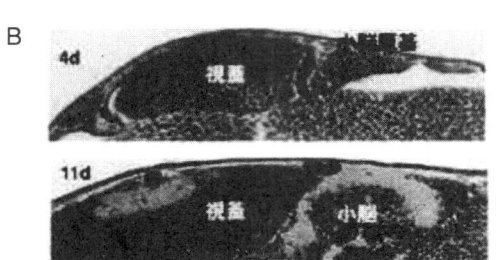

図18-1　A：受精後12時間目と30時間目のゼブラフィッシュ脳の模式図
B：受精後4日目から11日目にかけてのゼブラフィッシュ小脳の発達

§1. 脊椎動物の神経系の領域化

脊椎動物の脳の発生の初期には，神経管の吻側

---

*　この総説は岡本による過去の文献［岡本（1999a, b），岡本ら（2001）］を加筆したものである．

端（rostral end）に3つの膨らみが見られるようになる．これらは一次脳胞（primary brain vesicle）と呼ばれ，前方から前脳胞（prosencephalon），あるいは前脳（forebrain），中脳胞（mesencephalon），あるいは中脳（midbrain），菱脳胞（rhombencephalon），あるいは後脳（hindbrain）と呼ばれる（図18-1A）．さらに，前脳は終脳（telencephalon）と間脳（diencephalon）に細分化し，中脳と後脳の間には著明なくびれ（峡部，isthmus）が形成される（図18-1A）．この部位は，中脳・後脳境界部（midbrain-hindbrain boundary）と呼ばれ，ここからは将来小脳（cerebellum）が発生する（図18-1B）．

§2. 後脳の部域特異化

更に後脳では，発達の一時期に，菱脳節（rhombomere）と呼ばれる"ふくらみ"が7ないし8個連なったような構造が観察される（図18-11）．菱脳節は前から順にr1～r7, r8と呼ばれるのが習わしとなっている．鰓弓（branchial arch）由来の筋肉を支配する脳神経（branchiomotor nerves），即ち三叉神経（第V脳神経），顔面神経（第VII脳神経），舌咽神経（第IX脳神経）の運動枝は，各々r2, r4, r6から伸び出す（図18-5A）．このような観察から，後脳は2分節ごとに性質を少しずつ変える周期的構造をもっていると考えられた（Lumsden and Keynes, 1989）．この時期，節くれだった後脳から左右3対ずつ鰓弓運動神経が伸び出る様子は，節くれだった昆虫の体から脚やハネが伸び出ている様子を連想させる．最近，このような連想が，あながち見当外れのものではないことが明らかになってきた．

§3. ショウジョウバエとマウスのHox遺伝子クラスター

ショウジョウバエでは，体の前後軸に沿った体節ごとの個性（翅がはえるか脚がはえるかなど）の違いは，ホメオティック遺伝子群（homeotic genes）によって決定されている．ショウジョウバエでは，5つの遺伝子からなるアンテナペディア複合体（Antennapedia Complex）と3つの遺伝子からなるバイソラックス複合体（Bithorax Complex）が，この役割を担っている（図18-2）（Lumsden and Keynes, 1989；Gilbert, 1997）．これらの2つのグループの遺伝子群は，染色体上の2ヶ所に集中（cluster）して並んでいる．実は，Tribolium（red flour beetle）のようにもっと原始的な昆虫では，これらの2グループの遺伝子群は染色体の1ヶ所でつながって存在しており，進化の過程で後に2つに分断されたと考えられる．図18-2では，Triboliumのゲノムでのホメオティック遺伝子群の並びと一致するように，ショウジョウバエのアンテナペディア複合体とバイソラックス複合体の遺伝子群を並べている．各遺伝子の転写の方向は一致しており，全て図の右から左に転写される，即ち図の配列の左側がすべてのホメオティック遺伝子の3'側に，右側が5'に相当する．興味深いことに，ホメオティック遺伝子群の並びの3'側に位置する遺伝子ほど，ショウジョウバエの体の前側で発現しており，体の前側の体節の個性決定に関わっていることが分かっている．

ホメオティック遺伝子群の並びと，各々の遺伝子が分化を受けもっている前後軸に沿った体の部位の並びとが一致する現象は，colinearityと呼ばれる．実はホメオティック遺伝子群では，各遺伝子の並びだけでなく，それらの発現制御領域の並び方にもcolinearityが見られる．即ち，Bithorax複合体のUbx, AbdA, AbdBを制御する遺伝子領域は，図18-3に示すように9ヶ所に分散しており，3'側の領域ほど，体の前でのホメオティック遺伝子の発現の制御に関与する．同じUbx遺伝子の発現の制

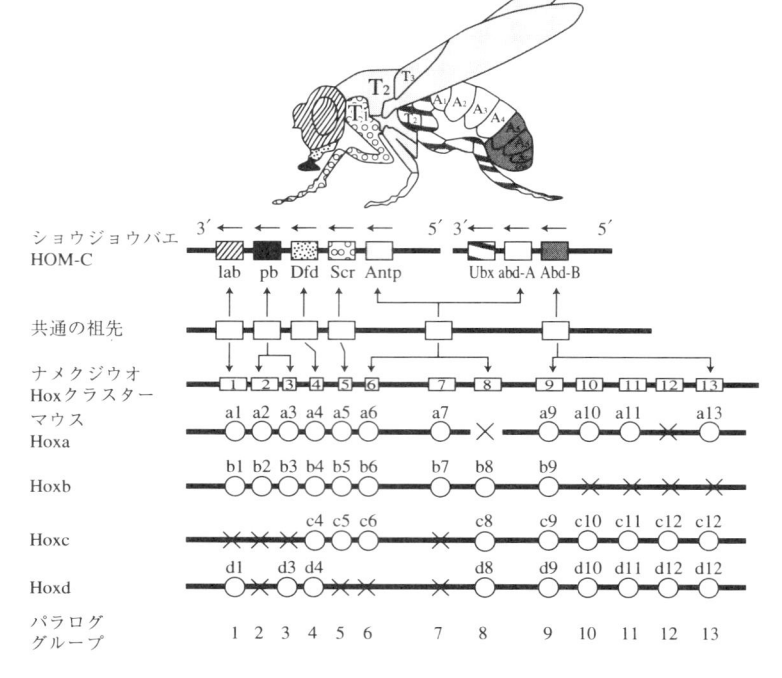

図 18-2　ショウジョウバエ，メネクジウオ，マウスの Hox 遺伝子群

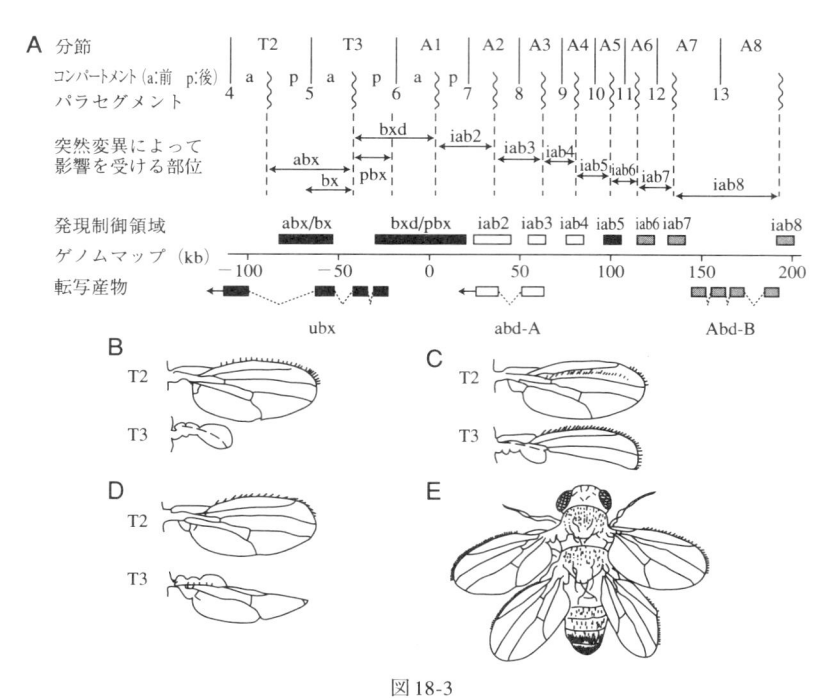

図 18-3
A：ショウジョウバエの Bithorax 遺伝子複合体の発現制御領域の分布
B：正常のショウジョウバエのハネと平均棍
C：abx / bx 突然変異体のハネと平均棍
D：bxd / pbx 突然変異体のハネと平均棍
E：abx と pbx の二重突然変異体

御に関わる領域でも，anterobithorax (abx)/bithorax (bx) は胸部第3体節の前半分の分化に関わっており，この遺伝子の突然変異によって平均棍（haltere，姿勢のバランシングに使われる）の前半分のみが影響を受けて翅の前半分に変わる（図18-3C）．

bithoraxoid (bxd)/postbithorax (pbx) は，胸部第3体節の後半分の分化に関わっており，この遺伝子の突然変異によって，平均棍の後ろ半分が翅の後ろ半分とおき変わる（図18-3D）．abx変異とpbx変異を同時にもつハエでは，平均棍が完全に翅に変換している．有名な！4枚翅のハエは，このようなUbxの遺伝子発現制御領域の二重突然変異によって作られる（図18-3E）．

実は，昆虫のみでなく，人を含む脊椎動物もホメオティック遺伝子群をもっていることが明らかになっている．マウスは，ゲノム4ヶ所にHoxa, Hoxb, Hoxc, Hoxdという4つのホメオティック遺伝子群のクラスターをもっている（図18-2；Krumlauf, R., 1993）．各クラスター内の遺伝子は，ショウジョウバエの場合と同じく，すべてが同じ向きに転写され（左が3'側），並びの3'側に位置する遺伝子ほど，体の前側まで発現しており，体の前方の部位の個性決定に関わっている．各クラスター内の構成遺伝子には，各々のショウジョウバエのホメオティック遺伝子群と最も構造が類似する構成遺伝子（パラログ，paralogue）を見つけることができ，対応する遺伝子の

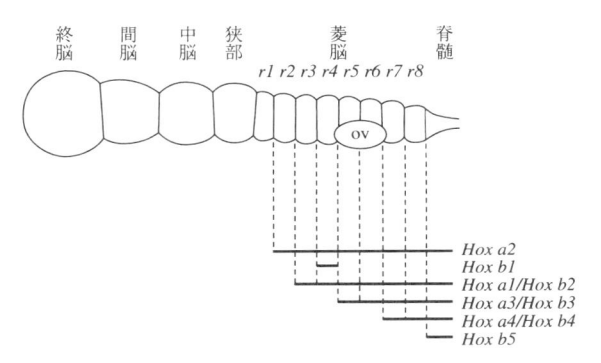

図18-4 Hox-AとHox-Bクラスターのホメオティック遺伝子群の菱脳での発現パターン．

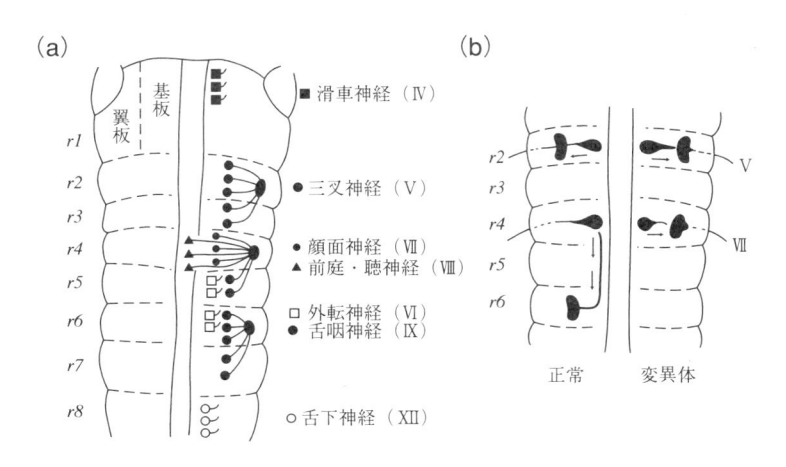

図18-5
(A) 菱脳における脳神経の分布
(B) 遺伝子ターゲティングの技術を用いてHox-b1遺伝子を壊したマウスにおける顔面神経の挙動の変化．正常胚（左側）では，三叉神経（Vn）の運動枝の細胞体はr2で誕生後外側に移動し，顔面神経（VIIn）の細胞体はr4で生まれてr6まで移動する．ミュータントマウスでは顔面神経の細胞体はr4に留まり，三叉神経の細胞体と同じく外側に移動する．r2の三叉神経運動枝の細胞体の移動は正常である．Hox-b1はr4特異的に発現するため，この遺伝子の欠損の効果はr4特異的にあらわれたと考えられる．

クラスター内での並び方もショウジョウバエとマウスとで保存されている．このような，ホメオティック遺伝子群の構造と配置における驚くべき保存性と発現パターンの類似性から，脊椎動物のHox遺伝子群も体の前後軸に沿った部域特性の決定に関わっているのではないかと考えられた．

図18-4は，HoxaとHoxb遺伝子群の発現パターンを示している．各遺伝子の発現領域の前端は菱脳節の境界に一致しており，Hox-a1 → Hox-a2 → Hox-a3，Hox-b2 → Hox-b3 → Hox-b4 → Hox-b5の発現部位の前端は，ちょうど2菱脳節ごとに後ろにずれている（Hunt and Krumlauf, 1991；McGinnis and Krumlauf, 1992）．最近Hox-b1とHox-a2の遺伝子を欠失したマウスが，遺伝子ターゲティングの技術を用いて作製され，各々のマウスの後脳で，運動神経細胞の移動や軸索伸展の様式が，菱脳節が前方化したという解釈に矛盾しない異常を示すことが明らかになった．（図18-5）（Studerら，1996）．

§4. Hox遺伝子クラスターの不変性と動物の多様性はどのように両立しているのか？

Hox遺伝子クラスターは，発現制御領域の並び方も含めて，体の前後軸に対してcolinearityを保っている．このことは，進化の過程でHox遺伝子クラスターの並び方の順序が変わることを極めて困難にしている．例えばショウジョウバエのAntp遺伝子の優性突然変異体では，本来触覚がはえる頭部に脚が生える（Kauffmanら，1990；Casares and Mann, 1988）（図18-6）．これは，この遺伝子を含む染色体の一部に逆位（inversion）が起きたために，Antp遺伝子が，本来の胸部での発現を促す制御領域の支配下から離れて，頭で発現する別の遺伝子の発現制御領域の支配下に入ったために起きた現象である．このように，いったんセットとして成立したHox遺伝子クラスターは，その並び方の変化によって非常に大きなパターンの変化がもたらされるため，進化の過程でその順序が容易には変わりにくくなっている．

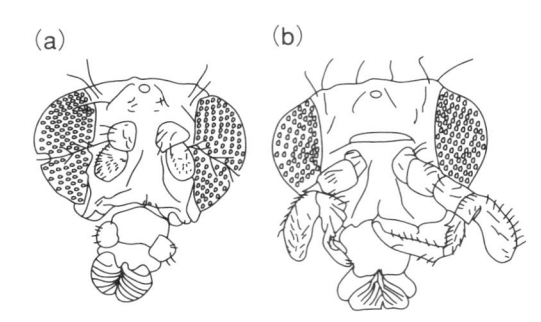

図18-6　(A) 正常のハエの成虫の頭のスケッチ
(B) Antp優性突然変異体の頭のスケッチ．触角のかわりに脚がはえている．
（Kauffman, T. C. ら，1990より改変）

特定のHox遺伝子の産物は，ホメオドメインを介して標的配列に結合するが，ホメオドメインによって認識されるDNAの塩基配列特異性が比較的低いため，一種類のホメオドメインタンパクが多く（おそらく数百？）の標的遺伝子の発現を制御していると考えられる（Perutz, 1992）．したがって，このタンパク自身の特にDNA結合部位に起きるわずかな変異が，標的遺伝子のレパートリーを数百単位で同時に変化させることになる．このような急激な変化も，進化の過程では受け入れがたいものと考えられる．即ちHoxタンパクのアミノ酸配列そのものも，進化の過程で容易には変わりにくくなっている．

脊椎動物においても，Hox遺伝子クラスターがセットとして保存されていることは，進化の過程でHox遺伝子群の構造と並び方が，変更されることに対する制約がいかに大きかったかを物語っている．一方で動物の体のパターンは，進化の過程で大変変化に富んでいることも事実である．動物はHox遺伝子群の構造と並び方の変更に対する強い制約のもとで，どのような抜け道を見つけて，進化の過程で棲息環境に適応したパターンの多様性を実現したのだろうか？

これまでにショウジョウバエを含む昆虫のHox遺伝子群の比較検討によって，このような進化の過程でのパターンの多様化は，主にHoxタンパクによって発現が調節される標的遺伝子群のレパートリーの変化と，Hox遺伝子群自身の発現様式の変化によってもたらされたと考えられている（Carrollら，1995）．これに加えて脊椎動物では，遺伝子重複によるHox遺伝子群のクラスターの数の増加（1組から4組）や，パラログ・グループの数の増加も重要な役割を果たしたと考えられる．即ち脊椎動物は，遺伝子の重複によるコピー数の増加のおかげで，既存のHox遺伝子群に旧来の機能を温存させながら，重複によって余分にできた新たな遺伝子を使って新しい試みを行うチャンスを得たと考えられる．

§5. ナメクジウオは脊椎動物のHox遺伝子クラスターの原型をもっている

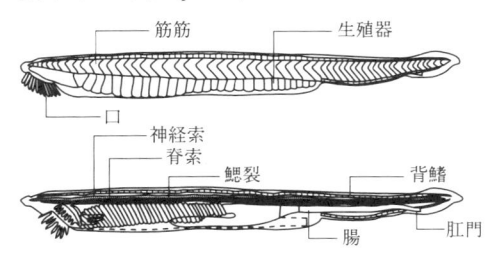

Hollandらは，脊椎動物の進化においてHox遺伝子群の重複がいつ起こったのかを知るために，魚とヒトなどの脊椎動物の祖先に近いと考えられる原索動物（Protochordate）の頭索類（Cephalochordate）に属するナメクジウオ（Amphioxus）（図18-7；Romer and Parsons, 1986）のHox遺伝子群の構成を調べた．その結果，ナメクジウオは，少なくとも10個の構成遺伝子からなるHox遺伝子クラスターを一組だけもっていることが明らかになった（図18-2）（Garcia-Fernndez and Holland, 1994）．これらは3'側から5'側にAmphiHox-1からAmphiHox-10と名づけられており，各々がマウスやヒトのパラログ・グループ1〜10と極めて類似する構造をもっている．Hollandらは，AmphiHox-10より更に5'側のゲノム解析は行っていないが，パラログ・グループ11, 12, 13に類似する3個のHox遺伝子が存在するものと予測された．このようにナメクジウオのHox遺伝子クラスターは，13個のHox遺伝子から構成されていると考えられ，脊椎動物の祖先のHox遺伝子クラスターの原型を忠実にとどめている．

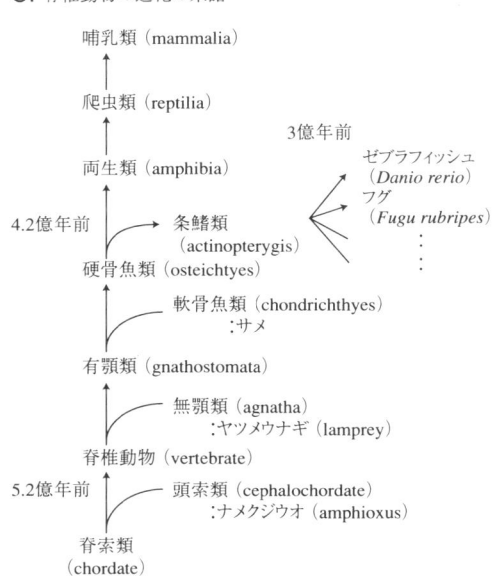

図18-7　脊椎動物の進化におけるゼブラフィッシュの位置

図18-2に示すように脊椎動物とショウジョウバエに共通の祖先では，Hox遺伝子クラスターは6つのHox遺伝子から成り立っていたと考えられ，その後一部のHox遺伝子がタンデムに重複することによって，Hox遺伝子クラスターは，昆虫では7個，脊椎動物では13個の遺伝子群から構成されるようになったと考えられる（Garcia-Fernndez and Holland, 1994；Meyer, 1988）．脊椎動物とナメクジウオの系譜は，今から約5億2千万年以上前に分離したと考えられるが，このようなナメクジウオのHox遺伝子クラスターの解析から，脊椎動物とナメクジウオの系譜が分離する以前に，Hox遺伝子クラスター内での構成遺伝子のタンデムな重複が既に起きていたことが明らかになった（図18-7，18-9）．更に，脊椎動物が4組のHox遺伝子クラスターをもつに至るまでには，脊椎動物とナメクジウオの系譜が分離した後に，Hox遺伝子クラスターが丸ごと2回の重複を行ったと考えられるようになった．

§6. 脊椎動物の進化におけるHox遺伝子クラスターの重複

脊椎動物の4組のHox遺伝子クラスターは，遺伝子重複（gene duplication）の繰り返しによって形成されたと考えられるが，それはいつどのようにして起こったのだろうか？

図18-8は，2種類の動物種への系譜が進化の過程で分離する前と後とで，倍数体化が起きた場合の予想されるゲノム変化の違いを示している（Postlethwaitら，1998）．図18-8Aは，種の分離以前に倍数体化が起きた場合を表している．倍数体化によってゲノムのセグメントAが重複しAとaになる．更に種の分離によってAはA'とA"に，aはa'とa"に変化するとする．この場合は分離してから経過した時間の長さの違いから考えて，A'とA"の間やa'とa"の間の類似性は，A'とa'の間やA"とa"の間の類似性より高くなる．このような場合，A'とA"やa'とa"は，お互い同士がオーソログ（ortholog）であり，A'とa'やA"とa"はお互い同士がパラログ（paralog）であると表現される．一方，図18-8Bのように，種の分離が起こった後に各々の種で倍数体化が起こった場合には，A'とa'の間やA"とa"の間の類似性の方が，A'とA"の間やa'とa"の間の類似性よりも高くなり，分離した2つの種間でオーソログを見付けることができなくなる．

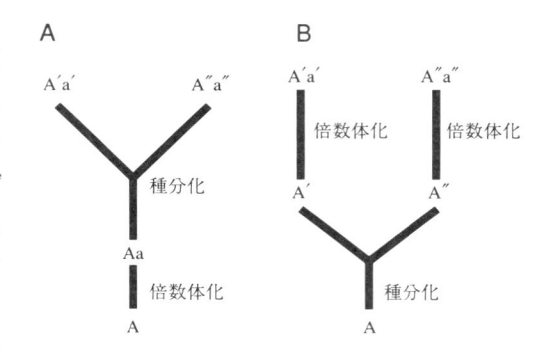

図18-8 染色体の倍数体化と種分化が遺伝子の多様化に及ぼす影響
aは，倍数体化によって新たに重複されたゲノム領域Aのコピー領域

Postlethwaitらは，脊椎動物の4組のHox遺伝子クラスターに相当する遺伝子クラスターをゼブラフィッシュのゲノムで同定し，それが他のどのような遺伝子と同じ連鎖群（linkage group）上にあるのかを調べた（Postlethwaitら，1998）．（ゼブラフィッシュのゲノムは25対の連鎖群（linkage group）から成り立っている．）彼らはまず，マウスのHoxクラスターに類似する3つのクラスターを単離し，それがお互い同士よりもマウスHoxb, Hoxc, Hoxdに類似することを示した．そして更に，図18-10に示すように，これら3つのHox遺伝子クラスターについては，Hox遺伝子クラスターを含む複数の遺伝子の連鎖の様子が，マウスやヒトのゲノムでのこれらの遺伝子の連鎖の様子と類似している

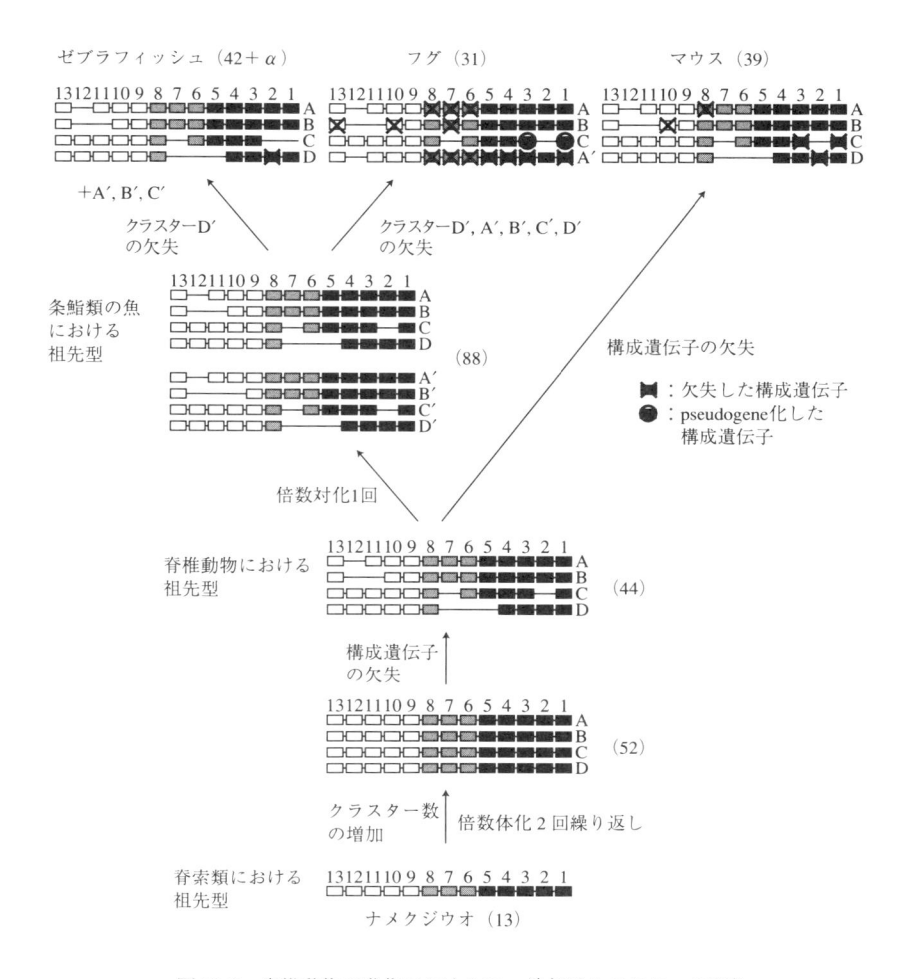

図18-9 脊椎動物の進化におけるHox遺伝子クラスターの変化
（ ）内の数は構成遺伝子の総数．×は，欠失した遺伝子．○は，pseudogene化した構成遺伝子．

		Hoxb				
ゼブラフィッシュ	LG3	hoxb5 eve1		PYY rara2b tra1　hba		cdc27
ヒト	Hsa17	HOXB5　　　DLX3 GFAP		PYY RARA　THRA1　WNT3 CHRNB1 G6PDL		CDC27
マウス	Mmu11	hoxb5		Rara　Thra Hba Wnt3 Acrb		Cdc27

		Hoxc				
ゼブラフィッシュ	LG23	pouc hoxc5	taram-a	rarg	wnt1	
ヒト	Hsa12	HOXC5　　PRPH ACVRLK1		RARG VDR	WNT1	ASCL1 CCND2 FGF6
マウス	Mmu15	Emb　Hoxc5　　　Dhh			Wnt1	

		Hoxd		
ゼブラフィッシュ	LG9	brn1.1 hoxd4 evx2 eng1 dlx2 des hha actr2 actbb dermo1		
ヒト	Hsa2	(BRN1) HOXD4 EVX2 EN1 DLX2 DES IHH (ACVR2A) IHHBB DERMO1	CHRNA1	
マウス	Mmu2	Hoxb4 Evx2　　Dlx2　　　　Acvr2a		
マウス	Mmu1	Brn1　　　　En1　　Des Ihh　　Inhbb (Dermo1)		nic1
ゼブラフィッシュ	LG6	brn1.2　　　　　ehh		

図18-10 Hox遺伝子クラスターを含む染色体領域のsyntenyの保存
ヒトとマウスで各々のHox遺伝子クラスターにsyntenicな遺伝子群は，対応するゼブラフィッシュ遺伝子の並びに合うように，一部並び換えている．

ことを明らかにした．複数の遺伝子が同じ染色体上にマップされる場合，これらの遺伝子は互いにシンテニック（syntenic）であると表現される．また染色体上で複数の遺伝子が同じ染色体上に並んでいる状態のことをシンテニー（synteny）という．この言葉を使うと，「4つのHox遺伝子クラスターの内で3つについては，これらの遺伝子クラスターを含む染色体の領域（chromosomal segment）において，ゼブラフィッシュとマウスやヒトの間でsyntenyが保存されている」と表現できる．ゼブラフィッシュのHoxb，Hoxc，Hoxdを含む染色体領域が，お互い同士よりも，マウスやヒトの染色体領域と類似しているという事実から，図18-9に示すようにHox遺伝子クラスターは，約4億2千万年前にゼブラフィッシュを含む条鰭類の魚と四足類の系譜が分離する前に，2回繰り返して起こった染色体の倍数体化に伴って，4組となったことが示唆された．したがって，Hox遺伝子クラスターの重複は，5億2千万年前の頭索類（ナメクジウオ）の系譜の分離と，4億千万年目の条鰭類の魚の系譜の分離の間の1億年の間に起こったと考えられる．進化の過程で，頭索類と条鰭類の魚の系譜の分離の間には，無顎類（Agnatha）が分離したと考えられる（図18-1）．これに属するヤツメウナギ（lamprey）などが，Hox遺伝子クラスターをいくつかもっているのかは，いつHox遺伝子クラスターが重複したのかを知る上で大変興味深い．

　図18-10に示すように，ゼブラフィッシュのhoxd4遺伝子は連鎖関連グループの9番（LG9）にのっており，brn1.1，evx2，eng1，dlx2，des，hha，actr2，actbb，dermo1といった遺伝子とsyntenicである．ヒトの第2やマウスの第2第1染色体でも，類似した組み合わせの遺伝子が並んでおり，ゼブラフィッシュのLG9とヒトの第2染色体やマウスの第2および第1染色体との間でsyntenyが保存されていることが分かる．実は，ゼブラフィッシュのLG6にも，brn1.2，ehh，nic1などの遺伝子がのっており，ヒトの第2染色体やマウスの第1染色体との間で弱いsyntenyの保存が見られる．ゼブラフィッシュのbrn1.1とbrn1.2とはいずれも，ヒトのBrn1と同程度に類似しており，染色体のこの部分が，条鰭類の系譜では独自に重複して2組できた可能性が示唆された．

　Postlethwaitらは更に，Hox遺伝子クラスターを含む長いゲノム領域をPACライブラリーのスクリーニングによって単離・解析した結果を報告している（Vogel，998；Amoreら，1998）．彼らは，ゼブラフィッシュが結局のところ7組のHox遺伝子クラスターをもっており，そのうち2つは哺乳類のHoxaクラスターに，2つが哺乳類のHoxbクラスターに，2つが哺乳類のHoxcクラスターに，残りの1つが哺乳類のHoxdクラスターに，極めて類似していること，各々のHox遺伝子クラスターを含むゲノム領域と，哺乳類の対応するゲノム領域との間でsyntenyが保存されていることを示した．更に彼らは，ゼブラフィッシュが，マウスのHoxdクラスターを含む領域と類似するsyntenyをもつ第2の染色体をもっているが，この染色体ではHoxdクラスターが欠失していることも示している．以上のことから，ゼブラフィッシュを含む条鰭類の系譜ではHox遺伝子クラスターの重複が，他の脊椎動物と較べて1回多く起きており，これは個々のHox遺伝子クラスターごとの重複というよりも，染色体全体の倍数体化に伴って引き起こされたと解釈するのが，最も妥当だと考えられた（図18-9）．

　このような解釈は，同じ条鰭類のフグ（Fugu rubripes）のHox遺伝子クラスターの解析結果によって一層支持された（図18-9）（Aparicioら，1997）．フグは，4組のHox遺伝子クラスターをもっている．そのうちの3組は明確に哺乳類のHoxa，Hoxb，Hoxcと類似している．フグと哺乳類でこれら類似する3組のHox遺伝子クラスターを比較することによって，フグのHox遺伝子クラスターで

は，哺乳類で存在する構成遺伝子群の内の4個が失われており，更に2個がpseudogene（突然変異の蓄積によって発現しなくなった遺伝子の残骸）になっていることが明らかになった．このような構成遺伝子群の不活性化は，フグが，肋骨（ribs），腹鰭（pelvic fin）や骨盤帯（pelvic girdle）をもっていないことと関係があるのではないかと考えられている．フグの残りの一つのHox遺伝子クラスターは，構成遺伝子群の欠失が著しく，論文が発表された当初は（やや無理やりに）哺乳類のHoxdに類似するとして分類されていたが，Postlethwaitらの報告の後，もう一つのHoxa類似クラスターであると解釈するのが正しいと訂正された．即ち，フグでは倍数体化の後遺伝子が広範囲に失われ，結局Hoxa型を2個，Hoxb型とHoxc型を1個ずつもつに至ったと解釈された．

条鰭類の魚は，地球上で25,000種類以上存在し，実に様々なバリエーションの体型をもっており，脊椎動物の中でも最も多様性に富んだ一群である．条鰭類の魚は，進化の過程でこの系譜に固有に起きた倍数体化によって，Hox遺伝子クラスターの遺伝子群も含めたすべての遺伝子のコピー数が，一度は哺乳類の2倍になったと考えられる．各々の種ごとへの進化の過程で，これらの多くは失われたが，それでも残った余剰な遺伝子の組み合わせを使って，形態の多様性を実現化したと考えられる．

条鰭類の進化の過程で，ゼブラフィッシュとフグへの系譜は2億年以上前に分岐したと考えられており，条鰭類特有の倍数体化は，条鰭類の系譜が確立した4億2千万年前から後の比較的短期間（1億年くらい？）の間に起こったと考えられる．更にこのことが，今から約3億年以前に起こった条鰭類の種の急激な増加の，要因であったと考えられる．

§7. ゼブラフィッシュのゲノムが倍数体化の歴史をもっていることは，遺伝発生学研究の観点からは好条件かもしれない！

現在ゼブラフィッシュやメダカなどをモデル実験動物に使って，発生過程や行動に異常をきたす突然変異系統の検索が大規模に行われている．一方でゼブラフィッシュのゲノムが倍数体化の歴史をもっていることから，機能的に重複した複数の遺伝子が存在するため，そのうちの一つだけに突然変異が生じても，形質の変化が現れないのではないかという危惧が，研究者の間でもたれている．しかし，これは見方によっては願ってもない好条件であるとも考えられる．

一般に，ある遺伝子が発生段階で複数の役割を担っている場合を考えてみよう．発生のより早い時期に発揮されるべき機能の欠損が致死に結びつく場合，その遺伝子の突然変異体の解析によって，発生の遅い時期におけるこの遺伝子の役割を調べることができない．ゼブラフィッシュでは，ゲノムの重複によって，他の脊椎動物では一つの遺伝子によって担われている複数の役割が，重複によってできた類似する複数の遺伝子によって役割分担して担われることが期待される．このことは，遺伝子の複数の機能のうちで，他の脊椎動物では調べることができない発生後期における機能を，マウスのcre-loxP系を用いたconditional gene knock-outのような特別な実験システムを用いなくても，ゼブラフィッシュを使うことによって古典的突然変異解析を用いて，調べるられるかもしれないという希望を与えてくれる．

§8. トランスジェニック・ゼブラフィッシュを用いた後脳突然変異の大規模スクリーニング

現在までにゼブラフィッシュを使った大規模なミュータント・スクリーニングが世界中で行われて

おり，様々な突然変異が報告されている．*acerebellar*（*ace*）と *no isthmus*（*noi*）と呼ばれる突然変異では，中脳・後脳境界部が欠損している．これまでに*ace*では*fgf 8*遺伝子が，*noi*では*pax 2.1*遺伝子が欠損していることが明らかになっている（Reifersら，1998；Lun and Brand, 1998）．また*valentino*（*val*）と呼ばれる突然変異は，後脳のr5とr6が分離せずに一つの分節になっていることから同定されたが，zinc finger型の転写因子*kreisler*の遺伝子に欠損をもつことが明らかになっている（Moensら，1998）．

筆者らは，Islet-1遺伝子の周辺100 kbを探索し，後脳の運動神経細胞と感覚神経節細胞および脊髄の二次運動神経細胞での発現を制御する領域と，一次感覚神経細胞での発現を制御する領域を同定

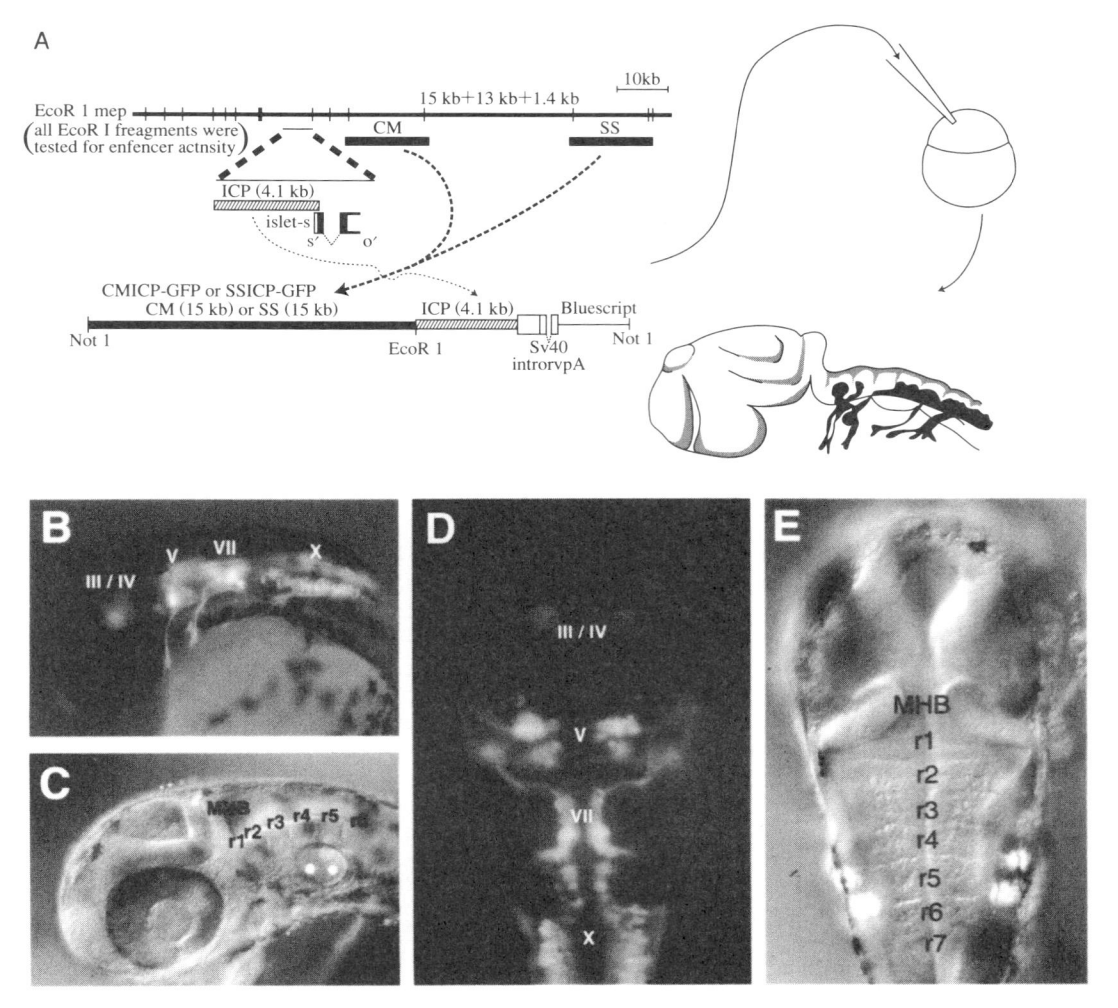

図 18-11
A：ゼブラフィッシュIslet-1遺伝子の後脳の運動神経細胞で特異的に発現を制御するエンハンサーを用いて，後脳特異的にGFPを発現するトランスジェニック・ゼブラフィッシュ（Isl1-GFP fish）を作製する方法（Gilbert, S. F., 1997より改変）．
B，D：受精後34時間目のIsl1-GFP fish．III／IV，動眼神経と滑車神経；V，三叉神経；VII，顔面神経；X，迷走神経．
C，E：受精後34時間目の胚の側面図．MHB，中脳・後脳境界部；r1〜r7，菱脳節．

し，前者の発現制御領域を使って，脳神経の運動神経細胞と感覚神経節細胞および脊髄の二次運動神経細胞で特異的にGFPを発現するトランスジェニック・ゼブラフィッシュ（Isl1-GFP fish）の作製に成功している（Higashijimaら，2000）（図18-11A-E）．さらに，このトランスジェニック・ゼブラフィッシュに突然変異を誘発することによって，後脳の運動神経細胞の分化と軸索伸展様式に異常をもつ突然変異のスクリーニングを開始している（図18-12A）．オスのIsl1-GFP魚（F0）を化学的変異原であるENU（N-ethyl-N-nitrosourea）を含む飼育水の中で泳がせることによって精巣にENUを取り込ませるという処置を数日から1週間おきに4回行って，精祖細胞（spermatogonia）のDNAに変異を導入する．その後約4週間目までには，精祖細胞が減数分裂を経て精子に分化しているので，この時期以後にF0を正常なIsl1-GFP魚のメスにかけ合わせてF1世代の魚を作製する．各々のF1は，

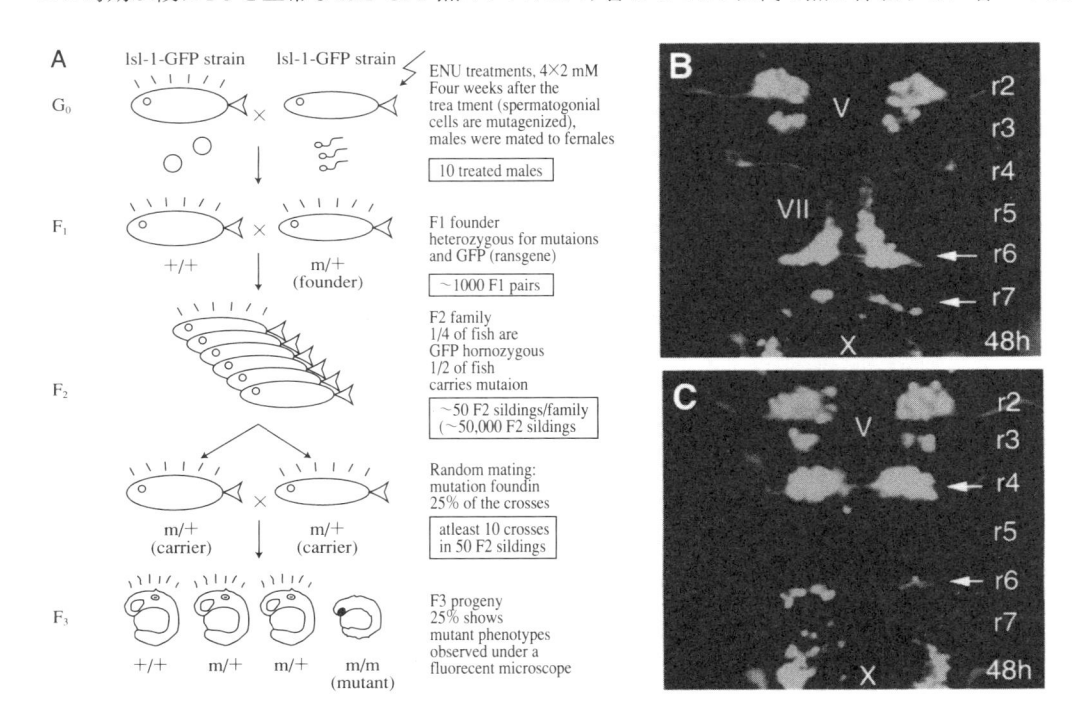

図18-12
A：ENUによる突然変異の誘発と突然変異体のスクリーニングの概略．
B：受精後48時間目の正常Isl1-GFP fishの後脳の共焦点画像．
C：突然変異胚における共焦点画像（和田，田中，西脇，政井，岡本，発表準備中）．正常胚では顔面神経核の運動神経細胞はr4からr6にかけて分布するが，この胚ではr4に偏在している．

生存に必須な20～30個の遺伝子に突然変異をヘテロ接合体としてもっており，これと正常なIsl1-GFP魚と，或は異なるF1のオスとメス同士をかけ合わせることによって，約50個の遺伝子の突然変異を集団としてもつF2魚のグループ（F2ファミリー）が作られる（和田・岡本，2000）．さらに同じF2ファミリー内の掛け合わせによって，ファミリーごとに異なる形質を示すホモ突然変異体をF3世代の中から得ることがでる．1系統のF2が，約50個の遺伝子に突然変異をもっているとすると，2000系統をスクリーニングすることによって，のべ10万個の遺伝子を破壊する突然変異スクリーニングを行えることになる．

これまでに筆者らは，後脳の運動核の神経細胞の分布や軸索伸展に，大変興味深い異常を示す突然変異を，すでに多く単離している（図18-12C）（和田，田中，西脇，政井，岡本，発表準備中）．これまでの経験では1週間に10系統のF2をスクリーニングし，そのうち，ほぼ1〜2個は，神経回路網の形成に興味深い欠陥をもつ突然変異が見つかっている．今後3年間で約1800系統をスクリーニングし，少なくとも200〜300個の興味深い突然変異が同定できると予想している．最近，英国MRCのSanger Centerが，2000年秋から約2年で，ゼブラフィッシュの全ゲノムの塩基配列を決定する計画を発表した．一度ゲノムの全塩基配列が明らかになれば，突然変異遺伝子の付近の高精度の遺伝子地図を極めて迅速に作ることができるようになる（下田ら，2000；下田，2000）．したがって，2002年以後は突然変異の原因遺伝子の同定は，飛躍的に容易になるはずである．我々はこのような時代背景を利用し，突然変異の原因遺伝子を系統的に同定していく予定である．

文献

Amore, A., et al. (1998): Organization and origin of Hox clusters in zebrafish. Zebrafish Development and Genetics. (abstract of the Cold Spring Harbor meeting), pp305.

Aparicio, S., et al. (1997): Organization of the Fugu rubripes Hox clusters: evidence for continuing evolution of vertebrate Hox complexes. Nature Genetics, 16, 79-83.

Carroll, S. B., S. D. Weatherbee and J. A. Langeland (1995): Homeotic genes and the regulation and evolution of insect wing number. Nature, 375, 58-61.

Casares, F., and R. Mann (1988). Control of antennal versus leg development in Drosophila. Nature, 392, 723-726.

Garcia-Fernndez and Holland (1994) Archetypal organization of the amphioxus Hox gene cluster. Nature, 370, 563-566.

Gilbert, S. F. (1997): Developmental Biology, Fifth Edition. Sinauer, Associates, Inc.

Higashijima, S., Y. Hotta and H. Okamoto (2000) Visualization of cranial motor neurons in live transgenic zebrafish expressing GFP under the control of the Islet-1 promoter/enhancer. J. Neurosci., 20, 206-218.

Hunt, P. and R. Krumlauf (1991): Deciphering the Hox code: Clues to patterning branchial regions of the head. Cell, 66, 1075-1078.

Kauffman, T. C., M. A. Seeger and G. Olsen (1990): Molecular and genetic organization of the Antennapedia gene complex of Drosophila melanogaster. Adv. Genet., 27, 309-362.

Kirschner, M., and J. Gerhart (1997): Cells, Embryos and Evolution. Blackwell Science.

Krumlauf, R. (1993): Hox genes and pattern formation in the branchial region of the vertebrate head. Trends. Genet., 9, 106-112.

Lumsden, A. and R. Keynes, (1989): Segmental patterns of neuronal development in sthe chick hindbrain. Nature, 337, 424-428.

Lun, K. and M. Brand (1998): A series of no isthmus (noi) alleles of the zebrafish pax2.1 gene reveals multiple signaling events in development of the midbrain-hindbrain boundary. Development, 125, 3049-3062.

McGinnis, W. and R. Krumlauf (1992): Homeobos genes and axial patterning. Cell, 68, 283-302.

Meyer, A. (1988) Hox gene variation and evolution. Nature, 391, 225-228.

Moens, C. B., S. P. Cordes, M. W. Giorgianni, G. S. Barsh and C. B. Kimmel (1998). Equivalence in the genetic control of hindbrain segmentation in fish and mouse. Development, 125, 381-391.

岡本　仁（1999a）：ゼブラフィッシュのHox遺伝子から見た脊椎動物の進化と多様化，生体の科学，49，546-554．

岡本　仁（1999b）：神経の発生（神経組織の領域化と細胞特異化），脳と神経（分子神経生物科学入門）（金子，川村，植村編）共立出版，pp.17-32．

岡本　仁，平手良和，三枝理博，東島眞一，西脇優子，田中英臣，政井一郎，和田浩則（2001）：ゼブラフィッシュが開く脳分化・特異化機構研究の新展開〜中脳，後脳の部域特異化の分子機構解明のための包括的アプローチ〜，生体の科学，52，216-223．

岡本　仁，成瀬　清，堀　寛，武田洋幸（2000）：小型魚類を用いた研究の可能性，小型魚類研究の新展開，蛋白質核酸酵素，12月号増刊，pp.2677-2689．

Perutz, M. F. (1992): Protein structure: new approaches to disease and therapy. W. H. Freeman and Company.

Postlethwait, J. H., et al. (1998): Vertebrate genome evolution and the zebrafish map. Nature Genetics, 18, 345-349.

Reifers, F., H. Böhli, E. C. Walsh, P. H. Crossley, D. Y. R. Stainier and M. Brand (1998): FGF8 is mutated in zebrafish acerebellar (ace) mutants and is required for maintenance of midbrain-hindbrain boundary development and somitogenesis. Development, 125, 2381-2395.

Romer, A. S., and Parsons, T. S. (1986): The vertebrate body. 6th edition, Saunders College Publishing, Harcourt Brace Jovanovich College Publishers.

下田修義（2000）：ゼブラフィッシュの遺伝子マッピング，小型魚類研究の新展開，蛋白質 核酸 酵素，12月号増刊，pp.2839-2843.

下田修義，岡本 仁（2000）：ゼブラフィッシュにおける変異のマッピング，脳・神経研究のための分子生物学技術講座（小幡，井本，高田編），文光堂，pp.155-163.

Studer, M., A. Lumsden, L. Ariza-McNaughton, A. Bradley and R. Krumlauf (1996) : Altered segmental identity and abnormal migration of motor neurons in mice lacking Hoxb-1. *Nature*, 384, 630-634.

Vogel, G. (1998) : Doubles genes may explain fish diversity. *Science*, 281, 1119-1121.

和田浩則，岡本 仁（2000）：ゼブラフィッシュの突然変異体作製，脳・神経研究のための分子生物学技術講座（小幡，井本，高田編），文光堂，pp.145-154.

索　引

あ　行

亜鉛　184
アクソンキャップ　24
味感受性　65
アシロ目　41
アポトーシス　13
アミノ酸　77, 85
アユ　94
アリルアルキルアミン N-アセチルトランスフェラーゼ　103
アリルアルキルアミン（セロトニン）N-アセチルトランスフェラーゼ　95
アルギニンバソトシン　253
アンテナペディア複合体　291
アンブラ型電気受容器　139
アンブラ器官　143, 150
EOG　78
E-W 核　268
イオンチャネル　166, 167, 173
威嚇行動　54
移植　215, 218, 219
移植実験　223, 224
位相検出　149
位相後退　97
位相前進　97
位相反応曲線　97, 101
位相反応性　93
位相変異　93, 97
一次性情動　196
一次脳胞　291
一次味覚中枢　188, 189
一次味覚野　188, 189
一般化学感覚　58
一般臓性感覚　191
一般体性感覚　185
一般体性感覚系　189
遺伝子　275, 284, 285
遺伝子重複　295, 296
遺伝性　93
イトウ　211, 212
イノシトール-1, 4, 5-三リン酸（IP$_3$）　80
移民　215, 218
イワナ　211, 212
in situ ハイブリダイゼーション　112

咽頭胚　275
inversion　178, 179
ウェーブ放電　150
鰾神経　269
鰾発音筋の神経支配　49
運動ニューロン　10, 11, 12, 13
ABC 法　107
S スタート（S start）　22
S 期（DNA 合成期）　106
SPI　153
エディンガー・ウェストファール核（E-W 核）　263
N24　89
eversion　178, 179
エファレンスコピー　154
FSH　246
FMRFamide　182, 183
f-細胞　59
えりまき細胞　181
LH　245
LTP　234, 236, 237
遠隔感覚　65
遠隔受容器　77
遠近調節　129
エンゼルフィッシュ　13
縁帯　281
end-organ　64
efference copy　19
黄体形成ホルモン　245
オーソログ　296
オートラジオグラフィー　106, 113, 114
オープンフィールド　200
オープンフィールドテスト　200
Oot 遺伝子　287
オステオグロッスム目　39
オプシン　110, 113
Oncorhynchus　82, 211, 214
温水魚　110
温度補償性　93, 97

か　行

回帰率　216, 217
開口分泌　163
外在筋　39

介在ニューロン　11
外節の新生　117
外節の多層配列を示す網膜　119
蓋層　281
外側外套　180
外側嗅索　182
海中飼育放流試験　226
外套　179, 180, 183, 184
外套下部　179, 180, 183, 184
外套層　281
概日リズム　110
海馬　31, 33, 180, 184
外翻　178
蓋板　178, 278
回避学習　206
外部環境　2
化学刺激受容性　70
学習　33
学習の 2 過程説　206
覚醒反応　197, 198
カサゴの発音　50
カサゴ目　44
仮想的遊泳　10, 18
ガマアンコウ目　42
カラシン目　40
カラフトマス　219, 220
カリウムチャネル　167, 169, 173
顆粒隆起　138, 190
カルシウム指示薬　28
カルシウムストア　171
カルシウムチャネル　167, 173
管器　140
管器感丘　140, 142
感丘　140
眼球運動制御　129
環境ホルモン　259
環状ヌクレオチド作動性カチオンチャネル　80
観測航法　229
桿体幹細胞　109, 110, 113, 114
桿体細胞　110, 111, 117
桿体細胞密度　108, 109, 118
間脳　291
間脳胞　280
眼杯裂　113

顔面神経　61, 62, 188
顔面味覚系　65
顔面葉　67, 188
灌流培養　94, 95
キイロショウジョウバエ　274
記憶　33
記憶のシナプス説　234
機械感受性線維　69
機械受容機構　146
機械受容性線維　70
基底細胞　59
キノボリウオ亜目　47
基板　3, 178, 278
記銘実験　225
逆位　294
逆行性標識法　15
脚内核　183, 184
ギャップ結合　31
Q_{10}　98
嗅覚　58
嗅覚仮説　82
嗅覚器　77
嗅覚記憶形成のモデル　236
嗅覚記銘仮説　222, 223, 228, 230
嗅覚路　181
嗅覚受容　77
嗅覚応答　85
嗅球　181, 182, 231, 232, 234
嗅球誘起脳波　84
嗅細胞　78
嗅索　253
嗅受容器　169
嗅上皮　78
嗅覚閉塞実験　224, 228
嗅電図　78
境界溝　2, 3, 178, 278
峡核　132
橋核　190
驚愕　197
驚愕反応　198
共焦点レーザー顕微鏡　28
強度検出　149
恐怖　197
峡部　291
恐怖反応　200
棘鰭類の非膝状体系　126
筋間神経叢　269
キンギョ　13, 15, 23

銀化変態　84
近交系　274, 285
ギンザケ　82, 214, 224, 225, 226
筋振動型発音システム　39
筋振動発音　38
筋節　10, 13
ギンブナ　254
キンメダイ目　43
空間学習　206, 208
空間的定位　130
降りウナギ　118
クノレン器官　150
クプラ（cupula）　140
クプラの偏位　141
クラーレ　10
グリシン作動性シナプス　31
グリシン作動性抑制性シナプス　32
crypt cell　79
グルタチオン S-トランスフェラーゼ　89
グルタミン酸　16
グルタミン酸受容体　18
系統　122
系統樹　122, 139, 212
経路積分　222
下行性第二次味覚路　72
結合腕傍核　188, 189
結節型受容器　140
11-ケトテストステロン　246
原始結節　276
原脳　279
原皮質　180
コイ　14, 15, 16, 127
コイ目　40
広塩性魚類　81
降海型　213, 214
口蓋器　59
後交連傍核　186, 190
硬骨魚　22
交叉　124
後索核　72
甲状腺ホルモン　229
高情動　200
後頭神経　48, 50
後内臓神経　270
興奮性シナプス　32
向網膜系　132
航路決定　222

コカニー型　214
コカニー型ベニザケ　214, 225
骨鰾類　26
骨鰾類の非膝状体系　127
古典的条件付け　204, 205
ゴナドトロピン　160, 174
Gonadotropin-releasing hormon　182
後脳　291
後脳分化　290
後脳胞　280
後脳網様体脊髄路ニューロン　28, 29
古（旧）皮質（paleocortex）　180
固有刺激　71
colinearity　291, 294
ゴルジ鍍銀法　71
混信回避行動　152
痕跡条件付け　205
コンピューターシミュレーション　12

さ　行

サーカディアンリズム　93, 94, 110
Salmo　211
Salmo salar　216
鰓弓　61, 291
鰓弓神経　63
鰓耙　61
細胞増殖のセンター　281
サケ　19, 211, 212
サケ科魚類　211
サケ科魚類生活史　213
サケ型 GnRH　165, 168
サケ属　212
左右対称性　286
sulcus limitans　178
三叉神経　62, 70
三叉神経運動核　69
三叉神経主感覚核　73, 189
産卵行動　19, 247
残留型　213, 214
残留型ベニザケ　220
Ca^{2+}　81
Ca^{2+} 依存性 Cl チャネル　82
cAMP（adenosine 3', 5'-cyclic monophosphate）　80
CAN　266
GnRH　134, 160, 165, 166, 182, 245, 253
GnRH 受容体　166, 168

GFP　　　*172*	自由神経終末　　　*63, 71*	神経管　　　*277*
C スタート（C start）　　　*22*	終神経節　　　*133, 182, 183*	神経管形成　　　*277*
GT1-7　　　*173*	pseudogene　　　*299*	神経筋遮断剤　　　*10*
GTH　　　*245*	終脳　　　*5, 6, 178, 181, 280, 284*	神経腔　　　*277, 286*
CPG　　　*10, 18*	終脳背側野　　　*182, 183, 185, 186, 187, 189, 190*	神経索　　　*277*
視蓋　　　*124, 186, 280, 284, 285, 286*		神経修飾　　　*134, 163, 173*
視蓋前域　　　*129, 130*	終脳腹側野　　　*182, 183, 185, 189, 190, 191*	神経修飾物質　　　*162*
視蓋の層構造　　　*124*		神経(性)上皮細胞　　　*106, 281*
視蓋の入出力系　　　*125*	終脳胞　　　*280*	神経叢　　　*62*
視覚系　　　*187*	周波数解析　　　*84*	神経伝達物質　　　*171*
視覚系の進化　　　*129*	周波数スペクトル　　　*85*	神経トレーサー　　　*17*
視覚上行路　　　*123*	主感覚核　　　*69*	神経胚　　　*277*
視覚性視床下部領域　　　*129*	樹状突起野　　　*72*	神経板　　　*276*
視覚対象のパターン認識　　　*130*	出力系　　　*93, 102*	神経標識物質　　　*1*
視覚野　　　*187, 188*	シュペーマンのオーガナイザー　　　*276*	神経分節　　　*280*
磁気コンパス　　　*222*	受容器細胞　　　*60*	神経芽細胞　　　*106*
糸球体核　　　*131*	受容器電流　　　*146*	神経誘導　　　*276*
シクリッドフィッシュ　　　*109, 117*	受容体　　　*166*	人工の化学物質　　　*225*
視交叉上核　　　*94, 129*	Schreiner organ　　　*64*	人工孵化仔魚　　　*117, 118*
視索前野　　　*164, 165, 181, 182*	馴化　　　*198, 199*	心臓神経節　　　*264, 268*
視索前野網膜投射核　　　*133*	順応　　　*81, 146*	シンテニー　　　*298*
支持細胞　　　*60*	松果体　　　*94, 99, 104, 110*	シンテニック　　　*298*
視床　　　*128*	小孔器　　　*137, 143*	振動　　　*9*
歯状回　　　*180, 184*	上行性第二次味覚路　　　*72*	新皮質 neocortex　　　*180*
視床前核　　　*126*	ショウジョウバエ　　　*102, 274, 290, 291, 292*	錐体細胞　　　*111, 117*
視床味覚核　　　*188, 189*		錐体細胞密度　　　*108*
視神経　　　*124*	情動　　　*196*	錐体細胞モザイク　　　*108*
視神経細胞　　　*122*	情動性自律反応　　　*196*	髄脳胞　　　*280*
雌性発生　　　*254*	情動的評価　　　*203*	随伴放電　　　*154*
耳石器官　　　*26*	情動反応性　　　*200*	すくみ　　　*197*
耳石日周輪　　　*111*	情動表出　　　*196*	スズキ亜目　　　*45*
耳石日周輪形成　　　*111*	小囊　　　*26*	スズキ目　　　*45*
膝状体系　　　*123, 128, 187*	小脳　　　*280*	巣作り行動　　　*170*
シナプス　　　*60, 62, 63, 163, 167*	上皮電流　　　*146*	ストリキニン　　　*33*
シナプス可塑性　　　*109, 234, 236, 237, 238*	情報伝達系　　　*173*	スポーニングアクト　　　*248*
	将来の延髄　　　*280*	スモルト　　　*213*
シナプス形成　　　*108, 109, 110*	将来の小脳　　　*280*	スライス標本　　　*170*
シナプス終末　　　*113*	将来の中脳　　　*280*	刷り込み　　　*83*
シナプス伝達　　　*167*	触鬚　　　*59*	性行動　　　*170, 245, 247, 249*
シナプスリボン　　　*108*	触鬚小葉　　　*69*	生殖隔離　　　*214, 215*
17α, 20β-ジヒドロキシ-4-プレグネン-3-オン　　　*246*	植民　　　*214, 215, 218*	生殖行動　　　*284*
	シラスウナギ　　　*117, 118*	生殖腺刺激ホルモン　　　*245*
視物質　　　*99, 100*	自律振動性　　　*93*	生殖腺刺激ホルモン放出ホルモン　　　*160, 245*
弱電気魚　　　*137*	シロサケ　　　*216, 220, 226*	
jack　　　*214, 224*	進化　　　*122*	生態的地位　　　*5*
終神経　　　*161, 182, 183, 253*	深海魚　　　*117*	性的可逆性　　　*254*
終神経 GnRH　　　*165*	深海魚網膜　　　*117*	性転換魚類　　　*253, 257*
終神経 GnRH 細胞　　　*173*	シングルユニット記録　　　*85*	生物時計　　　*93, 94, 95, 99, 101, 102,*

　　　　　　　　　104
性ホルモン　　246
赤核　　19
脊索　　276
脊索前板　　276
脊髄管　　279
脊髄後角　　189
脊髄交感神経節　　265
脊髄神経　　48
脊髄セグメント　　10
脊髄分節　　280
舌咽神経　　61, 188
舌咽－迷走味覚系　　65
舌咽葉　　188
舌下神経　　48
摂餌行動　　72
摂餌遊泳行動　　74
ゼブラフィッシュ　　13, 23, 117, 274, 290
戦術　　213
線条体　　179, 180, 184
染色体の倍数体化　　296
染色体の領域　　298
前庭覚　　190
蠕動運動　　269
central autonomic nucleus　　266
前脳　　291
前脳分節　　280
前脳胞　　280, 291
線毛細胞　　78
走査電子顕微鏡　　112
増殖　　106
臓性運動区　　3
臓性感覚域　　58, 67
臓性感覚区　　3
臓性系　　2
相反性抑制　　25
相同（ホモログ）ニューロン　　28
双方向性転換魚類　　258
僧帽細胞　　181, 182
僧帽細胞－顆粒細胞シナプス　　234, 235, 236, 237, 238
側線感覚　　190
側線器　　140
側線器官　　26
側線器感覚　　137, 147
側線神経　　25, 190
続脳　　279

側方樹状突起　　23, 24

た 行

体色変化　　271
体性運動区　　3
体性感覚区　　3
体性感覚地図　　67
体性感覚野　　190
体性系　　2
タイセイヨウサケ　　89, 211, 212, 216, 221, 223
体節構造　　10
〔大脳〕基底核　　179, 180
大脳新皮質　　5
大脳皮質　　180
太陽コンパス　　222
タイ型 GnRH　　165
多層の桿体細胞外節層　　117
手綱核　　184
タラ目　　41
段階的複雑化　　67
胆汁酸　　79
淡水ウナギ　　118
炭素線維電極　　171
単独化学受容器細胞　　63
単独化学受容器細胞系　　58
G タンパク質　　167, 168
G-タンパク質共役型受容体　　80
タンパク質合成阻害剤　　101
血合筋　　12
遅延条件付け　　205
逐次記銘　　218
逐次記銘仮説　　225, 226, 228
地図およびコンパス説　　222
^{3}H-チミジン　　106, 113
^{3}H-チミジン標識細胞　　107, 114
中隔　　180, 184, 191
中枢自律神経系　　267
中禅寺湖のヒメマス　　227, 231
中内胚葉　　276
中脳　　291
中脳・後脳境界部　　291
中脳分節　　280
中脳胞　　280, 291
超音波トラッキング　　229
聴覚　　190
腸間膜神経　　266, 269
長期増強　　31, 32, 33, 34, 234

長期脱感作　　35
チョウザメの非膝状体系　　127
聴神経　　25
直達発生　　112, 115
地理的隔離　　212
追尾　　248
通囊　　26
t-細胞　　59
低情動　　200
底板　　3, 178, 278, 280
DiI　　62
手がかり学習　　208
テストステロン　　230, 246
テタヌス刺激　　236
電気感覚　　137
電気感覚葉　　138, 153
電気シナプス　　31
電気受容　　137
電気受容細胞　　145
電気的交信　　140, 152
電気的定位　　140, 152
電気的方向検出　　145
電子顕微鏡　　112
転写因子　　290, 300
転写阻害剤　　101
動機づけ　　174
同時的雌雄同体魚　　258
胴体小葉　　69
同調　　93, 94
同調性　　93
逃避運動　　22, 27
逃避反射　　14
頭部交感神経節　　265, 266, 271
同類交配　　215
特殊側線器　　142
時計遺伝子　　101
トゲウオ目　　44
突然変異　　285, 286, 299, 300
突然変異の網羅的収集　　285, 286
トラフグ　　274
トランスジェニック　　301
トランスデューシン　　100, 110
トリプトファンヒドロキシラーゼ　　95, 103
ドワーフグーラミー　　160, 161, 162, 164, 165

な 行

内在筋　39
内耳神経　190
内耳・側線覚　185
内耳・側線感覚　186
内耳・側線感覚系　190
内耳側線野　190
内側外套　180, 184
内側嗅索　182
内側縦束核　15, 74
内側縦束核ニューロン　17
内側網様体　73
内部環境　2
内分泌攪乱化学物質　259
ナトリウムチャネル　169
ナビゲーション　221
ナマズ目　40
慣れ　35
匂い受容体　80
二次嗅覚中枢　185
二次性情動　196
二次味覚核　188, 189
日周リズム　111
ニホンウナギ　117, 118
乳頭　64
入力系　93
ニューロン新生　119
ニワトリ II 型 GnRH　165
粘膜下神経叢　269
脳管　279
脳神経　291
脳の両性性　256
ノックアウトマウス　33

は 行

バー（parr）　213
胚芽層　281
胚芽層相当領域　285
胚芽帯　107, 114
配偶行動　54
胚楯　276
倍数体化　296
背側外套　180, 184
バイソラックス複合体　291
排卵　246, 247
vagosympathetic　268
波状運動　9
場所学習　208

ハゼ亜目　47
発音運動神経核　48, 50, 52
発音魚の意思の表示　54
発音筋　41, 45, 54
発音システム　38
発音の脳内回路　51
白筋　12
発情ホルモン　251
パッチピペット　163
発電器官　140
鼻曲がり　213, 214
パラレル・プロセッシング（並列信号処理）　29
パルス状分泌　173
パルス放電　150
半円堤　138
反回性抑制　25, 34
反射経路　73
BrdU　113
BAPTA　34
PNA レクチン　115
PCNA　114
尾芽期の胚　275
比較神経学　1
光シグナルトランスダクション　111
光受容　94
光受容細胞外節　99, 110
光受容細胞外節の形成　108
光受容細胞特異抗体　112
光受容体　99
光条件　94
光同調　95, 101
光入力系　99
光パルス　97
非骨鰾類　26
皮質核　131
非膝状体系　123, 187
菱脳峡　280
菱脳節　291
菱脳分節　280
菱脳胞　280, 291
微絨毛細胞　78
避難場所　212
ヒメマス　227, 232
hearing expert　26
標識放流－再捕獲実験　216
標識放流－再捕獲調査　220
ファイロティピック　275, 281

phenethyl alcohol（PEA）　84
フェネチルアルコール　225, 231
フェロモン　83, 162, 246, 249
フェロモン仮説　223
フェロモン記憶形成のモデル　236
複合感覚器　63
複合感覚器官　64
腹腔神経節　265, 266, 269
腹側樹状突起　23, 24
腹側野　183
フグ目　47
2 つの視覚系　5, 123
2 つの視覚系の機能的分化　130
2 つの視覚系の分化　128
hooknose　213, 214
フレーザー川　217
プロスタグランジン　246, 249
分化　106
分子種　165
分節　28
吻側端　290
平均棍　293
ペースメーカー　160, 168, 173
ベニザケ　212, 217, 219, 220
ベニザケの生活史　213
ペプチド　163
ベラ亜目　47
辺縁系　180, 188, 191
変性鍍銀法　1
ヘンゼンの結節　276
変態　112, 115
扁桃体　180, 189
膀胱神経　270
膀胱神経神経節　270
放精　248
放卵　248
horseradish peroxidase　67
whole-mount 標本　112
母川回帰　222
母川回帰行動　82
母川説　216
母川選択　231
母川物質　83, 85
母川物質の刷り込みの機構　87
Hox 遺伝子クラスター　294, 295, 296, 297, 298
Hox 遺伝子群　290, 295
Hox-C（Hox complex）　275

ホメオティック遺伝子群　291, 293
ホメオテック遺伝子複合体　275
ホヤ　164

ま 行

マイクロホン電位　141
マウスナー細胞　12, 23, 30
摩擦型発音システム　38
摩擦発音　38
マスノスケ　220
マトウダイ目　44
迷い込み　217, 218
迷い込み率　216, 218, 226
味覚　58, 185
味覚感覚地図　67
味覚系　188
ミュータント・スクリーニング　299
味蕾　58, 71
味蕾に終わる線維　63
味蕾の原基　64
味蕾の周囲に終わる線維　63
無層性皮質　6
明暗サイクル　102
明暗周期　111
迷走神経　61, 188
迷走葉　67, 69, 188
メクラウナギ　64

メダカ　274
メラトニン　94, 95
メラトニン合成系　102
メルケル細胞　59
免疫抗体反応　114
免疫染色　16
免疫組織化学　107, 164
網膜　94
網膜運動反応　115
網膜周縁胚芽帯　113
網膜周縁部　107, 114
網膜錐体細胞　110
網膜長　109
網膜腹側眼杯裂　112
網膜面積　108
毛様体神経節　264, 271
網様体脊髄路ニューロン　24
morpholin　89
モルホリン　225, 231
モルミロマスト受容器　150, 151

や 行

ヤツメウナギ　64
遊泳運動　9
遊泳行動　73
雄性ホルモン　251
有毛細胞　140

遊離感丘　138, 140, 142
容量性カルシウム流入　171
ヨーロッパウナギ　117
抑制性シナプス　31, 32
翼板　3, 178, 278

ら 行

ラゲナ壺　26
ラジオイムノアッセイ（RIA）　170
ランウェイテスト　201
卵黄蓄積　246
卵成熟　246
隆起前域核　138
両生類の原口背唇部　276
隣接的雌雄同体魚　258
冷水魚　110
レチナール　100
レプトケファルス幼生　117, 118
連鎖群　296
ロコモーション　14
ロドプシン　99, 100
濾胞刺激ホルモン　246
ロレンチニ器官　138, 143

わ 行

Y迷路　225, 231

魚類のニューロサイエンス―魚類神経科学研究の最前線

2002年3月10日　初版発行

定価はカバーに表示

編集者　植松一眞　岡　良隆　伊藤博信 ©
発行者　佐竹久男

発行所　株式会社 恒星社厚生閣

〒160-0008　東京都新宿区三栄町8
Tel　03-3359-7371　Fax　03-3359-7375
http://www.kouseisha.com/

本文組版：(株)恒星社厚生閣文字情報室　本文印刷：興英文化社
製本：風林社塚越製本・カラー印刷：谷島

ISBN4-7699-0960-8　C3045

―――――― 好評発売中 ――――――

魚類生理学

板沢靖男・羽生 功編
〔B5判・610ページ・定価（本体）16,510円〕

進展著しい魚類生理学研究の最先端情報を気鋭25氏の執筆者により解説される大冊．
1. 呼吸（板沢靖男）　2. 血液と循環（石松惇）　3. 消化と栄養（竹内俊郎）　4. 腎臓（小栗幹郎）　5. 浸透圧調節（岩田宗彦／平野哲也）　6. 鰾（板沢靖男）　7. 内分泌（会田勝美／小林牧人／金子豊二）　8. 生殖（長浜嘉孝）　9. 生殖周期（羽生功）　10. 機能的雌雄同体現象（中園明信）　11. 神経系（伊藤博信／吉本正美）　12. 視覚（宗宮弘明／丹羽宏）　13. 松果体と光感覚（田畑満生／大村百合）　14. 嗅覚（小林博／郷保正）　15. 味覚（日高磐夫）　16. フグ毒（橋本周久／野口玉雄）　17. 遊泳生理（塚本勝巳）　18. 発生生理とバイオテクノロジー（鈴木亮）

魚類の聴覚生理 魚の音感知能力を探る　添田秀男・畠山良己・川村軍蔵編　魚類の生態と音感知能力を探る．（本体6,000円）

魚類のDNA 分子遺伝学的アプローチ　青木 宙・隆島史夫・平野哲也編　魚類における遺伝子操作技術の発展と成果を探る．（本体7,000円）

水産脊椎動物Ⅱ 魚類　岩井 保著　魚類の形態・生態・分類を多数の著者自ら描く鮮明な図版を配し，平易に解説．（本体3,800円）

魚学概論（第二版）　岩井 保著　好評を博した旧版を全面的に見直し，最新魚類関連の情報を詳細に取り込み解説する．（本体2,720円）

発光生物　羽根田弥太著　生物界の不思議といわれる発光する動物・魚類・軟体類の生物学と，発光化学物質ルシフェラーゼの化学．（本体6,200円）

低酸素適応の生化学 酸素なき世界で生きぬく生物の戦略　ホチャチカ著　橋本ら訳（本体2,500円）

中国産有毒魚類および薬用魚類　伍ら著・橋本ら訳　中国3千年の知恵（本体9,200円）

フグの分類と毒性 国際化時代の魚種検索法と毒性を考える　原田禎顕・阿部宗明著　生物学・魚種検定法・毒性試験法（本体4,800円）

―――――― 恒星社厚生閣 ――――――